氢能利用关键技术系列

制氢工艺与技术

毛宗强　毛志明　余 皓　等编著

ZHIQING GONGYI YU JISHU

化学工业出版社

·北京·

《制氢工艺与技术》介绍了氢气的工业生产过程与原理。为了满足当前对无碳氢气，即氢气生产过程“零 CO_2 排放”的要求，本书介绍了可再生能源制氢，突出了风力制氢和生物质能制氢；还介绍了核能制氢、氨气制氢、硼氢化钠催化水解制氢、硫化氢分解制氢、金属粉末制氢等目前尚未工业化生产但完全的“零 CO_2 排放”的制氢技术。对于通常排放 CO_2 的烃类制氢工艺，本书介绍了其制得氢和炭黑的独特工艺，从而使其成为另一种“零 CO_2 排放”的制氢方法。

本书适合从事或准备进入氢能领域的企业家、投资家、政策决策者阅读，可供从事能源研究的工程技术人员、高等学校相关专业的教师和学生参考，也适合从事能源领域的科技人员和管理人员及一般读者阅读。

图书在版编目（CIP）数据

制氢工艺与技术/毛宗强等编著. —北京：化学工业出版社，2018.4（2025.1重印）
（氢能利用关键技术系列）
ISBN 978-7-122-31707-0

Ⅰ.①制… Ⅱ.①毛… Ⅲ.①制氢 Ⅳ.①TE624.4

中国版本图书馆 CIP 数据核字（2018）第 047432 号

责任编辑：袁海燕　　文字编辑：向　东
责任校对：吴　静　　装帧设计：王晓宇

出版发行：化学工业出版社（北京市东城区青年湖南街 13 号　邮政编码 100011）
印　　装：北京盛通数码印刷有限公司
787mm×1092mm　1/16　印张 21¾　字数 574 千字　2025 年 1 月北京第 1 版第 7 次印刷

购书咨询：010-64518888　　售后服务：010-64518899
网　　址：http://www.cip.com.cn
凡购买本书，如有缺损质量问题，本社销售中心负责调换。

定　　价：138.00 元

前言

FOREWORD

氢是人类永恒的能源、人类未来的能源

为什么说氢是人类永恒的能源、人类未来的能源？ 是因为：

（1）氢及其同位素的资源丰富。 每个水分子含有两个氢原子一个氧原子。 相比氧化铁是“铁矿”，那么，水就是无穷的“氢矿”。 而氢在使用后又复生成水。 可见氢的量是无穷无尽的。 我们知道地球的70%以上的表面都覆盖着水，人们不必像争夺分布极度不平衡的石油和煤那样去争夺水，由此我们也称氢为“和平能源”。 大力发展“和平能源”是我国崛起的必然之路。

（2）氢很“容易”得到。 只要有水和其他任何能源，甚至金属、化合物都能获得氢气。氢气是能源载体，所有的一次能源和能源载体都可以用来直接或间接生产氢气。 所谓直接生产氢气，指与水反应制得氢气或直接裂解生成氢气,如天然气直接裂解生成氢气和碳。 所谓间接生成氢气，是指先发电，再利用电解水制得氢气,或先制成含氢载体，如氨气、甲醇、乙醇等，再裂解它们制得氢气。 氢气的制取方法很多，包括：热化学制氢、电化学制氢、微生物学制氢，等等。“易得”是氢的重要特点，如何制得氢气是本书的主要内容。

（3）氢能是无碳能源，是最环保的能源。 无论你用什么方式使用氢气，其最终的产物都是水，是清洁的、无污染的水。 氢在其生命周期中，不给环境留下一丁点 CO_2,氢是典型的无碳能源。

（4）氢气具有可储存性。 它既可以以气态、液态的形式储存和输配，也可以以不饱和的氢的液体、固体及金属氧化物的形式进行储存和运输。

（5）氢是宇宙中最丰富的元素。 构成宇宙的物质的元素中，大约占据宇宙质量的75%。 地球之母——太阳，就是依靠氢的同位素氘和氚的聚合反应生成巨量的热和光，温暖着地球，照耀着地球。 使用氢作为能源，就是回归宇宙法则，“替天行道”。

（6）氢是安全的能源。 每种能源载体都有其物理/化学/技术性的特有的安全问题。 氢在空气中的扩散能力很强，因此氢泄漏或燃烧时就很快地垂直上升到空气中并扩散。 因为氢本身没有毒性及放射性，所以不可能有长期的未知范围的后续伤害。 氢不会产生温室效应。 现在已经有整套的氢安全传感及执行装置，可及时测定氢气的泄漏并采取措施，将事故消灭在萌芽状态，保证氢气使用安全。

通常，氢能产业链由制氢、储运和应用组成，制氢是完整的氢能产业链的第一环，非常重要，没有氢气，就无从谈起氢能产业。 近年来，准备投入氢领域的投资人、企业家越来越多。 他们的第一个问题往往就是氢气从哪里来？ 为了比较系统地回答这一问题，我们曾在2015年在化学工业出版社的支持下，出版了《氢气生产热化学利用》，介绍了工业化制氢方法及其氢能在内燃机、燃气轮机、锅炉、切割、焊接及环境保护等领域的应用，得到读者好评。 为了适应最近投资人和企业家对氢气生产的深入了解，我们决定编写本书，不仅仅介绍工业化生产氢气，也介绍有潜力的无碳氢气（又称绿色氢气）生产，例如更接近产业化的风力制氢、生物质制氢。希望一方面满足新进入氢能领域的人士需要，另一方面切实推动无碳制氢发展。

起初，化学工业出版社就本书内容及作者已有部分安排，后由我继续执行。因为在已有的框架下完善，所以，有的章节似乎可以安排得更好些。

参与本书各章节撰写的作者都是制氢方面的教授、专家和亲历者，从专业出发承担相关章节编写，每章节的功劳和责任都分别属于作者自己。编者在此对各位作者表示诚挚的谢意。本书各章节的具体作者情况如下：

绪论 （清华大学 毛宗强）

第1章 煤制氢（毛宗强）

第2章 天然气制氢（清华大学 骞伟中）

第3章 石油制氢（北京华氢科技有限公司 毛志明）

第4章 可再生能源制氢(清华大学 李十中、碗海鹰 完成该章第4.2.3节；毛志明完成该章其余部分)

第5章 太阳能光解水制氢（上海电力学院 姚伟峰）

第6章 生物质发酵制氢(中国农业大学 刘志丹、司哺春、李嘉铭，中国石油天然气股份有限公司石油化工研究院 张家仁)

第7章 生物质热化学制氢（华南理工大学 余皓)

第8章 核能制氢(清华大学 张平)

第9章 等离子体制氢（毛宗强）

第10章 汽油、柴油制氢(陆军防化学院 孙杰）

第11章 醇类重整制氢（余皓)

第12章 甘油重整制氢（余皓)

第13章 甲酸分解制氢（余皓)

第14章 氨气制氢（毛志明）

第15章 烃类分解生成氢气和炭黑的制氢方法（毛志明）

第16章 $NaBH_4$ 制氢（毛志明）

第17章 硫化氢分解制氢（毛志明）

第18章 金属粉末制氢(毛志明）

第19章 液氢（毛宗强）

第20章 副产氢气的回收与净化(毛志明）

最后，编者借此机会感谢化学工业出版社的大力支持，特别是编辑的辛勤劳动，使得本书得以高质量完成。本书是从事氢能的教授、专家的集体编著的结晶，希望本书能对我国发展氢能有所贡献。在编写过程中，编者力求论述准确、理论结合实际。由于水平有限，书中不足之处在所难免，恳请读者批评指正。

2018年4月

于清华大学能科楼A座314室

目录
CONTENTS

0 绪论

化石燃料是当今世界能源市场的支柱和世界经济发展的动力，然而化石燃料的广泛使用，对全球环境造成了很大威胁。在满足能源需求、支持经济持续发展和保护全球环境的多重难题下，发展无碳的氢能是人类摆脱困境的重要途径。

世界能源结构在历史上发生过两次能源革命：煤炭替代薪柴，石油和天然气替代煤炭。生产力发展的需求是这两次能源革命的主要动因。现在，世界能源结构正在发生第三次革命：从以化石燃料为主的能源系统转向可再生能源、氢能等多元化结构。环境要求是本次能源革命的主要动因。

氢能是理想的清洁高效的二次能源。随着制氢、氢能储运及燃料电池技术的发展，氢能已经跨过概念、示范进入产业化阶段。据统计，近三年“零排放”的氢燃料电池汽车已经商业化销售 6475 辆。虽然和全球汽车数目相比，氢燃料电池汽车数量还是很少，但这是氢能的萌芽，揭示氢能替代化石燃料成为现实。有苗不愁长，氢能萌芽一定会成为参天大树。

氢不但是一种优质交通燃料，还是石油、化工、化肥和冶金工业中的重要原料和物料。用氢燃料电池可直接发电，采用燃料电池和氢气-蒸汽联合循环发电，其能量转换效率将远高于现有的火电厂。

可以预见：21 世纪将是氢能世纪，人类将告别化石能源而进入氢能社会。

0.1 氢气是“全能”的高级能源并可能成为下一个“主体能源”

2015 年国际能源署（IEA）对能源给出新的定义。如图 0-1 所示。

IEA 根据能源的应用形式将能源分为热、电和交通工具燃料三类。其中对于目前的能源，石油是能够同时用作这三类的能源。煤炭和核能只能用于热和电。可再生能源中，太阳能光伏只能用作热和电能；风能和水能只产生电能；生物质能产生热和电（还可以制得交通工具用燃料——毛宗强）。当然这一分类还值得商榷。利用同样的标准，IEA 认为未来的能源中，氢气将和石油一样是能够同时用作热、电和交通工具用燃料的能源。这说明了氢能是可以广泛用于所有类别的“高级”能源。

2017 年 1 月达沃斯论坛期间，法液空、阿尔斯通、宝马、戴姆勒、恩吉、本田、现代汽车、川崎重工、荷兰皇家壳牌、林德、道达尔和丰田 13 个国际顶级汽车和能源公司 CEO 宣布成立“氢能委员会”推动氢燃料电池。“氢能委员会”每年提供 14 亿欧元发展氢燃料电池车。“氢能委员会”主席轮流，首任主席为法液空和丰田 CEO。一年后，委员会又增加 5 个新的成员：英美资源集团、奥迪公司、岩谷、塑料制品公司、国家石油公司，以及 10 个

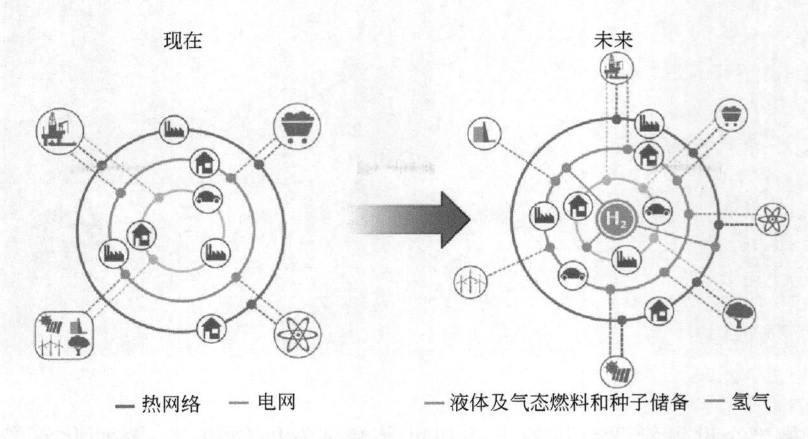

图 0-1 2015 年国际能源署（IEA） 对能源给出新的分类

支持成员：三井、Plug Power、Faber Industries、Faurecia、第一元素燃料（真正的零）、戈尔、丰田通商、Hydrogenics，巴拉德、三菱。

2017 年 11 月氢能委员会发布氢能愿景报告：氢能无边（hydrogen scaling up）。报告中预测：到 2050 年，大约 4 亿辆氢的动力汽车，1500 万～2000 万辆卡车，以及大约 500 万辆公共汽车，它们在各自的运输部门平均有 20%～25%的份额；氢能也能占 1/4 客船和 1/5 的机车，基于氢的合成燃料在飞机和货运船中也将占一定比例；在建筑用热量的需求约占 10%；氢被用作 30%的甲醇和 10%的钢铁生产可再生原料。到 2050 年氢将占世界终端能源消耗的 18%。

“主体能源”指在能源份额中占 10%以上的能源。我国目前的主体能源为煤炭和石油。同时，正在努力希望于 2020 年将天然气打造成为我国第三大主体能源。目前我国氢气产量已经达到 2200 万吨，占世界氢气产量的 34%。氢气目前主要用于工业原料，如合成氨；间接能源，如石油加氢，煤制油，煤制天然气，煤制甲醇；少量用于直接能源。

考虑到能源的发展速度，笔者估计 2040 年氢将占世界终端能源消耗的 10%，即届时氢能将成为“主体能源”。

0.2 氢在减排温室气体中的重要地位

要实现我国政府提出的到 2020 年单位 GDP 的 CO_2 排放减少为 2005 年水平的 40%～45%的目标，氢能有着不可或缺的作用。减少 CO_2 排放的主要途径包括：节约能源、提高能源转换及利用效率；调整能源结构，低碳能源；CCS/CCU。氢能在这三个方面都发挥着不可替代的作用。

（1）节能与提高能效离不开氢能

氢能的主要利用方式是燃料电池，通过电化学反应直接将化学能转化为电能，能量转化过程中不受“卡诺循环”限制，能量转换效率很高。一般汽油车从油井到最终车轮的总能源效率仅为 13%，而氢燃料电池汽车从油井到车轮的总能源效率可达 30%，是汽油车的两倍多。另外，氢燃料电池的发电效率也高于常规发电技术。在较低的发电功率（0.01～1MW）情况下，普通往复式引擎的发电效率约为 30%，燃料电池的效率可达 40%；发电功率在1～100MW 的范围内，蒸汽轮机的发电效率也在 30%左右，而燃料电池的效率则达到50%～60%；在较高的发电功率（100～1000MW）范围，IGCC 的发电效率最高可达到 60%，但如果用燃料电池结合蒸汽轮机还将获得更高的发电效率。相对传统能源，氢能的利用大大提高能源利用效率，从而减少化石能源的使用，并最终实现 CO_2 的减排。

（2）调整能源结构，增加可再生能源份额需要氢能协助

在调整能源结构方面，氢能也起着很重要的作用。目前，可再生能源由于时空不稳定使其应用价值大为降低，氢能可以很好地解决这一问题。首先，氢可以将可再生能源的多余电力储存起来；其次，氢可以将风能的低质量电力变成优质电源；再次，氢能可以使风能免除电网份额的限制；此外，氢能还可将可再生能源的电力变为汽车的动力。可以说，氢能是连接可再生能源和用户的最好桥梁，将不稳定的可再生能源转化为稳定的氢能，再将氢能用于汽车或发电，达到调整能源结构的目的，最终实现能源的低碳化，减少 CO_2 排放。

（3）煤的低碳化利用的第一步就是生成氢气

当前的热点：碳捕集与埋藏（CCS）主要有三种技术，即燃烧前捕集、燃烧后捕集和燃烧中捕集，其中燃烧前捕集技术在电力生产等方面应用前景广阔。在这一方法中，化石燃料首先在气化炉中部分氧化产生合成气（CO 和 H_2），再经水煤气变换得到 CO_2 和 H_2，通过分离，就可以从相对纯粹的排气中捕捉 CO_2，得到的 H_2 则可以作为燃料或进一步利用。以华能集团绿色煤电 IGCC+CCS 项目为例，450MW 级近零排放电站每年预计可捕集 160 万吨 CO_2。鉴于 CCS 技术中 CO_2 的储存较为困难，实际上就是 CCS 的技术可行性都没有解决，谈不上应用。由此提出 CCU 技术，即捕集到 CO_2 后的资源化利用。CO_2 资源化利用的主要方式包括催化加氢、高分子合成、有机合成、电化学法、人工光合成法和分解法等，其中催化加氢最为简单有效。CO_2 通过催化加氢，可以得到甲烷、甲醇、乙烯等重要化工产品。目前，CCU 的主要问题在于 H_2 从何而来？从传统的化石燃料来获得 H_2 显然是不划算的，而且对于 CO_2 减排并没有帮助；如果能够通过可再生能源如太阳能来获得 H_2，再用以固定 CO_2，将有效减少 CO_2 的排放。CCU 的主要问题是商业经济性，在现阶段，其较高的生产成本是主要壁垒。

0.3 多种多样、丰富多彩的制氢方法

现在世界能源的主体是化石能源。近百年来化石能源支撑人类社会高速发展，功莫大焉。但有越来越多的证据表明化石能源的大量使用已经损害了环境，并造成全球气候的变化。而化石能源是一种有限的资源，特别是石油以现有的消费速度很可能在 100 年内就将被消耗完。而且化石能源的分布存在明显的地理分布不均匀性。对能源的争夺越来越激烈，由此也带来了能源安全的问题。在这种情况下，可再生能源越来越受到人们的重视。可再生能源包括太阳能、生物质能、风能、水力能、地热能、海洋能源等。笔者在《无碳能源：太阳氢》（2009 年，化学工业出版社）中“耀眼的太阳氢”一节中指出氢会进一步提高可再生能源在全球能源市场中的比例。总之，氢能越来越受到人们的重视。

氢能是一种二次能源，在人类生存的地球上，几乎没有现成的氢，因此必须将含氢物质加工后方能得到氢气。最丰富的含氢物质是水（H_2O），其次就是各种矿物燃料（煤、石油、天然气、硫化氢）及各种生物质等。

0.3.1 根据制氢原料分类

所有的化石能源都既可以直接制氢，也可以间接制氢。目前，全世界氢气的主要来源是用化石能源制氢，其中主要是煤和天然气制氢。

可再生能源中，太阳能是最活跃的制氢介质，有很多种方法制氢，既可以直接制氢，也可以间接制氢。有太阳和水就能制得氢。难怪太阳能-氢系统受到青睐。生物质能也是可以

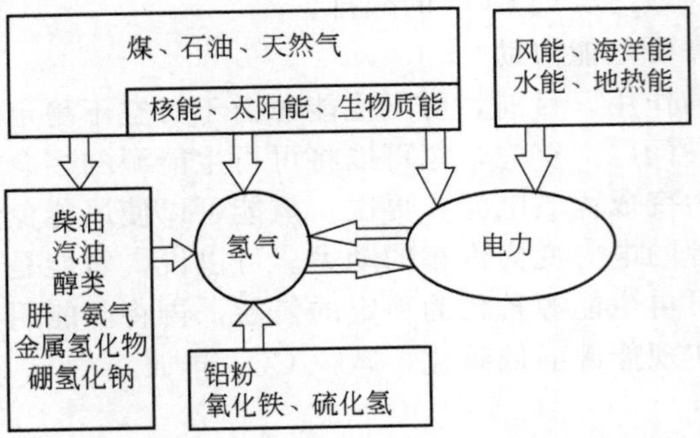

图 0-2 工业制氢方法框图

多途径制氢的介质，它既可以直接制氢，也可以间接制氢，由于生物质生长过程吸收的 CO_2 与其制氢过程释放的 CO_2 相当，所以生物质制氢备受重视；风能、水能、地热能和海洋能（不包括海洋植物）只能间接制氢，即先发电，再用电解水制氢。

核能和太阳能一样，可以直接或间接制氢。

几乎所有的能源载体都可以制氢。电是最重要的能源载体。电解水制氢是非常重要的工业化制氢方法。汽油、柴油、甲醇、氨气等既是能源载体，也是重要的氢的载体，所以，用这些含氢丰富的氢能载体制氢是顺理成章的事。

综上所述，将根据原料划分的制氢方法制图如图 0-2（毛宗强，毛志明．氢能生产及热化学利用．北京：化学工业出版社，2015）所示。

从图 0-2 可见，化石能源煤、石油和天然气制氢途径最多，可以直接制得氢气，也可以先发电再制氢，还可以制成其他化合物（如汽柴油、甲醇）后再制氢。可再生能源中太阳能、生物质能和新能源核能则可以直接制氢或者先发电再制氢。而风能、水力能、地热能和海洋能（不包括海洋植物）则只能先发电再电解水制氢。图 0-2 中左下框的物质都和氢一样是能源载体，由它们可以直接制取氢气。电也是能源载体，因为它较为特殊，不仅可以由电制氢，称为 PTG；也可以由氢气发电，称为 GTP。电和氢就是一对“好兄弟”，可以相互转化。图 0-2 下框中的铝粉、氧化铁、硫化氢等，是一些金属或化合物的代表，它们都可以直接制氢。

0.3.2 根据制氢原理分类

另一种分类方法是根据制氢原理分类。可以将工业制氢分为：热化学方法、电化学方法、等离子体法、生物法和光化学法等。每种方法的原理和特点见表 0-1。

表0-1 制氢原理和特点

制氢方法	原理	特点
热化学方法	用热量破坏现成化合物中的键能，使其重组为氢分子	热化学方法是应用最广泛的制氢方法。目前全世界 96% ~ 97% 的氢气由化石能源的热化学方法制造
电化学方法	用电能破坏现成化合物中的键能，使其重组为氢分子	由于电的来源广泛，电解水制氢纯度高，对生成氢气的净化要求低
等离子体法	用电能将现成化合物制成等离子体、破坏其原有的键能，使其重组为氢分子	使含氢化合物形成等离子体，以提高产氢量
生物法	通过光合作用，在太阳光的参与下，将空气中的 CO_2 变成含氢的生物；或通过细菌的作用将水分解为氢和氧	反应温和、对环境没有影响。大自然的重要循环
光化学法	通过光的作用，在催化剂的参与下，将水变成氢和氧	反应温和、对环境没有影响。离产业化有距离

本文主要介绍已经产业化或接近产业化的工业制氢方法及原理，并根据制氢原料分类，

这样为各地区因地制宜制氢提供了可能性和现实性。

0.4 我国是世界产氢第一大国，化石燃料是目前制氢主力

据 2016 年中国标准化研究院和全国氢能标准化技术委员会发布的《中国氢能产业基础设施发展蓝皮书》，我国目前已经是世界制氢第一大国。2015 年，全世界产氢约 4300 万吨，其中，我国产氢 2900 多万吨，居世界各国氢气产量之首。

目前，我国制氢主要还是依靠化石能源。笔者利用《中国统计年鉴 2017》汇总出如下信息。

0.4.1 全国煤炭、天然气制氢潜在产能

根据《中国统计年鉴 2017》的数据，2016 年全国煤制氢和天然气制氢的潜在产能列于表 0-2。

表0-2 2016 年全国煤、天然气制氢潜在产能

（按照 900m^3 氢气/t 煤，2m^3 氢气/m^3 天然气计算）①

地区	煤制氢产能② /亿立方米	煤制氢产能④ /万吨	天然气制氢产能③ /亿立方米	天然气制氢产能④ /万吨
华北	15504	13842.9	185.2	165.4
东北	1021	911.6	126.4	112.9
华东	2628	2346.4	21.8	19.5
华中	1354	1208.9	9.2	8.2
华南	36	32.1	161.6	144.3
西南	2647	2363.4	704	628.6
西北	7085	6325.9	1528	1364.3
总计	30275	27031.2	2736.2	2443.2

① 全国煤炭及天然气产量数据来自《中国统计年鉴 2017》；单位中的 m^3 为标准状况下的体积，下同。

② 煤炭制氢气产能按 1t 煤炭可产生 900m^3 氢气(中国标准化研究院，全国氢能标准化技术委员会．中国氢能产业基础设施发展蓝皮书．北京：中国质检出版社，中国标准出版社，2016：6)。

③ 天然气产氢气按 2m^3 氢气/m^3 天然气计算。

④ 1 亿立方米氢气= 0.892857 万吨氢气。

由表 0-2 可见，2016 年我国煤炭和天然气制氢的理论产能达到 33000 亿立方米，折合 2.9 亿吨。其中，华北是我国煤制氢的最大的潜在基地。

0.4.2 2016 年全国氯碱、甲醇、合成氨的副产氢气产能

2016 年全国氯碱、甲醇、合成氨的副产氢气产能（亿立方米）分布见表 0-3。

从表 0-3 可以看出，我国 2016 年焦炭、氯碱、甲醇和合成氨的理论副产氢气分别为 945 亿立方米、91 亿立方米、224 亿立方米和 71 亿立方米，总计 1331 亿立方米。另外，2016 年，全国弃水、弃风、弃光电量达 1100 亿度，折合可生产氢气 220 亿立方米。2016 年全国 35 台商运核电机组运行装机容量为 33632.16MWe，按照公布的单机最大开工 8706.06h 计，

应该发电 2928.04 亿度，实际发电 2105.19 亿度，弃电 822 亿度。折合氢气 164 亿立方米。则“四弃”（弃水、弃风、弃光和弃核）合计 384 亿立方米氢气。这样，2016 年，我国合计副产氢气和弃电制氢理论产氢共 1716 亿立方米，折合 1532 万吨。以每辆燃料电池小轿车每年行驶 2 万公里，消耗氢气 $2000m^3$ 计算，可供 8600 万辆燃料电池小轿车一年的用氢量。可见，副产氢气是我国重要的氢气来源之一，不可忽视。

表0-3 2016 年全国氯碱、甲醇、合成氨的副产氢气产能[①] 单位：亿立方米

地区	焦炭[②]	氯碱[③]	甲醇[④]	合成氨[⑤]
华北	396	15	60	11
东北	75	3	3	2
华东	230	47	50	18
华中	107	8	21	14
华南	28	2	9	2
西南	76	4	18	12
西北	33	12	63	12
总计	945	91	224	71

① 全国氯碱、甲醇、合成氨来自《中国统计年鉴 2017》。

② 焦炭副产氢气按 1t 焦炭产生 $400m^3$ 焦炉煤气，其中 60% 体积为氢气。

③ 氯碱副产氢气按 1t 烧碱产 $280m^3$ 氢气。

④ 甲醇副产氢气按 1t 甲醇副产 $560m^3$ 氢气(顾维，谢全安；焦炉气制甲醇弛放气合成氨工艺研究，河北化工，2011 年 03 期）。

⑤ 合成氨副产氢气按 1t 合成氨产生 $186m^3$ 弛放气，含氢 60%（叶海祺，氨厂弛放气中氢的循环利用，化肥设计，1981-06-25）。

0.5 氢能是二次能源吗?

一直以来，我们都说自然界没有游离的氢气，在地球上，氢都是以化合物：水、硫化氢等形式存在。由此，我们将氢归于二次能源，又称为能源载体。

不过，事情正在起变化。多个国家的科学家声明他们在地球上发现了游离的自由的氢气！法国石油与新能源研究院（IFPEN）地质学家埃里克·德维尔（Eric Deville）认为，一切都表明，陆地之下蕴含着大量氢——更准确地说是氢气（H_2），并源源不断地向外释放。“天然氢气很可能是我们能够从地球深处开采出来的最后一种流体能源”。

关于天然氢气存在讨论可以追溯到 20 世纪 70 年代，这些探测于 1997 年得到了细化。法国海洋开发研究所（IFREMER）的海底机器人当时在对亚速尔群岛以南、水下 2300m 大西洋海脊上的“黑烟囱”进行勘探。“我们追溯甲烷的来源，以确定这些海底热泉的位置。这时偶然发现了富含氢气的热液……”曾任职于该所的让-吕克·夏鲁（Jean-Luc Charlou）回忆道。数年过去，这个法国团队沿着大西洋海脊发现了 7 个天然氢气逸出点；与此同时，美国、俄罗斯和日本科学家在别处也有发现。

2011 年俄罗斯地质学家弗拉基米尔·拉林（Vladimir Larin）和尼古拉·拉林（Nikolai Larin）父子声称在离莫斯科几百公里的地方发现了氢气源（Larin VN，Warren Hunt C. Hydridic Earth：the new geology of our primordially hydrogen-rich planet. Alberta：Polar Publishing，1993）。后来，法国团队带着仪器亲自来到现场。埃里克·德维尔证实：

“我们测到了氢气，和俄罗斯人一样。”结论令世人大跌眼镜。

2012 年春天，一个加拿大天然气公司声称，在距离马里首都巴马科 60km 处的一片含水层中，打出了一个纯度高达 98%的氢气井。

当土壤科学家研究俄罗斯 EEC 的氢渗透特性时（Sukhanova NI，Trofimov SY，Polyanskaya LM，Larin NV，Larin VN. Changes in the humus status and the structure of the microbial biomass in hydrogen exhalation places. Eurasian Soil Sci，2013，46：135-144；Polyanskaya LV，Sukhanova NI，Chakmazyan KV，Zvyagintsev DG. Specific features of the structure of microbial biomass in soils of annular mesodepressions in Lipetsk and Volgograd oblasts. Eurasian Soil Sci，2014，47：904-909），他们发现分子氢从这些结构中渗漏出来，这种渗漏影响了土壤的表层，破坏了植被和微生物的生物量。

2015 年，埃里克·德维尔和他的同事，Viacheslav Zgonnik，Valérie Beaumont，Eric Deville，Nikolay Larin，Daniel Pillot 和 Kathleen M. Farrell 等人在《在地球和行星科学进展》杂志发表题为“与美国卡罗来纳湾渗漏相关的自然分子氢的证据”一文（Zgonnik et al. Progress in Earth and Planetary Science，2015，2：31）。文章报道了在北卡罗来纳（美国）及其“卡罗来纳湾”进行的关于土壤气体的研究。特别是在海湾周围，发现了大量的分子氢（H_2）。这些测量结果表明，卡罗来纳湾的流体流动路径是从深度到地表。讨论了 H_2 的生产和运输的潜在机制，以及流体迁移途径的地质控制，并提出了一个假设：卡罗来纳湾是由于在 H_2 向地表迁移而导致的岩石发生改变而导致的局部塌陷的结果。目前的 H_2 型相比较类似于先前在东欧克拉顿观察到的结构。作者展示了他们的研究结果，如表 0-4 所示。

表0-4　土壤气体样品用气相色谱（GC）测量的结果

工作地点	样品编号	北纬/(°)	西经/(°)	现场测量氢气浓度/(μL/L)	气相色谱测量结果						
					H_2/(μL/L)	O_2+Ar/%	N_2/%	CH_4/(μL/L)	CO_2/%	C_2H_6/(μL/L)	C_3H_8/(μL/L)
亚瑟路湾		34.7939167	−79.2296667	586	275	20.05	79.30	11	0.62	1	2
亚瑟路沙坑		34.7869444	−79.2266667	探测器的饱和	605	19.37	79.28	735	1.21	1	1
亚瑟路沙坑泡泡		34.7870556	−79.2269167	—	0	2.84	35.04	53.57%	8.56	0	0
史密斯湾	1	34.6824722	−78.5870694	659	179	20.23	79.26	15	0.50	2	2
	2			715	146	20.32	79.15	11	0.51	0	0
	3			574	296	20.38	79.40	17	0.20	2	2
琼斯湖内小的新结构	1	34.6930278	−78.6004722	210	107	20.12	79.61	194	0.23	0	0
	2	34.6930556	−78.6008056	391	167	16.51	79.35	27468	1.38	0	0
	3	34.6928131	−78.6003308	477	202	20.00	78.11	5875	1.28	0	0
	4	34.6928232	−78.6003460	815	463	18.67	78.66	13783	1.24	0	0
琼斯湖沙坑	1	34.7001111	−78.5867222	3700*	698	14.54	84.02	244	1.34	0	0
	2	34.7001111	−78.5872500	719	245	20.34	79.30	15	0.33	0	0
	3	34.7001111	−78.5867222	探测器的饱和	1043	14.78	82.12	392	2.96	0	0

注：除了带*号的现场测量的数据之外，所有现场 H_2 测量的数据都是用气相色谱 GA2000+ 检测器获得的。每个样本的气体组分总量都是 100%。现场测量和实验室测量之间的差异可归因于取样方法。现场测量通常是实验室测量的两倍，除非取样失败。

从表 0-4 中可以看出，他们研究的土壤中有大量的自然氢气，有的地方氢气浓度甚至高达 1000μL/L。由此，埃里克·德维尔估计：在史密斯湾，每天的 H_2 流量是 750～1000m^3。在阿瑟路湾，每天的 H_2 流量是 1000～1370m^3。对琼斯湖湾来说，每天的 H_2 流量是 1120～2740m^3。在大琼斯湖湾内部的小结构中，每天的 H_2 流量为 21～31m^3。无论数量多少，总之，那里存在自然氢气！

不过，持不同看法的人可不少。法国原子能与可替代能委员会（CEA）能源新技术负责人保罗·卢谢斯（Paul Lucchesse）就认为：目前还无法对天然氢能源抱以过高期待，不管是储存量，还是提取技术和使用方法，我们掌握的信息都太少了。

笔者的态度是：当今世界科技进步非常快，连以前不承认的“暗物质”都已经发现了，在地球上发现自然氢气也不是什么值得大惊小怪的事情，只是希望看到更多的数据，最好是发现有商业开采价值的自然氢气源，那时人类会早日进入氢能社会。

第1章 煤制氢

我国是世界上开发利用煤炭最早的国家。2000多年前的地理名著《山海经》（现代多数学者认为《山海经》成书非一时，作者亦非一人。大约是从战国初年到汉代初年楚和巴蜀地方的人所作，到西汉刘歆校书时才合编在一起）中称煤为“石涅”，并记载了几处“石涅”产地，经考证都是现今煤田的所在地。例如书中所指“女床之山”，在华阴西六百里，相当于现今渭北煤田麟游、永寿一带；“女儿之山”，在今四川双流和什邡煤田分布区域内；书中还指出“风雨之山”。显然，我国发现和开始用煤的时代还远早于此。在汉代的一些史料中，有现今河南六河沟、登封、洛阳等地采煤的记载。当时煤不仅用作柴烧，而且成了煮盐、炼铁的燃料。现河南巩县还能见到当时用煤饼炼铁的遗迹。汉朝以后，称煤为“石墨”或“石炭”。可见我国劳动人民有悠久的用煤历史。

煤制氢技术发展已经有200年历史，在中国也有近100年历史。

我国是煤炭资源十分丰富的国家，目前，煤在能源结构中的比例高达70%左右，专家预计，即使到2050年，我国能源结构中，煤仍然会占到50%。如此大量的煤炭使用将放出大量的温室气体CO_2。现在我国已经是世界CO_2排放第一大国，受到巨大的国际压力。洁净煤技术将是我国大力推行的清洁使用煤炭的技术。在多种洁净煤技术中，煤制氢，可以简称为CTG（coal to gas），将是我国最重要的洁净煤技术，是清洁使用煤炭的重要途径。

以煤为原料制取H_2的方法主要有两种：一是煤的焦化（或称高温干馏），二是煤的气化。焦化是指煤在隔绝空气条件下，在900～1000℃制取焦炭，副产品为焦炉煤气。焦炉煤气组成中含H_2 55%～60%（体积分数）、甲烷23%～27%、一氧化碳6%～8%等。每吨煤可得煤气300～350m^3，可作为城市煤气，亦是制取H_2的原料。煤的气化是指煤在高温常压或加压下，与气化剂反应转化成气体产物。气化剂为水蒸气或氧气（空气），气体产物中含有H_2等组分，其含量随不同气化方法而异。气化的目的是制取化工原料或城市煤气。大型工业煤气化炉如鲁奇炉是一种固定床式气化炉，所制得煤气组成为氢气37%～39%（体积分数）、一氧化碳17%～18%、二氧化碳32%、甲烷8%～10%。我国拥有大型鲁奇炉，每台炉产气量可达100000m^3/h。气流床煤气化炉，如德士古（Texaco）气化炉，采用水煤浆为原料。目前已建有工业生产装置生产合成氨、合成甲醇原料气，其煤气组成为H_2 35%～36%（体积分数）、一氧化碳44%～51%、二氧化碳13%～18%、甲烷0.1%。甲烷含量低为其特点。我国现有大批中小型合成氨厂，均以煤为原料，采用固定床式气化炉，可间歇操作生产制得丰水煤气或水煤气。气化后制得含氢煤气作为合成氨的原料，这是一种具有我国特点的取得氢源方法。该装置投资小，操作容易，其气体产物组成主要是氢气及一氧化碳。

我国从低变质程度的褐煤到高变质程度的无烟煤都有储存。按中国的煤种分类，其中炼焦煤类占27.65%，非炼焦煤类占72.35%，前者包括气煤（占13.75%），肥煤（占

3.53%），主焦煤（占5.81%），瘦煤（占4.01%），其他为未分牌号的煤（占0.55%）；后者包括无烟煤（占10.93%），贫煤（占5.55%），弱黏煤（占1.74%），不黏煤（占13.8%），长焰煤（占12.52%），褐煤（占12.76%），天然焦（占0.19%），未分牌号的煤（占13.80%）和牌号不清的煤（占1.06%）[1]。其中，褐煤是煤化程度最低的矿产煤，一种介于泥炭与沥青煤之间的棕黑色、无光泽的低级煤。褐煤化学反应性强，在空气中容易风化，不易储存和运输，燃烧时对空气污染严重。

1.1 传统煤制氢技术

氢是重要的化工原料和极为清洁的优质能源，应用领域很广，目前用量最大的是作为石油化工原料，用于生产合成氨、油品、甲醇以及石油炼制过程的加氢反应等，氢能作为一种洁净、高效、可储存及可再生的能源已受到广泛关注。氢的开发利用首先要解决的是氢源问题。我国是以煤炭为主要能源的国家，煤炭资源十分丰富，以煤炭为原料制取廉价氢源供应终端用户，集中处理有害废物将污染降到最低水平，是具有中国特色的制氢路线，在一段时间内将是中国发展氢能的一条现实之路[2]。

传统的煤制氢过程可以分为直接制氢和间接制氢。煤的直接制氢包括：①煤的焦化，在隔绝空气的条件下，在900～1000℃制取焦炭，副产品焦炉煤气中含H_2 55%～60%、甲烷23%～27%、一氧化碳6%～8%，以及少量其他气体。可作为城市煤气，亦是制取H_2的原料。②煤的气化，煤在高温、常压或加压下，与气化剂反应，转化成为气体产物，气化剂为水蒸气或氧气（空气），气体产物中含有H_2等组分，其含量随不同气化方法而异。煤的间接制氢过程是指将煤首先转化为甲醇，再由甲醇重整制氢[3]。

1.2 煤气化制氢工艺

煤气化制氢是先将煤炭气化得到以H_2和一氧化碳为主要成分的气态产品，然后经过净化、CO变换和分离、提纯等处理而获得一定纯度的产品氢。煤气化制氢技术的工艺过程一般包括煤的气化、煤气净化、CO的变换以及H_2提纯等主要生产环节。工艺流程如图1-1所示。

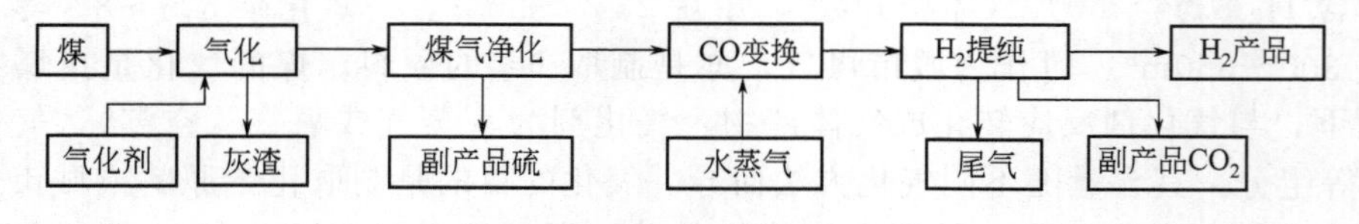

图1-1 煤气化制氢工艺流程

1.2.1 煤的气化

用煤制取H_2其关键核心技术是先将固体的煤转变成气态产品，即经过煤气化技术，然后进一步转换制取H_2。气化过程是煤炭的一个热化学加工过程。它是以煤或煤焦为原料，以氧气（空气、富氧或工业纯氧）、水蒸气作为气化剂，在高温高压下通过化学反应将煤或煤焦中的可燃部分转化为可燃性气体的工艺过程。气化时所得的可燃气体成分为煤气，作为化工原料用的煤气一般称为合成气（合成气除了以煤炭为原料外，还可以采用天然气、重质石油组分等为原料），进行气化的设备称为煤气发生炉或气化炉。

煤炭气化包含一系列物理、化学变化。一般包括干燥、热解、气化和燃烧四个阶段。干燥属于物理变化，随着温度的升高，煤中的水分受热蒸发。其他属于化学变化，燃烧也可以认为是气化的一部分。煤在气化炉中干燥以后，随着温度的进一步升高，煤分子发生热分解反应，生成大量挥发性物质（包括干馏煤气、焦油和热解水等），同时煤黏结成半焦。煤热解后形成的半焦在更高的温度下与通入气化炉的气化剂发生化学反应，生成以一氧化碳、H_2、甲烷及二氧化碳、氮气、硫化氢、水等为主要成分的气态产物，即粗煤气。气化反应包括很多的化学反应，主要是碳、水、氧、氢、一氧化碳、二氧化碳相互间的反应，其中碳与氧的反应又称燃烧反应，提供气化过程的热量。

气化主要反应如下：

（1）水蒸气转化反应

$$C+H_2O \longrightarrow CO+H_2 \tag{1-1}$$

（2）水煤气变换反应

$$CO+H_2O \longrightarrow CO_2+H_2 \tag{1-2}$$

（3）部分氧化反应

$$C+0.5O_2 \longrightarrow CO \tag{1-3}$$

（4）完全氧化（燃烧）反应

$$C+O_2 \longrightarrow CO_2 \tag{1-4}$$

（5）甲烷化反应

$$CO_2+4H_2 \longrightarrow CH_4+2H_2O \tag{1-5}$$

（6）Boudouard 反应

$$C+CO_2 \longrightarrow 2CO \tag{1-6}$$

1.2.2 一氧化碳变换

一氧化碳变换作用是将煤气化产生的合成气中一氧化碳变换成 H_2 和二氧化碳，调节气体成分，满足后部工序的要求。CO 变换技术依据变换催化剂的发展而发展，变换催化剂的性能决定了变换流程及其先进性。采用 Fe-Cr 系催化剂的变换工艺，操作温度在 350～550℃，称为中、高温变换工艺。其操作温度较高，原料气经变换后 CO 的平衡浓度高。Fe-Cr系变换催化剂的抗硫能力差，适用于含量总硫含量低于 80×10^{-6} 的气体。

采用 Cu-Zn 系催化剂的变换工艺，操作温度在 200～280℃，称为低温变换工艺。这种工艺通常串联在中、高温变换工艺之后，将 3%左右的 CO 降低到 0.3%左右。Cu-Zn 系变换催化剂的抗硫能力更差，适用于硫含量低于 0.1×10^{-6} 的气体。采用 Co-Mo 系催化剂的变换工艺，操作温度在 200～550℃，称为宽温耐硫变换工艺。其操作温区较宽，特别适合于高浓度 CO 变换且不易超温。Co-Mo 系变换催化剂的抗硫能力极强，对硫无上限要求。变换的能耗取决于催化剂所要求的汽/气比和操作温度，在上述 3 种变换工艺中，耐硫宽温变换工艺在这两方面均为最低，具有能耗低的优势。耐硫宽温变换催化剂的活性组分是 Co-Mo 的硫化物，特别适合于处理较高 H_2S 浓度的气体，因此，在煤炭制氢装置中，一般 CO 变换均采用耐硫变换工艺。

1.2.3 酸性气体脱除技术

煤气化合成气经 CO 变换后，主要为含 H_2、CO_2 的气体，以脱除 CO_2 为主要任务的酸性气体脱除方法主要有溶液物理吸收、溶液化学吸收、低温蒸馏和吸附四大类，其中以溶液物理吸收和化学吸收最为普遍。溶液物理吸收法适用于压力较高的场合，化学吸收法适用于压力相对较低的场合。国外应用较多的溶液物理吸收法主要有低温甲醇洗法，应用较多的化学吸收法主要有热钾碱法和 MDEA（*N*-甲基二乙醇胺）法。国内应用较多的液体物理吸收法主要有低温甲醇洗法、NHD（聚乙二醇二甲醚）法、碳酸丙烯酯法，应用较多的化学吸收法主要有热钾碱法和 MDEA 法。溶液物理吸收法中以低温甲醇洗法能耗最低，可以在脱除 CO_2 的同时完成精脱硫。低温甲醇洗工艺采用冷甲醇作为溶剂来脱除酸性气体的物理吸收方法，其工艺气体净化度高、选择性好，甲醇溶剂对 CO_2 和 H_2S、COS 的吸收具有很高的选择性，同等条件下 COS 和 H_2S 在甲醇中的溶解度分别约为 CO_2 的 3～4 倍和 5～6 倍。气体的脱硫和脱碳可在同一个塔内分段、选择性地进行。少量的脱碳富液脱硫，不仅简化了流程，而且容易得到高浓度的 H_2S 组分，并可用常规克劳斯法回收硫。

1.2.4 H_2 提纯技术

目前粗 H_2 提纯的主要方法有深冷法、膜分离法、吸收-吸附法、钯膜扩散法、金属氢化物法及变压吸附法等。在规模化、能耗、操作难易程度、产品氢纯度、投资等方面都具有较大综合优势的分离方法是变压吸附法（PSA）。PSA 技术是利用固体吸附剂对不同气体的吸附选择性及气体在吸附剂上的吸附量随压力变化而变化的特性，在一定压力下吸附，通过降低被吸附气体分压使被吸附气体解吸的气体分离方法。目前国内 PSA 技术在吸附剂、工艺、控制、阀门等诸多方面做了大量的改进工作，已跨入国际先进行列[4]。

1.2.5 “三废”处理

煤制氢工艺过程产生的“三废”均得到了合理处置。气化过程产生的灰渣可填埋处理；灰水经过本装置预处理后，达到送污水处理场指标，继续处理后达标排放或回用标准；酸性气脱除过程产生的硫化氢送往硫黄回收装置制硫黄；变换气经过二氧化碳脱除塔产生较高纯度（达到 97%）的二氧化碳气体，采用冷却吸附工艺，继续提纯可生产市场需求的工业级和食品级二氧化碳，或进一步处理减少往大气的排放。

1.3 煤制氢国内外发展现状

1.3.1 国外煤制氢发展状况

煤制氢技术主要以煤气化制氢为主，此技术发展已经有 200 年历史。煤气化工艺大多为德国人所研发，德国于 20 世纪 30 年代至 50 年代初，完成了所谓的第一代气化工艺的研究与开发，有固定床的碎煤加压气化 Lurgi 炉、流化床的常压 Winkler 炉和气流床的常压 K-T 炉。这些炉型都以纯氧为气化剂，实行连续操作，大大提高了气化强度和冷煤气效率。德国、美国等国于 70 年代开始又研发了所谓的第二代炉型如 BGL、HTW、Texaco、Shell、KRW 等。第二代炉型的显著特点是加压操作。第三代仍处于实验室研究阶段，如煤的催化气化、煤的等离子体气化、煤的太阳能气化和煤的核能余热气化等。

目前，美国已启动“Vision21”计划，其基本思路是，燃料通过吹氧气化，然后变换，并分离出 CO_2 和 H_2，以燃煤发电效率达到 60%、天然气发电效率达 75%、煤制氢效率达 75%为目标。其中的重大关键技术包括适应各种燃料的新型气化技术，高效分离 O_2 与 N_2、CO_2 与 H_2 的膜技术等。在此计划中，提出了一些新的概念和技术，如 Las Alalnos 国家实验室的厌氧煤制氢概念、GE 能源和环境研究公司提出的制备 H_2 和纯 CO_2 的灵活燃料气化-燃料技术等。

美国能源部参与了综合碳吸收和氢能的研究计划。该计划由政府和工业界共同投资 10

亿美元，用来设计、建设和运转一套几乎无污染物排放的燃煤电力和氢能工厂。这座275MW的示范工厂将采用煤气化技术，而不是传统的煤燃烧技术生产合成气，粗产品为H_2和CO_2，CO_2可采用膜工艺分离出来，分离出的CO_2将永久封存在地层中。碳吸收和膜分离是煤制氢的两项关键技术。

煤气化制氢过程中，也不可避免地会产生CO_2，但这种高压、高纯度CO_2（接近100%）完全区别于化石燃料普通燃烧过程产生的常压、低浓度CO_2（含量仅为12%左右），可以更经济地实现CO_2的“封存”。随着CO_2“埋藏”技术的迅速发展，煤气化制氢系统完全可以实现零排放。

在日本新能源和工业技术发展组织（NEDO）支持下，日本川崎重工正着手利用澳大利亚褐煤制氢，然后就地将氢气液化，再用船运回日本作为燃气轮机发电厂的原料。该项目的目标是证明大规模运输液化氢的可行性。

1.3.2 国内煤制氢发展状况

中国的化石能资源主要是煤，天然气资源稀缺，因此，煤气化便成为中国的主要制氢形式。煤焦化所得的煤气，也是很好的氢源，目前大多作为城市煤气使用。煤气化技术在中国的应用已有100多年的历史，它是煤炭洁净转化的核心技术和关键技术。在中国，每年约5000万吨煤炭用于气化，使用了固定床、流化床和气流床气化技术，生产的煤气广泛用作工业燃料气、化工合成气和城市煤气等。煤气化制氢在我国主要作为生产原料气用于合成氨的生产。从最近国内煤化工发展趋势看，煤气化的原料气朝合成甲醇、二甲醚、醋酐和醋酸等方向发展。随着中国神华集团煤炭直接液化项目和其他集团的煤间接液化项目以及大规模煤气化多联产项目的陆续投产，煤炭气化制氢将会大发展。

近年，我国氢燃料电池技术逐步成熟，将逐渐商业化并推广使用，也将推动煤气化制氢的发展。作者相信，以大型清洁煤制氢为核心的多联产技术将成为煤炭清洁高效利用的重要发展方向，能为未来氢能大规模发展提供大量、稳定的清洁氢气。

1.4 煤气化技术

煤制氢技术[5]包括煤的焦化制氢和煤的气化制氢。煤的焦化是以制取焦炭为主，焦炉煤气是副产品，由于中国焦炭产量巨大，所以焦炉煤气的产量也非常大，2005年焦化产生的煤气大约有1300亿立方米，如果按含氢量60%，那么就有750亿立方米的H_2产生。这些H_2是对氢源短缺的有益补充。

目前，利用煤制氢主要是通过煤的气化来制取H_2，气化工艺在很大程度上影响着产品H_2的成本和过程气化效率，研发高效、低能耗、无污染的煤气化工艺是发展煤气化制氢的前提[6,7]。煤气化技术的形式多种多样，但按照煤料与气化剂在气化炉内流动过程中的不同接触方式，通常分成固定床（也称移动床）气化、流化床气化、气流床气化等。

1.4.1 固定床气化技术

固定床气化是以块煤、焦炭块或型煤（煤球）作入炉原料，床层与气化剂（H_2O、空气或O_2）进行逆流接触，并发生热化学转化生成H_2、CO、CO_2的过程。固定床气化要求原料煤的热稳定性高、反应活性好、灰熔融性温度高、机械强度高等，对煤的灰分含量也有所限制。固定床气化形式多样，通常按照压力等级可分为常压和加压两种。

1.4.1.1 常压固定床

常压固定床煤气化技术[8]是目前我国氮肥产业主要采用的煤气化技术之一。固定床气化采用常压固定床空气、蒸汽间歇制气，要求原料为25～75mm的块状无烟煤或焦煤，进厂原料利用率低，操作繁杂、单炉日处理量少（50～100t/d）、有效气成分含量为76%，碳转化率为75%～82%，对环境污染严重。国外早已不再采用该技术，尽管我国有900余家中小型合成氨厂和煤气厂采用常压固定床气化技术，3000余台气化炉还在运行，但从气化技术发展的角度看，常压固定床气化技术已无法适应现代煤化工对气化技术的要求，属将逐步淘汰的工艺，面临着更新换代的问题。

1.4.1.2 鲁奇加压固定床

鲁奇炉（Lurgi）加压气化炉压力为2.5～4.0MPa，气化反应温度为900～1100℃，固态排渣，以块煤（粒度5～50mm）为原料，以蒸汽、氧气［比氧耗270～300m^3/1000m^3($CO+H_2$)］为气化剂生产半水煤气，有效气成分含量为50%～65%，碳转化率为95%。产品煤气经热回收和除油后，含有约10%～12%的甲烷，适宜作城市煤气。粗煤气经变换冷却、低温甲醇洗、甲烷转化后可作合成气，但流程长，技术经济指标差，低温焦油及含酚废水的处理难度较大，环保问题不易解决。与常压固定床相比，鲁奇炉有效解决了常压固定床单炉产气能力小的问题，通过扩大炉径和增设破粘装置，提高了气化强度和煤种适应性，适用于除强黏结性煤外所有煤种。同时，由于在生产中使用了碎煤，也使煤的利用率得到相应提高。目前，世界上共建有120多台鲁奇炉，国内使用该技术的有河南义马气化厂、哈尔滨依兰煤气厂、云南解放军化肥厂、新疆广汇新能源集团公司、国电赤峰化肥项目、内蒙古大唐国际克旗、山西潞安煤业集团、新疆庆华等，用途为天然气、城市煤气、合成氨。

1.4.2 流化床气化技术

流化床气化是煤颗粒床层在入炉气化剂的作用下，呈现流态化状态，并完成气化反应的过程。流化床气化以0～8mm的粉煤为原料，由于气化反应速率快，因而，同等规格的气化炉，生产能力一般比固定床高约2～4倍。另外，煤干馏产生的烃类发生二次裂解，所以出口煤气中几乎不含焦油和酚水，冷凝冷却水处理简单、环境友好。流化床气化还具有床内温度场分布均匀，径、轴向温度梯度小和过程易于控制等优点。流化床气化工艺主要包括常压Winkler、Lurgi循环流化床、加压HTW和灰熔聚技术（U-gas、KRW）等。在满足未来大规模煤气化制氢的方面，还有许多不足之处，如气化温度低，热损失大，粗煤气质量差等。

灰熔聚流化床粉煤气化[9～11]以碎煤为原料（粒度＜6～8mm），以氧气为氧化剂，水蒸气或二氧化碳为气化剂，灰熔聚技术根据射流原理，设计了独特的气体分布器，有利于中央局部区域形成1200～1300℃的高温，促使灰渣团聚成球，借助质量的差异达到灰渣团与半焦的分离，在非结渣情况下，连续有选择地排出低碳含量的灰渣，提高了床内碳含量和操作温度（达1100℃），从而使其适用煤种拓宽到低活性的烟煤乃至无烟煤。有效气成分含量为70%，比氧耗和比煤耗分别为300m^3/1000m^3($CO+H_2$)和750kg/1000m^3($CO+H_2$)。目前国内使用该技术的有城固化肥厂、晋城煤业集团、内蒙古霍煤双兴煤气化公司、河北石家庄金石化肥厂等。

1.4.3 气流床气化技术

气流床气化是用气化剂将煤粉高速夹带喷入气化炉，并完成气化反应（部分氧化）的过程。气流床气化比固定床、流化床气化反应速率快得多，一般只有几秒，因而气流床气化炉的气化强度可以比固定床、流化床气化炉高出几倍，甚至几十倍。气流床气化较典型工艺包括基于干法进料的 K-T、Shell、GSP 和基于水煤浆进料的 Texaco、多喷嘴等。气流床气化法有很多优点，如气流床气化温度高，碳的转化率高，单炉生产能力大；煤气中不含焦油，污水少；液态排渣等。每种气化方法都有各自的优缺点，选择气化方法时，要考虑自身的条件，选用合适的气化方式制取 H_2。

1.4.3.1 壳牌粉煤气化技术

Shell 煤气化[12]在高温（1400～1600℃）加压（3MPa）条件下进行，属干粉进料气流床反应器，煤粉、氧气及蒸汽并流进入气化炉，在极为短暂的时间内完成升温、挥发分脱除、裂解、燃烧及转化等一系列物理和化学过程。有效气成分含量大于 90%，碳转化率为 99%，比氧耗和比煤耗分别为 $337m^3/1000m^3(CO+H_2)$ 和 $525kg/1000m^3(CO+H_2)$。煤种适应性广，从无烟煤、烟煤、褐煤到石油焦均可气化，对煤的灰熔点范围比其他气化工艺更宽。对于高灰分、高水分、高含硫量的煤种也同样适应。迄今已有 20 余套 Shell 装置在中国运行，但这些装置的运转令人失望，没有一套装置达到满负荷长周期运转，暴露的主要问题有粉煤输送系统的稳定性差、下渣口阻塞、锅炉积灰等。

1.4.3.2 航天炉技术

航天炉煤气化技术[13]吸收了国外先进煤气化技术（壳牌、德士古）的优点，充分利用航天特种技术优势与航天石化装备的研发成果。其特点为采用粉煤作原料，气流床加压气化和水冷壁结构，气化压力为 4.0MPa，气化温度>1700℃，满足高效利用煤炭的技术要求。有效气成分含量大于 90%，碳转化率为 99%，比氧耗和比煤耗分别为 $330\sim360m^3/1000m^3(CO+H_2)$ 和 $490\sim600kg/1000m^3(CO+H_2)$。采用激冷流程及灰渣水循环利用等技术，能够实现合成气灰分、硫等有害元素的有效处理和灰渣的综合利用。达到洁净环保要求，全部设备国产，成套工艺技术拥有自主知识产权。目前国内有十余套装置在安徽临泉化工、黑龙江双鸭山龙煤化工、河南晋开化工、山东鲁西化工、山东瑞星集团年产 30 万吨合成氨路线改造项目、新乡中新化工、鄂尔多斯市诚峰石化、河南濮阳龙宇化工等企业开车。

1.4.3.3 清华炉技术

清华大学岳光溪等通过将燃烧领域的分级送风概念引进水煤浆气化技术[5]，改进火焰结构，降低喷嘴壁温，提高煤转化率，形成了分级给氧两段气化技术。反应阶段变成了脱水分和挥发分→燃烧→气化→再燃烧→再气化五个反应阶段。这是氧气分级气化技术的核心所在。其操作温度 1300～1500℃，气化压力 4.0～8.0MPa，煤种涉及中低变质程度烟煤、老年褐煤、石油焦，有效气成分含量为 83.06%，碳转化率为 98.2%，比氧耗和比煤耗分别为 $367.6m^3/1000m^3(CO+H_2)$ 和 $553.5kg/1000m^3(CO+H_2)$。在山西丰喜肥业集团进行了煤处理量 500t/d 的工业示范。目前采用该技术的大唐集团呼伦贝尔化肥有限公司、上海惠生控股有限公司等 5 家大型煤气化企业已开工建设。以上为清华一代炉。清华团队再接再厉，开发出清华二代炉：水煤浆水冷壁技术。2005 年第二代清华炉水煤浆水冷壁技术投入研发，工业装置于 2011 年 8 月在丰喜投入运行，首次投料即进入稳定运行状态，并全面实现了研发和设计意图。

水冷壁产生蒸汽从气化炉吸取的热量与炉外壁温降为气化炉节约的热量平衡，气体质量与耐火砖炉相当，不必每年数次更换锥底砖，定期更换全炉耐火砖，为“安稳长”运行节约投资及运行费用创造了条件，扩大了原料煤的适应性。

与现有各类型干粉给料气化技术相比水煤浆给料的稳定性毋庸置疑。同比有效气成分与干粉给料方式相当。清华二代炉安全性强：水冷壁采用热能工程领域成熟的悬挂垂直管结构，既保证了水循环的安全性又避免了复杂的热膨胀处理问题。水循环按照自然循环设计，强制循环运行，紧急状态下能实现自然循环，最大限度保证水冷壁的安全运行。清华二代炉煤种适应性强：气化温度不受耐火材料限制，可达1500℃或更高，气化反应速率快，碳转化率高，煤种适应性好，能够消化高灰分、高灰熔点、高硫煤，易于实现气化煤本地化。

清华二代炉的设备材料及制造工艺100%国产化，相对于国内运行的其他加压煤气化技术，投资节约30%～50%，为大型煤化工企业的技术选型提供了新的选择[14]。

1.4.3.4 德士古水煤浆气化技术

德士古煤气化技术[9,11]目前是比较成熟的煤气化技术之一。水煤浆经煤浆泵加压与空分氧压缩机送来的富氧一起经德士古喷嘴进入气化炉，炉内操作温度在1300～1500℃，气化炉压力最高已达8.7MPa，有效气成分含量为78%～81%，碳转化率为96%～97%，比氧耗和比煤耗分别为410～460m^3/1000m^3（CO＋H_2）和630～650kg/1000m^3（CO＋H_2）。水煤浆技术一般要求煤的灰熔点在1350℃以下，煤种的灰含量以空气干燥基计低于13%，煤内水含量应低于8%，还有一个关键的指标是煤的成浆性，希望煤浆浓度在60%以上。适用于中低变质程度烟煤、老年褐煤、石油焦等，对煤的性状如粒度、湿度、活化性和烧结等较不敏感，任何能制成浓度可输送浆料的含炭固体都适用。我国首家引进德士古煤气化技术的是山东鲁南化肥厂，国内目前使用水煤浆气化的工厂已经超过了20家。

1.4.3.5 四喷嘴煤气化技术

四喷嘴煤气化技术[15]是由华东理工大学借鉴了德士古水煤浆气化的基本原理而开发的技术。水煤浆通过对置的四个喷嘴喷入气化炉完成煤的气化反应，改变了炉内气流的流场，湍流程度加强，使得煤粉与气化剂的反应更完全。因而煤耗和氧耗均低于德士古气化法。有效气成分含量约为83%，碳转化率大于98%，比氧耗和比煤耗分别为380m^3/1000m^3（CO＋H_2）和550kg/1000m^3（CO＋H_2）。当负荷太低时，可以只使用一对喷嘴进行操作，调节更灵活。该技术近年来发展迅速，开工及正在建设的企业已达近30家。

1.5 煤制氢技术经济性

随着成品油质量升级步伐加快，国内各大炼油厂都在进行产品质量升级改造，各种加氢工艺应用越来越广，新建炼油厂大多选择了全加氢工艺路线，以满足轻质油收率、产品质量、综合商品率等关键技术经济指标要求。H_2已成为各炼油厂不可缺少的重要资源，在生产运行中占有举足轻重的地位，增加H_2产量和降低H_2成本已经成为共同追求的目标。目前，我国炼厂制氢装置主要采用干气和轻油制氢，成本较高。若以煤（石油焦）为原料制氢则可大幅度降低成本。中国石化金陵分公司已经成功建成了采用水煤浆气化技术的煤制氢装置，并取得了较好的经济效益。

1.5.1 煤制氢与天然气制氢的经济技术指标对比[16]

1.5.1.1 原料成本对比

为了缓解天然气长期处于较高价位、供应量紧张的矛盾，惠州炼油分公司二期项目设置了一套煤气化制氢联合装置，为新增建的炼油厂加氢装置和乙烯的丁辛醇装置分别提供150kt/a H_2 和 117.6kt/a 羰基合成气（CO：H_2＝1：1）。该装置的原料是煤炭和空分装置提供的氧气，其中煤的用量为 1.30Mt/a。若用天然气代替煤来生产 H_2，则达到同样规模需要天然气 510kt/a。煤制氢和天然气制氢的原料成本对比详见表 1-1。

表1-1 煤制氢和天然气制氢的原料成本对比

项目	煤制氢	天然气制氢
用量/(kt/a)	1300	510
参考价格/(元/t)	1270	6500
成本/(10^8 元/a)	16.51	33.15

通过对比可以看出，如果用天然气代替煤来生产 H_2，从原料成本看，煤制氢比天然气制氢低 16.64×10^8 元/a。

1.5.1.2 综合成本分析

（1）国外研究机构的测算结果

关于天然气制氢和煤制氢的成本对比，国外的 Shell Global Solution 机构对全球炼油行业的制氢成本进行了分析，结果表明，国际油价在 377.39 美元/m^3 以下时，天然气制氢更具有优势；国际油价在 377.39～503.19 美元/m^3 时，煤制氢和天然气制氢的成本基本相当；当国际油价高于 503.19 美元/m^3 时，煤制氢的成本优势会随着原油价格上升，体现得更为明显。

（2）国内设计和研究单位的测算结果

中石化经济技术研究院以 90dam³/h 制氢装置为比较基础，做出了不同煤炭价格下的制氢成本测算，对比见表 1-2。中国石化工程建设公司就惠州炼油分公司 150kt/a 煤制氢装置（GE 技术）与 150kt/a 天然气制氢装置 H_2 成本进行了计算比较，结果见表 1-3。

表1-2 不同煤炭价格下的制氢成本

煤价/(元/t)	400	450	500	550	600	700	800
煤制氢气完全成本/(元/t)	8810	9205	9600	9996	10390	11180	11971
天然气最高承受价/(元/m^3)	1.36	1.65	1.74	1.82	1.91	2.08	2.27
炼油厂干气最高承受价格/(元/t)	2156	2254	2372	2489	2607	2842	3068
轻石脑油最高承受价/(元/t)	2116	2233	2349	2465	2581	2841	3038

表1-3 H_2 成本敏感性分析

天然气价格/(元/m^3)	2.0	2.5	3.0	3.5	4.0	4.5	5.0	5.5	6.0
制氢成本/(元/t)	8662	10855	13061	15683	18909	22134	25360	28585	31811
煤价格/(元/t)	600	650	700	750	800	850	900	950	1000
制氢成本/(元/t)	10513	11005	11497	11994	12492	12996	13508	14209	14583

2011 年，惠州炼油分公司炼油一期正在运行的 150kt/a 天然气制氢装置天然气原料平均价格为 4.2 元/m^3，所生产 H_2 的成本为 1.86×10^4 元/t，与设计单位计算分析的价格基本相当。而当前设计所选煤炭到厂价为 950 元/t，估算的产氢价格应为 1.4×10^4 元/t。南京惠生煤制氢装置隔墙供应对外销售的 H_2 价格为 1.35×10^4 元/t。由此可见，煤制氢成本远远低于天然气制氢。

1.5.2 煤制氢技术经济影响因素分析[17]

1.5.2.1 原料

煤制氢装置对原料煤的要求根据采用的气化技术有所不同。采用固定床气化技术，要求用无烟煤或无烟煤加工而成的型煤。气流床气化技术适应的煤种较宽，可采用不同类型的烟煤，只是水煤浆气化技术对煤的成浆性和灰熔点的要求较严格。我国不同煤种的价格差别较大，无烟煤价格一般超过 1000 元/t，而非炼焦的化工用烟煤价格在 500 元/t 左右。而吨氢耗煤约 7～8t，原料成本在制氢成本中所占比例在 50%左右，选用不同的原料煤对制氢的经济性有较大的影响。

大型煤制氢装置对原料煤性质的稳定性有较高的要求，煤质的波动可能对气化装置的稳定运行有较大的影响。一套 20 万立方米/h 的煤制氢装置原料煤的年需求量在 100 万吨左右，保持原料性质的稳定性有较大的难度，尤其对于东部和南部煤炭采购相对困难的炼厂更是如此。

拥有焦化装置的炼厂每年可生产较多数量的焦炭，一些高硫石油焦可以用作 CFB 锅炉燃料，也可用作气化原料[18]。1999 年美国 Farmland 公司利用 Coffeyville 炼厂的高硫石油焦建成 1500t/d 的尿素装置，并为炼厂提供 H_2[19]。因此，炼厂建设煤制氢装置可以考虑采用高硫石油焦作为原料，保证制氢原料的稳定供应。但是，石油焦作为制氢原料也存在如下一些问题：①化学反应活性低，转化率低，能耗较高；②石油焦掺入原料的比例超过 80%后，设备材质要求大幅度增加；③石油焦灰含量很低，使用粉煤气化技术时，高比例掺入石油焦影响水冷壁挂渣；④高硫石油焦市场行情好时，影响制氢装置经济性。

不同产地的煤炭性质在灰含量、硫含量、灰熔点等方面差异较大。远离大型煤矿的煤制氢装置很难较长时间保持原料煤性质不变，采购到的煤炭可能与设计煤种差别较大。我国高硫石油焦 2009 年价格最高超过 1000 元/t，最低低于 500 元/t，波动十分剧烈。炼厂希望能够根据市场情况，以高硫石油焦作为制氢原料。因此，炼厂煤制氢装置建成后将要面对各种原料，这就要求装置在设计时考虑原料灵活性。例如，气化炉锁渣斗的设计要考虑处理高灰含量的原料，低温甲醇洗单元的脱硫能力要足够处理高硫原料，甚至应该考虑配煤设施把来源较为复杂的原料配成灰熔点较低、性质较稳定的物料。

总之，炼厂采用煤制氢时，煤炭的不确定性较大，应按照高硫、高灰、高灰熔点的工况进行装置设计，最好能够具有大比例掺入石油焦的能力。

1.5.2.2 气化技术

大型炼厂的制氢装置规模较大，需要采用成熟可靠的大型化气化技术。气流床技术包括水煤浆气化技术和粉煤气化技术。我国的水煤浆气化技术已经十分成熟，可以应用于炼厂的煤制氢装置。我国粉煤气化技术也已实现工业化应用，但仍有待于长周期运行的考验。国外粉煤气化技术主要是壳牌技术，单炉最长运行周期在 150d 左右，由于投资很高，备炉方案难以实施，无法保证对炼厂长期稳定供应 H_2。炼厂实施煤制氢项目应确保长周期稳定运行，采用多炉方案。从综合投资与技术可靠性方面考虑，目前国内炼厂建设煤制氢装置宜采用水煤浆气化技术。

1.5.2.3 制氢压力的选择

炼厂的用氢装置中，约 90%的 H_2 要求压力在 8MPa 以上。因此，应尽可能提高炼厂的制氢装置压力。煤制氢装置的操作压力取决于气化装置压力。目前气流床煤气化技术的操作压力一般为 4.0MPa 和 6.5MPa。气化压力达到 8.0MPa 时，设备、管道、阀门等对材质要求很高，会造成投资大幅度提高。气化压力选择 6.5MPa 时，单位 H_2 产能投资、能耗较低，用氢装置提压的能耗也相对较低。综合炼厂对 H_2 压力等级的要求，以及投资、规模、技术等各种因素考虑，建议炼厂煤制氢装置气化压力选择 6.5MPa。

1.5.2.4 H_2 提纯技术的选择

煤制氢装置可以选用的 H_2 回收技术包括变压吸附（PSA）、膜分离和深冷分离等（见表 1-4）。

表1-4 H_2 回收净化技术比较

特征	PSA	膜分离	深冷分离
氢气纯度/%	＞99.9	90～98	90～96
氢气回收率/%	75～92	85～95	90～98
原料压力/MPa	1～4	2～16	0.5～7.5
原料氢气含量/%	＞40	25～50	＞10
投资	中等	低	高

当 H_2 纯度要求在 99%以上时，应选择 PSA 技术。PSA 分离生产过程压降较小，但 H_2 损失率较大，未回收的 H_2 须送到燃料系统。当制氢规模较大时，PSA 单元程控阀的安全性需要关注。

膜分离系统投资较低，生产的 H_2 纯度为 90%～98%，回收率在 85%以上。该分离系统适合于高压原料，压力越大，H_2 回收效果越好。缺点是 H_2 的压力降太大。由于炼厂需要的 H_2 压力等级较高，通常不采用膜分离。

深冷系统投资较高，提纯的 H_2 浓度相对较低，H_2 损失较小。

H_2 回收的工艺路线较多，在炼厂建设煤制氢项目应根据规模、投资、对 H_2 的需求综合考虑后确定。

1.6 煤制氢前景

近年来，由于传统能源消耗量的迅速增长及其对生态环境造成的压力日益加重，在全球范围内开展了大规模的探索新能源的工作。氢作为一种二次能源，燃烧后的生成物是水，不产生影响环境的污染物，不排放可能导致全球变暖的温室气体，不破坏地球的物质循环，被公认是 21 世纪的一种非常重要的洁净能源。

氢能系统的开发，主要需要解决以下 3 个方面的问题：

① 氢的经济、大量生产工艺；

② 氢的安全、经济储存与输送；

③ 氢的安全、高效、无公害利用。

显然，制氢技术的发展是开发氢能系统的基础和前提。而氢的经济、大量生产的基础和前提则是其原料资源要足够丰富。相对于其他常规一次能源而言，中国的煤炭资源要丰富得多。因此，在风能、太阳能、地热能及生物质能等新能源和可再生能源实现大规模商业化应用之前，煤气化制氢技术在中国会有十分广阔的发展前景，且应作为首选方案而受到足够的重视。

从技术、经济、环保角度出发，用煤作为制氢的原料在未来很有前景。近几年，天然气价格一路走高，煤炭价格涨幅相对稳定，国内的炼油厂都在考虑使用煤炭作为制氢的原料，煤制氢工艺具有较好的技术经济性、抗风险能力，较强的市场竞争力，是当今全加氢炼油厂的主攻方向。

虽然中国的煤气化制氢发展很快，但还存在一些问题。主要表现在如下几个方面：

① 目前在中国运行的气化炉，大部分是常压固定床，工艺落后，操作复杂，气化效率低，污染物处理难度大，新型煤气化技术更新换代的速度较慢，采用大型先进的气化工艺的很少。

② 中国“三高煤”储量大，但目前的煤气化技术都不适用于“三高煤”，技术攻关困难。

③ 缺少合理的规划，原料、技术、经济效益的优化集成的研究不够深入。

上述问题严重制约着煤气化制氢技术的快速、健康发展。为了解决好这些问题，本书提出如下相关对策建议：

① 加强粉煤流化床气化技术的研究开发与推广应用，并尽早取代部分现有常压固定床气化工艺，直接以碎煤为气化原料，部分解决粉煤合理利用问题。

② 加快引进新一代大型先进的煤气化技术，同时适当进行一些关键技术、材料及设备的自主研究开发，以加速引进技术消化吸收和设备国产化进程。必须发展新一代大型先进的煤气化技术，且比较现实的选择是走引进吸收和自主开发相结合的道路，以避免走弯路，尽可能取得事半功倍的效果。

③ 大力加强国际交流与合作，充分利用国外已有的技术和经验，吸收国外的力量和资金，使中国的煤气化制氢技术在较高的起点上得到迅速发展。

氢将成为21世纪的一种非常主要的洁净能源，中国需要大力发展洁净的氢能系统。综合考虑原料资源、技术水平以及经济实力等因素，中国在解决经济、大量制氢问题时，应将煤气化制氢技术作为首选方案。而煤气化制氢技术在中国虽然已有较好的应用基础且已具备部分世界一流的煤气化技术，但目前尚存在一些问题亟待解决。在目前的国情条件下，中国需要在对现有工艺进行必要的技术改造的同时，积极发展更加先进的煤气化制氢技术。大型先进煤气化技术的发展需要通过广泛的国际合作引进国外的关键技术、设备及材料，更需要借助国外的经验、力量及资金，以力争取得事半功倍的效果。

1.7 褐煤制氢

1.7.1 背景介绍

煤制氢工艺是目前工业用氢最主要的制备方式，一般的炼化厂都会有煤制氢工艺部分，利用煤制氢给用氢单元供给 H_2，从而避免了 H_2 运输的难题。根据GB/T 5751—2009《中国煤炭分类》，以煤化程度的不同将我国煤炭划分为褐煤（HM）、烟煤（YM）和无烟煤（WY）。其中褐煤又可根据透射率不同划分为年轻褐煤（HM1）和老年褐煤（HM2）[20]。我国褐煤储量比较丰富，探明的褐煤资源量为1300亿吨，约占全国探明煤储量的12.7%；预测褐煤资源量为1900亿吨，约占预测煤储量的4.2%，主要分布在内蒙古和辽宁等地。褐煤的煤化程度最低，具有高含水量、高挥发分、低热值、高灰分、空气中易风化碎裂、燃点低等特点。

煤制氢工艺的前处理阶段是利用水煤浆技术将固体煤转化成流体燃料，水煤浆具有良好的流动性和稳定性。对于煤制氢工艺，无烟煤品质最佳，褐煤品质最次，现在作为水煤浆原料的主要是烟煤，通过研磨获得最佳的粒度级配，并加入化学添加剂，能够得到70%的水煤浆。而褐煤由于其变质程度较低，含有的水分较高，因此不能直接得到高浓度的水煤浆，所以褐煤制水煤浆之前要进行干燥处理。

褐煤和烟煤的比较如下：

① 褐煤价格低，但是由于其水分含量大，因此其运输成本较高，所以提前进行干燥处理能够降低褐煤成本；

② 褐煤在热水干燥过程中会产生少量腐殖酸，可以当作良好的添加剂，因此褐煤经处理后不需要添加化学添加剂，而烟煤则需要添加；

③ 褐煤水煤浆燃烧时不会像烟煤黏结在一起，而是呈现分散状燃烧，所以燃烧过程中不互相粘连，燃烧不易结块；

④ 褐煤变质程度低，煤质较软，因此对于管道和锅炉的磨损程度小。

1.7.2 工艺介绍

煤制氢的工艺主要包括煤储运单元、气化单元、净化单元，以某厂的煤制氢装置为例，生产规模为 30000m³/h，其中 0.6MPa 产品氢为 7000m³/h，1.3MPa 产品氢为 23000m³/h，装置年生产时数为 8000h。图 1-2 是煤制氢的工艺流程图。

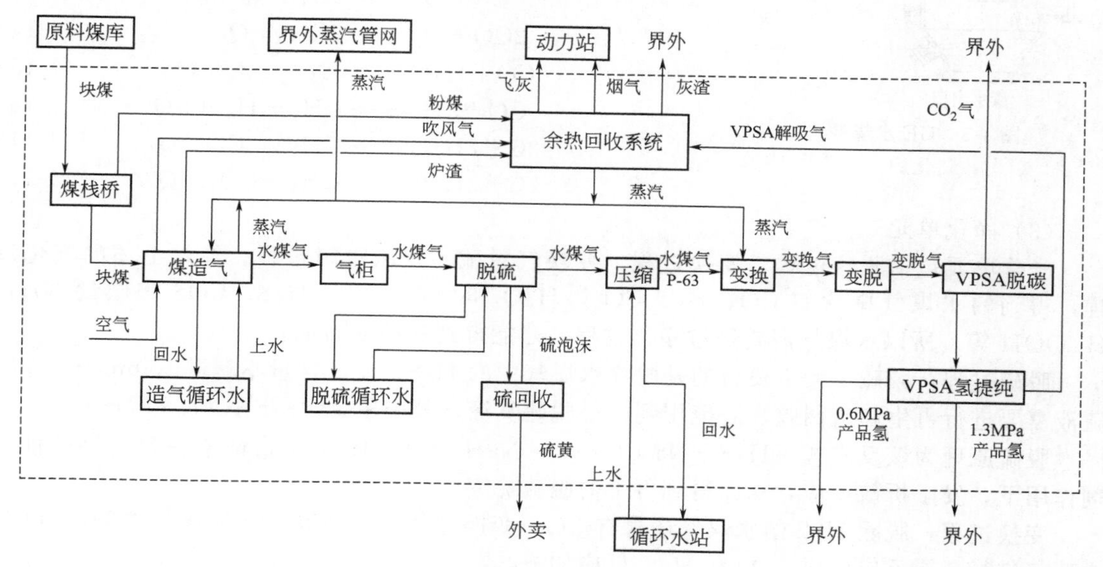

图 1-2 煤制氢工艺流程图[21]

(1) 煤储运单元

褐煤储存在干煤棚和露天堆场，通过带式输送机将煤运输到造气装置。主要设备有：卸煤机、震动给料机、带式输送机、除尘机、破碎机等。其中干煤棚为半封闭结构，有利于空气流通，大大降低了褐煤发生自燃的可能。

(2) 气化单元

现代大型煤气化装置中，按反应器的形式有移动床（块煤）、流化床（碎煤）、气流床（粉煤、水煤浆），应用比较广泛的是气流床，原因是其单炉容量大、技术成熟、变负荷能力强、能适应多个煤种。典型的气流床技术包括：美国 GE 公司的水煤浆加压气化工艺（原 Texaco 技术）、荷兰壳牌公司的 SCGP 粉煤加压气化技术和德国 GSP 气化技术。在我国以水煤浆气化工艺为主，其中有 30 多家使用 GE-Texaco 工艺。

GE 水煤浆气化炉（图 1-3）是以水煤浆为原料、氧气为气化剂的加压气化装置。褐煤粉碎后加入循环水形成水煤浆，目前国内研究的重点就是褐煤与超临界水形成水煤浆的过程[22~24]。超临界水（SCW，374℃，22MPa）具有气态水和液态水的特点，具有良好

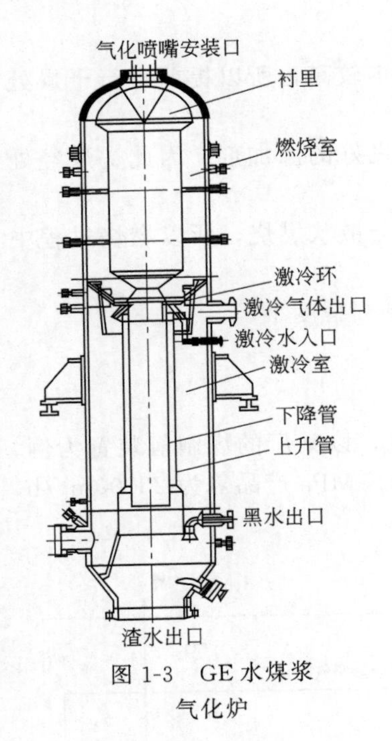

图 1-3 GE 水煤浆气化炉

的溶解性、扩散性，也具有低黏度、高密度的特性[25]。水煤浆经加压泵后与高压氧通过气化炉顶部的气化喷嘴进入燃烧室，水煤浆与氧在约 6.5MPa、1400℃下发生如下反应：

一次反应：

$$C+O_2 \longrightarrow CO_2+Q \tag{1-7}$$

$$C+H_2O \longrightarrow CO+H_2-Q \tag{1-8}$$

$$C+\frac{1}{2}O_2 \longrightarrow CO+Q \tag{1-9}$$

$$C+2H_2O \longrightarrow CO_2+2H_2-Q \tag{1-10}$$

$$C+2H_2 \longrightarrow CH_4+Q \tag{1-11}$$

$$H_2+\frac{1}{2}O_2 \longrightarrow H_2O+Q \tag{1-12}$$

二次反应：

$$C+CO_2 \longrightarrow 2CO-Q \tag{1-13}$$

$$2CO+O_2 \longrightarrow 2CO_2+Q \tag{1-14}$$

$$CO+H_2O \longrightarrow H_2+CO_2+Q \tag{1-15}$$

$$CO+3H_2 \longrightarrow CH_4+H_2O+Q \tag{1-16}$$

$$3C+2H_2O \longrightarrow CH_4+2CO-Q \tag{1-17}$$

$$2C+2H_2O \longrightarrow CH_4+CO_2-Q \tag{1-18}$$

（3）净化单元

净化单元包括脱硫过程、变换过程、变换气脱硫、变压吸附过程。经过上述的气化过程，得到的水煤气中含有 CO、H_2、CO_2、H_2O 和少量 CH_4、H_2S、COS 和微量 NH_3、HCOOH 等。所以水煤气需要经过净化过程，才能得到高纯度的 H_2。

脱硫过程：脱硫单元主要目的是脱除水煤气中的 H_2S，使其含量不超过 150mg/m^3，脱硫液需要进行再生和硫回收。脱硫用到的是脱硫贫液，其中主要含 $NaHCO_3$ 和 Na_2CO_3。

脱硫原理为该反应式：$H_2S+Na_2CO_3 \longrightarrow NaHS+NaHCO_3$。富硫液在再生器中催化剂作用下，发生析硫反应，从而得到再生的脱硫贫液。

变换过程：脱除 H_2S 的水煤气还含有 CO，变换过程就是在高温、加压条件下，CO 与水蒸气进行变换反应生成 CO_2 和 H_2。反应如下：

$$CO+H_2O \longrightarrow CO_2+H_2+Q \tag{1-19}$$

变换气脱硫：经过变换过程后，气体中的含硫有机组分 COS 在催化剂的作用下产生了 H_2S，所以在变换反应后要对变换气进行脱硫。该过程的脱硫装置与水煤气脱硫装置类似。

变压吸附（pressure swing absorption，PSA)：变压吸附是一种分离效果很好的气体分离技术。PSA 是利用吸附剂对变换气中各组分的吸附容量随压力变化而变化的特性，吸附剂在加压条件下选择性吸附 CO、CO_2、N_2、CH_4 等，在减压条件下脱附这些杂质，使吸附剂再生。PSA 往往有多个吸附塔，整个变压吸附过程包括吸附、均压降压、逆放、均压升压、产品升压。变换气进入正处于吸附状态的吸附塔 A，吸附剂选择性吸附 CO、CO_2、N_2、CH_4 气体，高纯度 H_2 采出。当被吸附的杂质的传质区到达床层出口预留段时，关掉吸附塔 A 进料。在吸附过程结束后，对吸附塔 A 内降压，使未被吸附的 H_2 进入其他较低压力的吸附塔 B 中。降压过程结束后，逆着吸附方向进行减压，吸附塔 A 中被吸附的 CO、CO_2、N_2、CH_4 气体解吸出来。解吸完成后，由于 A、B 在交替进料，此时吸附塔 A 为较低压力有杂质气体，吸附塔 B 为较高压力有未被吸附的 H_2，因此用吸附塔 B 的较高压力 H_2 对吸附塔 A 进行升压。最后为了使吸附塔平稳切换至下次吸附，并为了保证产品压力保持稳定，用产品 H_2 将吸附塔 A 内压力升到吸附压力，从而完成吸附塔A和B的“吸附-再生”循环过程。

H_2提纯的技术除了变压吸附（PSA）之外，还有膜分离、深冷分离等，三者的比较如表1-5所示。和其他分离方法相比，变压吸附的优势是能够得到纯度很高的H_2，但其缺点是回收率低。因此，变压吸附工艺一直在吸附剂床层内死空间气体利用方面进行研究，目的是提高H_2回收率。其中，可以增加均压次数来提高H_2回收率，真空变压吸附、快速变压吸附也可以提高其回收率。其中真空变压吸附工艺（vacuum pressure swing absorption，VPSA）得到了广泛应用。VPSA就是在PSA基础上在逆放之后加入抽真空步骤，使被吸附的气体解吸更加彻底。

表1-5 主要H_2提纯技术

H_2提纯方法	PSA	膜分离	深冷分离	H_2提纯方法	PSA	膜分离	深冷分离
H_2纯度/%	>99.9	90～98	90～96	原料H_2含量/%	>40	25～50	>10
H_2回收率/%	75～92	85～95	90～98	投资	中等	低	高
原料压力/MPa	1～4	2～16	0.5～7.5				

1.7.3 成本计算及CO_2排放量

1.7.3.1 H_2纯度

由于褐煤制氢中H_2提纯技术采用PSA提纯，因此能够得到纯度很高的H_2。以神华煤制氢为例，净化后的H_2产品纯度为99.5%，其中的$CO+CO_2 \leqslant 20\mu g/g$。

1.7.3.2 H_2成本计算

（1）净成本计算

根据中国煤炭市场网的数据，2016年11月29日主要地区褐煤价格如表1-6[26]所示。

表1-6 2016年11月29日我国主要地区褐煤价格

产品名称	报价地区	灰分/%	挥发分/%	发热量/kcal	本期价格/(元/t)	价格类型	时间
褐煤	锦州港	25	0.60～0.70	3500	385～395	平仓价	2016-11-29
褐煤	锦州港	25	0.60～0.70	3200	340～350	平仓价	2016-11-29
褐煤	葫芦岛港	25	0.60～0.70	3500	389	平仓价	2016-11-29
褐煤	葫芦岛港	25	0.60～0.70	3200	346	平仓价	2016-11-29
褐煤	霍林郭勒市	25	0.40～0.50	3500	280～300	坑口价	2016-11-29
褐煤	海拉尔区	17	0.60	4200～4400	300～320	坑口价	2016-11-29
褐煤	海拉尔区	12	0.60	3500～3700	280～300	坑口价	2016-11-29

注：1kcal=4.186kJ。

根据表1-6的数据，褐煤价格按350元/t计算。

根据文献[17]，煤制氢的原料单耗为7.0t/t H_2，再根据茂名石化20万立方米煤制氢装置的原料单耗为7.473t/t H_2，这个数值在中石化的煤制氢装置中排在前列，因此褐煤制氢的原料单耗按7.5t/t H_2计算。则得到，褐煤制氢的原料成本为每千克H_2 2.6元。

（2）总成本计算（含设备费用、投资费用）

根据中石化经济技术研究院的《不同原料制氢成本分析》中所给出的数据，以茂名的水煤浆工艺煤制氢项目为例，进行总成本核算。

茂名的水煤浆煤制氢工艺的制氢规模为6.49万吨/a，原料褐煤成本为2625元/t H_2，辅助材料为89元/t H_2，燃料动力成本为3731元/t H_2，员工工资成本为149元/t H_2，制造费用成本为2622元/t H_2，总成本为9216元/t H_2，扣除副产品446元/t H_2，因此得到的单位生产成本为8.8元/kg H_2。

（3）生命周期系统的能量消耗[27]

表1-7是煤制氢系统的原料消耗量（20年总量）。

表1-7 煤制氢系统的原料消耗量

物耗	煤	钢	水泥
总量/t	373327	215	430

煤制氢生命周期的能力消耗有三部分：总物耗对应能耗、生产 H_2 能耗（电力）、末端能耗（物质回收的能耗）。表1-8是以1kg H_2 为单位的煤制氢全生命周期系统的能量消耗量统计。

表1-8 1kg H_2 为单位的煤制氢全生命周期系统的能量消耗量

环节	物耗环节	生产环节	末端环节	总能耗	折算能耗
能耗/MJ	255.32	18.80	3.91	278.04	321.90

煤制氢的制氢效率=（生产1kg H_2 的热值/煤需求的热值）×100%=47%

1.7.3.3 污染物排放量

文献中给出了 H_2 中 $CO+CO_2 \leqslant 20\mu g/g$，我们假设 $CO_2 \leqslant 20\mu g/g$ 来计算最大 CO_2 排放量：

$$\frac{2\times10^{-5}\,g\ CO_2}{1g\ H_2}=\frac{2\times10^{-2}\,g\ CO_2}{1kg\ H_2}\Longrightarrow\frac{2\times10^{-2}\,g\ CO_2}{1kg\ H_2}\times\frac{1}{44.01g/mol}=\frac{4.54\times10^{-4}\,mol\ CO_2}{1kg\ H_2} \tag{1-20}$$

每千克 H_2 含有0.02g CO_2（约 4.54×10^{-4} mol）。

表1-9是文献中给出的煤制氢过程的污染物排放量。

表1-9 煤制氢过程的污染物排放量

项目	种类	排放量	单位	项目	种类	排放量	单位
污染物	粉尘	0.365	kg	污染物	CH_4	0	kg
	CO_2	42.241	kg		NO_x	0.108	kg
	CO	0.015	kg				

每千克 H_2 需要排放42.241kg CO_2。

1.7.4 总结与展望

由于我国各种类型的煤资源都很丰富，因此未来煤制氢将会成为氢能的主要方式。随着石油资源的枯竭，用煤制取氢，用氢能代替石油，将会成为全世界资源的发展趋势。但是，由于煤中含有大量的硫，因此环境问题应该是煤制氢工艺需要慎重考虑的问题之一。现在由于世界石油价格下降，导致煤化工产业不景气。不过随着未来的发展，煤制氢将成为我们利用能源的一个重要方式，氢能完全能够替代石油在能源方面的作用，短缺的石油资源可以用来重点生产我们生活中的化工产品。

1.8 煤炭地下气化制氢

煤炭地下气化技术近几年在中国也得到开发和利用。从制氢角度讲，显然煤气中的有效成分（H_2+CO）含量越高越好，因此下面的论述主要就对于化工合成方面的煤气化技术进行分析。

1.8.1 煤炭地下气化研究综述

煤炭地下气化（underground coal gasification，UCG）就是将处于地下的煤炭直接进行有控制地燃烧，通过对煤的热作用及化学作用而产生可燃气体的过程。该过程集建井、采煤、地面气化三大工艺为一体，变传统的物理采煤为化学采煤，省去了庞大的煤炭开采、运输、洗选、气化等工艺的设备，因而具有安全性好、投资少、效益高、污染少等优点，深受世界各国的重视，被誉为第二代采煤方法。

在技术研究上可分为三个方向：

① 地下气化方法类型。苏联早期使用“有井式”，后逐渐过渡至“无井式”。“有井式”气化利用老的竖井和巷道，减少建气化炉的投资，可回采旧矿井残留在地下的煤柱（废物利用），气化通道大，容易形成规模生产，气化成本低。但其缺点是：老巷道气体易泄漏，影响气压气量以及安全生产，避免不了井下作业，劳动量大，不够安全。而“无井式”气化，建炉工艺简单，建设周期短（一般1～2年），可用于深部及水下煤层气化，但由于气化通道窄小（因钻孔直径一般为200～300mm，钻孔间距一般为15～50m，最大为150m），影响出气量，钻探成本高，煤气生产成本高。

② 气化剂的选择。气化剂的选择取决于煤气的用途和煤气的技术经济指标，从技术上，煤炭地面气化所用的气化剂（空气、氧气与蒸汽、富氧与蒸汽等）都可以用于煤炭地下气化。

③ 地下气化的控制方法。影响地下气化工艺的因素很多（包括煤层的地质构造、围岩变化、气化范围位置不断变化等），因而要采取一定的控制措施。简单的做法是在每个进风管和出气管上都安装压力表、温度计、流量计。根据上述测量参数综合分析地下气化炉状况，用阀门来控制压风量、煤气产量，以达到控制气化炉温度和煤气热值的目的。

1.8.2 国外煤炭地下气化

近几年，国外对UCG兴趣大增，许多文献介绍了他们的研究、开发成果[28～37]。

美国Yang等[38]研究了地下煤气化的热力学模型。

苏联是世界上进行地下气化现场试验最早的国家，也是地下气化工业应用成功的唯一国家。1932年在顿巴斯建立了世界上第一座有井式气化站，为探讨气化方法，1932年到1961年间相继建设了5座地下气化站，到20世纪60年代末已建站27座。统计到1965年，共烧掉1500万吨煤，生产300亿立方米低热值煤气，所生产的煤气用于发电或工业锅炉燃烧。

美国地下气化试验始于1946年，首先在亚拉巴马州的浅部煤层进行试验，煤气热值达到0.9～5.4MJ/m^3。20世纪70年代因能源危机，美国组织了29所大学和研究机构，在怀俄明州进行大规模有计划的试验，进行了以富氧水蒸气为气化剂的试验，获得了管道煤气和天然气代用品，并用于发电和制氨。1987～1988年的洛基出-1号试验，获得了加大炉型、提高生产能力、降低成本、提高煤气热值等方面的成果，为煤炭地下气化技术走向工业化道路创造了条件。美国加强了检控方法的研究，例如采用热电偶测量地下温度，利用高频电磁波等测量方法来确定气化区的位置和燃空气区的轮廓等。为了了解气化过程中地表下沉等情况，利用伸长仪、倾斜仪、电阻仪、地角仪等仪表在气化区地表进行观测。由于美国在过去20年内投入巨额资金，进行了大量试验，因此，获得了丰富的经验，使煤炭地下气化技术日臻完善。政府资助项目集中于两种工艺类型，控制后退供风点法（CRIP）及急倾斜煤层法（SDB）。

英国、日本、波兰、荷兰、德国、加拿大、比利时、法国等国家也先后结合本国煤层储存条件的特点，对UCG技术进行了试验研究，取得了丰富的成果，完成了U形炉火力、电力和定向钻进等贯通试验，进行了单炉、盲孔炉等试验，建立了一系列基于质量、动量、能量守恒和化学形态转化的物理和数学模型，并开展了广泛的国际合作交流。

西欧国家浅煤层大部分已开采完了，在1000m以下还有大量资源，这一深度通常被认为是传统井工采煤的分界点。UCG在废旧矿区和深于2000m不能用当前技术开发的煤层都可能应用。鉴于此，1988年6个欧洲共同体成员国组成了一个欧洲UCG工作小组，提出了一新的发展计划建议书，项目实施从1991年10月至1998年12月。该计划的长远目标是通过现场试验和半商业计划论证在典型欧洲煤层进行UCG商业应用的可行性。在欧洲共同体合作框架上，在西班牙的Alcon sa进行了现场联合试验。试验采用了定向钻孔以及后退进气系统，总共气化了301h。从UCG试验得到的煤气纯热值与地面气化相似，该气化过程具有一定的稳定性和高度的灵活性，启动很快也很稳定。试验结果证明在中等深度（500～700m）欧洲煤层进行UCG是可行的。

2009年上半年起，美国Linc能源公司地下煤气化（UCG）制油（GTL）验证装置在澳大利亚昆士兰的Chinchilla投产，自5月起成功运转，生产出高质量的合成烃类产品。“Green Car Congress”（2009-06-29）项目从1999年就开始了[39]。

英国利兹大学土木工程学院（University of Leeds）杨冬民等[40]评述了包括中国在内的当前各国地下煤气化的情况，有兴趣的读者可以阅读。

Yang等[41]描绘了一份地下煤气化项目的世界分布图，主要分布在阿拉斯加（美国）、加拿大、美国、波兰、匈牙利、英国、保加利亚、南非、乌兹别克斯坦、澳大利亚、巴基斯坦、印度、乌克兰、俄罗斯、中国。分布图参见文献。

更多的一些国际地下煤气化项目介绍如下（出自当前世界主要地下煤气化项目，文献[42]）。

1.8.3 我国的地下煤气化试验

1958～1962年，我国先后在鹤岗、大同、皖南、沈北等许多矿区进行过自然条件下煤炭地下气化的试验，取得了一定的成就。鹤岗地下气化试验是在1960年进行的，首先是用电贯通方法建立一个10m的通道，然后通过火力渗透，建立一个20m的通道（包括电贯通的10m），并连续采用此通道气化20余天，生产出可燃煤气。1985年，中国矿业大学煤炭工业地下气工程研究中心针对我国报废矿井中煤炭资源多的特点，1987年完成了徐州马庄煤矿现场试验，本次试验进行了3个月，产气16万立方米，煤气热值平均为4.2MJ/m³。

结合我国矿井报废煤炭资源多的特点，在总结国内外煤炭地下气化工艺的基础上，中国矿业大学煤炭工业地下气工程研究中心提出了“长通道、大断面、两阶段”煤炭地下气化新工艺，并进行了多次急倾斜煤层地下气化模型试验，在此基础上完成了国家“八五”重点科技攻关项目——徐州新河二号井煤炭地下气化半工业性试验和河北省重点科技攻关项目——唐山市刘庄煤矿煤炭地下气化工业性试验。到目前为止，已建成的地下气化炉13座：徐州马庄矿2座，河北唐山刘庄矿2座，山东孙村矿3座，协庄矿2座，鄂庄矿1座，肥城曹庄矿1座，山西昔阳 2 座。正在筹建的地下气化炉 19 座。已建成地下气化炉的煤气组分见表 1-10。

表1-10 已建成地下气化炉的煤气组分

矿区		新河	刘庄	新汶	肥城	昔阳
煤种		肥煤	气肥	气煤	肥煤	无烟煤
煤层	埋深/m	80	100	100	80～100	190
	厚度/m	3.5	2.5～3.5	1.8	1.3～1.8	6.0
	倾角/(°)	68～75	45～55	25	5～13	22～27
煤气热值/(MJ/m³)		11.83	12.24	5.21	5.09	11.91
含量	H_2/%	58.29	47.14	54.79	17.40	54.30
	CO/%	8.59	13.36	9.72	3.83	5.10
	CH_4/%	9.28	12.38	8.75	6.22	12.20
	CO_2/%	19.63	20.48	20.75	22.90	20.20
	N_2/%	4.21	6.64	5.21	49.50	9.10
点火日期		1994-3	1996-5	2000-3	2001-9	2001-10

2002 年 1 月启动国家高技术研究发展计划（863 计划）课题“煤炭地下气化稳定控制技术的研究”[43]，建立了具有国际先进水平的煤炭地下气化模型试验台，并对褐煤、烟煤煤、焦烟煤、无烟地下气化过程进行了试验研究。试验获得含 H_2 量在 40%以上的煤气。2005 年，山东里能集团承担国家示范工程“煤炭地下气化发电示范工程”，预计日产 120 万立方米、热值在 8.36MJ/m³ 左右的煤气，目前没有后续报道。

2011 年 12 月 19 日，山西省阳泉市首个煤炭地下气化产业项目在平定县张庄镇工业循环园区奠基。该项目将依靠中国矿业大学的技术支撑，开发建设国内首个矿区煤炭地下导控气化清洁能源循环经济产业示范园区。园区一期投资 105 亿元，规划建设规模为年气化地下原煤 250 万吨的生产设施。

2011 年中国节能环保集团公司和英国公司签订 15 亿美元合同。

2012 年 10 月 19 日，澳大利亚低碳能源（Carbon Energy）公司宣布，将向中国煤炭巨头晋煤集团转让地下煤气化技术，据中化新网报道，这项技术转让费用为 1000 万美元。第一阶段将使 0.5PJ（P＝10^{15}）合成气供应给当地长治乡；第二阶段为大型商业项目开发，预计每年最低将生产合成气 30PJ[44]。

1.8.4 地下煤气化制氢前景

煤炭地下气化技术可以利用各种煤矿，例如回收矿井遗弃煤炭资源，开采井工难以开采、开采经济性、安全性较差的薄煤层和深部煤层。煤炭地下气化技术大大减少了煤炭开采和使用过程中对环境的破坏，因为地下气化燃烧后的灰渣留在地下，减少了地表下沉，无固体物质排放，煤气可以集中净化。地下气化煤气可作为燃气直接民用和发电，也还可用于提取纯氢或作为合成油、二甲醚、氨、甲醇的原料气。因此，煤炭地下气化技术具有较好的经济效益和环境效益，应该予以重视。

地下情况不明给地下煤气化工程带来很大的难度，特别是建成的示范工程能否长期、可靠、稳定地供气是不容忽视的问题。

1.9 煤制氢零排放技术

钙基催化剂对煤与水蒸气的中温气化有很大的催化作用，能显著提高气化反应速率。下面所介绍的两种零排放煤制氢系统基本上是利用钙基化合物来吸收 CO_2。

美国拉斯阿拉莫斯实验室（LANL）最先提出了一种零排放的煤制氢/发电技术(ZECA)，其技术路线如下：将高温蒸汽和煤反应生成 H_2 和 CO_2，其中 H_2 即被用作高温固体氧化物燃料电池（SOFC）的燃料，产生电力，CO_2 则和 CaO 反应生成 $CaCO_3$，然后 $CaCO_3$ 在高温下煅烧为高纯度的 CO_2，其 CaO 则被过程回收利用。释放出来的 CO_2 则和 $MgSO_4$ 反应生成稳定的可储存的 $MgCO_3$ 矿物。目前，该技术正在联合开发中，参加单位包括 8 个美国煤相关公司和 LANL，还有加拿大的 8 个公司和机构。煤的热利用率可达 70%，流程见图 1-4。

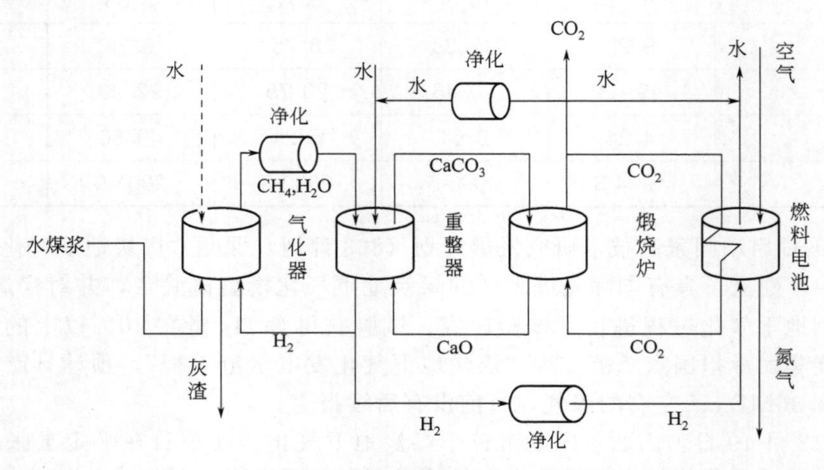

图 1-4 LANL 零排放煤制氢系统示意图

该系统利用煤和水反应产生 H_2，在水煤气化过程中加入 CaO 作为二氧化碳吸收剂，大大提高碳转化为氢的效率，并以产生的 H_2 为原料，与固体氧化物燃料电池（SOFC）结合产生电能，收集二氧化碳并实现对二氧化碳的无害处理。在该系统中，首先将煤粉与水制成的水煤浆送入气化器，在气化器中煤与水在一定温度和压力下反应生成复杂的气体混合物(主要成分是一氧化碳和甲烷)，产生的灰渣在此排出；气化器中产生的混合气，即合成气经过净化后再进入氧化钙重整器，在这里进行水气重整和变换反应，CO 进一步与水反应生成 H_2 和 CO_2，同时 CH_4 转化成 CO 继而转化为 H_2 和 CO_2，产生的新混合气体包括 H_2、CO、CO_2，其中产生的 CO_2 会与重整器中的 CaO 反应生成 $CaCO_3$，因为 CO_2 被 CaO 吸收，从而对推动反应器中发生的反应平衡朝生成 CO_2 的方向移动，促使更多的碳转化为 CO_2，提高了碳转化为氢的效率；在氧化钙重整器中最终产生富氢而贫碳的气体（主要成分为 H_2），产物气除一部分进入气化器参与气化反应外，其余的会进入固体氧化物燃料电池(SOFC)，产生电能和热量，H_2 氧化成为水，可以循环利用；氧化钙重整器中产生的 $CaCO_3$ 在煅烧炉中利用固体氧化物燃料电池产生的废热煅烧，使 CaO 再生，实现 CaO 的循环利用，产生的纯 CO_2 气体可以收集利用，从而形成一个完整的物料和能量的循环系统：输入煤和水，产生电能和热，整个制氢过程几乎不产生污染物，达到近零排放的目的。

综上所述，美国 LANL 实验室主要思路是用 CaO 来吸收 CO_2，CaO 循环使用，且制氢系统与燃料电池相结合。但由于 $CaCO_3$ 分解需要大量的热量，在该系统中用经燃料电池加

热后的 CO_2 作为热源，这就需要 CO_2 气流具有很高的温度。如果换热采用非直接接触方式，对材料要求较高，如采用直接换热方式，$CaCO_3$ 中混入了大量的 CO_2，使化学反应平衡向生成 $CaCO_3$ 的方向移动，打破原有的化学平衡。此外，在该系统中，由于碳水反应与水气反应单独进行，中间需复杂的气体净化设备。

日本煤炭利用研究中心（Center for Coal Utilization，Japan；CCUJ）新型气化过程制氢计划是正在实施的六种煤的洁净利用计划之一。它的工艺原理与美国 LANL 相似。

日本 CCUJ 提出将碳水反应与水气反应置于一个反应器中，这样碳水反应的吸热由水气反应的放热来部分提供。同时加入氧化钙，其与水的反应放热也供给碳水反应吸热。但由于 $Ca(OH)_2$ 和 $CaCO_3$ 在常压高温下吸热分解，所以为使反应顺利进行，必须提高反应系统的压力。由于反应产物中含有煤灰、CaO、$Ca(OH)_2$、$CaCO_3$，混合物在一定的温度和压力下会产生共熔，形成大块共熔体，阻碍反应的进行，使连续给料及连续排渣发生困难。

1.10 电解煤水制氢

氢能作为 21 世纪的绿色能源，已受到全世界广泛的重视。然而，H_2 从何而来，如何制氢、储氢和运输已是必须解决的问题。没有 H_2，PEMFC 燃料电池等高新科技的发展将受到严重阻碍。所以廉价、高效和清洁的制氢技术显得尤为重要。我国是以煤炭为主要能源的国家，但是目前煤炭利用率低，污染严重。发展洁净煤技术，提高煤炭利用效率、减少污染物排放对我国国民经济发展具有重要的现实意义。电解煤水制氢技术综合了煤的清洁利用和新能源氢能的开发两大时代课题，无论在改变人们的生活方式，还是在提高能源高效利用，减少对其他国家能源的依赖性以及对社会可持续发展、社会稳定、全球和平等方面的意义都是不言而喻的。

1.10.1 电解煤水制氢的研究现状和前景

煤的电解大约从 20 世纪 30 年代早期就有报道，但进一步发展可能由于使用了高阻抗和低反应速率的电解池而受阻。1979 年 Coughlin 和 Farooque[45] 在“Nature”杂志上发表了煤水电解制氢的文章，1980 年和 1982 年又发表了类似的文章[46~48]，自此该技术进入了实质性的研究阶段。Coughlin 和 Farooque 首次提出在酸性介质中电解煤水制取气体产品，在阳极上得到 CO 和 CO_2，阴极上得到 H_2。过程可在常温下进行，电解电位为 1.0V，阴极析氢效率接近 100%，这一发现大大提高了电化学家对煤在酸性介质中电解过程特性的研究兴趣。起初，Coughlin 和 Farooque 并不是想从电解煤粉的阳极上制取什么产物，而只是把煤作为一种阳极去极剂，以降低电解水制氢的槽电压。实验结果表明，电解煤浆液制氢的槽压仅为电解水制氢槽压的一半左右。他们同时还提出用煤浆液代替湿法冶金中的电解液，可使电解能耗降低。此后，煤的电化学转化新工艺引起电化学家们的极大兴趣。1982 年后，Park 等[49~51]对煤浆的氧化机理进行了研究，他们认为煤炭电解氧化与煤炭中的杂质铁离子有很大的关系。Bockris 等[52,53]认为电解煤炭制氢并不是一种有效的制氢方法，因为电解煤浆制氢过程中即使有铁离子存在时，电解电流仍不理想，离实用化还有较大差距。因为电解效率不理想，在接下来的 10 年间没有实质性进展。1995 年 Ahn 等[54]对煤炭在碱性溶液中的氧化进行了报道，他们对阳极上煤炭的氧化（$C+2H_2O \longrightarrow CO_2+4H^++4e^-$）和氧气析出（$4OH^- \longrightarrow 2H_2O+O_2+4e^-$）两竞争反应的研究表明，煤炭在阳极可以进行有选择性的氧化。此后的 10 年，该课题的研究并无多大进展。

2004年的夏威夷美国电化学会上，来自俄亥俄州立大学的Botte教授做了煤炭电解制氢的学术报告[55]。在之后的几届电化学会议上，他也就自己的研究工作做了一系列的相关报道。Botte[56]教授研究了溶液催化剂及其电解工艺条件对煤浆电解制氢效率的影响，在改进工艺条件方面做了有益的工作，他研究了二元贵金属合金（直接购买于Alfa Aesar公司的不同比例的金属合金）电极对电解煤浆制氢活性的影响，在改进工艺条件和加入Fe^{3+}/Fe^{2+}后，电解电流密度和电解效率得到了较大的提高。近期又研究了以碳纤维布为基体的贵金属催化电极作为煤浆电解的阳极，相同条件下的电解电流得到了很大的提高，取得了较好的成果，使煤浆电解制氢这一研究课题在实用化进程上向前迈进了一大步。早在2004年11月美国爱迪生材料技术中心（Edison Materials Technology Center，EMTEC）就已经同意资助该项目，主要目标为设计新型的煤炭电解制氢装置。该装置所产生的H_2最终可供5kW的燃料电池运行1年。美国能源部对此项目也表示出了极大的兴趣。但以碳纤维布为基体的催化电极用作阳极，电极本身会有一定的氧化反应发生，所以电解过程中的电解电流可能会有一部分来自于碳纤维的氧化反应所产生的电流，并且这样也会很大程度上影响电极的使用寿命。故寻求具有高活性、低成本、长寿命的电催化阳极是这一新的制氢方法实用化的关键问题之一，然而相关方面的研究至今鲜有报道[57]。日本、澳大利亚等国仅有极少量的与电解煤水制氢相关的研究文献。

我国虽然是一个煤炭利用大国，山西煤化所和上海焦化厂等都进行了大量煤炭高温气化的研究工作，但就电解煤水制氢方面的研究起步较晚，我国最早研究电解煤水制氢的是北京石油大学，1982年石油大学戴衡、赵永丰等[58]以硫酸溶液为介质，以铂网为电极进行煤电解制氢的研究，其中采用了我国的一种烟煤、五种褐煤，过程中阴极气体为H_2，产氢电流效率为100%，阳极气体为CO_2和少量CO。1990～1992年唐致远等[59]对煤在碱性介质和酸性介质中的电解行为都做了研究，探讨了提高反应温度、增强反应强度的方法，选择考察了各种氧化还原对。2007年印仁和等[60]首次对我国煤炭进行了电解制氢的工艺条件探讨，用自制Pt/Ti催化电极和Pt-Ir/Ti催化电极为工作电极，分别研究了反应过程中煤浆浓度、电解温度、电解质硫酸的浓度、不同煤种、不同溶液催化剂Ce^{4+}、$Fe(CN)_6^{3-}$、Fe^{3+}及Fe^{2+}/Fe^{3+}对电解制氢的影响。到目前为止，煤炭电解制氢的实质性研究在国外也刚刚起步，而在国内尚属一个全新的极具研究价值的研究课题，在不久的将来，该课题必将成为一个全球研究的热点[61]。

1.10.2 电解煤水制氢的反应机理

1.10.2.1 反应机理

Coughlin和Farooque[47]将水煤浆电解制氢的反应机理归结为以下过程：

$$4H^+ + 4e^- \longrightarrow 2H_2\uparrow \tag{1-21}$$

如果认为阳极反应为：

$$C(s) + 2H_2O(l) \longrightarrow 4H^+ + CO_2\uparrow + 4e^- \tag{1-22}$$

则煤浆液电解的总反应应为：

$$C(s) + 2H_2O(l) \longrightarrow 2H_2\uparrow + CO_2\uparrow \tag{1-23}$$

为了使反应(1-23）在适当的温度下进行，需给电解槽施加足够的电压。Anthony等人[50,62~66]发现了铁离子在反应过程中的重要作用，认为在阳极室内发生Fe^{2+}电化学氧化和Fe^{3+}对煤的化学氧化两种反应。

实现电解煤水制氢这一过程的电解装置如图1-5所示[46,48]。

将阴极室用多孔隔膜与阳极室隔开，多孔隔膜阻止煤粉与阴极接触，但允许溶解在阳极电解液中的物质通过。煤浆液用磁力搅拌器搅拌。研究中最常用的电解质溶液是 H_2SO_4、H_3PO_4 和 $CF_3SO_3H \cdot H_2O$，也有用 HCl、Na_2CO_3、CH_3COOH、$HClO_4$ 的。煤经粉碎过筛后，取一定数量加入电解质溶液中，形成煤浆悬浮液。阳极一般采用 Pt 或石墨，阴极则采用 Pt 或 Pb。如果用 NaOH 或 KOH 为电解质溶液，可用 Ni 为阳极、Fe 为阴极。为促进煤的电解，需要加入 $FeSO_4$ 或 $Fe_2(SO_4)_3$ 作为催化剂，也有加入 Ce^{4+}，Cr^{3+}，V^{5+} 的。

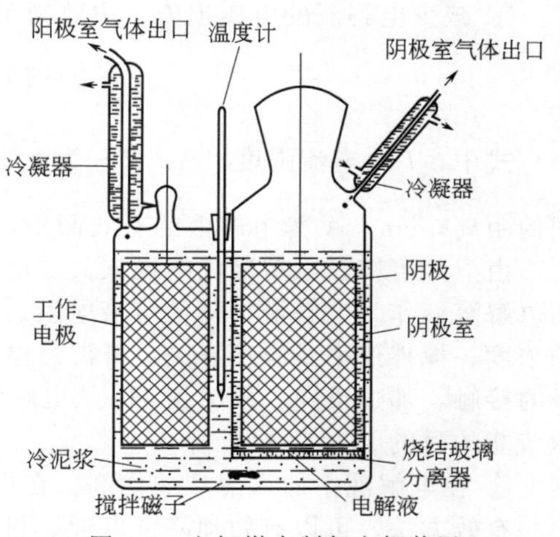

图 1-5 电解煤水制氢电解装置

反应式(1-23) 在 25℃时的理论分解电压为 0.21V。大量实验工作表明阳极室加入煤粉后，电解制氢反应可以在 1.0V 下进行，析氢的电流效率接近 100%，但阳极室只能形成少量 CO_2，远远低于依据法拉第定律所应获得的值，这表明阳极反应并非如反应式(1-22) 那样简单，还有其他反应发生。

实践证明[67]，在煤水电解制氢过程中，阳极氧化电流除了用于形成 CO_2 外，还存在着其他氧化反应。目前普遍认为，阳极氧化电流的很大一部分是由煤中的可反应部分氧化生成有机化合物引起的，从色谱质谱联机的分析结果可以清楚地看到这一点。煤浆液在电解前，用 Sep-Pak 法分离，然后进行分析，只发现有少量的醇和酚。煤浆液经过电解后，阳极室出现了电解前并不存在的多种有机化合物，这些化合物主要是 C_8～C_{19} 的烃和一些醇。

既然电解前在煤水中有少量醇和酚存在，那么经电解氧化生成烃的合理反应有可能是：

$$CH_3—(CH_2)_n—CH_2—OH + H_2O \longrightarrow CH_3—(CH_2)_n—COOH + 4H^+ + 4e^- \quad (1\text{-}24)$$

$$2CH_3—(CH_2)_n—COOH \xrightarrow[\text{反应}]{\text{Koble}} CH_3—(CH_2)_n—CH_3 + 2CO_2 + 2H^+ + 2e^- \quad (1\text{-}25)$$

显然，这是有机物在电极上直接氧化的机理。

Baldwin 等[68]从伏安研究中提出煤水中电解电流主要是 Fe^{2+} 的氧化得到的，Fe^{2+} 是从煤中萃取到强酸电解液中的。Okada 等也认为溶解在电解液中的 Fe^{2+}/Fe^{3+} 氧化还原对是使煤糊电解阳极过电位降低的主要原因。1982 年 Dhouge 等对煤浆的氧化机理进行了研究，他们认为煤炭电解氧化与煤炭中的杂质铁离子有很大的关系，当煤加入 H_2SO_4 溶液中时，浆液里就有 Fe^{2+} 存在，Fe^{2+} 在阳极上被电解氧化生成 Fe^{3+}，Fe^{3+} 通过化学反应对碳进行了氧化，即：

$$Fe^{2+} \longrightarrow Fe^{3+} + e^- \quad (1\text{-}26)$$

$$4Fe^{3+} + C + 2H_2O \longrightarrow CO_2 + 4Fe^{2+} + 4H^+ + \text{其他产品} \quad (1\text{-}27)$$

这里 Fe^{3+} 将煤氧化成其他产品是造成电解阳极电流维持较长时间的原因。煤电解氧化过程是个煤催化氧化过程。在系统中添加更好的催化剂如 Ce^{4+} 和 V^{5+} 等会明显提高催化速率，增加氧化电流。目前，大多数人认为煤电解氧化是按照间接电催化机理进行的。

1.10.2.2 电解煤水制氢工艺的影响因素

改善电解煤水制氢的工艺条件是有效提高煤水电解制氢技术的关键。煤水的电解制氢过程受诸多工艺因素的影响，包括槽压、煤种类、煤浆浓度与煤颗粒大小、电解质膜材料、电解电位、温度、酸浓度、搅拌速率等。

(1) 槽压的影响

① 减少电解液的电压损失。由欧姆定律得：

$$V_{液}=IR_{液}=I\rho\ \frac{L}{A}=I\ \frac{L}{\chi A} \tag{1-28}$$

式中，I 为电流强度，A；$R_{液}$ 为电解液电阻，Ω；$\chi=\frac{1}{\rho}$，电导率，$\frac{1}{\Omega\cdot\mathrm{cm}}$；$L$ 为电极间的距离，cm；A 为电解液的有效面积，cm^2。

由上式可知，电解液的电压损失与电解液的电导率成反比，因此，一般选用电导率较高的电解溶液作为电解液，降低溶液电阻。此外，电解液的电导率还与电解液的浓度、煤颗粒的浓度、搅拌速率及温度有关。升温后电解液的电导率随之增加；搅拌可以加快煤颗粒与电极的接触，加速反应，同时使 H_2 从电解液中分离速率加快，降低电解液的含气量，达到降压节能的目的。

② 在电解液中加入溶液催化剂。在电解过程中加入合适的溶液催化剂，是提高制氢速率的有效方法，可以有效地降低电耗。目前使用最多的添加剂是 Fe^{3+} 和 Ce^{4+}[49,51]。

③ 催化电极的选择。提高电极催化析氢活性的方法有多种，包括：将阳极和阴极改为活性高的材料；对阳极和阴极材料的表面进行修饰[69]。铂及铂族金属对析氢有显著的催化活性及稳定性，目前所用的析氢催化剂仍主要以金属铂为主。电解水制氢的电催化剂采用大量的贵金属，工业化成本高。近年来，人们主要致力于负载型催化剂的研究，充分利用沉积金属，尽可能地使金属薄层沉积并均匀分布，以达到提高活性表面积、机械强度、化学稳定性，从而改善催化性能。钛具有较好的导电性、较高的机械强度和较小的密度，并且便于加工成形，小巧质轻。Ti 作为基体时，电极的使用寿命较长，并且经长时间使用后，性能仍十分稳定。钛上镀铂电极由于比多晶铂具有更大的比表面积、电催化活性好而得到广泛的应用。2007 年张磊[70]在钛基体表面用电化学方法沉积制备了 Pt/Ti 催化电极和 Pt-Ir/Ti 催化电极，对电解煤水制氢过程进行了研究。循环伏安法自制的三种 Pt-Ir/Ti 电极电解煤浆制氢的催化性能都比自制的 Pt/Ti 电极高。电极中 Ir 含量的不同对催化性能影响较大，三种 Pt-Ir/Ti 电极催化活性依次为：Pt-Ir/Ti(1∶0.5)＞Pt-Ir/Ti(1∶1)＞Pt-Ir/Ti(1∶2)。总的来说，Pt-lr/Ti 电极催化活性比 Pt/Ti 电极好，这可能是由于加入 Ir 元素能大大提高 Pt-Ir/Ti 电极催化活性。但 Pt-Ir/Ti 电极中，含 Ir 量低的催化活性要好，这可能是由于随着 Ir 在镀液中含量的进一步增加，在沉积过程中发生金属共沉积，电极表面更为致密，在电解反应过程中参与反应的电极活性面积也逐渐降低，催化活性有所下降。

Hesenov 等[71]发现 Pt-Ir 电极相比于其他电极有更好的电解效果，但后者有更好的抗腐蚀性。因此，作者认为 Pt-Ir 电极是最优的一种电极。对贵金属载量及镀层成分组成的分析表明，在高载量或低载量条件下，Ir 对于煤氧化生成 CO_2 这一过程都没有作用。另外，Rh 不适合应用于电极，无论是 Rh 的单独使用，还是 Rh 与 Pt 或 Pt-Ir 共同使用。

(2) 煤种类、煤浆浓度与煤颗粒大小的影响

不同煤种的成分不同，因此电解效果也不同。Hesenov[72]对比了 Cayirhan、Tuncbilek、Pittsburg 三种不同煤的电解，证明了这点。煤中的主要成分为 C、H、O、N、S 及其他杂质，其中含有的羧基、氮、硫等分子末端能够提供反应活性位点，进行煤的电氧化反应。如褐煤便有较多的分子末端基团，因而在电解过程中相比于其他煤种有较高的电流。从前面的介绍中知道，铁离子对煤浆的电解过程有着重要的影响，而不同煤种中铁离子的存在形式有所差异，若铁离子以 Fe^{2+} 而不是 Fe^{3+} 形式进入溶液，便可直接在阳极氧化从而提高电流。

煤浆浓度的影响。在较小的浓度范围内，煤浆浓度的增加会提高煤电解氧化速率，但当煤浆浓度增加到一定程度后，对氧化速率的影响便不太明显。而煤浓度过大时，反而降低煤电解氧化速率。究其原因是由于太高的煤浆浓度限制了搅拌系统的搅拌效率，制约了电化学

反应过程中的传质过程。但当加入一定含量的催化剂后，煤浆浓度的影响相对催化剂对电流产生的影响较小。Tomat 等[73,74]研究发现煤颗粒大小决定着煤与电解液和电极表面的接触表面，影响着反应速率。减小煤颗粒度可增加反应速率，但粒度降低至超过一定限度对该电化学反应不再有重要影响。

（3）电解质膜材料

在阳极和阴极之间的膜主要起到两方面的作用：传导质子和阻隔气体。当前实验研究中，多采用美国杜邦公司生产的 Nafion 膜。Nafion 膜是一种全氟磺酸结构的聚合物质子交换膜，其厚度从 25～70μm，它具有良好的质子传导性且能有效阻隔其他离子的通过。溶液中的金属离子对质子传导的影响很大，但未见对此的研究报道。

（4）电解电位的影响

水煤浆电解的理论电压只有 0.21V，但为了克服电化学极化，方程式(1-23）至少需要 0.45V 的电压才能进行[12～14]。最初的 Coughlin 和 Farooque 煤电解实验中，在 0.8～1.0V 时才能观察到明显的 H_2 产生。Seehra 等[75]用活性炭 GX203 取代煤，在 0.54V 便有明显的 H_2 产生。使用表面积更大的活性炭 BP2000 时，加入 $FeSO_4$ 与未加时情况相比，电解电压从 1.12V 降到了 0.95～0.72V，而从能量的角度考虑，在 0.72V 时产氢率和电效率达到了最佳结合。同样，Hesenov 等[71]研究发现，电压从 1.0V 升高到 2.0V（此时没有发生明显的水电解）时，H_2 产量从 35mL（8h）上升到了 47mL，而加入 Fe^{2+}/Fe^{3+} 后，H_2 产量则从 143mL（8h）升到了 386mL，电流密度也从 31mA/cm^2 上升到了 83mA/cm^2。电解中，Fe^{2+} 可以降低反应过程 30％的能量势垒[76]。另外，还有 I、V_2O_5、KBr、$K_3Fe(CN)_6$ 等作为添加剂被研究。找出能够更多地降低能量势垒的添加剂应该是今后研究的一个重点方向。

（5）温度的影响

温度的升高，能够有效地降低活化能[77]，提高反应速率。温度对 Fe^{2+}/Fe^{3+} 之间的氧化还原反应有着重要的影响。升高温度可以提高 Fe^{2+} 向 Fe^{3+} 的转化，这主要是加快了 Fe^{2+} 的扩散速度，但这种影响仅限于 100℃以下。在 100℃时 Fe^{2+} 转化达到最大。

Jin 等[78]研究表明，温度可以极大地影响煤的电解效率，如煤的转化率从 40℃的 0.02％提升到了 108℃的 3.21％，同时，电流密度也提高到了 32mA/cm^2。

（6）酸浓度的影响

刘欢等[79]在煤电解氧化伏安特性的研究中指出，H_2SO_4 相较于其他酸性、碱性等溶液作为电解液具有最好的电解效果，最佳浓度为 1mol/L。Coughlin 和 Farooque 在对不同浓度的电解液对比研究后指出，当 H_2SO_4 浓度为 3.7mol/L 时，电解过程具有最佳的电解效果。Hesenov 等[71]也得出了类似的结果：适当提高 H_2SO_4 浓度可以增大电流密度和 H_2 产量，但过高的 H_2SO_4 浓度（>7mol/L）效果相反。他们认为 H_2SO_4 最优浓度为 5mol/L，并做了解释。

（7）搅拌速率的影响

搅拌速率对电解影响较大，搅拌速率越大，电流也越大。由于搅拌速率过低时，煤不易分散形成均匀的煤浆液，这就阻碍了煤与电极的接触，从而降低了反应速率。较高的搅拌速率可促进电解过程中煤与电极表面接触概率和煤与电解液界面的扩散传质过程，从而加快反应速率。但是当搅拌速率太快，磁子工作不稳定，易与电极碰撞从而损坏电极。

此外，选用的煤种也有很大关系。研究表明，高硫煤和高挥发分煤有较高的电化学活性。

1.10.3 电解煤水制氢技术的特点

电解煤水制氢技术着重研究用少量的电能利用阳极催化剂直接电解煤水制高纯 H_2，无论从煤炭的清洁利用还是廉价新能源氢的开发方面都是极具应用前景的一种新的制氢方法。电解煤浆制氢技术有以下主要特点：

（1）电解效率高，用电量少

目前常规的制氢技术之一是电解水制氢，传统电解水的理论分解电位为1.23V，实际电解过程中需要1.6～2.2V的外加电压；电解煤水制氢反应的理论电位仅为0.21V，实际电解过程中只需要0.7～1.1V左右的电压，各种固体燃料（包括烟煤、褐煤、油页岩）在该反应系统中均可在1.1V以下，按消耗的电能计算，相同的H_2产量，电解煤水制氢仅需要传统电解水1/3～1/2的电能，煤是水电解的阳极去极化剂，因此电解煤水制氢所需的能量远比电解水的低。这就大大降低了电解制氢的成本，为煤水电解制氢的实用进程奠定了理论基础。

（2）降低CO_2引起的温室效应

煤中的主要元素为碳，但电解制氢过程中，阳极气与阴极气量之比远小于1/2，说明生成CO_2反应仅为阳极氧化反应的一部分，C并没有被彻底氧化生成CO_2气体，有相当一部分碳元素在电解氧化过程中被氧化生成中间有机产物残留在溶液中。因此与传统的煤炭燃烧相比，生成的CO_2少，降低了煤炭燃烧过程中CO_2引起的温室效应。同时，产生的CO_2不像燃烧产生的那样排空，可收集作为化工原料利用。

（3）环境污染小

煤中含有一定量的氮、硫等杂质元素，煤燃烧时，会产生气态氮氧化物和硫氧化物而造成环境污染。而在煤水电解制氢的过程中，氮、硫元素被氧化为相应的氧化物和酸留在电解液中，并没有氮、硫的氧化物气体产生，从而大大减少了由于煤炭燃烧所造成的酸雨现象，极大程度地减少环境污染。

（4）气体产物无须分离

煤水电解制氢在阴极产生纯净的H_2，产氢电流效率一般为100%，阳极产生CO_2，二者在制备过程中可以分开收集，不需要纯化和分离氢的装置和设备，这就简化了煤炭高温裂解生成气体时所需的分离工艺，降低了成本。此外通过控制阳极电位，阳极可以得到甲醇等有机小分子化合物，为直接甲醇燃料电池提供了原料。电解煤水后的电解液中，含有丰富的有机物质，电解液经初步浓缩后，可用作液体燃料。

（5）设备简单，条件温和

和煤炭高温气化制氢相比，电解煤水制氢所需要的工艺设备简单，条件温和，这也大大降低了制氢成本。

（6）装置小型化

煤水电解制氢的装置可以小型化，电解煤水阴极得高纯H_2，可为PEMFC提供原料，能与家用和军用数千瓦的PEMFC（燃料电池堆）堆组合，实现分布式电站的理想[80]。这种分布式电站不需要远距离输配电设备，减少输电损失，提高能源利用率，并且降低污染，二氧化碳排放量小，维护费用低。

我国煤炭资源丰富，这一新型制氢技术不仅可以清洁、高效地利用煤炭资源，极大程度地减少环境污染，并且可以减少对其他国家燃料的依赖性，加强国家保障。另外也可在水力发电用电低潮及大城市电网“波谷”时储备能量，作为城市交通所用的燃料电池汽车的氢源（加氢站）。所以煤浆电解制氢具有其他制氢方法无法比拟的优点。

作者在2005年指出（见文献［6］的3.1.5节），据报道美国已在新墨西哥州采用此种方法建立了一座年产300万立方米H_2的工厂。后来证明这是误传。这表明煤浆电解制氢离工业化还有相当距离，还有不少问题需要解决。

1.11 超临界煤水制氢

1.11.1 概论

我国具有“富煤，少气，贫油”的能源结构，能源的可持续开发利用已成为 21 世纪最重要的课题之一。

按我国的煤种分类，其中炼焦煤类占 27.65%，非炼焦煤类占 72.35%，炼焦煤包括气煤、肥煤、主焦煤、瘦煤等；非炼焦煤包括无烟煤、贫煤、弱碱煤、不缴煤、长焰煤、褐煤、天然焦等。其中，褐煤占 12.76%。

褐煤，是煤化程度最低的矿产煤。褐煤水分大（15%～60%），挥发成分高（>40%），含游离腐殖酸。空气中易风化碎裂，燃点低（270℃左右）。褐煤的燃烧值低，在 3000Cal（1Cal=1000cal）或以下。从煤中，特别是褐煤等低阶煤中获取气体及液体燃料可减少对化石燃油及天然气等的依赖，有助于实现能源的可持续发展。

超临界水环境下进行低温催化煤气化制造清洁能源（H_2）是对褐煤等资源高效利用的一种有效方法。其中，优化液化过程、催化加氢反应机理、油品的提质升级及结焦控制是该领域面临的难题。由于亚/超临界水催化加氢液化过程为高能耗过程，因此，分析并探索有效降低能耗的工艺手段同样也是亚/超临界水催化加氢液化的重点难题。

随着全球能源危机逐渐加重，石油和煤炭等一次能源的直接利用而导致的环境恶化问题日益突显。因此，采用高效的利用手段对煤炭资源进行二次转化生产清洁能源已经成为亟待解决的重大问题。近些年来，作为一种比较高效的煤炭资源的清洁利用途径，在超临界水环境下进行低温催化煤气化制造清洁能源（氢气和天然气）引起了国内外大量学者的关注和研究。

1.11.2 我国研究情况

2004 年，在国家自然科学基金资助下，程乐明等[81]开展了以超临界水介质中低阶煤制取富 H_2 气体的研究。利用 120mL 小型间歇反应装置，在 KOH/煤为 0.7%～10%（质量分数）、温度 400～650℃、压力 12～30MPa、停留时间 0～30min 的范围内，考察了 KOH 催化下操作参数对小龙潭褐煤反应特性的影响。结果表明，随着 KOH/煤质量比的增加，煤转化率和气体产率升高。KOH/煤质量比为 10%时，气相产物中 H_2 含量增加 1 倍，H_2 产率提高 1.7 倍。升高反应温度可以使 KOH 的催化作用更显著。对比氮气气氛和超临界水中煤催化热解反应发现，反应温度为 600℃时，添加相同量的 KOH 催化剂，氮气气氛下煤转化率升高 4.4%（质量分数），超临界水条件下煤转化率升高 7.8%（质量分数），说明超临界水反应环境下 KOH 的催化作用更加明显。提高反应压力可以促使煤转化率和气体产率升高。与 KOH 添加量和温度相比，停留时间对 H_2 产率的影响较小，随着停留时间的延长，CH_4 产率略有增加。

2005 年在国家重点基础研究发展规划资助项目和自然科学基金的支持下，闫秋会等[82]对煤与生物质的模型化合物羧甲基纤维素钠（CMC）在超临界水环境中的催化气化制氢性能进行了研究。实验是在压力为 20～25MPa、停留时间为 15～30s、NaOH 添加量（质量分数）为 0.1%、反应器外壁温度为 650℃的条件下进行，探讨了物料浓度、压力以及停留时间对煤与 CMC 共气化制氢的影响。实验结果表明：煤与 CMC 共超临界水催化气化制氢的主要气体产物是 H_2、CO_2 和 CH_4，H_2 的体积分数可高达 60%以上，增加物料浓度、升高压力有利于提高产氢率，但延长停留时间不利于 H_2 的制取。

2006 年，程乐明等[83]以超临界水中褐煤制氢过程的能耗分析为目的，构建了 3 种超临界水与煤反应的系统方案，并分别对其进行了热量和质量衡算及能效分析。结果表明，CaO 换热方案的冷煤气效率为 68.3%，与常规煤气化制氢工艺相比，工艺简单且热集成度高，达到了较高的冷煤气效率。CaO 发电方案为制氢和超临界发电过程的耦合，冷煤气效率为 17.0%，热效率达 46.9%。

2008 年，孙冰洁等[84]采用连续式超临界水反应装置进行褐煤制取富 H_2 气体研究。建立了煤处理量为 1kg/h 的连续式超临界水反应装置并实现稳定运行，考察了反应温度（500～650℃）、反应压力（20～30MPa）、水煤浆浓度（20%～50%）以及 KOH 添加量对小龙潭褐煤在超临界水中连续化制氢的影响。实验结果表明，反应进行 20min 后连续装置达到稳定运行状态。反应温度和 KOH 添加量是影响超临界水中褐煤制氢的关键因素。随着反应温度从 500℃提高到 650℃，H_2 的体积分数与产率分别由 11%和 25mL/g 增加到 29%和 110mL/g。添加 0.5%KOH 可明显提高碳气化率以及 H_2 的产率，但随着 KOH 加入量进一步增加，H_2 产率增加的幅度减小。随着压力增加，甲烷产率有升高的趋势，H_2 产率变化不大，提高水煤浆的浓度，碳气化率降低。

随后，毕继成等继续进行这方面研究取得不少进展[85～90]。

内蒙古大学张喆等[91]分析了煤超临界水气化制氢的影响因素。系统地分析了催化剂、温度、压力、停留时间等因素对煤超临界水气化制氢的通性影响规律，认为寻求最佳反应条件仍然是今后该领域的研究重点。

王宏那等[92]应用计算流体力学（CFD）对超临界水煤气化关键设备进行数值模拟研究。研究表明，影响压降的主要因素是温度，压降随温度和管壁粗糙度的增加而增大，立式换热器管箱垂直进料优于侧边进料和倾斜进料等。

翁晓霞等[93]研究了超临界水在煤热解和催化气化过程中的作用机理。研究结果表明：煤热解过程中，超临界水中的水团簇会弱化煤分子上的 C—O 直链键及芳香环中的 C═C 双键，在开环反应后，芳香环变成小分子环状结构，超临界水团簇会进一步弱化这些中间产物结构上的 C═C 键，加速反应进行。而由于超临界水中形成的 OH 自由基和产物结合反应，使得水团簇本身转化为富氢水团簇，与中性水团簇结合生成 H_2 和 OH 自由基等产物。这些 OH 自由基进一步参与反应，从而加快热解速率，使煤分子热解成小分子片段或产物，提高气体尤其是 H_2 的产量。作者也探讨了超临界水与催化剂的作用机理。认为：超临界水可促进催化剂以更小的颗粒析出到煤上，因而提高了催化剂在煤上的吸附稳定性。在煤气化过程中，超临界水既是优良的溶剂和反应物，也起到催化作用。在超临界水和催化剂的协同作用下，煤气化反应的速率和产率都得到提高。

由于常规的煤气化过程中 CO_2 的分离能耗高达气化过程总能耗的 12%，张倩倩等[94]研究了超临界水中煤的气化制氢流程中分离 CO_2 的能耗。利用 H_2 和 CO_2 在高压水中溶解度的差异，构建了高压水吸收法分离 CO_2 系统；发现：随着压力的升高，CO_2 分离过程中的能量效率逐渐增加，（㶲）效率缓慢增加后开始下降，CO_2 分离能耗不断下降，压力大于 8MPa 时超临界水中煤气化产物中 CO_2 的分离能耗低于常规煤气化过程；随着温度的升高，能量效率下降，㶲效率不断增加，CO_2 分离能耗迅速增加。

苗海军等[95]构建了一种新型超临界水中煤气化制氢直接热力发电的循环系统。该系统利用煤在超临界水中气化后的混合工质直接进入透平发电，充分利用了制氢反应器出口的混合工质直接所携带的能量，也节省了 H_2 分离提纯时的能耗。本系统直接得到电能而不是 H_2。作者认为气化和燃烧过程是影响系统能量效率和（㶲）效率的关键。

左洪芳等[96]利用超临界水（supercritical water，SCW）的物理和化学特性，以大雁褐煤与焦化废水为反应原料经 SCW 反应直接制取 H_2。得出如下主要结论：①大雁褐煤与焦化废水制水煤浆制氢的主要影响因素是水质、分散剂用量和水煤浆的浓度。②在浆浓度为 20%（质量分数），600℃、25MPa 条件下，褐煤/焦化废水共气化的 H_2 产率和碳气化率比单独气化有较大增长，其加权平均值分别增加了 141.9mL/g、6.1%；温度对气化率有正影响，温度升高，碳气化率增大，H_2 的体积分数和产率增加；反应温度从 450℃ 提高到 600℃，H_2 产率增加了近 3.5 倍，水煤浆浓度对气化率有负影响，浓度由 20%（质量分数）逐渐增加到 50%（质量分数），碳的气化率和 H_2 的产率都降低。③添加剂可使煤转化率和 H_2 产率明显升高，在 600℃，25MPa，20%（质量分数）的水煤浆条件下，单独添加 2%（质量分数）KOH 或者 Ca/C 摩尔比为 0.15 的 $Ca(OH)_2$，H_2 产率和 CH_4 产率都增加。同时加入上述两种添加剂，可以显著提高 H_2 产率和碳气化效率，但 CH_4 产率却降低。

西安交通大学动力工程多相流国家重点实验室郭烈锦等[97]为了推进该技术的产业化，2012 年起，联合多家单位组建了"煤的新型高效气化与规模利用协同创新中心"。2016 年，由西安交通大学牵头并联合浙江大学、清华大学、南京理工大学、西北有色金属研究院、北京有色金属研究总院、大连理工大学、东方汽轮机厂、中科院工程热物理所、陕西煤化工集团 9 家单位共同承担国家重点研究计划项目"煤炭超临界水气化制氢和 H_2O/CO_2 混合工质热力发电多联产基础研究"（2016YFB0600100），目前正努力朝产业化方向迈进。

1.11.3 国外研究情况

1978 年，美国麻省理工学院的 M. Modell 等[98]首次提出了使用煤在超临界水中反应生成高热值气体的问题。21 世纪初，人们才将超临界水气化技术应用于煤气化制备 H_2。煤超临界水气化制备 H_2 可能进行的主要化学反应有以下 3 步[99,100]。

蒸汽重整：
$$C+H_2O \longrightarrow CO+H_2 \tag{1-29}$$
水气转化：
$$CO+H_2O \longrightarrow CO_2+H_2 \tag{1-30}$$
甲烷化：
$$CO+3H_2 \longrightarrow CH_4+H_2O \tag{1-31}$$

目前，煤超临界水气化过程的催化剂主要有 CaO、$Ca(OH)_2$、KOH 等，其主要作用是促进水气转化反应的进行，而且可以作为产物 CO_2 的吸收剂。J. Wang 等[101]在高压反应釜中研究了 690℃、30MPa 下劣质煤的超临界水气化，发现 $Ca(OH)_2$ 不仅可以促进煤的气化，而且可以降低焦炭及 CO_2 含量，并提出了以下反应机理：

$$C+Ca(OH)_2+H_2O \longrightarrow CaCO_3+2H_2 \tag{1-32}$$

S. Lin 等[102]研究了 NaOH 催化 $Ca(OH)_2$ 与煤混合物的超临界水气化过程，研究表明，煤中约 90% 的碳可以转化成 H_2 和 CH_4。在此体系中，NaOH 作为催化剂，而 $Ca(OH)_2$ 则作为 CO_2 吸收剂。

A. Sinag 等[103]的研究表明，K_2CO_3 可以在超临界水中生成中间产物（HCOOK），从而促进水气转化反应的进行，使得 H_2 产率升高，而且提出以下反应机理：

$$K_2CO_3+H_2O \longrightarrow KHCO_3+KOH \tag{1-33}$$
$$KOH+CO \longrightarrow HCOOK \tag{1-34}$$
$$HCOOK+H_2O \longrightarrow KHCO_3+H_2 \tag{1-35}$$
$$2KHCO_3 \longrightarrow H_2O+K_2CO_3+CO_2 \tag{1-36}$$

这是由于随着温度的升高，促进了甲烷蒸汽重整反应的进行，使得甲烷含量降低而 H_2 含量却有所升高[104]。

1.11.4 展望

如前所述，煤超临界水气化制氢技术有诸多优点，就不再细说。但是煤超临界水气化技术还存在一系列技术问题未能解决，如超临界水的腐蚀、反应器的堵塞、能量回收利用等。再如廉价、稳定、高效的制氢催化剂。此外，应该重视设备腐蚀问题，它是由多相体系的流动、换热和反应，颗粒沉积和设备磨蚀等问题所致。因此，深入研究反应机理，寻求最佳反应条件仍然是该科研领域的研究重点。

最后，应该指出越来越多的作者重视对褐煤亚/超临界水直接加氢制油。国际国内对此都有研究，如国内昆明理工大学陈会会等[105]系统地分析了昭通褐煤亚/超临界水液化工艺条件对液化过程的影响，为优化条件提供基础。在自制反应器中，系统地考察了反应温度、反应停留时间、水煤比、水密度等参数对昭通褐煤直接制油产率的影响。王敏丽等[106]研究了褐煤的催化加氢液化获取燃料油工艺优化。研究表明在380℃，40min，50%（质量分数）催化剂添加量条件下，催化剂效果排序为Ru/C>Ni/SiO_2/Al_2O_3>Pd/C>Pt/C，褐煤催化加氢最高油产率可达60.23%（质量分数）。作者还系统分析了褐煤的Ni/SiO_2/Al_2O_3 催化加氢液化过程。

本书作者认为，不仅要继续研究煤超临界水气化制氢技术，而且应对褐煤超临界水中催化加氢、直接液化予以重视并尽早开展研究。

1.12 煤/石油焦制氢

参见本书第3章石油制氢。

参 考 文 献

[1] https://baike.baidu.com/item/%E4%B8%AD%E5%9B%BD%E7%85%A4%E7%82%AD%E5%88%86%E7%B1%BB/3214821?fr=aladdin.
[2] 李冬燕.制氢技术研究进展[J].河北化工，2008，31（4）：6-8.
[3] 谢继东，李文华，陈亚飞.煤制氢发展现状[J].煤质技术，2007，13（2）：77-81.
[4] 任相坤，袁明，高聚忠.神华煤制氢技术发展现状[J].煤质技术，2006，（1）：4-7.
[5] 谢克昌.煤气化设计[M].北京：化学工业出版社，2010.
[6] 毛宗强.氢能——21世纪的绿色能源[M].北京：化学工业出版社，2005.
[7] 肖云汉.煤制氢零排放系统[J].工程热物理学报，2001，22（1）.
[8] 尤彪，詹俊怀.固定床煤气化技术的发展及前景[J].中氮肥，2009，（5）：1-7.
[9] 张震.几种煤制气方法的技术现状及工艺比较[J].河北化工，2009，32（6）：41-42.
[10] 陈寒石，徐奕丰.灰熔聚流化床粉煤气化技术[J].石油和化工节能，2005，（4）：15-20.
[11] 李琼玖，钟贻烈，廖宗富，等.四种煤气化技术及其应用[J].河南化工，2008，25：4-7.
[12] 郑振安.Shell煤气化技术（SCGP）的特点[J].煤化工，2003，（2）：7-11.
[13] 万保健.鲁奇炉与常压固定床、航天炉的比较[J].河北化工，2012，35（3）：7-9.
[14] http://blog.sina.com.cn/s/blog_52f526870102e7ec.html.
[15] 王延坤，王伟.多喷嘴对置式水煤浆气化技术及其优势[J].中氮肥，2008，1：21-23.
[16] 赵岩.煤制 H_2——当今全加氢型炼油厂的发展方向[J].炼油技术与工程，2012，42（4）：11-13.
[17] 闵剑.煤制氢在炼厂中应用的技术经济分析[J].技术经济，2010，9：27-29.
[18] 程一步.石化企业高硫石油焦利用途径探讨[J].炼油设计，1999，29（8）：55-60.
[19] Coleman R Ferguson. Refining Gasification：Petroleum Coke to Fertilizer at Farmland's Coffeyville，KS Refinery. NPRA 1999 Annual Meeting，1999.
[20] GB/T 5751—2009 中国煤炭分类[S].
[21] http://wenku.baidu.com/view/066c4702de80d4d8d15a4f38.html.
[22] Jin H，Lu Y，Liao B，et al. Hydrogen production by coal gasification in supercritical water with a fluidized bed reactor[J]. International Journal of Hydrogen Energy，2010，35（13）：7151-7160.
[23] Korzh R，Bortyshevskyi V. Primary reactions of lignite-water slurry gasification under the supercritical conditions[J]. Journal of Supercritical Fluids，2016，117：64-71.
[24] 姜炜，程乐明，张荣，等.连续式超临界水反应器中褐煤制氢过程影响因素的研究[J].燃料化学学报，2008，36

(6)：660-665.
[25] 左洪芳，杜新，吕永康，等. 连续式超临界水中褐煤-焦化废水共气化制氢 [J]. 煤炭转化，2011，34 (2)：46-50.
[26] http://www. cctd. com. cn/ 中国煤炭市场网.
[27] 李奕阳. 几种制氢方法的生命周期评价研究 [D]. 西安：西安建筑科技大学，2010.
[28] Stuart J Self，Bale V Reddy，Marc A Rosen. Review of underground coal gasification technologies and carbon capture [J]. International Journal of Energy and Environmental Engineering，2012.
[29] Pei Peng. Study on underground coal gasification combined cycle coupled with on-site carbon capture and storage，Source：ProQuest Dissertations and Theses Global，2012.
[30] Shafirovich，Evgeny，Varma，et al. Underground coal gasification：A brief review of current status. Industrial and Engineering Chemistry Research，2009，48 (17)：7865-7875.
[31] Bhutto，Abdul Waheed，Bazmi，et al Underground coal gasification：From fundamentals to applications. Progress in Energy and Combustion Science，2013，39 (1)：189-214.
[32] Roddy，Dermot J，Younger，et al. Underground coal gasification with CCS：A pathway to decarbonising industry，Energy and Environmental Science，2010，3 (4)：400-407.
[33] Imran，Muhammad，Kumar，et al. Environmental concerns of underground coal gasification. Renewable and Sustainable Energy Reviews，2014，31：600-610.
[34] Yang，Dongmin，Koukouzas，et al. Recent development on underground coal gasification and subsequent CO_2 storage. Journal of the Energy Institute，2016，89 (4)：469-484.
[35] Brown，Kristin M. In situ coal gasification：An emerging technology. 29th Annual National Conference of the American Society of Mining and Reclamation，2012：51-70.
[36] Prabu V，Mallick，Nirmal. Coalbed methane with CO_2 sequestration：An emerging clean coal technology in India. Renewable and Sustainable Energy Reviews，2015，50：229-244.
[37] Agyarko，Barnie L. A review of non-renewable energy options in Illinois. International Journal of Oil，Gas and Coal Technology，2013，6 (3)：288-347.
[38] Yang D，Sarhosis V，Sheng Y. Thermal-mechanical modelling around the cavities of underground coal gasification. J Energy Inst，(2014)，87 (4)：321-329.
[39] Clean Energy in Australia：UCG Demonstration Facility，Queensland (2013) Available from：http://www. lincenergy. com/clean _ energy _ australia. php.
[40] Dongmin Yang，Nikolaos Koukouzas，Michael Green，et al. Recent development on underground coal gasification and subsequent CO_2 storage. Journal of the Energy Institute，2016，89 (4)：469-484.
[41] Yang D，Sheng Y，Green M. UCG：where in the world?. Chem Eng，2014，872：38-41.
[42] http://wenku. baidu. com/link? url = SgVN9P1cQWxHPRIoF19j _ TIutfjBdilm _ e0ZZi9D7jglnQ1uMrYk9Fucsv17HXN _ GR5sxtbtdkn0wHR7JD4ZhF9UtJ7E4KhF-XwNW _ lMd4m.
[43] 马晓飞，王永兵. 地下煤气化技术的发展与应用 [J]. 中国化工装备，2013 (02).
[44] http://www. ccin. com. cn/ccin/news/2012/10/23/243455. shtml.
[45] Coughlin R W，Farooque M. Hydrogen production from coal，water and electrons [J]. Nature，1979，279：301-303.
[46] Coughlin R W，Farooque M. Electrochemical gasification of coal-simultaneous production of hydrogen and carbondioxide by a single reaction involving coal water，and electrons [J]. Ind Eng Chem Process Des Dev，1980，19 (2)：211-219.
[47] Coughlin R W，Farooque M. Consideration of electrodes and electrolytes for electrochemical gasification of coal by anodic oxidation [J]. Journal of Applied Electrochemistry，1980，10 (6)：729-740.
[48] Coughlin R W，Farooquc M. Hydrogen production from coal，water and electrons [J]. Ind Eng Chem. Process，1982，21：559-564.
[49] Dhouge P M，SfilweH D E，Park Su-Moon. Electrochemical studies of coal slurry oxidation mechanisms [J]. J Elecctrochem Soc，1982，129 (8)：1719-1724.
[50] Dhouge P M，Park S M. Electrochemistry of coal slurries - 2. Studies on various experimental parameters affecting oxidation of coal slurries [J]. Journal of the Electrochemical Society，1983，130 (5)：1029-1036.
[51] Dhouge P M，Park Su-Moon. Electrochemical studies of coal slurries Ⅲ. FTIR studies of coal oxidation mechanisms [J]. J Electrochem Soc，1983，130 (7)：1539-1542.
[52] Okada G，Gxlmswamy V，Bockris J O M. On the electrolysis of coal slurries [J]. J Electrochem Soc，1981，128：2097-2102.

[53] Murphy O J, Bockris J O M. Int J Hydrogen Economy, 1985 (10): 453-474.

[54] Ahn S, Tatarchuk B J, Kerby M C, et al. Selective electrochemical oxidation of coal in aqcous alkaline electrode [J]. J Electrochem Soc, 1995, 142 (3): 782-787.

[55] Botte G G, et al. 206th Electrochemical Society Meeting, Abstracts 559 and 565.

[56] Patil P, Abreu Y D, Botte G G J. Power Sources, 2006, 158: 368.

[57] 印仁和，吕士银，姬学彬. 电解煤浆制氢阳极的制备及电催化活性研究 [J]. 化学学报，2007，65 (24)，2847-2852.

[58] 戴衡，赵永丰. 固体燃料-水电解制氢的研究 [J]. 燃料化学学报，1984，12 (4)：289-296.

[59] 唐致远，刘昭林，郭鹤桐. 酸性介质中镁电化学氧化动力学的研究 [J]. 天津大学学报，1992，1：31-37.

[60] Yin R H, Zhang L, Ji X B, et al. S Y 211th Electrochemical Society Meeting [C]. 2007: 348.

[61] 刘欢，王志忠. 煤电化学气化的可能性 [J]. 煤炭转化，2000，23 (4)：11-14.

[62] Anthony K E, Linge H G. Oxidation of Coal Slurries in Acidified Ferric Sulfate [J]. Journal of the Electrochemical Society, 1983, 130 (11): 2217-2219.

[63] Dhouge P M, Stilwell D E, Park S M. Electrochemical studies of coal slurry oxidation mechanisms [J]. Journal of the Electrochemical Society, 1982, 129 (10): 1719-1724.

[64] Baldwin R P, Jones K F, Joseph J T, et al. Voltammetry and electrolysis of coal slurries and H-coal liquids [J]. Fuel, 1981, 60 (8): 739-743.

[65] Dhooge P M, Park S M. Electrochemistry of coal slurries . 3. FTLR studies of electrolysis of coal [J]. Journal of the Electrochemical Society , 1983, 130 (7) : 1539-1542.

[66] Kreysa G, Kochanek W. Kinetic investigations of the primary step of electrochemical coal oxidation [J]. Journal of the Electrochemical Society, 1985, 132: 2084-2089.

[67] 郭鹤桐，刘昭林，唐致远. 煤炭有效利用的新方法——煤的电解氧化 [J]. 化工进展，1989，4：48-51.

[68] Baldwin R P, Jones K F, Joseph T T, et al. Voltammetry and Electrolysis of coal slurries and H-coal liquids. Fuel, 1981, 60 (8): 739.

[69] 张玉萍，鞠鹤，武宏让，等. 铂钛不溶性阳极的研制 [J]. 表面技术，2002，31 (4)：37-39.

[70] 张磊. 电解煤浆制取 H_2 的工艺条件的研究 [D]. 上海：上海大学，2007.

[71] Hesenov A, Kinik H, Puli G, et al. Electrolysis of coal slurries to produce hydrogen gas: Relationship between CO_2 and H_2 formation [J]. International journal of hydrogen energy, 2011, 36 (9): 5361-5368.

[72] Hesenov A, Meryemoglu B, Icten O. Electrolysis of coal slurries to produce hydrogen gas: Effects of different factors on hydrogen yield. International journal of hydrogen energy, 2011, 36 (19): 12249-12258.

[73] Tomat R, Salmaso R, Zecchin S. Electrochemistry of carbonaceous materials 1: Oxidation of Sardinian coal by Fe (Ⅲ) ions [J] . Fuel , 1992, 71 (4): 459-462.

[74] Tomat R, Salmaso R, Zecchin S. Electrochemistry of carbonaceous materials 2: Anodic electroactivity of coal slurries in 85% phosphoric acid media [J]. Fuel, 1992, 71 (4).

[75] Seehra M S, Ranganathan S, Manivannan A. Carbon-assisted water electrolysis: an energy-efficient process to produce pure hydrogen at room temperature [J]. Applied Physics Letters, 2007, (90): 44-104.

[76] Seehra M S, Bollineni S. Nanocarbon boosts energy-efficient hydrogen production in carbon-assisted water electrolysis [J]. International Journal of Hydrogen Energy, 2009, 34 (15): 6078-6084.

[77] Demoz A, Khulbe C, Fairbridge C, et al. Iodide mediated electrolysis of acidic coke/coal suspension [J]. Journal of Applied Electrochemistry, 2008, 38 (6): 845-851.

[78] Jin X, Botte G G. Feasibility of hydrogen production from coal electrolysis at intermediate temperatures [J]. Journal of Power Sources, 2007, 171 (2): 826-834.

[79] 刘欢，王志忠. 煤电解氧化的伏安特性的研究 [J]. 燃料化学学报，2002，30 (2)：182-185.

[80] Pmshanth Pati, Yolanda De Abreu, Botte G G. Electrooxidation of coal slurries on different electrode materials [J]. Power Sources, 2006, 158: 368-375.

[81] 程乐明，张荣，毕继诚. KOH 对低阶煤在超临界水中制取富 H_2 体的影响 [J]. 化工学报，2004，55 (增刊).

[82] 闫秋会，郭烈锦，梁兴，等. 煤与生物质共超临界水催化气化制氢的实验研究 [J]. 西安交通大学学报，2005，39 (5)：454-457.

[83] 程乐明，姜炜，张荣，等. 超临界水中褐煤制氢过程分析 [C]：第七届全国氢能学术会议论文集. 武汉：2006.

[84] 孙冰洁，杜新，张荣，等. $Ca(OH)_2$ 对褐煤在连续式超临界水反应器中制氢的影响 [C]：第九届全国氢能学术会议. 长沙：2008.

[85] 姜炜，程乐明，张荣，等. Ca 基 CO_2 吸收剂再生次数对超临界水中褐煤制氧过程的影响 [C]：第七届全国氢能学

术会议论文集，武汉：2006.
[86] 姜炜，程乐明，张荣，等. 连续式超临界水反应器中褐煤制氢过程影响因素的研究 [J]. 燃料化学学报，2008-12-15.
[87] 孙冰洁，杜新，张荣，等. KOH 对超临界水中褐煤连续制氢的影响 [J]. 燃料化学学报，2010-10-15.
[88] 孙冰洁，杜新，张荣，等. 钙基固定剂对制氢和污染性气体减排的影响 [J]. 电力科技与环保，2010-12-15.
[89] 孙冰洁，杜新，张荣，等. 双氧水对超临界水中褐煤制氢过程的影响 [J]. 石油炼制与化工，2011-02-12.
[90] 孙冰洁，杜新，张荣，等. $Ca(OH)_2$ 对褐煤在连续式超临界水反应器中制氢的影响 [J]. International Hydrogen Forum Programme and Abstract，2008-08-03，中国北京.
[91] 张喆，胡瑞生，武君，等. 煤超临界水气化制氢的影响因素分析 [J]. 煤化工，2011，(04).
[92] 王宏那. 超临界水中煤气化关键设备的数值模拟研究 [D]. 天津：天津大学，2014.
[93] 翁晓霞. 超临界水中煤热解及催化气化机理研究 [D]. 天津：天津大学，2013.
[94] 张倩倩. 新型超临界水中煤气化制氢产物的 CO_2 分离研究 [D]. 西安：西安建筑科技大学，2014.
[95] 苗海军. 超临界水中煤气化制氢热力发电系统的构建以及能量转化机理分析 [D]. 西安：西安建筑科技大学，2014.
[96] 左洪芳. 连续式超临界水中褐煤/焦化废水共气化制氢研究 [D]. 太原：太原理工大学，2011.
[97] 郭烈锦，赵亮，吕友军，等. 煤炭超临界水气化制氢发电多联产技术 [J]. 工程热物理学报，2017，(03).
[98] Modell M，Reid R C，Amin S I. Gasification Process：US，4113446 [P]. 1978-09-12.
[99] Demirbas A. Biodiesel Production from VegetableOils Via Catalytic and Noncatalytic Supercritical Methanol Transesterification Methods [J]. Progress in Energy and Combustion Science，2005，31 (5-6)：466-487.
[100] Balat M. Potential Importance of Hydrogen as a Future Solution to Environmental and Transportation Problems [J]. International Journal of Hydrogen Energy，2008，33 (15)：4013-4029.
[101] Wang J，Ta Karada T. Role of Calcium Hydroxide in Supercritical Water Gasification of Low-rank Coal [J]. Energy & Fuel，2001，15 (2)：356-362.
[102] Lin S，Suzuki Y，Hatano H，et al. Hydrogen Production from Hydrocarbon by Integration of Water carbon Reaction and Carbon Dioxide Removal (Hy Pr-RING method) [J]. Energy & Fuels，2001，15 (2)：339-343.
[103] Sinag A，Kruse A，Schwarzkopf V. Key Compounds ofthe Hydropyrolysis of Glucose in Supercritical Water in the Presence of K_2CO_3 [J]. Industrial & Engineering Chemistry Research，2003，42 (15)：3516-3521.
[104] Antal M J，Allen S G，Schulman D，et al. Biomass Gasification in Supercritical Water [J]. Industrial & Engineering Chemistry Research，2000，39 (11)：4040-4053.
[105] 陈会会. 褐煤亚/超临界水液化转化研究 [D]. 昆明：昆明理工大学，2014.
[106] 王敏丽. 褐煤在亚/超临界水中催化加氢液化升级的研究 [D]. 昆明：昆明理工大学，2015.

第2章 天然气制氢

天然气中主要成分为甲烷（CH_4），是各类化合物中氢原子质量占比最大的化合物，储氢量为25%。同时天然气属地球三大化石能源之一，储量巨大（最近盛行的页岩气、可燃冰与此也类似），因此很早就发展成为工业中最主流的氢气制备技术，在许多国家中占压倒性优势地位[1,2]。由于甲烷化学结构稳定，所以工业上常采用便宜易得的水蒸气、氧气介质与甲烷反应，先生成合成气，再经化学转化与分离，制备氢气。另外针对含CO_2酸性气的天然气矿源，有着CO_2干重整制氢的技术需求。最近，发展了天然气的直接无氧芳构化技术，可以得到不含CO的氢气及大量高价值的芳烃产品。另外，天然气的直接裂解，可以得到不含CO的氢气及大量高价值的碳纳米材料产品。所得氢气，特别适合用作质子交换膜燃料电池的燃料源。

2.1 天然气在含氧(元素)环境下的制氢技术

2.1.1 基本原理

甲烷分子惰性，其活化需要在高温下进行，分含氧介质参与或无氧环境两种。含氧介质主要包括H_2O、CO_2与空气或O_2等价廉、易得、大量的原料。制备合成气的化学反应方程式包括：

$$CH_4+H_2O \longrightarrow 3H_2+CO \quad \text{强吸热} \tag{2-1}$$

$$CH_4+\frac{1}{2}O_2 \longrightarrow 2H_2+CO \quad \text{强放热} \tag{2-2}$$

$$CH_4+CO_2 \longrightarrow 2H_2+2CO \quad \text{强吸热} \tag{2-3}$$

在实际进行过程中，CO具有反应活性，直接排放是极大的浪费。同时作为有毒性气体，也不能随便排放。欲最大量地获得氢气，必须引入如下反应：

水煤气变换反应：

$$CO+H_2O \longrightarrow H_2+CO_2 \tag{2-4}$$

这样从物流角度，上述三个过程的总包反应方程式依次变为：

$$CH_4+2H_2O \longrightarrow 4H_2+CO_2 \tag{2-5}$$

$$CH_4+\frac{1}{2}O_2+H_2O \longrightarrow 3H_2+CO_2 \tag{2-6}$$

$$CH_4+CO_2+2H_2O \longrightarrow 4H_2+2CO_2 \quad \text{再变为：} CH_4+2H_2O \longrightarrow 4H_2+CO_2 \tag{2-7}$$

第一个与第二个总包反应恰如其分地说明，CO_2为制备过程碳的最终排放物。反衬出第三个反应故意引入二氧化碳为介质的反应，属于特殊性反应案例，不具普适价值。

然而从能量流角度分析，制备合成气的三个反应分别为高温位的强吸热、强放热与强吸热反应。水蒸气转化过程常需要燃烧相当于1/3原料气的燃料来为反应提供热能，而CO_2重整过程约需要燃烧相当于42%原料气的燃料来为反应提供热能。而水煤气变换为低温位的中等放热反应。后续水煤气变换反应的热能并不能为前面的合成气制备反应服务，也反衬出利用 CO_2 为介质的过程代价巨大。

如果将原料与燃料气一并考虑，以水蒸气转化过程为例：

$$CH_{4(原料)}+2H_2O_{(原料)}+\frac{1}{3}CH_{4(燃料)}+\frac{2}{3}O_{2(燃烧介质)}\longrightarrow$$
$$4H_{2(产品)}+\frac{4}{3}CO_{2(排放)}+\frac{2}{3}H_2O_{(排放)} \quad (2\text{-}8)$$

由此总包物流关系式(2-8) 可以看出，每生产 1t 氢气，约放出 7.3t CO_2。事实上由于分离过程的存在，以及天然气开采、基建等过程的各类损失折算，每生产 1t 氢气，释放出的 CO_2 要远大于这个数值，或许会达 10～11t。

同时，在与有氧介质反应的过程中，如在氧气存在条件下的直接燃烧反应，既可以得到纯合成气，也可共产乙炔等高附加值产品，其中的共性问题是变成合成气后，如何最大化生产氢气的问题，流程示意如图 2-1 所示。

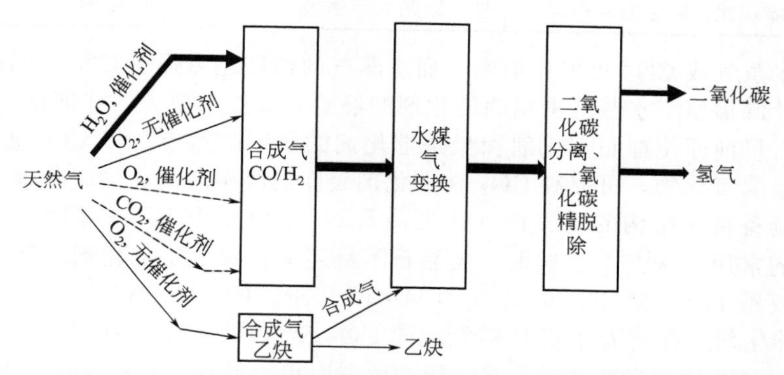

图 2-1 天然气（经合成气）制备氢气的几条主要路线示意图

其中的特性问题是甲烷在不同高温介质（水蒸气、CO_2、O_2）及有无催化剂条件下如何活化、转化的问题。

2.1.2 技术进展

如图 2-1 所示，天然气制备氢气流程复杂，主要包括合成气制备、水煤气变换、CO_2 分离及 CO 精脱除等必要环节。下文将就前两步的关键制氢环节进行技术讨论。

2.1.2.1 催化剂存在下的制备合成气工艺

由于甲烷分子呈惰性，无论在水蒸气、CO_2 或空气、氧气气氛下，甲烷在催化剂上的活化都是一个高温过程，其中的催化剂面临着高温反应环境下的稳定性与活性的共性问题。不同在于在水蒸气、CO_2 气氛中制备合成气为强吸热反应，而在氧气或空气气氛中制备合成气为强放热反应。

甲烷在催化剂上的活化，主要是指在过渡金属催化剂与贵金属催化剂上的活化。在常用的铁钴镍催化剂中，镍基催化剂活性最高，钴基催化剂次之，铁基催化剂最差。由于贵金属及钴等成本高的原因，工业上主流催化剂是镍基催化剂。

催化剂的失活主要包括积炭失活（表 2-1）及聚并烧结失活[3~5]。在反应过程中，活性金属表面发生甲烷裂解首先产生高活性的原子碳物种 C_α。大部分的 C_α 物种能够通过与 H_2O、CO_2 或 H_2 的反应被气化消除，而另一部分 C_α 则进一步脱氢、聚合、重排转化为活性较低的 C_β 物种。基于各种反应的动力学平衡，C_β 物种可以进一步发生气化，也可能包裹在催化剂表面或扩散进入金属晶粒中形成炭化态。因此碳的形成是积炭反应与碳的气化反应平衡的结果，而碳的生成形态与条件密切相关（表2-1）。

表2-1 不同条件下碳生成形态[3,4]

碳的形态	包覆膜状碳	丝状碳	裂解碳
形成原因	烃类自由基在镍表面上慢慢聚合，形成包覆膜	碳在镍晶粒中扩散、成核和丝状碳析出，镍晶粒在丝状碳顶端	烃类热裂解，催化剂上碳前驱体的形成
过程效果	催化剂逐步失活	镍表面不会失活，催化剂被解离，破碎，反应器压降增加	催化剂颗粒被包覆，催化剂失活，反应器压降增加
形成温度/K	<773	>723	>873
操作条件	低温，低水蒸气与烃类摩尔比，低的氢气与烃类摩尔比，碳源为芳香烃	高温，低水蒸气与烃类摩尔比，低的水蒸气吸附，弱酸性，碳源为芳香烃	高温，高空隙率，高压，低水蒸气与烃类摩尔比，酸性催化剂

用过量的水蒸气或CO_2可促进消碳，而水蒸气的消碳能力强于CO_2。因此CO_2重整过程的催化剂设计既借鉴了水蒸气重整的催化剂的经验，难度又更大，在催化剂的改进思路方面具有代表性。目前原位抑制催化剂积炭是催化剂的研究的重点。以CO_2重整为例，添加碱金属和碱土金属氧化物，可提高CO_2在催化剂表面的吸附解离，同时降低CH_4分子脱氢活性。另外，制备特殊结构的前驱体（如尖晶石$NiAl_2O_4$、钙钛矿、固溶体等）也是提高催化剂稳定性的常用方法[6~8]。然而，尖晶石不易还原，降低了催化剂上活性Ni物种的比例。钙钛矿主要是$La_{1-x}M_xNi_yN_{1-y}O_3$（M＝Ca、Sr、Pr、Ce等，N＝Bi、Co、Cu、Cr、Fe等）。该类催化剂上存在着丰富晶格氧，同CO_2反应构成$La_2O_2CO_3$，通过与表面碳反应而减少积炭，具有抗积炭性能[6]。但钙钛矿比表面积较低（$<10m^2/g$），表面的活性组分Ni容易团聚，导致催化活性降低。进而，将$LaNiO_3$钙钛矿分散在大比表面积介孔分子筛MCM-41上，可取得较好效果[7]。而固溶体（如$Ce_{1-x}Zr_xO_2$）具有较好的储氧释氧性能，可提高催化剂的抗积炭能力[9,10]。

另外，在抑制活性颗粒团聚烧结方面，主要通过提高金属-载体相互作用得到高分散、稳定的活性相和小尺寸的金属颗粒。这与上文形成尖晶石、固溶体思路相同。选用化学稳定好的氧化铝、氧化硅载体，对于提高金属的分散度，提高活性，降低金属用量与降低催化剂成本，非常关键。将镍或氧化镍与氧化铝形成原子均匀的尖晶石态催化剂已经实现工业化制备与使用。然而，过高的焙烧温度不仅造成活性组分烧结而降低金属的利用率，同时也降低了催化剂比表面积，破坏催化剂的孔结构。最近，用等离子体辅助制备的催化剂金属颗粒尺寸小，尺寸分布窄及金属-载体相互作用强，比常规焙烧的催化剂性能更优[11,12]。目前较新颖的思路是，利用介孔载体的限域作用将活性组分限制在介孔中，防止其团聚烧结，研究比较多的载体为SBA-15、MCM-41、KIT-6、介孔Al_2O_3等[13]。考虑到载体氧化硅、氧化铝和镍之间的结合力较弱，在高温反应条件下活性组分会迁移出孔道，最终发生烧结，用嫁接法制备了有序介孔分子筛TUD-1担载的Ni催化剂，由于活性组分和载体之间具有强烈的锚定作用[14]，使得Ni具有较小的粒径从而明显提高了催化活性和稳定性。但是，这类介孔分子筛类载体的水热稳定性如用于工业，还需要经历苛刻性条件检验。

另外，一锅法制备方法的出现，使得不同组分间的分散效果显著区别于传统的浸渍法[15]。如在制备金属氧化物掺杂的介孔分子筛催化剂过程中，可成功将Ce掺杂进入SBA-15分子筛骨架，所得材料不仅保持了纯硅SBA-15的有序介孔结构，而且具有大比表面积和窄的孔尺寸分布。Ce的掺杂促进了Ni纳米颗粒在硅骨架中的分散以及表面氧物种的移动，还可在一定程度上抑制催化剂失活。又比如，可用于有序介孔 NiO-Al_2O_3 复合金属氧化物的制备。以乙醇为诱导剂，两亲性共聚物 P123 为模板剂，采用自组装方法制备了有序介孔 Ni-Al 和不同 Ce 含量的 Ni-Ce-Al 催化剂。疏水的 Ni 前驱体可以直接掺杂进入表面活性剂 P123 的疏水内核当中，将 Ni 纳米颗粒全部固定在介孔 Al_2O_3 骨架中，使催化剂在 700℃反应 100h 而不失活。

表面化学研究证实，催化反应的活性和选择性与催化剂表面原子的配位状态密切相关，而特定晶面的原子排布和配位环境具有高度均一性，具有明确的催化剂构效关系，可提高活性位密度和调控催化反应路径。以 CO_2 重整制氢的催化剂为例，引入 CeO_2 纳米颗粒，形成介孔纳米复合氧化物（$Ce_{1-x}Zr_xO_2$、Ce-SBA-15、CeO_2-Al_2O_3 等）[16~20]，可显著提高活性物种的分散性并能够通过氧的储存释放及时地消除甲烷裂解产生的 CH_x 活性物种，抑制积炭的发生。CeO_2 的催化性能与其所暴露的晶面具有紧密的关联，而不同形貌的 CeO_2 则会暴露出不同的晶面。例如，CeO_2 纳米棒优先暴露四个｛110｝和两个｛100｝晶面，而 CeO_2 八面体则暴露八个｛111｝晶面。通常，CeO_2 的｛111｝晶面能量最低，因而也最稳定，在晶体生长过程中，优先暴露。而｛110｝晶面和｛100｝晶面能量较高，稳定性较差[22]，但目前合成技术已经能够提供各类形貌的纳米晶，但这类过于纳米化的催化剂材料的稳定性仍需要经历高温长寿命检验。

在催化剂的宏观织构设计方面，气体反应物或产物不易扩散进入催化剂的孔内，或不易从结构密实的催化剂孔内扩散出来[21]。所以，将催化剂设计成不同的宏观形状（如圆柱形、片形、三叶草形、车轮形），使催化剂既具有微孔（反应场所）也具有介孔与大孔（扩散通道）非常关键[22]。同时，良好的扩散通道为过程的传质与传热同时提供了便利，对于降低高温反应的温度梯度，提高温度控制准确性，延长催化剂寿命非常重要。

从过程的机制来说，甲烷在镍基催化剂裂解，形成碳化镍，碳化镍不太稳定，可以继续与高温水蒸气反应，生成合成气。在此过程中，水与甲烷的进料比例（水碳比）非常重要。如果水碳比过小，碳化镍的碳就会析出，形成碳丝[3,4]。形成的碳丝不但会导致催化剂的活性位被覆盖失活，而且会逐渐占据催化剂颗粒间的孔道，使床层空隙率变小，气速变大，压降急剧上涨，对原料气体压缩机的安全工作造成威胁。更有甚者，可能会将反应器器壁撑裂，导致还原性气体泄漏，引发爆炸等事故。因此，为了使催化剂长周期运行，及过程的安全起见，工业中常将水碳比设为 3 以上，但这同时，也需要将大量的水从室温逐渐加热至反应温度，也是造成过程能耗高的原因之一。

从过程的热力学特性来说，甲烷与水变成合成气是增分子反应。从化学平衡的角度来说，降低过程压力有利。但如上文所述，加压后不但有利于过程的扩散，同时也可以大大缩小反应器的体积，既使得反应器的单位生产强度大大增加，也使得加压反应器安全操作，易管理。

由于该过程的空速高，将原料气中的甲烷接近完全转化，将大大有利于降低后续分离能耗。但该反应又是一个平衡限制的反应，从原理上就不易将甲烷完全转化，同时在工业实践中更要考虑时空效率。因此，工业上常用两段法，将甲烷通过 850℃左右的反应，先将一段的甲烷转化率提高至 80%以上，然后将混合气体通过二段的控制性燃烧，将甲烷完全转化为水、CO_2、H_2 与 CO。在二段炉的出口，合成气的含量约为 75%～85%[1,2]。

出于最大程度制氢的目的（如用于工业上合成氨过程），需要接水煤气变换过程，将混合气体中的 CO 几乎完全转化为 H_2。

CO_2 干重整过程的吸热量还高于甲烷水蒸气重整制氢过程，耗能巨大。但在实践中，许多天然气田，常伴随酸性气体 CO_2 产生。如果不经分离，直接就能够制备合成气及氢气，可能也有一定的实用价值。假设 CO_2 的体积分数分别为 10%、20%及 30%，则上述化学方程式(2-3) 所得气体组成相应变化。这些过程的吸热量相应较低，产氢量很大，变成了一个生成碳与合成气的复合过程。

同时，在催化剂存在条件下，天然气与空气、氧气发生催化反应，生成合成气，再制备氢气，是一类强放热过程，能耗低，是研究方向之一[23]。但在高温下氧气参与的反应，产物选择性控制及热量管理分别是催化剂难题及工程难题。其催化剂体系与甲烷水蒸气重整类似，但目前尚未实现工业应用。

2.1.2.2 无催化剂存在的制备合成气过程

主要包括：①天然气直接与空气燃烧，生成合成气，再制备氢气，该过程已经大工业化；②天然气直接与空气燃烧，生成乙炔及大量合成气后，将其中的合成气再用于制备氢气，该过程也已经实现单套每年数十万吨合成气制备的工业化。

由于没有催化剂的存在，燃烧反应的控制关键在于爆炸限及气体的混合，以及停留时间的控制[24,25]。这类过程中，设备的进口设计对于混合与预燃烧过程非常重要。而过程的难点也在于控制过度氧化，完全生成 CO_2 和水。在这方面，流体力学计算，可以提供设备设计结构的预测以及混合效果等关键因素考察。

考虑到天然气的水蒸气转化为强吸热反应，而天然气在空气/氧气中的燃烧为放热反应，也有研究，将二者耦合起来，形成自热式耦合工艺，希望通过进料配比，维持反应的热量平衡[26]。在此类研究中，需要注意不同反应的速率匹配问题，及导致的吸热与放热的传热需求不均等问题。

2.1.2.3 水煤气变换制氢过程

在任何一个生成合成气的工业过程中，利用水煤气变换反应进一步将 CO 转化为氢气，是必不可少的环节。水煤气变换反应的化学原理如下：

$$CO + H_2O_{(g)} \xrightleftharpoons{催化剂} CO_2 + H_2 \qquad \Delta H^{\ominus}_{298} = -41.19\text{kJ/mol}$$

此反应为可逆放热反应，温度越高，对应的平衡转化率越低。同时此反应为典型的催化反应。无催化剂时，700℃下也很难发生反应。在催化剂存在的条件下，反应温度大大降低。使用高温变换催化剂时，反应温度为 300～500℃；使用低温变换催化剂时，反应温度为 200～400℃（表 2-2）。由于该反应为等分子反应，压力对反应平衡无影响，但加压操作可提高生产强度和反应速率。

表2-2 水煤气变换过程催化剂类型[27,28]

催化剂系列	高温变换催化剂	低温变换催化剂	
催化剂类型	Fe-Cr 系列	Cu-Zn 系列	Co-Mo 系列
使用温度/℃	300～400	210～300	180～280
特点	不怕氧气、机械油等，对原料气中氧含量要求不苛刻；怕硫、磷、氯、冷凝水，活性较低，须在较高温度下使用；为了减少副反应，须采用较大的汽气比，不利于过程的节能降耗；强度较差，易粉化，引起系统阻力升高	有高的低温活性，可以采用低汽气比操作，对节能有利。使用温度范围窄，耐热性差，怕冷凝水、硅、氨等，对原料气中硫、卤素含量要求严格	宽温域使用，耐硫；低温活性高，可使变换过程的汽气比降低，强度高，可以采用低汽气比操作，对节能有利。怕氧、冷凝水、机械油
CO 转化（干基）	入口 30% 出口 3%	入口 30% 出口 0.3%～0.7%	入口 30% 出口 0.3%～0.7%

在反应初期，过程离平衡限制较远，受动力学控制。升高温度可使反应速率大幅度提高，从而提高过程效率。在反应后期，过程的转化率受热力学平衡限制。高温下的热力学平衡转化率相对较低。所以在反应后期，应采用低温操作，以提高 CO 转化率。过程的热力学特征与动力学特征决定了 CO 变换过程宜采用变温操作。

2.1.2.4 微量 CO 的去除工艺

由于反应平衡的制约，虽然经过低温水煤气变换之后，CO 被深度转化，但其含量仍在 1%左右，不能满足后续许多过程的使用要求。在工业中通常通过一些化学反应，将其去除。大量氢气存在条件下的 CO 与 O_2 的选择性氧化，生成 CO_2，且氢气与 O_2 也很易反应，因此该工艺严格依赖于反应温度与催化剂的种类[29,30]。

另一个已经工业化的工艺是，直接在镍基催化剂上 CO 与大量已经存在的氢气进行加氢，生成甲烷的反应[2]。

2.1.2.5 CO_2 的脱除工艺

经过水煤气变换及 CO 去除之后，气体的主要成分变为 H_2 与 CO_2。在合成氨工业中，需要将 CO_2 首先分离出来。这些 CO_2 在后续工段还可继续与氢生成的氨进行反应，生成碳酸氢铵、碳酸铵或尿素等化肥，实现 CO_2 的最大利用。在这个过程中，CO_2 与 H_2 的分离技术，主要是保证 CO_2 能够循环使用[1,2]。

而对于质子膜燃料电池等氢气应用，则只使用氢气，而不用 CO_2。CO_2 变为无用物质排放，或许需要与其他矿化过程（如食品级碳酸钙的生产）相结合。

但在所有的分离 CO_2 的过程中，使用有机胺或甲醇将 CO_2 吸收，是比较好的方式。特别是甲醇低温吸收 CO_2 过程中，许多气体在低温下的溶解度会变高，只有氢气的溶解度不受温度的限制，而且温度越低，溶解度越低。显示出分离 H_2 的良好选择性[1]。

回收 CO_2 的过程，在避免氢气收率受损的前提下，尽量避免使用与 CO_2 能够发生强烈化合作用的昂贵试剂（如烧碱），保证过程的经济性。

2.1.3 关键设备

2.1.3.1 天然气水蒸气转化炉

工业上使用的天然气水蒸气转化炉[2]，几乎全部为固定床反应器（第一段转化），这类反应器具有比较简单的结构、使用寿命很长的催化剂，一旦装填后，就不用时常维护，管理简便。

对于天然气转化来说，由于是强吸热反应，即使设置了原料的预热，仍然需要在反应器内设置独立的供热管路，通过高温烟道气供热，以便及时补偿由于过程进行导致的吸热反应导致的温度降。由于反应温度高且是加压操作（2～2.5MPa），因此需要有耐隔热衬里，以降低反应器材质的选择苛刻度。

第二段为控制性配置氧气/空气的燃烧段，内部除了喷嘴，基本为空腔结构。此处转化率虽然仅为 10%～15%，但放热量大，温度高，产品气体可能通过间接换热的方式，为第一段的吸热反应提供热量。

2.1.3.2 天然气无催化剂条件下的直接燃料炉

天然气直接燃烧，制备合成气，主要使用燃料炉，设备为大量喷嘴存在下的大容积空腔结构。温度控制在900～1200℃左右。该类设备能够大型化。单台炉子生产合成气的能力，大约可达40万吨/a。

而对于天然气直接燃烧，制备乙炔与合成气的设备，由于是为了增加产品附加值，需要精确控制乙炔产量，因此，需要选择更高的温度，对于空气与天然气的接触，混合结构要求苛刻。目前最大设备为单系列每年1万～1.5万吨乙炔。由于乙炔气在初次产品气中的含量约8%，而合成气约80%。因此，相当于该炉子每年能够生产合成约15万吨/a。由于以乙炔气为最大生产目标，该装置的结构为混合段、燃烧段、淬冷段及排液段组成。需要控制燃料反应在毫秒级发生，同时，需要利用冷的介质与蒸汽或水，在极短时间内，将含乙炔的高温气体淬冷，避免其进一步反应，生成碳或合成气[24,25]。

天然气与空气在催化剂下的催化反应，尚未工业化，目前仍然处于实验室研究阶段，使用固定床设备，尚未考虑过程中催化剂积炭及反应强放热导致的工程问题。

同时，在规模不大的自热式或热平衡式转化中，有研究者使用微通道反应器，通过精细控制催化剂涂层及设置换热结构，希望达到减少反应器体积，减少危险气体的瞬时流量与存放问题，提高过程安全度。目前已经有些示范性装置。但由于其结构复杂度，以及安全性检验时间不够，尚未实现大规模制氢应用。

2.1.3.3 水煤气变换——多段式固定床反应器

水煤气变换工艺的大规模工业应用已经有80多年的历史，通常使用结构相对简单的固定床反应器。气体以活塞流通过催化剂床层进行反应，轴向返混小，气体转化率高。根据不同工艺需要，分为绝热和换热式两类固定床反应器。在工业中大多采用结构简单的绝热式固定床反应器，其他形式的固定床由于结构复杂，催化剂更换不便，不易处理泄漏、催化剂板结等事故，而较少采用。一般情况下，为了减小反应器中的气速，降低床层压降，固定床变换反应器都采用加压操作。

水煤气变换反应是放热反应，在绝热固定床反应器中，每转化1%的CO，温度会升高6.5℃。在许多传统过程中，原料气体中CO的含量一般小于30%（以天然气为原料，CO含量为8%～11%；以煤为原料，CO含量为22%～33%）。水煤气变换反应的放热量较小，多段绝热固定床结合段间换热的流程基本能满足过程的换热要求。在工业上使用的多段固定床变换工艺中，一般在反应前期采用高温变换催化剂，在300～500℃操作；在反应后期采用低温变换催化剂（铜锌系或钴钼系列耐硫催化剂），在180～230℃操作。经过水煤气变换过程，气体组成中CO含量一般低于1%，H_2含量高于60%～65%[1,2]。

为平稳控制反应温度，在20世纪60年代也有一些流态化反应器的研究[31～35]，可实现恒温操作，处理空速也比固定床中大得多。还有类似于催化裂化装置的流化床变换反应器，催化剂颗粒连续或定期被收集，经燃烧再生后返回反应区，可避免反应器停车。但这类研究都基于高温变换的铁铬系列催化剂，强度不高，易磨损。同时由于当时流态化回收较细粒径颗粒的技术不成熟、加压流态化技术不成熟以及过程上下游匹配复杂度增加等原因，采用流化床反应器进行水煤气变换的工艺未得到工业化应用。近年来，随着多段流化床越来越成熟，可以结合高温变换与低温变换的优点，形成变温多段流化床水煤气变换工艺，并用低温变换Cu-Zn系催化剂及Co-Mo系催化剂（耐硫），可实现高浓度CO一次转化，实现极高的产氢效率[36,37]。

2.1.3.4 甲烷化流化床反应器

在制备氢气过程中，如合成氨过程的铁基催化剂，不能够允许10^{-6}级的CO存在。同理，面向质子膜燃料电池的氢源，也需要将CO完全去除，以保护铂基催化剂的稳定性。

在化工厂中，由于CO与氢气本身就混合在一起，因此利用甲烷化反应，将微量的CO去除，又不引用别的介质，是一种比较优化的选择[2]。

每转化1份CO，需要消耗3份H_2，同时过程放热量巨大。因此，当CO浓度很低时，可以采用固定床换热器。如果CO浓度较高，则选择流化床反应器比较合理。但此类应用仅针对CO极少，氢气极丰富的场合。

对于后来发展的利用煤生成合成气，再把合成气转化为合成天然气（SNG）的过程中，CO浓度高，过程放热量极大，但目前仍然主要使用固定床反应器。没有采用换热性能优异的流化床的原因可能在于，流化床反应器的气固返混，使转化推动力变小，过程可能发生水煤气变换反应，生成大量的水与CO_2，而不是水与CH_4。但这类反应的目的与本文最大量制备氢气的目的不同，不再赘述。

2.1.4 优点与问题

该方法制氢具有许多优点，可归纳如下：

① 储氢容量高，且是目前最经济的氢气制备路线。

② 适应地域广泛，能够有效缩短氢气运输与使用距离。

③ 适合于大规模制氢，是目前生产甲醇与合成氨等大量耗氢行业的技术首选，是各类石油类产品加氢进行产品升级的氢源首选。

④ 天然气的含氢量高，空气或氧气易得，燃烧为放热反应，与天然气水蒸气转化相比，能耗大大降低。但与水蒸气转化相比，产物的选择性控制略差，天然气直接燃料会生成大量CO_2，进一步降低制氢成本不易。

这个路线中，如果实现在催化剂存在下的控制氧化，则既解决了能耗问题，又解决了产品选择性控制问题，是未来的发展方向。

⑤ 相比氢气天然气能够直接用钢瓶储存，适于车用。目前已经发展出一种小型的模式系统，其中以天然气为原料，先生产高纯度氢的技术。然后再将产生的氢气纯度高，供质子交换膜燃料电池使用。这种小型系统，相当于把大型的化工厂生产氢气模式缩小，直接装载在乘用车上。其系统的优化与减重是未来真正能够应用的关键。

2.2 天然气无氧芳构化制氢工艺

2.2.1 基本原理

甲烷芳构的主要反应方程式如下：

$$6CH_4 \longrightarrow C_6H_6 + 9H_2 \qquad \Delta H = 533.82\text{kJ/mol} \tag{2-9}$$

图2-2为甲烷在不同温度下的转化率以及苯、萘等的收率。在973～1073K左右甲烷转化率可达16%左右。

不同温度和压力下，甲烷的转化率如图2-3所示。由于反应是增分子反应，因此甲烷转化率强烈地受压力的平衡限制。提高过程操作压力，导致甲烷的平衡转化率急剧下降[38,39]。

从原料的角度出发，如果有其他烃类（如丙烷、乙烷、丁烷、戊烷）存在[40]，其比甲烷分子的氢碳比小。在合成同样芳烃时，释放出的氢气量少，过程的活化能降低（表2-3），也可在一定程度上带动甲烷的转化率上升，提高氢气产率。

表2-3 不同反应的焓

反应方程式	$\Delta_r H$/(kJ/mol)
$6CH_4 \longrightarrow C_6H_6 + 9H_2$	532.0
$CH_4 + C_2H_6 + C_3H_8 \longrightarrow C_6H_6 + 6H_2$	346.3
$CH_4 + n\text{-}C_5H_{12} \longrightarrow C_6H_6 + 5H_2$	304.2
$CH_4 + 3C_3H_8 \longrightarrow C_{10}H_8 + 10H_2$	292.0

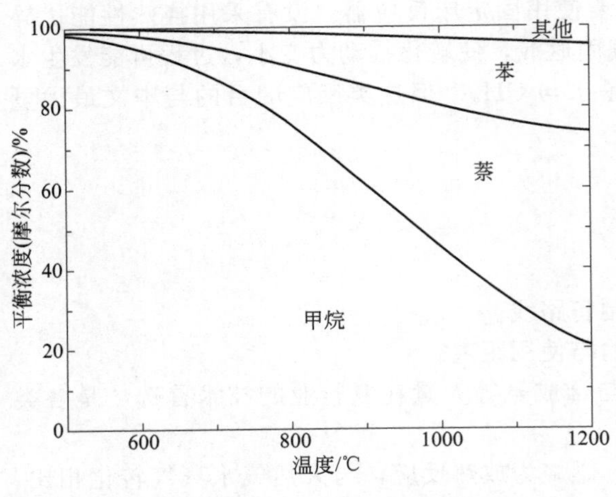

图 2-2 甲烷芳构化反应不同温度下的各组分平衡关系

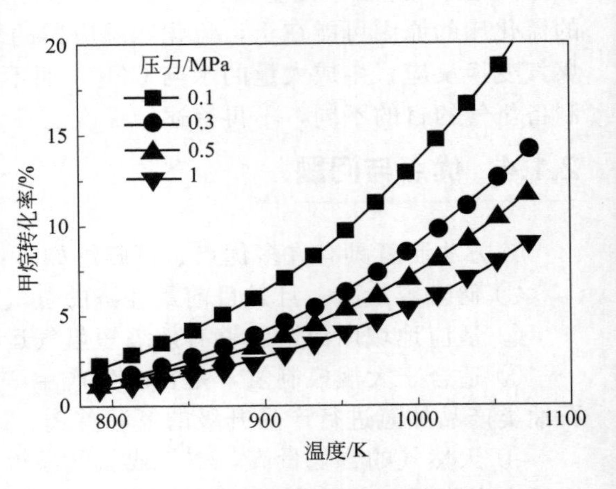

图 2-3 甲烷转化率与压力的关系

2.2.2 制氢工艺

2.2.2.1 催化剂

由于甲烷的化学惰性，该过程制氢强烈依赖于催化剂。早期有催化活性的体系为硅、氮化硼、Pt/Ga/Si、Pt/CrO_3/ZSM-5，但甲烷的转化率不高（4%～8%）或温度太高（接近1000℃）。1993 年 Mo/HZSM-5 这一优良的双功能催化剂出现，可在 700℃获得 7.2%的转化率，引发了无氧芳构化催化剂的研发热潮[38～40]。

该类催化剂的共同特征是具有酸性的载体及脱氢作用的活性成分（金属、金属氧化物或金属碳化物）[41～53]。HZSM-5 是最常用的载体，其晶体结构是由硅（铝）氧四面体所构成，微观结构中存在着两种通道，一种是椭圆形直孔道（长轴约为 0.58nm，短轴长为0.47nm)，一种是圆形 Z 形孔道（有效直径约为 0.53nm)，由于甲烷制备芳烃及氢气时，属脱氢及碳碳链增长的烃池反应，故 ZSM-5 提供酸性活性位与笼中结构，并对于芳烃的生成产生择形效应。其他载体如 γ-Al_2O_3、MgO、SiO_2、ZrO_2 或 TiO_2 的活性远不如以 HZSM-5 为载体的催化剂。而对于不同孔径的分子筛，催化活性高低顺序约为：HZSM-11＞HZSM-5＞HZSM-8＞HMCM-41＞HSAPO-34＞HMOR＝HX＝HY＞HSAPO-5＝HSAPO-11。近来有研究发现，使用 MCM-22 为载体也能取得较好的反应结果[45]。除了 Mo 以外，Pt、Os、Cu、Fe、Ga、Zn、Re、V、W、Cr 等也被用于与 HZSM-5 负载。其中 Mo、Re 的催化剂的催化活性最高，W、Pt、Os 等也是比较好的活性组分。同时，添加助剂也可显著提高催化剂的活性或者选择性。如对 HZSM5 先进行离子交换，然后负载 Mo 可制备一系列改性的 Mo/HZSM-5 催化剂。这些催化剂在稳定期内 CH_4 芳构化活性高低的顺序为：Cu^{2+}＞Fe^{3+}＞V^{2+}＞Mn^{2+}＞Zn^{2+}＞Ni^{2+}＞Cr^{3+}＞H^+；C_6H_6 选择性大小的顺序为：Fe^{3+}＞

$V^{2+}>Mn^{2+}>Cu^{2+}>Ni^{2+}>Zn^{2+}>Cr^{3+}>H^+$。在分步浸渍法制备的Co、Ru、Zn、Cu、Cr、Ni改性的Mo/HZSM-5催化剂中，添加适量的Ru可以降低催化剂表面的酸性，可提高催化剂活性。稀土元素Y、La、Ce、Eu、Er、Yb等改性Mo/HZSM-5时，也对提高催化剂的活性有利[52]。而Pt、W、Zr、Cu、Co、Ru等助剂可在一定程度上提高催化剂的稳定性。

以MoO_x负载于ZSM-5时，MoO_x的分散对于催化剂活性关键。Mo/HZSM5催化该反应，存在两个活性中心[38,39]，一个是Mo_2C活性中心，使甲烷脱氢生成乙烯中间产物；另一个是分子筛的酸中心，使中间产物乙烯生成苯等产物。控制催化剂的预处理方法，如在20% CH_4/H_2中预处理，可生成大量Mo_2C而没有积炭生成，可大大缩短反应的诱导期。

2.2.2.2 催化剂的积炭失活与再生

反应温度高，导致催化剂不可避免积炭失活。一是在反应过程中引入其他气体组分，通过原位反应消炭的原理来抑制积炭生成；二是对反应积炭后的催化剂进行烧炭再生，研究优化的再生工艺[38,39,53~59]。

在CH_4中混入一定量的CO或CO_2，使Mo/HZSM-5催化剂的活性和稳定性均有显著提高[53]。原理为高温下CO在Mo/HZSM-5表面发生Boudart反应的逆变换，生成少量的CO_2和活泼碳，这些活泼碳和CH_x脱氢生成的碳都可以通过加氢而生成活性物种CH_x，然后进一步生成C_2H_4，最后聚合成芳烃；而CO_2则可以将包括CH_4到惰性碳在内的所有表面碳物种$CH_{0\sim4}$转化成CO和H_2，显著地抑制了催化剂表面的积炭，尤其是高温积炭的生成。

引入少量水蒸气，可降低CH_4在3% Mo/HZSM-5催化剂上的芳构化反应的起始温度，提高催化剂的活性[54]。但过量水蒸气的引入则会抑制甲烷芳构化反应。该方法与在传统的水蒸气转换过程中的策略类似，水蒸气与CH_4裂解生成的积炭发生反应，生成合成气（CO与H_2），因此H_2O的比例对于抑制Ni基（或Fe基）催化剂积炭的作用有很大的影响。另外，适度水蒸气处理，可消除分子筛的强酸中心，使催化剂的积炭明显减少，高温烧炭峰几乎消失，显著降低催化剂再生温度，有效防止高温再生过程中Mo物种因升华而流失及高价Mo对分子筛骨架的破坏作用。

在原料气中引入微量O_2，也能提高3% Mo/HZSM-5催化剂的稳定性，而且O_2的加入量存在阈值[55]。低于该阈值时，增加O_2加入量会提高催化剂的稳定性；但高于该阈值时，则CH_4深度氧化成CO或者CO_2，抑制了CH_4芳构化反应[40]。但原位消炭的方法，只能在一定程度上提高催化剂的稳定性，无法从根本上避免催化剂的积炭失活，且使得氢气产品混入了一定的CO。

因此，在一定阶段，停止反应，将失活的催化剂专门用水蒸气、CO_2、H_2和O_2再生，则更加有利于控制过程条件及与产氢过程独立，不影响产品质量等。

在973K下，CH_4和H_2交替进料的时间分别为10min时，经过300min反应，C_6H_6和萘的收率分别为7.3%和1.5%[57]；而完全不加入H_2再生时，经过300min反应，C_6H_6和萘的收率仅为4.8%和0.6%。可见在反应温度下H_2再生延长了催化剂的使用寿命[24]。但是采用大量价格较高的H_2，会增加整个过程的成本。

将积炭失活催化剂在993K下，在空气中再生1h，结果发现催化剂的活性可以得到相当程度的恢复，但是稳定运行时间缩短，而且随着再生次数的增加，催化剂的稳定性下降。因为在该温度下和O_2气氛中，MoO_3与分子筛上的Al相互作用增强，生成无活性的$Al_2(MoO_4)_3$，并降低催化剂结晶度。同时，还有可能导致活性组分MoO_3升华。将Ga/HZSM-5在773K进行了多次烧炭再生，再生后催化剂寿命可达1000h以上。采用5%的O_2

和 N_2 的混合气在 773K 下进行 Mo/ZSM-5 积炭催化剂的再生[60]。结果表明，初期随着再生次数的增加催化剂活性逐渐提高；再生超过 10 次后，随着再生次数的增加，催化剂的活性保持稳定；经过 17 次再生后的 100h 寿命实验，催化剂仍有良好的活性和稳定性。这说明中温 O_2 烧炭再生是 CH_4 无氧芳构化 Mo 基催化剂的有效再生手段。

采用 5%的 O_2 和 N_2 的混合气在 773K 下进行 Mo/ZSM-5 积炭催化剂的再生，可对催化剂进行多循环反应（图 2-4）。

对比再生后和再生前的氢气浓度（初产品均按气相计，数据由文献［61］计算而得），发现催化剂随着再生次数的增加，氢气浓度越来越稳定。这说明该再生方法可以改善催化剂的稳定性，可以长周期连续运行。

2.2.2.3 过程优化与强化

利用反应再生技术，可以构筑独立的甲烷芳构化流程[62]，如图 2-5 所示。但也具有自身的缺点。由于热力学平衡限制，600～700℃下进行的芳构化反应的单程转化率较低（约 16%）。而且将生成的氢与甲烷进行分离，将甲烷回用，需要消耗大量的能量，且在技术上难度大。这个缺点也使得独立的甲烷芳构化流程路线长，设备投资大，不易实现。

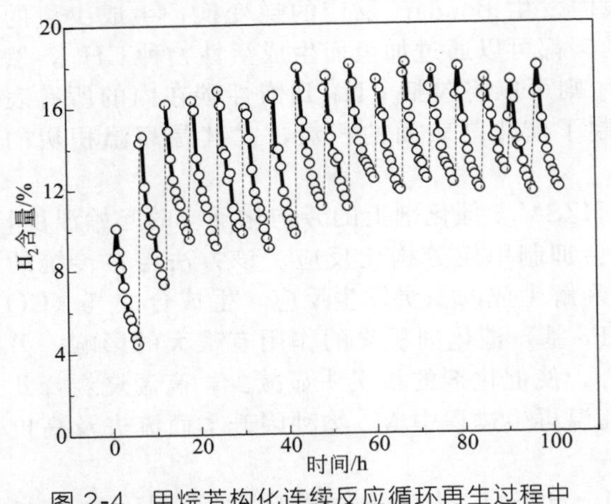

图 2-4 甲烷芳构化连续反应循环再生过程中氢气在初产品中含量变化

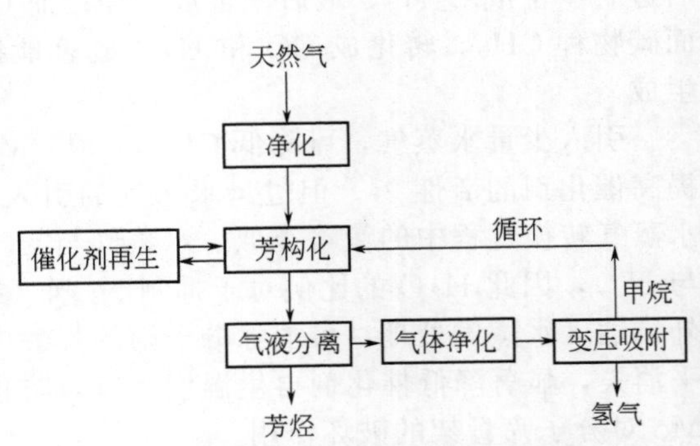

图 2-5 独立封闭的甲烷芳构化制备氢气流程

甲烷芳构化与天然气制备合成氨或甲醇过程耦合，如图 2-6 所示。

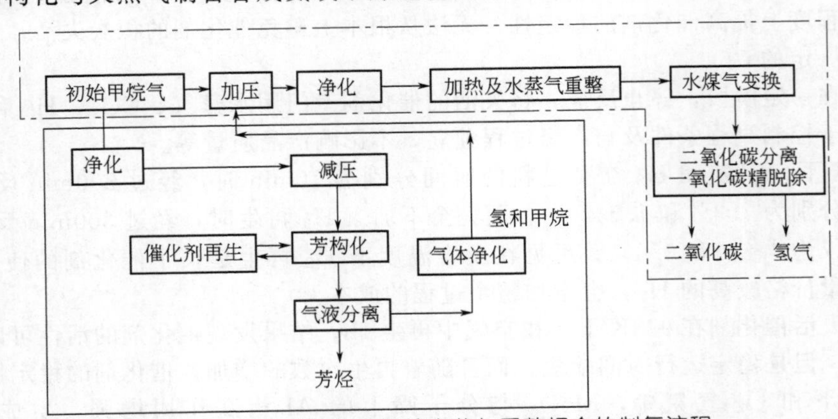

图 2-6 甲烷芳构化和甲烷水蒸气重整耦合的制氢流程

如果能够设计不分离甲烷与氢气的流程，则必须与已有工业过程相耦合。甲烷通过水蒸气重整，制备合成气，然后进行变换与脱碳是目前主流制氢技术。同时，在甲烷水蒸气重整过程中，由于活性特征所致，需要甲烷与氢气的混合气来维持催化剂的活化过程。

这样，可将甲烷芳构化与甲烷水蒸气重整耦合[63]，可有效解决甲烷与氢气分离的难题及节省大量甲烷回用的循环加压操作成本，充分体现了过程耦合的优越性。同时，该耦合工艺相当于甲烷一次性通过甲烷芳构化装置，由于甲烷芳构化的转化率低，如果甲烷的绝对量小，则不能生产出足够多的芳烃。恰巧，甲烷水蒸气重整过程具有规模大，甲烷通量大的特点，这样对于一个年产 30 万～60 万吨合成氨的企业来说，其芳烃的年产量可达到几万吨水平，即具备了可观的经济效益。同时如果这种流程试验成功，可将合成氨企业所有甲烷先经过甲烷芳构化过程，然后再接甲烷水蒸气重整过程，则会使芳烃的年产量大幅度提高。

将甲烷芳构化过程与甲烷制备合成气过程进行衔接，甲烷制备合成气的高温气（包括原料气与烟道气）可为甲烷芳构化主反应（吸热反应）提供热能，利于节能。

2.2.3 设备

当前国际上的研究工作主要集中在催化剂的制备与开发及反应和失活机制，主要使用实验室级别的固定床微反应器。但甲烷芳构化在高温下反应，催化剂积炭失活快。利用流化床反应器进行连续反应再生是工程上的主流技术[64]。对催化剂进行适当成形，机械强度可满足高气速操作的流化床反应器。可以取得与固定床中未填加成形剂的催化剂相近的甲烷转化率，芳烃选择性及制氢产率，为将来工程化提供了基础。

该类流化床的设计与高温炼油连续反应再生过程的流化床的要求相似。

2.2.4 优点与问题

该方法制氢具有许多优点，可归纳如下：

① 甲烷芳构化最大的优点在于芳烃产品组成单一，易分离，气体产品组成简单，易分离。

② 所得氢气纯度高，可以直接供应质子交换膜燃料电池。

③ 反应的另一产品（芳烃）附加值高，对整个过程的经济性有贡献性。

但作为一种新的制氢工艺还存在改进之处，需解决的主要问题如下：

① 不足之处在于甲烷单程转化率太低，大量甲烷需要循环转化。需要进一步发展过程强化技术得以解决，并且在一个体积有限的小型系统中，建立体积比较小的分离单元，也需要继续研究。

② 该反应是一个高温、强吸热反应，在具体使用过程中，需与其他系统结合，以解决高温热源的来源问题。

2.3 天然气直接裂解制氢与碳材料工艺

2.3.1 基本原理

甲烷直接裂解制氢过程，不产生 CO 和 CO_2，所得到的氢气产品，可用于 PEMFC 质子膜燃料电池等对燃料中 CO 含量要求严格的系统。纯氢燃烧无污染性，被美国能源部批准为目前唯一的供燃料电池汽车使用的燃料。该类氢气的制备及 PEMFC 电池的研究是国际上近年来十分重要的研究方向。

甲烷直接裂解过程既可只生产气体产品，也可以生成气体产品与固体产品（碳纳米材

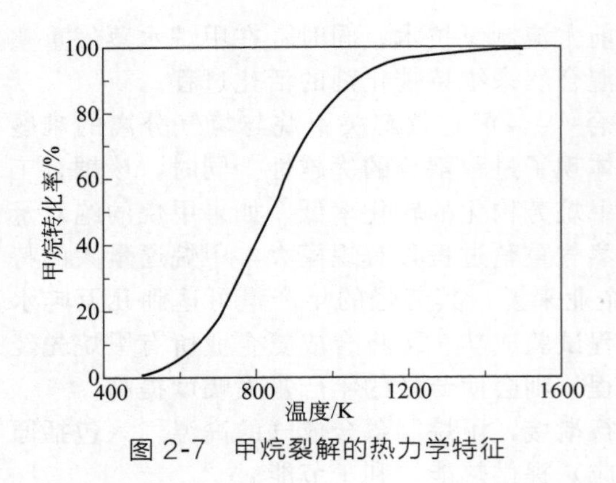

图 2-7 甲烷裂解的热力学特征

料，包括碳纳米管、石墨烯或碳纳米纤维)[65~71]。后一过程又被称为制备碳纳米材料的化学气相沉积过程。这类碳纳米材料可以用于金属、高分子或陶瓷等的结构增强材料，催化材料与吸附材料或导电材料，用途广泛，是当今纳米科技发展的热点。

甲烷裂解制备氢气的方程式如下。

$$CH_4 \xrightarrow{\text{催化剂}} C+2H_2$$
$$\Delta H_{298}^{\ominus}=74.81\text{kJ/mol} \quad (2\text{-}10)$$

甲烷分子具有 sp^3 杂化的正四面体结构，具有非常高的稳定性，表现为不易与其他物质反应，很难被热裂解和催化剂裂解。热力学计算（图 2-7）表明，当以石墨为最终碳生成物的形态，气态产品为氢气时，在 600K 时，甲烷才开始转化，并且随着温度的升高转化率升高。欲得到 90%以上的转化率，理论上的最低温度约为 1073K。

2.3.2 制氢气工艺

2.3.2.1 催化剂

与甲烷的水蒸气转化等过程相似，甲烷高温下直接裂解制氢的催化剂主要是铁、钴、镍等过渡金属负载型催化剂，以及活性炭或金属氧化物。金属负载型催化剂的结构类似于甲烷水蒸气转化过程的催化剂。事实上，甲烷水蒸气转化过程如果不通水或通水量不足，甲烷在催化剂上形成碳化物，碳就会自然沉积出来，形成碳纳米材料产品[3,4]。因此，金属负载型催化剂的设计方面既有特殊性，也有共性。而活性炭与各类金属氧化物均属于该过程独有的催化剂。如用活性炭作催化剂裂解甲烷（产品为炭黑）[70]，在 950℃的温度下，甲烷转化率为 28%左右，催化剂寿命大于 4h。而使用氧化镁或水滑石，则可以生成石墨烯与氢气产品。如果在氧化镁或水滑石上负载金属，则可以生成石墨烯或与碳纳米管的杂化物。该过程中的气体产品均为纯净氢气。

在过渡金属负载型催化剂开发早期，铁、钴、镍三类催化剂上稳定的甲烷转化率依次为 2%、7%、15%。在 550～625℃的范围内，这三类催化剂的稳定寿命分别为 8h、14h、15h，过程效率不高[72,73]。较大的改进是以 Feitknecht 为前驱体，可制得 $Ni/Cu/Al_2O_3$ 催化剂。加入铜可使镍催化剂裂解甲烷的活性大大增加。该类催化剂具有较高的沉积炭的能力，寿命延长到几十小时，甚至长达几天[66,71]。不同镍催化剂上的转化率与稳定寿命如表 2-4所示。

表2-4 不同镍催化剂上的转化率与稳定寿命[66,71]

催化剂	温度/K	稳定转化率/%	稳定生长时间/h	最终积炭量/(mg/mg Ni)
Ni/Al_2O_3(Ni : Al= 3 : 1)	773	21	30	140
Ni/Al_2O_3(Ni : Al= 9 : 1)	773	20	90	250
$Ni/Cu/Al_2O_3$(Ni : Cu : Al= 15 : 3 : 2)	773	10	90	270
$Ni/Cu/Al_2O_3$(Ni : Cu : Al= 15 : 3 : 2)	873	20	80	585
$Ni/Cu/Al_2O_3$(Ni : Cu : Al= 3 : 1 : 1)	1023	2	2	19
$Ni/Cu/Al_2O_3$(Ni : Cu : Al= 2 : 1 : 1)	1023	70	12	190

2.3.2.2 制氢流程及对应的催化剂设计策略

在甲烷裂解过程中，产生碳的速率与碳在金属颗粒中的扩散速率会不匹配。当前者大于后者时，产生的碳来不及进行定向迁移，就会在很短的时间内覆盖在催化剂的表面，导致催化剂失活[66,71,74~76]。随着反应温度提高，催化剂失活速率加快。甲烷分压也对催化剂失活产生影响，在 843K 时，当镍催化剂暴露于纯甲烷气氛中会马上失活。同时，当纳米管体积增多时，由于失去生长空间，纳米管与催化剂互相挤压或者将催化剂包覆，催化剂也会迅速失活[66]。

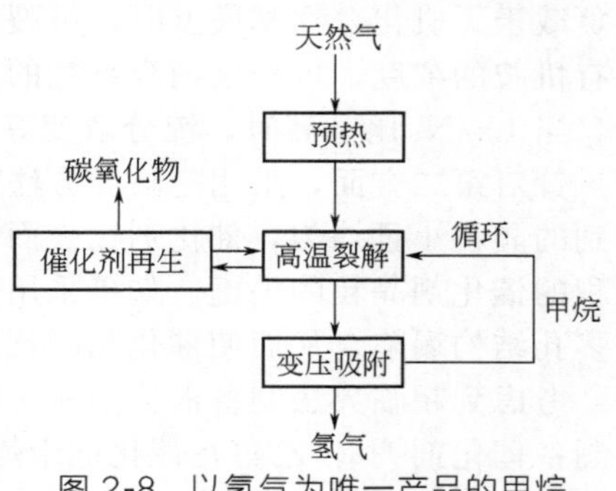

图 2-8 以氢气为唯一产品的甲烷裂解流程

以氢气为甲烷转化的唯一产品（图 2-8）时，必须通过多种方法来消除催化剂的碳[77,78]。如对失活的 Ni/SiO_2 催化剂用氧气烧炭的再生研究，当碳产品被氧化后，位于碳产品顶端的金属颗粒会重新落到载体上并重新结合。在 70h 的裂解和再生循环后，催化剂的损失率约为 10%。同时，也可实现甲烷裂解与催化剂再生循环过程，其中 4min 的反应接 4min 的催化剂再生的周期操作较理想，甲烷的转化率在 773K 时保持在 45%的水平。由于两个过程切换频繁，该气体产物中含有 100×10^{-6} 的 CO 气体。

催化剂再生过程中，如果完全形成二氧化碳，则这个过程意味着 1t H_2，仍需要释放 10t CO_2，与甲烷水蒸气转化过程相似。但如果将所生成的碳，控制性完全形成一氧化碳，则可以通过水煤气变换反应，来增产氢气。这样相当于生产 1t H_2，释放 6.6t CO_2，过程的经济性明显改善。

但这个过程与甲烷水蒸气重整的区别是，生产的氢气大多数是高纯度的，不与大量的碳氧化物混合在一起。这与甲烷水蒸气重整过程是不一样的。

目前，由于该过程的催化剂设计复杂程度高，而再生时，温度高，且将炭烧掉时，金属纳米颗粒与载体间的结合不易控制。目前尚无足够多次再生后的催化剂稳定性评价。

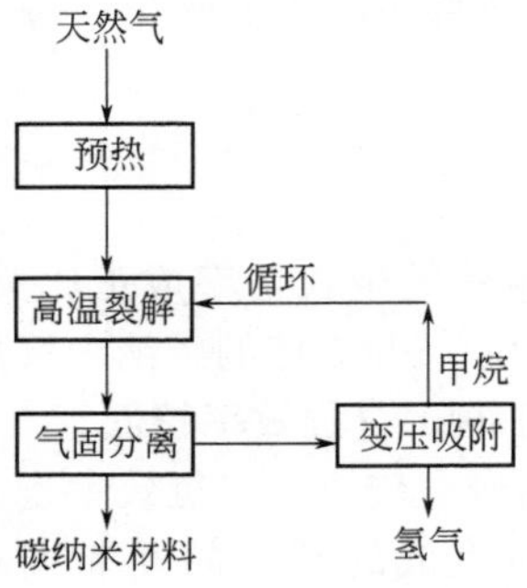

天然气
预热
高温裂解
循环
甲烷
气固分离
变压吸附
碳纳米材料
氢气

图 2-9 以氢气和碳纳米材料为共同产品的甲烷裂解流程

通过催化剂的设计来控制碳产品的形态，可形成裂解甲烷同时制备氢气与纳米碳纤维两种产品的新的制氢路线（图 2-9）[66]。并且利用镍铜铝催化剂在 773～1023K 的温度下得到了多种形态的纳米碳纤维。同时，建议生成的碳产品可以代替水泥作建筑材料，并且用部分碳或氢产品燃烧供热，实现整个过程的能源自给[70]。

这个路线的核心在于尽量控制催化剂的活性，充分生长碳纳米材料后，催化剂会变成碳纳米材料中的杂质。生成的氢气与甲烷进行变压吸附分离后，甲烷循环使用。如果使用价廉催化剂，则成本可以接受[68]。

针对能够顺利生长碳材料，以使得该催化剂延长寿命，成为该过程（既有气相的吸脱附及反应，又有固相生成）的独特催化剂特性。该方面的催化剂设计主要包括两个思路：①设计分散度好、稳定性好的纳米金属催化剂，纳米金属分散度高、活性高，生成的碳纳米材料也就越细，越不易失活；②设计具有空间结构的催化剂，有容纳碳纳米材料的空间。

针对第一方面，催化剂主要由浸渍法和共沉淀法两种方法制备。用简单共沉淀法制备了镍铝催化剂，裂解甲烷过程表明，镍晶粒不均匀，从而造成碳纳米管的直径分布较宽[72,73]。

在利用共沉淀法制备无机纳米颗粒的过程中，利用惰性的第二稳定相，来抑制纳米晶粒在焙烧或还原过程的生长，提出“晶界钉扎”的概念[79]。这对制备直径均匀的较小的纳米颗粒有利。以Feitknecht层状化合物为前驱体，合成了镍铜铝系列催化剂。在催化剂中各组分在晶格中均匀分散，是分子水平均匀的催化剂[71]。并且组分间有较强的结合力，形成固溶体，每个组分均不以单相存在。该催化剂裂解甲烷时，具有很高的活性和很高的沉积炭的能力。也有利用有机酸与有机胺来稳定铁钼的羰基化合物，热裂解得到单一分散的铁钼合金颗粒，再负载于无机化合物基底上时，可裂解甲烷得到直径为4～8nm的纳米管，通过控制有机酸与有机胺的浓度，可控制纳米颗粒的直径。同时，也可利用La等金属调变镍铝催化剂的结构，当La/Ni比升高时，镍分散变好，碳纳米管直径变细。

针对第二方面，采用超临界方法[80]，将共沉淀的微晶体快速分散，以阻止其继续生长。得到的晶粒小且均匀，催化剂比表面积可达600m^2/g。超临界干燥过程是制备多孔/高比表面积的催化剂晶粒的关键。如果采用简单的溶剂蒸发作用，由于气液界面强的表面张力，会使多孔结构塌陷，从而使催化剂的比表面积和孔容减小。

考虑到超临界法制备催化剂所用设备比较复杂，较难放大，将水热方法改进为乙醇热方法制备催化剂[81]，乙醇在催化剂干燥过程中挥发导致的表面张力比水小，这样既能够控制催化剂的孔结构，又提高了催化剂活性与氢气产率。

有研究通过催化剂的机械压制实验[82]，发现催化剂的堆积密度越高，孔容越小，甲烷转化率越低，催化剂寿命越短，氢气产率越低。这说明在这种形成固体炭产品的裂解过程中，氢气的产率受固态结构与催化剂结构的影响。据此，又提出原位CO_2强化MgO型催化剂的甲烷裂解制氢工艺[83]。CO_2能够与MgO载体形成$MgCO_3$，二者的晶体结构相差很大。$MgCO_3$在高温反应环境中又会分解生成MgO。这种结合与分解的过程不断重复，导致MgO载体相（主体）发生相分离，而不断粉化，暴露出大量新鲜的催化剂活性位，从而提高了催化剂活性与氢气收率。

根据上述反应过程中晶体结构不同的现象，可以直接发展出相分离技术制备该类催化剂[84]。在MgO载体制备过程中，直接引入少量氧化铝组分。MgO与Al_2O_3形成尖晶石相，MgO与Al_2O_3的晶格不匹配，产生应力效应，可以有效地破碎MgO主体相，得到比表面积与活性均增大的催化剂。

2.3.2.3 产氢效率与过程强化

催化剂的利用率是产氢过程的重要指标，且氢的生成与碳纳米管的生长倍率成正比关系。利用极少的镍基催化剂（<0.1g）在600℃左右裂解甲烷分别获得200～600倍的碳纳米管质量收率以及60～200倍的氢气质量收率[72,66]。但是该过程耗时近百小时，过程效率较低。

另外，甲烷转化率也是关键指标，甲烷转化率高，即使催化剂寿命较短，产氢效率也会大幅度提高。在利用金属负载催化剂裂解甲烷的过程中，实际上所生成的碳产品并非纯石墨态[75]，实际转化率与以石墨态为最终产品的热力学预测值存在偏差。由于催化剂高温失活等因素，还没有关于实际转化率超过88%的报道。理想状态是催化剂既具有良好的纳米活性(甲烷转化率高)，又具有稳定性，则可以达到长久产氢的目的。这时，催化剂载体对于金属的锚定作用非常重要，而载体的锚定作用又与其热稳定性与比表面积成正比。而当载体也进入纳米级后，金属或金属氧化物的熔点均会显著下降。相比较而言，碳在惰性气氛下，化学稳定性要高得多。比较新的概念为催化剂载体的原位转变[85]，即先用价廉的铁基催化剂，在较低温生成碳纳米管，纳米铁颗粒会被析出的碳从氧化铝载体上分离，而位于碳纳米管的顶部，但结合力比较强，形成一种新的金属-碳新型载体结构的催化剂。碳纳米管层的包埋作用，使得这些纳米铁颗粒再也无法聚并，从而具有非常优异的活性，来裂解甲烷，生成氢气。在900℃下甲烷的转化率可以高至90%以上，生成的氢气在气体产品中占比超过95%。

进一步地控制金属单颗粒从硅基板上利用塞贝克（Seeback）效应升腾，可以创造一个催化剂单颗粒不受其催化剂干扰，传热与传质速率极快的裂解甲烷过程。在少量水蒸气原位去除催化剂活性旁边的无定形碳的强化作用下[86]，催化剂具有非常高的活性，不但甲烷空速可以是宏量催化剂的百万倍，而且碳纳米管的生长速度可达80～90μm/s，碳纳米管的长度可为55cm。这个研究揭示了碳在纳米金属催化剂中顺利扩散，是维持其具有良好催化活性与产氢活性的关键。这创造了单颗纳米催化剂上最高的产氢效率。

同时，利用过程耦合打破反应平衡，则是更加常见的过程强化方法。

在实验室规模的反应器内，在723K利用铁氧化物或铟氧化物消耗氢气与甲烷裂解过程耦合的方法来打破甲烷转化的反应平衡[87]，具体反应式为：

$$CH_4 \xlongequal{} C+2H_2 \tag{2-11}$$

$$3H_2+In_2O_3 \xlongequal{} 2In+3H_2O \tag{2-12}$$

$$4H_2+Fe_3O_4 \xlongequal{} 3Fe+4H_2O \tag{2-13}$$

由于氢气与金属氧化物之间的可逆反应，过程中生成的氢气可被迅速转化为水，从而打破甲烷裂解反应的热力学平衡，甲烷的转化率由原来的48%升至100%。在另一个循环中（两种）金属与水在673K反应，可实现氢气的释放。由于转化过程不能在有氧气氛中进行，过程的密封及切换程序比较复杂。

在甲烷裂解过程中，催化剂存在着氢还原与碳还原两种机制。提出将金属负载型催化剂的前体——金属氧化物态催化剂直接用于裂解甲烷裂解制备氢气过程[88]，发现铁、钴、镍催化剂，均存在着甲烷裂解过程的总包活化能显著下降，甲烷转化率升高3～5倍，氢气产率升高3～5倍的现象。研究后确认，是金属氧化物的原位还原过程放出热量，打破了甲烷裂解（吸热）反应的平衡，提高了过程效率。这类思路可进一步发展为，将催化剂在体外循环控制性氧化，然后再用于甲烷裂解的chemical looping过程。

但金属氧化物催化剂携带晶格氧的chemical looping方法不可避免地将少量氧带入体系，进而生成少量CO，与氢气很难分离。根据热能耦合原理（JPCC，2008），可将其他裂解时放热的烃与甲烷混合进料[89]，同时裂解。常用烃类裂解时为放热反应，这些反应具有生成物活泼或反应物惰性的特点。主要包括：

$$C_2H_4 \xrightarrow{催化剂} 2C+2H_2, \quad \Delta H_{298}^{\ominus}=-52.26kJ/mol \tag{2-14}$$

$$C_2H_2 \xrightarrow{催化剂} 2C+H_2, \quad \Delta H_{298}^{\ominus}=-226.73kJ/mol \tag{2-15}$$

$$C_3H_6 \xrightarrow{催化剂} 3C+3H_2, \quad \Delta H_{298}^{\ominus}=-20.42kJ/mol \tag{2-16}$$

$$C_6H_6 \xrightarrow{催化剂} 6C+3H_2, \quad \Delta H_{298}^{\ominus}=-52kJ/mol \tag{2-17}$$

利用乙烯与乙炔的模型探针反应[89]，证明了乙烯或乙炔裂解的放热反应能够与甲烷裂解的吸热反应同步进行，产生协同效应。而不会发生乙烯或乙炔先裂解，产生大量氢气（那样会限制甲烷的裂解）。通过在线质谱分析发现，在反应的初期30s内，乙烯或乙炔会与甲烷等共裂解，生成芳烃类中间体，而不是快速裂解，直接生成炭与氢气。芳烃中间体的超化学稳定性特征及其部分储氢特性，才使过程产生协同效应。这个工作，为使用其他含甲烷、乙烷、乙炔或乙烯的廉价碳源（比如大量的石油炼厂干气或煤化工的干气）提供了条件，有利于进一步降低制氢成本。

2.3.3 反应设备

固定床反应器是最早被采用的反应器[66,71]。催化剂水平放置在固定床反应器中的载片上，控制较小的表观气速反应。催化剂与生成的碳纳米管保持一种静止状态，而氢气产品可以自然与固相分离，出反应器后收集。但由于碳纳米管的沉积，固相体积不断增大，导致床层局部空隙率变小[65,71]，会出现反应器堵塞现象。一方面，由于压降原因，甲烷进料受阻；另一方面，被大量碳包裹的催化剂会逐渐失活，氢气收率会逐渐下降。

使用流化床反应器裂解甲烷[70]，较高的气速可以将炭颗粒与催化剂颗粒悬浮起来，可以满足固相碳产品体积增长的需要。使用活化碳（Muradov，2001）或其他金属负载型催化剂为催化剂，均使用该技术。氢气产品通过气固分离装置（如旋风分离器或过滤器）后收集。

由于纳米颗粒（包括催化剂与纳米碳产品）的高比表面积，易团聚，很难均匀流化，因此流化床技术中的难点是控制催化剂单元与生成的碳纳米管产品的结构。通过催化剂的结构设计，可以使碳纳米材料在催化剂上生长时，形成体积很大，空隙率、密度小的二次聚团，完成从 Geldart C 类颗粒向 A 类颗粒的转变[90]，这是工程控制的关键。配合高活性的铁基催化剂实现了氢气与碳纳米管的同时大批量制备。

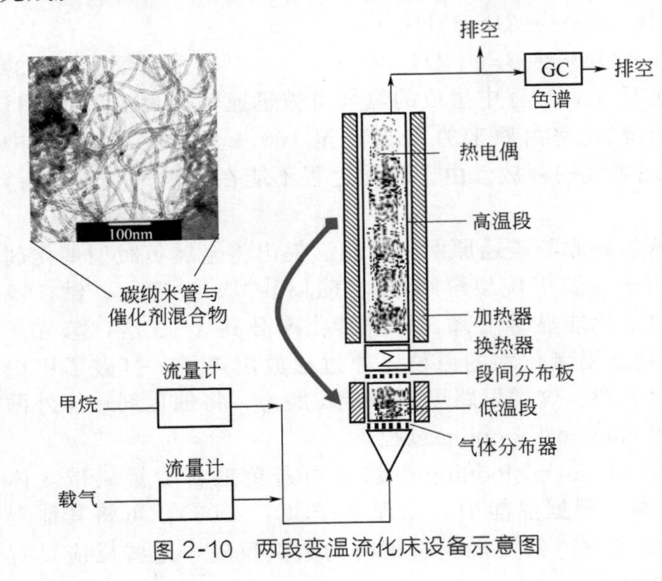

图 2-10　两段变温流化床设备示意图

甲烷裂解过程受热力学特性制约，存在着催化剂在低温下，甲烷转化率低，氢气产率低的低效问题，以及催化剂在高温下，瞬间转化率虽高，但会迅速积炭失活的矛盾。这种温度依赖特性在等温的流化床或固定床反应器中很难解决，而多段变温流化床反应器是比较好的选择（图 2-10）[91,92]。比如，将流化床下段设为低温段（700℃），上段设为高温段（850℃）。所通入的气流将催化剂悬浮，由下段带入上段。在高温下催化剂可快速裂解甲烷而生成碳；当所生成的炭块大于催化剂所能够迁移的碳（接近于催化剂被碳包覆失活的状态）时，在上段（高温）中的催化剂由于重力作用自然下落到下段。而催化剂在下段由于温度低，基本不裂解甲烷。上下段的温度差恰好构成碳在催化剂体相内向外扩散及析出的推动力。这样，碳进行有序迁移生成碳纳米管，而不是无序堆积将催化剂包覆。催化剂在碳析出后表面更新，活性恢复，然后再随着气流到达上段（高温），进行下一轮的甲烷裂解反应。这样利用多段流化床的变温操作特性，及反应器内固体流动的特性，可有效控制氢气与碳纳米管生成过程。

表2-5　不同反应器的反应效果对比

条件 \ 效果	甲烷转化率/%	催化剂寿命	氢气产率/(g/g 催化剂)	碳纳米管纯度/%
单段流化床（700℃，恒温）	30	约 60h	26.6	约 98
单段流化床（850℃，恒温）	85	<10s	<1.3	75
两段变温流化床（上段 850℃，下段 700℃）	45	约 80h	>40	99.2

两段变温流化床提供了单段流化床恒定高温与恒定低温下的折中转化率（表 2-5），但有效避免了催化剂失活，同时温度差提供了碳扩散的能力[74]，催化剂寿命反而高于恒定低

温下的情况，从而在总体效果上提高了氢气产率与碳纳米管的纯度。

同时，在流化床反应器放大过程中发现，当甲烷在气体进口的局部浓度过高时，接触到高活性的催化剂，反应剧烈，会导致局部温度大幅度下降，使催化剂的结构状态发生变化。利用间隔进料与连续少量进料的反应器技术，可降低局部甲烷浓度，乃至控制温度，获得较好的控制效果[93]。另外，甲烷转化制备氢气时，整体温度过高，纳米金属催化剂在氢气气氛下还原过快，导致晶粒长大，活性降低。下行床与湍动流化床相结合的甲烷制氢反应器技术是比较好的解决方案[94]。在下行床中催化剂与甲烷的接触时间段，甲烷转化率低，只能部分裂解生成氢气（图 2-11）。而生长的低密度碳纳米管在催化剂表面上起到空间占位作用，客观上抑制了金属晶粒在面临高温反应环境的快速还原。在后面串联的流化床反应器中，催化剂与甲烷的接触时间长，催化剂的活性可以充分利用，可最大限度地提高基于催化剂质量的氢气产率。

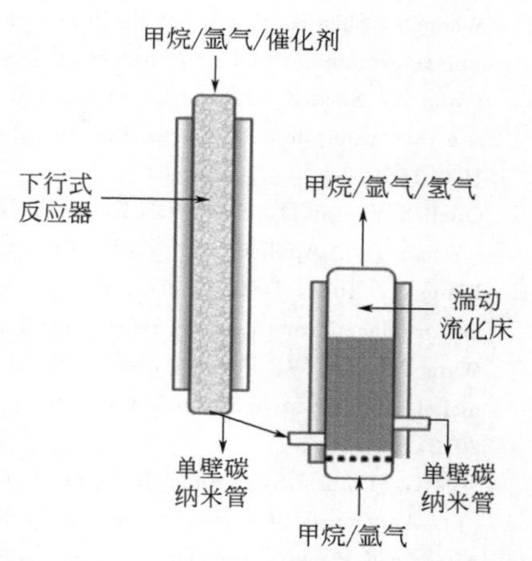

图 2-11 下行床与湍动床耦合反应设备

同时，除了上述催化路线外，也可将甲烷通过高温等离子体反应器裂解，得到氢或其他烃类以及碳材料，在此不再赘述。

2.3.4 优点与问题

该方法制氢具有许多优点，可归纳如下：

① 产生的氢气纯度高，不含 CO 等杂质，适合供应质子交换膜燃料电池。

② 过程的吸热量远低于甲烷水蒸气重整过程。

③ 产品附加值高。

参 考 文 献

[1] 吴玉萍. 合成氨工艺 [M]. 北京：化学工业出版社，2008.

[2] 魏顺安. 天然气化工工艺学 [M]. 北京：化学工业出版社. 2009.

[3] Baratholomew C H. Carbon deposition in steam reforming and methanation [J]. Catalysis Reviews：Science and Engineering，1982，24 (1)：67-112.

[4] Baratholomew C H. Mechanism of catalyst deactivation [J]. Applied Catalysis A：General，2000，212：17-60.

[5] Trimm D L. Catalysts for the control of coking during steam reforming [J] . Catalysis Today，1999. 49：3-10.

[6] Sutthiumporn K，Maneerung T，Kathiraser Y，et al. CO_2 dry-reforming of methane over $La_{0.8}Sr_{0.2}Ni_{0.8}M_{0.2}O_3$ perovskite (M=Bi，Co，Cr，Cu，Fe)：Roles of lattice oxygen on C-H activation and carbon suppression [J]. International Journal of Hydrogen Energy，2012，37：11195-11207.

[7] Kathiraser Y，Thitsartarn W，Sutthiumporn K，et al. Inverse $NiAl_2O_4$ on $LaAlO_3$-Al_2O_3：Unique catalytic structure for stable CO_2 reforming of methane [J] . The Journal of Physical Chemistry C，2013，117：8120-8130.

[8] Wang N，Yu X，Wang Y，et al. A comparison study on methane dry reforming with carbon dioxide over $LaNiO_3$ perovskite catalysts supported on mesoporous SBA-15，MCM-41 and silica carrier [J]. Catalysis Today，2013，212：98-107.

[9] Wang N，Chu W，Zhang T，et al. Manganese promoting effects on the Co-Ce-Zr-O_x nano catalysts for methane dry reforming with carbon dioxide to hydrogen and carbon monoxide [J]. Chemical Engineering Journal，2011，170：457-463.

[10] Wang N，Chu W，Huang L，et al. Effects of Ce/Zr ratio on the structure and performances of Co-$Ce_{1-x}Zr_xO_2$ catalysts for carbon dioxide reforming of methane [J]. Journal of Natural Gas Chemistry，2010，19：117-122.

[11] Zhu X，Huo P，Zhang Y，et al. Structure and reactivity of plasma treated Ni/Al_2O_3 catalyst for CO_2 reforming of methane [J] . Applied Catalysis B：Environmental，2008，81：132-140.

[12] Wang N, Shen K, Yu X, et al. Preparation and characterization of a plasma treated NiMg SBA-15 catalyst for methane reforming with CO_2 to produce syngas [J]. Catalysis Science & Technology, 2013, 3: 2278-2287.
[13] Wang N, Shen K, Huang L, et al. A facile route for synthesizing ordered mesoporous Ni-Ce-Al oxides materials and their catalytic performance for methane dry reforming to hydrogen and syngas [J]. ACS Catalysis, 2013, 3: 1638-1651.
[14] Quek X Y, Liu D, Cheo W N E, et al. Nickel-grafted TUD-1 mesoporous catalysts for carbon dioxide reforming of methane [J]. Applied Catalysis B: Environmental, 2010, 95: 374-382.
[15] Wang N, Xu Z, Deng J, et al. One-pot synthesis of ordered mesoporous NiCeAl oxide catalysts and a study of their performance in methane dry reforming [J]. ChemCatChem, 2014, 6: 1470-1480.
[16] Wang N, Chu W, Zhang T, et al. Synthesis, characterization and catalytic performances of Ce-SBA-15 supported nickel catalysts for methane dry reforming to hydrogen and syngas [J]. International Journal of Hydrogen Energy, 2012, 37: 19-30.
[17] Vilé G, Colussi S, Krumeich F, et al. Opposite face sensitivity of CeO_2 in hydrogenation and oxidation catalysis [J]. Angewandte Chemie-International Edition, 2014, 53: 12069-12072.
[18] Mann A K P, Wu Z, Calaza F C, et al. Adsorption and reaction of acetaldehyde on shape-controlled CeO_2 nanocrystals: Elucidation of structure function relationships [J]. ACS Catalysis, 2014, 4: 2437-2448
[19] Wu Z, Li M, Overbury S H. On the structure dependence of CO oxidation over CeO_2 nanocrystals with well-defined surface planes [J]. Journal of Catalysis, 2012, 285: 61-73.
[20] Torrente-Murciano L, Gilbank A, Puertolas B, et al. Shape-dependency activity of nanostructured CeO_2 in the total oxidation of polycyclic aromatic hydrocarbons [J] . Applied Catalysis B: Environmental, 2013, 132-133: 116-122.
[21] 李绍芬. 化学与催化反应工程 [M]. 北京: 化学工业出版社, 1986.
[22] Delmno B, Grange P, Jacobs P, et al. Preparation of Catalysts. Elsevier Scientific Publishing company. New York: Amsterdam Oxford, 1979; 李大东, 等译. 催化剂的制备 [M]. 北京: 化学工业出版社, 1988.
[23] 沈师孔, 李春义, 余长春. Ni/Al_2O_3 催化剂上甲烷部分氧化制合成气反应机理 [J]. 催化学报, 1998, 19 (4): 309-314.
[24] 李庆勋, 刘业飞, 王铁峰. 甲烷非催化部分氧化制乙炔和合成气过程的实验研究 [J]. 过程工程学报, 2010, 10 (03): 536-541.
[25] Liu Y, Wang T, Li Q, et al. A Study of Acetylene Production by Methane Flaming in a Partial Oxidation Reactor [J]. Chinese Journal of Chemical Engineering, 2011, 19 (3): 424-433.
[26] 刘志红, 丁石, 程易. 甲烷催化部分氧化制合成气研究进展 [J]. 石油与天然气化工, 2006, 35 (1): 10-12.
[27] 金锡祥, 等. 一氧化碳变换技术及进展 [J]. 小氮肥, 1998, (8): 1-8.
[28] 丁家灏, 徐波. 国产低温变换催化剂在节能流程氨厂的使用 [J]. 工业催化, 1998, 3: 35-42.
[29] Oh S H. Carbon monoxide removal from hydrogen-rich fuel cell feed streams by selective catalytic oxidation [J]. J Catal, 1993, 142: 254-262.
[30] Watanabe M. Pt catalyst supported on zeolite for selective oxidation of CO in reformed gases [J]. Chem Letters, 1995: 21-23
[31] Konrad J, Antoni J. Fluidized-bed catalysis of the carbon monoxide reaction with steam [J]. Chem Stosouana, 1961, 5: 261-279.
[32] Ivanov D G, Grozer G. Reaction of CO with water vapor over a fluidized catalyst in a magnetic field [J]. CA, 1972: 129437W.
[33] Anokhin V N, Traber D G, Mukhlenov I P, et al. Fluidized-bed catalytic conversion of carbon monoxide [J]. Tr Leningr, Tekhnol Inst Im, Lensoveta, 1959, 54: 37-46.
[34] Antoni I, Janio K, Gorzka Z, et al. The iron-chromium catalyst in a fluidized bed for the conversion of CO with vapor [J]. Przemyst Chem, 1959, 38: 39-44, 93-97.
[35] Alumkai W T. The water gas shift reaction in a fluidized bed catalytic reactor [D]. Missoula: Montana State University, 1967.
[36] 骞伟中. 流化床中碳纳米管与氢气制备研究 [D]. 北京: 清华大学, 2002.
[37] 骞伟中, 汪展文, 魏飞, 等. 流化床反应器中高浓度 CO 制氢研究//第三届全国氢能利用大会. 杭州: 2001, 13-15: 185-190.
[38] 舒玉瑛, 徐奕德. 甲烷无氧脱氢芳构化研究进展 [J]. 石油与天然气化工, 1998, 27 (2): 80-83.
[39] 舒玉瑛. 甲烷脱氢芳构化: 不同分子筛载体的影响和 Mo 物种的表征 [D]. 大连: 中国科学院大连化物所, 2000.
[40] Rabinovich V A, Kahvin Y E. Kratkij Khimicheskij Spravochnik. Leninggrad, 1988.

[41] Wang L Sh, Tao L X, Xie M S, et al. Dehydrogenation and aromatization of methane under non oxidizing eondiyions [J]. Catal Lett, 1993, 21 (1): 35-41.

[42] Tan P L, Xu Z S, Liu W, et al. Aromatization of methane over different Mo-supported catalysts in the absence of oxygen [J]. React Kinet Catal Lett, 1997, 61 (2): 391-398.

[43] Solymosi F, Erdöhelyi A, Szöke A. Dehydrogenation of methane on supported molybdenum oxides formation of benzene from methane [J]. Catal Lett, 1995, 32 (1): 43-50.

[44] Zhang C L, IA S, Yuan Y. Aromatization of methane in the absence of oxygen over Mo based catalysts supported on different types of zeolites [J]. Catal Lett, 1998, 56 (4): 207-214.

[45] Shu Y Y, Ma D, Xu L. Methane dehydro-aromatization over Mo/MCM-22 catalysts: a highly selective catalyst for the formation of benzene [J]. Catal Lett, 2000, 70 (1-2): 67-73.

[46] 吕元，林励吾，徐竹生. 甲烷无氧芳构化制芳烃双功能催化剂的研究 [J]. 中国科学（B辑），2000，30 (3)：217-226.

[47] Weckhuysen B M, Wang D J, Rosynek M, et al. Conversion of methane to benzene over transition metal ion ZSM-5 zeolite [J]. J Catal, 1998, 175 (2): 338-346.

[48] 王林胜，陶龙骧，谢茂松，等. 甲烷催化转化法制苯 [J]. 科学通报，1994，39 (6)：574-575.

[49] Zeng J L, Xiong Z T, Zhang H B. Nonoxidative dehydrogenation and aromatization of methane over W/HZSM 5 based catalyst [J]. Catal Lett, 1998, 53 (1-2): 119-124.

[50] Li S, Zhang C, Kan Q, et al. The function of Cu (Ⅱ) ions in the Mo/CuH-ZSM-5 catalyst for methane conversion under non oxidative condition [J]. Appl Catal A, 1999, 187 (2): 199-206.

[51] 舒玉瑛，徐奕德，王林胜，等. 添加 Ru 的 Mo/HZSM-5 催化体系上甲烷无氧脱氢芳构化 [J]. 催化学报，1997，18 (5)：392-396.

[52] 刘自力，林维明，林绮纯，等. 稀土改性 Mo/HZSM-5 催化剂上甲烷直接芳构化反应的研究 [J]. 天然气化工，1997，22 (6)：23-25.

[53] Ohnishi R, Liu S, Dong Q, et al. Catalytic dehydrocondensation of methane with CO and CO_2 toward benzene and naphthalene on Mo/HZSM-5 and Fe/Co-modified Mo/HZSM 5 [J]. J Catal, 1999, 182 (1): 92-103.

[54] 吕功煊，丁彦，潘霞，等. 水蒸气存在时 Mo/HZSM-5 催化剂上的甲烷芳构化反应性能 [J]. 催化学报，1999，20 (6)：619-622.

[55] Yuan S, Li J, Hao Z. The effect of oxygen on the aromatization of methane over the Mo/HZSM-5 catalyst [J]. Catal Lett, 1999, 63 (1-2): 73- 77.

[56] 刘红梅，李涛，田丙伦，等. Mo/HZSM-5 催化剂上甲烷无氧芳构化反应中积炭的研究 [J]. 催化学报，2001，22 (4)：373-376.

[57] Honda K, Yoshida T, Zhang Z. Methane dehydroaromatization over Mo/HZSM-5 in periodic CH_4-H_2 switching operation mode [J]. Catal Comm, 2003, 4 (1): 21-26.

[58] Bai J, Xie S, Liu S, et al. *In situ* regeneration of Mo/MCM-22 with 1% O_2 at reaction temperature [J]. Chin J Catal, 2003, 24 (11): 805-806.

[59] Xu Y, Liu S, Wang L, et al. Methane activation without using oxidants over Mo/HZSM-5 zeolite catalyst [J]. Catal Lett, 1995, 30 (1-2): 135-140.

[60] 魏彤. 甲烷无氧芳构化工艺过程研究. 北京：清华大学.

[61] 魏飞，魏彤，黄河，等. 甲烷无氧芳构化研究进展及其工业应用前景分析. 石油学报，2006，22 (1)：1-5.

[62] 骞伟中，魏飞，魏彤，等. 一种连续芳构化与催化剂再生的装置及其方法 [P]. 中国，200810102684.0，2012-5-23.

[63] 骞伟中，杨吉红，魏飞，等. 一种甲烷芳构化制备芳烃的方法及设备 [P]. 中国，200810111735. 6.

[64] 黄河，骞伟中，魏彤，等. 流化床中甲烷芳构化过程 [J]. 化工学报，2006，57 (8)：1918-1922.

[65] Krijn P D J, John W G, Carbon Nanofibers: Catalytic Synthesis and Applications [J]. Catalysis Reviews: Science and Engineering, 2000, 42: 481-510.

[66] Li Y D, Chen J L, Qin Y N, et al. Simultaneous production of hydrogen and nanocarbon from decomposition of methane over nickel-based catalyst [J]. Energy & Fuels, 2000, 14: 1188-1194.

[67] 贺福，王茂章. 碳纤维及其复合材料 [M]. 北京：科学出版社，1995：96-112.

[68] 魏飞，骞伟中. 碳纳米管的宏量制备技术 [M]. 北京：科学出版社，2012.

[69] Cui CJ, Qian WZ, Zheng C, et al. Formation mechanism of carbon encapsulated Fe nanoparticles in the growth of single-/double-walled carbon nanotubes [J]. Chem Eng J, 2013, 223: 617-622.

[70] Muradov N. Hydrogen via methane decomposition: an application for decarbonization of fossil fuels [J]. Interna-

tional Journal of Hydrogen Energy，2001，26：1165-1175.

[71] 陈久岭. 甲烷催化裂解生产碳纳米纤维及其应用的基础研究 [D]. 天津：天津大学，1999.

[72] Ermakova M A，Ermakov D Y，Kuvshinov G G. Effective catalysts for direct cracking of methane to produce hydrogen and filamentous carbon，Part I. Nickel catalysts [J]. Applied Catalysis A：general，2000，201：61-70.

[73] Avdeeva L B，Goncharova O V，Kochubey D I，et al. Coprecipitated Ni-Al and Ni-Cu-Al catalyst for methane decomposition and carbon deposition：Ⅱ，evolution of the catalysts in reaction [J]. Applied Catalysis A：General，1996，141：117-123.

[74] Yang R T，Yang K L. Evidence of temperature driven diffusion mechanism of coke deposition on catalysts [J]. Journal of Catalysis，1985，93：182-185.

[75] Snocek J W，Froment G F，Fowles M. Kinetic study of the carbon filament formation by methane cracking on a nickel catalyst [J]. Journal of Catalysis，1997，169：250-262.

[76] Yang R T，Yang K L. Mechanism of carbon filament growth on metal catalysts [J]. Journal of Catalysis，1989，115：52-55.

[77] Zhang T J. Amiridis M D. Hydrogen production via the direct cracking of methane over silica-supported nickel catalysts [J]. Applied Catalysis A：General，1998，167：161-172.

[78] Aiello R，Fiscus J E，Loye H C Z，et al. Hydrogen production via the direct cracking of methane over Ni/SiO_2：catalyst deactivation and regeneration [J]. Applied Catalysis A：General，2000，192：227-234.

[79] Wu N L，Wang S Y，Rusakova I A. Inhibition of crystallite growth in the sol-gel synthesis of nanocrystalline metal oxide [J]. Science，1999.

[80] Su M，Zheng B，Liu J. Ascalable CVD method for the synthesis of single-walled carbon nanotubes with high catalyst productivity. Chem Phys Lett，2000，322 (5)：321-326.

[81] Nie JQ，Qian WZ，Zhang Q，et al. Very High-Quality Single-Walled Carbon Nanotubes Grown Using a Structured and Tunable Porous Fe/MgO Catalyst [J]. J Phys Chem C，2009，113 (47)：20178-20183.

[82] Liu Y，Qian WZ，Zhang Q，et al. The confined growth of double-walled carbon nanotubes in porous catalysts by chemical vapor deposition [J]. Carbon，2008，46 (14)：1860-1868.

[83] Wen Q，Qian WZ，Wei F，et al. CO_2-assisted SWNT growth on porous catalysts [J]. Chem Mater，2007，19 (6)：1226-1230.

[84] Zhang Q，Qian WZ，Wen Q，et al. The effect of phase separation in Fe/Mg/Al/O catalysts on the synthesis of DWCNTs from methane [J]. Carbon，2007，45 (8)：1645-1650.

[85] Qian WZ，Liu T，Wei F，et al. Carbon nanotubes containing iron and molybdenum particles as a catalyst for methane decomposition [J]. Carbon，2003，41 (4)：846-848.

[86] Wen Q，Zhang RF，Qian WZ，et al. Growing 20 cm Long DWNTs/TWNTs at a Rapid Growth Rate of 80～90μm/s [J]. Chem Mater，2010，22 (4)：1294-1296.

[87] Otsuka K，Mito A，Takenaka S，et al. Production of hydrogen from methane without CO_2-emission mediated by indium oxide and iron oxide [J]. International Journal of Hydrogen Energy，2001，26：191-194.

[88] Qian WZ，Liu T，Wei F，et al. Enhanced production of carbon nanotubes：combination of catalyst reduction and methane decomposition [J]. Appl Catal A，2004，258：121-124.

[89] Qian WZ，Tian Tao，Guo CY，et al. Enhanced activation and decomposition of CH_4 by the addition of C_2H_4 or C_2H_2 for hydrogen and carbon nanotube production [J]. Journal of Physical Chemistry C，2008，112 (20)：7588-7593.

[90] Qian WZ，Wei F，Wang ZW，et al. Production of Carbon Nanotubes in a Packed Bed and a Fluidized Bed [J]. AICHE J，2003，49：619-623.

[91] Liu Y，Qian WZ，Zhang Q，et al. Synthesis of High-Quality，Double-Walled Carbon Nanotubes in a Fluidized Bed Reactor [J]. Chem Eng & Techn，2009，32 (1)：73-79.

[92] Qian WZ，Liu T，Wang ZW，et al. Production of hydrogen and carbon nanotubes from methane decomposition in a two-stage fluidized bed reactor [J]. Appl Catal A，2004，260：223-228.

[93] 骞伟中，魏飞，王垚，等. 多段流化床技术用于多相催化与纳米材料合成过程 [J]. 化工学报，2010 (09)：2186-2191.

[94] Yun S，Qian WZ，Cui CJ，et al. Highly selective synthesis of single-walled carbon nanotubes from methane in a coupled Downer-turbulent fluidized-bed reactor [J]. J Energy Chem，2013，22 (4)：567-572.

第3章 石油制氢

石油是从地下深处开采的棕黑色可燃黏稠液体，是重要的液体化石燃料。最早提出"石油"一词的是公元977年中国北宋编著的《太平广记》。正式命名为"石油"是根据中国北宋杰出的科学家沈括（1031—1095）在所著《梦溪笔谈》中根据这种油"生于水际砂石，与泉水相杂，惘惘而出"而命名的。在"石油"一词出现之前，国外称石油为"魔鬼的汗珠""发光的水"等，中国称"石脂水""猛火油""石漆"等。至于"石油炼制"，起始的年代还要更早一些，北魏时所著的《水经注》，成书年代大约是公元512～518年，书中介绍了从石油中提炼润滑油的情况。英国科学家约瑟在有关论文中指出："在公元10世纪，中国就已经有石油而且大量使用。由此可见，在这以前中国人就对石油进行蒸馏加工了"。这说明早在公元6世纪我国就萌发了石油炼制工艺[1]。

3.1 石油制氢原料

通常不直接用石油制氢，而用石油初步裂解后的产品，如石脑油、重油、石油焦以及炼厂干气制氢。

石脑油（naphtha）是蒸馏石油的产品之一，是以原油或其他原料加工生产的用于化工原料的轻质油，又称粗汽油，一般含烷烃55.4%、单环烷烃30.3%、双环烷烃2.4%、烷基苯11.7%、苯0.1%、茚满和萘满0.1%；平均分子量为114，密度为0.76g/cm^3，爆炸极限1.2%～6.0%。石脑油主要用作重整和化工原料，根据用途不同而采取各种不同的馏程，我国规定石脑油馏程为初馏点至220℃左右。70～145℃馏分的石脑油称轻石脑油，用作生产芳烃的重整原料；70～180℃馏分的石脑油称重石脑油，用于生产高辛烷值汽油。近年石脑油等轻油价格上涨幅度很大，使得以石脑油为原料的制氢成本变大，因而人们逐渐不用石脑油制氢。

石油焦（petroleum coke）是重油再经热裂解而成的产品。石油焦为形状、尺寸都不规则的黑色多孔颗粒或块状。其中80%质量分数以上为碳，其余的为氢、氧、氮、硫和金属元素。

石油焦的分类有如下多种方法[2]。

① 按焦化方法的不同可分为平炉焦、釜式焦、延迟焦、流化焦4种，目前中国大量生产的是延迟焦。

② 按热处理温度可分为生焦和煅烧焦，前者由延迟焦化所得，挥发分大，机械强度低。煅烧焦是煅烧生焦的产品。中国多数炼油厂只生产生焦，煅烧作业多在炭素厂内进行。

③ 按硫分的高低可分为高硫焦、中硫焦和低硫焦，具体标准可见《中国延迟石油焦质量标准》（ZBE 44002—86）石油焦的硫含量主要取决于原料油的含硫量。

④ 按石油焦外观形态及性能的不同可分为海绵状焦、蜂窝状焦和针状焦。针状焦有明显的针状结构和纤维纹理，是以芳烃含量高、非烃杂质含量较少的渣油制得，又称优质焦。海绵焦又称普通焦，含硫高，含水率高。蜂窝状焦一般是由高硫高沥青质渣油生产，形状呈圆球形，多用于发电、水泥等工业燃料。

通常，石油焦可用于制石墨、冶炼和化工等工业。水泥工业是世界上石油焦最大用户，其消耗量约占石油焦市场份额的 40%；其次大约 22%的石油焦用来生产炼铝用预焙阳极或炼钢用石墨电极[3]。近年来，在炼油厂氢越来越受到重视，石油焦成为现实的制氢原料。

重油是原油提取汽油、柴油后的剩余重质油，其特点是分子量大、黏度高。重油的相对密度一般在 0.82～0.95，热值在 10000～11000kcal/kg。其成分主要是烃，另外含有部分的硫黄及微量的无机化合物。重油中的可燃成分较多，含碳 86%～89%，含氢10%～12%，其余成分氮、氧、硫等很少。重油的发热量很高，一般为 40000～42000kJ/kg。它的燃烧温度高，火焰的辐射能力强，是钢铁生产的优质燃料[4]。炼厂干气是指炼油厂炼油过程中如重油催化裂化、热裂化、延迟焦化等，产生并回收的非冷凝气体（也称蒸馏气），主要成分为乙烯、丙烯和甲烷、乙烷、丙烷、丁烷等，主要用作燃料和化工原料。其中催化裂化产生的干气量较大，一般占原油加工量的 4%～5%。催化裂化干气的主要成分是氢气（占 25%～40%）和乙烯（占 10%～20%），延迟焦化干气的主要成分是甲烷和乙烷[5]。

3.2 制氢工艺简介

3.2.1 石脑油制氢

石脑油制氢主要工艺过程有石脑油脱硫转化、CO 变换、PSA，其工艺流程与天然气制氢极为相似，工艺流程如图 3-1 所示。

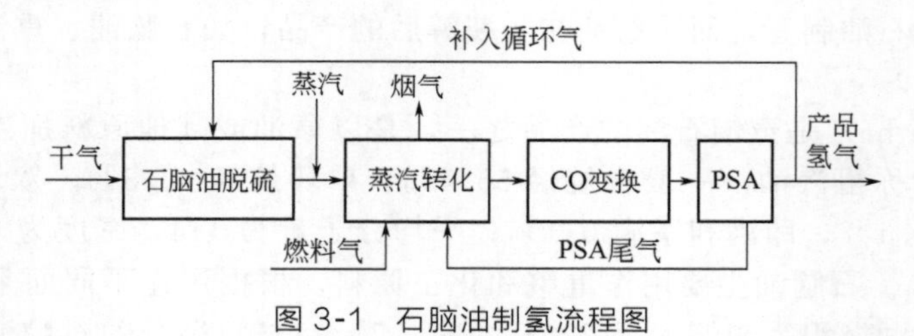

图 3-1 石脑油制氢流程图

3.2.2 重油制氢[6]

重油与水蒸气及氧气反应制得含氢气体产物。部分重油燃烧提供转化吸热反应所需热量及一定的反应温度。气体产物主要组成：氢气 46%（体积分数），一氧化碳 46%，二氧化碳 6%。该法生产的氢气产物成本中，原料费约占 1/3，而重油价格较低，故为人们重视。我国建有大型重油部分氧化法制氢装置，用于制取合成氨的原料。

重油部分氧化包括碳氢化合物与氧气、水蒸气反应生成氢气和碳氧化物，典型的部分氧化反应如下：

$$C_nH_m+\frac{n}{2}O_2 \longrightarrow nCO+\frac{m}{2}H_2 \tag{3-1}$$

$$C_nH_m+nH_2O \longrightarrow nCO+\left(n+\frac{m}{2}\right)H_2 \tag{3-2}$$

$$H_2O+CO \longrightarrow CO_2+H_2 \tag{3-3}$$

该过程在一定的压力下进行，可以采用催化剂，也可以不采用催化剂，这取决于所选原料与过程。催化部分氧化通常是以甲烷或石脑油为主的低碳烃为原料，而非催化部分氧化则以重油为原料，反应温度在 1150～1315℃。与甲烷相比，重油的碳氢比较高，因此重油部分氧化制氢的氢气主要是来自蒸汽和一氧化碳，其中蒸汽贡献氢气的 69%。与天然气蒸汽转化制氢气相比，重油部分氧化需要空分设备来制备纯氧。

重质油气化路线与煤气化路线相似，有空分制氧、油气化生产合成气、耐硫变换将 CO 变为 H_2+CO_m、低温甲醇洗去杂、PSA 提纯氢气，工艺流程如图 3-2 所示。

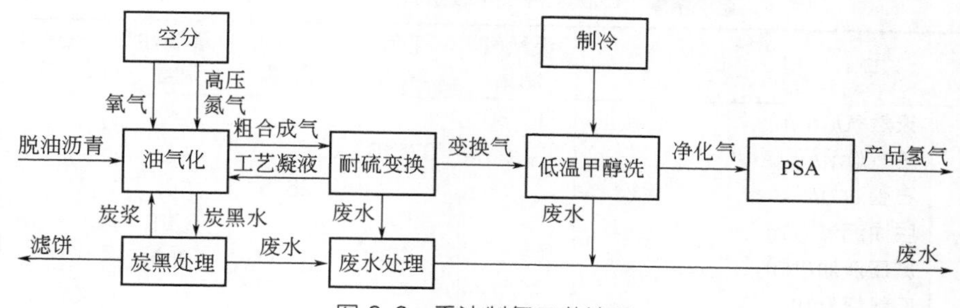

图 3-2 重油制氢工艺流程

3.2.3 石油焦制氢[7]

由于原油中的重油成分越来越大，炼油厂的石油焦的量也就越大。文献说 1t 石油焦相当于 $2213m^3$ 氢气。因此，供炼厂使用石油焦制氢，非常现实。

石油焦制氢与煤制氢非常相似，是在煤制氢的基础上发展起来的。由于原油重，含硫量高，所以高硫石油焦很常见。高硫石油焦制氢主要工艺装置有空分、石油焦气化、CO 变换、低温甲醇洗、PSA，工艺流程如图 3-3[7] 所示。

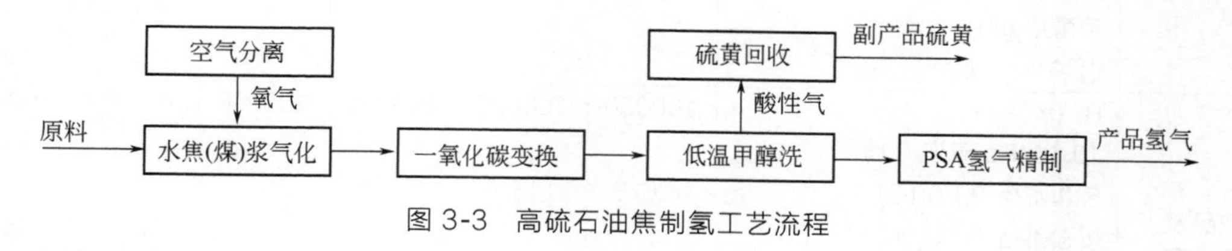

图 3-3 高硫石油焦制氢工艺流程

3.2.4 炼厂干气制氢

炼厂干气制氢主要是轻烃水蒸气重整加上变压吸附分离法，目前国内已有多家公司采用这种方法来制取氢气。干气制氢工艺流程包括干气压缩加氢脱硫、干气蒸汽转化、CO 变换、PSA，干气制氢工艺流程与天然气制氢非常相似，见图 3-4。

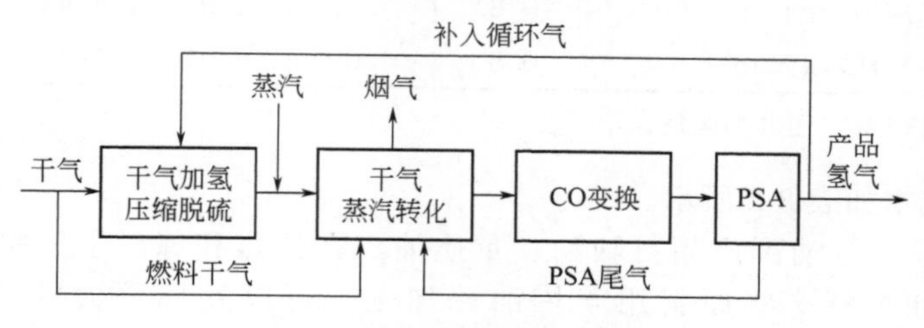

图 3-4 炼厂干气制氢流程图

3.3 石油原料制氢经济

马文杰等[8]对比分析了可供炼油厂采用的各种制氢技术，包括轻烃蒸汽转化、重质油气化、煤/石油焦气化和焦炉气制氢等的工艺流程、投资、消耗等，并对各种技术进行综合技术经济评价及成本分析。得出如表 3-1 所示的结果。

表3-1 石油原料技术经济评价及成本分析

项目		天然气制氢	干气氢气	石脑油制氢	重质油制氢	煤焦制氢	焦炉气制氢
原料消耗	天然气/(m^3/h)	38730					
	干气/(m^3/h)		37116				
	石脑油/(t/h)			26.5			
	脱油沥青/(t/h)				37.9		
	减压渣油/(t/h)				3.0		
	原料煤/(t/h)					69.9	
	石灰石/(t/h)					2.2	
	焦炉气/(m^3/h)						79692
公用工程消耗	10.0MPa 蒸汽/(t/h)				205		
	4.0MPa 蒸汽/(t/h)	85.3	93.9	122.8	34.0	127.0	110.0
	1.0MPa 蒸汽/(t/h)			10.0			
	循环冷却水/(t/h)	639.0	612.4	1420.0	17423.0	15147.0	10810.0
	电/kW	7450.0	6520.0	3310.0	7332.0	10304.0	1978.0
	脱盐水/(t/h)	150.4	157.3	212.3		145.5	
	燃料气（干气）/(m^3/h)			5531.1			
	甲醇/(kg/h)				32.0	32.0	
	锅炉水/(t/h)						122.0
产品及副产品	H_2/(m^3/h)	100000	100000	100000	100000	100000	100000
	10.0MPa 蒸汽/(t/h)						56.0
	5.8MPa 蒸汽/(t/h)	126.3	143.0	193.0			
	0.5MPa 蒸汽/(t/h)					16.7	16.0
	蒸汽冷凝液/(t/h)	42.7	45.4	66.2	83.0	68.5	132.0
	工艺余热/(GJ/h)				274.235	59.453	41.868
	燃料气/(m^3/h)						4311
能耗指标	1000m^3 氢气能耗/GJ	12.541	13.051	11.540	20.334	23.692	16.664
总投资（以天然气制氢投资 E 为基准）		E	1.02E	1.07E	1.99E	2.48E	1.46E
成本	单位总成本/(元/m^3)	0.87	1.10	0.92	1.42	0.74	0.96
	单位生产成本/(元/m^3)	0.86	1.09	0.91	1.41	0.73	0.95

注：H_2 纯度为 99.9%；压力为表压。

计算的原料成本如表 3-2 所示。

由此可见，采用炼油副产品石脑油、重质油、石油焦和炼厂干气制氢，在制氢成本上不具有优势。如果将这些原料用于炼油深加工，可以发挥更大的经济效益，因此，不建议继续将炼油副产品制氢作为炼油厂制氢的发展方向，而应该考虑可再生能源制得的氢气。

表3-2 计算的原料成本

项目	单价	项目	单价
天然气	2.11元/m^3	煤	410元/t
炼油厂干气	2.86元/m^3	石灰石	250元/t
石脑油	2917元/t	焦炉气	1.11元/m^3
脱油沥青(DOA)	2000元/t	甲醇	1750元/t
减压渣油	2500元/t		

参考文献

[1] 毛宗强. 氢能——21世纪的绿色能源 [M]. 北京：化学工业出版社，2005.
[2] 炭素材料编委会. 中国冶金百科全书·炭素材料-S-石油焦 [M]. 北京：冶金工业出版社，2004.
[3] 申海平，王新军，王玉章，等. 国产石油焦产量、质量及市场 [J]. 化学工业，2004，22 (1)：11-15.
[4] http://baike.baidu.com/item/重油.
[5] http://baike.baidu.com/item/炼厂干气.
[6] 毛宗强，毛志明编著. 氢气生产及热化学利用 [M]. 北京：化学工业出版社，2015.
[7] 瞿国华，王辅臣. 石油焦气化制氢技术 [M]. 北京：中国石化出版社，2014.
[8] 马文杰，尹晓晖. 炼油厂制氢技术路线选择 [J]. 洁净煤技术，2016，22 (05).

第4章 可再生能源制氢

中国可再生能源规模化发展项目办公室介绍，中国可再生能源资源可获量达到每年73亿吨标准煤，而现在的开发量每年不足0.4亿吨标准煤[1]，因此，中国可再生能源资源丰富、潜力十分巨大，将是中国氢能的重要资源。

可再生能源包括太阳能、生物质能、风能、海洋能、水力能和地热能。在这些可再生能源中，风能、海洋能、水力能、地热能均不可以直接获得氢气，只有先发电，再利用用户或电网无法消纳的电能制氢。太阳能、生物质能既可以发电，也可以直接制氢。这样，可再生能源制氢途径可用图4-1表示。

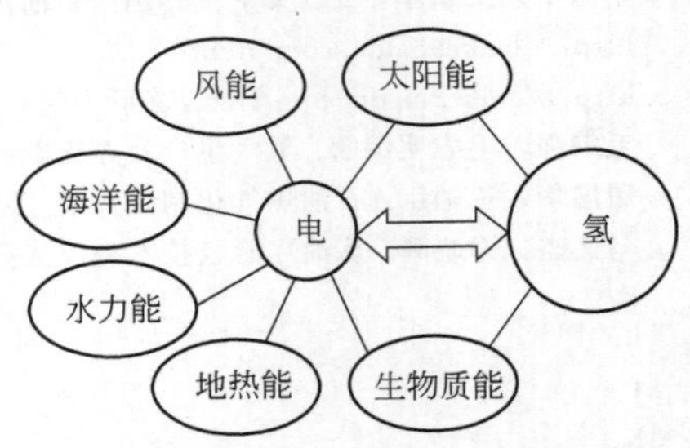

图4-1 可再生能源制氢途径

下面简介太阳能、风能、海洋能、水力能、地热能和生物质能的发电情况。

4.1 太阳能制氢

太阳能有丰富多彩的制氢途径。太阳能既可以通过光伏直接发电，也可以通过光热发电，任何用电直接电解水制氢。环境科学院利用太阳能的热经过热化学制氢，更可以利用太阳光直接光解水获得氢气和氧气。太阳能支持下的光合作用也是制氢的可能途径。总之，太阳能有很多制氢途径。我们可用表4-1表示。

表4-1 太阳能制氢途径

太阳能种类	制氢途径	产品	氢产品
太阳光	太阳光伏电池	发电	电解水制氢
	太阳光直接分解水	直接制氢	
	太阳光合作用	直接制氢	
太阳热	光热发电	发电	电解水制氢
	热化学分解	直接制氢	

4.1.1 太阳光直接分解水制氢

4.1.1.1 光解水制氢的原理

水的化学性质一般而言十分稳定，标准状态下1mol水的分解需要提供237kJ的能量。

但作为一种电解质，水却是不稳定的，电解电压仅为1.229eV，因此，光解水制氢的基础概念就是先将光能转化为电能，其后通过电化学过程实现氢气的制备（如图4-2所示）。总反应式表达如下：

$$太阳能+H_2O \longrightarrow H_2+\frac{1}{2}O_2 \tag{4-1}$$

其中，摩尔电解电压由下式求得：

$$E^{\ominus}_{H_2O}=\Delta G^{\ominus}_{f(H_2O)}/-2F=1.229eV \tag{4-2}$$

（F 为法拉第常数）

借助光电过程利用太阳能光解水的途径，目前研究最广泛的是半导体光催化法。当半导体材料受到能量相当于或高于催化剂半导体禁带宽度的光辐射时，晶体内的电子受激发，从价带跃迁到导带，与仍留在价带内的空穴实现了分离；在这种自由电子-空穴对的作用下，水就会在半导体的不同位置分别被还原成氢气和氧化形成氧气，完成电离制氢的过程（如图4-3所示）。

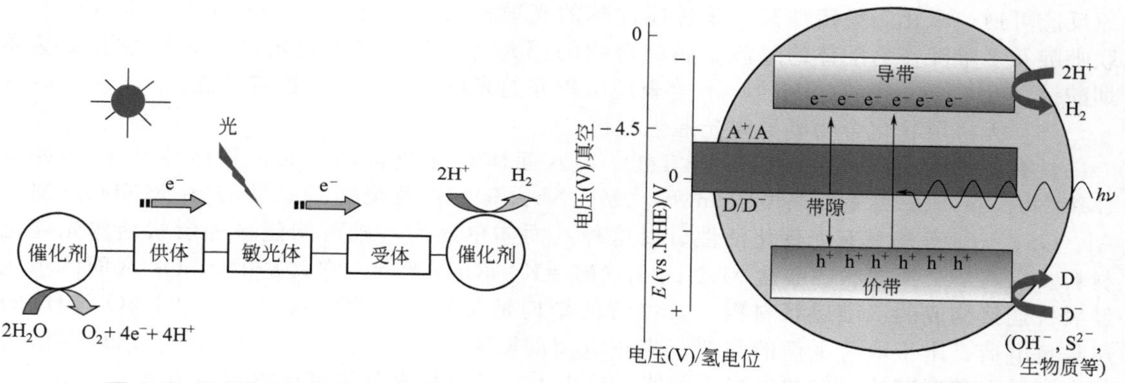

图4-2 光催化制氢原理示意图

图4-3 半导体光催化制氢过程示意图

必须指出，并非所有的半导体材料都适合作为光解水的催化剂。该过程的催化剂必须满足以下条件：首先，半导体禁带宽度需大于水的电解电压（理论值如前所述，为1.229eV）；其次，要使水分解释放出氢气，热力学要求作为光催化剂的半导体材料导带电位比氢电极电位 $E(H^+/H_2)$ 稍负，价带电位则比氧电极电位 $E(O_2/H_2O)$ 稍正。

由于光解水过程的效率与受光激发产生的自由电子-空穴对数量、分离情况、存活寿命、再结合与逆反应抑制等因素密切相关，构筑有效的光催化材料是这一部分研究的关键。下面具体介绍这一部分的研究进展。

4.1.1.2 光催化材料研究现状

自1972年Fujishima和Honda首次报道了 TiO_2 单晶电极上的光解水产氢现象以来[2]，TiO_2 就因其良好的化学稳定性、无臭、无毒、抗磨损的特点，成为半导体光催化剂领域的研究热点之一。但 TiO_2 禁带宽度较大（3.2eV），只能吸收太阳光线中的紫外部分，太阳能利用效率不高。因此科学家们在该领域的研究方向主要集中在以下两个方面：一是对现有的光催化剂进行修饰与改性，以使其吸收带红移到可见光区，提高能量的利用效率；二是继续设计研发新型的、在可见光区有响应的光催化材料。下面就分别从这两个部分对现有的研究做一简要介绍。首先是各种不同的光解水制氢的催化材料。

（1）金属氧化物、硫化物半导体光催化材料

金属氧化物与金属硫化物廉价易得、效率高，且对可见光区有良好吸收和响应，是目前

应用最普遍的光催化材料。除了前面已经提及的 TiO_2，CdS、Fe_2O_3 等亦被广泛地应用于水解制氢的研究。如 2002 年 Bonamali 等[3] 以 ZnO 为半导体光催化剂，2003 年 Bessekhouad 等[4] 以新型不含贵金属的氧化物 $CuMnO_2$ 为光催化材料，均能够做到在可见光条件下仍维持不低的产氢速率。而与氧化物相比，硫化物往往具有更适合可见光响应的带隙宽度（2.3eV）和更高的结构稳定性，因而可能具备更高的光催化活性。如 Bessekhouad 等所制备的颗粒均匀且具备良好黏附性的 Bi_2S_3 多晶膜[5]，其禁带宽度为 1.28eV，与太阳光谱极为匹配，在可见光区表现出优良的催化活性；中国科学院大连化学物理研究所雷志斌等[6] 采用水热法合成的 $ZnIn_2S_4$ 等同样表现出类似的性质。

(2) 联吡啶金属配合物光催化材料

配合物光解水制氢研究最多的体系是有机金属配合物双联吡啶钌 $Ru(bpy)_3^{3+}$ 和 $Ru(bpy)_3^{2+}$ 体系。当有合适波长区间的光辐照时，$Ru(bpy)_3^{2+}$ 吸收光子将 H^+ 还原成 H_2，自身则被氧化为 $Ru(bpy)_3^{3+}$；生成的 $Ru(bpy)_3^{3+}$ 又可以作为氧化剂将 OH^- 氧化为 O_2，从而形成一个良好的裂解水制氢的催化循环。该类型催化剂对可见光有较强的响应，且氧化还原反应可逆，氧化态稳定性高，是性能优越的光敏材料。2005 年 James 等进一步研究了以联吡啶及多吡啶作为配体的过渡金属配合物的感光特性与对光的稳定性[7]，发现五氨基异烟酸钌（Ⅱ）$[Ru(ina)(NH_3)_5^{2+}]$ 等表现出较好的光催化活性与光稳定性能。

(3) 无机层状化合物半导体光催化材料

具有三维网状结构的 NbO_6 与 TaO_6 型八面体单元化合物，如钽铁酸锑型的 $BiMO_4$（M=Nb、Ta）、铁锰重石晶型的 $InMO_4$（M=Nb、Ta）以及烧绿石晶型的 Bi_2MNbO_7（M=Al、Ga、In）等均具有光催化活性。以这种八面体单元为基础可构建多种层状结构光催化材料。以离子交换层状铌酸盐 $M_4Nb_6O_{17}$（M=K、Rb）为例，它就是由 NbO_6 八面体单元经氧桥连接构成的二维层状材料。其独特的结构是交替出现的层状空间，由 NbO_6 构成的层带负电荷，出于电荷平衡的需要，带正电荷的阳离子（K^+、Na^+、Li^+）会出现在层与层之间。在高湿度的空气和水溶液光催化反应中，反应物水分子可以很容易地进入其层状空间，自发地发生反应。若在该层状结构上尝试适量负载 Ni 等金属[8]，其分解水的效率会有显著提升。

具有金红石型结构的层状光催化剂 $LiMWO_6$（M=Nb、Ta）则是一类新型的层状光催化材料。当该类材料被质子化后，临近层板间会发生相对滑移，从而导致层板间距变宽，且质子化后具有较强的酸性，有机碱分子可进入层间，有利于层间后续的结构与功能修饰。Wang 等[9] 分别利用分步插层、层间共沉淀和水热等方法成功地实现了该类材料的层间修饰，所制得的层状复合材料均具备较高的光催化活性。

4.1.1.3 光催化剂的修饰与改进

(1) 贵金属负载

在光催化反应中，受光子激发产生的电子和空穴会分别移动到固相表面与水发生反应从而生成氢气与氧气；但相互分离的自由电子和空穴很容易重新复合而失去催化活性。若将适量的贵金属负载在半导体光催化材料表面，光照产生的电子与空穴将会分别被定域在贵金属和半导体光催化剂上发生分离，这很好地抑制了电子与空穴的再复合，使它们可以各自在不同的位置发生氧化反应与还原反应，从而极大地提高了光催化材料的催化活性与选择性[10]。这里可选择的贵金属包括 Pt、Ag、Au、Ru、Pd、Rh 等，其中负载 Pt 的研究最为广泛，Au 次之，体系则通常是 Pt/TiO_2 和 Au/TiO_2。

例如，西安交通大学许云波等[11] 采用共沉淀法制备得到了共掺杂 Cu、In 的 ZnSeS 半导体光催化剂，并对该催化剂的光分解水产氢的性能进行了评价，结果表明，在 ZnSeS 中负载摩尔分数分别为2%的Cu和In时，其光吸收性能最好，光催化活性最强，最大吸收波长可红移至700nm，能量利用效率较之负载前有了显著提高。

(2) 离子掺杂

大多数光催化剂仅对紫外光区域有明显的吸收，通过对其掺杂过渡金属离子，可使晶体结构发生畸变，产生离子缺陷，成为载流子的捕获阱，延长其寿命，有效抑制电子与空穴的再结合，提高光生电子-空穴对的分离效果，同时在半导体催化剂能带中形成杂质能级，缩小了带隙宽度，增大了响应波长，从而有利于可见光区光催化反应的顺利进行。已有相关研究表明，在TiO_2中掺入Fe^{3+}可使光催化剂在400～550nm的区间形成明显的吸收峰，从而拓宽TiO_2对太阳光可见光区域的光谱响应范围。其他过渡金属离子如Cu^{2+}、Cr^{3+}、V^{4+}、Co^{2+}、Ru^{3+}、Rh^{3+}等对半导体光催化材料的掺杂同样可使其在可见光部分的吸收得到有效的增强。

例如，Yang等[12]使用溶胶-凝胶法在TiO_2微粒上掺杂Mo^{6+}，结果表明，这样的掺杂扩展了光催化材料的吸收边界，其中，当Mo、Ti原子比为1∶100时，TiO_2的光催化活性是未掺杂时的两倍，其禁带宽度也降至3.35eV，低于纯净TiO_2的禁带宽度(3.42eV)，从而更有利于对太阳光可见光区域的吸收以及光催化反应的高效进行。

必须指出的是，非金属离子的掺杂对于提高可见光作用下的产氢速率，强化光催化反应过程同样可起到积极作用。早在2001年7月，Asahi等日本学者就在“Science”上报道了用在TiO_2中掺杂氮的方法合成$TiO_{2-x}N_x$，该化合物在可见光区表现出吸收区间且有良好的催化活性[13]；次年9月，Shahed等在天然气中煅烧金属钛片得到$TiO_{2-x}C_x$碳化物，同样在可见光作用下表现出很好的催化水分解产氢的活性[6]。2004年，Luo等[14]以$TiCl_4$为钛源，采用水热合成的方法制备了Br、Cl共同掺杂的TiO_2，对掺杂后的光催化剂的紫外可见光谱分析表明，Br、Cl的共同掺杂能够使带隙变窄，吸收边界向低能量方向移动，从而提高水分解为氢气和氧气的能力。

此外，阴离子取代和阳离子掺杂并用的修饰方法也可用于提升光催化剂的催化活性。2004年Liu等[15]采用溶胶-凝胶法制备合成了半导体催化材料$YTaO_4$，通过高温氮化技术可使$YTaO_4$晶格中的部分O被N取代，从而获得新的光催化剂$Y_2Ta_2O_5N_2$，再通过适当地负载贵金属Pt和Ru，该催化剂便可在甲醇和$AgNO_3$的水溶液中实现水的还原与氧化反应，制备出氢气与氧气，并维持不低的产氢速率。

(3) 复合半导体

复合具有不同能带结构的半导体，利用窄带隙的半导体敏化宽带隙的半导体，可以提高宽带隙半导体的催化活性。二元复合半导体中，两种半导体之间的能极差可使光生载流子从一种半导体的能级注入另一种半导体的能级，导致长期、有效的电荷分离。且由于不同金属离子的配位数和电荷性不同会产生过剩电荷，这也能够增加半导体捕获质子或电子的能力，从而提高光催化剂的活性。研究最多的复合半导体体系仍以TiO_2为基础，CdS、Fe_2O_3、WO_3等与之复合均可使吸收波长红移，从而有效提高光催化反应的效率。对无机层状材料进行层间插入形成纳米复合材料，同样可有效提升材料的光谱利用率和光解水特性[14]。

在各种与TiO_2复合的物质中，碳材料往往具备独特的优势，如：酸碱条件下的化学稳定性，可控的表面、化学特性等等。最近，新兴的碳纳米材料石墨烯引起了研究者们的广泛关注。光催化材料领域亦不例外。由于层状结构的氧化石墨烯比表面积大，离子交换能力强，这些特点赋予了其良好的复合能力。有研究者据此尝试将TiO_2与氧化石墨烯进行复合(图4-4)，并对复合后光催化剂的性能做出了评价。实验表明，这种复合对光催化反应的高效进行是十分有利的[16]。

进一步探究这种复合增强效应的原因，可能的机理如下：TiO_2在光辐射条件下，价带

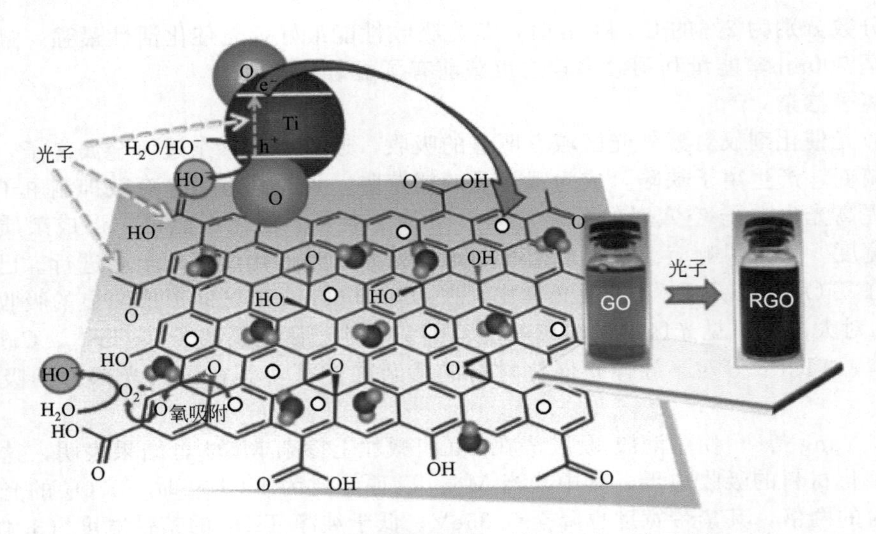

图 4-4　TiO_2 与氧化石墨烯复合材料光催化反应示意图

上的电子被激发跃迁至导带，同时在价带产生相应的空穴，并在电场作用下分离、迁移到离子表面。而光生电子具有很好的还原性，它能够被杂化在 TiO_2 表面的氧化石墨烯捕获，并将氧化石墨烯还原成石墨烯。因此，光生电子和空穴的重新复合受到抑制，它们之间有效的分离使得半导体光催化材料的活性显著增强。

（4）其他

对光催化剂的修饰与改进还有许多其他途径。例如，光催化剂纳米化、燃料光敏化、预先选用适当的电子捕获剂吸附在催化剂表面，利用表面螯合及其衍生作用以及外场耦合等，都可能提升反应的速率和活性，为光催化反应的进一步优化做出贡献[17]。

4.1.1.4　存在问题与前景展望

目前的光催化剂和光催化体系仍存在诸多问题，距离实际的应用尚需时日。比如，大多数光催化剂仅在紫外光区域稳定有效，在可见光区域则活性较低，能量转化效率也不高。因此，未来的研究方向，首先仍应当是高效、稳定、低成本的可见光催化剂的研制。其次，综合利用对光催化剂的改进与修饰手段，构建合适的光催化反应体系亦十分重要。若能将该体系与水处理等其他单元有机耦合，同样不失为一个有前景的发展方向。

2017 年最新进展，针对光解水制氢过程中的逆反应严重、氢气难分离和存储的问题，研究人员从英国科学家安德烈·海姆爵士（诺贝尔奖获得者）和中国科学技术大学吴恒安教授的研究工作得到启发：石墨烯能够隔绝所有气体和液体，缺对质子能够“网开一面”，大方放行。利用这一大自然给质子开的“方便之门”，江俊等设计了一种二维碳氮材料与石墨烯基材料复合的三明治结构。而在这三明治结构体系中，碳氮材料夹在两层官能团修饰的石墨烯中。第一性原理计算表明，这一体系可以同时吸收紫外光和可见光，利用太阳光能产生激子，光生激子迅速分离形成高能电子和空穴并分别迁移至中间的碳氮材料和外层的石墨烯材料上。而吸附在石墨烯基材料活性位点上的水分子在光生空穴的帮助下，发生裂解，产生质子。这些产生的质子受碳氮材料上内建静电场驱动，可穿透石墨烯材料，运动到内部的二维碳氮材料上，并且遇到电子后反应产生氢气。由于石墨烯唯一放行的仅仅是氢原子（质子），而光解水产生的氢气不能穿透石墨烯材料，导致光解水产生的氢气分子将被安全地保留在三明治复合体系内；同时 O_2、OH 等体系也无法进入复合体系，抑制了逆反应的发生，实现了高储氢率下的安全储氢。

这一研究体系以较低的成本，巧妙地抑制了光解水制氢的逆反应发生，实现了氢气的有效提纯，是首个安全制氢与储氢一体化的设计[18]。其产业化还有很长的路要走，但毕竟有了方向。

4.1.2 太阳光热化学分解水制氢

直接分解水需要达到2500℃以上的温度，同时还存在气体的分离问题，在正常环境下是不可行的，而通过热化学循环过程，可以在较低的温度下分解水，总的效率可达50%；如果能与高温核反应堆耦合，则有望成为可大规模利用、不产生温室气体且具有经济性的制氢方法。

其原理为：在水中加入催化剂，将水分解反应分成几个不同的反应，并组成一个循环过程。这个过程可以大大降低加热的温度，催化剂可以反复使用。各步反应的熵变、焓变和Gibbs自由能变化的加合等于水直接分解反应的相应值；而每步反应有可能在相对较低的温度下进行。在整个过程中只消耗水，其他物质在体系中循环，这样就可以达到热分解水制氢的目的。

在评价指标中，制氢效率最为重要，它代表了过程的能耗，也和制氢成本密切相关，其高低是一个热化学循环是否有价值的前提。由于水电解制氢过程的总体效率为26%～35%，所以制氢效率大于35%是热化学循环制氢的起码条件。

太阳光热化学分解水制氢是热化学制氢的重要分支。其中热化学制氢是关键，这里太阳能只是热源罢了，其他的热源还有高温气冷核反应堆。对热化学的研究的文献及书籍很多，有兴趣的读者可以参阅毛宗强、毛志明合著的《氢气生产过程及热化学利用》，化学工业出版社2015年5月北京第一版“第二章热化学制氢”。

4.1.3 太阳能发电、电解水制氢（PTG）

电解水制氢是获得高纯度氢的传统方法。其原理是：将酸性或碱性的电解质溶入水中，以增加水的导电性，然后让电流通过水，在阴极和阳极上就分别得到氢气和氧气。目前，世界上已有许多先进的大型电解装置在运行，一天制氢量在千吨以上，电-氢的转化效率可达75%以上。常规的太阳能电解水制氢的方法与此类似。第一步是通过太阳能电池将太阳能转换成电能，第二步是将电能转化成氢，构成所谓的太阳能-光伏电池-电解水制氢系统。由于太阳能光伏电池-电的转换效率较低，价格非常昂贵，致使在经济上太阳能电解水制氢至今仍难以与传统电解水制氢竞争，更不要说和常规能源制氢相竞争了。

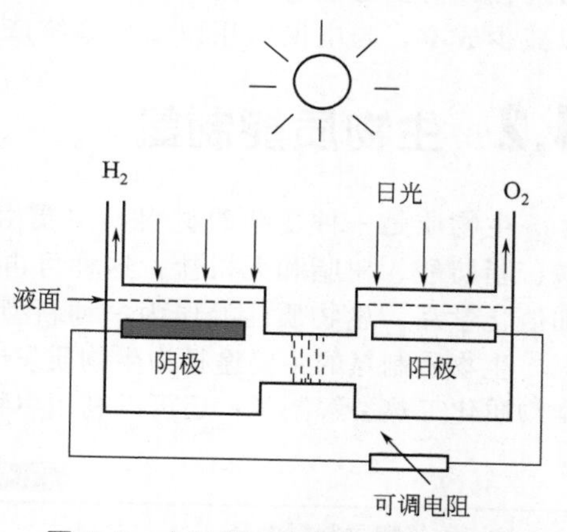

图4-5 太阳能直接电解制氢原理图

最近，人们提出太阳能直接电解制氢，其基本原理见图4-5。它基于光电化学池和半导体光催化法，即通过光阳极吸收太阳能并将光能转化为电能，同时在对电极上给出电子。光阳极通常为光电半导体材料，纳米感光微粒通过密集有序组装，形成高密度受光体，受光激发可以产生高电压和电子、空穴对。由于有序结构和电池外电路，电子与空穴不再直接复合。这样光阳极和对极-阴极组成光电化学池，在电解质存在下光阳极吸光后，在半导体导带上激发产生的电子通过外电路流向对极，水中的质子从对极上接受电子产生氢气见图4-5。

美国加州洪堡州立大学莎茨能源研究中心开发的太阳能制氢系统，每天可自动生产出干净的氢燃料。该系统于1989年开始筹建，由莎茨通用塑料制造公司投资。

系统的光伏电池为9.2kW，与7.2kW（电）双极碱性电解槽匹配，最大制氢量为每分钟25L。当有日照时，光伏电池发出的电能直接供给压缩机，多余的电能供给电解槽制氢。当没有日照时，一台1.5kW的质子交换膜燃料电池，用储存的氢发电，供给压缩机。光伏电池由192块西门子公司生产的M75光伏组件构成，分成12个子阵列，形成24V直流电源。计算机每隔2s读出各子阵列的电流及其他参数，并在压缩机和电解槽之间分配能量。试验表明，尽管日照有变化，但在运行期间输送给压缩机的功率却很稳定。

莎茨太阳能系统对30个运行参数进行连续监测，如果有一个参数超出规定范围，系统就会安全关闭。该系统中空气压缩机不是一个模拟负载，必须连续进行。若断电，空气压缩机就会自动连接电网，如果电网也断电，它就会自动启动备用电源。从1993年1月至1994年6月，该系统的平均制氢效率为6.1%。

德国一座500kW的太阳能制氢试验厂目前已经投入试验运行，生产的氢气被用做锅炉和内燃机燃料或用于燃料电池的运行。在沙特阿拉伯也建成了一个350kW的太阳能制氢系统，这一系统是德国航天局和阿布杜拉科学城的试验研究和培训基地。德国戴姆勒一克莱斯勒汽车公司和BMW公司正利用这一设施进行氢气用作汽车燃料的试验研究。德国已经投资5000万马克进行工程的可行性研究，该工程计划在北非沙漠地带建造太阳能光伏发电站，用其发出的电生产氢气，然后把产出的氢气利用管道经意大利输送到德国。

2008年，清华大学实验运行了中国第一个太阳能-氢系统。它由一个2kW光伏电池阵列、48V/(300A·h)铅酸电池、0.5m^3/h制氢容量碱性水电解槽、10m^3 $LaNi_5$合金储氢储罐和200W H_2/空气PEM燃料电池组成。系统安装在清华大学核能与新能源技术研究院(INET)并成功运行了几个月。实验目的是研究太阳能-氢能系统的技术和经济的可行性，为将来大规模的可再生能源制氢做准备。两个月运行结果显示40.68%能量转化为氢，氢气耗能为7.21kW·h/m^3 H_2。经济分析结果说明，太阳能-氢能系统可以很好地运行。不过，目前在经济上是不合算的。建议采用高能量转换效率、低成本的太阳能电池板和电解槽技术以减少成本，与电网联用以增加系统产出。该项目是由壳牌石油公司赞助[19]。

4.2 生物质能制氢

生物质是一种复杂的材料，主要由纤维素、半纤维素和木质素组成，以及少量的单宁酸、脂肪酸、树脂和无机盐。这种可再生的原材料具有很大的潜力，可用于发电和生产高附加值化学品。生物质能源作为一种新型可再生能源用于制氢，是绿色氢气的重要来源。

生物质制氢的主要途径为生物质发电，然后用电解水制氢；或者生物质发酵制氢；或者用生物质化工热裂解制氢；还可以利用生物质制成乙醇，再进行乙醇重整制氢。可表示为表4-2。

表4-2 生物质制氢气方法

生物质制氢途径	产品	氢产品
生物质能电厂	发电	电解水制氢
生物质生化发酵	沼气、氢气	提纯制氢
生物质化工热裂解	合成气	提纯制氢
生物质制乙醇、乙醇制氢	乙醇、氢气	提纯制氢

生物质发电，再用此电电解水制氢，与通常的电解水制氢并无不同。这里主要介绍生物质生化发酵制氢、生物质化工热裂解制氢和生物质制乙醇、乙醇制氢。

4.2.1 生物质生物发酵制氢

4.2.1.1 原理

根据所用的微生物、产氢底物及产氢机理，生物制氢可以分为3种类型：①绿藻和蓝细菌（也称为蓝绿藻）在光照、厌氧条件下分解水产生氢气，通常称为光解水产氢或蓝、绿藻产氢；②光合细菌在光照、厌氧条件下分解有机物产生氢气，通常称为光解有机物产氢、光发酵产氢或光合细菌产氢；③细菌在黑暗、厌氧条件下分解有机物产生氢气，通常称为黑暗（暗）发酵产氢或叫发酵细菌产氢[20]。

（1）光解水产氢（蓝、绿藻产氢）

蓝细菌和绿藻的产氢在厌氧条件下，通过光合作用分解水产生氢气和氧气，所以通常也称为光分解水产氢途径。其作用机理和绿色植物光合作用机理相似，这一光合系统中，具有两个独立但协调起作用的光合作用中心：接收太阳能分解水产生 H^+、电子和 O_2 的光合系统Ⅱ（PSⅡ）以及产生还原剂用来固定 CO_2 的光合系统Ⅰ（PSⅠ）。PSⅡ产生的电子，由铁氧化还原蛋白（Fd）携带经由 PS*n* 和 PSⅠ到达产氢酶，H^+ 在产氢酶的催化作用下在一定的条件下形成 H_2。产氢酶是所有生物产氢的关键因素。绿色植物由于没有产氢酶，所以不能产生氢气，这是藻类和绿色植物光合作用过程的重要区别所在，因此除氢气的形成外，绿色植物的光合作用规律和研究结论可以用于藻类新陈代谢过程分析。

（2）光合细菌产氢

光合细菌产氢和蓝、绿藻一样都是太阳能驱动下光合作用的结果，但是光合细菌只有一个光合作用中心（相当于蓝、绿藻的光合系统Ⅰ），由于缺少藻类中起光解水作用的光合系统Ⅱ，所以只进行以有机物作为电子供体的不产氧光合作用。光合细菌光分解有机物产生氢气的生化途径为：$(CH_2O)_n \rightarrow Fd \rightarrow$ 氢酶 $\rightarrow H_2$，以乳酸为例，光合细菌产氢的反应的自由能为8.5kJ/mol，化学方程式可以表示如下：

$$C_3H_6O_3 + 3H_2O \xrightarrow{\text{光照}} 6H_2 + 3CO_2 \tag{4-3}$$

此外，研究发现光和细菌还能够利用CO产生氢气，反应式如下：

$$CO + H_2O \xrightarrow{\text{光照}} H_2 + CO_2 \tag{4-4}$$

光合细菌产氢的示意图见图4-6。

（3）发酵细菌产氢

在这类异养微生物群体中由于缺乏典型的细胞色素系统和氧化磷酸化途径厌氧生长环境中的细胞面临着产能氧化反应造成电子积累的特殊问题，当细胞生理活动所需要的还原力仅依赖于一种有机物的相对大量分解时，电子积累的问题尤为严重，因此，需要特殊的调控机制来调节新陈代谢中的电子流动，通过产生氢气消耗多余的电子就是调节机制中的一种。研究表明，大多数厌氧细菌产氢来自各种有机物分解所产生的丙酮酸的厌氧代谢，丙酮酸分解有甲酸裂解酶催化和丙酮酸铁氧还蛋白（黄素氧还蛋白）氧化还原酶两种途径。厌氧发酵产氢有两条途径：一条是甲酸分解产氢途径，另一条是通过NADH的再氧化产氢，称为NADH途径。黑暗厌氧发酵产氢示意图见图4-7[21]。

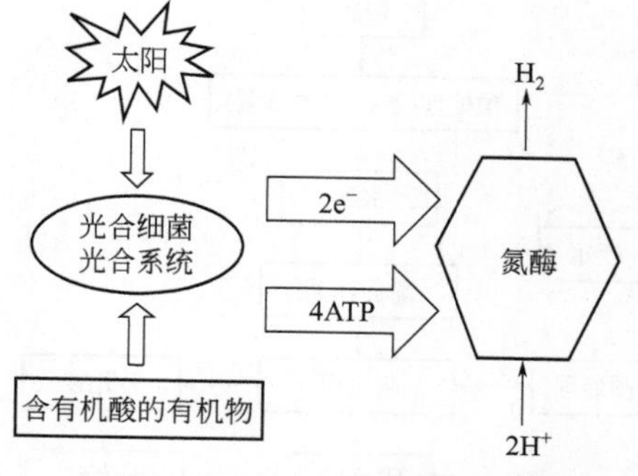

图4-6 光合细菌产氢示意图

黑暗厌氧发酵产氢和光合细菌产氢联合起来组成的产氢系统称为混合产氢途径。图4-8

给出了混合产氢系统中发酵细菌和光合细菌利用葡萄糖产氢的生物化学途径和自由能变化。厌氧细菌可以将各种有机物分解成有机酸获得它们维持自身生长所需的能量和还原力，为消除电子积累产生出部分氢气。从图中所示自由能可以看出，由于反应只能向自由能降低的方向进行，在分解所得有机酸中，除甲酸可进一步分解出 H_2 和 CO_2 外，其他有机酸不能继续分解，这是发酵细菌产氢效率很低的原因所在，产氢效率低是发酵细菌产氢实际应用面临的主要障碍。然而光合细菌可以利用太阳能来克服有机酸进一步分解所面临的正自由能堡垒，使有机酸得以彻底分解，释放出有机酸中所含的全部氢。另外由于光合细菌不能直接利用淀粉和纤维素等复杂的有机物，只能利用葡萄糖和小分子有机酸，所以光合细菌直接利用废弃的有机资源产氢效率同样很低，甚至得不到氢气。利用发酵细菌可以分解几乎所有的有机物为小分子有机酸的特点，将原料利用发酵细菌进行预处理，接着用光合细菌进行氢气的生产，正好做到两者优势互补。

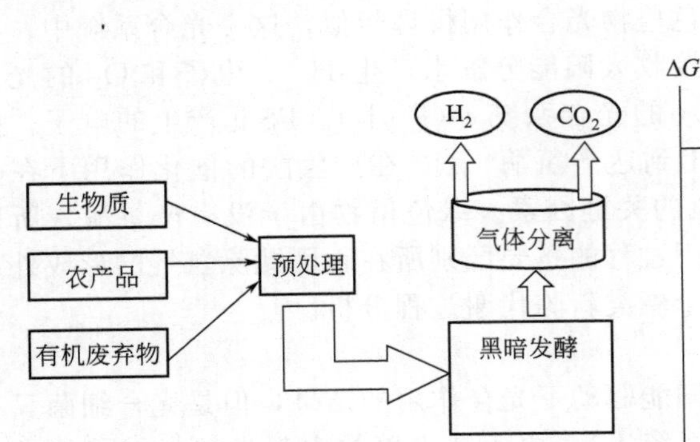

图 4-7 黑暗厌氧发酵产氢示意图

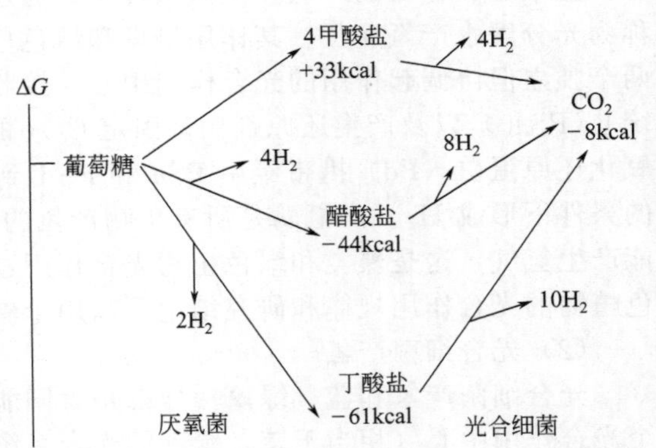

图 4-8 发酵细菌和光合细菌联合产氢生化途径

4.2.1.2 经济性

把生物制氢应用到工业中，示意图见图 4-9。

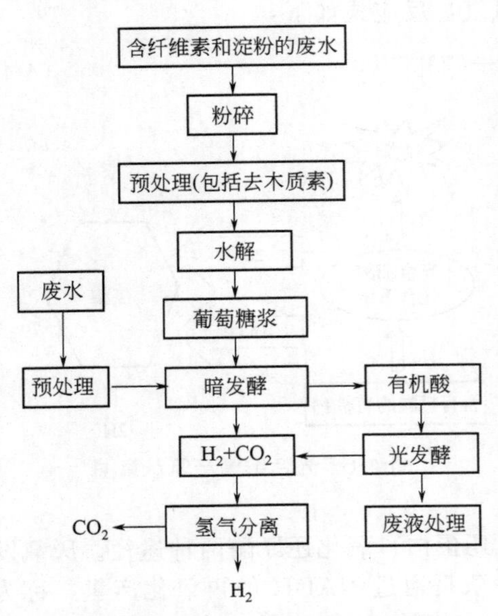

图 4-9 农业废弃物和食品工业废水纤维素/淀粉生物制氢示意图

对生物制氢进行经济性分析，需要考虑许多因素，包括：①原料价格、市场价格和需求；②储存成本；③运输成本；④制造成本；⑤与非能源生物质的竞争成本[22]。

虽然目前国内外不少学者都对生物质制氢开展了大量的实验研究，但由于微生物反应的效率较低，尚未见到关于一个连续流的、工业化生产的生物制氢工艺的报道。任南琪等已经研究清楚发酵法生物制氢工艺，并获得了小试和中试的实验结果[23,24]。

4.2.2 生物质化工热裂解制氢

文献对生物质热解制氢作了很好的归纳[25,26]指出热解是处理固体生物质废弃物较好的工艺之一，温度一般在 300～1300℃，有慢速热解、快速热解和闪速热解 3 种方式。其过程可分为物料的干燥、半纤维素热解、纤维素和木质素热解 4 个阶段。在生物质热解过程中，热量由外至内逐层的进行传递。首先是颗粒表面，然后从表面传到颗粒内部，颗粒受热的部分迅速裂解成木炭和挥发分，裂解后的产物在温度作用下还会继续裂解反应。实际应用的生物质热解工艺多为常压或接近常压反应，热解得到的产物主要由生物油、气体（氢气和一氧化碳）和固体炭组成。生物质气化也是生物质热化学转化的一种，其基本原理是在燃烧不完全的情况下，将原料加热，使分子量较高的化合物裂解成 H_2、CO、小分子烃类和 CO_2 等分子量较低的混合物的过程[22]。通常使用空气或氧气、水蒸气、水蒸气和氧气的混合气作为气化剂。气化的产物为合成气，经过费托合成或生物合成进一步转化为甲醇、乙醇等液体燃料[27]，还可直接作为燃气电机的燃料使用。

4.2.2.1 生物质热解气化制氢工艺

生物质热解气化制氢工艺可以归纳为表 4-3。

表4-3 生物质热解气化制氢工艺

工艺名称	工艺条件	产品	优缺点
热解制氢[28]	低温热解（< 500℃）	有益于焦炭的生产	常用工艺。需进一步提高氢气产率
	中温热解（500～800℃）	有益于焦油产量的提高	
	高温热解（> 800℃）	主要产物为合成气（H_2、CO_2、CO 等）	
超临界水气化制氢[29]	超临界水（$T_c \geqslant$ 374℃，$P_c \geqslant$ 22.1MPa）	产生 H_2、CO_2、CO、CH_4 和 C_2～C_4 烷烃等可燃性混合气体，液体产物中含有少量的焦油和残炭	高能耗、难以规模化且应用范围较窄
熔融金属气化制氢[30,31]	反应温度达到 1300℃	能得到非常纯净的合成气：合成气中的 H_2 体积分数为 13.8%，接近于热力学平衡条件下的 H_2 体积分数[27]	高能耗、难以规模化且应用范围较窄
等离子体热解气化制氢[32]		产物为固体残渣和气体，没有焦油存在[30～32]	高能耗、难以规模化且应用范围较窄

应该指出，实际生产中热解工艺又可以分为单床工艺和双床工艺[33,34]。单床工艺采用流化床或固定床作为气化炉，运行过程中催化剂与物料一起加入反应炉。生物质通过单床工艺进行热解气化反应可以得到体积分数为 40%～60% 的富氢气体[35～41]。单床工艺系统较简单，但气体产物在反应炉内停留时间较短，容易导致焦油裂解不完全，从而增加了气体产物的净化处理费用。

双床工艺，即两个气化炉。生物质在一级气化炉气化后，产生的气化气携带焦油颗粒通过二级气化炉，使焦油进一步裂解或者 CH_4 和 CO_2 等气体的催化重整，提高富氢气体产量。生物质通过双床工艺热解气化所得 H_2 的体积分数一般比单床工艺提高 24% 以上[42,43]。但是，双床工艺较单床工艺复杂，因而运行成本较高。

4.2.2.2 生物质热解气化制氢影响因素

生物质在热解和气化过程中发生一系列物理化学反应，产生气、液、固三相产物。影响三相产物产率以及产物组分的因素有很多，除了前面介绍的工艺和反应器外，还包括物料特性、热源类型、反应条件、气化剂及催化剂等。

(1) 物料特性

物料特性的影响主要体现在以下3方面：物料种类、含水率和粒径。不同的生物质类型对热解特性和 H_2 生成特性有重要的影响。生物质样品通常含有70%～90%的挥发分，而挥发分越高焦炭的产率就越低[44]。当物料中的H/C原子比较高时挥发性产物主要以燃气的形式存在，其中 H_2 的量较大[45]。植物类生物质主要为纤维素、半纤维素和木质素。一般而言，纤维素热解时挥发分析出较快，分解温度范围较窄，而木质素热解失重的速率则相对较慢[46]。

(2) 热源类型

热源的加热方式主要分为传统加热方式和微波加热方式。

传统加热方式的特点是，能量从物料表面传入内部进行加热，气相产物则从内向外扩散，其传热与传质方向相反，易引起产物的二次裂解[47,48]。

微波加热是在电磁场作用下，分子动能转变成热能，达到均匀加热的目的。与传统加热相比，热量从物质内部产生，与气体产品扩散方向相同；另外，微波加热具有选择性，不同物料由于其介电性质不同，在微波场中的受热特性差别很大。近年来，利用微波热源进行生物质热解气化方面的研究越来越多。Domlnguez 等[49]对咖啡壳进行了微波热解和电加热热解的实验研究，结果表明微波热解气体产物中 H_2 体积分数为40%，H_2 和CO的体积分数为72%，而对应的电加热热解气体产物中则分别为30%和53%。

(3) 反应条件

反应条件的影响主要指反应温度、升温速率和反应时间的作用。

反应温度对热解过程起着决定性作用，高温促进有机物的裂解，大幅度提高富氢气体产量[35～53]。

升温速率的影响，随着升温速率升高，可使物料在较短时间内达到设定温度，令挥发分在高温环境下的停留时间增加[54]。

热解反应时间也会对生物质热解产物分布产生影响，一般而言，生物质的高温热解的气体产量随着停留时间延长而增多[55,56]。

(4) 气化剂

气化剂组分对生物质气化产物的组分分布有显著影响。常见的气化剂有空气、水蒸气和氧气等。通常水蒸气气化有利于气体中 H_2 含量的提高；当以富氢气体为产品时，一般选水蒸气为气化剂。水蒸气气化过程的主要反应式见式(4-5)～式(4-14)。

$$C+CO_2 \longrightarrow 2CO \quad \Delta H_{298K}=172.43kJ/mol \tag{4-5}$$

$$C+H_2O \longrightarrow CO+H_2 \quad \Delta H_{298K}=131.72kJ/mol \tag{4-6}$$

$$C+2H_2O \longrightarrow CO_2+2H_2 \quad \Delta H_{298K}=90.17kJ/mol \tag{4-7}$$

$$C+2H_2 \longrightarrow CH_4 \quad \Delta H_{298K}=-74.9kJ/mol \tag{4-8}$$

$$CO+H_2O \longrightarrow CO_2+H_2 \quad \Delta H_{298K}=-41.13kJ/mol \tag{4-9}$$

$$CH_4+H_2O \longrightarrow CO+3H_2 \quad \Delta H_{298K}=250.16kJ/mol \tag{4-10}$$

$$CH_4+2H_2O \longrightarrow CO_2+4H_2 \quad \Delta H_{298K}=165kJ/mol \tag{4-11}$$

$$CH_4+CO_2 \longrightarrow 2CO+2H_2 \quad \Delta H_{298K}=-260kJ/mol \tag{4-12}$$

$$C_nH_m+nH_2O \longrightarrow nCO+(n+m/2)H_2 \tag{4-13}$$

$$C_nH_m+nCO_2 \longrightarrow 2nCO+(m/2)H_2 \tag{4-14}$$

其中，反应式(4-6)需要较高温度（>700℃），因此只有在高温条件下，水蒸气气化才能达到较好的效果[57]。水蒸气与生物质的比有最佳值，辛善志等[51]开展了水蒸气气氛下木屑热解的实验研究，发现产气率以及 H_2 和CO的产率都随着S/B（水蒸气/生物质）值的增加先上升后降低，最佳的S/B值为2～2.5。

（5）催化剂

用于生物质热解的催化剂需要满足的基本要求：①能有效脱除焦油；②实现 CH_4 重整；③有较强的抗腐蚀能力；④具有一定的抵抗因积炭或烧结而失活的能力；⑤较容易地再生；⑥具有足够的强度；⑦价格低廉，来源广泛；⑧本身对环境无毒性。催化剂的使用方式一般分两种：①催化剂和物料预混后投入反应炉，预混方式包括湿法浸渍和干法混合两种，主要应用于固定床和流化床反应炉，目的是提高气体生成量，减少焦油量；②催化剂填装于第二级反应炉（一般为固定床）内，对来自于一级反应炉的热解气进一步催化裂解和重整。

常用的催化剂见表 4-4。

表4-4 生物质催化热解用催化剂

催化剂种类	催化剂代表	产品	缺点
天然矿石[36,37,53]	如白云石、橄榄石［一种铁镁硅酸盐，分子式 $(Mg,Fe)_2SiO_4$］、石灰石等		
镍基催化剂[58,40,41]		镍基催化剂在石化工业中广泛用于石油和甲烷的重整	生物质气化的高温气氛环境下会迅速地失活，影响了催化剂的寿命
钙基催化剂[39,59,60]	CaO、$Ca(OH)_2$	CaO 不仅可以有效的裂解焦油，而且作为 CO_2 吸收剂，可以吸附热解气中的 CO_2，最终极大的降低合成气中的 CO_2 含量，从而显著提高 H_2 产量	在较高浓度的焦油（>2g/m^3）条件下容易失活
碱金属类[61,62]	K_2CO_3、Na_2CO_3、NaCl、KCl 等	显著加快气化反应并有效减少焦油和甲烷含量	难以回收且价格昂贵
其他催化剂[61]	如 $ZnCl_2$、Al_2O_3、铁基催化剂	能够显著提高气体产物中 H_2 的含量，且 H_2 的产量随催化剂用量的增加而增加，其中 $ZnCl_2$ 对 CH_4 的生成还具有抑制作用	

中国科学技术大学化学物理系和生物质洁净能源实验室朱清时等人，对用流化床生物质气化器合成富氢气体，建立了基于非预混燃烧的模型对气化器中的生物质在空气-水蒸气环境中的气化反应过程的模型，并采用流体力学软件 FLUENT 6.0 对过程进行了模拟。通过模拟结果与实验结果的对比分析发现，水蒸气与生物质的比、空氧比和生物质颗粒的粒径大小是决定产气中氢气含量的重要参数。同时，对气化器中氢气的分布进行了研究[63]。

生物质发酵制氢还处在试验阶段且技术还不是很成熟，必须培育高效产氢发酵菌种以进一步提高系统的产氢能力，降低生产成本。其中厌氧发酵技术生产沼气目前技术比较成熟，马上可以实现产业化。生物质气体燃料中的沼气生产过程不但没有环境污染，而且可降解如农业秸秆、牲畜粪便、厨房垃圾等有机废弃物，并且生产过程不消耗其他能源，因此是目前最有希望实现产业化的生物质能源之一。生产生物质气体燃料的处理方法各异，但生物质气化必须解决生产过程的污染、安全、焦油净化、燃气的安全利用及取暖锅炉等技术问题。

4.2.3 生物质制乙醇、乙醇制氢

4.2.3.1 概述

随着废除燃油车的呼声越来越高[64]和燃料电池技术的发展，燃料电池汽车已成当今热点，

因此对氢的需求逐渐增大，但目前常用的制氢方法是以化石燃料重整和水电解为主。从可持续发展的角度考虑，人们已开始选择可再生原料，如生物乙醇等低碳醇，因其可再生、含氢量高、廉价、易储存、运输方便、来源广泛等特点，成为制氢研究的主要对象。在乙醇制氢的方式中，以乙醇水蒸气重整制氢为主，其显著优点是可以用乙醇含量为12%（体积分数）左右的水溶液为原料，直接从乙醇发酵液中蒸馏得到而不需精馏提纯，成本低廉、安全、方便。

乙醇重整制氢反应所需的具有高活性、高选择性、高稳定性的催化剂和能满足供应、经济性高的乙醇是实现催化制氢商业化应用的两大核心因素。

4.2.3.2 乙醇制氢的途径

传统的制氢方法是用水蒸气通过灼热的焦炭，生成的水煤气经过分离得到氢气，电解水或甲烷与水蒸气作用后生成的物质经分离也可以得到氢气。近年来开发出许多新的制氢方式：甲烷及碳氢化合物的蒸汽重整和部分氧化、汽油及碳氢化合物的自热重整、甲醇重整和乙醇重整等。

乙醇制氢，理论上乙醇可以通过直接裂解、水蒸气重整、部分氧化、氧化重整等方式转化为氢气[65]。其转化反应式可能是：

（1）水蒸气重整

$$CH_3CH_2OH+H_2O \longrightarrow 4H_2+2CO \qquad \Delta H^{\ominus}=256.8kJ/mol$$

$$CH_3CH_2OH+3H_2O \longrightarrow 6H_2+2CO_2 \qquad \Delta H^{\ominus}=174.2kJ/mol$$

（2）部分氧化

$$CH_3CH_2OH+\frac{1}{2}O_2 \longrightarrow 3H_2+2CO \qquad \Delta H^{\ominus}=14.1kJ/mol$$

$$CH_3CH_2OH+\frac{3}{2}O_2 \longrightarrow 3H_2+2CO_2 \qquad \Delta H^{\ominus}=-554.0kJ/mol$$

（3）氧化重整

$$CH_3CH_2OH+2H_2O+\frac{1}{2}O_2 \longrightarrow 5H_2+2CO_2 \qquad \Delta H^{\ominus}=-68.5kJ/mol$$

$$CH_3CH_2OH+H_2O+O_2 \longrightarrow 4H_2+2CO_2 \qquad \Delta H^{\ominus}=-311.3kJ/mol$$

（4）裂解[66]

$$CH_3CH_2OH \longrightarrow CO+CH_4+H_2 \qquad \Delta H^{\ominus}=49.8kJ/mol$$

$$CH_3CH_2OH \longrightarrow CO+C+3H_2 \qquad \Delta H^{\ominus}=124.6kJ/mol$$

乙醇水蒸气重整的主要相关反应见表4-5。

表4-5 乙醇水蒸气重整的主要相关反应[67]

相关独立反应	选择性（摩尔分数）/%				
	CH_3CHO	CO_2	CH_4	CO	H_2
①$CH_3CH_2OH+3H_2O \longrightarrow 6H_2+2CO_2$	—	25	—	—	75
②$CH_3CH_2OH+H_2O \longrightarrow 4H_2+2CO$	—	—	—	33.3	66.7
③$CH_3CH_2OH \longrightarrow H_2+CH_3CHO$	50	—	—	—	50
④$CH_3CH_2OH \longrightarrow H_2+CO+CH_4$	—	—	33.3	33.3	33.3
非独立反应					
⑤$CO+H_2O \longrightarrow CO_2+H_2$	—	50	—	—	50
⑥$CH_4+H_2O \longrightarrow CO+3H_2$	—	20	—	—	80
⑦$CO_2+CH_4 \longrightarrow 2CO+2H_2$	—	—	—	50	50
⑧$C_2H_5OH+H_2O \longrightarrow 2H_2+CO_2+CH_4$	—	25	25	—	50
⑨$2C_2H_5OH+3H_2O \longrightarrow 7H_2+2CO_2+CO+CH_4$	—	18.2	9.1	9.1	63.6
⑩$2C_2H_5OH+H_2O \longrightarrow 3H_2+CO_2+CO+2CH_4$	—	14.3	28.6	14.3	42.9

热力学分析表明，提高反应温度和水与乙醇的比例有利于氢的生成，不同金属可以催化上述不同的化学反应，因此选择适合的催化剂是提高氢转化率和选择性的关键。

4.2.3.3 不同活性组分催化剂的研究

在乙醇制氢过程中，选择具有高活性、高选择性、高稳定性的催化剂，将促进反应的进行。乙醇制氢使用的催化剂体系比较有限，近期研究较多的非贵金属有 Ni 系和 Co 系催化剂，而贵金属催化剂因其高活性，也在进一步研究如何有效的利用。

常用的催化剂制备方法有沉淀法、浸渍法、凝胶法等。其中浸渍法利用率高、用量少、成本低，并可用市售的已成形、规格化载体材料，省去了催化剂成形的步骤，也为催化剂提供所需的物理结构特性，是一种简单易行而且经济的方法，广泛用于制备负载型催化剂。

(1) Ni 系催化剂

据文献报道，Ni 有利于乙醇的气化，促进 C—C 键的断裂，增加气态产物含量，降低乙醛、乙酸等氧化产物，并使凝结态产物发生分解，提高对氢气的选择性。而且 Ni 使得催化剂活性温度降低，对甲烷重整和水煤气变换反应都有较高的活性，可以降低产物中的甲烷和 CO 含量。基于以上优点，研究者对 Ni 系乙醇水蒸气重整反应催化剂进行了广泛的研究。

José Comas 等[68]考察了 Ni/γ-Al_2O_3 催化剂对水蒸气重整反应的活性，发现在 573K 时，乙醇完全反应生成 CH_4、CO 和 H_2；673K 和 773K 时乙醇水蒸气重整反应占主导地位；反应接触时间较短时，在生成物中有乙醛、乙烯和一些中间产物。总体看来，在较高温度（773K 以上），较高的 H_2O/EtOH（6∶1），H_2 的选择性能达到 91%，而且加强了甲烷水蒸气反应，限制了炭的沉积。但 CO 的浓度很高，不适合用于燃料电池的使用。

S. Freni 等[69]研究了 Ni/MgO 催化剂对乙醇水蒸气重整反应在燃料电池上的应用。发现 Ni/MgO 催化剂有很好的重整活性，产氢率很高，选择性可达 95%。碱金属的添加有助于调变催化剂的结构，Li 和 Na 的加入增强了 NiO 的还原能力，影响了 Ni/MgO 的分布。而 K 的加入虽然对形态和分布没有显著作用，但降低了金属的烧结，提高了催化剂的活性、稳定性，减少了积炭。稳定性实验也显示在实际应用的条件下催化剂也具有比较高的寿命。可以应用于燃料电池中。

综上，Ni 系催化剂对乙醇水蒸气重整反应有较高的活性。乙醇转化率和 H_2 产率都较高，相对于贵金属催化剂，反应温度较低，是理想的燃料电池用制氢催化剂。但 Ni 系催化剂的选择性不理想，CH_4 和 CO 含量相对较多，甲烷竞争氢原子，而且 Ni 系催化剂极易积炭。如何提高催化剂的选择性和抗积炭性能，进一步降低反应温度，是以后研究的主要方向。

(2) Co 系催化剂

Co 系催化剂以其高选择性引起人们的注意，所以有学者对其在乙醇水蒸气重整反应上进行了研究。F. Haga 等[70]系统研究了不同金属负载在 Al_2O_3 上的催化性能，在 673K 下进行乙醇重整反应，实验结果表明，反应的选择性顺序为：Co 催化剂对乙醇水蒸气重整的反应选择性远远大于 Ni，其他金属的选择性由大到小依次为 Ni＞Rh＞Pt＝Ru＝Cu。而且在 Co/Al_2O_3 催化的乙醇水蒸气重整反应过程中没有 CH_4 的生成[68]。Haga 还研究了 Co 负载在不同载体上的催化性能。他制备了 Co/Al_2O_3、Co/SiO_2、Co/MgO、Co/ZrO_2、Co/C 催化剂，研究结果表明，催化剂的性质受载体的影响很大，其中，Co/Al_2O_3 表现出最高的选择性，这种高选择性通过抑制 CO 的甲烷化和乙醇的分解表现出来[71]。同时 Haga 研究了 Co/Al_2O_3 催化剂的粒子尺寸变化对乙醇重整反应的影响[72]。结果表明：催化剂的选择与 Co 金属在 Al_2O_3 载体上的分散度有关，而且选择性随着分散度的增大而增大。

Marcelo S. Batista 等[73]用浸渍法制备了 Co/Al_2O_3、Co/SiO_2、Co/MgO 催化剂并研究

了它们对乙醇水蒸气重整反应的催化活性和稳定性。通过 X 射线衍射、原子吸收光谱、拉曼光谱和 TPR 等表征手段证明了，在煅烧过程后，Co_3O_4 和 CoO_x 与 Al_2O_3、MgO 载体发生了相互作用，同时证明只有 Co 组分才是乙醇水蒸气重整反应的活性位。所有的催化剂都显示了较高的催化活性；气相产物中 H_2 占 70%，$CO+CO_2+CH_4$ 占 30%。对于 Co/Al_2O_3，由于 Al_2O_3 的酸性活性位使乙醇脱氢产生一定量的乙醛；而 Co/SiO_2 产生高含量的 CH_4；Co/MgO 产生高含量的 CO。这些副产物对反应是不利的。在 8～9h 的反应后，催化剂都显示出一定程度的积炭（14%～24%，质量分数），其中 Co/Al_2O_3 由于酸性位提高了乙醇的裂解，从而产生最大量的积炭。从而可以证明乙醇水蒸气重整反应催化剂的失活主要是由于积炭而引起的。

所以 Co 系催化剂也是具有很高价值的乙醇水蒸气重整反应催化剂，其高活性和高选择性是它的优势，如果能添加一些助剂调变其载体的性质或活性组分与载体的相互作用，使之在低温下获得较高的活性，并克服积炭带来的催化剂失活，提高其稳定性，则必将在燃料电池制氢中占有很重要的位置。

（3）贵金属催化剂

贵金属催化剂应用于乙醇水蒸气重整比较早，其活性和选择性也很高。J. P. Breen 等[74]发现金属负载在 Al_2O_3 上活性顺序为 Rh＞Pd＞Ni＝Pt。而以 CeO_2-ZrO_2 为载体的活性顺序为 Pt≥Rh＞Pd。通过 Al_2O_3、CeO_2-ZrO_2 分别作为载体的比较表明：高温下乙烯的产生并不抑制水蒸气重整反应的进行，而且载体的不同在乙醇水蒸气重整反应中发挥着重要的作用。实验显示 Pt、Rh 相对于 Pd、Ni 具有更高的活性，在 650℃和高空速条件下可以达到 100%的转化率。

Dimitris K. Liguras 等[75]研究了 Ru、Rh、Pt、Pd 负载在 Al_2O_3、MgO、TiO_2 上贵金属催化剂对乙醇水蒸气重整反应的性能，并研究了不同负载量（0～5%，质量分数）对催化性能的影响。发现在低负载量下，Rh 显示出比 Ru、Pt、Pd 更高的活性和氢气选择性。而对于 Ru 催化剂，随着金属负载量的提高，催化活性可以得到明显的增加。5% Ru/Al_2O_3 在 $T=800$℃附近，不仅活性很高，氢气选择性几乎可以达到 100%，而且稳定性试验测试该催化剂在严格的条件下很稳定，可以用于燃料电池制氢。同时，也发现 Ru 负载在 Al_2O_3 比负载在 TiO_2 或 MgO 活性高，Ru/Al_2O_3 在给定的温度下对重整反应选择性高，副产品少。当然催化剂的性能不仅由于载体的作用，还依赖于暴露在表面的 Ru 原子数目。在接触时间较短的条件下，会有一定量的乙烯生成。

4.2.3.4 乙醇重整制氢用于燃料电池

燃料电池是错位开发利用氢能的发电装置，可以使用不同的燃料。按燃料的来源，燃料电池可分为 3 类：第 1 类是直接式燃料电池，即其燃料直接用氢气或轻醇类；第 2 类是间接式燃料电池，其燃料不是直接用氢，而是通过某种方法（如重整转化）将轻醇、天然气、汽油等化合物转变为氢（或氢的混合物）后再供给燃料电池发电；第 3 类是再生式燃料电池，它是指把燃料电池反应生成的水，经过电解分解成氢和氧，再将氢和氧输入燃料电池发电。间接式燃料电池用于车载动力源和地面电站，以及直接式醇类燃料电池用于便携用电器是当前燃料电池技术的研究热点。

与燃料电池的其他燃料相比，乙醇具有独特的优点：第一，从原料来源看，乙醇可以从自然界中直接获取，如通过谷物和糖类的发酵制取，或以秸秆类木质纤维素为原料经预处理、糖化、发酵而得，并且生产技术成熟。乙醇是当前生产规模最大、替代石油最多的可再生燃料，2016 年全球燃料乙醇产量 7975 万吨[76]，因此，化石资源耗尽后，仍可利用地球表面植被和农作物获得乙醇作为燃料，开发使用氢能。第二，乙醇在存储和处理上的安全性，乙醇常温常压下为液态，还可处理成固态，利于存储和运输；乙醇毒性低，使其在处理和使用上安全性提高。第三，乙醇在催化剂上具有热扩散性，在高活性的催化剂上，乙醇重整能在低温范围发生，降低了成本。第四，乙醇的能量密度明显高于甲醇和氢气，便于在车上携带。第五，以乙醇水溶液为原料制氢可以利用现有的加油站设施，而不必像插电式电动车、氢燃料电池汽车一样要重新建立基础设施，更具现实性、可行性。间接式乙醇燃料电池电动车与插电式电动车、氢燃料电池汽车的比较如表 4-6 所示。

表4-6 纯电动车、氢燃料电池汽车、间接式乙醇燃料电池汽车对比

项目 \ 汽车类型	纯电动汽车	氢燃料电池汽车	间接式乙醇燃料电池汽车
能量密度	能量密度低，续航里程短，电能需要以化学能的方式存储在电池中（如锂电池），10kg 电池存储 2kW · h 电能	相比电动车型，燃料电池车型的续航里程长，量产车型的续航能力都在 500km 以上	加注一次满足全天续航动力,制氢系统仅有一个反应装置，释放电能取决于乙醇量，1kg 乙醇可产生 3kW · h 电能
基础设施	充电桩配套成本高昂，基础设施建设困难。 10 个直流充电机电站 440 万元，由于充电时间长，能补给车数量仅为普通加油站的 1/20～1/10	除需储氢罐、电动机、燃料电池外，仍需搭载一块储能电池；同时需投入大量资金建设需高压的加氢站，难度大，且成本高	充分利用现有加油基础设施，仅将传统加油机的加注枪换为乙醇加注枪，成本只需要 10 万元，成本低、易于实现
加注燃料（充电）时间	充电时间长，快充模式下充满需约 1h，充电时间太长，给消费者造成不便	加注氢气的过程快速便捷，专用的加氢设备需 3～7min 即可充满氢原料	加注方式如同加油，方便快捷，仅需 3min
燃料来源	目前煤电占主导地位，可再生发电比例甚低	氢源主要来自石化炼厂	乙醇来自生物质，可再生，CO_2 净排放为“零”

4.2.3.5 乙醇的可供给性

以玉米、甘蔗为原料生产的乙醇被称为第一代生物燃料，目前美国玉米乙醇 4560 万吨，巴西甘蔗乙醇 2189 万吨，我国以玉米为主年产 253 万吨乙醇，三个国家占乙醇产量的 87.8%。但受种植区域限制，玉米和甘蔗不能满足市场对燃料乙醇的需求，再扩大生产能力就会影响粮食安全。因此，人类积极开发利用秸秆等木质纤维素生产的第 2 代生物燃料——纤维素乙醇。由于以秸秆类木质纤维素为原料的纤维素乙醇尚不能商业化生产，成本比玉米乙醇几乎高 1 倍[77,78]。因此，耐贫瘠、种植范围广、生物量大、生长周期短、气候适应强的甜高粱被公认为是乙醇生产的首选原料[78]，甜高粱米作粮食及酿酒用，秆则用来生产乙醇，既不影响粮食安全，又能利用边际土地。美国、巴西已开始用甜高粱作为乙醇生产补充原料[79]，Monsanto、Chromatin、NexSteppe 等公司都在积极研发高糖含量的甜高粱品种[80,81]。清华大学开发出国际领先的连续固体发酵技术[82]，采用世界上规模最大的连续固体生物反应器（55m×3.6m）于 2015 年在山东东营试车成功：平均 16t 鲜甜高粱秆可产 1t 燃料乙醇，仅耗电 432kW·h；酒糟与青贮玉米营养成分相当，喂养肉牛日增重 1.08kg，无废水排放；燃料乙醇成本仅 4185 元/t（鲜秆收购价格 250 元/t)。这项技术显著提升了甜高粱的经济价值，生产乙醇后的酒糟除了作为牛羊饲料外，还可以有经济竞争性地生产纤维素乙醇、盐碱地改良剂、机械法制浆造瓦楞纸，使甜高粱秆得到充分利用，乙醇能与 50 美元/桶油价竞争。我国计划调减种植玉米 5000 万亩耕地、开发 18 亿亩耕地以外 5 亿亩盐碱

荒地、治理被重金属污染的2.88亿亩农田，种植甜高粱生产粮食、饲料和燃料乙醇、电力，不仅能满足间接式乙醇燃料电池对乙醇的需求，还可使雾霾、重金属污染耕地、扶贫、减少石油进口等诸多问题迎刃而解。

4.2.3.6 展望

以目前全球对石油消耗的速度来看，地球的石油储量正急剧减少，煤炭的储量也有一定的期限，化石能源终将枯竭，使氢能的开发表现出光明的前景。燃料电池是把氢能转化为电能的一种发电装置，目前在燃料电池氢气来源的四种基本方式（电解水、气化、重油的部分氧化和醇类重整反应）中，醇类燃料由于其独特的优点而备受关注，但甲醇的毒性和不可再生性，使乙醇作为无毒和可再生能源呈现出更突出的优势，并且新的乙醇制氢技术也不断出现，如低能脉冲放电常温水相乙醇制氢[83]，Au/TiO_2 纳米光合催化乙醇水溶液制氢等，将使乙醇制氢技术更加经济、可行。

我国是农业大国，各种用于发酵或降解制备乙醇的生物质原料（如秸秆、麦麸等）较为充足，特别是利用盐碱地和重金属污染耕地种植甜高粱生产乙醇，可有“一举多得”的效果，更能充分满足乙醇市场需求；同时，我国稀土储量丰富，乙醇重整催化剂的原料供应也比较充足。因此，乙醇重整燃料电池在我国具有很大的发展潜力，用46%乙醇水溶液作为汽车燃料即将成为现实。

4.3 风能制氢

4.3.1 风电制氢

风能是指地球表面大量空气流动所产生的动能。全球的风能约为2.74×10^9MW，其中可利用的风能为2×10^7MW，为地球上可开发利用的水能总量的10倍。

中国10m高度层的风能资源总储量为43.5亿千瓦，其中实际可开发利用的风能资源储量为2.5亿千瓦。另外，海上10m高度可开发和利用的风能储量约为7.5亿千瓦。全国10m高度可开发和利用的风能储量超过10亿千瓦，仅次于美国、俄罗斯，居世界第3位。陆上风能资源丰富的地区主要分布在“三北”地区（东北、华北、西北）、东南沿海及附近岛屿[84]。

德国物理学家阿尔伯特·贝茨（Albert Betz）在1919年确定风力发电的理论效率为16/27，即59.3%，这就是著名的贝茨理论。实际的发电效率更低，与风力发电机的参数、运行模式都有关系。

由于风速并非常数，风力发电整年的发电量不等于风机标示的发电率乘上所有的运转时间（一年内）。实际产生的值与理论值（最大值）称为容量因子。安装良好的风力发电机，其容量因子可达35%，这样，标示1000kW的风力发电机，每年可发的电量最多到350kW。

丹麦物理学家Poul La Cour（1846—1908）是世界上第一个利用风力制氢的人。1891年他建造了一台30kW左右的具有现代意义的风力发电机组，发出直流电并用于制氢，氢气储存在一个12m^3的容器中。该项目得到丹麦政府资助。他原先设想用氢气开车，由于内燃机没有制造成功，他就用氢气点燃他所教学的中学（Askov Folk High School）的灯[85]。

正在德国首都柏林以北120km的勃兰登堡州普伦茨劳推进的普伦茨劳风力氢项目拥有共计6MW风力发电设备，平时将生成的电力输入电网。在夜间电力需求较小，以及电力出现剩余时，则会对水进行电解制造氢，然后将氢存储到储氢罐中。储藏的氢根据需要，与甲烷等可燃性气体（生物燃气）混合，然后供应给热电联产系统。而利用热电联产系统生产的电力供应给电力系统网，其废热则销售给地区供热系统。部分氢还将供应给位于柏林市内等的燃料电池车（FCV）及氢燃料汽车专用加氢站等[86]。

4.3.2 风-氢能源系统（WHHES）介绍

4.3.2.1 风-氢能源系统（WHHES）的原理及构成

WHHES的构成如图4-10所示，主要包括风力发电机组、电解槽、氢气储罐、燃料电池、电网等。其主要思路是：风力发电机组发出的电可以分别送至电网和电解槽，根据不同的生产需要来决定是供电还是生产氢气。

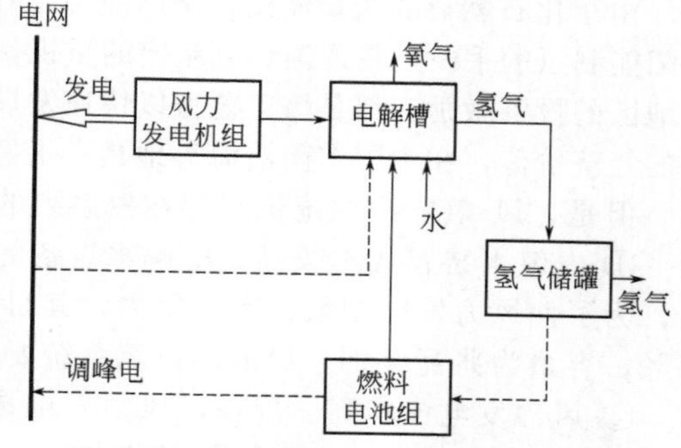

图4-10 风-氢能源系统（WHHES）

根据WHHES与电网的连接情况，可将其分为离网系统和并网系统两类。

离网系统中，风力发电全部或部分用于制氢，一般用于远距离电网，且风资源较好的偏远地区，规模较小。其目的主要是满足局部地区的能源需求，或仅仅为了制取氢气。具体操作时，有风时采用风力机组供电，同时电解水制氢并储存，无风时采用氢燃料电池发电。或者所有的风能全部转化成氢能后外销。但是，离网系统尚处在理论研究阶段，M. T. Iqbal等通过建模仿真的方法，初步研究了该系统的动态特性[87]，而S. Kelouwani等则对系统中各个部件建模，进行了较为详细的研究[88]。同时，还有一系列研究比较了该系统的供电稳定性和经济性等方面。总的来说，该系统由于远离电网，难以为电解槽供应稳定的电压和电流输入，操作起来比较困难，仍然没有得到工业上的应用。

从现在的情况看，并网系统是一种比较容易实现的风-氢能源系统，对于并网系统，有两种可能的操作方式：

① 风力发电机组首要保证向电网供电。即当风力充足时，将部分电能用于制氢并储存，而当风能不足，风力发电机组不能满足电网需要时，采用燃料电池燃烧氢能，发电供给电网。同时，制氢系统同时承担着调峰的作用。该操作方式相对独立，能够满足小型能源循环系统的应用，但是比较复杂，运行成本和操作成本都比较高。

② 风力发电系统中不包括燃料电池组。电网和电解池互相起到调峰的作用。当系统以供电为主要目的时，电解池起调峰作用；而当系统以电解制氢为主要目的时，电网起调峰作用。这种系统比较简单，但是具有比较强的电网依赖性。

现在，德国应用科技大学运行着一个由100台风机和20台电解槽组成的实验性风-氢能源系统。目前，该系统属于并网型风氢能源系统，但是研究的方向是离网型的风氢能源系统；而在阿根廷正在建造一个并网型风-氢能源系统，它将作为一个示范工程，作为一个研究和教育的基地，目前有600台风机。第一阶段将有5台电解槽在稳定的电量下工作，并且有5个燃料电池作为氢气和氧气的储存系统。而一个大型的并网型的风-氢能源系统正在由英国风氢系统有限公司和ACME共同建造。其目标是发展90MW的风-氢能源系统，这将提供苏格兰设得兰群岛100%的电力需求[89]。该地区风氢能源系统的发展将成为风氢能源满足人们能源消费需求的范例。

4.3.2.2 优势及困难分析

以WHHES为代表的风氢系统，为风电提供了一条非常有效的应用途径，同时提供了一条可行的区域化制氢方案。该系统可以为风力发电提供较为平稳的输出，使风电能够更好地并入电网，提高风力发电在电网中的比重，减少宝贵的化石能源的消耗。同时，该系统可以得到大量纯净的氢气，为工业和能源提供环保，绿色的氢气供应。同时，注意到电解池和风力发电机可以共用一套电力电子装置来进行，节省系统投资。

与此同时，由于风氢系统中副产大量的氧，且纯度很高，可以广泛应用于医疗、冶炼、铸造、切割、水产等领域。大概氧的价格在 19 美元/t。考虑到出售纯氧带来的收益，混合系统的经济性有所提高。

由于化石燃料的大量使用，全球能源正在出现匮乏现象，所以采用可再生能源例如风能，太阳能制氢的手段正在逐渐得到政府的重视，其政策也可以预计地向该领域偏斜。同时，来自各地区的投资激励，都是该工艺得以快速发展的保证。特别是风电-氢能-海水淡化系统具有较好的经济价值，在中国东南沿海等地具有很好的应用前景，已经得到了政策的关注。

但是，风-氢能源系统仍然存在一系列的问题，大概包括以下几个方面。

① 电解水装置成本较高。电解水设备的投资价格大概在 1000～2500 美元/kW，研究表明，为了使风力发电制氢具有竞争力，其目标是发电成本价格低于 400 美元/kW，效率高于 75%，容量为兆瓦级别。目前的风氢系统要想达到这个标准还需要进一步的探索和突破。

② 风力发电成本高。现在，风力发电成本大概在 0.04～0.05 美元/(kW·h)，而研究认为，当降到 0.02～0.03 美元/(kW·h)，系统经济上才能是可行的。

可见，制约该系统发展的主要瓶颈是制氢成本和氢能的应用问题。所以，大力开拓氢能的市场，提高氢的需求量，对于风-氢能源系统的发展也非常重要。

4.3.3 应用范例

我国风资源丰富，特别是“三北”地区和东南沿海地区，大量的风电场已经建立了起来，但是基于风-氢能源系统的区域性能源系统还在规划之中。但是，甘肃酒泉、东南沿海、大连、曹妃甸等地区已经开始规划开发基于风-氢能源系统的区域性能源或海水淡化基地。准备利用东南沿海的丰富风能资源和海水资源，采用风电电解海水，得到的氢气用于燃烧发电，同时回收氢燃烧后的水，净化后用于工业和民用。其流程如图 4-11所示。

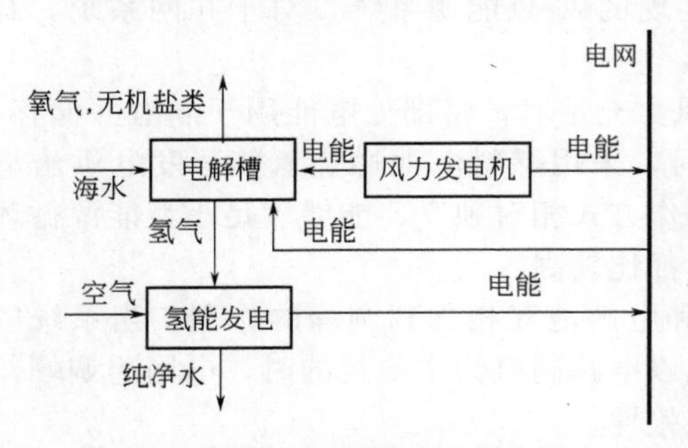

图 4-11　基于风-氢能源系统的海水淡化与发电系统示意图

该系统属于 WHHES 中并网系统中的保证电解水装置稳态运行的类型。其特点主要是将 WHHES 进行了改造，因为在原 WHHES 的规划中，电网起调峰作用，但是由于氢能发电的电能送回电网，补偿了调峰带来的电能损耗，实现了系统内向电网净输出能量的目标。同时，该系统的另外一项重要作用是海水淡化过程。沿海城市虽然拥有大量的水资源，但其可利用的却极少，所以海水淡化对于沿海城市意义重大。而现在的海水淡化系统仍然非常昂贵，且具有很高的操作成本。而对于风-氢能源系统，并不需要在此基础上加入更多的成本即可实现海水淡化的目标。与此同时，海水能够使风-氢能源系统副产更多的无机盐类，更好的平衡了该系统的成本。据评估，该系统不仅能够盈利，且拥有非常好的节能减排效果。可能带来的节能减排效果如表 4-7 所示。

进一步地，如果将海水换成污水，则该系统可以应用于污水的净化和回收，对于内陆缺水地区也有很好的现实意义和环境意义，对于可持续发展和循环经济都是大有益处的。

表4-7 中国非并网风电-海水淡化制氢发展目标[90]

区域	海水淡化制氢基地	规模/(万立方米/d)	实现节能目标原煤/(万吨/a)	直接经济效益目标/(亿元/a)	实现减排目标CO_2/(万吨/a)
东北	大连	80	61.90	8.41	116.80
华北	天津、曹妃甸	200	154.76	21.02	292.00
华东	盐城、上海、舟山	180	139.28	18.92	262.80
华南	湛江、深圳	140	108.33	14.72	204.40
总计		600	464.27	63.07	876.00

4.3.4 吉林省长岭县龙凤湖20万千瓦风电制氢及HCNG示范项目介绍

4.3.4.1 项目任务

本示范项目是国家能源局批准的吉林省长岭县龙凤湖20万千瓦风电场及相配套的制氢示范项目工程。

4.3.4.2 建设地点及规模

吉林省松原市长岭县位于吉林省西部，松原市西南部，东与农安县接壤，南与公主岭市、双辽市交界，西与内蒙古科尔沁左翼中旗毗邻，北与通榆、乾安、前郭尔罗斯蒙古族自治县为邻，长岭县城距长春市约120km，距松原市约130km，距通榆县约120km，距农安县约132km。长岭区位优越，交通便捷，资源丰富，基础设施完备，服务功能齐全。通让、平让铁路在境内的太平川站交汇，国道203和省道长白西线在县内交叉通过。境内油路达到了708km，实现了“乡乡通油路”的建设目标，全县已经形成了四通八达的公路网络。交通运输可直接达到制氢站场区内，满足施工、使用、检修等方面的要求。

本示范项目是利用龙凤湖20万千瓦风电场的弃风电力配套建设的风电制氢及HCNG示范项目，结合近年来长岭县风电场的实际弃风电力情况，确定第一期配套装设1套$300m^3/h$的水电解制氢装置。第二期根据情况扩大，使得水电解制氢装置的最大用电负荷为10MW，占龙凤湖风电场20万千瓦容量最大功率的5%。

本示范项目的制氢站所产生的氢气在制氢站区域内进入混氢站按照设定的比例与天然气混合后通过加气机本地销售，也可以通过专用的长管拖车外运销售，制氢站对外销售的产品是氢气、车用天然气、氢气与天然气相混合的车用HCNG；制氢过程的副产物氧气灌装成瓶外销。

4.3.4.3 风电制氢系统总体方案设计及弃风电力利用

（1）电力制氢工艺选择

碱性水电解制氢技术成熟、可靠性高、运行稳定、操作简便，我国于20世纪50年代就研制成功第一代水电解槽，经多年改进，现今的水电解工艺和设备已很成熟，一些技术指标已达到或接近国际先进水平。现有的水电解制氢装置可实现无人值守全自动操作，并可随用氢量的变化实现负荷的自动调节，具有很好的适应性，投资最低。故本示范项目选定了碱性水电解制氢的方法。

整个电解槽设置在一个承压壳内，这样就可以直接产生高压的氢气和氧气。各个电解小室电解产生的氢气和氧气分别汇总到氢气总管和氧气总管引出。

电解槽设计的工作压力为3.0MPa，温度为（85±5）℃。运行时，通过监控冷却水循环系统使电解槽温度保持在90℃以下；通过监控氢、氧气的循环系统使电解槽的压力控制在3.0MPa规定值范围内；控制电解液循环量保持在正常值。

（2）混氢系统设计

主要设计原则是严格遵循国家有关法规、规范和现行标准，做到技术先进、经济合理、安全适用、便于管理。本示范项目通过管输的天然气和风电产生的氢气混合后建成每日生产4万立方米混氢天然气（HCNG）。本示范项目所用的天然气来自当地管道，气源有保障，稳定可靠。氢气来自风电制氢，是可再生氢气。天然气气质达国家二类气质标准，同时达到《车用压缩天然气》（GB 18047—2000）的气质要求，氢气纯度＞99.5%，CO含量＜1×10^{-6}。

混气加气站工艺流程：天然气主干管来的压力约2.5～4.0MPa的原料天然气进站、脱水后，与站内风电制成的氢气分别进入混气橇，按氢气∶天然气＝2∶8进入混气橇混合，然后进入缓冲罐，再进入压缩机压缩，经压缩后的混合气压力约为25MPa，加臭后，进入高、中、低压三组储气罐储存，最后经加气机或加气柱向汽车或槽车加气，HCNG供气规模为4万立方米/d。车用纯天然气，纯氢气也都可以经专门加气机或加气柱向汽车或槽车加气向外销售。

（3）弃风电力的利用及氢气在本地市场的消纳

利用风力发电的弃风电力进行水电解制氢，是用来调节风电的间歇性、波动性的一种储能技术方案，将提高风电场效率。确定第一期配套装设1套300m^3/h的水电解制氢装置。第二期根据情况扩大，使得水电解制氢装置的最大用电负荷为10MW，为龙凤湖风电场20万千瓦容量的5%，这么低的负载，有助于电解制氢设备有效利用率的提高，有利于降低制氢成本。电解槽由相互串联的平行极板组成，控制和调节系统设计，可使碱性水电解槽及整个制氢装置在供电功率50%～100%变化范围内正常运行，氢气产率随功率高低而变化，就使得总的氢气产率可在25%～100%范围内调节，即氢气产率和制氢装置的用电负荷可在25%～100%范围内调节，用于跟踪风能的波动性和间歇性。

碱性水电解制氢技术是目前较为成熟的高性价比的水电解技术，生产每立方米氢气的耗电量为4.5kW·h，具有67%的转换效率。本示范项目工程的成功运行，将为利用弃风电力制氢提供工程经验，为大规模利用弃风电力开辟新的途径，从而提高风电的利用率和效率。利用龙凤湖20万千瓦风电场的弃风电力制氢，每年可以回收风电场弃风电量约2640万千瓦·时，按照风电场年等效利用小时数1800h计算，约占龙凤湖20万千瓦风电场弃风电量的25.38%，可以增加风电场的等效利用小时数132h。

另据统计，在长岭县县城内现有各类燃用CNG车辆5000余辆，其中出租车约4000量，私家车约1000辆，考虑到这些车辆的使用同时率约为70%，平均每辆车日耗CNG量按照15m^3计算，这样整个长岭县城内每日耗用CNG量约为52500m^3。如果按照在CNG中掺入20%的氢气成为HCNG，则每日最大可以消纳氢气约为10500m^3，而本示范项目利用弃风电力制氢日平均产量约为16000m^3，绝大部分可以实现在本地消纳，多余产量通过长管拖车运至周边市（县）消纳，作为CNG的添加燃料制成HCNG供车辆燃用。本示范的车用纯天然气，纯氢气也都可以后经专门加气机或加气柱向汽车或槽车加气向外销售。

（4）投资概况

龙凤湖20万千瓦风电场及10MW风电制氢工程的投资概算为静态投资150798.23万元。

（5）项目进展

项目进展为2014年底获国际能源局批准，2015年确定场址，2016年开始设备制造和安装招标，计划 2017 年年底完成。

4.4 海洋能制氢

海洋能，泛指蕴藏在海水中的可再生能源，海洋通过各种物理过程接收、储存和散发能量，这些能量以潮汐、波浪、温度差、盐度梯度、海流等形式存在于海洋之中。海洋能是可持续利用的地球内部的一种低品位清洁能源。海洋能包括潮汐能、波浪能、海流及潮流能、海洋温差能和海洋盐度差能和海草燃料等，其中，潮汐能、波浪能、潮流能等是不稳定的，而海水温差能、海洋盐度差能和地热能一样，是稳定的能源。有专家估计，全世界海洋能的蕴藏量为 780 多亿千瓦，其中波浪能 700 亿千瓦，潮汐能 30 亿千瓦，温度差能 20 亿千瓦，海流能 10 亿千瓦，盐度差能 10 亿千瓦[91]。

4.4.1 潮汐能

潮汐能是最早被人们认识并利用的。一千多年前的唐朝，我国沿海居民就利用潮力碾谷子。11 世纪的欧洲西海岸的潮汐磨房已经出现，并被带到美洲新大陆。1600 年法国人在加拿大东海岸建起美洲第一个潮汐磨。在英国萨福尔克至今还保留着一个 12 世纪的潮汐磨，还在碾谷子供游客参观。20 世纪 50 年代中期，在我国沿海出现潮汐能利用高潮，兴建了 40 多座小型潮汐电站和一些水轮泵站。由于种种原因，保留下来的只有浙江省沙山 40kW 潮汐电站[92]。

浙江乐清湾内的江厦港电站是中国最大的潮汐发电站，也是世界上第三大潮汐发电站，80 年代以来获得较快发展，航标灯浮用微型潮汐发电装置已趋向于商品化，与日本合作研制的后弯管型浮标发电装置，已向国外出口，该技术达到国际领先水平。在珠江口大万山岛上研建的岸边固定式波力电站，第一台装机容量 3kW 的装置，1990 年已试发电成功。

4.4.2 波浪能

波能装置的专利可追溯到 1799 年，日本人益田先生，于 1965 年率先将他发明的微型航标灯用波力发电装置商品化。

波浪能发电是继潮汐发电之后，发展最快的一种海洋能源的利用形式。波浪能发电是发明家的乐园。各式各样、林林总总的发电装置令人眼花缭乱。到目前为止，世界上已有日本、英国、爱尔兰、挪威、西班牙、葡萄牙、瑞典、丹麦、印度、美国和中国等国家和地区在海上研建了波浪能发电装置，漂浮在海面上或固定在海岸边。

大致可分为浮动式和固定式两大类，由于海洋工程的难度及波浪能的不稳定性，所以工程的寿命都有限。

4.4.3 温度差能

一百多年以前人们就知道利用海洋温差发电的概念。1881 年，法国物理学家阿松瓦尔发表《太阳海洋能》的论文，提出利用表面温海水与下面冷海水的温差使热机做功。1930 年，另一位法国科学家克劳德在古巴建了一座岸式开式循环发电装置，功率 22kW，尽管发出的电小于运行所消耗的电，但是这项尝试证明海洋温差可以发电。

海洋热能转换技术（OTEC）美国 50kW MINI-OTEC 号海水温差发电船，由驳船改装，锚泊在夏威夷附近海面，采用闭式循环，工质是氨，冷水管长 663m，冷水管外径约 60cm，利用深层海水与表面海水约 21～23℃的温差发电。1979 年 8 月开始连续 3 个 500h

发电，发电机发出 50kW 的电力，大部分用于水泵抽水，净出力为 12～15kW。从深海里抽出的水营养丰富，在实验船周围引来很多鱼类，这是海洋热能利用的历史性的发展。随后，美国在夏威夷的大岛建了一个自然能源实验室，为在该岛建 40MW 大型海水温差发电站做准备，在热交换器、电力传输、抽取冷水（深水管道）、防腐和防污方面取得重大进展。计划采用开式循环发电系统，在发电过程副产淡水。夏威夷大学积极参与这项计划。

瑙鲁海水温差发电站是日本“阳光计划”，1973 年选定在太平洋赤道附近的瑙鲁共和国建 25MW 温差电站，1981 年 10 月完成 100kW 实验电站。该电站建在岸上，将内径 70cm、长 940m 的冷水管沿海床铺设到 550m 深海中。最大发电量为 120kW，获得 31.5kW 的净出力。

2013 年，美国洛克希德·马丁公司将该技术带到中国，与有关公司合作准备在中国南海建设一座 10MW 的 OTEC 电站，用电站的电电解海水制氢，输送到陆地。2013 年 12 月，第二十四届中美商贸会举行。中美双方十六家企业在高新技术、食品等领域签约。华彬集团与美国企业签署了联合开发海洋温差发电项目。华彬集团副总裁刘少华、品牌总监穆斯塔法与洛克希德·马丁公司代表签约[93]。

我国温差能发电研究始于 20 世纪 80 年代初，国家海洋局第一海洋研究所在“十一五”期间重点开展了闭式海洋温差能利用的研究，完成了海洋温差能闭式循环的理论研究工作，并完成了 250W 小型温差能发电利用装置的方案设计[94]。

4.4.4 海流能

现代人形象地把海流和潮流发电装置比喻成水下风车。我国舟山群岛的潮流速度一般为 3～4kn（节，1kn＝0.514m/s），最大可达 7kn（3.6m/s），为世人瞩目。农民企业家何世钧先生，从小感受发生在自己家门口的潮流所蕴藏的能量，1987 年他将自制的螺旋桨安装在小船上，在潮流的推动下，液压传动装置带动发电机发电，最大输出功率达 5.6kW。

4.4.5 海洋盐度差能

盐度差能是指海水和淡水之间或两种含盐浓度不同的海水之间的化学电位差能。主要存在于河海交接处。同时，淡水丰富地区的盐湖和地下盐矿也可以利用盐度差能。

盐度差能是海洋能中能量密度最大的一种可再生能源。通常，海水（3.5%盐度）和河水之间的化学电位差有相当于 240m 水头差的能量密度，这种位差可以利用半渗透膜（水能通过，盐不能通过）在盐水和淡水交接处实现。从理论上讲，如果这个压力差能利用起来，从河流流入海中的每立方英尺（$1ft^3=0.0283168m^3$）的淡水可发 0.65kW·h 的电。一条流量为 $1m^3/s$ 的河流的发电输出功率可达 2340kW，非常吸引人。从原理上来说，可通过淡水流经一个半渗透膜后再进入一个盐水池的方法来开发这种理论上的水头。

全世界海洋盐差能的理论估算值为 10 亿千瓦量级，我国的盐度差能估计为 1.1 亿千瓦，主要集中在各大江河的出海处。同时，我国青海省等地还有不少内陆盐湖可以利用。盐度差能的利用主要是发电。

所用发电装置有多种，这里以水压塔渗透压系统为例，加以说明。

水压塔渗透压系统主要由水压塔、半透膜、海水泵、水轮机-发电机组等组成。其中水压塔与淡水间由半透膜隔开，而塔与海水之间通过水泵连通。系统的工作过程如下：先由海水泵向水压塔内充入海水，同时，由于渗透压的作用，淡水从半透膜向水压塔内渗透，使水压塔内水位上升，当塔内水位上升到一定高度后，便从塔顶溢出，冲击水轮机旋转，带动发电机发电。为了使水压塔内的海水保持一定的盐度，必须用海水泵不断地向塔内泵入海水，以实现系统连续地工作。估算全系统的总效率约为20%。

但是建设成本非常高，有文献估计发电成本高达10～14美元/(kW·h)。所以，再很长的时期内，没有应用的可能。

4.4.6 海草燃料

海草燃料是指海中的生物质，如海藻、海带等。其利用于制氢与用陆地的生物质制氢相同，请参阅本书有关章节。

4.4.7 海洋能制氢前景

由于海洋能的种类较多。故海洋能有较稳定与不稳定能源之分。温度差能、盐度差能和海流能为较稳定的能源。潮汐能与潮流能为不稳定但有规律的能源，人们根据潮汐、潮流变化规律，编制出各地逐日逐时的潮汐与潮流预报，潮汐电站与潮流电站可根据预报表安排发电运行。波浪能是没有规律的不稳定海洋能。

中国的海域储存潮汐能1.1亿千瓦，潮流能1200万千瓦，海流能2000万千瓦，波浪能1.5亿千瓦[95]。

从目前的技术发展水平来看，潮汐能发电技术最为成熟，已经达到了商业开发阶段，已建成的法国朗斯电站、加拿大安纳波利斯电站、中国江厦电站均已运行多年；波浪能和潮流能还处在技术攻关阶段，多个国家的工程师建造了多种波浪能和潮流能装置，试图改进技术，逐渐将技术推向实用；温差能处于研究初期，美国洛克希德·马丁公司在夏威夷建造了一座温差能电站，2013年已经有有关公司签约，将在中国南海建造一座10MW的温差电站，再利用电解水技术将制得的氢气输送给用户[96]。在2013年9月上海第5届世界氢能技术大会上，洛克希德·马丁公司展示了他们的海水温差能发电模型。

海洋能的应用前景光明，但是离商业化的路还很长很长。

4.5 水力能制氢

4.5.1 水力能资源

利用水电不会减耗有限的化石燃料，为后代留下了自然资源，因水电项目的建设成本通常能在10～20年内收回，所以还形成了长久的、维护费用低廉的电力资源遗产，因此，水电项目真正地促进了当代和未来几代人之间的公正合理关系。水电项目不会产生由于燃烧化石燃料而排放的温室气体和酸性气体，有助于稳定全球气候环境，减少酸雨等自然灾害；有利于减少气候变化对人类造成的广泛的潜在影响。

据初步普查结果，全国水力能资源理论蕴藏量为6.76亿千瓦，多年平均发电量为5.92万亿千瓦·时，可开发水能资源为3.78亿千瓦，多年平均发电量1.92万亿千瓦·时，占全世界可开发水力能资源总量为16.7%，水力能资源蕴藏量和可开发量均居世界首位。水电资源在我国能源结构中占有重要的地位，经济可开发水电能源折合507亿吨标准煤，是中国现有能源中唯一可以大规模开发的可再生能源。

4.5.2 水力能发电制氢

我国大陆第一座水力发电站——石龙坝水电站是1908年（清光绪三十四年）由昆明商人招募商股、集资筹建的。电站于1910年开工，1912年完成两台240kW水轮发电机组安装并开始发电，后经过7次扩建，于1958年达到6000kW装机容量。至今，石龙坝水电站仍在运行，这也是世界上较早修建的水电站之一。目前，我国在优先发展大江大河的基础上，形成了金沙江、雅砻江、大渡河、乌江、怒江、黄河上游等十三大水电基地，占全国装机容量60%的十三大水电基地汇集了诸如三峡、葛洲坝、溪洛渡、向家坝、二滩、龙羊峡等一大批国家重点工程项目，推进了我国水力资源的开发和合理利用。

由于水库库容有限，丰水期容纳不了，根据需要调整库容时的放水和电网不能接纳等原因，存在较大的“弃水”。这部分“弃水”量，没有明确的说法。但从不完全的报道中，可见其量是相当大的。据报道，由于电网不能接纳，2013年，云南240亿千瓦·时电随水而弃[97]。无独有偶，四川省能源局的一位官员亦撰文称，据四川省电力公司预测，2013年四川省统调水电丰水期富余电量将达到100亿千瓦时以上。如不能有效地消纳，有可能出现水电大量“弃水”问题[98]。加上众多的小水电，这样估计，全国有数百亿千瓦时的水电没有利用。

20世纪二滩水电站“弃水”现象曾引发广泛关注。然而几十年过去了，类似的“弃水”现象仍然存在，并且有扩大趋势。实际上，与其等待、抱怨，不如集思广益，另辟蹊径。如用“弃水”的电来制氢，用4.5kW·h的电，换取$1m^3$的氢气，实质上是将能量储存起来，也算一条现实的解决途径。

4.5.3 水力能制氢优势

水电本身是清洁的、可再生能源，用来制出本身就是清洁的氢，正是“清上加清”，格外清洁。这对消除来势汹汹的PM2.5是一剂良药。

小水电制氢与基地用氢结合起来，是完美的分布式储能，能源网络的模式。第三次工业革命不正是提倡能源网络化吗?

4.6 地热能制氢

地热发电已经有100年以上的历史。

地热能是可持续利用的地球内部的一种低品位清洁能源，相对于风能、太阳能等随时间变化的不稳定性，地热能具有不随时间变化的稳定性的优势。

意大利拉德瑞罗于1904年使用成功地热发电，利用天然地热蒸汽发电，点燃5个灯泡。1913年11月13日250kW的热站发电，是世界首座地热发电站。2012年底，全世界装机容量11189.7MW。美国、菲律宾、印度尼西亚、墨西哥、意大利分别以地热发电装机容量3129.3MW、1904.1MW、1197.3MW、989.5MW和834MW占前五位。我国总装机总量为27.8MW。名列世界第18位。据报道，2015年全国地热发电装机达100MW[99]。

地热发电的前沿研究干热岩发电模式，现称为工程型地热系统（EGS)。其发电原理为打两口深斜井，从其中一口井中将冷水注入到干热岩体中加热成蒸汽状态，从另一口井中抽取出热蒸汽。目前，世界最大规模的EGS是德国的兰道（3MW）和印希姆（5MW）两个电站，年运行超过8200h，发电利用率高达94%。但迄今为止，EGS并无大规模应用[100]。

参 考 文 献

[1] http://news. cnfol. com/061116/101，1277，2425327，00. shtml.

[2] Fujishima A，Honda K. Electrochemical Photolysis of water at a semiconductor electrode [J]. Nature，1972，238 (5358)：37.

[3] Pal B，Sharon M. Enhanced photocatalytic activity of highly porous ZnO thin films prepared by sol-gel process [J].

Mater Chem Phys, 2002, 76 (1): 82-87.

[4] Bessekhouad Y, Trari M, Doumerc J P. $CuMnO_2$, a novel hydrogen photoevolution catalyst [J]. Int J Hydrog Energy, 2003, 28 (1): 43-48.

[5] Bessekhouad Y, Mohammedi M, Trari M. Hydrogen photoproduction from hydrogen sulfide on Bi_2S_3 catalyst [J]. Sol Energy Mater Sol Cells, 2002, 73 (3): 339-350.

[6] Lei Z B, You W S, Liu M Y, et al. Photocatalytic water reduction under visible light on a novel $ZnIn_2S_4$ catalyst synthesized by hydrothermal method [J]. Chem Commun, 2003, (17): 2142-2143.

[7] Alstrum-Acevedo J H, Brennaman M K, Meyer T J. Chemical approaches to artificial photosynthesis. 2 [J]. Inorg Chem, 2005, 44 (20): 6802-6827.

[8] Kato H, Asakura K, Kudo A. Highly efficient water splitting into H-2 and O-2 over lanthanum-doped $NaTaO_3$ photocatalysts with high crystallinity and surface nanostructure [J]. J Am Chem Soc, 2003, 125 (10): 3082-3089.

[9] Lingling W, Jihuai W, Miaoliang H, et al. Synthesis and photocatalytic properties of layered intercalated materials $HTaWO_6$/ (Pt, Cd 0.8Zn 0.2S) [J]. Scr Mater 2004, 50 (4): 465-469.

[10] Peng S Q, Li Y X, Jiang F Y, et al. Effect of Be^{2+} doping TiO_2 on its photocatalytic activity [J]. Chem Phys Lett, 2004, 398 (1-3): 235-239.

[11] 许云波，等. Cu-In-ZnSeS催化剂的制备及其光解水性能的研究 [J]. 西安交通大学学报，2005，39 (9)：971-973.

[12] Yang Y, Li X J, Chen J T, et al. Effect of doping mode on the photocatalytic activities of Mo/TiO_2 [J]. J Photochem Photobiol A-Chem, 2004, 163 (3): 517-522.

[13] Khan S U M, Al-Shahry M, Ingler W B. Efficient photochemical water splitting by a chemically modified n-TiO_2 [J]. Science, 2002, 297 (5590): 2243-2245.

[14] Luo H M, Takata T, Lee Y G, et al. Photocatalytic activity enhancing for titanium dioxide by co-doping with bromine and chlorine [J]. Chem Mat, 2004, 16 (5): 846-849.

[15] Liu M Y, You W S, Lei Z B, et al. Water reduction and oxidation on Pt-Ru/$Y_2Ta_2O_5N_2$ catalyst under visible light irradiation [J]. Chem Commun, 2004, (19): 2192-2193.

[16] Morales-Torres S, Pastrana-Martinez L M, Figueiredo J L, et al. Design of graphene-based TiO_2 photocatalysts-a review [J]. Environ Sci Pollut Res, 2012, 19 (9): 3676-3687.

[17] 张建斌，等. 太阳能光解水制氢催化剂研究进展 [J]. 广东化工，2011，222 (38)：67-68.

[18] https://www.nature.com/articles/ncomms16049.

[19] Zhixiang Liu, Zhanmou Qiu, Yao Luo, et al. Operation of first solar-hydrogen system in China [J]. International Journal of Hydrogen Energy, 2010, 35 (7): 2762-2766.

[20] Yildiz Kalinci, Arif Hepbasli, Ibrahim Dincer. Biomass-based hydrogen production: A review and analysis [J]. Hydrogen Energy, 2009, (34): 8799-8817.

[21] 尤希凤. 光合产氢菌群的筛选及其利用猪粪污水产氢因素的研究 [D]. 河南：河南农业大学，2005：2-12.

[22] Mustafa Balat, Mehmet Balat. Political, economic and environmental impacts of biomass-based hydrogen [J]. Hydrogen Energy, 2009, 34: 3589-3603.

[23] 李永峰，任南琪，丁杰，等. 生物制氢：Ⅱ工程应用问题 [J]. 地球科学进展，2004，(19)：542-546.

[24] Jeffrey R, Bartels a, Michael B Pate, et al. An economic survey of hydrogen production fromconventional and alternative energy sources [J]. Hydrogen Energy, 2010, 35: 8371-8384.

[25] 杜海凤，闫超. 生物质转化利用技术的研究进展 [J]. 能源化工，2016，37 (2).

[26] 邓文义，于伟超，苏亚欣，等. 生物质热解和气化制取富氢气体的研究现状 [J]. 化工进展，2013，(07).

[27] 雷学军，罗梅健. 生物质能转化技术及资源综合开发利用研究 [J]. 中国能源，2010，32 (1)：22-46.

[28] 杨海平. 油棕废弃物热解的实验及机理研究 [D]. 武汉：华中科技大学，2005.

[29] Peter K, Eckhard D. An assessment of supercritical water oxidation (SCWO) existing problems, possible solutions and new reactor concepts [J]. Chemical Engineering Journal, 2001, 83 (3): 207-214.

[30] Diversified Energy. HydroMaxR advanced gasification technology [EB/OL]. [DEC00620, 2009-02].

[31] http://www.diversified-energy.com/auxfiles/technologies/HydroMaxBrochure.pdf.

[32] 满卫东，吴宇琼，谢鹏. 等离子体技术——一种处理废弃物的理想方法 [J]. 化学与生物工程，2009，5 (26)：1-5.

[33] 李建芬. 生物质催化热解和气化的应用基础研究 [D]. 武汉：华中科技大学，2007.

[34] 吕鹏梅，常杰，熊祖鸿，等. 生物质废弃物催化气化制取富氢燃料气 [J]. 煤炭转化，2002，25 (3)：32-36.

[35] 贺茂云，胡智泉，肖波，等. 城市生活垃圾催化气化制取富氢气体的研究 [J]. 环境工程，2009，27 (2)：97-101.

[36] 马承荣，肖波，陈英明，等. 生物质气化制取富氢燃气的实验研究 [J]. 燃烧科学与技术，2003，13 (5)：

461-467.
[37] 张艳丽，肖波，胡智泉，等. 污泥热解残渣水蒸气气化制取富氢燃气 [J]. 可再生能源，2012，30 (1)：67-71.
[38] He M Y，Hu Z Q，Xiao B，et al. Hydrogen-rich gas from catalytic steam gasification of municipal solid waste (MSW)：Influence of catalyst and temperature on yield and product composition [J]. International Journal of Hydrogen Energy，2008，34 (1)：195-203.
[39] 王昶，王刚，张相龙，等. CO_2吸附剂对生物质催化热解制取富氢燃气的影响 [J]. 天津科技大学学报，2012，27 (2)：18-22.
[40] 谢玉荣，肖军，沈来宏，等. 生物质催化气化制取富氢气体实验研究 [J]. 太阳能学报，2008，29 (7)：888-893.
[41] 谢玉荣，沈来宏，肖军，等. 生物质催化气化重整制取富氢气体的实验研究 [J]. 西安交通大学学报，2008，42 (50)：634-638.
[42] 孟光范，赵保峰，张晓东，等. 生物质二次裂解制取氢气的研究 [J]. 太阳能学报，2009，30 (6)：837-841.
[43] 陈冠益，颜蓓蓓，贾佳妮，等. 生物质二级固定床催化热解制取富氢燃气 [J]. 太阳能学报，2008，29 (3)：360-364.
[44] 杨海平. 油棕废弃物热解的实验及机理研究 [D]. 武汉：华中科技大学，2005.
[45] Demirbas A. Gaseous products from biomass by pyrolysis and gasification：effects of catalyst on hydrogen yield [J]. Energy Conversion and Management，2002，43 (7)：897-909.
[46] Gani A，Naruse I. Effect of cellulose and lignin content on pyrolysis and combustion characteristics for several types of biomass [J]. Renewable Energy，2007，32 (4)：649-661.
[47] 赵希强，宋占龙，王涛，等. 微波技术用于热解的研究进展 [J]. 化工进展，2008，12 (27)：1873-1877.
[48] 万益琴，王应宽，刘玉环，等. 生物质微波裂解技术的研究进展 [J]. 农机化研究，2010 (3)：8-14.
[49] Domínguez A，Menéndez J A，Fernández Y，et al. Conventional and microwave induced pyrolysis of coffee hulls for the production of a hydrogen rich fuel gas [J]. Analytical and Applied Pyrolysis，2006，79 (1-2)：128-135.
[50] 李琳娜，应浩，涂军令，等. 木屑高温水蒸气气化制备富氢燃气的特性研究 [J]. 林产化学与工业，2011，31 (5)：18-24.
[51] 辛善志，张尤华，许庆利，等. 水蒸气气氛下生物质热解制取富氢气体试验研究 [J]. 可再生能源，2009，27 (6)：36-40.
[52] Delgdo J，Aznar M P. Biomass gasification with steam in fluidized bed：Effectiveness of CaO，MgO and CaO-MgO for hot raw gas cleaning [J]. Industrial and Engineering Chemistry Research，1997，36 (5)：1535-1543.
[53] Rapagna S，Jand N，Kiennemann A，et al. Steam-gasification of biomass in a fluidised-bed of olivine particles [J]. Biomass and Bioenergy，2000，19 (3)：187-197.
[54] 熊思江，章北平，冯振鹏，等. 湿污泥热解制取富氢燃气影响因素研究 [J]. 环境科学学报，2010，30 (5)：996-1001.
[55] Ates F，Putun A E，Pütün E. Fixed bed pyrolysis of Euphorbia rigida with different catalysts [J]. Energy Conversion and Management，2005，46 (3)：421-432.
[56] Rapagna S，Tempesti E，Foscolo P U. Continuous fast pyrolysis of biomass at high temperature in a fluidized bed reactor [J]. Journal of Thermal Analysis，1992，38 (12)：2621-2629.
[57] 吴创之，徐冰燕，罗曾凡，等. 生物质中热值气化技术的分析及探讨 [J]. 煤气与热力，1995，15 (2)：8-14.
[58] 吕鹏梅，袁振宏，马隆龙，等. 生物质废弃物催化裂解制备富氢燃气实验研究 [J]. 环境污染治理技术与设备，2006，7 (9)：35-40.
[59] Huang B S，Chen H Y，Chuang K H，et al. Hydrogen production by biomass gasification in a flidized-bed reactor promoted by an Fe/CaO catalyst [J]. International Journal of Hydrogen Energy，2012，37 (8)：6511-6518.
[60] Ismail K，Yarmo M A，Taufiq-Yap Y H，et al. The effect of particle size of CaO and MgO as catalysts for gasification of oil palm empty fruit bunch to produce hydrogen [J]. International Journal of Hydrogen Energy，2012，37 (4)：3639-3644.
[61] 闵凡飞，张明旭，陈清如，等. 新鲜生物质催化热解气化制富氢燃料气的试验研究 [J]. 煤炭学报，2006，31 (5)：649-653.
[62] 张秀梅，陈冠益，孟祥梅，等. 催化热解生物质制取富氢气体的研究 [J]. 燃料化学学报，2004，32 (4)：446-449.
[63] 周密，闫立峰，郭庆祥. 朱清时非预混燃烧模型模拟流化床生物质气化器中富氢气体的制备 [J]. 化学物理学报（英文版)，2006，(02).
[64] Jon Berkeley. The death of the internal combustion engine [J]. The Economist，2017 (8).
[65] 江琦，李向召，高智勤. 稀土在催化中的应用研究进展 [J]. 信阳师范学院学报，2005，18 (4)：467-470.

[66] 王卫平，吕功煊. Co-Fe 催化剂乙醇裂解和部分氧化制氢研究 [J]. 分子催化，2002，16 (6)：433-437.
[67] 孙杰. 燃料电池氢源技术——低温乙醇水蒸气重整制氢研究 [A]//中华人民共和国科学技术部、中国科学技术协会、中国太阳能学会氢能专业委员会、国际氢能协会. 第二届国际氢能论坛青年氢能论坛论文集 [C]，2003：8.
[68] José Comas , Fernando Mariño , Miguel Laborde , et al. Chemical Engineering Journal , 2004 , 98 : 61-68.
[69] Freni S , Cavallaro S , Mondello N , et al. Journal of Power Sources , 2002 , 108 : 53-57.
[70] Haga F , Nakajima , Yamashita, et al. Nippon Kagaku Kaishi , 1997 , 1：33-36.
[71] 宋伟，师瑞娟，刘俊龙，等. CeO_2 负载的 Cu、Ir 和 Pd 催化剂上的醇转移脱氢反应 [J]. 催化学报，2007，28 (2)：106-108.
[72] Haga F , Nakajima , Yamashita , et al. Nippon Kagaku Kaishi , 1997 , 11 : 758-762.
[73] Marcelo S , Batista , Rudye K S Santos , et al. Ticianelli Journal of Power Sources，2004，134：27-32.
[74] Dimitris K，Liguras , Dimitris I , et al. Applied Catalysis B：Environmental , 2003，43：345-354.
[75] Maggio G，Freni S，Cavallaro S，et al. Light alcohols/methane fuelled molten carbonate fuel cells：a comparative study [J]. J Power sources，1998，74：17-23.
[76] Renewable Fuels Association (RFA)，Industry Statistics，available from http://www. ethanolrfa. org/resources/industry/statistics/#1454099103927-61e598f7-7643.
[77] Yuan-Sheng Yu，Victor Oh，Brent Giles. Uncovering the Cost of Cellulosic Ethanol Production. Luxresearch，January 19，2016.
[78] Li S Z，Chan-Halbrendt C. Ethanol production in (the) People's Republic of China：Potential and Technologies [J]. Applied Energy，2009，86 (S 1)：162-169.
[79] Jim Lane. The New Milo-naires：Corn，milo and the Biofuels Market's Invisible Hand，http://www. biofuelsdigest. com/bioinvest/the-milo-naires- corn-and -theinvisible-hand-of-the-biofuels-market/.
[80] Kris Bevil. Sorghum holds promise as next-gen ethanol crop，Ethanol Producer Magazine，July 9，2012
[81] BiofuelDigest. Using Cerradinho to produce sweet sorghum ethanol in Brazil，2012，available from http：//www. biofuelsdigest. com/bdigest/2011/04/20/usina- cerradinho-to-produce-sweet-sorghum-ethanol-in-brazil/.
[82] Li S Z，Li G M，Zhang L，et al. A demonstration study of ethanol production from sweet sorghum stems with advanced solid state fermentation technology [J]. Applied Energy，2013，102：260-265.
[83] Sekine Y，Matsukata M，Kikuchi E，et al. Hydrogen Production from Ethanol Using Low Energy Pulse Discharge at Ambient Temperature [J]. Prepr Pap-Am Chem Soc，Div Fuel Chem，2004，49 (2)：914- 915.
[84] 申宽育. 中国的风能资源与风力发电. 西北水电，2010-02-28.
[85] http://en. wikipedia. org/wiki/Poul _ la _ Cour.
[86] Schematic of hybrid power plant (RÖMER GRAFIK，FROM TOTAL GERMANY WEBSITE).
[87] Iqbal M T. Modeling and control of a wind fuel cell hybrid energy system [J]. Renewable Energy，2003，28：223-237.
[88] Kelouwani S，Agbossou K，Chahine R. Model for energy conversion in renewable energy system with hydrogen storage [J]. Journal of Power Sources，2005，(140)：392-399.
[89] Ntziachristos L，Kouridis C，Samaras Z，et al. A wind-power fuel-cell hybrid system study on the non-interconnected Aegean islands grid [J]. Renewable Energy，2005，(30)：1471-1487.
[90] 李铭，刘贵利，孙心亮. 中国大规模非并网风电与海水淡化制氢基地的链合布局 [J]. 资源科学，2008 (30)：1632-1639.
[91] http://www. baike. com/wiki/海洋能.
[92] 海洋能源的利用历史与进展. 中国能源信息网，2010-11-14. http://zj. people. com. cn/GB/189016/206635/13207729. html.
[93] 环保科技合作项目开发海洋温差发电. 人民网，2013-12-30. http://news. xinhuanet. com/yzyd/energy/20131230/c _ 118766088. html.
[94] 邱大洪. 海岸和近海工程学科中的科学技术问题 [J]. 大连理工大学学报，2000-11-30.
[95] 施伟勇，王传崑，沈家法. 中国的海洋能资源及其开发前景展望 [J]. 太阳能学报，2011，32 (6)：913-923.
[96] http://www. lockheedmartin. com/us/mst/features/2013/130416-tapping-into-the-oceans-power. html.
[97] 北极星电力网新闻中心 2013-10-15 11：46：27，http://news. bjx. com. cn/html/20131015/465181. shtml.
[98] 北极星电力网新闻中心 2013-8-27 8：42：49，http://news. bjx. com. cn/html/20130827/455611. shtml.
[99] 彭源长. 2015 年全国地热发电装机达 10 万千瓦 [J]. 中国电力报，2013-02-20.
[100] 郑克棪. 意大利拉德瑞罗地热发电百年巨变 [J]. 中华新能源，2013，(7)：56-59.

第5章 太阳能光解水制氢

在可再生能源资源中，太阳能是可以满足当前和未来人类能源需求最大的可利用资源，到达地球表面太阳能的0.015%已足以支持人类社会的正常发展。因此，收集和转换太阳能资源用于进一步的能源供应，是解决当前人类面临的能源危机问题的一个重要途径。光催化技术是通过光催化剂，利用光子能量将许多需要在苛刻条件下发生的化学反应，转化为可在温和的环境下进行的先进技术。利用光催化技术分解水制氢，可以将低密度的太阳光能转化为高密度的化学能，在解决能源短缺问题上具有深远的应用前景。美国能源部提出如果光催化分解水制氢的太阳能转换氢能效率达到10%，太阳能制氢成本（包括生产和运输）达到2～4美元/kg H_2，这项技术就有可能走向大规模应用[1]。但太阳能-氢能转化受到诸多动力学和热力学因素的限制，目前半导体材料实现的最高太阳能转换氢能效率距离实际应用的要求还有很大的差距。要解决太阳光分解水制氢技术在应用方面的瓶颈问题，关键在于提高光催化剂的分解水制氢活性。

5.1 光催化研究开端

早在20世纪30年代，就有研究者发现在有氧或真空状态下，TiO_2 在紫外线照射下对染料都具有漂白作用，人们还知道在此过程中 TiO_2 自身不发生改变。尽管当时 TiO_2 被称为光敏剂“photosensitizer”而不是光催化剂“photocatalyst”[2]。到了20世纪50年代，Mashio等人利用 TiO_2 进行光催化氧化处理有机物的实验，并把 TiO_2 定义为光催化剂，但当时并没有引起人们的广泛关注[3]。光催化分解水的研究历史可以追溯到20世纪60年代后期，Fujishima等在1969年利用光电池装置，在近紫外线照射下，实现n型半导体 TiO_2 表面光解水制氢。随后于1972年，Fujishima和Honda在Nature杂志报道了相关实验结果[4]。恰好70年代，原油价格突然上涨，未来原油的缺乏是一个严重的问题，因此，Fujishima-Honda的论文引起了人们广泛的关注，这种将太阳能转化为化学能的方法迅速成为极具吸引力的研究方向，相关研究得以快速发展。图5-1为电化学光电池示意图。

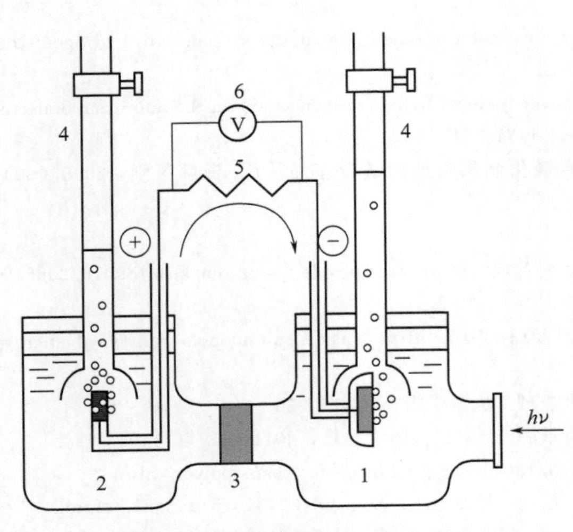

图5-1 电化学光电池示意图[3]

1—n型 TiO_2 电极；2—铂黑对电极；3—离子导电分隔器；4—气体滴定管；5—负载电阻；6—电压表

5.2 光催化分解水的基本原理

水是一种相对比较稳定的化合物。水分解生成氢气和氧气的过程，是一个吉布斯自由能增加的过程（$\Delta G>0$），也就是说从热力学角度考虑，水分解反应是一个非自发反应，必须有外加能量才能进行。光催化分解水制氢的反应，就是利用光子的能量推动水分解反应的发生，然后转化为化学能。具有高能量的远紫外线（波长小于 190nm）可以直接分解水，然而此类远紫外线难以到达地球表面，所以普通太阳光的照射难以实现水分解制氢。光催化分解水制氢是利用一些半导体材料如 TiO_2 的吸光特性，实现光解水反应的发生。半导体材料在受到光子的激发后，会产生具有较强还原能力的光生电子，可以将吸附在半导体表面的质子或水分子还原为氢气，从而实现光催化分解水制氢。这类半导体材料就被称为光催化剂。

5.2.1 光催化分解水过程

光催化分解水产氢的物理化学过程主要包括以下几方面（如图 5-2 所示）：

① 光催化剂材料吸收一定能量的光子以后，产生电子和空穴对；

② 电子-空穴对分离，向光催化剂表面移动；

③ 迁移到半导体表面的电子与水反应产生氢气；

④ 迁移到半导体表面的空穴与水反应产生氧气；

⑤ 部分电子和空穴复合，转化成对产氢无意义的热能或荧光。

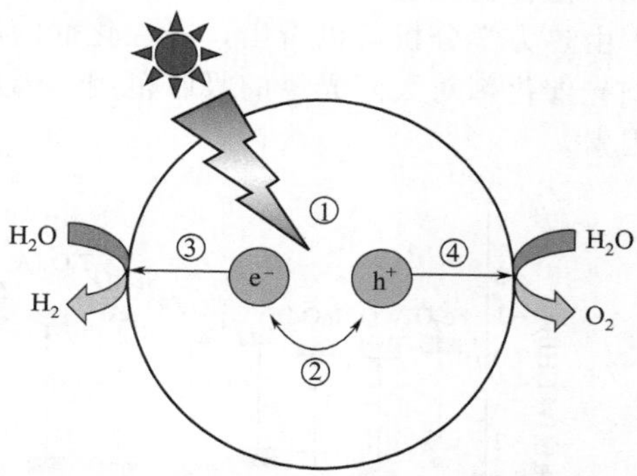

图 5-2 光催化分解水基本过程示意图

即水在受光激发的半导体材料表面，在光生电子和空穴的作用下发生电离，生成氢气和氧气。光生电子将 H^+ 还原成氢原子，而光生空穴将 OH^- 氧化成氧原子。这一过程可用下述方程式来表示，以 TiO_2 光催化剂为例：

光催化剂： $$TiO_2+h\nu \longrightarrow e^- + h^+ \quad (5\text{-}1)$$

水分子解离： $$H_2O \longrightarrow H^+ + OH^- \quad (5\text{-}2)$$

氧化还原反应： $$2e^- + 2H^+ \longrightarrow H_2 \quad (5\text{-}3)$$

$$2h^+ + 2OH^- \longrightarrow H_2O + \frac{1}{2}O_2 \quad (5\text{-}4)$$

总反应： $$2H_2O + TiO_2 + 4h\nu \longrightarrow 2H_2 + O_2 \quad (5\text{-}5)$$

半导体光催化剂受光激发产生的光生电子和空穴，容易在材料内部和表面复合，以光或者热能的形式释放能量，因此加速电子和空穴对的分离，减少二者的复合，是提高光催化分解水制氢效率的关键因素。

5.2.2 光催化分解水反应热力学

通常光催化反应分为能量增高的上坡反应和能量降低的下坡反应两大类，前者以光催化分解水为代表，后者常见于光催化氧化有机污染物。水是一种非常稳定的化合物，在标准状态下，分解 1mol 的水需要 237J 的能量。

$$H_2O(l) \longrightarrow H_2(g) + \frac{1}{2}O_2(g) \qquad \Delta Q = 237kJ/mol \tag{5-6}$$

从热力学上分析，分解水的能量转化必须满足以下要求：

① 作为一种电解质，水是可以发生电解离的。在 pH=7 的中性溶液中，$2H^+/H_2$ 的标准氧化还原电位为−0.41V，而 H_2O/O_2 的标准氧化还原电位为 0.82V。理论上将 1 个水分子解离成氢气和氧气最少需要 1.23eV。因此，在光催化分解水反应中，要实现水分子中一个电子发生转移，激发光的光子能量必须大于或等于 1.23eV。

② 不是所有的半导体光催化剂都可以实现光催化分解水。理论上，要实现光催化分解水，光催化剂的禁带宽度应大于或等于 1.23eV（$\lambda < 1000nm$）[5]。实际上由于过电势的存在，半导体光催化剂的禁带宽度通常要大于 1.8eV。对于能够吸收可见光的光催化剂来说，其禁带宽度还要小于 3.0eV（$\lambda > 415nm$）[6]。

③ 对光催化剂的导带和价带位置也有要求。光激发产生的电子和空穴必须具有足够的氧化还原能力，即光催化剂的导带底应比标准氢还原电位更负，而其价带顶位置比氧的电极电位更正。因此，催化剂的能带位置必须同时满足水的氧化和还原电极电位。图 5-3 为各种半导体化合物的能带结构和水分解电位的对应关系[7]。

由热力学分析可以看出，光催化剂的能带结构和位置决定了光催化分解水能否进行，也影响光催化剂对太阳光谱的吸收范围，因此是影响光催化剂的光能转换效率和产氢能力的重要因素。

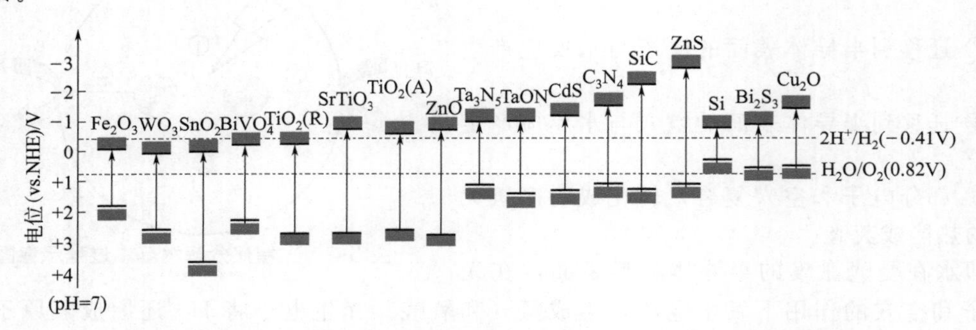

图 5-3 各种半导体化合物的能带结构和水分解电位的对应关系（pH=7）[7]

5.2.3 光催化分解水反应动力学

然而，合适的热力学性质（包括光催化剂的带隙和能带位置）不能保证良好的光催化效率。这是因为半导体光催化剂的光催化性能还受许多其他因素的显著影响，包括微米级和纳米级微观结构、吸附能力、表面/界面形态、助催化剂，以及催化剂的结晶度和组成等[7]。复杂的电荷载流子动力学和表面反应动力学导致光催化分解水反应效率非常低[8]。人们普遍认为光催化分解水反应是由四个连续过程组成：①光吸收；②光生电子和空穴分离；③电子转移；④表面电催化还原和氧化反应[9]。因此光催化反应的最终效率是由这四个反应步骤的效率的乘积所决定的，可以用式(5-7) 来表示[7]：

$$\eta_c = \eta_{abs}\eta_{cs}\eta_{cmt}\eta_{cu} \tag{5-7}$$

式中，η_c 是太阳能转换效率；η_{abs} 是光吸收效率；η_{cs} 是光生载流子激发和分离效率；η_{cmt} 是电荷迁移和运输效率；η_{cu} 是光催化剂的表面电催化氧化还原效率。

显然，每个步骤部分效率的损失都会降低整体光催化效率。因此，为了提高光解水的效率，必然要充分考虑影响光解水效率的诸多因素，克服或抑制光解水的不利因素，以期望获得高效率的光催化分解水制氢效率。

5.3 研究进展

5.3.1 分解水制氢光催化剂

开发高效产氢光催化剂是光催化分解水制氢研究的核心，现总结高效产氢光催化剂的主要特征如下：

① 具有宽的太阳光响应范围。太阳光的能量主要集中于可见和红外光区。其中可见光占比约为 43%，红外光占比为 53%。因此，开发可见光甚至是红外光响应光催化剂，对于充分利用太阳能实现高效的能量转化意义重大。

② 具有高的光生电子和空穴分离效率。高效产氢光催化剂应该具有快速的电子传递路径等有利于光生电子和空穴分离的因素，使光催化剂可以在光催化反应中保持高的光量子效率。

③ 具有合适的表面反应活性位。光生电子和空穴经过分离和迁移等步骤。迁移到催化剂表面活性位进行水分子的还原氧化反应。高活性的表面活性位点可以降低催化反应势垒，保证光解水制氢反应的高效进行。

④ 能够有效抑制光解水反应的逆反应。水解产生的氢气和氧气在催化剂表面可以发生反应生成水，高效的光催化剂应满足水分解制氢反应进行而抑制氢氧结合逆反应的发生。

⑤ 具有较好的稳定性。光催化剂能否保持良好的稳定性是光催化剂能否重复使用的前提，也是光催化剂走向实用化的关键。

5.3.1.1 金属氧化物

由过渡金属构成的氧化物中有许多在光催化分解水反应中具有较高的活性。其中研究比较多的有钛酸盐、钽酸盐、铌酸盐等。

TiO_2 是最早被报道具有分解水制氢活性的光催化材料[4]。TiO_2 可以从水蒸气、纯水、水溶液等多种反应体系下制备出氢气或氧气。Grātzel 等人发现在紫外光照射下，负载 Pt 和 RuO_2 的 TiO_2，在 pH 值为 1.5 的酸性溶液中，可化学计量比分解水制备出氢气和氧气[10]。Borgarello 等人发现掺杂 Cr^{5+}，驱使 TiO_2 的吸光特性扩展到 400～550nm 可见光区，掺杂的 TiO_2 具有可见光分解水制氢的能力[11]。Choi 等人研究了金属离子掺杂对 TiO_2 光催化性能的影响，发现光催化活性与掺杂离子的电子轨道结构有关。在考察了 21 种不同金属掺杂离子对 TiO_2 光催化活性的影响之后，研究人员发现 Fe、Mo、Ru、Os、Re、V 和 Rh 离子掺杂，显著提高光催化活性，而 Co 和 Al 离子掺杂降低 TiO_2 的光催化活性。金属离子掺杂改变光催化剂内部载流子复合和电子转移效率，所以才导致光催化活性的大幅度改变[12]。

$SrTiO_3$ 因为具有比 TiO_2 更负的导带位置，其光生电子具有更强的还原能力。Domen 等[13]利用 $NiO/SrTiO_3$ 粉体光催化剂在紫外线照射下分解水制备出氢气和氧气。Konta 等[14]利用 Mn、Ru、Rh 等的金属离子对 $SrTiO_3$ 光催化剂进行掺杂改性，发现离子掺杂在 $SrTiO_3$ 禁带内形成不连续的掺杂能级，使 $SrTiO_3$ 具有可见光吸收能力，并表现出相应的可见光分解水制氢活性。Tsubota 等[15]报道了 S、C 阳离子共掺杂的 $SrTiO_3$ 催化剂，其吸收边带从 400nm 红移到 700nm，具备可见光响应。

$K_4Nb_6O_{17}$ 和 $Rb_4Nb_6O_{17}$ 是 Nb 基光催化材料中具有代表性的光催化剂[16,17]，这些材料具有典型的二维层状结构，其碱金属离子可以与 H 离子发生交换反应，从而大幅度提高催化剂的光催化活性。另外，此类材料的二维层状结构有利于电子空穴在其材料结构的内电场的作用下发生分离，并使生氢反应和生氧反应位置发生分离，从而使催化剂表现出较高的光催化活性。$MCo_{1/3}Nb_{2/3}O_3$（M＝Ca，Sr，Ba）具有钙钛矿结构，其中Co和Nb共同占据ABO_3钙钛矿结构的B位。该材料的能带结构价带由Co3d轨道构成，而导带由Nb4d轨道构成，其在甲醇水溶液中具有可见光分解水产氢活性[18]。

因为Ta基具有比Nb基光催化材料更高的导带位置，Ta基光催化材料通常表现出较好的光解水制氢活性。$InTaO_4$是一类具有单斜晶体结构的光催化剂，其带宽为2.6eV，可以吸收480nm以下的可见光。Zou等研究发现Ni金属掺杂可以明显提高$InTaO_4$的可见光催化活性[19]。Ni掺杂在$InTaO_4$禁带内形成一个新的能级，所制备的$In_{0.9}Ni_{0.1}TaO_4$带隙仅为2.3eV，可以吸收550nm以下的可见光。在其表面沉积NiO和RuO_2后，可以直接将纯水分解产生氢气和氧气。其在402nm光照下的光量子效率达到0.66%[19]。$NiO/NaTaO_3$是钽酸盐光催化材料中分解水制氢活性比较高的一类材料，Kudo等[20]发现La离子掺杂可大幅度提高$NiO/NaTaO_3$分解水制氢活性，其分解纯水制氢的光量子效率达到56%。La离子掺杂可以在$NaTaO_3$催化剂表面形成规则的纳米台阶，这些纳米台阶被认为是水分解反应的活性点，有利于电子和空穴的分离并防止氧气和氢气再结合逆反应的进行，从而使催化剂表现出非常高的光解水制氢活性。

5.3.1.2 金属氮化物和氮氧化物

一般情况下，氧化物光催化剂的禁带宽度较宽，不能吸收可见光。由于N的2p轨道的作用，部分含氮化合物具有可见光吸收能力，可用于光催化分解水制氢。

Domen等利用氨气对Ta_2O_5粉体进行氮化反应，制备颜色为黄绿色的β-TaON光催化剂。该材料的带宽约为2.49eV，可以吸收波长500nm以下的可见光。元素分析显示其组成结构为$TaO_{1.24}N_{0.84}$，表明该材料晶体结构中存在缺陷。当在其表面沉积3%（质量分数）的Pt时，在420～500nm可见光照射下，β-TaON分解甲醇水溶液制氢光量子效率达到0.2%，而其分解硝酸银水溶液制氧的光量子效率，达到34%[21]。

半导体材料β-TaON与Ta_2O_5的能带结构如图5-4所示。

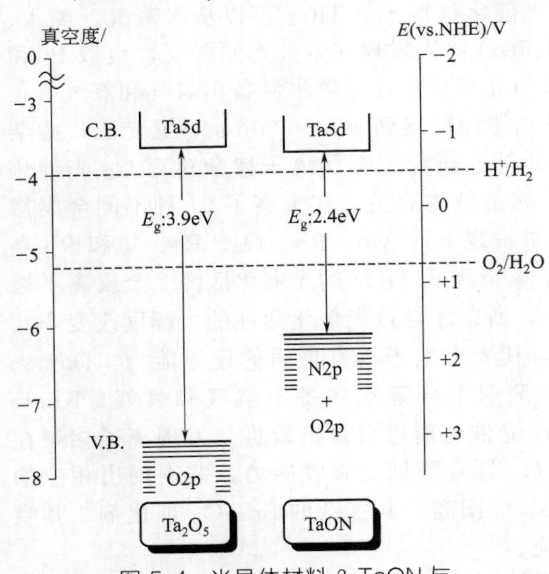

图5-4 半导体材料β-TaON与Ta_2O_5的能带结构示意图

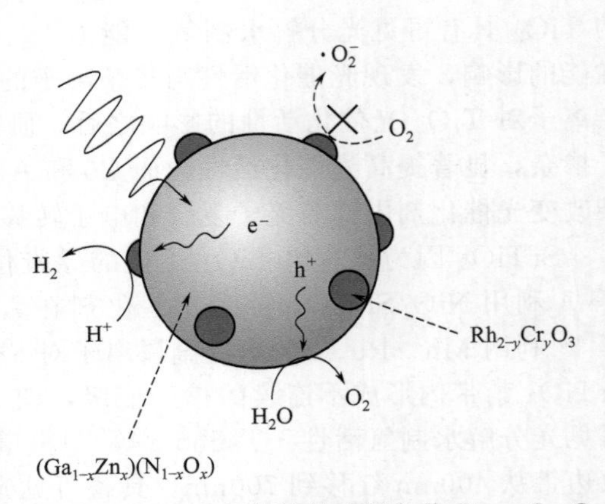

图5-5 GaN:ZnO固溶体表面负载$Rh_{2-y}Cr_yO_3$助催化剂分解水制氢

Maeda 等发现 GaN:ZnO 固溶体在可见光照射下能够有效地分解纯水制备出氢气和氧气[22]。实验结果显示，GaN:ZnO 固溶体可以吸收波长 460nm 以下的可见光，其在 300～480nm 的光照范围内，分解纯水的光量子效率达到 0.14%。较低的光量子效率与所制备的 GaN:ZnO 固溶体高缺陷密度有关。2005 年 Maeda 等对 GaN:ZnO 固溶体进行改进，利用 $Rh_{2-y}Cr_yO_3$ 混合氧化物为助催化剂，实现 410nm 光线照射下，分解水制氢效率达到 5.2%（见图 5-5）[23]。

Lee 等开发出 $Zn_{1.44}GeN_{2.08}O_{0.38}$ 光催化剂，该材料具有类似于 α-ZnS 的纤锌矿型结构。其带宽为 2.7eV，对 460nm 以下的可见光具有光吸收能力。该材料自身表现出较低分解水制氢能力，当添加 5%（质量分数）的 RuO_2 为助催化剂时，$Zn_{1.44}GeN_{2.08}O_{0.38}$ 才表现出较高的分解水制氢活性。在紫外线照射下，反应 30h 产生 2.3mmol 的氢气，远远大于催化剂的用量 0.99mmol，表明该材料的稳定性[24]。

5.3.1.3 非金属光催化剂

近年来，从降低成本考虑，非金属光催化剂的研发引起人们的广泛关注。作为氮化碳化合物最稳定的一种结构，类石墨型氮化碳（$g\text{-}C_3N_4$）被报道具有可见光催化活性[25]。$g\text{-}C_3N_4$ 光催化剂的带宽为 2.7eV，可以吸收 460nm 以下的可见光。其导带位于－1.1eV 而价带处于＋1.6eV，在热力学上满足分解水制氢的要求。然而，纯 $g\text{-}C_3N_4$ 的光解水制氢活性非常小，由于光生电子和空穴在 $g\text{-}C_3N_4$ 内部容易快速再复合，以热量或光能的形式释放，造成纯 $g\text{-}C_3N_4$ 光催化剂分解水制氢活性非常小。此外，分解水生成氧气的反应是一个四电子转移的反应，相比较制氢反应，需要更大的电动势来驱动反应的进行。在水解反应中，有比较多的副反应与产氧反应发生竞争，比如需要双电子转移的水解产生 H_2O_2 的反应更容易发生。在分解水制氢反应中，$g\text{-}C_3N_4$ 容易受到 H_2O_2 的破坏，造成 $g\text{-}C_3N_4$ 光催化活性失活。所以利用 $g\text{-}C_3N_4$ 光解水产氢，通常需要添加牺牲试剂，避免 H_2O_2 的产生[26]。

Liu 等利用碳量子点与 $g\text{-}C_3N_4$ 复合制备出 $C_{Dots}\text{-}C_3N_4$ 纳米复合材料，该材料表现出较高的可见光裂解水制氢活性[27]。在 420nm 光线照射下，$C_{Dots}\text{-}C_3N_4$ 光催化剂分解水制氢的光量子效率达到 16%，这是目前报道的可见光完全裂解水制氢的最高光量子效率。在 600nm 的光线照射下，该材料的光量子效率也达到了 4.42%，整体太阳能转换效率达到 2.0%。研究发现，与常规分解水制氢途径不同，$C_{Dots}\text{-}C_3N_4$ 材料体系分解水制氢过程为：

$$2H_2O \longrightarrow H_2 + H_2O_2 \tag{5-8}$$

$$2H_2O_2 \longrightarrow 2H_2O + O_2 \tag{5-9}$$

C_3N_4 作为光催化剂实现水分解生成 H_2 和 H_2O_2 的反应式(5-8)，而碳量子点作为普通催化剂实现 H_2O_2 到 O_2 的转变。复合催化剂的紧密复合结构特性，使 C_3N_4 表面水解产生的 H_2O_2 容易吸附到碳量子点催化剂，从而造成 H_2O_2 到 O_2 的第二阶段反应非常有效，避免 C_3N_4 表面 H_2O_2 过量富集，引起 C_3N_4 光催化剂中毒失效的现象发生。所制备 $C_{Dots}\text{-}C_3N_4$ 表现出非常高的分解水制氢活性稳定性，在超过 200d 将近 200 次的回收和再利用，仍然保持非常高的分解水制氢和制氧活性，表明该材料作为可见光水分解光催化剂的巨大潜力[27]。

5.3.2 提高光催化剂分解水制氢效率的方法

如前文所述，半导体光催化制氢过程包括了光吸收、载流子的分离、电荷转移以及活性位点上的氧化还原反应 4 个过程。因此，光催化效率决定于 4 个过程的协同作用。

5.3.2.1 光吸收过程优化途径

半导体的光吸收能力与其材料带宽、缺陷能级位置以及表面态密切相关。当半导体材料某个维度的尺寸小于波尔激子半径时，半导体的带宽发生明显改变，导带和价带位置也发生改变，这种现象被称为纳米材料的量子效应。量子效应是调控半导体带隙的重要手段，为光催化材料的设计带来新契机[28]。Osterloh 等研究发现 CdSe 纳米材料的制氢能力，受其自身颗粒大小的显著影响。在相同实验条件下，颗粒直径为 3.49nm 的 CdSe 纳米材料，没有光解水产氢能力。而当 CdSe 粒径为 3.05～1.75nm 时，CdSe 纳米材料表现出明显的光解水能力。这是因为 CdSe 块材的导带底比 H^+/H_2 更正，不能直接进行光解水产氢，而 CdSe 的波尔激子半径为 5.6nm，控制 CdSe 纳米晶的尺寸，可以提高导带底位置，从而驱使 CdSe 具有分解水制氢的能力，如图 5-6 所示[28]。

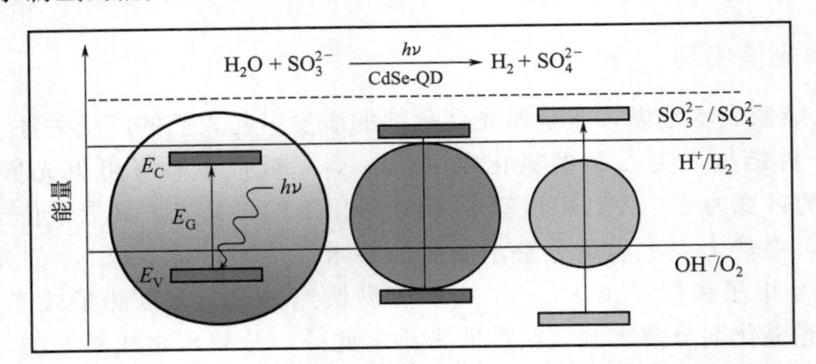

图 5-6 CdSe 颗粒大小对其能带结构的影响示意图[28]

掺杂是调控半导体电子结构的有效途径，因此被广泛应用于调控半导体的光吸收。掺杂过渡金属离子可以在半导体禁带内引入杂质能级，从而实现对可见光的吸收。而阴离子掺杂可调节半导体导带位置，扩大材料的光响应范围，并避免在禁带中引入深缺陷能级，引起光催化活性的降低。对 TiO_2 进行氮元素掺杂，N 的 p 轨道和 O 的 2p 轨道共同构成价带，造成价带位置上移。N 掺杂 TiO_2 的可见光催化活性，已被广泛报道和应用[29]。

去除部分组成原子形成结构缺陷同样可以改变催化剂的吸光特性。与异质原子掺杂不同，形成结构缺陷在改变半导体催化剂的光吸收和电导率的同时，不影响载流子迁移率，可有效降低掺杂带来的电子空穴复合[30]。例如，氧空位是氧化物半导体的常见缺陷，引入的氧空位可以在 TiO_2 导带底引入施主能级，因此有效地把 TiO_2 的光吸收范围拓展到可见光区[31]。Chen 等利用氢气处理 TiO_2，在 TiO_2 表面引入结构畸变和缺陷，成功地将 TiO_2 的光吸收范围拓宽到近红外区[32]。

5.3.2.2 载流子的分离和转移过程的优化途径

光照产生的电子-空穴对，需要迁移到半导体光催化剂表面才能进行分解水的氧化还原反应。然而半导体激发态的寿命很短，90%的光生载流子在 10ns 内发生复合[33]，因此抑制载流子复合，实现载流子分离的最大化也是决定光催化效率的关键问题。

降低半导体的尺寸，缩短载流子的迁移距离，使更多的载流子参与化学反应，是抑制载流子复合，实现载流子分离的有效手段之一。Xie 等人利用单层 SnS_2 进行可见光光催化分解水发现，在相同实验条件下，单层 SnS_2 在 420nm 可见光的光电转化效率达到了 38.7%，是块状 SnS_2 的 16 倍[34]。Yan 等发现平均厚度接近空穴扩散长度的 Fe_2O_3 纳米片(3.5nm)，表现出稳定、优异的光催化性能[35]。

电导率低是限制光催化剂活性的一个重要因素。较低的电导率会导致载流子的聚集，从而使复合概率提高。掺杂可以提高导电性改变材料的表面性能，一定程度上可以抑制载流子的体相复合。Yao 等利用 Mo 对 $BiVO_4$ 进行掺杂改性，发现 Mo 掺杂的 $BiVO_4$ 光催化活性有大幅度的提高。其 420nm 可见光分解水效率达到了 31%，而没有 Mo 掺杂的 $BiVO_4$ 分解水光量子效率只有 2%[36]。研究认为，Mo、W 等元素掺杂可以显著提高 $BiVO_4$ 材料的导电性，从而抑制载流子的体相复合[37,38]。

p 型半导体和 n 型半导体接触后，如果半导体的费米能级不匹配，会发生电子转移直至两者的费米面相等，形成由 n 型半导体指向 p 型半导体的电场，可以促使光生载流子发生分离。Paracchino 等人利用 p 型 Cu_2O 和 n 型 TiO_2 形成 p-n 结实现高效分解水制氢，所制备的 p-Cu_2O/n-TiO_2 在光催化分解水过程中也表现出较高的稳定性，制氢反应的法拉第效率接近 100%[39]。Tsai 等人把 Cu_2O 负载到 TiO_2 纳米线上，构成 Cu_2O/TiO_2 p-n 结，发现光催化活性有明显的提高[40]。金属-半导体形成的肖特基结也有利于载流子的分离，同时金属是产氢的活性位点，两者协同作用进一步提高了光催化效率[9,41,42]。

5.3.2.3 表面催化反应活性位点调控

光生载流子迁移到催化剂表面之后，与催化剂表面吸附的水分子发生氧化还原反应。因此催化剂比表面积和催化剂表面催化反应活性位点数量，是影响光催化反应活性的重要因素。纳米技术的快速发展，为高活性催化剂的设计与制备带来了机遇。

在半导体材料的晶体结构中，不同晶面上原子组成和分布有明显的差异，造成催化剂不同晶面上的催化反应活性位数量也有很大差异，所以光催化剂的不同晶面也表现出完全迥异的光催化活性。例如，研究发现，在光催化反应过程中，锐铁矿相 TiO_2 的（001）晶面和（101）晶面，分别富集空穴和光生电子，因此可分别作为光催化氧化反应和光催化还原反应的发生场所。调控锐钛矿相 TiO_2 暴露的晶面，控制载流子分离及特定化学反应的发生，相应地已成为提高 TiO_2 光催化活性的一个热点方向[43]。

一个有效的光解水材料体系，除了能吸收太阳光产生光生电子-空穴对的半导体材料作为主催化剂之外，在半导体材料表面负载助催化剂常常是必不可少的。助催化剂的引入可以有效降低反应的活化能，同时抑制载流子复合，从而提高光催化分解水制氢活性。常见的助催化剂有贵金属、氧化物、硫化物、磷化物，如 Pt、Cr_2O_3、MoS_2、WP 等[44,45]，其中贵金属助催化剂更适合于没有氧气生成的分解水制氢半反应（添加供电子牺牲剂，如甲醇、硫离子、亚硫酸根离子等），因为完全裂解水产生的氢气和氧气容易在贵金属颗粒表面再结合，从而会降低光解水制氢效率。

改变颗粒形貌会引起材料的晶面结构发生变化，高能晶面的出现有利于降低催化反应的活化能，从而提高催化性能。此外改变金属催化剂的形貌会引起材料表面、棱或角位置的金属原子数量的改变，相应地也会改变材料的催化性能。Yao 等对金属助催化剂开展表面暴露晶面的选择与优化，研究发现助催化剂的颗粒形貌和大小对半导体材料光解水制氢性能有显著的影响[9,41,42]。

5.3.3 光催化分解水制氢反应器

在光催化分解水体系中，光催化剂与水混合形成一个均相或者多相混合的悬浊液体系。光催化分解水通常是在这种悬浊液体系中进行，Tachibana 等称之为基于半导体粉体材料的光催化分解水设备[46]。从理论的角度来看，可靠的光催化反应器应具有在损失最小光能的基础上，有效地吸收大部分的光能，并促进光催化反应的发生。另外，从实际应用或者工业化生产角度考虑，制氢反应器设立的技术难题和制氢成本控制在反应器设计过程中是同等重要的[47]。

与水处理光反应器不同，为了保护反应物免受空气影响和避免氢气的泄漏损失，光催化分解水反应器需要良好的密封装置。把耐热玻璃容器与气体收集器连接起来，就形成一个简易的光催化分解水装置。图 5-7 为 Mangrulkar 等的光催化分解水装置图[48]。将所有反应物转移到管式耐热玻璃反应器后，将冷凝器施加在该反应器顶部并将反应器与气体收集器连接。反应后，将气体收集器从反应器中分离出，然后连接到气相色谱（GC）以检测氢气的含量和纯度[48]。

5.3.3.1 间歇式光催化反应器

目前最常见的光催化反应器是间歇式反应器。图 5-8 显示了一个典型的间歇式反应器示意图[47]。在这种反应器装置中，反应浆料悬浊液置于反应罐（由不锈钢、Pyrex 耐热玻璃、石英等材料构成），利用磁力搅拌器充分搅拌浆料，阻止催化剂颗粒沉积。反应器周围有冷却水冷却，从而将反应过程保持在一定温度。反应器顶部有石英窗口，用于光源照射[47]。除了上述典型的间歇式光反应器外，完整的光催化分解水系统还需整合以下部件：光源、抽空系统、样品/产品收集装置和气体检测仪器。

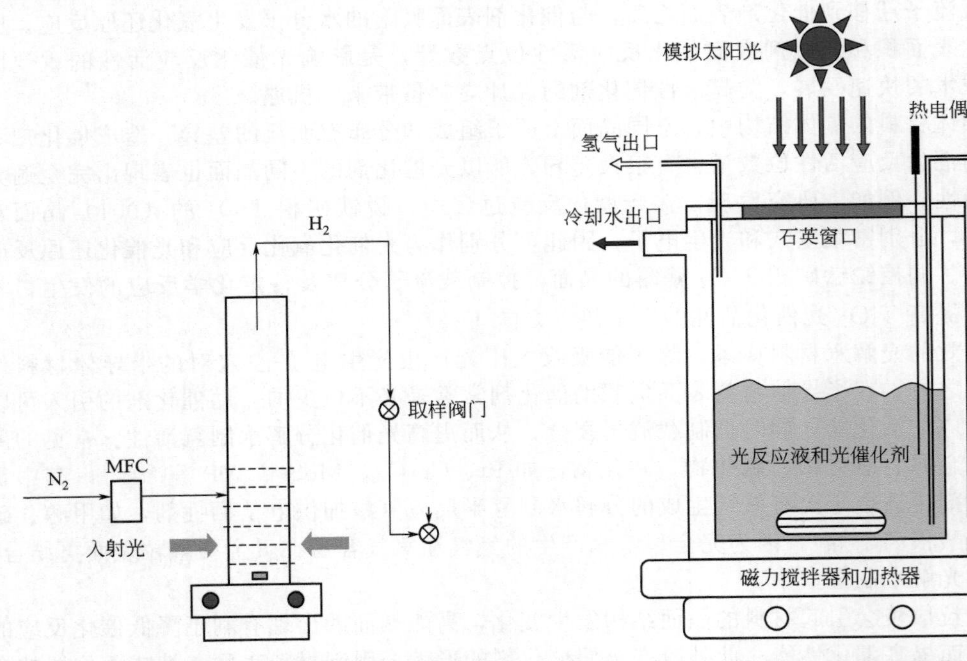

图 5-7　一个简易光催化分解水装置示意图[48]　　图 5-8　间歇式光催化分解水装置示意图[47]

不同的研究人员所使用的间歇式光催化分解水装置也有显著的差别，主要是所使用的抽空装置，取样装置和检测系统不同。例如，Chen 等[49]选用侧面入光的耐热玻璃反应器进行制氢，以氙灯为光源，照射光范围为波长大于 400nm 的可见光。Mukherji 等[50]则是用的石英反应器，选用配备 AM1.5 过滤片的太阳光模拟器为光源。在光解水制氢反应开始前，二者都是用氩气来去除溶液中的溶解氧，但产氢量的测试方法有明显的区别。Chen 等利用 GC 测量氢气的含量，而 Mukherji 等是用四极杆质谱仪测量产氢量。间歇式光催化分解水装置的差异，也造成光催化分解水性能的评价标准很难统一[51]。

5.3.3.2 非间歇式光催化反应器

尽管间歇式光催化反应器具有简单、易操作等优点，它在应用角度还有很多限制。比如，在间歇式光催化反应器中进行光催化反应过程需要使用磁力搅拌器进行不间断地搅拌，以防止粉体光催化剂发生沉积，造成催化剂受光不均匀，引起光催化活性降低的现象。但在大规模工业化生产制氢时，出于成本考虑，很难利用磁力搅拌对反应液进行搅拌。对于大规模生产制氢来说，需要开发比磁力搅拌更为合适的对光催化剂均匀照射的方法。Huang 等建议两种方案实现粉体和液体的均匀混合方式：①把催化剂涂抹到大比表面积的三维结构材料上，填充到反应器中；②在反应器的进口和出口部位形成湍流，防止催化剂粉体的沉积[47]。一般来说，除了光催化剂自身光催化性能之外，光催化分解水系统总的光解水速率还受光催化反应器的光吸收，催化剂表面水分解的逆反应以及催化剂表面氢气的脱离等因素的影响[52]。基于这些因素考虑，部分新型光催化分解水设备逐渐被开发出来。

通常，对于涉及两个半导体的 Z 形光催化水分解材料体系，制氢和制氧光催化剂是在单个反应器中混合以实现水的分解，产生的氢气和氧气很容易发生氢氧结合的反应，造成水分解反应的实际效率很低。Lo 等[53]开发出一种双反应器，实现水分解制氢和制氧反应分离，以阻止氢氧结合的逆反应的发生。如图 5-9所示，在此类双反应器系统中，将制氢光催化剂和制氧光催化剂放置在双反应器的不同隔室中，隔室之间通过 Nafion 膜连接，阻止氢气与氧气的混合。当使用 Fe^{2+}/Fe^{3+} 为氧化还原对时，厚度为 178μm Nafion 膜可以保证 Fe^{2+} 和 Fe^{3+} 的渗透。使用前，渗透膜需要利用不同的酸和碱进行清洁，生成的 H_2 和 O_2 通过交替切换阀在线交替采样收集。为了避免气体交叉污染，在抽样过程中，气体管线需事先抽空并用氩气吹扫。

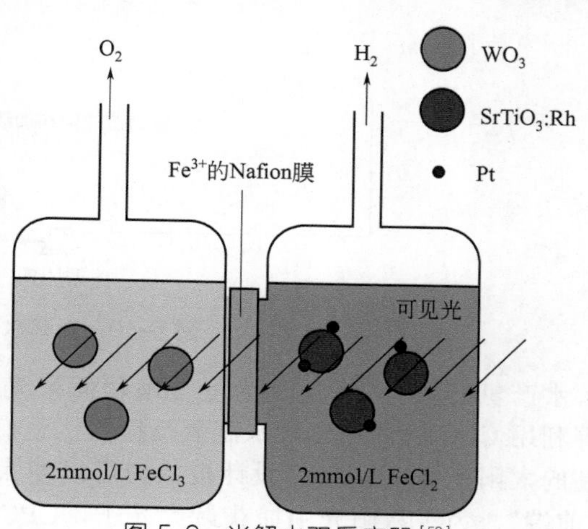

图 5-9 光解水双反应器[53]

为了扩大水分解光反应器的实用性，在间歇式反应器的基础上设计出分批式循环反应器[47,54,55]。分批循环反应器中一般包括反应器、储液罐和循环泵。图 5-10 为 Huang 等设计的一个典型的分批式循环反应器的示意图[47]。如图所示，系统中包含一个循环泵用来使反应液在反应器与储液罐中流动。光反应容器由不锈钢制成，加工成锥形内部，斜坡10°～15°。反应混合液从边缘进入光反应器并在底部的中心离开（图 5-10）。该配置提供了一种实现反应液被动混合的方法，允许粉体催化剂在水中的高度混合，阻止颗粒沉积和流体死区的形成。

为了解决光催化剂颗粒表面产生的氢气和氧气气泡脱离的问题，人们开发出连续环形光反应器[56,57]。如图 5-11 所示，连续环形光反应器由一个光源处于中心位置的环形反应器所构成。将反应器放置在填充有氮气的封闭壳体中以将反应器与外部的空气分离。将 Ar 气连续鼓泡通过反应混合液，驱使反应液处于良好的混合状态。产生的氢气，部分被引入气阀，随后通过 GC 分析测试含量和纯度。这种设计极大地增加了液-气界面面积，从而促进光催化剂表面产生的气泡的脱离。该反应器的缺点是由于光源处于环形反应器中心，反应器中光子分布不均匀，反应内部比外部周边可接受更多的光子。

5.3.3.3 规模化应用型光解水反应器

即使光催化分解水已经研究了几十年，但仍主要局限于实验室规模的研究。利用室外太阳光进行直接光照产氢的应用实例较少。Jing 等试图使用复合抛物面聚光器（CPC）进行光

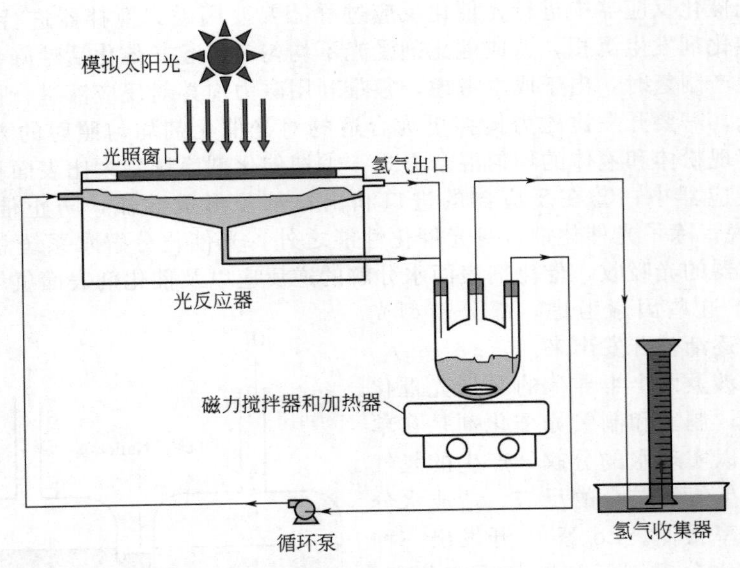

图 5-10 光解水分批式循环反应器[47]

解水产氢[58,59]。图 5-12 为复合抛物面聚光器（CPC）的一个轮廓示意图。图 5-13 为 Jing 等利用 CPC 设计的光解水制氢反应器。他们把 CPC 与一个内循环光反应器耦合，以获得更高的太阳能强度。CPC 设计被认为可以使太阳光照射到整个反应器，而不仅仅是反应器的“前端”。为了从阳光中捕获最大光子，CPC 的孔径尽可能地垂直于入射光。仔细调节浆料的流动，以确保反应液处于充分湍流状态，从而避免光催化剂的沉降和积聚，并保证光催化剂颗粒得到良好的分散。

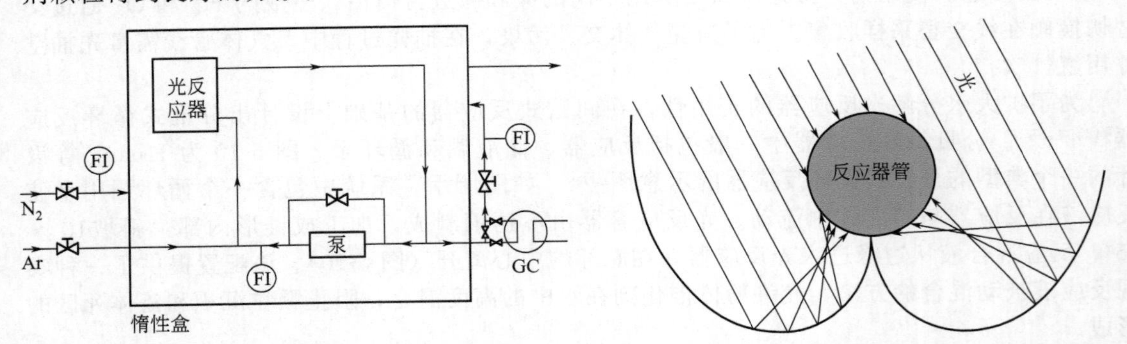

图 5-11 光解水连续环形光反应器[56]

图 5-12 复合抛物面聚光器（CPC）的几何轮廓[58]

混合反应液中催化剂颗粒的分布是决定反应器光吸收的重要因素。测试结果表明，催化剂颗粒在混合反应液中的分布，依赖于反应液压力梯度，催化剂浓度，反应液流动速度等条件。Jing 等在室外太阳光照射下得到的最大产氢速率为 1.88L/h，能量转换效率为 0.47%[59]。尽管活性较低，Jing 等的实验表明此类 CPC 组合型光催化分解水反应器具有潜在的大规模实际应用可行性。

5.3.3.4 光解水反应器的影响因素

与一般化学反应器不同，光催化反应器的几何形状决定着反应体系对光子收集的效率，对光催化反应的影响非常大。人们已开发出具有各种形状的光催化反应器。部分研究人员希望通过理论计算对光催化反应器进行辐射吸收和利用进行模拟[60~63]。但是，反应器内不均

图 5-13 复合抛物面聚光器组合光解水反应器[59]

匀的光强分布和复杂的物理因素，造成反应器内部辐射吸收和利用的模拟非常困难。光催化反应器内部光强分布，决定了光子吸收率和光化学反应速率。光强分布可能受到反应器和粉末催化剂的反射和散射的影响。此外，光源的位置对光强分布影响很大。例如，在典型的圆柱形光反应器中，光源放置在反应器顶部还是侧面照射，光强分布有明显的不同。在光反应器内部，有强照射区域（靠近灯泡）、弱照射区域（远离灯泡）和暗区域等三种可能区域，而光催化反应只能在前两个区域发生[63]。因此，光催化反应器的几何形状的优化对光解水反应在实验室研究和规模化生产应用都非常重要。对于实验室小规模的研究，建议使用圆柱形反应容器，因为它允许相对均匀地搅拌。且对于潜在的规模化生产应用，具有聚光功能的几何形状如复合抛物面聚光器（CPC）是优选的，因为在实际条件下可以获得较高的光强。

反应器罐体可以由不锈钢[47]，耐热玻璃[49,53]和石英[50]等不同材料制成。反应器罐体材料对光催化反应效率也有明显的影响，因为罐体材料决定了光的透射率。石英具有最为理想的透射率，但是考虑石英材料的价格，石英材料并不适合大量使用。不锈钢可以有效地阻挡周围环境的漫射光，从而可以相对精确地控制照明面积和入射光强度。然而，由于成本问题和本身不透光，也不适合大规模放大应用。Pyrex 耐热玻璃是一种硼硅酸盐玻璃，具有较低的热膨胀系数和折射率，与熔融二氧化硅相比，成本相对较低。由于其良好的物理和光学性能，Pyrex 耐热玻璃是比较常用的光反应器材料。但是使用 Pyrex 耐热玻璃作反应器罐体的一个缺点，是环境光也可以进入系统，这容易对光催化反应的精确分析造成困扰。

反应器窗口材料在光催化体系中对反应器内的入射光的强度和分布影响较大，因此需要使用具有较高透射率并且价格低廉的材料作为透光窗口材料。几乎所有使用的光反应器窗口都是由石英或石英玻璃制成的。石英玻璃是一种二氧化硅熔融并冷却而制备的非晶玻璃，具有非常高的紫外线透射率[47]。尽管石英玻璃光学性能良好，但是石英玻璃昂贵的价格，限制了其在大规模生产制氢工艺中的应用。为了找到具有良好透射率的低成本透光材料来替代石英玻璃，Huang 等测试了 8 种不同的窗口材料，包括石英玻璃、Aclar 薄膜、Kynar PVDF 薄膜、Mylar Dupont Teijin 薄膜、PET 薄膜、PVC 薄膜、Pyrex 耐热玻璃和热镜玻璃，研究发现 Aclar 薄膜比 Pyrex 耐热玻璃更有效。相比较 Pyrex 耐热玻璃，Aclar 薄膜低廉的价格更适合作为窗口材料大规模使用[47]。

反应温度是光催化反应中的一个重要指标。由于光催化反应是被光子激发而引起的，所以反应的真实活化能可忽略不计，但其表观活化能通常受某些因素的影响[64]。比如，在较高的温度下，溶液的黏度会降低，有利于催化剂粉末表面产物气泡的脱离[47]。此外，在较高的温度下，光生载流子的分离更容易进行[65]。然而，温度升高对反应物在催化剂表面的吸附不利[64]，会引起催化剂表面反应物浓度降低，从而降低光催化活性。相反，较低的温度将有利于反应物的吸附而不利于产物的脱附。冷却系统对于光反应器是必不可少的，特别是在催化剂性能比较研究中，需要保证反应是在恒定温度下进行。水套通常位于光反应器外面，通过使用循环冷却水，促使光催化实验在恒定温度下进行。部分报道的光催化实验是保持在室温25℃下进行[49,55]。

光催化分解水制氢实验的最终目的是实现在太阳光直接照射下产氢。因此，在光催化实验中，通常使用太阳光模拟器为光催化反应的光源。例如，Huang 等使用 1000W 无臭氧氙气灯（配 AM1.5 滤片）的太阳光模拟器为光源[47]。除了太阳光模拟器，诸如氙灯[9,41,42,45]、汞灯[52,56]、卤素灯[53]等，也常被用作光催化反应的光源。由于不同的光源将产生不同的光谱，所以选择合适的光源对光催化分解水制氢反应非常重要。光源发射光谱与半导体的吸收性能的匹配可以提高水分解反应的整体效率。反应器内入射光的光强可以通过一些仪器监测：比如辐射计[53]、流明仪[49]、校准的光谱仪[47]和激光功率计[66]等。多数情况下，反应器窗口前的光照强度能更好地代表光解水反应器内部的入射光强。

在光催化分解水反应进行之前，需要对系统进行抽真空处理，以去除系统中的空气。一种方法是用惰性气体，如超纯氮气[55]或氩气[47,67]，对反应体系进行鼓泡吹扫一段时间。Chen 等[49]在开展水分解实验前，首先将溶液加热至50℃并排空，再用 Ar 气吹扫并随后重新抽真空，通过气相色谱测量剩余空气的量，确认系统中空气的消除。另一种方法是将反应容器连接到封闭的气体循环和排空系统，通过外部泵抽真空，可以有效地去除反应系统中所含的空气[9,41,42]。

在从混合反应液中制备出氢气或（和）氧气之后，需要对气体产物进行收集和测试分析。产生的气体可以容易地利用排水法收集在容器中，其体积可以通过排出的水量来确定[47]。然而，为了准确检查气体产物的物质的量、种类和纯度，通常使用气相色谱（GC）来测量。GC 配有导热检测器（TCD）和分子筛填充柱，选用惰性气体（Ar 等）作为载气运行[9,14,24,36]。除了 GC 之外，也可利用四极杆质谱仪来获得产物的分压和物质的量[50,68]。

5.3.3.5 光解水反应系统标准测试体系

到目前为止，还没有基于半导体的光催化分解水的标准测试体系，这意味着不可能直接比较不同研究组开发的光催化剂的性能。为了提高光催化剂实验室规模的标准化评估，需要注意的几个方面：

光源：作为光催化水分解研究的最终目标是在太阳光照射下产生氢气，最佳光源是匹配 AM1.5 的太阳光模拟器，其产生与太阳光具有相似光谱的光束，光照强度约为 $1000W/m^2$。

反应器：建议使用具有圆柱形状的间歇式反应器，因为其可以实现相对均匀地搅拌。光源可以位于反应器的顶部或周围，但是光反应器的“窗口”需要被固定，使得光进入光反应器的区域是恒定的。窗口材料的最佳选择是石英，光反应器的其他部分应该被遮蔽。

反应物的量：催化剂的量应该适合于反应溶液和整个光反应器的体积。例如，当反应溶液的总体积为约 300mL 时，经常使用 100mg 的光催化剂。此外，必须严格控制助催化剂和牺牲剂的量，因为过量的助催化剂可能阻挡半导体的光子吸收。另外，不同的助催化剂可以实现不同半导体的最佳性能，这也使光催化剂性能的标准化测试的设定变得相对困难。

真空度：高真空度对水分解反应评估至关重要。光催化反应器内含有大量的剩余空气，不仅会极大地影响气体产物的检测，而且还会影响内部压力，从而影响光解水产物从催化剂表面到气相的转移[69,70]。所有光解水产氢，优选真空泵的方式而不是气体吹扫，因为前者更容易排除空气对光解水制氢反应的干扰。

5.4 结论与展望

光催化分解水制氢是新能源研究探索的热点课题，具有广阔的应用前景。但由于光催化分解水反应动力学与光催化剂的特定物理-化学性能、晶体结构等因素密切相关，通常需要复杂的技术手段来实现高活性光催化材料制备，也限制了此技术的快速发展。到目前为止，光催化分解水制氢大多数工艺仅限于实验室规模，离实际应用还有一定的距离。

目前，光催化分解水还有很多问题需要解决，如高活性半导体光催化剂的设计与合成，光生载流子分离的机制，光催化剂的稳定性，光催化分解水的反应机理，光催化反应效率提高等等，需要加强基础理论研究，促进这一领域的发展。此外，光催化分解水牵涉到多学科交叉，已在绿色技术，化学工程，材料科学和应用物理学等方面建立了密切的关系。探索新的研究手段和方法，开发具有可见光响应的高效光催化剂，构建新型高效的分解水制氢反应体系，促进太阳能规模制氢技术的发展，将是今后重要的研究方向。

此外，光催化分解水制氢领域，目前尚未建立一个基于半导体的光催化分解水的标准测试体系，这意味着不能直接比较不同研究组开发的光催化剂的性能。由于实验室评估的目的是进行有效的材料筛选，光催化分解水的标准测试体系建立是非常重要的。而对于实用型规模化光催化分解水反应系统的研究，目前尚处于初期阶段，标准测试体系的设定暂时还不需要。

参 考 文 献

[1] FY2012 Annual Progress Report：Hydrogen and Fuel Cells Program. US Department of Energy，2012.

[2] Goodeve C F，Kitchener J A. The mechanism of photosensitisation by solids. Transactions of the Faraday Society，1938，34：902.

[3] Hashimoto K，Irie H，Fujishima A. TiO_2 Photocatalysis：A Historical Overview and Future Prospects. Japanese Journal of Applied Physics，2005，44：8269-8285.

[4] Fujishima A，Honda K. Electrochemical Photolysis of Water at a Semiconductor Electrode. Nature，1972，238：37-38.

[5] Osterloh F E. Inorganic Materials as Catalysts for Photochemical Splitting of Water. Chemistry of Materials，2008，20：35-54.

[6] Kudo A，Miseki Y. Heterogeneous photocatalyst materials for water splitting. Chemical Society Reviews，2009，38：253.

[7] Li X，Yu J，Jaroniec M，Hierarchical photocatalysts. Chemical Society reviews，2016，45：2603-2636.

[8] Tada H，Jin Q，Iwaszuk A，et al. Molecular-Scale Transition Metal Oxide Nanocluster Surface-Modified Titanium Dioxide as Solar-Activated Environmental Catalysts. The Journal of Physical Chemistry C，2014，118：12077-12086.

[9] Luo M，Yao W，Huang C，et al. Shape effects of Pt nanoparticles on hydrogen production via Pt/CdS photocatalysts under visible light. J Mater Chem A，2015，3：13884-13891.

[10] Duonghong D，Borgarello E，Graetzel M，Dynamics of light-induced water cleavage in colloidal systems. Journal of the American Chemical Society，1981，103：4685-4690.

[11] Borgarello E，Kiwi J，Graetzel M，et al. Visible light induced water cleavage in colloidal solutions of chromium-doped titanium dioxide particles. Journal of the American Chemical Society，1982，104：2996-3002.

[12] Choi W，Termin A，Hoffmann M R. The Role of Metal Ion Dopants in Quantum-Sized TiO_2：Correlation between Photoreactivity and Charge Carrier Recombination Dynamics. The Journal of Physical Chemistry，1994，98：13669-13679.

[13] Domen K，Naito S，Soma M，et al. Photocatalytic decomposition of water vapour on an NiO-$SrTiO_3$ catalyst. J Chem Soc，Chem Commun，1980：543-544.

[14] Konta R，Ishii T，Kato H，et al. Photocatalytic Activities of Noble Metal Ion Doped $SrTiO_3$ under Visible Light Irradiation. The Journal of Physical Chemistry B，2004，108：8992-8995.

[15] Ohno T，Tsubota T，Nakamura Y，et al. Preparation of S，C cation-codoped $SrTiO_3$ and its photocatalytic activity under visible light. Applied Catalysis A：General，2005，288：74-79.

[16] Kudo A, Tanaka A, Domen K, et al. Photocatalytic decomposition of water over $NiO/K_4Nb_6O_{17}$ catalyst. Journal of Catalysis, 1988, 111: 67-76.

[17] Kudo A, Sayama K, Tanaka A, et al. Nickel-loaded $K_4Nb_6O_{17}$ photocatalyst in the decomposition of H_2O into H_2 and O_2: Structure and reaction mechanism. Journal of Catalysis, 1989, 120: 337-352.

[18] Yin J, Zou Z, Ye J. A Novel Series of the New Visible-Light-Driven Photocatalysts $MCo_{1/3}Nb_{2/3}O_3$ (M=Ca, Sr, and Ba) with Special Electronic Structures. The Journal of Physical Chemistry B, 2003, 107: 4936-4941.

[19] Zou Z, Ye J, Sayama K, et al. Direct splitting of water under visible light irradiation with an oxide semiconductor photocatalyst. Nature, 2001, 414: 625-627.

[20] Kato H, Asakura K, Kudo A, Highly efficient water splitting into H_2 and O_2 over lanthanum-doped $NaTaO_3$ photocatalysts with high crystallinity and surface nanostructure. Journal of the American Chemical Society, 2003, 125: 3082-3089.

[21] Hitoki G, Takata T, Kondo J N, et al. An oxynitride, TaON, as an efficient water oxidation photocatalyst under visible light irradiation ($\lambda \leqslant 500$nm). Chem Commun, 2002: 1698-1699.

[22] Maeda K, Takata T, Hara M, et al. GaN:ZnO solid solution as a photocatalyst for visible-light-driven overall water splitting. Journal of the American Chemical Society, 2005, 127: 8286-8287.

[23] Maeda K, Teramura K, Lu D, et al. Characterization of Rh-Cr Mixed-Oxide Nanoparticles Dispersed on $(Ga_{1-x}Zn_x)(N_{1-x}O_x)$ as a Cocatalyst for Visible-Light-Driven Overall Water Splitting. The Journal of Physical Chemistry B, 2006, 110: 13753-13758.

[24] Lee Y, Terashima H, Shimodaira Y, et al. Zinc Germanium Oxynitride as a Photocatalyst for Overall Water Splitting under Visible Light. The Journal of Physical Chemistry C, 2007, 111: 1042-1048.

[25] Wang X, Maeda K, Thomas A, et al. A metal-free polymeric photocatalyst for hydrogen production from water under visible light. Nature materials, 2009, 8: 76-80.

[26] Liu J, Zhang Y, Lu L, et al. Self-regenerated solar-driven photocatalytic water-splitting by urea derived graphitic carbon nitride with platinum nanoparticles. Chemical communications, 2012, 48: 8826-8828.

[27] Liu J, Liu Y, Liu N, et al. Water splitting. Metal-free efficient photocatalyst for stable visible water splitting via a two-electron pathway. Science, 2015, 347: 970-974.

[28] Holmes M A, Townsend T K, Osterloh F E. Quantum confinement controlled photocatalytic water splitting by suspended CdSe nanocrystals. Chemical communications, 2012, 48: 371-373.

[29] Asahi R, Morikawa T, Ohwaki T, et al. Visible-light photocatalysis in nitrogen-doped titanium oxides. Science, 2001, 293: 269-271.

[30] Muller D A, Nakagawa N, Ohtomo A, et al. Atomic-scale imaging of nanoengineered oxygen vacancy profiles in $SrTiO_3$. Nature, 2004, 430: 657-661.

[31] Cronemeyer D C. Infrared Absorption of Reduced Rutile TiO_2 Single Crystals. Physical Review, 1959, 113: 1222-1226.

[32] Chen X, Liu L, Yu P Y, et al. Increasing solar absorption for photocatalysis with black hydrogenated titanium dioxide nanocrystals. Science, 2011, 331: 746-750.

[33] Serpone N, Lawless D, Khairutdinov R, et al. Subnanosecond Relaxation Dynamics in TiO_2 Colloidal Sols (Particle Sizes R_p=1.0～13.4nm). Relevance to Heterogeneous Photocatalysis. The Journal of Physical Chemistry, 1995, 99: 16655-16661.

[34] Sun Y, Cheng H, Gao S, et al. Freestanding tin disulfide single-layers realizing efficient visible-light water splitting. Angewandte Chemie, 2012, 51: 8727-8731.

[35] Zhu J, Yin Z, Yang D, et al. Hierarchical hollow spheres composed of ultrathin Fe_2O_3 nanosheets for lithium storage and photocatalytic water oxidation. Energy & Environmental Science, 2013, 6: 987.

[36] Yao W, Iwai H, Ye J. Effects of molybdenum substitution on the photocatalytic behavior of $BiVO_4$. Dalton transactions, 2008: 1426-1430.

[37] Zhong D K, Choi S, Gamelin D R. Near-complete suppression of surface recombination in solar photoelectrolysis by "Co-Pi" catalyst-modified W: $BiVO_4$. Journal of the American Chemical Society, 2011, 133: 18370-18377.

[38] Jo W J, Jang J W, Kong K J, et al. Phosphate doping into monoclinic $BiVO_4$ for enhanced photoelectrochemical water oxidation activity. Angewandte Chemie, 2012, 51: 3147-3151.

[39] Paracchino A, Laporte V, Sivula K, et al. Highly active oxide photocathode for photoelectrochemical water reduction. Nature materials, 2011, 10: 456-461.

[40] Tsai T Y, Chang S J, Hsueh T J, et al. p-Cu_2O-shell/n-TiO_2-nanowire-core heterostucture photodiodes. Nanoscale

Research Letters, 2011, 6: 575.

[41] Luo M, Yao W, Huang C, et al. Shape-controlled synthesis of Pd nanoparticles for effective photocatalytic hydrogen production. RSC Adv, 2015, 5: 40892-40898.

[42] Luo M, Lu P, Yao W, et al. Shape and Composition Effects on Photocatalytic Hydrogen Production for Pt-Pd Alloy Cocatalysts. ACS applied materials & interfaces, 2016, 8: 20667-20674.

[43] Han X, Kuang Q, Jin M, et al. Synthesis of titania nanosheets with a high percentage of exposed (001) facets and related photocatalytic properties. Journal of the American Chemical Society, 2009, 131: 3152-3153.

[44] Yao W, Huang C, Muradov N, et al. A novel Pd-Cr_2O_3/CdS photocatalyst for solar hydrogen production using a regenerable sacrificial donor. International Journal of Hydrogen Energy, 2011, 36: 4710-4715.

[45] Zhang J, Yao W, Huang C, et al. High efficiency and stable tungsten phosphide cocatalysts for photocatalytic hydrogen production. J Mater Chem A, 2017.

[46] Tachibana Y, Vayssieres L, Durrant J R, Artificial photosynthesis for solar water-splitting. Nature Photonics, 2012, 6: 511-518.

[47] Huang C, Yao W, T-Raissi A, et al. Development of efficient photoreactors for solar hydrogen production. Solar Energy, 2011, 85: 19-27.

[48] Mangrulkar P A, Polshettiwar V, Labhsetwar N K, et al. Nano-ferrites for water splitting: unprecedented high photocatalytic hydrogen production under visible light. Nanoscale, 2012, 4: 5202-5209.

[49] Chen J J, Wu J C S, Wu P C, et al. Plasmonic Photocatalyst for H_2 Evolution in Photocatalytic Water Splitting. The Journal of Physical Chemistry C, 2011, 115: 210-216.

[50] Marschall R, Mukherji A, Tanksale A, et al. Preparation of new sulfur-doped and sulfur/nitrogen co-doped $CsTaWO_6$ photocatalysts for hydrogen production from water under visible light. Journal of Materials Chemistry, 2011, 21: 8871.

[51] Xing Z, Zong X, Pan J, et al. On the engineering part of solar hydrogen production from water splitting: Photoreactor design. Chemical Engineering Science, 2013, 104: 125-146.

[52] Escudero J C, Simarro R, Cervera-March S, et al. Rate-controlling steps in a three-phase (solid—liquid—gas) photoreactor: a phenomenological approach applied to hydrogen photoprodution using Pt TiO_2 aqueous suspensions. Chemical Engineering Science, 1989, 44: 583-593.

[53] Lo C C, Huang C W, Liao C H, et al. Novel twin reactor for separate evolution of hydrogen and oxygen in photocatalytic water splitting. International Journal of Hydrogen Energy, 2010, 35: 1523-1529.

[54] Oralli E, Dincer I, Naterer G F. Solar photocatalytic reactor performance for hydrogen production from incident ultraviolet radiation. International Journal of Hydrogen Energy, 2011, 36: 9446-9452.

[55] Priya R, Kanmani S. Batch slurry photocatalytic reactors for the generation of hydrogen from sulfide and sulfite waste streams under solar irradiation. Solar Energy, 2009, 83: 1802-1805.

[56] Escudero J C, Cervera-March S, Giménez J, et al. Preparation and characterization of $Pt(RuO_2)/TiO_2$ catalysts: Test in a continuous water photolysis system. Journal of Catalysis, 1990, 123: 319-332.

[57] Esplugas S, Cervera S, Simarro R. A Reactor Model for Water Photolysis Experimental Studies in the Liquid Phase with Suspensions of Catalytic Particles. Chemical Engineering Communications, 1987, 51: 221-232.

[58] Jing D, Liu H, Zhang X, et al. Photocatalytic hydrogen production under direct solar light in a CPC based solar reactor: Reactor design and preliminary results. Energy Conversion and Management, 2009, 50: 2919-2926.

[59] Jing D, Guo L, Zhao L, et al. Efficient solar hydrogen production by photocatalytic water splitting: From fundamental study to pilot demonstration. International Journal of Hydrogen Energy, 2010, 35: 7087-7097.

[60] Alfano O M, Bahnemann D, Cassano A E, et al. Photocatalysis in water environments using artificial and solar light. Catalysis Today, 2000, 58: 199-230.

[61] Brandi R J, Alfano O M, Cassano A E. Evaluation of Radiation Absorption in Slurry Photocatalytic Reactors: 2. Experimental Verification of the Proposed Method. Environmental Science & Technology, 2000, 34: 2631-2639.

[62] Romero R L, Alfano O M, Cassano A E. Cylindrical Photocatalytic Reactors. Radiation Absorption and Scattering Effects Produced by Suspended Fine Particles in an Annular Space. Industrial & Engineering Chemistry Research, 1997, 36: 3094-3109.

[63] Huang Q, Liu T, Yang J, et al. Evaluation of radiative transfer using the finite volume method in cylindrical. photoreactors. Chemical Engineering Science, 2011, 66: 3930-3940.

[64] Herrmann J M. Heterogeneous photocatalysis: state of the art and present applications In honor of Pr. R. L. Burwell Jr. (1912-2003), Former Head of Ipatieff Laboratories, Northwestern University, Evanston (Ⅲ). Topics in Cataly-

sis，2005，34：49-65.

[65] Hisatomi T，Maeda K，Takanabe K，et al. Aspects of the Water Splitting Mechanism on $(Ga_{1-x}Zn_x)(N_{1-x}O_x)$ Photocatalyst Modified with $Rh_{2-y}Cr_yO_3$ Cocatalyst. The Journal of Physical Chemistry C，2009，113：21458-21466.

[66] Sabaté J，Cervera-March S，Simarro R，et al. Photocatalytic production of hydrogen from sulfide and sulfite waste streams：a kinetic model for reactions occurring in illuminating suspensions of CdS. Chemical Engineering Science，1990，45：3089-3096.

[67] Escudero J C，Giménez J，Simarro R，et al. Physical characteristics of photocatalysts affecting the performance of a process in a continuous photoreactor. Solar Energy Materials，1988，17：151-163.

[68] Mukherji A，Marschall R，Tanksale A，et al. N-Doped $CsTaWO_6$ as a New Photocatalyst for Hydrogen Production from Water Splitting Under Solar Irradiation. Advanced Functional Materials，2011，21：126-132.

[69] Maeda K，Teramura K，Masuda H，et al. Efficient overall water splitting under visible-light irradiation on $(Ga_{1-x}Zn_x)(N_{1-x}O_x)$ dispersed with Rh-Cr mixed-oxide nanoparticles：Effect of reaction conditions on photocatalytic activity. The journal of physical chemistry B，2006，110：13107-13112.

[70] Sayama K，Arakawa H. Effect of carbonate salt addition on the photocatalytic decomposition of liquid water over Pt-TiO_2 catalyst. Journal of the Chemical Society，Faraday Transactions，1997，93：1647-1654.

第6章 生物质发酵制氢

目前，世界范围类96%的氢气来源于化石燃料，其生产过程中排放大量的温室气体[1]。生物产氢过程包括：生物光解产氢，光发酵以及暗发酵[2,3]。与其他生物产氢过程相比，暗发酵的方式原料来源广泛，可利用多种工农业固体废弃物和废水[4]。此外，暗发酵产氢的速率高且无须太阳能的输入[3,5]。因此，从能源和环境角度，利用废弃生物质进行发酵产氢具有前景广阔[6]。

6.1 基本原理

暗发酵生化途径如图6-1所示，以葡萄糖为例，在通过糖酵解途径转化为丙酮酸时，产生三磷酸腺苷（adenosine triphosphate，ATP）和还原态烟酰胺腺嘌呤二核苷酸（reduced form of nicotinamide adenine dinucleotide，NADH）。丙酮酸进一步可通过两条途径转化为乙酰辅酶A。一种途径是通过严格厌氧菌（*Clostridium* 属）代谢，同时产生还原铁氧还蛋

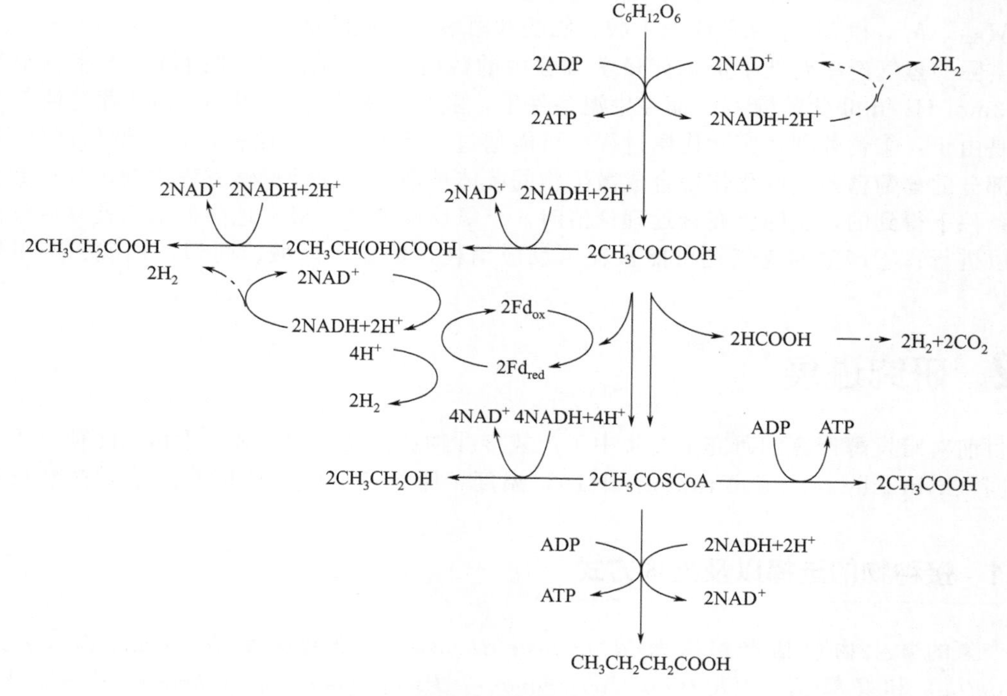

图6-1 葡萄糖的暗发酵产氢代谢途径[7-9]

白（reduced ferredoxin，Fdred）。另一种是通过兼性厌氧菌（*Enterobacter*，*Klebsiella*）代谢，同时产生甲酸[7~9]。乙酰辅酶 A 在不同的微生物和环境条件下最终被转化为乙酸、丙酸、乳酸、丁酸等挥发性脂肪酸（volatile fatty acids，VFAs）和乙醇、丁醇等醇类[10]。

表6-1 暗发酵产氢过程中不同发酵终产物情况下的化学计量学方程以及自由能

反应方程式	$\Delta G'_0$/kJ	公式号
$C_6H_{12}O_6+6H_2O \longrightarrow 12H_2+6CO_2$	+2.0	(6-1)
$C_6H_{12}O_6+2H_2O \longrightarrow 2CH_3COOH+4H_2+2CO_2$	-206.0	(6-2)
$C_6H_{12}O_6 \longrightarrow CH_3CH_2CH_2COOH+2H_2+2CO_2$	-254.0	(6-3)
$C_6H_{12}O_6 \longrightarrow 2CH_3CH_2OH+2CO_2$	-164.8	(6-4)
$C_6H_{12}O_6 \longrightarrow 2CH_3CH(OH)COOH$	-225.4	(6-5)
$C_6H_{12}O_6+2H_2 \longrightarrow 2CH_3CH_2COOH+2H_2O$	-279.4	(6-6)
$4H_2+2CO_2 \longrightarrow CH_3COOH+2H_2O$	-104.0	(6-7)
$4H_2+CO_2 \longrightarrow CH_4+2H_2O$	-135.0	(6-8)

从表 6-1 中的化学计量方程来看，1mol 葡萄糖可以产生 12mol 氢气［式(6-1)］[7]，然而此反应整个过程中自由能为正，在没有能量输入的情况下不能进行。1mol 葡萄糖可以生成 4mol 氢气与 2mol 乙酸［式(6-2)][11]。乙酸进一步分解产生氢气需要外部的能量输入，如光能（光发酵）、电能（燃料电池）等[11]。如式(6-2)～式(6-4) 所示，在碳水化合物的产氢发酵过程中，最常见的发酵产物是乙酸、丁酸和乙醇[8]。氢气产率与乙酸、丁酸的生成成正相关的关系，而乙醇的产生将降低氢气产率。当发酵产物为乳酸［式(6-5)］时氢气产率可忽略不计[12]。同型产乙酸［式(6-7)］，耗氢产甲烷［式(6-8)］以及产丙酸［式(6-6)］的代谢途径将消耗产氢过程产生的氢气。根据以上的生化计量学方程，计算氢气摩尔产率（$H_{2理论的}$）可以通过式(6-9) 计算[13]：

$$H_{2理论的}=2M_{But}+2M_{Ac}-M_{Prop} \tag{6-9}$$

M_{But}、M_{Ac}和 M_{Prop} 分别代表丁酸、乙酸和丙酸的物质的量。

实际的氢气产率要低于生化计量学方程中的数值[8]。文献中报道的氢气产率的最高值低于 3mol H_2/mol 葡萄糖[9]。而在中温条件下，氢气产率约为 2mol H_2/mol 葡萄糖[7]。这主要是由于：①葡萄糖在实际代谢过程中可能通过不产氢的生化途径进行，例如产乳酸等；②一部分的葡萄糖通过同化作用合成微生物的菌体被消耗；③计量学方程中的氢气产率是在均衡条件下得到的，实际上在接近理论值时，产氢反应速率将极大地降低从而使得后续的反应难以进行；④产生的氢气还可能被耗氢反应消耗，例如产丙酸、同型产乙酸、产甲烷反应等。

6.2 研究进展

目前对暗发酵产氢的研究主要集中于产氢接种物选择及处理方式，发酵 pH 值，水力停留时间（hydraulic retention time，HRT），温度，原料和反应器构型等因素对产氢过程的影响。

6.2.1 接种物的选择以及处理方式

产氢的微生物包括严格厌氧菌（*Clostridiaceae*）、兼型厌氧菌（*Enterobactericeae*，*Klebsiella*）和好氧菌（*Bacillus*，*Aeromonons*，*Pseudomonos* 和 *Vibrio*）[4,14,15]。其中，*Clostridium* 和 *Enterobacter* 是在暗发酵产氢中最为广泛应用的微生物[4]。

尽管纯菌被广泛用于暗发酵产氢的研究，然而混合菌种在实际中更为容易获得。此外，混合微生物种群间的相互协作使得其在处理复杂的生物质原料时更有活力[16]。以兼性厌氧菌 *Streptococcus* 和 *Klebsiella* 为例，可消耗环境中氧气从而为严格厌氧产氢菌 *Clostridium* 的生存创造了更为适宜的环境[16]。图 6-2 为混合菌种富集得到的以 *Clostridium* 杆状微生物为主的产氢微生物群落形态。

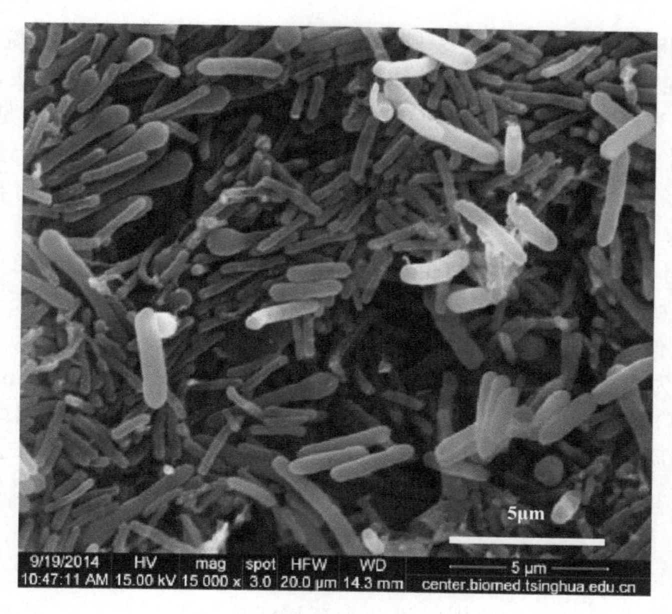

图 6-2 产氢颗粒污泥 SEM 图片[17]

Streptococcus 菌还可以在颗粒污泥中与产氢菌 *Clostridium* 形成网状结构，从而起到强化颗粒污泥结构的作用[18]。而另外一些微生物可协助降解纤维素等复杂的原料，提高氢气产率[19]。混合菌种的来源丰富，包括消化污泥、活性污泥和环境中取得的土壤等。在一些情况下，原料本身就含有产氢微生物，无须外接接种[20]。

环境中得到的混合菌种作为接种物还需要进行处理。处理手段设定的依据主要是围绕着产氢菌 *Clostridium* 可形成芽孢这一特性进行的，通过接种物处理可使代谢途径向产氢方向进行，从而提高氢气产率[21]。主要的接种物处理手段包括：热处理、酸处理、碱处理、化学处理、冻融处理、超声处理以及以上方式的结合。各种处理方法也被进行了比较。Wang 等分别以酸处理、碱处理、热处理、曝气处理和化学处理（氯仿）后的消化污泥作为接种物进行了产氢批式试验，结果表明热处理在产氢潜力、产氢速率、基质降解速率各方面均最高[22]。Penteado 等研究了热处理（90℃，10min）、酸处理（pH3，24h）对连续暗发酵产氢效果的影响，结果表明热处理后的氢气产率最高，而酸处理有助于获得稳定的产氢过程[23]。Cheong 等对比了热处理（105℃，2h）、酸处理（pH2，4h）、化学处理（溴乙基磺酸钠）对产氢的影响，结果表明酸处理能够获得最大的氢气产率[24]。在 Argun 等的研究中也证明了热处理相对于化学处理（氯仿），其在氢气产率和产氢速率方面的优势[25]。Rossi 等对比了酸处理、碱处理、热处理和冻融处理，结果表明热处理在提升产氢方面效果最好[26]。Pendyala 等对比了不同接种物来源，不同处理方法（热处理、酸处理、碱处理、化学处理）对产氢的影响，结果表明相比处理方法，接种物来源对产氢效果影响更显著[27]。综上所述，由于热处理和酸处理热处理效果好、方法简单可行等特点，是最为常用的处理手段。然而，大量的研究结果证明仅仅接种物处理并不能完全抑制耗氢类微生物[8,28~30]，部分耗氢类微生物也可以形成芽孢从处理的过程中生存下来，例如产丙酸和乳酸微生物（*Propionibacterium*，*Sporolactobacillus*）[31]。Si 等发现以热处理厌氧污泥接种后的 UASB 和 PBR 中也有大量的产乳酸微生物的存在[17]。

6.2.2 反应 pH 值

适宜的 pH 值将极大地提升产氢表现，低 pH 值可抑制耗氢的产甲烷活动。pH 值的控制会影响代谢途径的改变[32,33]，例如在 pH 值为 4 时，主要产物是丁酸，而当 pH 为中性时代谢产物则主要为乳酸和丙酸[7]。最佳的产氢 pH 值范围通常认为是在 5～6.5 之间。Chen 等使用厌氧批式反应器研究了 pH 值（4.9，5.5，6.1，6.7）对产氢效果的影响，结果表明产氢最适宜的 pH 值是 4.9[34]。Fang 等的研究结果则表明 pH 值在 4～7 之间（0.5 为间隔），氢气产率最高的 pH 值为 5.5[35]。然而部分的产氢批式试验是在中性 pH 下进行的[22,24]。这可能与 pH 控制的方法有关，即初始值 pH 值和反应过程中的 pH 值是不同的控制指标。Lee 等认为氢气产率并不是由初始 pH 值控制的，而是由产氢反应最终的 pH 值决定的[7]。此外，最佳 pH 值的差异还与原料有关，糖产氢的最佳 pH 值为 4.5～6，而蛋白质产氢的最佳 pH 值为 8.5～10[36]。产氢适宜的 pH 还与 OLR 相关。Skonieczny 等验证了基质浓度（1～3g COD/L）和初始 pH 值（5.7～6.5）对产氢过程影响之间的关联性[37]。Ginkel 等研究了基质浓度（1.5～44.8g COD/L）和初始 pH 值（4.5～7.5）对产氢过程的影响，结果证明在 pH 值为 5.5、基质浓度为 7.5g COD/L 的情况下产氢效果最好[14]。

6.2.3 温度

暗发酵产氢按照发酵温度的差别，可分为环境温度（20～25℃）、中温（35～39℃）、高温（40～60℃）以及超高温（>60℃）发酵。Tang 等以 0.5℃为间隔研究了 30～50℃之间温度变化对牛场废水产氢的影响，结果以 45℃的温度最佳[38]。Wang 等的研究结果较为相似，在 20～55℃的区间内 40℃为产氢的最佳温度[39]。在更高的温度区间内（37～70℃）以木薯酒糟为原料的产氢分批式试验证明 60℃为最佳温度[40]。Gadow 等在以纤维素为原料的连续试验中发现与中温（37℃）发酵相比，超高温（80℃）和高温（55℃）条件下可抑制发酵过程中的产甲烷活动，从而提高氢气产率[41]。Valdez-Vazquez 发现高温发酵（55℃）时的氢气浓度和氢气产率均高于中温发酵（35℃）[42]。以上研究都阐释了高温发酵时产氢表现要优于中温发酵，然而 Shi 等以海带为原料的批式发酵结果表明中温发酵的氢气产率［35℃，(61.3±2.0)mL/g TS］要优于高温发酵［50℃，(49.7±2.8)mL/g TS］以及超高温发酵［65℃，(48.1±2.5)mL/g TS］[43]。而在实际工程中，以环境温度发酵最为经济可行。Lin 等在环境温度下实现了暗发酵产氢稳定连续的运行[44]。

6.2.4 原料

暗发酵产氢原料广泛，包括制糖业垃圾、污泥、生活垃圾、市政垃圾、厨余垃圾、畜禽粪污和农作物秸秆等。Kobayashi 等研究了不同成分的市政垃圾的发酵产氢情况，结果表明碳水化合物含量高的原料产氢效果要优于蛋白质和脂质含量高的[45]。碳水化合物是主要的产氢来源，因此碳水化合物含量较高的原料，例如厨余垃圾、食品加工企业的废弃垃圾等，产氢过程中氢气浓度高、产氢速率快、氢气产率高[46]。原料中的 C/N 比也对发酵产氢有重要的影响。Argun 等认为发酵产氢最优的 C/N 比为 100/0.5[47]，这与 Lima 等给出的 140 的最优 C/N 比接近[48]。然而根据 Lin 等的研究，以蔗糖为原料进行产氢发酵时，最佳 C/N 比值为 47[49]。Sreethawong 等则得出的最佳 C/N 比值为 17[50]。因此，对于产氢过程最 C/

N 比没有较为统一的结论，这可能与各试验中采取的接种物，原料以及 pH 值之间的差异有关。磷在产氢过程中也起到了非常重要的作用，Lin 等推荐使用磷酸盐代替碳酸盐作为缓冲剂以提升暗发酵产氢效果[51]。金属元素 Mg、Na、Zn、Fe 对发酵产氢有重要的影响[52]。适当补充钙离子可以提高产氢颗粒污泥系统中的微生物浓度，提升产氢速率[53]。

6.2.5 反应器

目前已有多种反应器用于暗发酵产氢，包括连续搅拌反应器（continuous stirred tank reactor，CSTR)，滤床反应器（leaching bed reactor，LBR)，连续旋转鼓式反应器（continuous rotating drum，CRD)，厌氧序批式反应器（anaerobic sequencing batch reactor，ASBR)，上流式厌氧污泥床反应器（up-flow anaerobic sludge blanket，UASB)，填充床反应器（packed bed reactor，PBR)，载体颗粒污泥床反应器（carrier-induced granular sludge bed，CIGSB）以及厌氧流化床反应器（anaerobic fluidized bed reactor，AFBR)。

在 CSTR 中，污泥的停留时间与 HRT 相同，微生物均匀的悬浮在反应器内部，随着原料的流出而流出，因此当 HRT 较低时微生物将出现流失的情况从而导致反应器的崩溃。此外，在 CSTR 中，微生物浓度较低因此反应速率受到限制[22]。尽管存在着反应速率较低的问题，CSTR 适用于高固体浓度的原料的发酵。CRD 反应器则由于外部旋转的方式使得反应器内部原料能够充分地混合，因此处理高固体浓度原料时优点突出。当原料总固体（total solid，TS)、挥发性固体（volatile solid，VS）浓度较低时，可使用厌氧高效反应器如 UASB、AFBR、PBR 和 CIGSB 等。这类反应器在反应器内部以生物膜或者颗粒污泥的形式富集了大量微生物，因此反应器效率较高。Zhang 等使用 AFBR 进行连续发酵产氢，HRT 可缩短至 0.125～3h，最高氢气产率可达 7.6L/(L·h)[54]。Chang 采用了 0.5～2h HRT 运行 PBR 产氢，最大的产氢速率可达 1.32L/(L·h)[55]。Ueno 等使用 UASB 对制糖废水进行了产氢试验，在 HRT 为 12h 时获得了 2.52mol H_2/mol 葡萄糖的氢气产率[56]。Si 等的研究结果表明，相比于 PBR，UASB 反应器的产氢效果更好[57]，这主要是对于不同的高效反应器，由于其不同的微生物富集模式，反应器内部的传质差异，其产氢也会出现显著的差异。

6.3 案例介绍

北京郊县农业废弃物厌氧发酵制取生物氢烷的中试工艺图如图 6-3 所示。在两阶段厌氧发酵前首先对玉米秸秆等农业废弃物进行预处理，即玉米秸秆经收集后进行粉碎；经粉碎处理后的秸秆在调配罐中与厌氧污泥混合，并进入连续搅拌反应器（continuous stirred tank reactor，CSTR）中进行厌氧发酵产氢气；产氢结束后物料经过固液分离存储于混合罐中，同时由泵输送至升流式厌氧污泥床（up-flow anaerobic sludge blanket，UASB）进行厌氧发酵产甲烷。通过两阶段厌氧发酵获得生物氢烷经收集后进行净化脱硫及加压储存于气柜中，后续可用于车载燃料或其他用途。同时，该过程产生的废弃物处理方式如下，固体废弃物（主要是产氢阶段结束后的残渣）将与蛭石、珍珠岩混合作为无土栽培基质；对于液体废弃物（主要是产甲烷阶段结束后的发酵液)，部分发酵液将经泵流向调配罐用作污泥与秸秆混合，同时还有部分发酵液将在产甲烷相中循环，最后剩余的部分将作为液态肥料返田。

现场实验装置如图 6-4 所示。其中，CSTR 反应器有效容积为 1m³，高径比为 1.26∶1，主体为焊接钢罐，内加聚氨酯涂层防腐，并采用循环水供热，热水源为一个容积 100L 加热功率 3kW 的水罐，利用管道循环泵推动水热交换。UASB 反应器有效容积为 0.5m³，高径

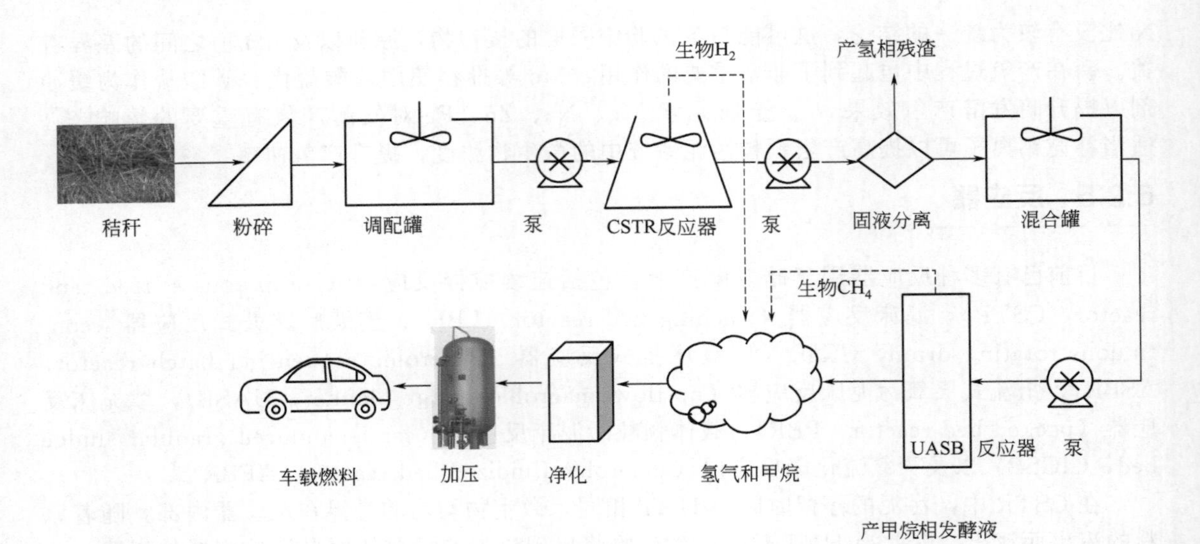

图 6-3 秸秆联产氢烷工艺流程图

图 6-4 秸秆联产氢烷中试现场布置图

比为 8∶1，主体与 CSTR 反应器一致，内加聚氨酯涂层防腐，并采用电热带加热方法，电热带螺旋缠绕发酵罐，外敷保温层。

以 CSTR 反应器作为产氢相反应器时，反应开始 8h 内产氢速率不断提升，并在 8h 前达到产氢速率的峰值，约 $12m^3/d$，8h 以后产氢速度一直下降并在发酵周期末期逐渐趋向零。并且产氢前后物料对比发现，产氢残渣中纤维素含量更高，可能是部分纤维素未能被微生物有效降解引起的；因此要提高氢气产量可以考虑强化原料的水解阶段，提高纤维素和半纤维素的生物转化效率。产甲烷阶段，UASB 反应器 COD 去除率为 (94.66±0.44)%，初始进水 COD 约为 12g/L，每批次产甲烷过程中产气速度峰值相近。同时，产甲烷阶段受反应温度影响较为明显，因此在产甲烷过程中应该做好反应器的保温措施。在实验过程中氢气

和甲烷产率分别为 (25.20±1.03)L/kg TS 和 (95.98±3.53)L/kg TS；氢气和甲烷含量分别为 (40.8±2.4)%和 (79.7±4.0)%。

6.4 优点与问题

暗发酵优点是相比其他生物产氢方式，速率快且无须太阳能的输入。此外，暗发酵产氢原料来源广泛，可利用工农业废水、固废进行氢气生产从而实现环境和能源的双重效益。然而，暗发酵产氢过程只是部分的利用了有机物，发酵剩余物中的有机物，包括多种挥发性脂肪酸、醇类等，其含量还很高，需要进一步地处理。因此，暗发酵产氢与产甲烷、光发酵产氢、微生物燃料电池等方法结合是目前研究的重要方向。

参 考 文 献

[1] Dufour J, Serrano D P, Galvez J L, et al. Life cycle assessment of processes for hydrogen production. Environmental feasibility and reduction of greenhouse gases emissions [J]. International Journal of Hydrogen Energy, 2009, 34 (3): 1370-1376.

[2] Kvesitadze G, Sadunishvili T, Dudauri T, et al. Two-stage anaerobic process for bio-hydrogen and bio-methane combined production from biodegradable solid wastes [J]. Energy, 2012, 37 (1): 94-102.

[3] Argun H, Kargi F. Bio-hydrogen production by different operational modes of dark and photo-fermentation: An overview [J]. International Journal of Hydrogen Energy, 2011, 36 (13): 7443-7459.

[4] Wang J, Wan W. Factors influencing fermentative hydrogen production: A review [J]. International Journal of Hydrogen Energy, 2009, 34 (2): 799-811.

[5] Kim D H, Kim M S. Development of a novel three-stage fermentation system converting food waste to hydrogen and methane [J]. Bioresource Technology, 2013, 127 (1): 267-274.

[6] Djomo S N, Blumberga D. Comparative life cycle assessment of three biohydrogen pathways [J]. Bioresource Technology, 2011, 102 (3): 2684-2694.

[7] Lee H, Salerno M B, Rittmann B E. Thermodynamic evaluation on H_2 production in glucose fermentation [J]. Environmental Science and Technology, 2008, 42 (7): 2401-2407.

[8] Li C, Fang H H P. Fermentative hydrogen production from wastewater and solid wastes by mixed cultures [J]. Critical Reviews in Environmental Science and Technology, 2007, 37 (1): 1-39.

[9] Cai G, Jin B, Monis P, et al. Metabolic flux network and analysis of fermentative hydrogen production [J]. Biotechnology Advances, 2011, 29 (4): 375-387.

[10] Venetsaneas N, Antonopoulou G, Stamatelatou K, et al. Using cheese whey for hydrogen and methane generation in a two-stage continuous process with alternative pH controlling approaches [J]. Bioresource Technology, 2009, 100 (15): 3713-3717.

[11] Thauer R K, Jungermann K A, Decker K. Energy conservation in chemotrophic anaerobic bacteria. [J]. Bacteriological Reviews, 1977, 41 (1): 100-180.

[12] Kim S, Shin H. Effects of base-pretreatment on continuous enriched culture for hydrogen production from food waste [J]. International Journal of Hydrogen Energy, 2008, 33 (19): 5266-5274.

[13] Arooj M F, Han S, Kim S, et al. Continuous biohydrogen production in a CSTR using starch as a substrate [J]. International Journal of Hydrogen Energy, 2008, 33 (13): 3289-3294.

[14] Ginkel S V, Sung S, Lay J J. Biohydrogen production as a function of pH and substrate concentration [J]. Environmental Science and Technology, 2001, 35 (24): 4726-4730.

[15] Lee D, Show K, Su A. Dark fermentation on biohydrogen production: Pure culture [J]. Bioresource Technology, 2011, 102 (18): 8393-8402.

[16] Hung C H, Chang Y T, Chang Y J. Roles of microorganisms other than *Clostridium* and *Enterobacter* in anaerobic fermentative biohydrogen production systems- A review [J]. Bioresource Technology, 2011, 102 (18): 8437-8444.

[17] Si B, Li J, Li B, et al. The role of hydraulic retention time on controlling methanogenesis and homoacetogenesis in biohydrogen production using upflow anaerobic sludge blanket (UASB) reactor and packed bed reactor (PBR) [J]. International Journal of Hydrogen Energy, 2015, 40: 11414-11421.

[18] Hung C, Cheng C, Guan D, et al. Interactions between *Clostridium* sp. and other facultative anaerobes in a self-formed granular sludge hydrogen-producing bioreactor [J]. International Journal of Hydrogen Energy, 2011, 36 (14): 8704-8711.

[19] Elsharnouby O, Hafez H, Nakhla G, et al. A critical literature review on biohydrogen production by pure cultures [J]. International Journal of Hydrogen Energy, 2013, 38 (12): 4945-4966.

[20] Wang X, Zhao Y. A bench scale study of fermentative hydrogen and methane production from food waste in integrated two-stage process [J]. International Journal of Hydrogen Energy, 2009, 34 (1): 245-254.

[21] de Sá L R V, de Oliveira M A L, Cammarota M C, et al. Simultaneous analysis of carbohydrates and volatile fatty acids by HPLC for monitoring fermentative biohydrogen production [J]. International Journal of Hydrogen Energy, 2011, 36 (23): 15177-15186.

[22] Wang J, Wan W. Comparison of different pretreatment methods for enriching hydrogen-producing bacteria from digested sludge [J]. International Journal of Hydrogen Energy, 2008, 33 (12): 2934-2941.

[23] Penteado E D, Lazaro C Z, Sakamoto I K, et al. Influence of seed sludge and pretreatment method on hydrogen production in packed-bed anaerobic reactors [J]. International Journal of Hydrogen Energy, 2013, 38 (14): 6137-6145.

[24] Cheong D, Hansen C. Bacterial stress enrichment enhances anaerobic hydrogen production in cattle manure sludge [J]. Applied Microbiology and Biotechnology, 2006, 72 (4): 635-643.

[25] Argun H, Kargi F. Effects of sludge pre-treatment method on bio-hydrogen production by dark fermentation of waste ground wheat [J]. International Journal of Hydrogen Energy, 2009, 34 (20): 8543-8548.

[26] Rossi D M, Costa J B D, de Souza E A, et al. Comparison of different pretreatment methods for hydrogen production using environmental microbial consortia on residual glycerol from biodiesel [J]. International Journal of Hydrogen Energy, 2011, 36 (8): 4814-4819.

[27] Pendyala B, Chaganti S R, Lalman J A, et al. Pretreating mixed anaerobic communities from different sources: Correlating the hydrogen yield with hydrogenase activity and microbial diversity [J]. International Journal of Hydrogen Energy, 2012, 37 (17): 12175.

[28] Liu D, Liu D, Zeng R J, et al. Hydrogen and methane production from household solid waste in the two-stage fermentation process [J]. Water Research, 2006, 40 (11): 2230-2236.

[29] Lee D, Ebie Y, Xu K, et al. Continuous H_2 and CH_4 production from high-solid food waste in the two-stage thermophilic fermentation process with the recirculation of digester sludge [J]. Bioresource Technology, 2010, 101 (1, Supplement): S42-S47.

[30] Saady N M C. Homoacetogenesis during hydrogen production by mixed cultures dark fermentation: Unresolved challenge [J]. International Journal of Hydrogen Energy, 2013, 38 (30): 13172-13191.

[31] Chu C, Ebie Y, Xu K, et al. Characterization of microbial community in the two-stage process for hydrogen and methane production from food waste [J]. International Journal of Hydrogen Energy, 2010, 35 (15): 8253-8261.

[32] Kim I S, Hwang M H, Jang N J, et al. Effect of low pH on the activity of hydrogen utilizing methanogen in bio-hydrogen process [J]. International Journal of Hydrogen Energy, 2004, 29 (11): 1133-1140.

[33] Carrillo-Reyes J, Celis L B, Alatriste-Mondragón F, et al. Decreasing methane production in hydrogenogenic UASB reactors fed with cheese whey [J]. Biomass and Bioenergy, 2014, 63: 101-108.

[34] Chen W, Sung S, Chen S. Biological hydrogen production in an anaerobic sequencing batch reactor: pH and cyclic duration effects [J]. International Journal of Hydrogen Energy, 2009, 34 (1): 227-234.

[35] Fang H H P, Liu H. Effect of pH on hydrogen production from glucose by a mixed culture [J]. Bioresource Technology, 2002, 82 (1): 87-93.

[36] Xiao B, Han Y, Liu J. Evaluation of biohydrogen production from glucose and protein at neutral initial pH [J]. International Journal of Hydrogen Energy, 2010, 35 (12): 6152-6160.

[37] Skonieczny M T, Yargeau V. Biohydrogen production from wastewater by Clostridium beijerinckii: Effect of pH and substrate concentration [J]. International Journal of Hydrogen Energy, 2009, 34 (8): 3288-3294.

[38] Tang G L, Huang J, Sun Z J, et al. Biohydrogen production from cattle wastewater by enriched anaerobic mixed consortia: Influence of fermentation temperature and pH [J]. Journal of Bioscience and Bioengineering, 2008, 106 (1): 80-87.

[39] Wang J, Wan W. Effect of temperature on fermentative hydrogen production by mixed cultures [J]. International Journal of Hydrogen Energy, 2008, 33 (20): 5392-5397.

[40] Luo G, Xie L, Zou Z, et al. Fermentative hydrogen production from cassava stillage by mixed anaerobic microflora: Effects of temperature and pH [J]. Applied Energy, 2010, 87 (12): 3710-3717.

[41] Gadow S I, Li Y Y, Liu Y Y. Effect of temperature on continuous hydrogen production of cellulose [J]. International Journal of Hydrogen Energy, 2012, 37 (20): 15465-15472.

[42] Valdez-Vazquez I, Ríos-Leal E, Esparza-García F, et al. Semi-continuous solid substrate anaerobic reactors for H_2 production from organic waste: Mesophilic versus thermophilic regime [J]. International Journal of Hydrogen Energy, 2005, 30 (13-14): 1383-1391.

[43] Shi X, Kim D, Shin H, et al. Effect of temperature on continuous fermentative hydrogen production from *Laminaria japonica* by anaerobic mixed cultures [J]. Bioresource Technology, 2013, 144 (3): 225-231.

[44] Lin C, Chang R. Fermentative hydrogen production at ambient temperature [J]. International Journal of Hydrogen Energy, 2004, 29 (7): 715-720.

[45] Kobayashi T, Xu K, Li Y, et al. Evaluation of hydrogen and methane production from municipal solid wastes with different compositions of fat, protein, cellulosic materials and the other carbohydrates [J]. International Journal of Hydrogen Energy, 2012, 37 (20): 15711-15718.

[46] Yasin N H M, Mumtaz T, Hassan M A, et al. Food waste and food processing waste for biohydrogen production: A review [J]. Journal of Environmental Management, 2013, 130: 375-385.

[47] Argun H, Kargi F, Kapdan I K, et al. Biohydrogen production by dark fermentation of wheat powder solution: Effects of C/N and C/P ratio on hydrogen yield and formation rate [J]. International Journal of Hydrogen Energy, 2008, 33 (7): 1813-1819.

[48] Lima D M F, Zaiat M. The influence of the degree of back-mixing on hydrogen production in an anaerobic fixed-bed reactor [J]. International Journal of Hydrogen Energy, 2012, 37 (12): 9630-9635.

[49] Lin C Y, Lay C H. Carbon/nitrogen-ratio effect on fermentative hydrogen production by mixed microflora [J]. International Journal of Hydrogen Energy, 2004, 29 (1): 41-45.

[50] Sreethawong T, Chatsiriwatana S, Rangsunvigit P, et al. Hydrogen production from cassava wastewater using an anaerobic sequencing batch reactor: Effects of operational parameters, COD: N ratio, and organic acid composition [J]. International Journal of Hydrogen Energy, 2010, 35 (9): 4092-4102.

[51] Lin C Y, Lay C H. Effects of carbonate and phosphate concentrations on hydrogen production using anaerobic sewage sludge microflora [J]. International Journal of Hydrogen Energy, 2004, 29 (3): 275-281.

[52] Lin C Y. A nutrient formulation for fermentative hydrogen production using anaerobic sewage sludge microflora [J]. Internationnal Journal of Hydrogen Energy, 2005, 30 (3): 285-292.

[53] Lee K S, Lo Y S, Lo Y C, et al. Operation strategies for biohydrogen production with a high-rate anaerobic granular sludge bed bioreactor [J]. Enzyme and Microbial Technology, 2004, 35 (6-7): 605-612.

[54] Zhang Z, Show K, Tay J, et al. Biohydrogen production with anaerobic fluidized bed reactors—A comparison of biofilm-based and granule-based systems [J]. International Journal of Hydrogen Energy, 2008, 33 (5): 1559-1564.

[55] Chang J, Lee K, Lin P. Biohydrogen production with fixed-bed bioreactors [J]. International Journal of Hydrogen Energy, 2002, 27 (11-12): 1167-1174.

[56] Ueno Y, Otsuka S, Morimoto M. Hydrogen production from industrial wastewater by anaerobic microflora in chemostat culture [J]. Journal of Fermentation and Bioengineering, 1996, 82 (2): 194-197.

[57] Si B, Liu Z, Zhang Y, et al. Effect of reaction mode on biohydrogen production and its microbial diversity [J]. International Journal of Hydrogen Energy, 2015, 40 (8): 3191-3200.

第7章

生物质热化学制氢

7.1 生物质简介

生物质主要成分为纤维素，半纤维素和木质素等高分子物质，是可再生的可持续性资源。生物质的种类繁多，资源量大，分布也很广，根据来源可以将常见的生物质分为：农林生物质资源，水生生物质资源等；一些城乡工业和生活有机废弃资源尽管成分不同于生物质，也不具有再生性，但由于其可回收利用的特点，有时也将其作为一种类似生物质的资源考虑（表7-1）。

表7-1 常见生物质分类

生物质分类	生物质种类
农林生物质资源	农作物残渣和秸秆，森林生长和林业生产过程产生的生物质资源（秸秆、稻壳、锯末面等）
畜禽粪便资源	禽畜排泄物的总称（粪便，尿与垫草的混合物）
水生生物质资源	水生藻类，浮萍等各种水生植物
城乡工业和生活有机废弃资源	城乡生活以及工业化生产产生的富含有机物的污水及固体废弃物等（含酸、酚类等有机废水，污泥，废弃轮胎，废弃塑料等）

生物质作为一种能源物质，相比于化石能源具有许多优点：

① 生物质资源分布广泛，储量丰富。光合作用每年将2000亿吨的碳固定在生物质中，产生3×10^{15}GJ生物质能，但是只有1/10被充分利用[1]。

② 理想情况下，生物质利用的整个生命周期零排放二氧化碳。

③ 生物质资源的价格相对低廉，合理的利用生物质资源不仅可以缓解化石能源的消耗，同时也可以促进经济的增长。

我国的生物质主要用于燃烧供热，能量利用效率约为10%～30%[2]。如何高效利用生物质是目前能源发展的一个重要方向，图7-1为生物质的主要转化方式。

生物质主要由碳、氢、氧、氮、磷、硫等元素组成，其中平均氢元素占比约为6%（质量分数），可视为一种氢的载体。这相当于每千克生物质可生产0.673m^3的氢气，占生物质能40%以上[4]。所以，发展生物质制氢技术具有现实意义。

用于制氢的生物质可分为固体生物质和液体生物油两类。液体生物油通常是对固体生物质尤其是难以直接利用制氢的生物质的初步处理所得。植物油（如大豆、花生、玉米等）尽管也可以作为液体生物油参与制氢反应，但是成本过高。本文就固体生物质、生物油热化学制氢方法作简要介绍。

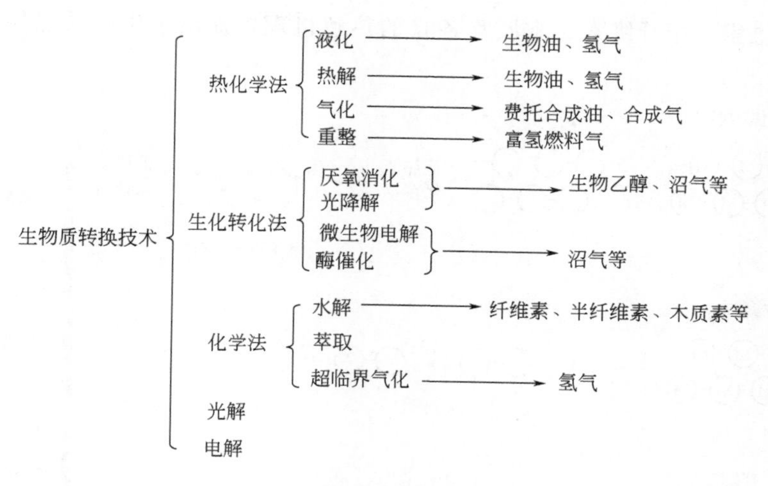

图 7-1 生物质的主要转化[3]

7.2 生物质热解制氢

7.2.1 生物质热解反应

生物质的组成会随生物质来源不同有所差异，其中木质纤维素类生物质是最丰富的生物质资源，如农林生物质资源、禽畜粪便中所含的垫草、水生植物等。木质纤维素是多种高分子有机化合物组成的复合体，主要由纤维素、半纤维素和木质素组成，其结构复杂致密，难于被降解。其中，纤维素约占木质纤维素的 35%～50%；半纤维素由多糖链组成，呈非结晶状的分支结构，分子量较小，聚合度较低，作为分子黏合剂结合在纤维素和木质素之间；木质素是一种具有复杂结构的芳香族高分子聚合物，具有三维网状的芳环结构，作为支撑骨架包围并加固纤维素和半纤维素。采用常规的物理方法很难破坏木质纤维素的结构，因此常采用热解的方法来降低聚合度。

生物质热解是指生物质在完全缺氧或者有限氧供给的条件下，通过热能切断生物质大分子中碳氢化合物的化学键，使之转化成低分子物质的过程。这种热解过程可得到：液体生物油，可燃气体（CO、CH_4、H_2 等）和固体生物质炭。其产物的分布可根据生物质种类和热裂解工艺条件进行调节。根据反应温度和加热速率的不同，生物质热裂解可分为干馏、常规热解、快速热解和闪速热解，如表 7-2 所示。

表7-2 生物质热裂解技术分类

类型	温度/℃	加热速率	停留时间	主要产物
干馏	400	极低	数天	焦炭
慢速热解	400～600	低	数小时	焦炭、生物油
常规热解	600	低（0.1～1℃/s）	5～30min	焦炭、生物油、气体
快速热解	400～650	高（10～200℃/s）	0.1～2s	生物油、气体
闪速热解	<650	非常高（>1000℃/s）	<1s	生物油、气体

生物质的热解行为可以归结为纤维素、半纤维素、木质素三种主要组分的热解。这些化合物沿着非常复杂的反应路线和方向逐步降解，形成一个复杂的反应网络，已知的热解产物就有数百种之多，对此过程中的化学平衡和热平衡关系还没有公认的模型来描述。Joel Blin

等[5]研究了纤维素、半纤维素、木质素各自的热解机理，提出了生物质热解的一个简化模型（图 7-2）。

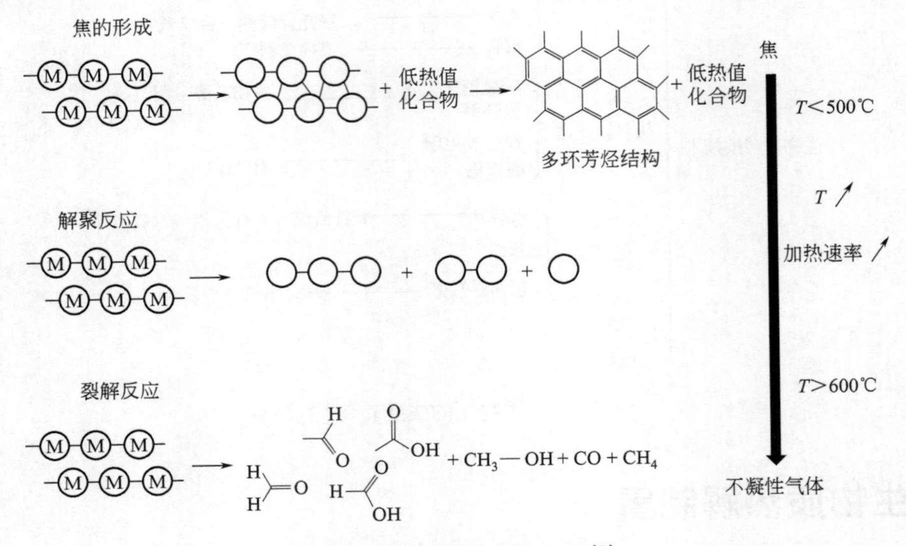

图 7-2 生物质的热解路径[5]

木质纤维素的热解可分为一次反应和二次反应。一次反应主要有焦炭的形成，解聚反应和裂解反应。焦炭的形成是指生物质中的大分子物质内部发生重排反应，这样使得热解之后的残留物的网状结构增加，形成以芳环结构为主的焦炭，同时放出水分和不凝性气体。解聚反应是指聚合物单体之间的键断裂，使木质纤维素聚合度大幅度降低，同时产生挥发性气体，这些挥发性气体冷凝之后形成液体残留物焦油。裂解反应不仅仅是聚合物单体之间的键断裂，同时聚合物单体内部的键也会发生断裂，形成不凝性气体和小分子的有机化合物。而二次反应是指生成的小分子有机化合物再次发生裂解和重整反应，形成其他小分子化合物。在相对较低温度下，生物质热解以成焦反应为主；随着温度提高和升温速率加快，解聚和裂解反应占主要。生物质热解所涉及的反应可总结如下：

$$\text{生物质} \longrightarrow \text{炭} + \text{液体(含焦油)} + \text{气体} \tag{7-1}$$

焦油的二次裂解反应：

$$\text{重烃焦油} \longrightarrow \text{炭} + \text{轻烃焦油} + H_2 + CH_4 + CO + H_2O + CO_2 \tag{7-2}$$

$$\text{焦油} + H_2O \longrightarrow H_2 + CH_4 + CO + \cdots \tag{7-3}$$

$$\text{焦油} + CO_2 \longrightarrow H_2 + CH_4 + CO + \cdots \tag{7-4}$$

轻烃的裂解反应：

$$C_2H_6 \longrightarrow C_2H_4 + H_2 \tag{7-5}$$

$$C_2H_4 \longrightarrow CH_4 + C \tag{7-6}$$

水蒸气与气体的反应：

$$CH_4 + 2H_2O \longrightarrow CO_2 + 4H_2 \tag{7-7}$$

$$CO + H_2O \longrightarrow CO_2 + H_2 \tag{7-8}$$

炭与气体的反应：

$$C + CO_2 \longrightarrow 2CO \tag{7-9}$$

$$C + 2H_2 \longrightarrow CH_4 \tag{7-10}$$

$$C + H_2O \longrightarrow CO + H_2 \tag{7-11}$$

若考虑质量平衡，Uddin 等[6]给出了一个典型的生物质热解反应方程：

$$生物质(100kg) \xrightarrow{449\sim499℃} 生物油(60kg)+焦炭(20kg)+不凝性气体(20kg)$$

7.2.2 生物质热解制氢的影响因素

影响生物质热解制氢效果的因素很多，其中生物质组成、含水量、颗粒大小、加热速率、热解温度、载气流量、催化剂等对氢气产率影响尤其显著。

7.2.2.1 生物质组成的影响

生物质原料来源复杂，组成多变，目前很难用单一模型去描述其组成对产氢率的影响。表 7-3 列出了生物质热解工艺所涉及的原料的元素含量，可见即使在干基情况下，生物质中 H/C 比值亦存在很大的变化（0.1～1.7），所含灰分也各不相同（0.05%～41.34%），遑论其所含官能团和分子结构的差异。

表7-3 典型生物质原料的组成（采自文献［6］）

生物质种类	C (质量分数)/%	H (质量分数)/%	N (质量分数)/%	S (质量分数)/%	O_2 (质量分数)/%	Ash (质量分数)/%	HHV /(MJ/kg)	LHV /(MJ/kg)
商用山毛榉（粒径 0.35nm）	50.8	5.9	0.3	0.02	42.9	0.4	—	—
商用山毛榉（粒径 0.80nm）	50.4	5.9	0.3	0.02	43.3	0.4	—	—
棕榈壳	49.74	5.32	0.16	0.16	44.86	2.1	—	—
木片	49.7	6.4	0.1	<0.1	43.8	0.3	19.3	—
木屑颗粒	47	7.7	0.1	0	45.2	0.5	—	—
玉米秸秆	47.28	5.06	0.8	0.22	40.63	6	—	—
玉米棒	43.77	6.23	—	—	50	8.06	—	18.25
橄榄石	51.6	6	0.2	0.5	41.7	0.8	—	—
锯末面	46.2	5.1	1.5	0.06	35.4	1.3	18.81	—
豆秸秆	43.3	5.62	0.12	0.12	50.35	1.62	—	—
甘蔗渣	66.9	9.2	—	—	21.9	—	31.8	—
玉米秆	43.65	5.56	0.01	0.01	43.31	5.58	—	17.19
黄麻秆	48.0	9.0	—	—	21.9	—	31.8	—
甘蔗渣	47.0	7.0	—	—	47.0	0.24	20	—
玉米外壳	44.1	6.975	—	—	41.109	—	—	—
玉米棒	39.98	5.811	—	—	43.517	—	—	—
栎木	45.61	6.755	—	—	47.209	—	—	—
自养海水	62.07	8.76	9.74	—	19.43	—	30	—
非自养海水	76.22	11.61	0.93	—	11.24	—	41	—
微藻	61.52	8.5	9.79	—	20.19	—	29	—
椰子壳	92.28	1.09	0.47	0.04	3.08	2.78	—	—
玉米棒	86.38	1.20	0.56	0.05	5.34	4.31	—	—
KuKui 坚果壳	90.31	1.03	0.42	0.02	4.31	3.27	—	—
银合欢木	85.41	1.27	0.53	0.04	6.37	4.62	—	—
澳洲坚果壳	94.58	0.97	0.47	0.03	2.93	1.04	—	—
橡木板	91.50	1.22	0.18	0.01	3.55	1.04	—	—
空心橡木	92.84	1.09	0.24	0.04	3.49	1.46	—	—
松木	94.58	1.06	0.11	0.04	3.09	0.69	—	—
稻壳	52.61	0.82	0.57	0.06	3,87	41.34	—	—

续表

生物质种类	C (质量分数)/%	H (质量分数)/%	N (质量分数)/%	S (质量分数)/%	O_2 (质量分数)/%	Ash (质量分数)/%	HHV /(MJ/kg)	LHV /(MJ/kg)
橄榄皮	47.4	5.8	1.4	—	36.3	3.6	—	—
棉花壳	50.2	5.8	1.3	—	42.7	5.8	18.3	—
茶厂废弃物	—	5.1	2.7	—	42.6	3.4	17.1	—
杏核	49.94	5.79	0.17	0.01	45.01	1.03	—	—
竹子	47.65	5.77	0.27	0.11	44.23	3.91	—	—
大蒜废弃物	37.85	4.97	0.49	0.22	43.12	17.07	—	—
山核桃壳	55.27	4.56	0.84	0.09	34.75	5.85	—	—
胡核桃壳	49.95	5.87	0.13	0.13	42.52	2.02	—	—
生物质	61.9	6	1.05	—	31	1.5	26.3	—
冷杉	58.12	6.55	0.52	—	34.81	<0.05	22.2	—
山毛榉	55.10	7.2	2	—	35.1	—	20.9	—
木头	56.4	6.2	0.2	—	37.1	0.1	23.1	—
枫木	55.3	6.6	0.4	—	0.14	—	16.9	—
芬兰木	56.4	6.3	0.1	—	—	0.07	—	19.2
麦秆	58.4	6	0.1	—	—	0.09	—	16.6
玉米穗	46.9	5.4	0.2	—	47.4	2.9	—	15.4
硬木	54.5	6.4	0.18	—	38.9	0.16	17.5	16
橡木	46.3	6.8	0.1	—	46.8	0.05	—	—
PRB 煤	66.0	5.0	0.9	0.99	15.98	11.3	27.0	—
动物粪便	43.0	6.0	3.0	0.2	31.0	18.0	17.5	—
红杉	53.5	5.9	0.1	—	40.3	0.2	21.028	—
稻壳	40.1	4.9	0.5	—	39.8	15.5	15.379	—
锯末废屑	46.2	5.9	—	—	45.4	1.0	20.502	—
固体废弃物	48.0	6.1	1.5	0.2	33.0	12.5	20.0	—

注：HHV，高热值，指完全燃烧成 CO_2 和液态水释放的热；LHV，低热值，指完全燃烧成 CO_2 和气态水释放的热。

Xu Shaoping 等[7]在一个长 1.8m、内径 20mm 的自由落体反应器中比较了豆荚秆和杏核的热解，结果表明 H_2 和 CO 的总含量分别达到 65.4%和 55.7%。根据原料组成分析，他们提出纤维素和半纤维素较木质素更容易产生富氢气体。研究表明，半纤维素、纤维素、木质素适宜的分解温度范围分别为：150～350℃，275～350℃，250～500℃。半纤维素和纤维素主要由糖环链接而成，在受热情况下容易分解得到轻烃等气体产物；而木质素的高芳环含量使其易于成焦。

原料中灰分对热解过程有重要的影响。生物质中所含的矿物灰分会影响所形成焦炭的反应活性和起燃特性，其作用类似于碱及碱土金属氧化物的催化作用。Vamvuka 等[8]研究了生物质中矿物质灰分对其热解和燃烧特性的影响。生物质原料中的矿物质灰分主要为 Si、Ca、Mg、K、Al、Fe 等，这些矿物质灰分会催化生物质降解反应，降低液体收率，增加焦炭收率，总气体收率提高。

7.2.2.2 含水量的影响

生物质中含有大量水分，需在热解等工艺前加以预处理使其达到合适的含水量。依据来源不同，原生生物质中含水量差异很大，水生生物质（水葫芦等）可高达95%，木质纤维素类生物质一般在50%以下，而厨余废弃物等在30%～60%之间，奶牛粪便等可达70%。经过干燥等预处理，进入热解工艺的生物质含水量仍可达12%（质量分数）。对于木质生物质热解，原料含水量一般为15%～20%。对原料含水量的要求也与反应器类型有关，例如上升流式反应器对生物质含水量的要求可以放宽到50%。应该指出，一定的含水量对于热解制氢反应是有利的，合适的含水量可以增加挥发性气体的产率，增加氢气和甲烷的产量[9]。但是，由于水蒸发的能量消耗，过高的水含量将降低热解系统的效率。

7.2.2.3 生物质颗粒尺寸的影响

高的加热速率和反应界面的传热速率要求生物质热解技术使用小于3mm的颗粒。生物质原料颗粒大小及分布会影响其热解产物的分布。对于大颗粒，由于初次裂解产物蒸气的脱离受限，使得二次裂解反应发生的概率增高，这会使得气体收率提高，同时焦炭的产率也提高。而对于细颗粒，由于其停留时间短，可凝性气体产物发生二次裂解反应少，通常可以得到更多的液体产物。颗粒尺寸还导致颗粒内外表面的温差和加热速率的差异。粗颗粒生物质的热导率较低［约0.1W/(m·K)］，因此其内部的加热升温速率较慢，而外表面的升温速率可高达100℃/s。这导致内部的反应条件更有利于二次裂解反应的发生，而外部条件更有利于液体产物生成。Chunzhu Li等[10]在流化床中考察了澳大利亚油桉的热解，发现当生物质颗粒粒径从0.3mm增加到1.5mm时，生物油的产率下降而气体的产率上升，再进一步提高颗粒粒径影响不大。

也有研究者报道了不同的颗粒尺寸影响规律。Xu Shaoping等[7]研究了颗粒尺寸对杏核热解的影响，发现小的粒径有利于氢气及其他气体的生成。随着粒径从0.9～2.0mm减小到0.2～0.3mm，其800℃下热解产物中焦炭产率（质量分数）从30.7%下降到3.2%，生物油从48.3%下降到17.8%，而气体产率从16.3%上升到71.3%，其中H_2含量从3%增加到22%。他们在自由落体反应器中进一步比较了豆荚秆、烟草茎、松木屑、杏仁核等生物质的热解[11]，发现了类似的规律，并认为这些生物质的粒径在0.2mm以下时热解为反应动力学控制，而0.2mm以上为传热传质控制。小颗粒产氢效果更好的原因是较低的传热传质阻力降低了颗粒内部聚合副反应的发生，促进了颗粒表面的初级裂解产物的原位重整、变换等反应。

此外，应指出生物质原料颗粒形状不规则，往往其长度较其厚度和宽度相差数倍，这也使得颗粒尺寸对热解产物的影响变得更为复杂。

7.2.2.4 加热速率的影响

热解反应是吸热反应，因此需要高强度的热量输入。生物质热解的加热速率可视为温度和停留时间的函数，在一定的温度范围内，随着加热速率提高，物料的停留时间也缩短。表7-4总结了加热速率、温度和停留时间三者对生物质热解过程的影响。

表7-4 生物质热解反应器操作条件的选择

产品＼条件	加热速率	温度	气体停留时间
产焦炭	慢	低温	长
产生物油	快	中温	短
产气	较慢	高温	长

Debdoubi等[12]研究了50℃/min、150℃/min和250℃/min加热速率下的细茎草生物

质热解。随着加热速率增加，液体产物产率从47%增加到68.5%；而气体收率从34%下降到22%。Zuo等[13]在石英固定床反应器中研究了中华冷杉的热解，发现当升温速率从1℃/min提高到6℃/min，H_2 和 CH_4 的产率显著上升。

7.2.2.5 热解温度的影响

热解温度对生物质热解产氢率有重要影响。由于生物质原料要在500℃以上才能生成多环芳烃，700℃以上才有显著的芳环缩合，因此高温对氢气的产生是有利的。热解产生的气体中大部分为轻烃，这些轻烃可以经过二次反应进一步得到氢气。

Zabaniotou等[14]在密闭反应器中进行了玉米穗和玉米秆的快速热解实验，发现以45～52℃/s的速率升温进行热解，随着反应温度从380℃升高到680℃，气体产物产率显著提高；气体中氢气的含量也有所提高（图7-3）；CO_2 的含量随着温度升高而下降。

Xu Shaoping等[11]研究了豆荚秆、烟草茎、松木屑、杏仁核等生物质的热解，对所研究的生物质温度升高均有利于产气；气体产物中 H_2、CH_4、CO的含量均随温度上升而提高；而 CO_2 的浓度随温度提高而显著下降（图7-4）。

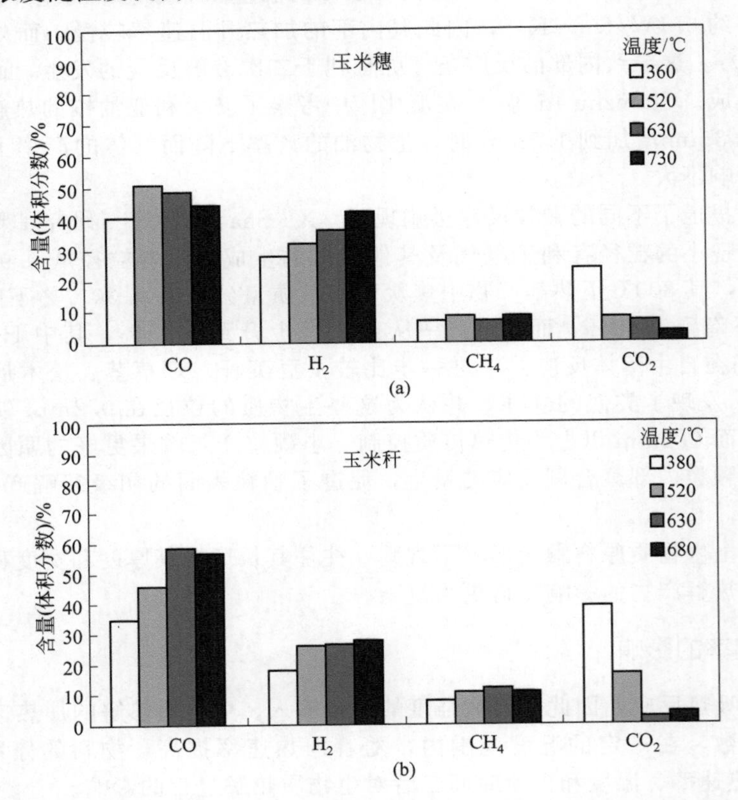

图7-3 温度对玉米穗（a）和玉米秆（b）热解气相产物分布的影响[14]

7.2.2.6 载气的影响

生物质热解过程一般采用惰性的氮气等作为载气，使反应生成的挥发分得以迅速脱离生物质和催化剂表面，避免进一步的凝聚和缩合等反应，因此提高载气的流速有利于降低焦炭的生成和提高气体的产率。然而，由于挥发分在气相中进一步的裂解等反应是重要的产气途径，过高的载气流速带来的短停留时间又不利于气体的生成。

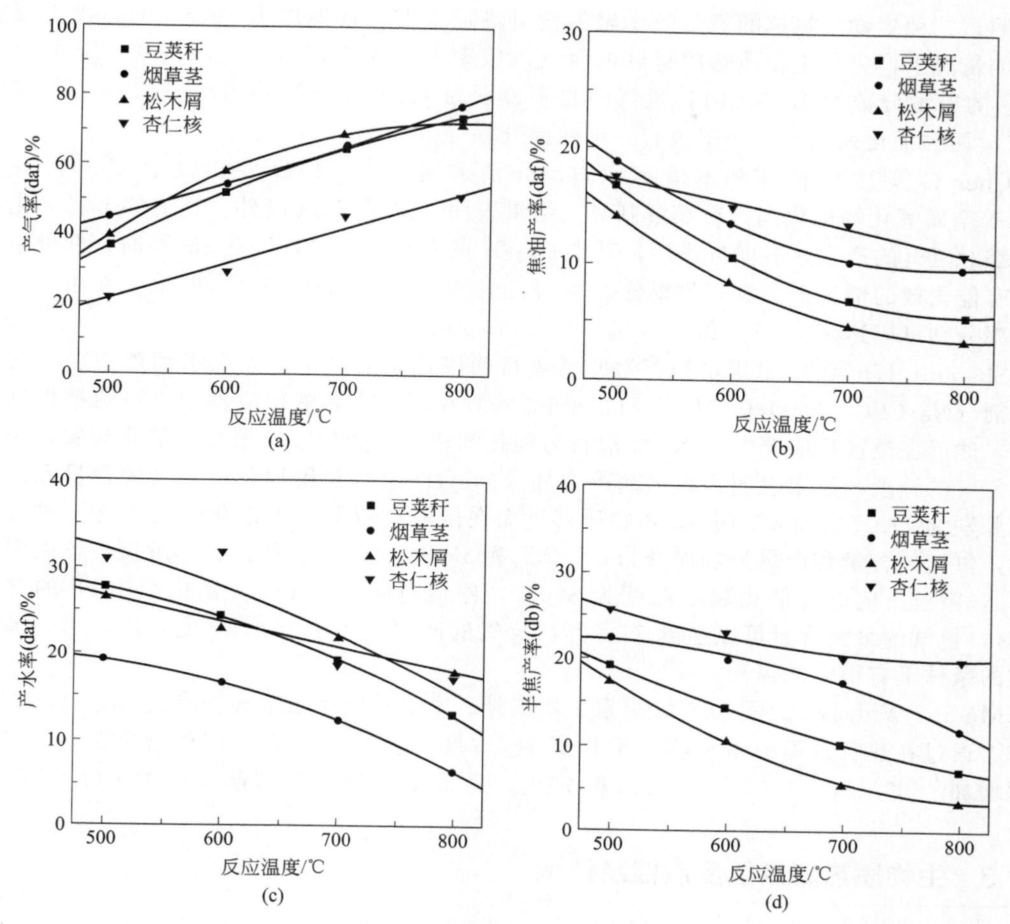

图 7-4 温度对豆荚秆、烟草茎、松木屑、杏仁核热解气相产物分布的影响[11]

Dalai 等[15]在固定床反应器中进行了 Kraft 木质素和 Alcell 木质素的热解，考察了载气（氦气）流速、加热速率、反应温度等对气相产物生成的影响。载气流速对木质素的转化率影响不大，但在 800℃/min 和 15℃/min 的加热速率下，当载气流速从 13.4mL/(min·g) 增加到 33mL/(min·g) 木质素时，Kraft 木质素产气率从 820mL/g 下降到 736mL/g，Alcell 木质素产气率从 820mL/g 下降到 762mL/g；而氢气含量分别从 43%升高到 66%，和从 31%升高到 46%。

7.2.2.7 催化剂的影响

选取合适的催化剂可以促进热解，调控热解产物，降低焦含量，提高氢气的产量和浓度。目前，用于生物质热解制氢的催化剂主要有 Ni 基催化剂、Y 形分子筛、氯化物、碳酸盐（如 K_2CO_3、Na_2CO_3、$CaCO_3$ 等）和一些金属氧化物（Al_2O_3、SiO_2、ZrO_2、Cr_2O_3 等）。

Hao Qinglan 等[16]在流化床反应器中用 $NiMo/Al_2O_3$ 催化剂对木质生物质进行低温热解制取氢气，发现在无催化剂存在的情况下，从木质生物质释放的挥发分的量只与热解温度有关，1173K 下氢气的产量为 13.8g H_2/kg 生物质；而加入催化剂之后焦和轻烃组分热解加剧，氢气的含量可以达到 49.73%，产量可达 33.6g H_2/kg 生物质。

Demirbas 等[17]以橄榄树皮、棉花籽壳和工厂废茶叶作为生物质原料，在 770K、925K、975K、1025K 等温度下考察了 $ZnCl_2$、Na_2CO_3 和 K_2CO_3 等催化剂对制氢性能的影响。结果表明，三种生物质热解的氢气收率随温度升高而上升；在温度为1025K时，没有催化剂存在的情况下，三种生物质热解得到的氢气的收率分别为54.5%、44.4%和52.0%，而在$ZnCl_2$的质量分数为13.3%时，氢气的收率分别为70.3%、59.9%和60.3%；Na_2CO_3和K_2CO_3两种催化剂对氢气产率也有一定的提升。

Chen G等[18]以秸秆和木屑为原料，分别采用CaO、FeO、Al_2O_3、MnO、Cr_2O_3、CuO等金属氧化物催化剂进行热解制氢。结果表明，除了CuO以外，其他的金属氧化物催化剂都对氢气的产生具有促进作用，其中Cr_2O_3的催化性能最好。在850℃时，两种生物质在没有催化剂的情况下的氢气收率分别为48.2%和47%，而在Cr_2O_3的催化作用下，氢气的收率分别可以达到49.5%和51.4%。

Shaomin Liu等[19]采用水葫芦为原料进行两段热解制氢，首先在水葫芦中加入适量的催化剂（Na_2CO_3、NaOH、NaCl、HZSM-5等）在固定床热解反应器中进行热解得到中间产物，然后在微波反应器中以Ni/海泡石为催化剂将中间产物进行第二次催化裂解，进一步提高氢气的纯度。结果表明：在水葫芦中加入NaOH进行热解得到的氢气的含量和产量最大，分别为41.45%和46.4g/kg生物质；进而在微波反应器中无催化剂的条件下进行二次裂解，氢气的含量和产量分别提升为61.28%和59.96g/kg生物质。当热解反应器的温度为650℃，微波反应器的催化裂解温度为800℃，停留时间为17min，催化剂中Ni的含量为9%时，氢气的最大含量可以达到77.2%，氢气的产率为101.17g/kg生物质，比无催化剂存在的条件下有很大的提升。

Meilina Widyawati等[20]对纤维素、木聚糖、木质素以及松木等物质在150～950℃进行热解，通过在热解过程中加入CaO来提高H_2浓度，加入CaO之后四种物质热解氢气产量分别增加了57.1%、150%、70.8%和75%，显示了生物质热解制氢中的CO_2吸附增强效应。

7.2.3 生物质热解制氢反应器及技术

生物质热解反应器的类型以及加热方式的选择对产物最终分布影响很大。目前，国内外广泛采用的主要有鼓泡流化床反应器、循环流化床反应器、烧蚀涡流反应器和旋转锥反应器等，主要以对流换热的形式辅以热辐射和导热对木质纤维素生物质进行加热，热导率高，加热速率快，反应温度较易控制。Bridgwater在其2012年的综述文章中对生物质热解的反应器及其工业运行情况进行了较详细地总结[21]。

7.2.3.1 鼓泡/喷动流化床反应器

鼓泡流化床热解反应器的构造和操作相对简单，反应温度容易控制，处理规模容易扩大，同时处理密度较大的固体生物质也有良好的传热性能，但是对于生物质原料的尺寸要求较小。其主要的构造如图7-5所示。

鼓泡流化床反应器热解木质纤维素类生物质的主要产物为液体，可以达到总量的70%～75%，也有15%左右的焦形成，同时还有少量的气体产物。其中，焦油作为固体生物质热裂解形成的挥发分中的一种产物，对催化剂的催化性能会产生很大的影响，所以快速有效地分离焦油对于生物质的热解十分重要。目前工业上一般采用一个或多个旋风分离器并联来进行焦的分离。鼓泡流化床热解反应器的供热主要来自于外部直接供热，同时产生的焦进行燃烧也能供给一部分热量。

鼓泡流化床反应器最早由加拿大滑铁卢大学开始研究，Union Fenosa公司[22]曾利用其技术在西班牙建造和运营了一套200kg/h的中试装置；Dynamotive[23]在加拿大分别建造并

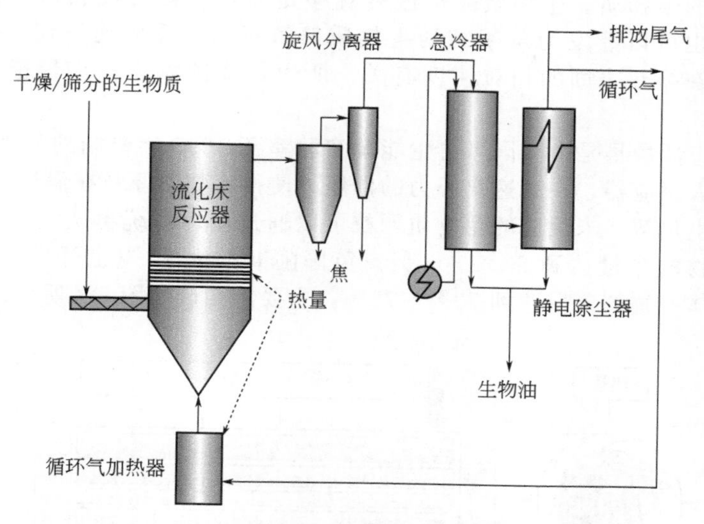

图 7-5 鼓泡流化床反应器（带静电除尘器）

运营了 75kg/h 和 400kg/h 的中试装置，进而形成了 100t/d 和 200t/d 的产业化装置；生物质能工程有限公司[24]在英国建立了 250kg/h 的中试装置；Ikerlan[25]在西班牙开发喷动流化床反应器；芬兰的美卓纸业和 UPM、VTT 等[26]相关单位进行合作建造并运营了 4MWth 的试点装置；我国的安徽理工大学等[27]单位也建造了喷动床热解中试装置，处理量达 600kg/h。

7.2.3.2 循环流化床反应器

循环流化床反应器在热解生物质方面与鼓泡流化床反应器有很多相似之处，但其焦炭的停留时间与气体接近。具体的构造如图 7-6所示。

循环流化床反应器的气相停留时间相对较短，导致挥发分中焦的含量相对较高，收集到的液体产物生物油中有较高的焦含量，对进一步生物油品质的提升有较大影响。经过旋风分离器得到的焦在二次反应器中燃烧然后对循环砂进行加热，来间接给循环流换床供热。

Ensyn 公司[28]在加拿大伦弗鲁研发中心建造的示范装置处理量可以达到 2000kg/h，工厂处理量可以达到 1000t/d。Ensyn 公司在美国威斯康星州也建立了 1700kg/h 的生物质热解单元。

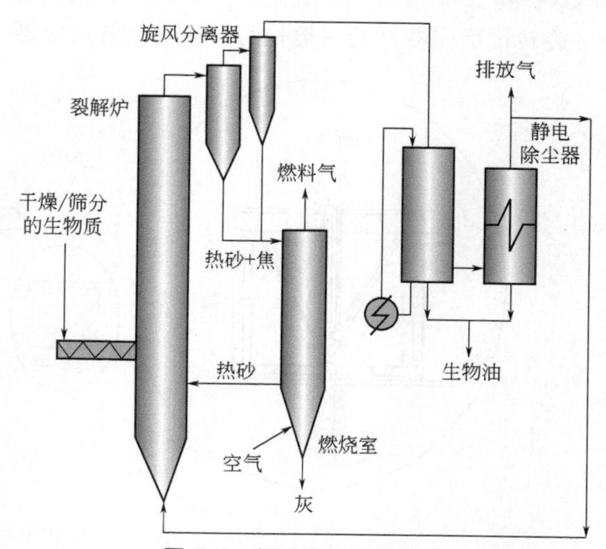

图 7-6 循环流化床反应器

7.2.3.3 烧蚀涡流反应器

烧蚀热解同其他热解方法相比在原理上有实质的不同。在所有其他热解方法中，生物质颗粒的传热速率限制了反应速率，因而要求较小的生物质颗粒。在烧蚀热解过程中，热量通过反应器的壁面来处理与其接触的处于压力下的生物质。生物质被机械装置移走后，残留的油膜可以给后继的生物质提供润滑，同时也可以蒸发为可凝结的生物质热解蒸汽。反应速率仅与压力、反应器表面温度和生物质在换热表面的相对速度有关。所以，烧蚀涡流反应器能处理颗粒较大的生物质原料。

烧蚀涡流反应器最早是由美国可再生能源实验室于 1995 年研制的，生物质原料在叶片的高速旋转下进入反应器，在高速离心力的作用下使得生物质原料在涡流反应器的壁面上沿螺旋线滑行并发生热解，未反应的生物质颗粒可以通过循环系统再次进入反应器发生热解，可以使得液体产物的含量达到 60%～65%。英国阿斯顿大学[29]也开发了一种烧蚀板反应器，可以使得液体产物的含量达到 70%～75%，主要的构造如图 7-7 所示。

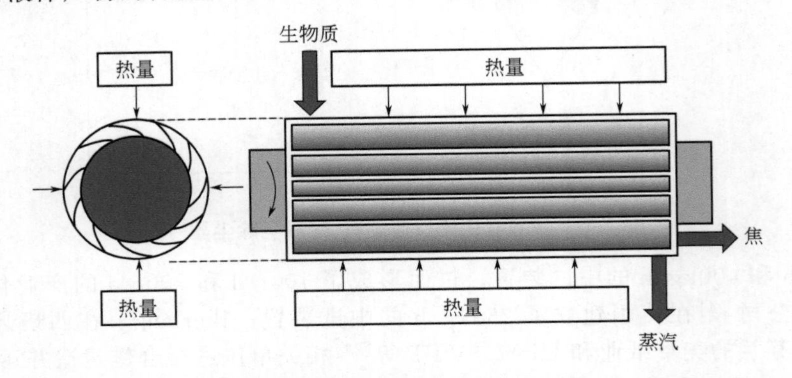

图 7-7 英国阿斯顿大学热解反应器

德国北部[30]在 2006 年也建立了处理量为 6t/d 的示范性装置，目前正在设计 50t/d 的示范性装置。

7.2.3.4 旋转锥反应器

旋转锥反应器是的一类较为新颖的热解反应器，主要的构造如图 7-8 所示。

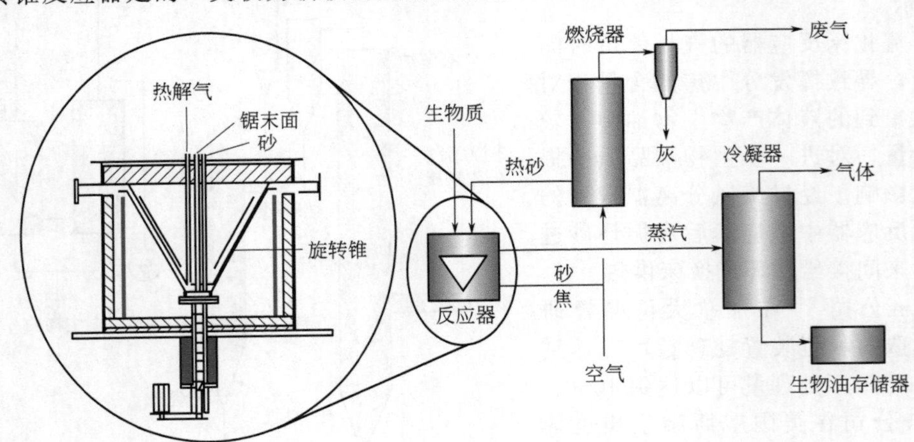

图 7-8 旋转锥反应器

旋转锥热解反应器主要由内外两个同心锥共同组成，内锥固定不动，外锥绕轴旋转。生物质颗粒和砂子由内锥中部孔道进入反应器，在旋转离心力的作用下沿着锥壁螺旋上升；由于生物质和砂子之间的密度相差较大，使得两者之间相对运动进行动量和热量交换，生物质不断发生热解，反应结束之后砂子和其他固体颗粒一起落入反应器底部，而挥发分则从反应器顶部逸出。旋转锥反应器不需要载气，升温速率相对较高，气相停留时间较短，液体的产物相对较高，可以达到总含量的70%左右。但是轴的旋转加大了能耗，同时砂子沿着两锥壁面做相对运动也会使得磨损非常严重，加大了设备的维护成本。

旋转锥反应器最早由荷兰 Twente 大学反应器工程组[31]和生物质技术集团（BTG）[32]于1989年开始研制的。在2005年中期，马来西亚[33]已经开始运行处理量为250kg/h的示范性装置，同时一套处理量为50t/d的放大装置也投入使用。

7.2.3.5 其他热解装置

除了上述四种主流的热解反应器以外，还有一些其他热解技术，各有特点，如气流床反应器、真空热解反应器、回转窑反应器和微波热解反应器等。

气流床反应器中高温气体和固体颗粒之间的热传递效率较低；真空热解反应器由于热解速率较低导致得到的液体产率相对较低；回转窑反应器的焦含量相对较高，但是由于对于生物质物料的适应性强，操作相对简单，仍然具有一定的应用前景；微波热解反应器主要是利用微波对生物质原料进行加热，但是目前只是处于实验室研究阶段，在工业上没有示范性装置出现。对于这些技术的应用情况，感兴趣的读者可进一步参考有关文献[21]。

生物质热解制氢技术具有工艺简单、能源利用效率高等优点，但是富氢燃料气的产率相对较低，使得直接利用生物质热解制氢的效率不高。图7-9比较了目前的各种热解技术的产物分布，可见无论是快速热解还是慢速热解，其产气效率都是比较低的。因此，目前生物质热解技术主要用于制备焦含量相对较少的液体产物生物油，然后再将生物油进行处理得到富氢燃料气。与热解技术相比，生物质气化技术的产气率较高，可达85%以上，更适合制氢。在接下来的章节中，我们首先介绍生物质气化技术，随后再对热解得到的生物油重整制氢做一介绍。

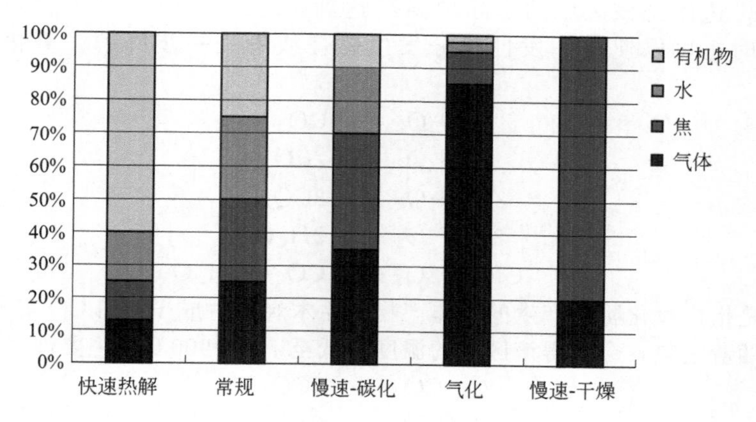

图7-9 生物质热解技术的产物分布

7.3 生物质气化制氢

气化是一项古老的技术，早在工业革命时期英法等国就用煤气化技术生产民用煤气用于照明和烹饪。随着石油天然气的广泛应用，气化技术逐渐退出；但近来在环境和资源的压力下，生物质气化技术由于其可持续性再次得到了广泛关注。生物质气化制氢主要分为生物质催化气化制氢和生物质超临界水气化制氢。

7.3.1 生物质气化原理

生物质催化气化制氢是指将预处理过的生物质原料，在空气、氧气、水蒸气等气化介质中加热到700℃以上，使生物质分解转化为富氢气体。生物质气化制氢和生物质热裂解制氢类似，也可以分为一步法和两步法。气化一步法制氢是指生物质在反应器中被气化剂直接气化后，获得富氢气体的过程；气化两步法制氢是指生物质在第一级反应器内被直接气化后，再进入第二级反应器发生裂化重整反应的过程。两步法可以充分利用气化过程中产生的焦油等长链烷烃物质，从而增加氢气的含量，所以两步法制氢技术运用较多。但一步法和两步法气化制氢过程都包括生物质的预处理，生物质气化及催化变换，氢气分离和净化等，主要的流程如图7-10所示。

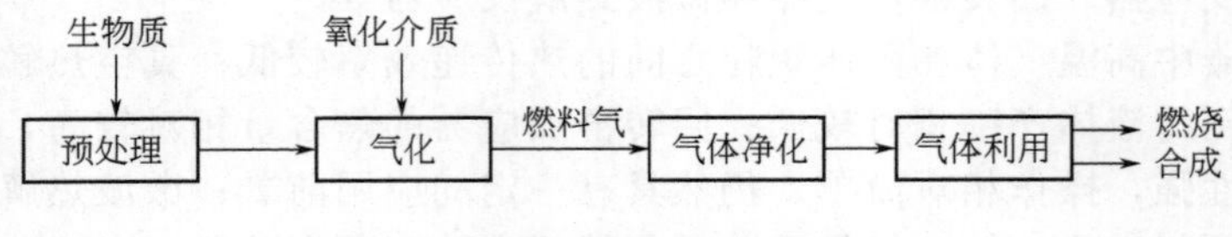

图7-10 生物质气化制氢流程图[34]

生物质催化气化制氢过程主要分为四个反应阶段：干燥，热解，氧化反应和还原反应，这四个过程在气化炉内对应形成四个区域，但每个区域之间并没有严格的界限。以下吸式固定床反应器为例，其中干燥阶段是指当木质纤维素类生物质从顶部进入气化炉内，温度上升到200～300℃左右时，生物质中的水分会转化为蒸汽，在这个阶段由于温度相对较低，生物质不会发生化学反应，干燥之后的物料在重力作用下移动；热解阶段是指当温度达到500～600℃时，生物质脱挥发分或热分解，析出焦油、CO_2、CO、CH_4、H_2以及碳氢化合物等大量的气体，剩下残余的木炭。氧化阶段是指气化介质与生物质残留物发生剧烈反应，放出大量的热，这使得该区域的实际炉温可达到1000～1200℃，不仅可以促进其他区域的反应，同时也可以使得挥发性组分发生燃烧或者进一步降解。氧化区发生的主要反应有：

$$C+O_2 \longrightarrow CO_2 \tag{7-12}$$

$$2C+O_2 \longrightarrow 2CO \tag{7-13}$$

$$2CO+O_2 \longrightarrow 2CO_2 \tag{7-14}$$

$$2H_2+O_2 \longrightarrow 2H_2O \tag{7-15}$$

$$CH_4+2O_2 \longrightarrow CO_2+2H_2O \tag{7-16}$$

还原阶段是指由氧化阶段产生的气体产物还原木炭，生成H_2和CO等气体产物，但由于还原反应伴随着吸热，会使得该区域的温度降低至700～900℃。主要涉及下列反应：

$$C+CO_2 \longrightarrow 2CO \tag{7-17}$$

$$H_2O+C \longrightarrow CO+H_2 \tag{7-18}$$

$$2H_2O+C \longrightarrow CO_2+2H_2 \tag{7-19}$$

$$H_2O+CO \longrightarrow CO_2+H_2 \tag{7-20}$$

$$3H_2+CO \longrightarrow CH_4+H_2O \tag{7-21}$$

生物质气化的产品气体组成包括H_2、CO、CO_2以及CH_4等，也会产生焦油、炭等，生物质气化制氢工艺的重点是提高产气中氢含量、降低焦油含量。

7.3.2 气化介质

生物质氧气/空气气化制氢是指以氧气或者空气作为气化剂，将生物质转化为富氢燃料气的过程。以氧气作为气化剂时气化温度较高，一般为1000～1400℃；而以空气为气化剂温度一般为900～1100℃。GePu 等[35]在固定床反应器中采用空气和氧气两种气化剂分别对松木进行气化制氢，结果表明，采用氧气为气化剂时在最佳条件下得到的燃料气热值为8.76MJ/m³，而采用空气为气化剂时在最佳条件下得到的燃料气热值7.11MJ/m³。但是以空气或者氧气作为气化剂，燃料气中的氢气纯度相对较低，对后续气体分离步骤带来了较大的困难。

生物质蒸汽气化制氢是指以水蒸气作为气化介质，将生物质原料进行气化转化为富氢燃料气的过程。该过程适合于生物质含水量小于35%的情况。水蒸气促进了含碳物种的重整反应和水气变换反应，可有效提高产氢率。Ashwani K. Gupta 等[36]分别采用空气和水蒸气作为气化介质对城市污泥进行气化制氢，结果表明采用水蒸气作为气化剂时氢气的产量是空气作为气化剂时的3倍。Pengmei Lv 等[37]在自热式下吸式固定床反应器中采用空气和氧气/水蒸气两种气化介质对松木块进行气化制氢。结果表明，采用氧气/水蒸气作为气化介质时，燃料气的热值高达11.11MJ/m³，比空气作为气化介质提高一倍；氢气的产量和纯度也大幅度提高，在最佳实验条件下，氢气的产量可以达到45.16g H_2/kg 生物质。C. Franco[38]仅采用水蒸气作为气化介质对软木进行气化制氢。结果表明，在最佳实验条件下，温度为830℃，水/生物质比值为0.6～0.7时，可以使得燃料气的热值达到16～19MJ/m³，氢气浓度可达到41%。应指出，尽管水蒸气汽化有利于产氢，但是由于蒸汽重整反应吸热，整个系统的能量效率可能反而降低。Hosseini 等[39]对锯末气化进行了热力学分析，发现蒸汽气化在相同条件下比空气气化合成气产率和㶲效率均偏低，且合成气产率和㶲效率随生物质含水量增加而下降。表7-5比较了各种气化介质的优势。

表7-5 各种气化介质的优点比较

气化介质	优点	气化介质	优点
空气	●部分燃烧供热 ●焦油和焦炭含量适中	水蒸气	●产品气高热值（10～15MJ/m³） ●氢气含量高（约45%，体积分数）
氧气	●焦油含量最少，产品气中 H_2、CO、CH_4 富集 ●碳转化率高	二氧化碳	●产品气高热值 ●H_2、CO高，CO_2 含量低

7.3.3 气化炉及工艺

生物质气化主要在移动床、鼓泡流化床和循环流化床中进行。移动床气化炉按照炉内气体流动的方向可以分为上吸式气化炉（逆流）和下吸式气化炉（顺流），见图7-11。

下吸式气化炉生物质原料从气化炉的顶部加入，但是气化介质由炉体中上部进入炉内参与反应，反应产生的气体由上往下与生物质顺流流动，从炉内的可燃气出口排出。该设计中，所有干燥和热解区产生的分解产物均强制通过氧化燃烧区，可以降低气体中的颗粒物和焦油含量。

在上吸式气化炉中，生物质原料从气化炉的顶部投入，而气化介质则由炉体底部进入炉内参与气化反应。反应产生的气体由下往上流动，由炉顶的可燃气出口排出。该气化炉中还原区产生的高热值气体也经由热解区和干燥区，和热解产物与干燥区水蒸气一起离开反应器。其特点是反应器的热效率较高，压降小，炉渣少；但产品气中含有一定量的粉尘和焦油。

与生物质热解类似，生物质气化也可以在鼓泡流化床或循环流化床中进行，其反应器原理及构造类似。与移动床相比，流化床反应器生物质气化具有传热好，温度均匀，易于对生

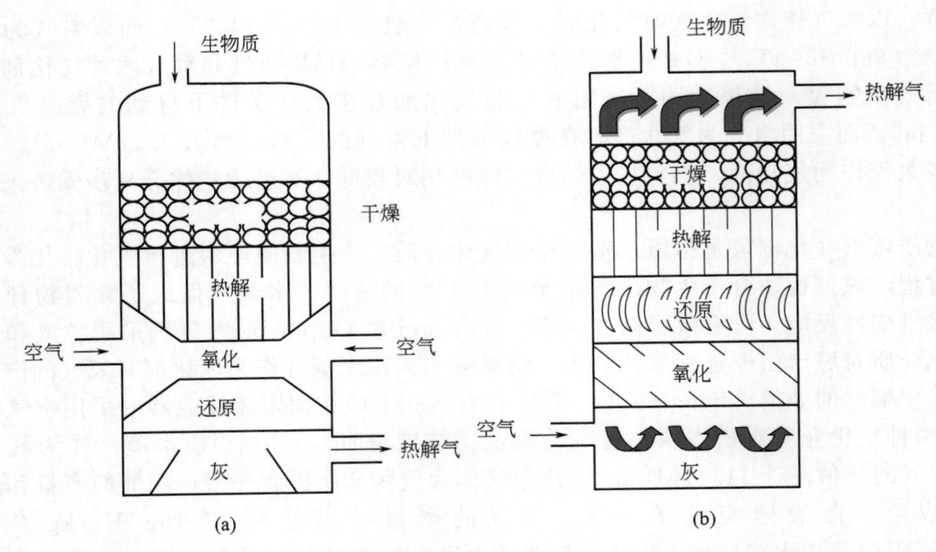

图 7-11　下吸式（a）和上吸式（b）气化炉

焦进行再生处理等优点。然而，由于反应器材质的限制，流化床反应器一般操作在800～900℃，加之停留时间短和流化床反应器高返混特性，生物质气化反应不能充分平衡，碳转化效率较低，反应产物中含有较多粉尘，焦油含量介于上吸式和下吸式移动床之间。据统计，目前商业运作的生物质气化炉中大部分为顺流式移动床（75%），流化床次之（20%），少量逆流式移动床（2.5%）[40]。

生物质气化技术的关键之一在于消除对反应器长时间运行和下游应用（如燃料电池等）不利的焦油。在气化炉中增设催化过滤器可以有效去除焦油和颗粒物，得到干净的产品气。大分子量的烃类化合物水蒸气重整的反应在动力学上较慢，因此需要引入催化剂在较低的温度下去除气化产生的焦油。

催化焦油裂解的催化剂主要有：镍基催化剂，铁基催化剂，天然矿石（石灰石，白云石，橄榄石等）和贵金属等。Shen 等[41]对生物质气化/热解过程中焦油去除用催化剂进行了较详细的综述。Pfeife 等[42]研究了 6 种商业镍基催化剂的重烃蒸汽重整，发现这些催化剂对生物质焦油催化气化非常有效：温度 850～900℃，空速 1200h^{-1}时焦油转化率达 98%，且反应 12h 后催化剂没有失活。Engelen 等[43]采用共沉淀法将 Ni-Ca 催化剂沉淀在多孔过滤盘中，可在 100×10^{-6} H_2S 存在下以大于 98%的效率去除焦油。Fe 对 Ni 催化剂有促进作用，在坡缕石负载 6%Ni 的催化剂上负载 8%Fe，焦油转化率和氢气收率可以增加到 98.2%和 56.2%[44]。

在天然矿石中，石灰石是最早被研究的；而研究最多、应用最广泛的是白云石。中科院广州能源所[45]采用白云石和镍基催化剂，使得合成气中氢气的含量提高了近 10%。Shaoping Xu 等[46]在固定床反应器中进行了白云石和橄榄石对杏核水蒸气催化气化的比较研究，结果表明：煅烧对橄榄石和白云石的催化活性均有提高，以煅烧的白云石为催化剂，在 850℃、S/B 0.8，氢气收率为 0.13kg/kg（干燥无灰基生物质），为理论氢收率（0.152kg/kg）的 86.1%；以煅烧的橄榄石为催化剂，在 800℃、S/B 为 0.8 下，氢收率为 67.7g/kg（干燥无灰基生物质），是理论值的 44.5%。一般来说，在流化床气化炉中加入煅烧的白云石可将干基焦油含量从每立方米几十克降到 1～2g/m^3；而使用煅烧的橄榄石则可降到 5～7g/m^3。虽然白云石的催化性能较好，但橄榄石的耐磨性较优，在流化床反应器中广泛使用。

Kiennemann 等[47]在天然橄榄石上负载 Ni 催化剂，可结合两种催化剂的优点，以甲苯为模型化合物进行水蒸气重整，负载 Ni 之后的催化剂在 560℃的转化率与天然橄榄石在 850℃下相同；其产物只含有 CO、CO_2 和 H_2，而天然橄榄石产物中含有约 20%的苯、多环芳烃、甲烷等。Rapagna 等[48]在中试规模气化炉中用质量分数为 10% Fe-橄榄石为催化剂，相比较天然橄榄石，气体收率增加 40%，氢气收率增加 88%，甲烷含量降低 16%，焦油产量每公斤干燥无灰基生物质降低 46%。

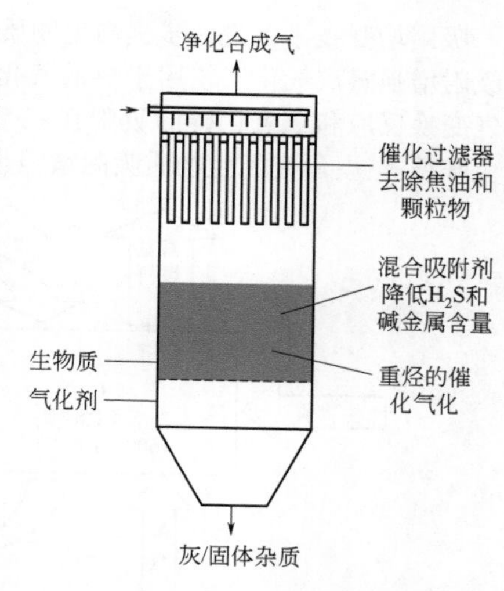

图 7-12 集成气化、气体净化及组分条件的 UNIQUE 过程的设计概念

Furusawa 等[49]以萘和苯的混合物（摩尔比为1∶9）为焦油模拟物，研究了不同载体（CeO_2、ZrO_2、MgO、Al_2O_3 和 TiO_2）对铂催化剂的影响，发现 MgO 和 Al_2O_3 最适合作为铂基催化剂的载体。Pt/Al_2O_3 催化剂在温度为 1023K 和 1073K、水碳比值（S/C）为 3 条件下，反应 30h 后仍具有较高的活性和较好的稳定性。

除焦油外，生物质气化过程中还产生 H_2S、HCl、碱金属、重金属等对产品气品质不利的微量杂质，也需要加以处理。通常在反应器中加入吸附剂以降低这些杂质在产品气中的含量，下游应用要求将 H_2S 含量降至 1μL/L 以下，KCl 含量需降低至 10^{-9}级。常用钙基吸附剂处理 H_2S[50]，铝硅酸盐可用于吸附 KCl[51]。

7.3.4 生物质气化过程强化

欧盟的产业界与学术界合作提出了一种紧凑的生物质气化工艺生产洁净的合成气，即所谓 UNIQUE 过程[52]。该设计在一个反应器中集成了气化、催化去除焦油、混合吸附剂降低 H_2S 和碱金属含量和顶部自由空间的催化过滤器以去除颗粒物和焦油，从而得到洁净的合成气（图 7-12）。

除集成化的工艺设计之外，更常见的是利用多段工艺的组合来改善产品气的质量。这些组合包括：热解与气化组合，热解与重整、部分氧化组合等。表 7-6 总结了常见的多段组合工艺的产气效果[52]。

表7-6 多段气化过程

段数	过程描述	冷气效率/%	焦油含量/(mg/m^3)	气体组成	HHV/(MJ/m^3)
2	挤出热解反应器 下吸移动床气化炉 两段间空气部分氧化	93	<15	32% H_2 16% CO 2% CH_4	6.6
3	流化床热解反应器 蒸汽重整反应器 下吸移动床气化炉	81	10	8% H_2 13% CO 4% CH_4	6.4
2	循环流化床热解反应器 鼓泡床气化炉	87～93	> 4800	3.5% H_2 16.3% CO 4.3% CH_4	5.2～7
3	热解反应器 部分燃烧室 射流携带床气化反应器	82	无焦油	34.6% H_2 36.8% CO 0.4% CH_4	高

吸附增强技术可进一步提高生物质蒸汽气化制氢的氢气浓度。1999 年 Shiying Lin 等[53]提出吸附增强蒸汽气化工艺用于煤的气化（HyPr-RING 气化工艺），这套工艺将生物质的气化，水气变换反应和二氧化碳的吸附在一个反应器中进行，打破化学平衡，提高氢气的纯度和产量。陈德等[54]研究了生物质吸附增强重整制氢过程，主要的原理如图 7-13 所示。

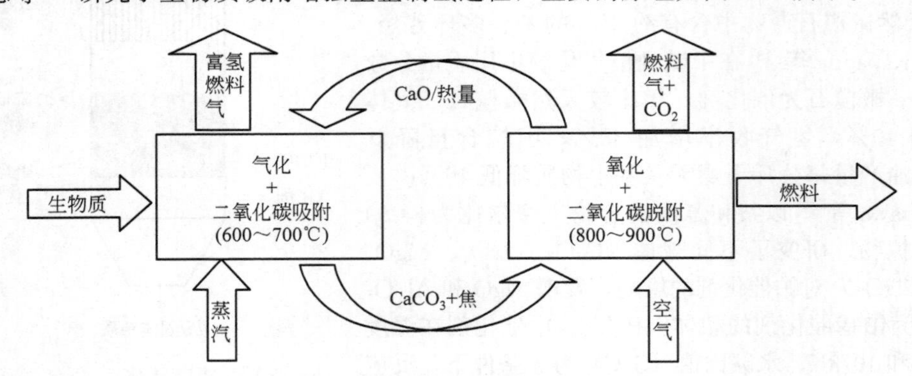

图 7-13　吸附增强气化制氢流程图[54]

他们采用流化床对生物质进行吸附增强蒸汽气化，在另一个流化床中完成 $CaCO_3$ 的再生，其中气化过程产生的焦和添加的燃料在空气中燃烧为 $CaCO_3$ 再生为 CaO 提供热量。他们首次在 8MW 燃料输入的热电混合装置[55]上进行中试，论证了吸附增强蒸汽气化制氢工艺的工业可行性。之后他们又在 100kW 燃料输入的热电混合装置上[56]使得氢气的纯度达到 75%。

7.3.5 生物质超临界水气化制氢

水在 22.1MPa 和 374℃以上进入超临界状态，此时水可作为氧化剂与生物质反应。20 世纪 70 年代中期美国麻省理工学院的 Modell[57]发现葡萄糖在超临界水中完全转化，并首次提出了超临界水气化制氢技术；之后美国夏威夷自然能源研究所[58]，太平洋西北实验室[59]，德国卡尔斯鲁大学[60]，日本国力资源环境研究所[61]等研究机构也对此进行了深入研究。超临界水气化技术可以直接采取含水量很高的生物质（水葫芦等）为原料，不需要经过预处理等操作。

超临界水气化技术反应器技术相对简单，选取合适的催化剂和最优的工艺条件对提高气化效果十分重要。目前，用于生物质超临界水气化制氢的催化剂主要有碳材料，金属催化剂和碱催化剂三大类。夏威夷国家能源实验室（HNEI）[62]在 600℃、34.5MPa、1.2mol/L 的葡萄糖液中，以云杉木炭、澳大利亚坚果壳木炭、煤活性炭或椰子壳活性炭为催化剂进行气化反应，碳催化剂对气化有重要的促进作用。部分贵金属及过渡金属对生物质超临界水气化制氢反应有催化作用，如 Ru、Rh、Ni 等。HNEI 的实验中，反应器管壁为镍铁铬合金时，碳转化率可以达到 93%，氢气的产率也相当高；当采用镍合金为管壁时，碳转化率 77%，氢气的产率相对较低，但是 CO 的含量却高达 39%。由此可见，镍铁铬合金有利于水气变换反应，而镍合金主要催化蒸汽重整。KOH、NaOH、K_2CO_3、Na_2CO_3 等碱广泛应用于生物质超临界水气化制氢，对减少气体产物中的 CO 含量、提高氢气浓度有显著作用。Madenoglu等[63]对棉花秸秆进行生物质超临界水气化制氢，发现添加天然碱能明显提高氢气的浓度。

生物质的超临界水气化制氢需在高温高压下进行，工艺难度较大，用于制氢成本较高，目前还没有商业化的运营。2003 年德国卡尔斯鲁厄[64]开始运行的超临界水制氢中试装置，设计容量为100L/h，主要用于处理葡萄酒厂的废水；欧盟和日本新能源产业技术研发机构在荷兰恩斯赫德[65]建立的一套生物质超临界气化中试装置，设计容量为5～30L/h，操作条件为650℃、30MPa以上。

7.4 生物油制氢技术

7.4.1 生物油简介

生物油是生物质热解得到的液态产物，可以进一步制成化学品和生物燃料，也可以通过重整等技术转化为含氢气体。

生物油是暗红褐色到棕褐色的有色液体，具有刺鼻性的气味。其化学组分包括酸、醛、醇、酯、酮、糖、苯酚、邻甲基苯酚、丁香醇、呋喃、木质素衍生取代酚等，也包含大量的水和少量固体颗粒。其典型理化性质见表7-7。

表7-7 生物油的典型理化性质[66]

元素组成（质量分数）/%		理化性质	
C	54～58	含水量（质量分数）/%	15～30
H	5.5～7.0	pH值	2.5
O	35～40	热值/（MJ/kg）	16～19
N	0～0.2	黏度（500℃）/cP	40～100
灰分	0～0.2	固体含量（质量分数）/%	0.2～1.0
		密度/（kg/L）	1.2
		蒸馏残渣（质量分数）/%	可达50

美国国家可再生能源实验室（NREL）[67]在20世纪90年代首先提出了生物油重整制氢的概念，以乙酸为生物油模型化合物进行了研究，研究中使用了商品镍催化剂。生物油在较低温度（约80℃）时易发生聚合反应，在高温重整时积炭严重。目前采用生物油制氢的主要技术手段是蒸汽重整。

7.4.2 生物油蒸汽重整制氢

生物油蒸汽重整制氢与烃类蒸汽重整类似，包括生物油热解、重整、水气变换三个阶段。但是生物油的成分复杂，蒸汽重整制氢过程有其特点。生物油蒸汽重整过程中大量发生分解反应，缩聚反应和积炭反应，易使催化剂失活。

Avcı等[68]采用异丙醇，乳酸和苯酚为模型化合物，对其蒸汽重整过程进行了热力学分析。在压力为30bar（1bar=10^5Pa）的条件下，探究了温度（400～1200K）、水和原料比值（4～9）对产物的影响。结果表明，氢气的产量随着温度及水和原料比例的增大而增大。

Lemonidou等[69]以乙酸，乙二醇和丙酮为模型化合物进行了热力学研究。三种模型化合物都可以在较低温度下反应完全，在900K时氢气的收率都可以达到80%～90%。乙酸、乙二醇和丙酮以4/1/1的比例进行混合模拟生物油，最佳的反应条件是温度为900K，水碳比值为3，常压，此条件下，1kmol的混合物可以得到4.8kmol氢气。

Huaqing Xie等[70]基于Gibbs自由能最小，对乙醇、乙酸、丙酮和苯酚四种生物油模型化合物的蒸汽重整进行了热力学分析。他们在温度为400～1300K、水碳比值为1.5～24、压力为1～15atm（1atm=101325Pa）的条件下对四种模型化合物的热解，蒸汽重整和吸附增强蒸汽重整过程分别进行了分析。结果表明，四种模型化合物的氢气产量都随热解温度的升高而升高，但即使在1300K时氢气的产量也仅20%～50%，同时严重积炭；蒸汽重整最佳的反应条件是900K，水碳比值为6，常压，氢气的含量达到70%左右；吸附增强重整条件下可使氢气浓度进一步上升到97%左右。

热力学研究指出生物油重整制氢的可行性，然而真实生物油的组成复杂，除了小分子化合物之外，还有一些分子量较大，难以分解的物质存在，这导致实际生物油的重整反应效率达不到热力学分析的理想情况。

J. Abedi等[71]对生物油进行蒸汽重整，探究了温度、空速和水碳比等操作条件对氢气产率和生物油转化率的影响，他们发现最佳反应条件是温度为950℃、空速为$131h^{-1}$、水碳比值为5，氢气的产率可以达到73%，而生物油的转化率可以达到78%。Lan等[72]将快速热解得到的生物油分别在固定床和流化床反应器上进行蒸汽重整，结果表明流化床反应器中最佳反应条件是温度为700～800℃，水碳比值为15～20，空速为$0.5\sim1h^{-1}$，氢气的最大产率为75.88%；固定床反应器中氢气的最大产率则比流动床反应器低7%。

阎常峰等[73]研究了生物油的吸附增强重整制氢，吸附增强可有效提高氢气的产量和浓度。在最适宜的反应条件：600℃、水和生物油的比值为1时，氢气的含量可以达到85%，产率为75%。Huaqing Xie等[74]对玉米棒快速热解得到的生物油分别进行蒸汽重整和吸附增强蒸汽重整，发现吸附增强重整由于促进了水气变换反应使得氢气的浓度提高；在蒸汽重整时，最佳的反应条件为800℃、空速$0.15h^{-1}$、水碳比值为12，氢气的含量和产率分别达80%和75%；吸附增强重整的氢气含量和产率可分别达到85%和90%。

Ni催化剂是生物油蒸汽重整最广泛使用的催化剂。它的价格相对低廉，对生物油中C—C键的断裂能力较强，重整活性较高。然而，Ni催化剂也有促进甲烷化反应从而降低氢气收率和容易积炭、烧结等缺点。为解决积炭等问题，常需要添加助剂对Ni/Al_2O_3催化剂改性。Stefan Czernik等[75]采用Ni/Al_2O_3催化剂进行生物油的蒸汽重整制氢研究，在温度为825℃、空速$126000h^{-1}$、停留时间26ms的条件下，氢气的产率高达89%。但该催化剂积炭较为严重。在催化剂中添加Mg和La助剂可提高对水的吸附性能，从而提高积炭的气化率；添加Co和Cr助剂可抑制积炭反应。结果表明，$Ni\text{-}Co/MgO\text{-}La_2O_3\text{-}\alpha\text{-}Al_2O_3$和$Ni\text{-}Cr/MgO\text{-}La_2O_3\text{-}\alpha\text{-}Al_2O_3$两种催化剂表现出较好的抗积炭性能。L. García等[76]采用共沉淀法制备的$Ni/MgO\text{-}Al_2O_3$催化剂对松木屑快速热解生物油进行蒸汽重整，以Co和Cu作为助剂对催化剂改性。在温度为650℃、空速为$13000h^{-1}$的最佳反应条件下，$Ni/MgO\text{-}Al_2O_3$、$Ni\text{-}Cu/MgO\text{-}Al_2O_3$和$Ni\text{-}Co/MgO\text{-}Al_2O_3$的生物油转化率分别为57%、63%和80%。Beatriz Valle等[77]用La_2O_3对$Ni/\alpha\text{-}Al_2O_3$改性，在温度为700℃、空速为$0.22h^{-1}$的最佳条件下生物油的转化率达到100%，氢气的产率和选择性达到96%和70%，催化剂的稳定性也较好。

Dagle等[78]在较低水碳比时，将不同含量的Ru、Pt、Rh、Ir、Ni、Co等金属负载在$MgAl_2O_4$上，常压下于500℃进行生物油重整。结果表明，Rh催化剂的活性和抗积炭性能最好。Verykios等[79]采用$Ru/MgO\text{-}Al_2O_3$催化剂对山毛榉热解得到的生物油进行蒸汽重整，在700℃、水碳比值为7.2、空速为$52000h^{-1}$、压力为1atm时，氢气的选择性达到100%，而甲烷的选择性十分低，积炭较少。

7.4.3 生物油自热重整制氢

生物油蒸汽重整是吸热反应，引入氧可将吸热的蒸汽重整与放热的氧化反应耦合，降低对热量输入的要求。生物油的自热重整制氢比蒸汽重整氢气浓度低，但是可以实现自热反应，不需要外界提供能量。Schmidt等[80]利用生物油的自热重整来制取氢气，既可先将生物油在在足量的水蒸气的条件下氧化之后再和 Ru-Ce 催化剂接触，亦可将生物油在足量的水蒸气条件下直接接触 Ru-Ce 催化剂。两种方式的氧化速率都很快，所以能很好地避免焦的形成，但两种方式的氢气产量都较低。Richard 等[81]采用贵金属催化剂 Pt/Al_2O_3 进行生物油自热重整制氢，在最佳条件空速为 $2000h^{-1}$、温度为 800～850℃、水碳比值为 2.8～4.0、氧碳比值为 0.9～1.1 时，100g 生物油仅仅产生 9～11g 氢气，生物油转化率 70%～89%。技术经济分析表明，产氢的成本大约为 4.26 美元/kg，其中生物油自身占到了生产成本的 56.3%，远高于天然气制氢的成本。

7.4.4 生物油重整制氢反应器技术

美国国家可再生能源实验室较早在固定床反应器中开展了生物油蒸汽重整制氢[67]，流程如图 7-14 所示。

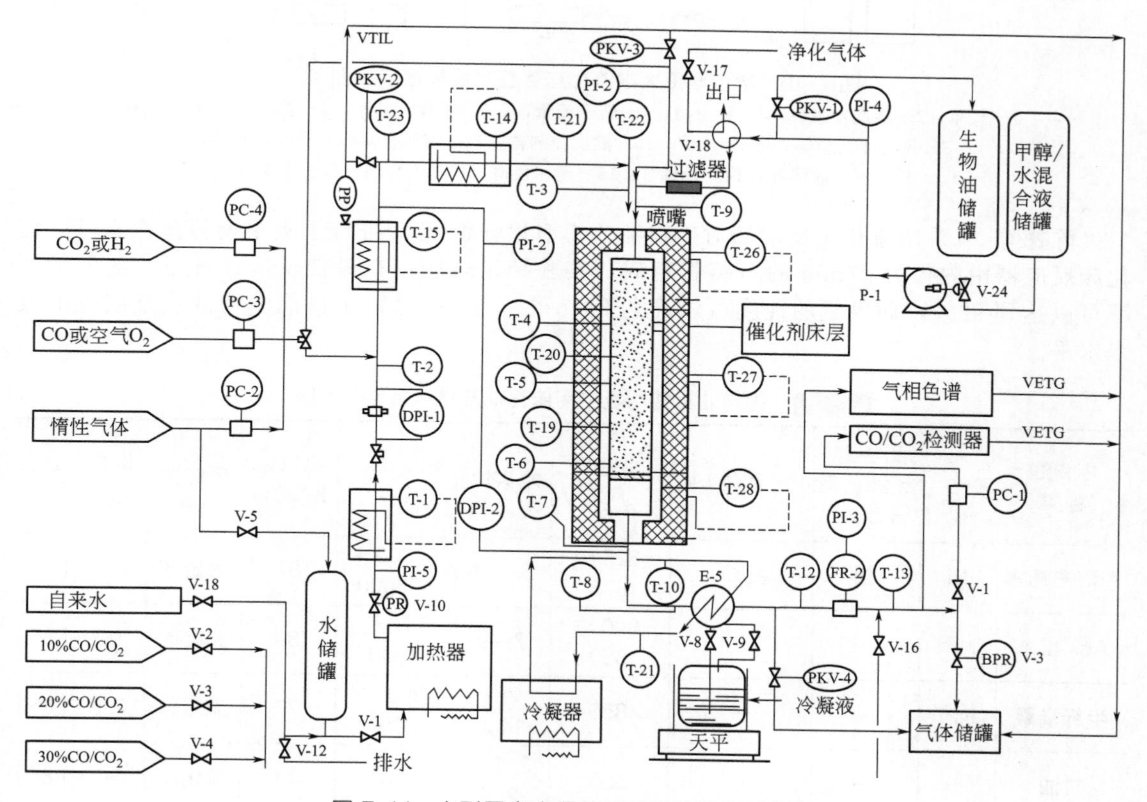

图 7-14 小型固定床重整制氢系统流程图[67]

该固定床反应器由内径 1.65cm、长 42.6cm 的不锈钢管制成，反应器外壁有 3 个独立控温区，水蒸气和生物油混合后经喷嘴进入反应器进行重整。实验结果表明，最高氢气产率可以达到理论值的 85%。反应之后用水蒸气对催化剂表面沉积的炭进行气化再生。

中国科学技术大学生物质洁净能源实验室在国内较早开展了生物油蒸汽重整制氢的研究[82]。他们也采用固定床反应器，水蒸气和生物油先在预热器进行混合，然后再通过载气带入反应器。

华东理工大学蓝平等[83]采用流化床反应器对生物油的轻质组分及其模拟化合物进行了蒸汽重整制氢的研究，用商品镍基催化剂，在温度为 650℃、WHSV=$0.7h^{-1}$、S/C=11 的条件下，氢气的产率可以达到 89.3%。装置示意图见图 7-15。

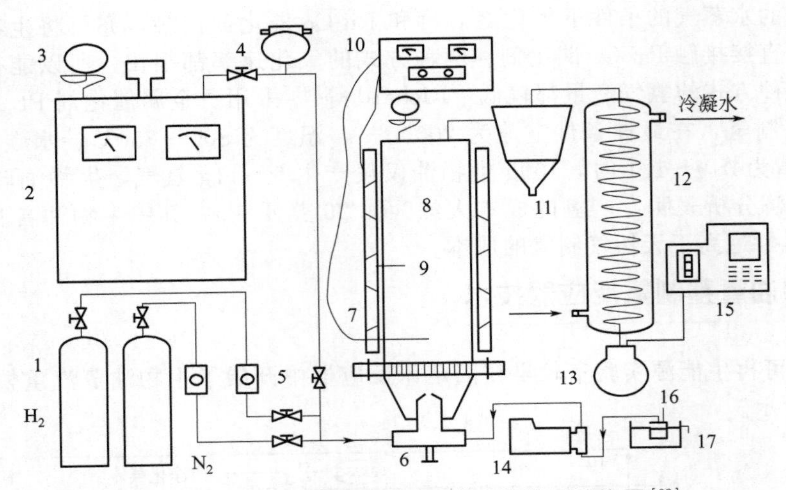

图 7-15 华东理工大学流化床重整制氢装置示意图[83]

1—气瓶；2—蒸汽发生器；3—计量器；4—转子流量计；5—质量流量计；6—喷嘴；7—热电偶；8—流化床反应器；9—加热炉；10—温度控制器；11—旋风分离器；12—冷凝器；13—液体收集器；14—计量泵；15—气相色谱；16—生物油；17—恒温槽

陈德等[84]采用流化床反应器对生物油的模型化合物-乙酸进行了吸附增强蒸汽重整。流化床反应器由内径为 27mm 的石英管组成。实验结果表明，在最佳反应条件下，氢气的产率可以达到 92%，而氢气的纯度可以高达 99.5%。表 7-8 总结了目前生物油重整制氢的技术水平。

表7-8 生物油重整制氢常用催化剂及操作条件（常压）

生物油种类	催化剂	活性组分含量(质量分数)/%	载体	温度/℃	水碳比	空速/h^{-1}	氢气选择性/%	反应器	稳定性①	文献
Aq. 白杨木	Ni	15	Al_2O_3	825～875	5～11	62300～126000	87	固定床	0.5	[75]
Aq. 松木	Ni③	—	—	800～850	7～9	770～1000	89	流化床	90	[85]
半纤维素	Ni③	—	—	850	7～14.1	800～1000	77	流化床	2.5	[85]
甘油	Ni③	—	—	850	2.1～2.7	1400	74	流化床	—	[85]
油脂	Ni③	—	—	600～850	2.7～5	950～1100	82	流化床	16	[85]
硬木	Ni②	—	—	850	5.8	—	80	流化床	16	[86]
硬木	Ni③	—	—	850	5.8	—	90	流化床	4	[86]
锯末面	Ni	20	白云石	600～800	2～10	1.5（w）	74	流化床	5	[87]
Aq. 锯末面	Ni	20	白云石	800	6.5	1.5（w）	74	流化床	5	[87]
Aq. 山毛榉	Ni③	—	—	300～1000	8.2	300～600	90	固定床	5	[88]
Aq. 松木	Ni	28.5	Ca/Mg/Al	650	7.6	5400～11800	—	流化床	2	[89]

续表

生物油种类	催化剂	活性组分含量(质量分数)/%	载体	温度/℃	水碳比	空速/h^{-1}	氢气选择性/%	反应器	稳定性[1]	文献
锯末面	Ni	7.2	MgO	700～900	1～16	1.5(w)	80	固定床[4]	—	[90]
锯末面	Ni	15	γ-Al_2O_3	350～550	6.1	12000	50	固定床	—	[82]
锯末面	Ni	15	CNT	350～550	2～6.1	12000	92.5	固定床	6	[82]
松木	Pt	1	$Ce_{0.5}Zr_{0.5}O_2$	700～780	2.5～10	0.6～2.5(w)	70	整体式	—	[91]
松木	Rh	1	$Ce_{0.5}Zr_{0.5}O_2$	700～780	2.5～10	—	52	整体式	—	[91]
Aq. 松木	Ru	5	$MgAl_2O_4$	550～800	7.2	3000～17000	60	固定床	>45	[79]
松木	Pt	1	Al_2O_3	860	10.8	3090	40	固定床	—	[92]
松木	Rh	1	Al_2O_3	860	10.8	3090	60	固定床	—	[92]
松木	Pt	1	$CeZrO_2$	740～860	10.8	3090	70	固定床	>9[5]	[92]
松木	Rh	1	$CeZrO_2$	860	10.8	3090	75	固定床	—	[92]
模拟生物油[6]	Ni	7.2	MgO	450～850	1～10	0.8(w)	85	固定床	8	[90]
模拟生物油[7]	Ni	7.2	MgO	450～850	1～10	0.8(w)	85	固定床	10	[90]
Aq. 稻壳	Ni	5-12	CeO-ZrO	450～800	3.2～5.8	—	70	固定床	0.5	[93]

① 稳定性以转化率或氢气的选择性下降 10%为判据。
② C11-NK 催化剂。
③ NREL 催化剂。
④ 二段反应器。
⑤ 自热反应。
⑥ 模拟生物油由等量甲醇、乙醇、乙酸和丙酮混合而成。
⑦ 模拟生物油由等量糠醛、苯酚、邻苯二酚和间甲酚混合而成。
注：Aq. 指由生物质处理得到生物油的液相组分。

7.5 生物质热化学制氢技术评述

7.5.1 生物质热化学制氢的技术经济性

正如前文所述，生物质热解和气化在技术上都较为成熟，虽然存在一些生物质原料特有的工艺问题，但总体来说技术的可行性较高。因此，目前全世界有多套商业化运作的生物质热解和气化装置用于产生合成气、燃烧供能、发电等。表 7-9 列出了一些典型的商业运作的生物质气化炉的运行情况。

对于制取氢气而言，生物质热解和气化技术主要的障碍来自其经济性。表 7-10 对比了生物质热解和气化技术制氢的效率和成本。与传统主流的甲烷重整技术相比，生物质热解和气化技术的氢气成本高 1.6～3.2 倍，并不具有竞争力。未来生物质热解和气化技术产氢成本可能通过使用更廉价的生物质废弃物资源进一步降低，但依赖于生物质资源的收集、存储、输运等环节效率的不断进步。

表7-9 全球商用生物质气化炉分类[94~96]

地区	气化器	原料	处理量	单位/项目
美国	并流移动床	树桩	1MW	CLEW
	并流移动床	木片，玉米棒	40kW	Stwalley engg.
丹麦	逆流移动床	皮革废料	2～15kW	DTI
	逆流移动床	稻草，木片，树皮	1～15kW	VOLUND R&D Center
	并流移动床	木渣	0.5MW	Hollesen engg.
新西兰	并流移动床	木块，木片，柳枝叶	30kW	Fluidyen
法国	并流移动床	木块，农林废弃物等	100～600kW	Martezo
英国	并流移动床	木片，榛子壳	30kW	纽卡斯尔大学
	并流移动床	工农业废弃物等	300kW	Shawton 工程
瑞士	—	农业生物质	50～2500kW	DASAG
印度	并流移动床	木屑，稻壳	100kg/h	Associated engg. Works
	并流移动床	木杆，玉米穗，米糠等	—	Ankur 能源科技公司
比利时	并流移动床	木片	160kW	SRC Gazel
南非	并流移动床	木头，煤饼	30～500kW	SystBM Johansson 天然气生产公司
芬兰	逆流移动床	木片，稻草，泥炭	4～5MW	Ahlstrom Corporation,VTT
荷南	并流移动床	稻壳	150kW	KARA 能源系统
中国	并流移动床	锯末面	200kW	怀柔
	并流移动床	农作物秸秆	300kW	环泰天然气生产公司
中国	并流移动床	农业废弃物	200kW	Tianyan 有限公司
中国	流化床	农业废弃物	1000kW	Tianyan 有限公司
中国	循环流化床	农业废弃物	200～1200kW	广州能源所
中国	循环流化床	稻草，稻壳，木屑，花生壳	5.5MW	广州能源所
印度	并流移动床	稻壳	25～100kW	米糠气化发电厂
印度	并流移动床	玉米棒及当地作物	128kW	萨兰生物质气化发电厂
印度	并流移动床	番薯，玉米棒	20～120kW	巴哈尔巴里村电厂
印度	并流移动床	松叶	9kW	阿瓦尼生物质气化发电厂

表7-10 生物质热化学制氢技术与甲烷水蒸气重整技术的对比

产氢方法	能量效率	氢气成本	产能和发展趋势
甲烷水蒸气重整	83%	0.75 美元/kg	大规模，成熟技术
生物质气化	40%～50%	1.21～2.42 美元/kg	中等规模，技术可行
生物质热解	56%	1.21～2.19 美元/kg	中等规模，技术可行

7.5.2 生物质热化学制氢的 CO_2 排放

Silveira 等[97]、Coronado 等[98]和 Madeira 等[99]研究者引入了等效 CO_2［$(CO_2)_e$］这一概念，通过换算系数将 CH_4、CO、NO_x、SO_2 和 PM 等污染物转化成等效量的 CO_2，以评估制氢过程的 CO_2 排放量。Silveira 等[97]推荐按下式计算：

$$(CO_2)_e = CO_2 + 1.9(CO) + 25(CH_4) + 50(NO_x) + 80(SO_2) + 67(PM)$$

其中，换算系数的单位为 kg/kg。据此可以评估：

生物质热解技术产氢的 CO_2 排放量与生物质原料的种类和特性密切相关，对所生产的洁净气体（去除焦油和颗粒物），通常为 $4.1 \sim 5.3 m^3$ CO_2/m^3 H_2。

生物质气化技术的 CO_2 排放量较热解显著下降，当以空气为气化介质，CO_2 排放量为

2.84～3.51m^3 CO_2/m^3 H_2；若以水蒸气为介质，由于氢气产率的进一步提高，CO_2 排放量进一步下降至 0.71～1.33m^3 CO_2/m^3 H_2。

尽管生物质气化和热解技术本身产生可观的 CO_2 排放，但由于生物质具有可再生性，由生物质热化学方法制氢仍可视为可再生的，理想情况下，生物质利用的整个生命周期零排放二氧化碳，因此在缓解环境和能源压力方面具有重要的意义。

参考文献

[1] Demirbas A. Biomass resource facilities and biomass conversion processing for fuels and chemicals. Energy Convers Manage，2001，42：1357-1378.

[2] Ni M，Leung DYC，Leung MKH，et al. An overview of hydrogen production from biomass. Fuel Process Technol，2006，87：461-72.

[3] Mohanty P，Pant KK，Mittal R. Hydrogen generation from biomass materials：challenges and opportunities. Wiley Interdisciplinary Reviews：Energy and Environment，2015，4：139-155.

[4] Yan Gui - huan SL，Xu Min. Comparison on several methods of hydrogen production from biomass. Energy Engineering，2004，4：38-41.

[5] Collard F-X，Blin J. A review on pyrolysis of biomass constituents：Mechanisms and composition of the products obtained from the conversion of cellulose，hemicelluloses and lignin. Renewable and Sustainable Energy Reviews，2014，38：594-608.

[6] Nasir Uddin M，Daud WMAW，Abbas HF. Potential hydrogen and non-condensable gases production from biomass pyrolysis：Insights into the process variables. Renewable and Sustainable Energy Reviews，2013，27：204-224.

[7] Li S，Xu S，Liu S，et al. Fast pyrolysis of biomass in free-fall reactor for hydrogen-rich gas. Fuel Processing Technology，2004，85：1201-1211.

[8] Vamvuka D，Troulinos S，Kastanaki E. The effect of mineral matter on the physical and chemical activation of low rank coal and biomass materials. Fuel，2006，85：1763-1771.

[9] Furness DT，Hoggett LA，Judd SJ. Thermochemical Treatment of Sewage Sludge. Water and Environment Journal，2000，14：57-65.

[10] Shen J，Wang X-S，Garcia-Perez M，et al. Effects of particle size on the fast pyrolysis of oil mallee woody biomass. Fuel，2009，88：1810-1817.

[11] Wei L，Xu S，Zhang L，et al. Characteristics of fast pyrolysis of biomass in a free fall reactor. Fuel Process Technol，2006，87：863-871.

[12] Debdoubi A，El amarti A，Colacio E，et al. The effect of heating rate on yields and compositions of oil products from esparto pyrolysis. IJER，2006，30：1243-1250.

[13] Zuo S，Xiao Z，Yang J. Evolution of gaseous products from biomass pyrolysis in the presence of phosphoric acid. J Anal Appl Pyrolysis，2012，95：236-240.

[14] Ioannidou O，Zabaniotou A，Antonakou EV，et al. Investigating the potential for energy，fuel，materials and chemicals production from corn residues (cobs and stalks) by non-catalytic and catalytic pyrolysis in two reactor configurations. Renewable and Sustainable Energy Reviews，2009，13：750-762.

[15] Ferdous D，Dalai AK，Bej SK，et al. Production of H_2 and medium Btu gas via pyrolysis of lignins in a fixed-bed reactor. Fuel Process Technol，2001，70：9-26.

[16] Qinglan H，Chang W，Dingqiang L，et al. Production of hydrogen-rich gas from plant biomass by catalytic pyrolysis at low temperature. Int J Hydrogen Energy. 2010，35：8884-8890.

[17] Demirbas A. Yields of hydrogen-rich gaseous products via pyrolysis from selected biomass samples. Fuel，2001，80：1885-1891.

[18] Chen G，Andries J，Spliethoff H. Catalytic pyrolysis of biomass for hydrogen rich fuel gas production. Energy Convers Manage，2003，44：2289-2296.

[19] Liu S，Zhu J，Chen M，et al. Hydrogen production via catalytic pyrolysis of biomass in a two-stage fixed bed reactor system. Int J Hydrogen Energy，2014，39：13128-13135.

[20] Widyawati M，Church TL，Florin NH，et al. Hydrogen synthesis from biomass pyrolysis with in situ carbon dioxide capture using calcium oxide. Int J Hydrogen Energy，2011，36：4800-4813.

[21] Bridgwater AV. Review of fast pyrolysis of biomass and product upgrading. Biomass & Bioenergy，2012，38：68-94.

[22] Cuevas A RC, Scott DS. Pyrolysis oil production and its perspectives. In: Proc. power production from biomass II, Espoo. March 1995. Espoo: VTT, 1995.
[23] Robson A. PyNe newsletter No. 11. June 2001. ISSN 1470e3521. UK: Aston University, 2001: 1-2.
[24] Gust S NJ-P. Liquefied wood fuel could soon replace heavy oil! Wood Energy, 2002, 6: 24-25.
[25] Fernandez Akarregi R. Ikerlan-IK4 fast pyrolysis pilot plant: bio-oil and char production from biomass. PyNe newsletter 26, 8-10, June 2010, Aston University Bioenergy Research Group, Available on PyNe: www. pyne. co. uk.
[26] Lehto J JP, SolantaustaY, Oasmaa A. Integrated Heat, Electricity and Bio-oil. PyNe newsletter 26, 2-3, Aston University Bioenergy Research Group, Available on PyNe: www. pyne. co. uk.
[27] Zhu X. Biomass fast pyrolysis for bio-oil. Available at, http://www. biomass-asia-workshop. jp/biomassws/05workshop/program/18 _ Zhu. pdf.
[28] Muller S ET. PyNe newsletter 27, 11-12, June 2010, Aston University Bioenergy Research Group, Available on PyNe: website www. pyne. co. uk.
[29] Bridgwater AV PG, Robinson NM. US patent number US 7, 625, 532.
[30] D M. New ablative pyrolyser in operation in Germany. pp1-3, PyNe newsletter 17, April 2005, Aston University Boenergy Research Group, UK. Available on PyNe: website www. pyne. co. uk.
[31] Prins W WB. Review of rotating cone technology for flash pyrolysis of biomass // Kaltschmitt MK, Bridgwater AV. Biomass gasification and pyrolysis. UK: CPL Scientific Ltd, 1997. 316-326.
[32] Wagenaar BM, Venderbosch RH, Carrasco J, et al. Rotating cone bio-oil production and applications // Bridgwater AV. Progress in thermochemical biomass conversion, 2001: 1268-1280.
[33] Qian WZ, Liu T, Wang ZW, et al. Effect of adding nickel to iron-alumina catalysts on the morphology of as-grown carbon nanotubes. Carbon, 2003, 41: 2487-2493.
[34] Kaushal P, Tyagi R. Steam assisted biomass gasification-an overview. The Canadian Journal of Chemical Engineering, 2012, 90: 1043-1058.
[35] Pu G, Zhou H-p, Hao G-t. Study on pine biomass air and oxygen/steam gasification in the fixed bed gasifier. Int J Hydrogen Energy, 2013, 38: 15757-15763.
[36] Nipattummakul N, Ahmed II, Kerdsuwan S, et al. Hydrogen and syngas production from sewage sludge via steam gasification. Int J Hydrogen Energy, 2010; 35: 11738-11745.
[37] Lv P, Yuan Z, Ma L, et al. Hydrogen-rich gas production from biomass air and oxygen/steam gasification in a downdraft gasifier. Renewable Energy, 2007, 32: 2173-2185.
[38] Franco C, Pinto F, Gulyurtlu I, et al. The study of reactions influencing the biomass steam gasification process. Fuel, 2003, 82: 835-842.
[39] Hosseini M, Dincer I, Rosen MA. Steam and air fed biomass gasification: Comparisons based on energy and exergy. Int J Hydrogen Energy, 2012, 37: 16446-16452.
[40] Ruiz JA, Juárez MC, Morales MP, et al. Biomass gasification for electricity generation: Review of current technology barriers. Renewable and Sustainable Energy Reviews, 2013, 18: 174-183.
[41] Shen YF, Yoshikawa K. Recent progresses in catalytic tar elimination during biomass gasification or pyrolysis-A review. Renewable & Sustainable Energy Reviews, 2013, 21: 371-392.
[42] Pfeifer C, Hofbauer H. Development of catalytic tar decomposition downstream from a dual fluidized bed biomass steam gasifier. Powder Technol, 2008, 180: 9-16.
[43] Engelen K, Zhang YH, Draelants DJ, et al. A novel catalytic filter for tar removal from biomass gasification gas: Improvement of the catalytic activity in presence of H_2S. Chemical Engineering Science, 2003, 58: 665-670.
[44] Liu HB, Chen TH, Zhang XL, et al. Effect of Additives on Catalytic Cracking of Biomass Gasification Tar over Nickel-Based Catalyst. Chinese J Catal, 2010, 31: 409-414.
[45] 吕鹏梅，常杰，付严. 生物质流化床催化气化制取富氢燃气. 太阳能学报，2004；25 (6): 769-775.
[46] Hu G, Xu S, Li S, et al. Steam gasification of apricot stones with olivine and dolomite as downstream catalysts. Fuel Process Technol, 2006, 87: 375-382.
[47] Swierczynski D, Courson C, Kiennemann A. Study of steam reforming of toluene used as model compound of tar produced by biomass gasification. Chemical Engineering and Processing: Process Intensification, 2008, 47: 508-513.
[48] Rapagnà S, Virginie M, Gallucci K, et al. Fe/olivine catalyst for biomass steam gasification: Preparation, characterization and testing at real process conditions. Catalysis Today, 2011, 176: 163-168.
[49] Furusawa T, Saito K, Kori Y, et al. Steam reforming of naphthalene/benzene with various types of Pt- and Ni-based catalysts for hydrogen production. Fuel, 2013, 103: 111-121.

[50] Stemmler M, Tamburro A, Müller M. Laboratory investigations on chemical hot gas cleaning of inorganic trace elements for the "UNIQUE" process. Fuel, 2013, 108: 31-6.

[51] Wolf KJ, Müller M, Hilpert K, et al. Alkali Sorption in Second-Generation Pressurized Fluidized-Bed Combustion. Energy & Fuels, 2004, 18: 1841-1850.

[52] Heidenreich S, Foscolo PU. New concepts in biomass gasification. Progress in Energy and Combustion Science, 2015, 46: 72-95.

[53] Lin S-Y, Suzuki Y, Hatano H, et al. Developing an innovative method, HyPr-RING, to produce hydrogen from hydrocarbons. Energy Convers Manage, 2002, 43: 1283-1290.

[54] Chen D, He L. Towards an Efficient Hydrogen Production from Biomass: A Review of Processes and Materials. Chem Cat Chem, 2011, 3: 490-511.

[55] Koppatz S, Pfeifer C, Rauch R, et al. H_2 rich product gas by steam gasification of biomass with in situ CO_2 absorption in a dual fluidized bed system of 8 MW fuel input. Fuel Process Technol, 2009, 90: 914-921.

[56] Pfeifer C, Puchner B, Hofbauer H. In-Situ CO_2-Absorption in a Dual Fluidized Bed Biomass Steam Gasifier to Produce a Hydrogen Rich Syngas. International Journal of Chemical Reactor Engineering, 2007, 5.

[57] Modell M. Reforming of glucose and wood at the critical condition of water. ASME Intersociety Conference on Environmental Systems, San Francisco, 1977: 8-13.

[58] Dehui Yu, Masahiko Aihara, Michael Jerry Antal J. Hydrogen Production by Steam Reforming Glucose in Supercritical Water. Energy Fuels, 1993, 7: 574-577.

[59] Douglas C. Elliott L, John Sealock J, et al. Chemical Processing in High-pressure Aqueous Environments. 2. Development of Catalysts for Gasification. Ind Eng Chem Res, 1993, 32: 1542-1548.

[60] Schmieder H, Abeln J, Boukis N, et al. Hydrothermal gasification of biomass and organic wastes. The Journal of Supercritical Fluids, 2000, 17: 145-153.

[61] Tomoki Minowa ZF, Tomoko Ogi, Gabor Varhegyi. Decomposition of Cellulose and Glucose in Hot-Compressed Water under Catalyst-Free Condition. J Chem Eng Japan, 1998: 31.

[62] Yu D, Aihara M, Antal MJ. Hydrogen production by steam reforming glucose in supercritical water. Energy Fuels, 1993, 7: 574-577.

[63] Madenoğlu TG, Kurt S, Sağlam M, et al. Hydrogen production from some agricultural residues by catalytic subcritical and supercritical water gasification. The Journal of Supercritical Fluids, 2012, 67: 22-28.

[64] Sadezky A, Muckenhuber H, Grothe H, et al. Raman microspectroscopy of soot and related carbonaceous materials: Spectral analysis and structural information. Carbon, 2005, 43: 1731-1742.

[65] Matsumura Y, Minowa T, Potic B, et al. Biomass gasification in near- and super-critical water: Status and prospects. Biomass Bioenergy, 2005, 29: 269-292.

[66] Mohan D, Pittman CU, Steele PH. Pyrolysis of wood/biomass for bio-oil: A critical review. Energy & Fuels, 2006, 20: 848-889.

[67] Wang D, Czernik S, Chornet E. Production of Hydrogen from Biomass by Catalytic Steam Reforming of Fast Pyrolysis Oils. Energy Fuels, 1998, 12: 19-24.

[68] Aktas S, Karakaya M, Avcl AK. Thermodynamic analysis of steam assisted conversions of bio-oil components to synthesis gas. Int J Hydrogen Energy, 2009, 34: 1752-1759.

[69] Vagia E, Lemonidou A. Thermodynamic analysis of hydrogen production via steam reforming of selected components of aqueous bio-oil fraction. Int J Hydrogen Energy, 2007, 32: 212-223.

[70] Xie H, Yu Q, Wang K, et al. Thermodynamic analysis of hydrogen production from model compounds of bio-oil through steam reforming. Environ Prog Sustain Energy, 2014, 33: 1008-1016.

[71] Seyedeyn-Azad F, Salehi E, Abedi J, et al. Biomass to hydrogen via catalytic steam reforming of bio-oil over Ni-supported alumina catalysts. Fuel Process Technol, 2011, 92: 563-569.

[72] Lan P, Xu Q, Zhou M, et al. Catalytic Steam Reforming of Fast Pyrolysis Bio-Oil in Fixed Bed and Fluidized Bed Reactors. Chemical Engineering & Technology, 2010; 33: 2021-2028.

[73] Yan C-F, Hu E-Y, Cai C-L. Hydrogen production from bio-oil aqueous fraction with in situ carbon dioxide capture. Int J Hydrogen Energy, 2010, 35: 2612-2616.

[74] Xie H, Yu Q, Zuo Z, et al. Hydrogen production via sorption-enhanced catalytic steam reforming of bio-oil. Int J Hydrogen Energy, 2016, 41: 2345-2353.

[75] Garcia La, French R, Czernik S, et al. Catalytic steam reforming of bio-oils for the production of hydrogen: effects of catalyst composition. Applied Catalysis A: General, 2000, 201: 225-239.

[76] Remón J, Medrano JA, Bimbela F, et al. Ni/Al-Mg-O solids modified with Co or Cu for the catalytic steam reforming of bio-oil. Applied Catalysis B: Environmental, 2013, 132-133: 433-444.

[77] Valle B, Remiro A, Aguayo AT, et al. Catalysts of Ni/α-Al_2O_3 and Ni/La_2O_3-α-Al_2O_3 for hydrogen production by steam reforming of bio-oil aqueous fraction with pyrolytic lignin retention. Int J Hydrogen Energy, 2013, 38: 1307-1318.

[78] Xing R, Dagle VL, Flake M, et al. Steam reforming of fast pyrolysis-derived aqueous phase oxygenates over Co, Ni, and Rh metals supported on $MgAl_2O_4$. Catal Today, 2016, 269: 166-174.

[79] Basagiannis AC, Verykios XE. Steam reforming of the aqueous fraction of bio-oil over structured Ru/MgO/Al_2O_3 catalysts. Catal Today, 2007, 127: 256-264.

[80] Rennard D, French R, Czernik S, et al. Production of synthesis gas by partial oxidation and steam reforming of biomass pyrolysis oils. Int J Hydrogen Energy, 2010, 35: 4048-4059.

[81] Czernik S, French R. Distributed production of hydrogen by auto-thermal reforming of fast pyrolysis bio-oil. Int J Hydrogen Energy, 2014, 39: 744-750.

[82] Hou T, Yuan L, Ye T, et al. Hydrogen production by low-temperature reforming of organic compounds in bio-oil over a CNT-promoting Ni catalyst. Int J Hydrogen Energy, 2009, 34: 9095-9107.

[83] 许庆利，蓝平，周明. 在流化床反应器中生物油轻组分模拟物催化重整制氢. 石油化工，2010，39 (7)：961-965.

[84] Gil MV, Fermoso J, Rubiera F, et al. H_2 production by sorption enhanced steam reforming of biomass-derived bio-oil in a fluidized bed reactor: An assessment of the effect of operation variables using response surface methodology. Catal Today, 2015, 242: 19-34.

[85] Czernik S, French R, Feik C, et al. Hydrogen by Catalytic Steam Reforming of Liquid Byproducts from Biomass Thermoconversion Processes. Ind Eng Chem Res, 2002, 41: 4209-4215.

[86] Czernik S, Evans R, French R. Hydrogen from biomass-production by steam reforming of biomass pyrolysis oil. Catal Today, 2007, 129: 265-268.

[87] Li H, Xu Q, Xue H, et al. Catalytic reforming of the aqueous phase derived from fast-pyrolysis of biomass. Renewable Energy, 2009, 34: 2872-2877.

[88] Kechagiopoulos PN, Voutetakis SS, Lemonidou AA, et al. Hydrogen Production via Steam Reforming of the Aqueous Phase of Bio-Oil in a Fixed Bed Reactor. Energy Fuels, 2006, 20: 2155-2163.

[89] Medrano JA, Oliva M, Ruiz J, et al. Hydrogen from aqueous fraction of biomass pyrolysis liquids by catalytic steam reforming in fluidized bed. Energy, 2011, 36: 2215-2224.

[90] Wu C, Huang Q, Sui M, et al. Hydrogen production via catalytic steam reforming of fast pyrolysis bio-oil in a two-stage fixed bed reactor system. Fuel Process Technol, 2008, 89: 1306-1316.

[91] Domine ME, Iojoiu EE, Davidian T, et al. Hydrogen production from biomass-derived oil over monolithic Pt- and Rh-based catalysts using steam reforming and sequential cracking processes. Catal Today, 2008, 133-135: 565-573.

[92] Rioche C, Kulkarni S, Meunier FC, et al. Steam reforming of model compounds and fast pyrolysis bio-oil on supported noble metal catalysts. Applied Catalysis B: Environmental, 2005, 61: 130-139.

[93] Yan C-F, Cheng F-F, Hu R-R. Hydrogen production from catalytic steam reforming of bio-oil aqueous fraction over Ni/CeO_2-ZrO_2 catalysts. Int J Hydrogen Energy, 2010, 35: 11693-11699.

[94] Beohara H, Guptaa B, Sethib VK, et al. Parametric Study of Fixed Bed Biomass Gasifier: A review. Int J Therm Technol, 2012, 2 (1): 134-140.

[95] Zhou Z, Yin X, Xu J, et al. The development situation of biomass gasification power generation in China. Energy Policy, 2012, 51: 52-57.

[96] Study of Available Business Models of Biomass Gasification Power Projects in India prepared by TERI, New Delhi and UPES, Dehradun, 2013.

[97] Silveira JL, Lamas WdQ, Tuna CE, et al. Ecological efficiency and thermoeconomic analysis of a cogeneration system at a hospital. Renew Sust Energ Rev, 2012, 16: 2894-2906.

[98] Coronado CR, de Carvalho JA, Yoshioka JT, et al. Determination of ecological efficiency in internal combustion engines: The use of biodiesel. Appl Therm Eng, 2009, 29: 1887-1892.

[99] Madeira JGF, Boloy RAM, Delgado ARS, et al. Ecological analysis of hydrogen production via biogas steam reforming from cassava flour processing wastewater. Journal of Cleaner Production, 2017, 162: 709-716.

第 8 章 核能制氢

核能是清洁的一次能源，目前在我国呈现出良好的发展态势。为实现核能的可持续发展，国际上提出了第四代核能系统概念，除了反应堆系统自身安全性、经济性等方面要重大改进外，还应重视核能的非发电利用，特别是利用核能制氢。与传统方法相比，核能制氢具有高效、清洁、大规模、经济等多方面的优点。

8.1 核能制氢技术

核能制氢就是利用核反应堆产生的热作为制氢的能源，通过选择合适的工艺，实现高效、大规模的制氢；同时减少甚至消除温室气体的排放。核能制氢原理示意如图 8-1 所示[1]。

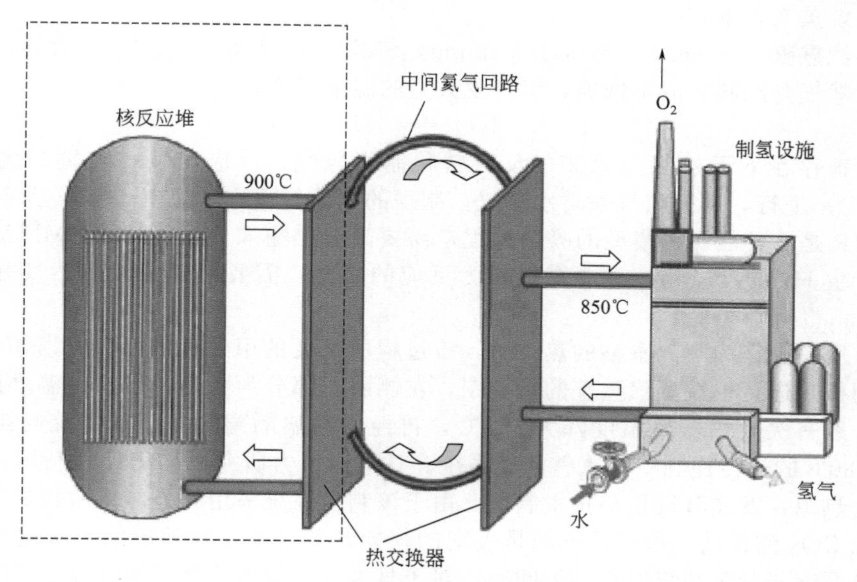

图 8-1 核能制氢原理示意图

核能到氢能的转化途径较多，如图 8-2 所示[2]，包括以水为原料经电解、热化学循环、高温蒸汽电解制氢，以硫化氢为原料裂解制氢，以天然气、煤、生物质为原料的热解制氢等。以水原料时，整个制氢工艺过程都不产生 CO_2，基本可以消除温室气体排放；以其他原料制氢时只能减少碳排放。另外，利用核电电解水只是核能发电与传统电解的简单联合，仍属于核能发电领域，一般不视为真正意义上的核能制氢技术。因此，以水为原料、全部或部分利用核热的热化学循环和高温蒸汽电解被认为是代表未来发展方向的核能制氢技术。

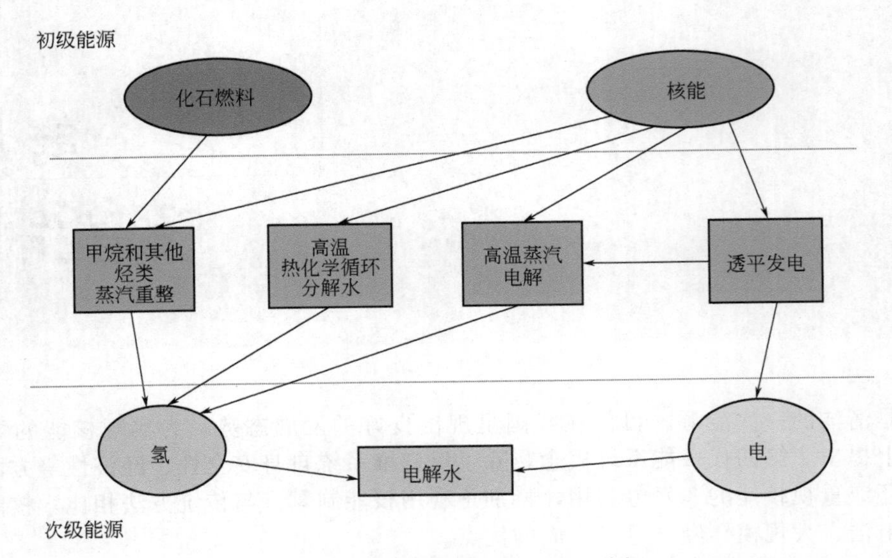

图 8-2 核能到氢能的转化途径[2]

8.1.1 核能制氢主要工艺

研究比较广泛的核能制氢的工艺主要包括三种：甲烷蒸汽重整，高温电解，热化学循环分解水。

(1) 甲烷蒸汽重整

甲烷蒸汽重整（steam-methane reforming，SMR）是目前工业上主要的制氢方法，该法通常以天然气为原料，成本低廉，但产生大量的温室气体。

$$CH_4 + 2H_2O = 4H_2 + CO_2$$

在催化剂存在下天然气与水蒸气反应转化制得氢气。反应可以在较宽的温度范围下（500～950℃）进行，部分氢气来自水蒸气。制得的气体组成中，氢气含量可达 74%（体积分数）。SMR 是一种能源密集型的吸热过程，需要高温热输入。在传统的 SMR 法中，甲烷气既作为产生 H_2 的反应物，又能燃烧作为反应的热源；需要消耗大量天然气并产生大量 CO_2 排放。

当用核反应堆作为蒸汽重整的热源时，该过程所需要的甲烷气量可以显著减少。图 8-3 给出了利用核热进行甲烷蒸汽重整的示意图。左侧阴影部分为核热系统，高温堆产生 950℃ 的高温热，经一次换热器后温度降为 905℃，再经过高温隔离阀，使核系统与制氢系统隔离；并将 880℃的热传递到甲烷重整制氢系统。日本原子力研究机构曾计划利用其高温工程实验堆作为热源，发展蒸汽重整技术制氢。由于该制氢系统采用的是传统的制氢技术，减少而不是消除 CO_2 的排放，所以代表的是近期的核能制氢技术，要解决的也只是与核反应堆的选型及核系统与制氢系统的连接等问题。对于日本和其他天然气成本较高的国家，经济分析表明用核反应堆产生的热进行天然气重整制得的氢气，其成本显著降低。这是日本发展该项目的重要原因[4,5]。

(2) 高温电解

电解技术适用于可以得到廉价电能或者需要高纯氢气的场合。电解反应需要大量的电能，取决于反应焓（或总燃烧热）、熵和反应温度。

$$H_2O \longrightarrow H_2 + \frac{1}{2}O_2 \qquad -242\text{kJ/mol}$$

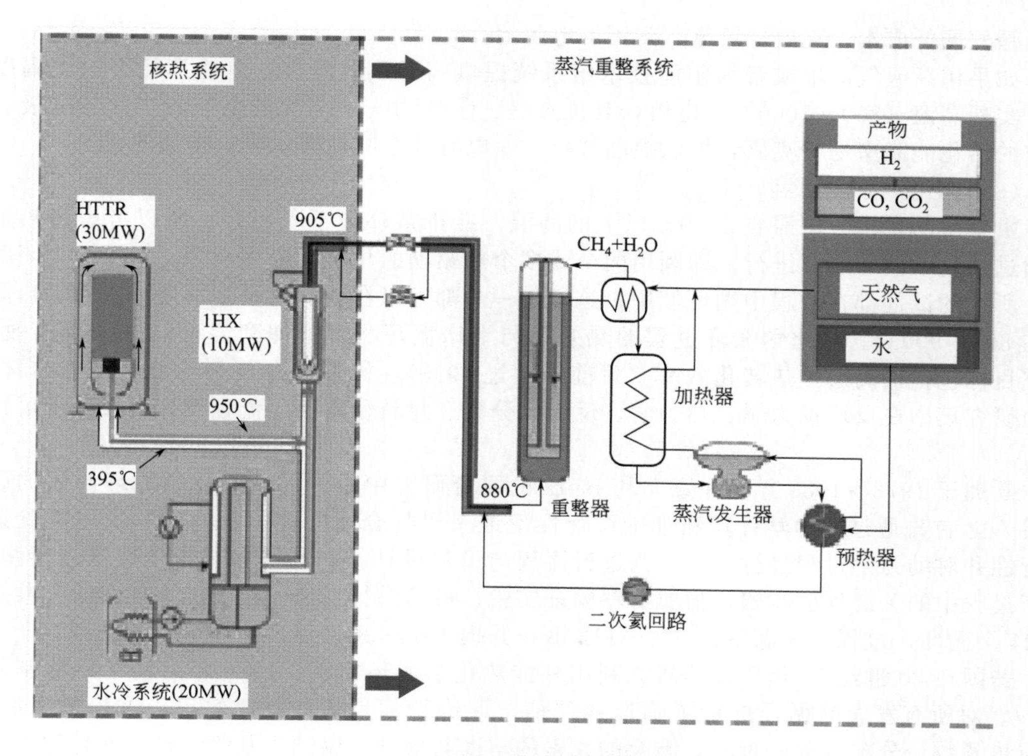

图 8-3 核能经蒸汽重整制氢流程示意图

分解的理想电压（可逆）为 1.229V。如果需要的能量以电的形式提供，需要的理论电势要增加 0.252V。由于实际过程不可逆和产生热量等原因，分解电势要更高。要达到较高的电解效率，过电势要尽可能小。典型的电解池电压为 1.85～2.02V，效率为 72%～80%。在标准条件下电解制氢的电能消耗约为 4.5kW·h/m³。随着金属氧化物隔膜固体和氧离子传导电极的发展，高温水蒸气电解过程有可能实现。高温电解[6,7]主要是基于固体氧化物电解过程实现，其原理如图 8-4 所示；典型操作温度为 800℃，产氢耗电量为 3kW·h/m³ 氢气。选择的金属氧化物隔膜为锆基陶瓷膜，在操作温度下氧离子传导率很高；在 1000℃下操作时耗电减少 30%。蒸汽高温电解的过程为固体氧化物燃料电池的逆过程。目前研究的

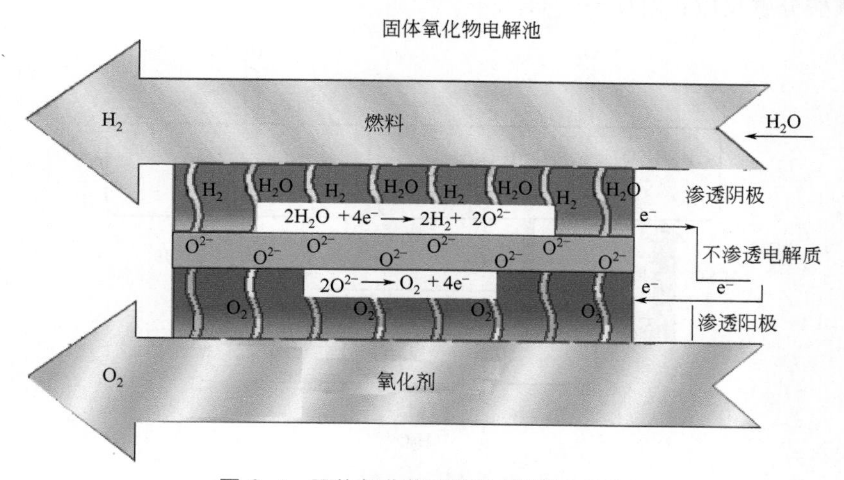

图 8-4 固体氧化物电解池原理示意图

目标是发展低成本、高效、可靠、耐用的电解池。

如果用高温气冷堆或者太阳能技术给系统提供高温热或蒸汽，电能消耗可以大幅度降低，实现高温（800～1000℃）电解，其优点是：①热力学上需要的电能减少；②电极表面反应的活化能能垒易于克服，可以提高效率；③电解池中的动力学可以得到改善。

（3）热化学循环制氢

由于水的直接分解需要2500℃以上的高温，在正常环境下不可行，所以考虑将热解过程通过热化学循环过程进行，即利用两个或多个热驱动的化学反应相耦合，组成一个闭路循环；所有的试剂都在过程中循环使用；这样每一个都可以在较低的温度下进行。所需热源温度在800～900℃。热化学循环过程的热效率与卡诺循环相似，即高温可以提高转换效率。研究目标包括提高总体热转化效率（目前不超过40%），研发可在苛刻环境下使用的材料。目前研究集中在反应动力学、热力学、反应物分离、材料稳定性、流程设计以及经济可行性分析。

欧洲于1973～1983年间在意大利Ispra的联合研究中心开展了热化学循环制氢的研究项目[8]，首先通过热力学计算和理论可行性论证来寻找合适的化学反应；其次用实验证实可行性并对动力学过程进行评价；为进行流程与设备设计，对物性和热力学数据进行测量；对于过程中的关键反应步骤，需要材料验证实验；最后进行经济性评价。该项目研究共提出了24个循环，过程最高温度为920～1120K；并提出了一系列评价循环过程的准则。

美国在20世纪70年代开始研究利用核能热化学循环制氢，1998年启动了核能制氢计划[9]。对所有发表的循环进行了筛选和评估，评价指标包括：制氢效率，过程最高温度，反应步骤数，分离过程的难易，涉及的元素的丰度与毒性，腐蚀问题等。经过两轮评价，认为美国通用原子能公司（GA）于80年代发明的碘硫（IS）循环[10]和日本东京大学发明的UT-3循环[11]为最优流程，并选定IS循环进行研发，计划于2006年完成实验室规模核能热化学循环制氢。日本原子力机构（JAEA）从90年代初开展IS循环的研究，已于2004年建成产氢规模50L/h的循环台架，成功进行了闭路循环。法国原子能委员会（CEA）于2001年启动了核能制氢计划，经过评价后也选定IS循环进行研发[12]。

IS循环该过程由3步反应组成（原理见图8-5）：

① Bunsen反应：$SO_2+I_2+2H_2O \longrightarrow H_2SO_4+2HI$

② 硫酸分解反应：$H_2SO_4 \longrightarrow SO_2+\frac{1}{2}O_2+H_2O$

③ 氢碘酸分解反应：$2HI \longrightarrow H_2+I_2$

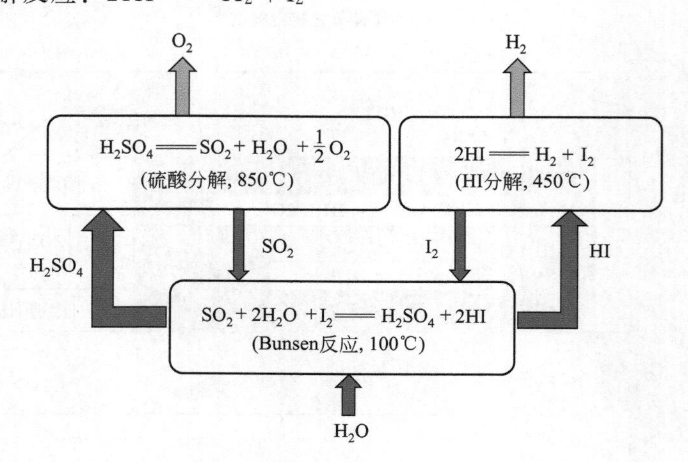

图8-5 碘硫循环原理示意图

其中硫酸分解反应在750℃以上进行，为强吸热反应，所需的高温热可以由高温气冷反应堆提供。IS循环可用750～900℃的高温热将水分解产生氢气；其中的化学过程都经过了验证；过程为闭路循环，只需要加入水，其他物料循环使用，没有流出物；可以连续操作，预期效率可以达到52%，显著高于电解制氢的效率（24%～35%）。

8.1.2 核能制氢用反应堆

核能制氢技术利用核反应堆产生核能作为一次能源。第四代核能系统提出钠冷快堆、气冷快堆、铅冷快堆、熔盐堆、超临界水堆、超/高温气冷堆等六种堆型作为将来发展的堆型；除了经济性、安全性、可持续性等目标外，希望能有效拓展核能在非发电领域的应用，尤其是制氢[13,14]。

（1）核能制氢对反应堆的要求

除了核能本身要求的安全性、经济性能要求外，利用核能制氢对反应堆还有以下几个方面的要求。

① 最高出口温度：蒸汽重整、高温电解和热化学循环分解水制氢的过程最高温度范围分别为500～900℃、700～900℃、750～900℃；要提高制氢效率，希望温度尽可能高。因此，需要反应堆的最高输出温度能够和制氢过程的最高温度相匹配。

② 输出热的温度范围。在制氢过程中所有涉及的高温化学反应都是分解反应，在近似恒温下操作。因此要求温度波动范围很小，使反应过程波动尽可能小。

③ 反应堆功率。典型的核能应用的反应堆功率为100～1000MWe，可以很好地适应制氢过程和设施的规模。

④ 压力。涉及的化学反应可在较低压力下完成。高压不利于所需的反应的完成。制氢过程与核能输送的接口也应该是低压氛围，以降低化学过程由高压带来的危险，并降低对高温材料的强度要求。

⑤ 隔离。核设施与化学设施应该分离开，以使一个设施中出现的扰动不至于影响另外一个。应使氚产生量尽可能小，并防止其进入制氢设施。

无论蒸汽重整、高温电解，还是热化学循环分解水制氢，对反应堆的要求是相似的。

考虑到以上制氢过程对反应堆堆型的要求，可以对现有的反应堆体系进行改进、也可以研究发展新的反应堆体系用于制氢。美国Sandia国家实验室评估了可能适合于热化学分解水反应制氢的反应堆[15]，评估的类型包括：压水冷却、沸水冷却、有机冷却、碱金属冷却、重金属冷却、气体冷却、熔盐冷却、液核和气核等。评价认为，氦气冷却堆，重金属冷（铅-铋）冷却堆和熔盐冷却堆适合于核能制氢。

图8-6示意了不同的工业过程需要的温度范围以及不同类型的反应堆可提供的热源的温度。由图8-6可见，IS循环制氢所需温度约为750～900℃，甲烷重整为550～900℃；要达到较高的效率，就需要较高的温度。而在提供核热的反应堆中，只有高温气冷堆（HTGR）和超高温堆（VHTR）可以提供高达850℃甚至更高的温度，满足核能制氢的要求。

（2）高温气冷堆用于核能制氢

在目前研究的堆型中，只有氦气冷却的高温反应堆可以提供足够高的温度，来驱动制氢体系。高温气冷堆使用高压氦气作冷却剂，可用于发电；但在高温堆发展初期，就考虑将其用于高温制氢过程，主要是因为它具有以下优点[16]：

① 高温陶瓷包覆燃料具有很高的安全性。

② 可允许的冷却剂温度高，可达850～950℃。最高出口温度可以达到950℃，可以很好地与热化学循环过程的最高温度相匹配。

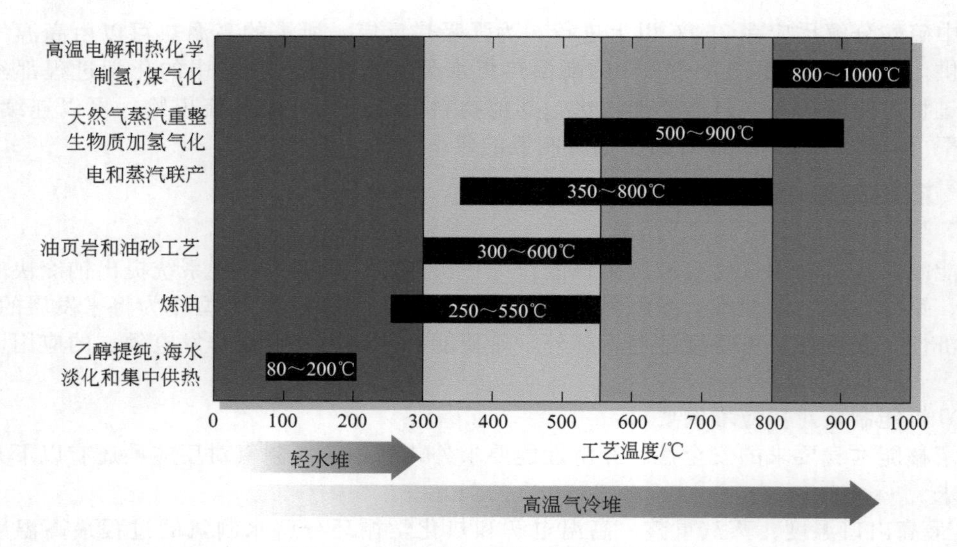

图 8-6 不同类型反应堆供热及应用领域

③ 可以与气体透平耦合发电，效率达 48%。

④ 与热化学水分解循环过程耦合，制氢效率可以达 50%以上。

由于这些特点，高温气冷堆被一直认为是最适合核能制氢的堆型；当然也可以考虑研究新的堆型专门满足制氢的需要，如美国提出的先进高温反应堆（AHTR），可采用液态金属冷却或者气体冷却。

我国在国家 863 计划支持下，已建成 10MW 高温气冷试验堆（HTR-10，图 8-7）并实现满功率运行；目前在国家科技重大专项支持下，正在进行高温堆示范电站的建设。对核能制氢技术的研发，既有利于保持我国高温气冷堆技术的国际领先优势，也为未来氢气的大规模供应提供了一种有效的解决方案，同时可为高温堆工艺热应用开辟新的用途，对于实现我国未来的能源战略转变具有重大意义。

图 8-7 我国建成的 10MW 高温气冷试验堆

8.2 核能制氢国内外研究进展

由于核能制氢具有显著的独特优势，可实现无碳排放的大规模氢气制备，受到许多国家的广泛重视。从 20 世纪 70 年代至今，美国、日本、法国、欧盟、韩国、加拿大、中国等都开展了相关研究[17]。

8.2.1 日本

日本对高温气冷堆和核能制氢的研究非常活跃[18~20]，20 世纪 80 年代至今日本原子力机构（JAEA）一直在进行高温气冷堆和碘硫循环制氢的研究。开发的 30MW 高温气冷试验堆（HTTR）反应堆出口温度在 2004 年提高到 950℃，重点应用领域为核能制氢和氦气透平。JAEA 先后建成了碘硫循环原理验证台架和实验室规模台架（图 8-8），实现了过程连续运行。目前正在进行碘硫循环的过程工程研究，主要进行材料和组件开发，建立用工程材料制造的组件和单元回路，考察设备的可制造性和在苛刻环境中的性能；并研究提高过程效率的强化技术；同时进行了过程的动态模拟、核氢安全等多方面研究。后续计划利用 HTTR 对核氢技术进行示范，同时 JAEA 还在进行多功能商用高温堆示范设计，用于制氢、发电和海水淡化。此外进行了核氢炼钢的应用可行性研究。

图 8-8 日本建成的碘硫循环台架

8.2.2 美国

进入 21 世纪美国重新重视并开展核能制氢研究，在出台的一系列氢能发展计划，如国家氢能技术路线图、氢燃料计划、核氢启动计划以及下一代核电站计划中都包含核能制氢相关内容。研发集中在由先进核系统驱动的高温水分解技术及相关基础科学研究，包括碘硫循环、混合硫循环和高温电解[21~23]。由美国通用原子公司（GA）最先提出的碘硫循环被认为是最有希望实现工业应用的核能制氢流程。碘硫循环的研究由 GA、桑迪亚国家实验室和法国原子能委员会合作进行，在 2009 年建成了工程材料制造的小型台架并进行了实验。图 8-9 为美国和法国合作建立的板块式碘硫循环台架。混合硫循环由萨凡纳河国家实验室和一些大学联合开发，研发成功了二氧化硫去极化电解装置。高温蒸汽电解主要在爱达荷州国家实验室进行，开发了 10kW 级电解堆并在高温电解设施上进行了检验。图 8-10 为美国 Idaho 国家实验室高温蒸汽电解制氢设施。

8.2.3 法国

法国原子能委员会针对高温蒸汽电解、硫碘循环、混合硫循环、铜氯循环等进行了大量基础研究。除参与欧盟整体框架协议项目外，法国还与美国共同进行碘硫循环国际合作开发[24~26]。

图 8-9 美国和法国合作建立的板块式碘硫循环台架

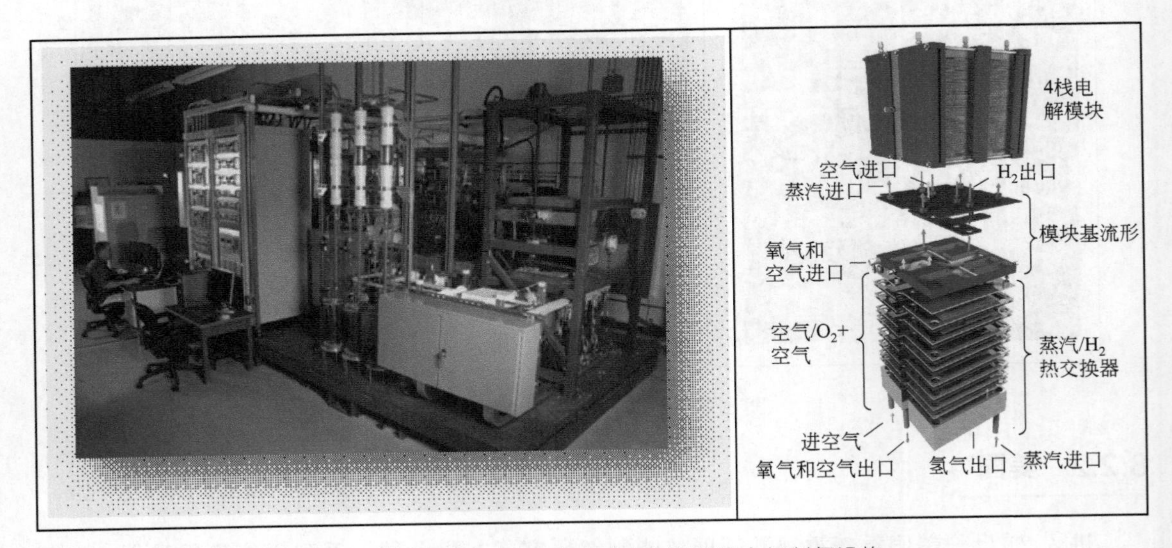

图 8-10 美国 Idaho 国家实验室高温蒸汽电解制氢设施

8.2.4 韩国

韩国正在进行核氢研发和示范项目，最终目标是在 2030 年以后实现核氢技术商业化[27~29]。从 2004 年起韩国开始执行 NHDD（核氢开发与示范）计划，确定了利用高温气冷堆进行经济、高效制氢的技术路线，完成了商用核能制氢厂的前期概念设计。核氢工艺主要选择碘硫循环。相关研究由韩国原子能研究院负责，多家研究机构参与。目前在研发采用工程材料的反应器，建立了产氢率 50L/h 的回路，正在进行闭合循环实验。图 8-11 为韩国碘硫循环台架。

8.2.5 加拿大

加拿大天然资源委员会制定的第四代国家计划中要发展超临界水堆，其用途之一是实现制氢。制氢工艺主要选择可与超临界水堆（SCWR）最高出口温度相匹配的中温热化学铜氯循环，也正在研究对碘硫循环进行改进以适应 SCWR 的较低出口温度[30,31]。目前研发重点

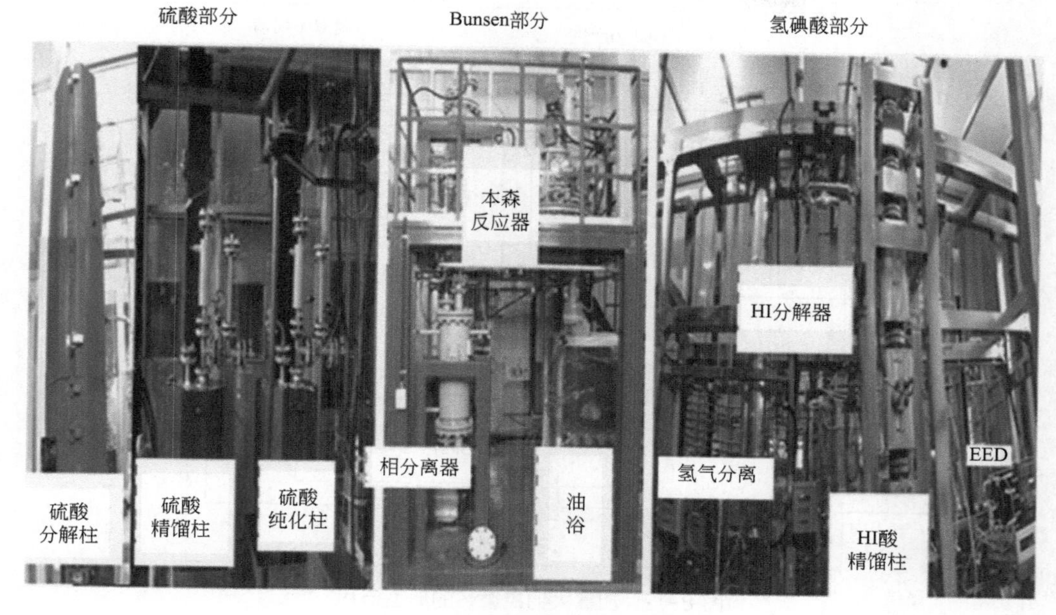

图 8-11 韩国碘硫循环台架

为铜氯循环，由安大略理工大学负责，加拿大国家核实验室（CNL）、美国阿贡国家实验室等机构参与。图 8-12 为加拿大铜氯循环的典型流程。此外，CNL 也在开展 HTSE 的模型以及电解的初步工作。

四步铜氯循环反应组成如下：

步骤	反应	条件
产氢	$2CuCl(aq)+2HCl(aq) = 2CuCl_2(aq)+H_2(g)$	<100℃
干燥	$CuCl_2(aq) = CuCl_2(s)$	<100℃
水解	$2CuCl_2(s)+H_2O(g) = Cu_2OCl_2(s)+2HCl(g)$	400℃
产氧	$Cu_2OCl_2(s) = 2CuCl(l)+\frac{1}{2}O_2$	500℃

核能制氢的国际合作也比较活跃。第四代核能系统论坛中的高温堆系统设置了制氢项目管理部，定期召开会议讨论研发进展和问题，目前清华大学作为我国代表全面参与高温堆系统及各项目部的活动。国际原子能机构设置了核能制氢经济性相关的协调项目，有十多个国家共同参与进行核能制氢技术经济的评价；清华大学核研院也成功申请该课题资助并全面参与相关研究。

8.2.6 中国

我国核能制氢的起步于“十一五”初期，对核能制氢的两种主要工艺——碘硫热化学循环分解水制氢和高温蒸汽电解制氢进行了基础研究，建成了两种工艺的原理验证设施并进行了初步运行试验，验证了工艺可行性[32~35]。

“十二五”期间，国家科技重大专项“先进压水堆与高温气冷堆核电站”中设置了前瞻性研究课题——高温堆制氢工艺关键技术并在“高温气冷堆重大专项总体实施方案”中提出“……开展氦气透平直接循环发电及高温堆制氢等技术研究，为发展第四代核电技术奠定基础”。主要目标是掌握碘硫循环和高温蒸汽电解的工艺关键技术，建成集成实验室规模碘硫

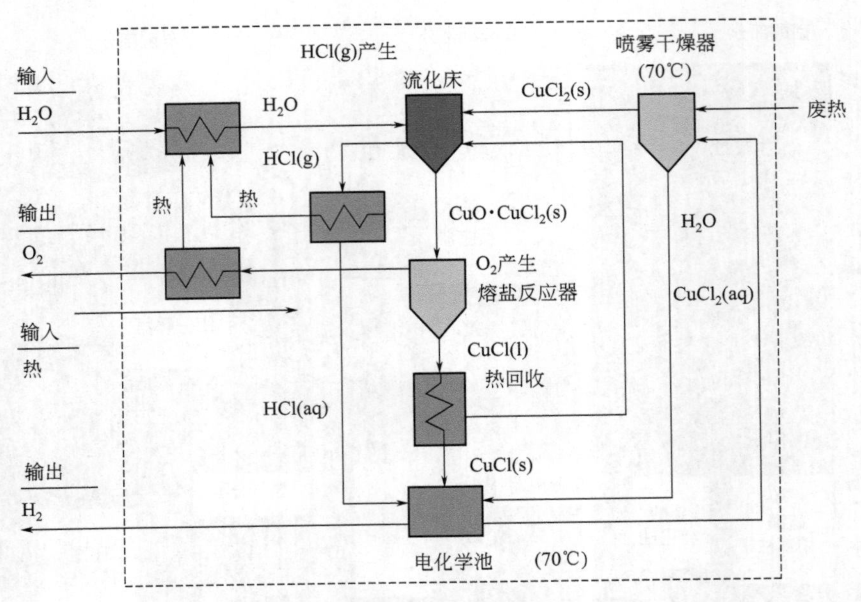

图 8-12 加拿大铜氯循环的典型流程

循环台架，实现闭合连续运行；同时建成高温电解设施并进行电解实验。

清华大学核研院对碘硫循环的化学反应和分离过程进行了系统研究，包括多相反应动力学、相平衡、催化剂、电解渗析、反应精馏等多领域；同时解决了循环闭合运行涉及过程模拟与优化，强腐蚀性、高密度浆料输送，在线测量与控制等多方面工程难题；在工艺关键技术方面取得了多项成果，包括：①建立了碘硫循环涉及的主要物种的四元体系的四面体相图，提出相态判据，建立了组成预测模型，并开发为相态判断的软件，可为循环闭合操作时的相态及组成预测提供指导；②开发了可在高温、强腐蚀环境下使用的高性能硫酸和氢碘酸分解催化剂，可实现两种酸的高效分解，且催化剂在 100h 寿命试验中性能无明显衰减；③开发了用于氢碘酸浓缩的电解渗析堆及物性预测、传质、操作电压计算的模型与软件，可成功用于解决氢碘酸浓缩的难题；④建立了碘硫循环全流程模拟模型并开发为过程稳态模拟软件，并经过实验验证了可靠性，该软件可用于进行碘硫循环流程设计优化与效率评估；⑤建成了产氢能力 100L/h 的集成实验室规模台架，提出了关于系统开停车、稳态运行、典型故障排除等多方面的运行策略，并成功实现了计划的产氢率 60L/h、60h 连续稳定运行，证实了碘硫循环制氢技术的工艺可靠性。图 8-13 为清华大学建成的集成实验室规模碘硫循环台架。碘硫循环连续运行实验结果如图 8-14 所示。

水蒸气高温电解是另一项有希望用于核能制氢的制氢工艺，具有过程简单、高效的优点。固体氧化物电解池（SOEC）电堆是高温电解制氢技术的核心装置，由陶瓷电解池片、金属密封框、双极板、集流网、底板、顶板等多个组件构成；各个组件的材料组成、化学、物理及机械性能各异；且工作环境为高温（830℃）、高湿（水蒸气含量＞70%）的苛刻条件。在对高温水蒸气电解特性深入研究的基础上，采用了创新性电堆结构设计、结合关键材料筛选、运行工艺摸索，解决了电堆组件热膨胀系数匹配、电堆密封、电堆电性能改进、电堆机械定位等多项技术难题，成功设计和制备出性能优良的电解池堆。还完成了实验室规模的高温水蒸气电解制氢实验系统的设计、建造和运行调试。解决了水蒸气稳定供应和精准控制等难题，建立了可实现高温电解长期稳定运行的运行程序。在该测试平台上成功实现了 10 片电堆（电池片面积 10cm×10cm）的高效连续稳定运行，系统运行时间 115h，稳定产氢 60h，产氢速率 105L/h。研发的电堆可以满足高温蒸汽电解高温、高湿环境的苛刻要求，

图 8-13 清华大学建成的集成实验室规模碘硫循环台架

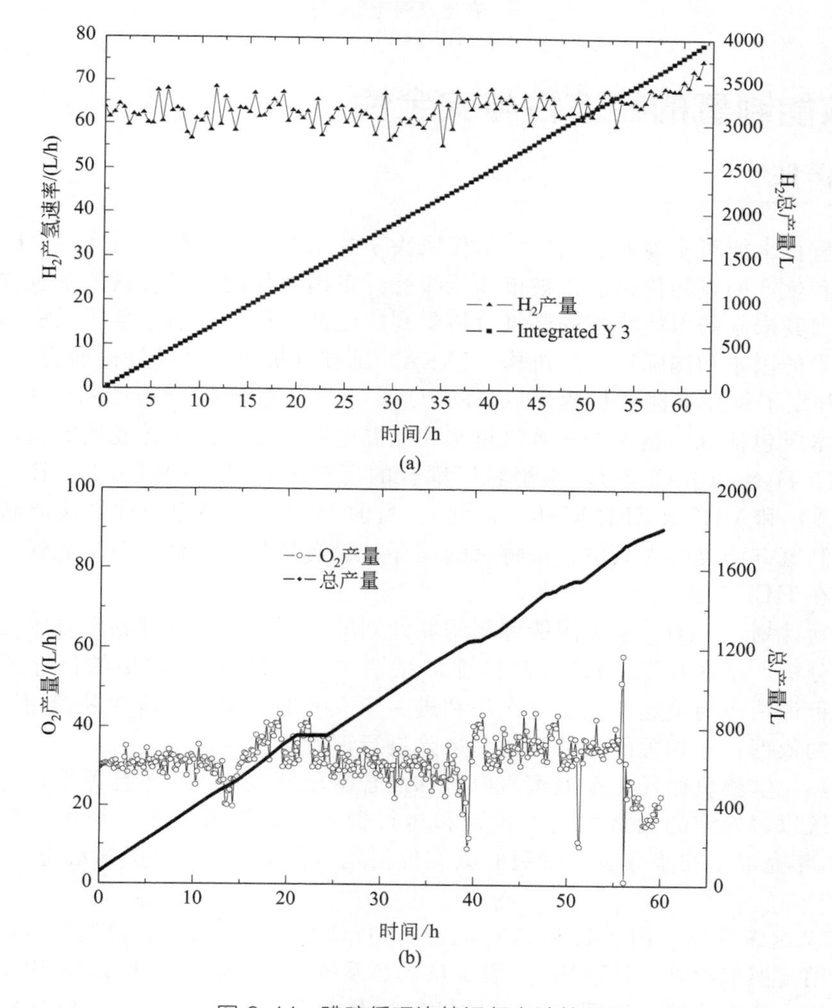

图 8-14 碘硫循环连续运行实验结果

电池堆结构设计具有创新性和技术可靠性，测试系统运行正常、过程控制稳定[36,37]。图 8-15 为高温蒸汽电解实验室设施。

图 8-15 高温蒸汽电解实验设施

8.3 核能制氢的经济性与安全性

8.3.1 经济性

核能制氢技术能否实现商业利用，不仅取决于技术本身的发展，而且还取决于所能实现的制氢效率和生产的氢的价格能否被市场所接受。正因为如此，尽管核能制氢技术还处在发展的前期，但其未来的可能实现的制氢价格受到广泛的关注。目前，美国、法国等大力发展核能制氢技术的国家和国际原子能机构（IAEA）都在开展核氢经济性的研究。

IAEA 开发了氢经济性评估程序（HEEP）[38]，要通过评估给出产品氢的平准化价格。所考虑的技术既包括成熟技术——蒸汽重整和低温电解，也包括正在发展的新技术——热化学循环（S-I、HyS、Cu-Cl 等）。与制氢厂耦合的反应堆包括：PWR-PHWR（较低温度）、SCWR（中温）和 VHTR-FBR-MSR（高温）。目前 HEEP 主要用于评估核能制氢成本，未来拟将其他制氢方法也纳入其中，并将氢的储存、输送与分配价格，与核氢安全问题相关的费用也包括在 HEEP 中。

核氢创新计划（NHI）是美国能源部的氢计划的一部分，除发展核氢技术之外，还开展了核氢经济分析，正在开发 NHI 经济性评估系统[39]。NHI 经济评估的目标是：对制氢工艺的费用进行评估作为决定工艺示范次序和进一步决策的依据，了解相关费用和风险作为研发资源分配的依据，对相关的市场问题和风险进行评价。

选择了热化学碘硫循环、高温蒸汽电解和混合硫循环（HyS）进行评估。经济评估的数据和分析系统以对确定的制氢工艺的投资和运行费用的估算为输入，经过计算得到氢的价格。在 2007 年完成了初步分析，得到的氢的价格范围是 3.00～3.50 美元/kg，评估结果列于表 8-1。

2008 年又组织西屋、PBMR 和 Shaw 公司进行评估，由 Shaw 公司领导。在评估中，反应堆系统采用高温气冷堆（HTGR），假设核供热系统（NHSS）产热 550MWt，输送 910℃ 的氦给工艺耦合热交换器，返回 NHSS 的氦气的温度是 275～350℃。一座反应堆配置一个制氢厂，制氢厂的规模考虑目前石化工业的需求，大约为175000m^3/h。如果制氢厂采用高温电解工艺，则HTGR除了为制氢厂供热之外，多余的热采用Rankine循环和蒸汽透平发电，所发的电供电解使用，多余电力上网。核热的价格输入为30美元/（MW・h），核电的输入价格为75美元/（MW・h）。2008年得到的评估结果列于表8-2。

表8-1 NHI经济分析2007年评估结果

制氢工艺	制氢效率/%	氢销售价格/（美元/kg H_2）
碘硫循环		
HI部分采用萃取精馏	40	3.41
HI部分采用反应精馏	39	3.05
高温电解（HTSE）	44	3.22
混合硫循环（HyS）	43	2.94

表8-2 NHI经济分析2008年评估结果

制氢工艺	制氢效率/%	氢销售价格/（美元/kg H_2）
碘硫循环		
HI部分采用反应精馏	42	3.57
高温电解(HTSE)	37	3.85
混合硫循环（HyS）	38	4.40

2008年的评估结果高于2007年的结果，制氢效率为37%～42%，氢价为3.60～4.40美元/kg。但是经过比较可以知道，造成价格提高的最大的影响因素在于工厂的常规部件而不是新技术。另一个因素是原料水的纯化和产品氢的纯化，在2007年的评估中没有考虑采用纯化子系统。

目前的评估存在的主要问题是新技术的流程和模拟模型的不确定性，此外还有工艺性能的稳定性以及设备维修和更换费用等问题，因此与其他制氢技术的经济性进行直接比较还有一些困难，另外核热和核电的价格目前也是不确定的，因为还没有建成商业运行的高温气冷堆。

8.3.2 安全性

核氢厂既有核设施又生产氢，安全问题至关重要[41,42]，因此必须及早考虑。

对未来的核氢系统的安全管理的目标是：确保公众健康与安全并保护环境。涉及核反应堆和制氢设施耦合的安全问题有3类：①制氢厂发生的事故和造成的释放，要考虑可能的化学释放对核设施的系统、结构和部件造成的伤害，包括爆炸形成的冲击波、火灾、化学品腐蚀等，核设施的运行人员也可能面临这些威胁；②热交换系统中的事件和失效，核氢耦合的特点就是利用连接反应堆一回路冷却剂和制氢工艺设施的中间热交换器（IHX），热交换器的失效可能为放射性物质的释放提供通道，或者使中间回路的流体进入堆芯；③核设施中发生的事件会影响制氢厂，并有可能形成放射性释放的途径。反应堆运行时产生的氚有可能通过热交换器迁移，形成进入制氢厂的途径，包括进入产品氢。因此核氢设施的设计要考虑的问题包括核反应堆与制氢厂的安全布置，核反应堆与制氢厂的耦合界面，中间热交换器安全设计，核反应堆与制氢厂的运行匹配，以及氚的风险等。

在核氢厂的概念设计中，对反应堆和制氢厂的实体采取了充分隔离的措施，以消除制氢厂可能发生的爆炸和化学泄漏对反应堆造成伤害，同时也保证制氢厂的放射性水平足够低，从而使制氢归于非核系统。在设计上使二回路压力高于一回路，从而可有效实现核系统与制氢系统的隔离。氢的同位素——氢（H）、氘（D）和氚（T）能够通过金属渗透，为防止氢进入一回路及防止堆芯中的氚进入二回路，正在对渗透的可能进行考察，并参考民用燃气（如天然气）国家标准中对放射性的许可标准确定是否需要进行必要处理。图 8-16 是核氢设施的一种布置。

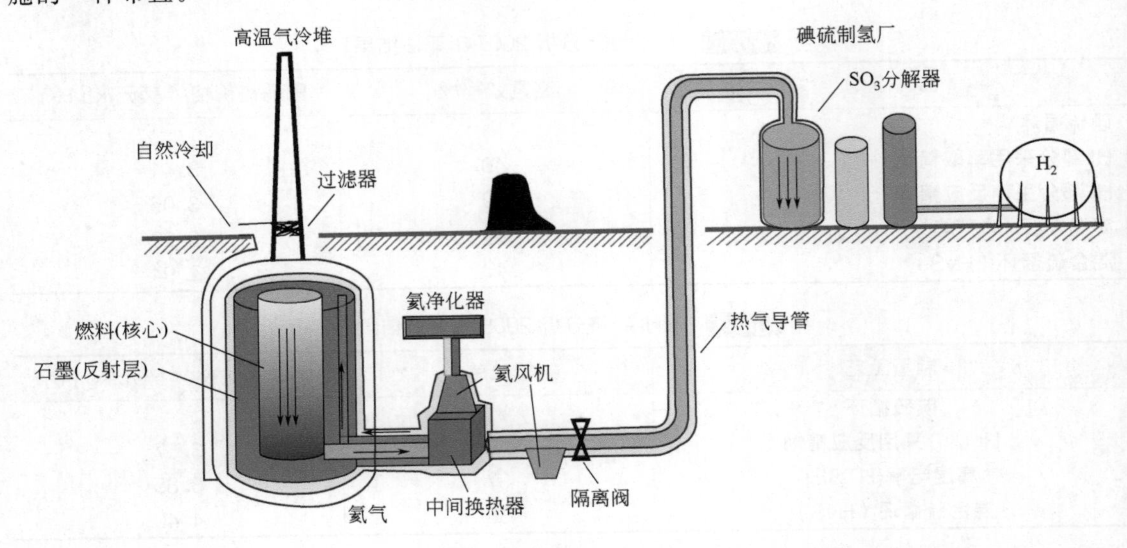

图 8-16 核氢设施的布置

8.4 核能制氢的综合应用前景

8.4.1 核能制氢——氢冶金

氢冶金就是在还原冶炼过程中主要使用氢气作为还原剂。在用氢气进行铁氧化物的气-固还原反应时，产物主要是金属铁和水蒸气；还原后尾气对环境没有不利影响，可以明显减轻排放。

氢直接还原工艺的主要反应为：Fe_2O_3（矿石）$+3H_2 \longrightarrow 2Fe+3H_2O$

法国提出的氢气直接还原炼铁原理示意图如图 8-17 所示。

利用氢气直接还原具有以下优点：

① 氢冶金可以得到直接还原铁，由于其产品纯净、质量稳定、冶金特性优良等优点，成为生产优质钢、纯净钢不可缺少的原料，是国际钢铁市场最紧俏的商品之一，国内需求非常旺盛，市场容量大。

② 与现有高炉炼铁技术相比减少 80％的 CO_2 排放。

③ 由于氢气分子小，比 CO 分子更容易渗透到铁矿石粉内部，渗透速率约是 CO 气体的五倍，因此用氢气作还原剂理论上可以显著提高还原速率；因此所用设备与碳或 CO 还原的相比设备尺寸可以大幅度减小。

但氢冶金技术存在一些难题，与碳还原相比，氢气还原反应为吸热反应，如果氢气含量增加，则高炉内供热量不足；需要补充热量。此外，最大的难题还在于大规模氢气的经济供应。另外，如果氢气仍然以传统的化石燃料转化或火电电解制备，则 CO_2 排放的问题仍然难以解决。

以高温气冷堆为主流的核能制氢技术的发展为氢冶金技术的发展提供了一种备选方案。

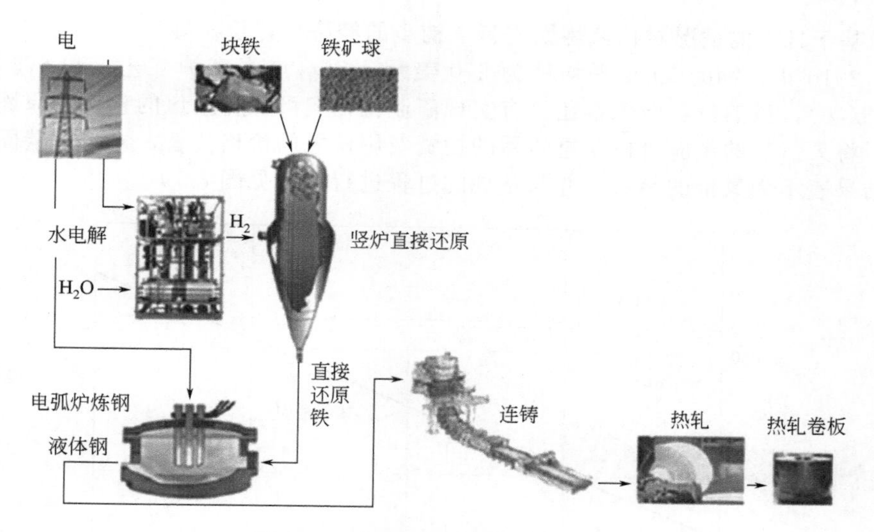

图 8-17 氢气直接还原炼铁示意图

与其他制氢方式相比，核能制氢可实现氢气的高效、大规模、无排放的制备；高温气冷堆共产（Co-generation）方案可以同时提供氢冶金技术所需的热、电、氢、氧等能源和材料，可实现核能的高效综合利用。图 8-18 给出了高温堆制氢-炼钢工艺的原理示意图。

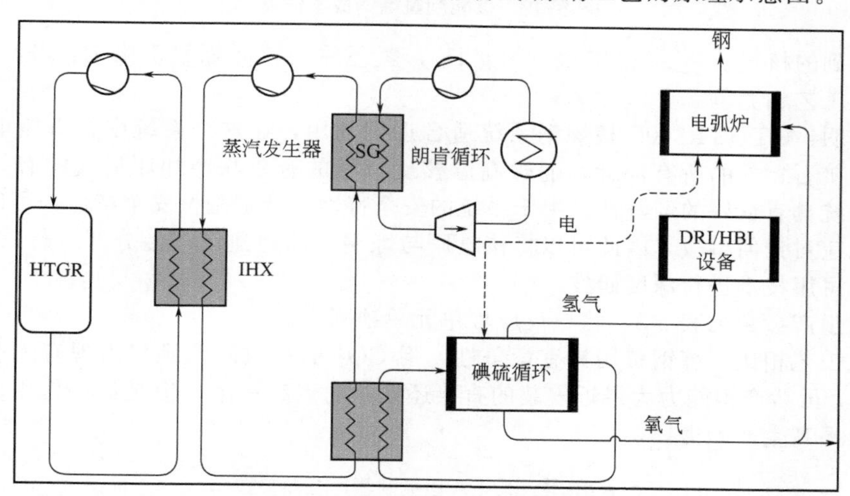

图 8-18 高温堆制氢-炼钢工艺的原理示意图

对高温堆制氢及在氢冶金中应用进行研究的机构主要是日本原子力机构；此外韩国原子能研究院、南非西北大学、我国清华大学核研院等机构也进行了一些概念研究[42~44]。

JAEA 多年来一直在进行高温气冷堆技术的开发。除反应堆技术外，在核能制氢方面进行了大量研究，近年来在核氢炼钢应用可行性方面进行了深入研究。

JAEA 核氢炼钢的研究主要是基于利用其设计的 GTHTR300C 核电厂（300MWe 热电联产高温气冷堆）进行与炼钢系统的匹配，目标是由 GTHTR300C 生产核裂变能供热和供电、利用热化学过程制备氢和氧，用于铁矿石的吸热还原及钢的精炼，从而可为炼钢厂提供除铁矿石外的所有材料，不再需要利用碳氢化物作反应剂和燃料，因而不产生和排放副产物二氧化碳。研究选择了每个生产环节的适用技术，进行了系统的优化布置，为了降低风险和能在近期实现利用，在设计中采用了现有材料和设备技术。

JAEA基于日本的情况对核氢炼钢进行了初步的经济性评价。

2000～2010年，钢的10年平均价为670美元/t钢（焦炭高炉工艺）和675美元/t钢（天然气还原法），虽然氢还原炼钢还没有实现商业化，但可从所报道的直接还原炼钢的价格进行推算，将天然气的供应价格及重整器的投资费用核氢的价格代替，再减去碳固存费用即可。所得结果表示为氢价的函数，并与常规的过程进行比较见图8-19。

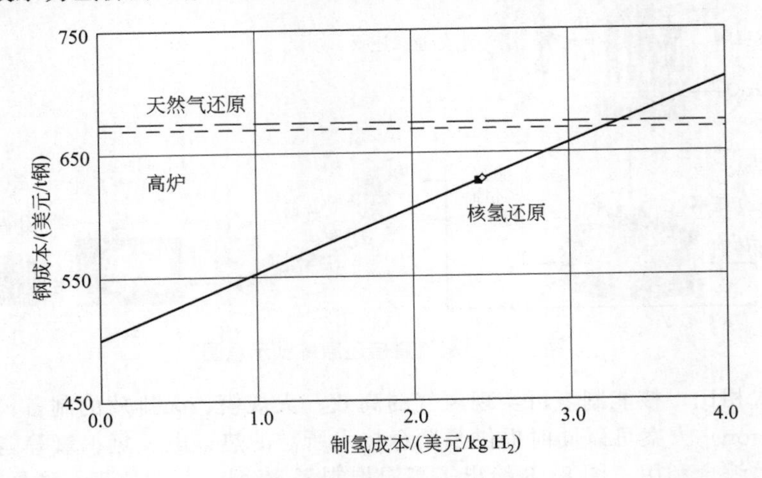

图8-19 核能制氢炼钢成本估算

估算得到的核氢价格为2.45美元/kg H_2，氢还原的核能炼钢价格为：628美元/t钢，可以与常规工艺相竞争。

研究表明：GTHTR300C核炼钢系统适合近期利用，在这个系统中，由核电厂提供炼钢厂除了铁矿石之外的所有消耗，通过高温核反应堆的有效联产和原料气的有效热化学生产，预期系统具有良好的经济性。由于系统的安全特性，特别是核安全特性，可以不采取主动措施就能应对任何事故，因此可以将核电厂与炼钢厂同地建设（但分开运行），系统的发展只要求将可用技术进行深度研发。

系统的生产参数见表8-3，将核反应堆单元单独列出。

与常规工艺相比，炼钢费用具有竞争性，但 CO_2 的排放降低到仅为现有工业排放水平的大约1%。虽然产钢能力为最近安装的直接还原炉的大约一半，但是如果使用多个反应堆单元就可以提高生产能力。

表8-3 JAEA核能制氢厂主要参数

工厂参数	数值	工厂参数	数值
反应堆功率	600MWt	氢产量	109t/d
冷却剂出口温度	950℃	氧产量	870t/d
冷却剂压力	5.2MPa	钢产量	62.8万吨/a
透平入口温度	750℃	钢价格	628美元/t钢
产热	343MWt(900℃)	CO_2 排放	13.8kg/t钢
发电	103MWe		

8.4.2 其他

除氢冶金行业外，以核能制氢为主的高温堆氢、电、热综合供应在煤液化、石油精炼、生物质精炼等领域也有良好的应用前景[43]，可大规模减少这些行业对化石资源的使用和相

应带来的 CO_2 排放，为实现我国减排战略目标提供技术支撑。

参考文献

[1] IAEA-TECDOC-1085. Hydrogen as an Energy Carrier and Its Production by Nuclear Power. IAEA, May 1999.

[2] El-Emam, R. S. and Dincer, I., 'Comparative Study on Nuclear Based Hydrogen Production: Cost Assessment', International Conference on Smart Energy Grid Engineering (SEGE), UOIT, Oshawa, ON, Canada, August 11-13, 2014.

[3] 张平，于波，陈靖，徐景明. 核能制氢与高温气冷堆. 化工学报，2004，V55 (Suppl)：1-6.

[4] JAERI, High-temp Engineering Test Reactor (HTTR) Used for R & D on Diversified Application of Nuclear Energy (http://www. jaeri. go. jp/english/ff/ff45/tech01. html).

[5] Padro C. E. G, Putsche V. Survey of the Economics of Hydrogen Technologies. National Renewable Energy Laboratory, NREL、TP-570-27079, September, 1999.

[6] Schug, CA. Operational Characteristics of High-pressure, High Efficiency water-hydrogen electrolysis. Int J of Hydrogen Energy, 1998, 23 (12).

[7] Hino R. Study on Hydrogen Production by High Temperature Electrolysis of Steam, 97-064. Oarai-machi. Japan: Japan atomic energy research institute, 1997 (HTE).

[8] Beghi G E. A Decade of Research on Thermochemical Hydrogen at the Joint Research Center. Ispra Int J Hydrogen Energy, 1986, 11 (12): 761-71.

[9] Besenbruch G E, Brown L C, Funk J E, Showalter S K. High Efficiency Production of Hydrogen Fuels Using Nuclear Power. In: Nuclear production of hydrogen. First information exchange meeting. Paris, France, 2-3 October, 2000.

[10] Norman G H, Besencruch L C, Brown L C, O' Keefe D R, Allen C L. Thernochemical Water-splitting Cycle, Bench-scale Investigations and Process Engineering, Final report for ther period February 1977 through December 31, 1981. GA-A16713, May 1982.

[11] Sakurai M, Bilgen E, Tsutsumi A, Yoshida K. Solar UT-3 thermochemical cycle for hydrogen production. Solar Energy, 1996, 57 (1): 51-58.

[12] Duigou A L, Vitart X, Anzieu P. The CEA Program for Massive Hydrogen Production from Nuclear. Global 2003, New Orleans, LA, 2003: 1470-1477.

[13] Summers W A, Buckner M R. Infrastructure and Economics Analysis of Nuclear Hydrogen Production. Global 2003, New Orleans, LA, 2003: 1521-1522.

[14] Forsberg C. Hydrogen, Nuclear Energy and the Advanced High-temperature Reactor. Int J of Hydrogen Energy, 2003, 28: 1073-1081.

[15] Shultz K. Thermochemical Production of Hydrogen from Solar and Nuclear Energy. Stanford Global Climate and Energy Project. April 14, 2003.

[16] Wang D. High Temperature Process Heat Application of Nuclear Energy. Report IAEA-TECDOC-761, 42-46 International Atomic Energy Agency, Vienna, 1994.

[17] 张平，于波，徐景明. 核能制氢技术的发展. 核化学与放射化学，2011，33 (4)：193-203.

[18] Onuki K, Inagaki Y, Hino R, Tachibana Y. Research and development on nuclear hydrogen production using HTGR at JAERI. Progress in Nuclear Energy, 2005, 47 (1-4): 496-503.

[19] Kasahara S, Iwatsuki J, Takegami H, Tanaka N, Kubo S. Current R & D status of thermochemical water splitting iodine-sulfur process in Japan Atomic Energy Agency. International Journal of Hydrogen Energy, 2017, 42 (19): 13477-13485.

[20] Noguchi H, Kubo S, Iwatsuki J, et al. Components development for sulfuric acid processing in the IS process. Nuclear Engineering and Design, 2014, 271: 201-205.

[21] Obrien J E, et al. High Temperature Electrolysis for Hydrogen Production from Nuclear Energy —Technology Summary, EXT-09-16140 [R], INL, USA, Feb. 2010.

[22] Carl Sink, Nuclear hydrogen production programme in the United Stats, Fourth Information Exchange meeting [C], Oakbrook, Illinois, USA. 13-16, April 2009.

[23] Gorensek M B, Summers W. A, Hybrid sulfur flowsheets using PEM electrolysis and a bayonet decomposition reactor. International Journal of Hydrogen Energy, 2009, 34 (9), 4097-4114.

[24] Yvon P, Carles P, Naour FL. French research strategy to use nuclear reactors for hydrogen production, Fourth Information Exchange meeting [C]. Oakbrook, Illinois, USA. 13-16, April 2009.

［25］ Vitart X，Carles P，Anzieu P. A general survey of the potential and the main issues associated with the sulfur iodine thermochemical cycle for hydrogen production using nuclear heat. Progress in Nuclear Energy，2008，50：402-410.

［26］ Lee BJ，No HC，Yoon HJ. Development of a flowsheet for iodine-sulfur thermo-chemical cycle based on optimized Bunsen reaction. Inter J Hydrogen Energy，2009，34（5）：2133-2143.

［27］ Cho WC，Park CS，Kang KS. Conceptual design of sulfur iodine hydrogen production cycle of Korea Institute of Energy Research. Nucl Eng Des，2009，239：501-507.

［28］ Kang KS，Kim CH，Kim JW，Cho WC，Jeong S，Park C，et al. Hydrogen production by SI process，with electrodialysis stack embedded in HI decomposition section. Int J Hydrogen Energy，2016，41：4560-4569.

［29］ Shin Y，Lim J，Lee T. Designs and CFD analyses of H_2SO_4 and HI thermal decomposers for a semi-pilot scale SI hydrogen production test facility. Applied Energy，2017，204：390-402.

［30］ Naterer G F，Suppiah S，Stolberg L，Canada's program on nuclear hydrogen production and the thermochemical Cu-Cl cycle. International Journal of Hydrogen Energy，2010，35（20）：10905-10926.

［31］ Jianu O A，Naterer G F，Rosen M A. Hydrogen cogeneration with Generation IV nuclear power plants . Handbook of Generation IV Nuclear Reactors，2016：637-659.

［32］ Zhang P，Chen S，Wang L. Overview of nuclear hydrogen production research through iodine sulfur process at INET. Inter J Hydrogen Energy，2010，35（7）：2883-2887.

［33］ Zhang P，Chen SZ，Wang LJ，Xu JM. Study on a lab-scale hydrogen production by closed cycle thermo-chemical iodine-sulfur process. Int J Hydrogen Energy，2010，35（19）：10166-10172.

［34］ Zhang P，Zhou CL，Guo HF，Chen SZ，Wang LJ，Xu JM. Design of integrated laboratory-scale iodine sulfur hydrogen production cycle at INET. Int J Energy Research，2016，40（11）：1509-1517.

［35］ Guo HF，Zhang P，Chen SZ，Wang LJ，Xu JM. Modeling and validation of the iodine-sulfur hydrogen production process. AIChE Journal，2014，60（2）：546-558.

［36］ 张文强，于波，徐景明，等. 高温固体氧化物电解水制氢技术的研究进展. 化学进展，2008，20：778-787.

［37］ Liang M D，Yu B，Wen M F，Xu J M，Chen J，Zhai Y C. Preparation of LSM-YSZ composite powder for anode of solid oxide electrolysis cell and its activation mechanism. J Power Source，2009，190（2）：341-345.

［38］ Khamis I. An overview of the IAEA HEEP software and international programmes on hydrogen production using nuclear energy. International Journal of Hydrogen Energy，2011，36（6）：4125-4129.

［39］ Allen D，Pickard P，Patterson M，et al. NHI economic analysis of candidate nuclear hydrogen process. Fourth Information Exchange meeting ［C］. Oakbrook，Illinois，USA. 13-16，April 2009.

［40］ Carles P，Vitart X，Yvon P. CEA assessment of the sulphur-iodine cycle for hydrogen production . Fourth Information Exchange meeting ［C］. Oakbrook，Illinois，USA. 13-16，April 2009.

［41］ Verfondern，Yan X，Nishihara T，Allelein H-J. Safety concept of nuclear cogeneration of hydrogen and electricity. International Journal of Hydrogen Energy，2017，42（11）：7551-7559.

［42］ Yan X，Kasahara S，Tachibana Y，Kunitomi K. Study of a nuclear energy supplied steelmaking system for near-term application. Energy，2012，39：154-165.

［43］ Germeshuizen L M，Blom P W E. A techno-economic evaluation of the use of hydrogen in a steel production process，utilizing nuclear process heat. International Journal of Hydrogen Energy，2013，38（25）：10672-10682.

［44］ Steven Chiuta，Ennis Blom. Techno-economic evaluation of a nuclear-assisted coal-to-liquid facility. Progress in Nuclear Energy，2012，54（1）：68-74.

第 9 章

等离子体制氢

9.1 等离子体简介

等离子体是一种由自由电子和带电离子为主要成分的物质形态，是继固态、液态、气态之后物质第四态。1879 年，克鲁克斯（Sir William Crookes）[1] 首先发现等离子体，1928 年欧文·朗缪尔（Irving Langmuir）[2] 和汤克斯（L. Tonks）首次使用“等离子体”（plasma）一词。等离子体和液体、固体、气体的关系可用图 9-1 表示。

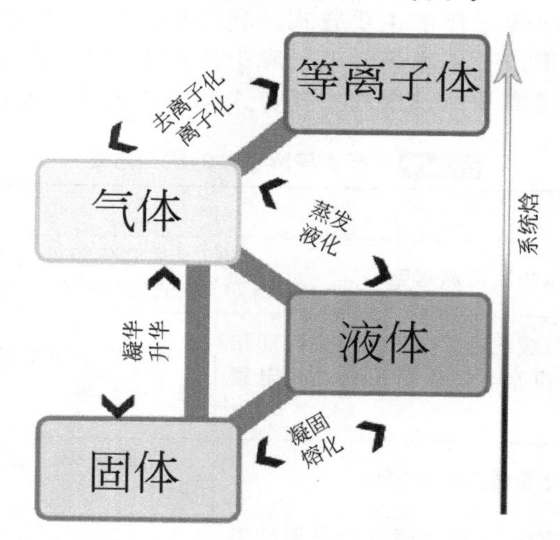

图 9-1 等离子体和气体、固体、液体之间关系示意图[3]

等离子体类似气体，具有流动性，没有确定形状和体积。但是，等离子体作为物质第四态，与其他三态的组成和性质均有本质的不同。主要表现为：

① 组成。等离子体包含 2～3 种不同组成粒子：自由电子，带正电的离子和未电离的原子。

② 电性。由于存在大量的自由电子和带正、负电荷的离子，等离子体从整体上看是导电体。

等离子体是一门交叉学科，等离子体分类可用表 9-1 表示。

表9-1 等离子体分类

分类依据	等离子体分类	说明
产生方式	天然等离子体 人工等离子体	宇宙天体、大气层电离等 利用外加热、磁、电产生

续表

分类依据	等离子体分类	说明
电离度	完全电离等离子体 部分电离等离子体 弱电离等离子体	完全电离，电离度 $a=1$ 部分电离，$0.01<a<1$ 极少电离，$10^{-6}<a<0.01$
粒子密度	致密等离子体 稀薄等离子体	离子数 $n>10^{15}\sim10^{18}$ 个/cm^3 $n<10^{12}\sim10^{14}$ 个/cm^3
热力学平衡	完全热力学平衡等离子体 局部热力学平衡等离子体 非热力学平衡等离子体	也称为高温等离子体 热等离子体 冷等离子体
等离子体温度	高温等离子体 低温等离子体	裂解煤制乙炔、焊接金属； 表面处理、涂层处理

9.2 等离子体的制备

除宇宙天体及地球大气层的电离等自然界产生的等离子体外，人工利用加热、强电磁场、气体放电是产生低温等离子体的主要方式。利用热、磁、电等能量形式，使气体分子分解为原子并发生电离，就形成了由离子、电子和中性粒子组成的等离子体。

放电是目前非热平衡等离子体产生的主要方式，可用表 9-2 表示其分类。

表9-2 产生等离子体的放电方式

放电方式	定义	说明
辉光放电	稀薄气体中的自激导电	通常在较低的气压下发生，难以产生大体积的等离子体。已经用于各种辉光发电管
电晕放电	在尖端电极附近，使气体发生电离和激励。有直流电晕放电和脉冲式电晕放电	利用电晕放电可用于静电除尘、污水处理、空气净化等
介质阻挡放电	有绝缘介质插入放电空间	装置简单，在常压即可产生稳定的等离子体
非热电弧放电	冷电弧放电。其代表过程是滑动电弧发电	等离子体温度很低
微波放电	利用微波使电极周围的空气电离	设备复杂和电源效率低
射频放电	利用高频高压使电极周围的空气电离	设备复杂和电源效率低

目前研究较多且被认为最具工业应用前景的低温等离子体为介质阻挡放电。其原理图见图 9-2。

介质阻挡放电的缺陷放电过程中对气体有很明显的加热，能量利用率有待于提高，同时对电极光滑度要求较高。

滑动电弧放电是非热电弧放电的主要形式，其原理示意图见图 9-3。过程为在两个弧形电极间施加高电压，在两电极最小距离处气体击穿产生放电电弧，由于气流或磁场作用，电弧向电极间距扩大的方向移动，电弧长度也随之变长直至熄灭。紧接着新的电弧又在两电极最窄处重新产生，重复上述过程，周而复始地循环。

滑动电弧放电产生的低温等离子体为脉冲喷射，但其平均温度却比较低，即使将餐巾纸

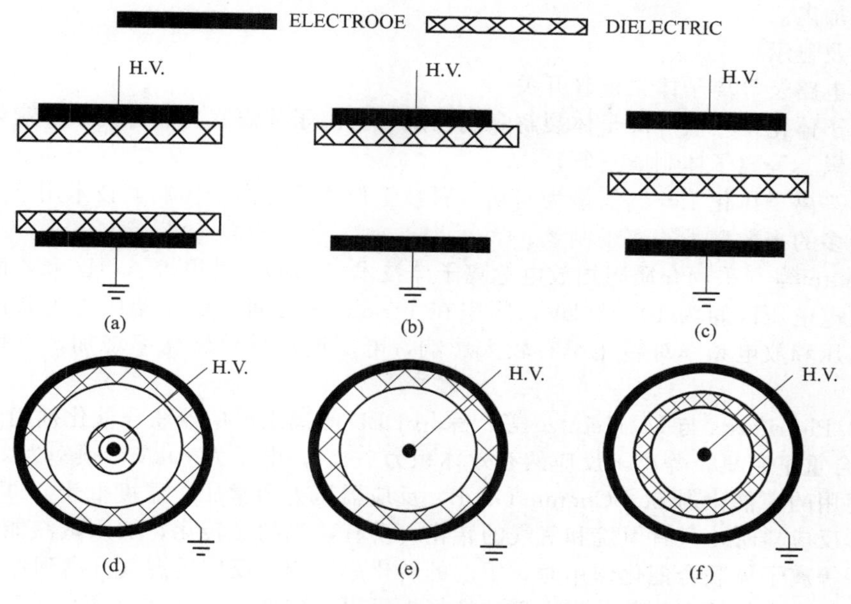

图 9-2 介质阻挡放电原理图[4]

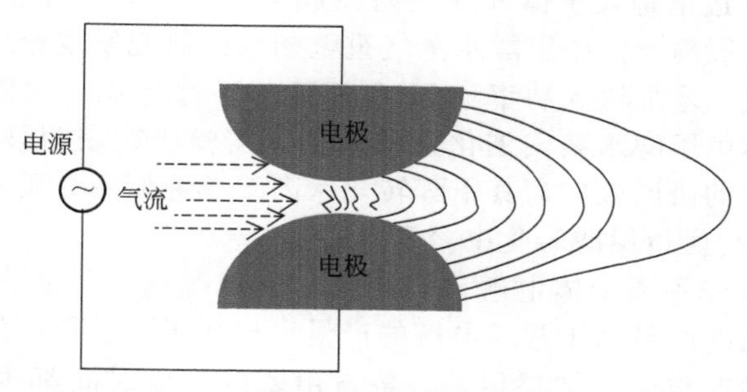

图 9-3 滑动电弧放电原理示意图[4]

放在等离子体焰上也不会燃烧。

9.3 等离子体制氢研究现状

等离子体已经广为应用，其已开辟的和潜在的应用领域包括：

- 半导体集成电路及其他微电子设备的制造
- 工具、模具及工程金属的硬化
- 药品的生物相溶性包装材料的制备
- 表面防蚀及其他薄层的沉积
- 特殊陶瓷（包括超导材料）
- 新的化学物质及材料的制造
- 金属的提炼
- 聚合物薄膜的印刷和制备
- 有害废物的处理
- 焊接
- 磁记录材料和光学波导材料

• 精细加工
• 照明及显示
• 电子电路及等离子体二极管开关
• 等离子体化工（氢等离子体裂解煤制乙炔、等离子体煤气化、等离子体裂解重烃、等离子体制炭黑、等离子体制电石等）

其中，等离子体化工与制氢最为密切。科技工作者将等离子体制氢技术用于各种载体。研究最多的当数醇类等离子制氢。

Sarmiento 等[5]采用介质阻挡放电等离子体技术（DBD）对甲烷、甲醇和乙醇进行了重整研究，放电电压区间为 10～30kV，频率在 1～6kHz 之间，反应器压力为常压，温度为 1100℃。电压和放电频率对转化率有较大影响，电压增加导致转化率增加，频率的影响较复杂。

德国 B. Pietruszka 与 M. Heintze 等[6]采用 DBD 等离子反应器联合催化剂用于甲烷的氧气/蒸汽联合重整制氧，等离子反应的有效体积为 $7cm^3$，电压为 10kV，频率为 25～40kHz，催化剂为商用的镍催化剂 Sud-Chemie G90B，反应器压力为常压，温度低于 400℃。当只采用等离子体反应器时，只有甲烷和氧气的转化，没有蒸汽的净转化，加入蒸汽能提高 H_2 的产量。采用等离子体联合催化作用时，甲烷的转化率不变，反应器温度升高到保持催化剂的活性时，产物的选择性有显著改变，氢的选择性可以达到 70%，增加了氧的产率。

杨永梅等[7]用火花放电等离子体和介质阻挡放电等离子体对甲醇水蒸气催化重整制氢进行研究。对火花放电等离子体中甲醇水蒸气重整制氢的研究发现合适的电极间距为 8mm，降低甲醇溶液进料流量、增加输入功率和 H_2O/CH_3OH 摩尔比，均能提高甲醇转化率。对介质阻挡放电等离子体中甲醇水蒸气催化重整制氢的实验研究表明该等离子体与 Au/CeO_2 催化剂相结合具有一定的协同效应，其甲醇转化率高于单纯使用介质阻挡放电等离子体与单纯使用 Au/CeO_2 催化剂所得甲醇转化率之和。

伍沛亮等[8]采用辉光等离子体电解乙醇制氢，发现等离子体所含的高能粒子可以引发各种化学反应，使产物的产量高于常规电解的产量，出现了非法拉第的特性。实验结果氢气的含量，产物的生成情况与模拟结果相符，各自由基的反应时间都少于或等于 10^{-10}s，加上反应逸出时间，接近分子脱离放电通道的时间 10^{-9}s，符合等离子体反应的规律。

葛文杰等[9]利用介质阻挡放电微等离子体反应器对气态和液态甲醇分解制氢和等离子体协同甲醇水蒸气重整制氢开展研究。结果表明：利用介质阻挡放电微等离子体反应器对甲醇分解制氢时，在气化进料条件下，130℃气化室温度、0.02mL/min 进料流率、1.5 水醇摩尔比、20.0mL/min 的载气流速为最佳工艺条件。

在液体直接进料的条件下，发现甲醇的制氢效率随着氩气流速、输入功率的增加，液体进料流速的减小而增加；该过程的最佳频率为 18.0kHz。

离子体催化协同作用下甲醇水蒸气重整制氢过程表明：加入催化剂既能促进甲醇的转化，也改变气相产物组成，主要产物从 H_2 和 CO 变为 H_2 和 CO_2。作者发现，等离子体催化剂协同甲醇水蒸气制氢过程的机理与单独催化或者单独等离子体作用下甲醇水蒸气重整过程的反应机理完全不同。

吕一军等[10]利用滑动弧放电等离子体对醇醚燃料［甲醇、乙醇和二甲醚（DME)］直接分解和水蒸气重整进行研究。结果如下：

① 对于甲醇制氢：对 H_2 产率有最佳的甲醇含量和载气流量。增大电极间距和放电电压可提高甲醇转化率和 H_2 收率，降低制氢能耗。甲醇水蒸气重整效果最好的水/甲醇比值为 4。预热甲醇可提高转化率和 H_2 收率。Ar 载气的制氢效果好于 He 载气。发现最佳甲醇转化率和 H_2 收率分别为 82.4%和 46%。

② 对二甲醚而言：随着进气流量的增大 DME 转化率和 H_2 收率减小；随着电极间距、放电电压的增加 DME 转化率和 H_2 收率增加。当 H_2O/DME 比值为 2.3 时，DME 转化率最高为 73.2%，H_2 收率最高为 40.7%。

③ 对乙醇转化制氢的研究表明：随着乙醇含量的增加，乙醇转化率和 H_2 收率下降，H_2 生成速率增加，制氢能耗降低。适当增大电极间距和放电电压有利于乙醇转化制氢。随着水/乙醇比值增加到 6，乙醇转化率增加到最高；在最优化条件下，乙醇转化率和 H_2 收率分别可达 66.2%和 31.4%。

张浩等[11]采用旋转滑动弧温等离子体。由新型的旋转气流和磁场协同驱动的，可克服传统滑动弧等离子体的诸多缺点：等离子体区域小，活性粒子不均匀，反应物停留时间短，处理量小等。研究结论如下：旋转滑动弧可以绕内电极快速旋转，转速可达100r/s，形成稳定的三维“等离子体盘”区域，等离子体区域的体积，反应物的停留时间以及反应物与等离子体的接触面积较传统滑动弧均明显增大；电弧的移动存在两种模式，当进气流量较小时，电弧绕内电极靠上的位置稳定旋转，此时的电弧弧长较长，有利于化学反应效率的提高；该旋转滑动弧等离子体的电子温度、电子密度和气体温度。

胡又平等[12]研究了等离子体乙醇重整制氢，得到结论如下：

① 提出了一种新型尖契形结构的介质阻挡放电电极和由这种电极构成的等离子体化学反应器。

② 结果表明：尖契形结构比平板形结构的起始放电电压低、能量注入效率高，所产生高能粒子的平均能量大。

③ 这种新型低温等离子体用于含水乙醇重整制氢。在乙醇浓度为 75%、电源电压为 20.0kV、频率为 10.5kHz，放电间距为 1.5mm 的条件下，重整率达到 65%，产物中氢的体积比达到 50%。

有不少作者研究甲烷等离子体制氢。

东京工业大学 T. Nozaki 等[13]实验研究介质阻挡放电条件下，有无 Ni/SiO_2 催化剂时的甲烷制氢过程。在 DBD 条件下，Ni 催化剂在 200℃时仍表现出较好的活性。发现 400℃以上放电和催化效果才能互相增强。在 400～600℃时甲烷转化率超过平衡状态，产物选择性倾向于平衡组成。当反应温度 600℃、10kHz 条件下，能量消耗为 136MJ/kg H_2，氢的选择性达 88%，甲烷转化率为 64%，能量效率为 69%。当在水/甲烷比为 2 时，Ni 催化剂表面无炭沉积。甲烷转化率随比输入能增大而增加。气体组成、频率、温度则对甲烷转化率和产物的选择性影响相对较小。

Hammer 等[14]将介质阻挡放电（DBD）反应器应用于水蒸气甲烷重整。DBD 反应器主要参数：内培盘电极直径 46mm，锅盘数目 30，电极间距 4mm 水蒸气流速 $3.3\times10^{-5}m^3/s$，甲烷流速 $1.6\times10^{-5}m^3/s$，放电功率范围 5～200W。在较高温度条件下（400～600℃），DBD 反应器与催化剂联合作用可以获得较好的氧气产率和高能量效率。

美国麻省理工学烷 Bromberg 和 Cohn 等[15]研究电弧等离子体发生器对甲烷、天然气及汽油的重整制氢。他们的试验表明，在无催化剂情况下，同样能耗，部分氧化反应比蒸汽-氧重整反应可以生产更多氢气。在有催化剂情况下，两种反应的氢产率几乎相同，但产物组成不同。部分氧化产物中有更多 CO，较少 CH_4，能量消耗显著减少。而蒸汽-氧重整产物中，CO 含量小；残存 CH_4 较多。

颜士鑫等[16]利用滑动弧放电等离子体对氨气和甲烷作为原料气体，开展了制氢研究。研究结果表明，滑动弧放电等离子体技术可以在无催化剂的情况下，实现常温常压下分解氨气制氢。

周志鹏等[17]开展了介质阻挡放电和非热电弧放电结合催化剂转化甲烷制氢的研究。研究表明：输入功率在27～50W之间时，输入功率的增加明显促进甲烷转化率升高，但当输入功率大于50W时，功率的增加对甲烷转化的促进作用相对较弱；在作者实验条件下，氧气/甲烷摩尔比值为0.6时，氢气的选择性最高能达到112%。电晕诱导介质阻挡放电和催化剂联合作用下的甲烷转化率接近热力学平衡时的甲烷转化率，其非热电弧反应器具有快速启动性能，预热条件下可在30s启动制氢，2～3min达到稳定参数，非预热条件下10min以内可快速启动。其最大产氢量为1.07kg H_2/h，比电耗降为0.47MJ/kg H_2。

张云卿等[18]研究磁旋滑动弧放电等离子体甲烷制氢实验。作者的研究表明：磁场驱动可以提高等离子滑动弧旋转速度，并增大等离子体在气流场中的分布。空气作为载气时，电弧电压电流波形最为稳定，周期在3.5～4.4ms之间；氧气作为载气时，电弧击穿电压低于800V，维持电压低于500V，平均功率为95.8W。作者利用高速摄影技术研究了磁场强度变化时电弧的运动情况。结果发现：低磁场时旋转滑动弧会出现双弧现象；高磁场时电弧不再断裂，而与外电极的接触点出现近似等速的跃迁。作者以甲烷为发生气体，以氮气或者空气作为辅助气体，运用磁旋滑动弧反应制取氢气。结果表明：内电极为正极的制氢效果明显好于外电极为正极时的制氢效果，在氮气作为辅助气体时，内电极为正极，$n(CH_4):n(N_2)=0.4$，甲烷转化率最大41.2%；氢气选择性则随$n(CH_4):n(N_2)$比值增大而减小。当空气作为辅助气体时，甲烷发生裂解反应和部分氧化反应。

孙晓明等[19]研究了基于拉瓦尔喷管电极的滑动弧等离子体，进行了重整甲烷、氨气来制氢气的实验。研究发现：①拉瓦尔喷管滑动弧存在四类电压突变点；电流大体上呈正弦曲线波动，利用高速摄影得到的电弧的运动图像也进一步证明电压电流的变化趋势。②研究结果表明，甲烷的转化率和H_2的选择性与甲烷浓度成反比，但消耗功率与甲烷浓度成正比；甲烷的转化率和H_2的选择性与总流量成反比，而消耗功率与总流量成正比；甲烷的转化率与合气中水蒸气含量成正比；甲烷的转化率和H_2的选择性与拉瓦尔喷管滑动弧喉部半径成正比。③在拉瓦尔喷管滑动弧重整氨气制取氢气研究结果表明，氨气流量恒定时，氨气的转化率随着总流量的增加而降低；功率消耗随着流量的增加而增加；功率消耗与氨气的浓度成正比；功率消耗和氨气的转化率都与供电电压成正比；氨气的转化率与喉部半径成正比。

许多科技工作者研究等离子体分解氨制氢。

赵越等[20]利用等离子体法氨分解制氢。作者认为，①交流弧放电反应器的氨分解效果要明显优于介质阻挡放电反应器。板-板式介质阻挡放电反应器在输入功率为80W时的氨气转化率为15%。而板-板式交流弧放电反应器（介质开孔）在输入功率为30W时，就能达到近50%的氨气转化率。②在交流弧放电反应器中，管-管式结构反应器表现出最好的氨分解效果。电极非常重要，相同输入功率，管-管式交流弧放电反应器稳态氨分解活性的能力为：镍电极＞不锈钢电极＞铜电极。③反应器结构参数、放电条件和等离子体热的利用等对氨分解制氢有显著影响。减小电极直径和电极间距、降低放电频率和对反应器进行保温都可以提高氨分解制氢能量效率。

王丽等[21]利用介质阻挡放电等离子体提高了非贵金属催化剂的低温催化活性，将介质阻挡放电等离子体和非贵金属催化剂耦合用于氨分解制氢反应中，获得了显著的协同效应。还发现催化剂在协同效应中占据主导作用，等离子体在协同效应中起到辅助作用。

有工作者研究其他化合物，如二甲醚换热有机废弃物等离子体制氢。

朱衍等[22]进行了二甲醚部分氧化制氢实验，结果表明：在标准大气压，空气/醚之比值为3时，二甲醚转化率随温度的升高而增大，H_2与CO的体积分数随温度的升高而增大；CH_4的体积分数随温度的升高而减小。

杜长明等[23]讨论了等离子体热解气化有机废弃物制氢的机理。认为输入功率和载气类型是影响等离子体处理的主要因素。相对于常规的热解气化生物质及有机固体废物处理技术，等离子体热解因为具有更高的反应温度，更多的活性粒子参与热化学反应的特点，因而得到更高的转化率、分子量更小的气体，原料分解更彻底，最终产物的品位高。

有作者研究新型微波液相等离子体设备用于制氢。

王波等[24]系统研究了微波液相放电电极设计、电极结构、液相放电机理及特性、放电光谱特性，并在微波液相放电技术处理污染物和制取氢气领域取得若干成果：

① 微波液相放电电极。电极由内到外依次为内导体、陶瓷管、硅胶和外导体。发现：水的电导率、pH 值、外界压强对驻波比（SWR）的影响不明显，但是温度和电极所处液体相对介电常数对 SWR 的影响最大。

② 微波液相放电特性。等离子体区域面积和 OH 自由基发射光谱强度有良好的对应关系。微波功率的增大和温度的提高有利于维持等离子体的产生，而外界压强和电导率的增大会使等离子体猝灭；悬浮电极可有效增强放电强度；OH 自由基光谱相对强度随外界压强的增大而减弱，随功率的增大而增强；在温度为 25℃时，OH 自由基光谱相对强度出现最大值；OH 自由基光谱相对强度随着电导率的增大出现先增强后减弱的趋势。

③ 损耗因子对微波液相放电的影响。发现影响微波与液体耦合的三个主要因素是介质相对介电常数、温度、电导率。

④ 微波液相放电技术对低碳醇（甲醇和乙醇）的分解制氢。结果显示：甲醇和乙醇溶液放电气相产物主要包括氢气、一氧化碳、乙炔和二氧化碳。生成物气体总流量和氢气流量都随着功率的增大而增加。氢气比例和一氧化碳比例随着功率增大都有所提高，而其他气体的比例有明显的下降；当醇溶液浓度为 8%时，氢气比例和一氧化碳比例都出现了最大值，而其他气体的比例则出现最低值。产氢能量效率随着功率增大而提高。相同功率时，乙醇的制氢能量效率都要高于甲醇的制氢能量效率。文中微波液相放电醇类制氢最大氢气纯度及最大能量效率分别为 64.55%和 74.26L/(kW·h)。

刘钦等[25]使用的液相微波放电技术研究乙醇溶液制氢。考察微波功率、乙醇溶液体积分数、反应压强、溶液电导率、电极内导体材质等因素对制氢产量及能耗的影响。作者得出结论如下：①高能电子的激发温度约为 6112～4950K，反应器压强在 13.8～19.3kPa 范围变化，推测制氢反应的主要反应式可能为 $2C_2H_5OH \longrightarrow 5H_2 + 2CO + C_2H_2$，主要气体产物为 H_2 和 CO，同时有少量 C_2H_2、CH_4 和 CO_2；②制氢过程中，微波功率和醇溶液体积分数对提高氢气产量和降低制氢能耗影响显著，但醇溶液浓度的增加，不利于产气中氢气比例的提高，溶液电导率和反应压强对等离子体的点火和维持有重要影响，并间接影响制氢；③实验中，所获最大产氢比例为 64.68%，最低制氢能耗为 8.00kW·h/m^3。

Cormier 等[26]使用三级滑动电弧反应器，反应器由 3 个铜管作外部电极，3 个内部电极是圆锥状的黄铜，内部电极安装在一个陶瓷制螺旋气体喷射器上，这个放电装置产生 3 个连续旋转放电。当以制氧为目的时，甲烷/水摩尔比值大于 1.5，流量大于 100L/min，比能耗降到 8～16MJ/kg H_2。

还有人试验将等离子体发生器直接用于车载。

牛雁军等[27]设计了一套集等离子体点火、加热功能于一体的车载微波等离子体制氢系统。系统采用乙醇和水的微波等离子体重整反应制取氢气。

9.4 等离子体制氢的优缺点

（1）等离子体制氢的优点

等离子体转化碳氢化合物制氢具有反应速率快、反应温度低、参数控制灵活等优点，与热化学方法相比，其装置体积小、启动快、能耗低、运行参数范围大，特别适合于以天然气为原料的车载制氢系统和小型分布式制氢系统。

（2）等离子体制氢的改进方向

尽管部分等离子体工业应用技术已经比较成熟，仍有诸多问题尚待解决。例如，对于具有工业化应用前景的常压放电，如何降低其击穿场强从而实现均匀放电、进一步降低成本。

等离子体源是等离子体应用的关键，而国内现存在的问题主要是实验装置结构比较复杂、微波功率比较低。

等离子体在制氢方面的应用仅限于科学研究，工业应用的例子极少。

参 考 文 献

[1] Crookes presented a lecture to the British Association for the Advancement of Science. in Sheffield，on Friday，22 August，1879.

[2] Langmuir I. Oscillations in Ionized Gases. Proceedings of the National Academy of Sciences，1928，14 (8)：627-637.

[3] http：//zh. wikipedia. org/wiki/ 等离子体.

[4] http：//www. coronalab. net/coldplasm/coldplasm. htm.

[5] Sarmiento B，Brey J J，Viera I G，et al. Hydrogen production by reforming of hydrocarbons and alcohols in a dielectric barrier discharge [J]. J Power Sources，2007，169 (1)：140-143.

[6] Pietruszka B，Heintze M. Methane conversion at low temperature：the combinedapplication of catalysis and non-equilibrium plasma [J]. Catal Today，2004，90 (1-2)：151-158.

[7] 杨永梅. 非热等离子体中甲醇水蒸气重整制氢 [D]. 大连：大连理工大学，2014.

[8] 伍沛亮. 乙醇辉光放电等离子体电解制氢及动力学模拟 [D]. 广州：华南理工大学，2010.

[9] 葛文杰. 介质阻挡放电微等离子体转化甲醇制氢 [D]. 天津：天津大学，2014.

[10] 吕一军. 滑动弧放电等离子体转化醇醚燃料制氢 [D]. 天津：天津大学，2012.

[11] 张浩. 协同驱动旋转滑动弧温等离子体重整甲烷/甲醇制氢基础研究 [D]. 杭州：浙江大学，2016.

[12] 胡又平. 生物乙醇燃料等离子体重整器研究 [D]. 大连：大连海事大学，2008.

[13] Nozaki T，Muto N，Kado S，et al. Dissociation of vibrationally excited methane on Ni catalyst-Part 1. Application to methane steam reforming [J]. Catal Today，2004，89 (1-2)：57-65.

[14] Hammer T，Kappes T，Baldauf M. Plasma catalytic hybrid processes：gas discharge initiation and plasma activation of catalytic processes [J]. Catal Today，2004，89 (1-2)：5-14.

[15] Bromberg L，Cohn D R，Hadidi K，et al. Plasmatron natural gas reforming [J]. Abstr Pap Am Chem Soc，2004，228：U687-U687.

[16] 颜士鑫. 滑动弧放电等离子体重整燃料制氢实验研究 [D]. 杭州：浙江大学，2011.

[17] 周志鹏. 非平衡等离子体重整甲烷制氢的研究 [D]. 合肥：中国科学技术大学，2012.

[18] 张云卿. 磁旋滑动弧放电等离子体重整甲烷制氢实验研究 [D]. 杭州：浙江大学，2012.

[19] 孙晓明. 拉瓦尔喷管滑动弧等离子体重整甲烷、氨气制取氢气的实验研究 [D]. 杭州：浙江大学，2013.

[20] 赵越. 交流弧放电等离子体法氨分解制氢的研究 [D]. 大连：大连理工大学，2014.

[21] 王丽. 等离子体催化氨分解制氢的协同效应研究 [D]. 大连：大连理工大学，2013

[22] 朱衎，马奎峰，苏金伟. 温度对二甲醚等离子体制氢影响仿真分析. 科技资讯，2012-01-03.

[23] 杜长明，吴焦，黄娅妮. 等离子体热解气化有机废弃物制氢的关键技术分析 [J]. 中国环境科学，2016，36 (11)：3429-3440.

[24] 王波. 微波液相放电等离子体特性及应用研究 [D]. 大连：大连海事大学，2014.

[25] 刘钦. 微波液相放电等离子体制氢研究 [D]. 大连：大连海事大学，2016.

[26] Cormier J M，Rusu I. Syngas production via methane steam reforming with oxygen：plasma reactors versus chemical reactors [J]. J Phys D-Appl Phys，2001，34 (18)：2798-2803.

[27] 牛雁军. 微波低温等离子体催化反应制氢系统的研究与设计 [D]. 北京：北京化工大学，2014.

第10章 汽油、柴油制氢

众所周知，汽油、柴油是大型车辆、铁路机车、船舰等交通运输工具的重要燃料，但其能量利用率低，且燃烧产物严重污染环境。然而，在化石燃料日益短缺的今天，将汽油、柴油通过重整方式转化为富氢气体，使其成为燃料电池的氢源不仅可以提高其能量利用率还可减少其对环境的危害。另外，汽油、柴油本身燃烧热值高（10296～10996cal/kg）(1cal＝4.1868J)、能量密度大（约是甲醇的2倍），并且还具有生产规模大、储量丰富、市场来源稳定、供应商广泛等优点，尤其是加油站遍布世界各地，因此可以充分利用现有的储运设施，开发汽油、柴油车载制氢技术，不仅为燃料电池汽车商业化提供可靠的氢源，而且具有巨大的潜在商业价值。但由于汽油、柴油等大分子燃料重整反应机理比较复杂且不易控制，因此国内外研究相对较少。

10.1 基本原理

汽油、柴油等大分子燃料的重整制氢技术主要遵循三种机理：水蒸气重整（steam reforming，SR）、部分氧化（partial oxidation，POX）重整、自热重整（autothermal reforming，ATR）和等离子体重整。前三种技术的区别在于是否有水蒸气或氧、或两者混合气体参与反应。

（1）水蒸气重整制氢

该技术制取氢气的浓度高，是目前最常使用的制氢技术。用 C_mH_n 来表示汽油或柴油的化学式，其总反应方程式如下：

$$C_mH_n + mH_2O = mCO + (m+n/2)H_2, \quad \Delta H > 0 \tag{10-1}$$

首先，汽油或柴油在高温下裂解为甲烷，然后甲烷发生水蒸气转化反应及CO变换反应，如下式表示：

$$CH_4 + 2H_2O = CO_2 + 4H_2 \tag{10-2}$$

$$CO + H_2O = CO_2 + H_2 \tag{10-3}$$

制氢过程中还伴随着析炭反应：

$$C_mH_n = mC + (n/2)H_2 \tag{10-4}$$

$$2CO = CO_2 + C \tag{10-5}$$

$$CO + H_2 = H_2O + C \tag{10-6}$$

水蒸气重整反应是一个典型的吸热反应，需外加供热设备，这在实际应用中受到很大限制。此方法制氢的浓度高、系统效率也高，但启动时间较长[1]，且制氢装置过重，它更适应于稳定阶段的连续操作，而不适合用于负载频繁变化的飞机燃料电池堆[2]。

（2）部分氧化重整制氢

该技术是先将燃料在催化剂作用下重整转化为小分子量烷烃，然后再和氧反应产生所需的 H_2 和 CO。用 C_mH_n 表示汽油或柴油的化学式，部分氧化重整反应的总反应方程式如下：

$$C_mH_n+(m/2)O_2 = mCO+(n/2)H_2, \quad \Delta H<0 \tag{10-7}$$

反应中也伴随着析炭：

$$2CO = CO_2+C \tag{10-5}$$

$$CO+H_2 = H_2O+C \tag{10-6}$$

部分氧化重整为典型的剧烈放热反应，不需要外置热源，反应温度在600～1400℃范围内。按是否需要催化剂可分均相部分氧化和异相部分氧化两类，前者反应温度超过1000℃[3]，适用于多种燃料，并且排放风险低，但氢气的产率相对较低。异相催化部分氧化即指有催化剂参与的部分氧重整，操作温度一般在800～900℃，因此可以用不锈钢这样的通用材料来制造反应器[4]。另外，为了防止催化剂硫中毒失活，所使用的燃料需要提前脱硫。只有当硫含量低于 50×10^{-6} 时，催化剂才能被使用[5,6]，但是也有研究表明某些催化剂抗硫的浓度可以达到 200×10^{-6}[7]。然而，部分氧化重整是靠燃烧掉部分氢为重整系统提供热量，因此该技术制氢率较低，在实际生产中一般不采用这种制氢方式。

(3) 自热重整制氢

自热重整技术是水蒸气重整和部分氧化重整的结合，即利用部分氧化重整反应释放的热量供给水蒸气重整反应。汽油、柴油的自热重整也是在高温下燃料裂解为 CH_4，再发生甲烷水蒸气转化和CO变换等反应，其总的反应方程式为：

$$C_mH_n+\frac{1}{2}mH_2O+\frac{1}{4}mO_2 = mCO+\left(\frac{1}{2}m+\frac{1}{2}n\right)H_2, \quad \Delta H<0 \tag{10-8}$$

该反应属于热中性或略微放热反应，操作通常在900～1150℃的反应器中进行，与部分氧化相比是低压下进行的。自热重整中 H_2O 和C的摩尔比值在1.5～2之间，O_2 和C摩尔比值在0.5～0.6之间。在自热重整的稳定期不需要外部热源，然而室温下氧化重整无法启动，需要一些能量。

(4) 等离子体重整制氢

这是近年来发展起来的新制氢技术，即利用电弧的高温产生等离子体，直接激发烃类和水蒸气快速重整为合成气，因此不需要催化剂，仅需要较便宜的金属或电极，大幅度降低重整器的体积和质量及制作成本。此外，等离子体重整制氢对不同燃料的适应性强，各种重质烃、重质油、生物质燃料甚至垃圾燃料都可用[8]。

10.2 研究进展

10.2.1 汽油、柴油制氢工艺

汽油、柴油燃料组成成分复杂，主要包括烷烃、芳烃、烯烃和环烷烃等，它们在相对低的温度如450℃就会可能发生裂解形成积炭[9]。像柴油成分里芳香烃含量较高，更容易在重整过程中发生积炭[10,11]。积炭会覆盖催化剂表面部分活性位，引起催化剂重整活性的下降，同时还会出现催化剂床层结块阻塞，致使重整器使用寿命降低[12～14]。Yoon等[15]报道合成柴油的ATR中，由于积炭的形成，燃料的转化率从100%降低到90%，在进行重整40h后，重整器效率从65%降低到45%。此外，汽油、柴油中还含有不同浓度的有机硫化物，如硫醇、硫醚和噻吩等，这些硫化物能使重整催化剂中毒失去催化活性[16]。有报道称只有将液体烃燃料中的硫含量降低到0.1μg/g以下才能避免Ni催化剂中毒[17]，也有报道称为了防止催化剂中毒，当硫含量低于 50×10^{-6} 时催化剂才能被使用[18]。用于燃料电池的原料气需要超清洁处理[19]，因此大部分文献讨论的是如何将炼油厂原料气脱硫制造清洁燃料。然而，如果使用传统催化剂重整制氢[20]，含硫高的燃料需要在重整器的上流开始脱硫处理[21]。目前成熟的脱硫工艺是加氢脱硫法，这是世界范围内广泛使用的方法。然而该方法也存在一些弊端，如设备投资大、操作费用高、操作条件苛刻（高温、高压)、反应器体积大、需高活性催化剂、消耗大量的氢气等，这会提高汽油的成本。另外，硫含量降低到 100μg/g 以下时，噻吩及其衍生物的空间结构使硫原子难以与催化剂接触，使加氢脱硫难以继续进行。除此之外，还有非加氢脱硫技术，如萃取脱硫法和氧化脱硫法。但目前工艺不够成熟，耗时耗能，很难将油品中的硫降低到 0.1μg/g 以下。目前国内的零售汽油、柴油的含硫量均远高于 100μg/g，因此，研发制备高抗硫中毒性能的催化剂对实现汽油、柴油的重整制氢工业化具有重大深远的要义。

传统的烃类重整催化剂体系主要有两类，一类是氧化物负载的 Ni、Co 和 Fe 等非贵金属催化剂，另一类是负载 Pt、Pd、Rh 等的贵金属催化剂。Prettre 首次报道 Ni 可作为重整催化剂活性组分后，Ni 基催化剂就因其良好的催化活性和低成本被大量的研究。然而，Ni 基催化剂存在固有的缺点，如积炭严重、容易硫中毒，且在汽油、柴油重整制氢所需的温度下容易烧结[22]，因此，Ni 基催化剂的应用受到很大的限制。贵金属催化剂具有非常高的活性，和一定的抗积炭、抗硫中毒的能力，但成本也高，且具有选择性。如 Pt 催化剂在氧化重整中表现出高活性，但对水蒸气重整活性较低；Pd 的水蒸气重整活性要高于 Pt 催化剂，但容易受积炭的影响；Ru 和 Rh 对氧化重整和水蒸气重整都具有很高的活性[23]，但 Rh 的成本相对其他贵金属更高，而 Ru 价格相对便宜，因此 Ru 成为最具潜力的贵金属催化剂。

在催化剂抗积炭方面的研究，可以通过改变重整反应的水碳比来抑制重整制氢反应中催化剂表面积炭的产生。适当提高水碳比，在很大程度上可以抑制催化剂表面积炭，但水碳比过高会导致反应过程中能耗增加，造成新的能源损失，同时，这种消除积炭的方法也是有限[24]。另外一种降低或消除积炭的方法是采用具有抗积炭性能的催化剂，Tegan 等[25]报道 Ru、Rh 负载在 Al_2O_3 上制得的贵金属催化剂具有良好的抗积炭性能，催化活性也得到显著改善。催化剂中添加稀土元素助剂也是提高重整催化活性和抗积炭能力的有效方法。Lihao Xu 等[26]在柴油重整制氢中使用 La、Ce 和 Yb 作助剂掺杂的 $Ni/\gamma\text{-}Al_2O_3$ 催化剂，结果表明，La 系元素的掺入明显提高了柴油水蒸气重整制氢的速率（ROD)、柴油转化率（COD)、产氢率（Y_{H_2}）和抗积炭能力，如图 10-1～图 10-3 和表 10-1 所示，并且 $Ni\text{-}Yb/\gamma\text{-}Al_2O_3$ 催化剂活性和抗积炭能力好于商业催化剂（S1、G1、G2)，分析原因表明 Yb 增强了载体和活性金属 Ni 间的相互作用，抑制了金属 Ni 的烧结，同时也提高了活性组分的分散度。但很多反应仅添加助剂还是不够，双金属催化剂逐渐成为研究热点，尤其是 Ni 基催化剂中引入贵金属逐渐成为研究的热点，Ni 基催化剂中引入贵金属既包含 Ni 基和贵金属的优点，也提高了催化剂抗烧结和温度均匀分布的能力。周琦等[27]制备的 $PtLaCe/Al_2O_3$ 催化剂易被氧化且稳定性差，用于柴油氧重整制氢产率较低。在此基础上又制备了 $PtCoFeLa\text{-}Ni/Al_2O_3$ 催化剂，Pt 是理想的柴油制氢活性组分，La_2O_3 使 Pt 金属氧化物晶粒细化，降低了还原难度，Ni 促进了甲烷化反应，Fe 促进

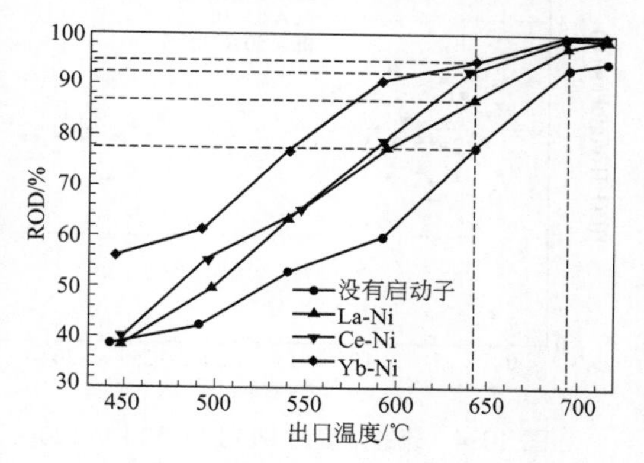

图 10-1 稀土元素改性 Ni 基催化剂前后温度对 ROD 的影响

C—O 键的断裂，有效地降低了产物中的 CO 含量，该催化剂对部分氧化重整制氢反应表现出良好的催化活性、抗析炭、抗氧化能力。

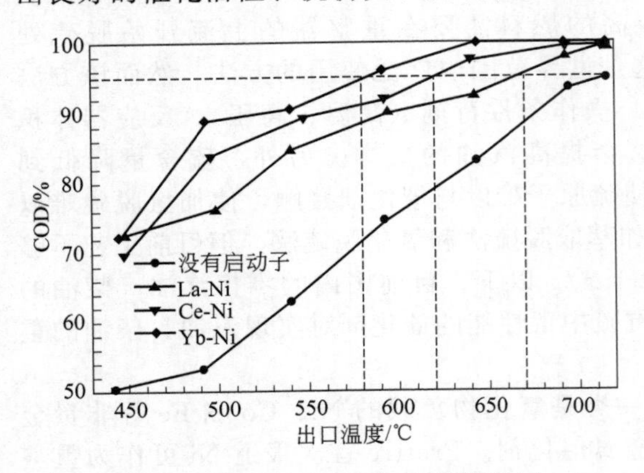

图 10-2 稀土元素改性 Ni 基催化剂前后温度对 COD 的影响

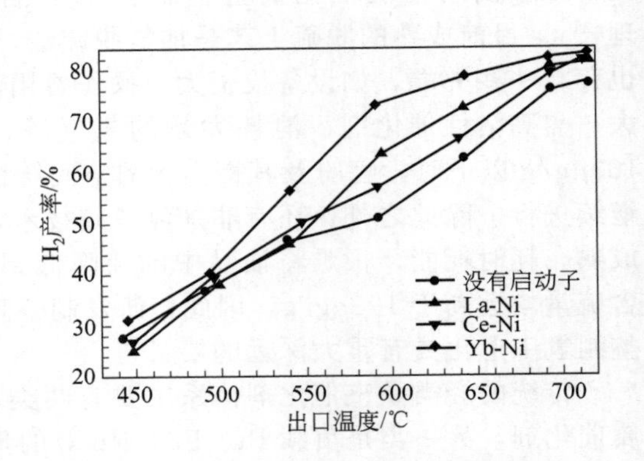

图 10-3 稀土元素改性 Ni 基催化剂前后温度对 Y_{H_2} 的影响

表10-1 炭在催化剂上的沉积速率

催化剂	没有启动子	La-Ni	Ce-Ni	Yb-Ni	S1	G1	G2
C/%	5.8	2.4	1.5	1.3	1.9	4.7	1.1

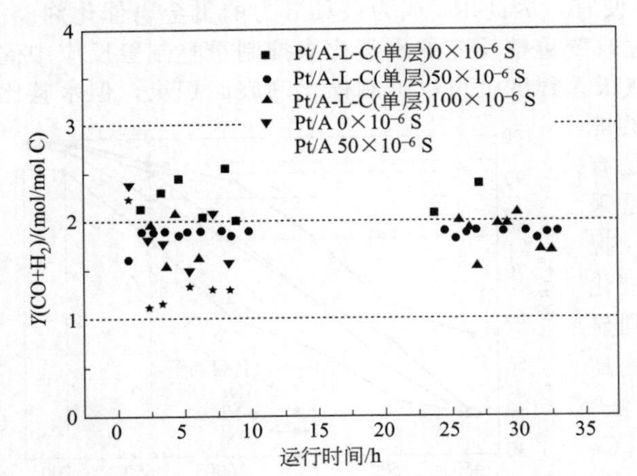

图 10-4 硫的浓度对 Pt/Al_2O_3 和 Pt/Al_2O_3-La_2O_3-CeO_2 催化柴油氧化重整制氢产率的影响（T= 800℃，p= 0.1MPa，O_2/C= 0.5，H_2O/C= 3，GHSV= 20000h^{-1}）

在抗硫中毒性能研究方面，汽油、柴油中含有多种有机硫化物（如噻吩、苯丙噻吩），这些硫物种容易化学吸附在催化剂表面改变活性位的化学和结构性能，从而导致催化剂不可逆中毒失活，同时催化剂硫中毒还会加速催化剂表面积炭，从而影响催化剂活性[28~30]。双金属催化剂，如 Pt-Pd、Ph-Pd、Rh-Ni，表现出比单金属催化剂好的抗硫中毒性[31~33]。添加合适的助剂也会提高催化剂的抗硫中毒性能。Linsheng Wang 等[34]报道 W 作助剂可以提高 Ni-W/Al_2O_3 和 Ni-W-Ce/Al_2O_3 和 Ni-Re-W/Al_2O_3 在汽油氧化水蒸气重整过程的抗硫中毒性能。采用复合载体也会高催化剂的抗硫中毒性能。M. C. Alvarez-Galvan 等[35]用 Pt/Al_2O_3、Pt/Al_2O_3-La_2O_3-CeO_2 催化部分氧化重整含硫 0、50×10^{-6}和 100×10^{-6}的柴油，结果如图 10-4 所示，La、Ce 掺杂后催化剂抗硫中毒性能显然比 Pt/Al_2O_3 好。在含硫 50×10^{-6}的原料气中，催化剂高效稳定的催化重整制氢反应持续了 30～35h；当原料气含硫 100×10^{-6}时，氢的产率仅比含硫 50×10^{-6}时降低了 5%。在 5kW 柴油重整样机长时间的流测试中催化剂表现出非常高的产氢率，超过 200h 的连续测试产氢率降低了不到 5%。文献［36，37］报道了一种高抗硫中毒催化剂 Pt/$Ce_{0.8}Gd_{0.2}O_{1.9}$，用于水蒸气重整 300～500μg/g 硫的异辛烷 100h，表现出优异的催化活性和稳定性。通过原位红外反射表征证实 Pt 的强缺电子性是 Pt/$Ce_{0.8}Gd_{0.2}O_{1.9}$催化剂具有抗硫中毒性的根本原因。但该催化剂生产成本高，机械强度不大，没有太大的实际使用价值。为研发高抗硫中毒性且具有商业使用价值的催化剂，路勇等[38]先采用 CeO_2 改性 Al_2O_3 为载体负载的 Pt 催化剂，在自热重整中表现出高抗硫中毒性能。后来他们继续将 Ge_2O_3 加入复合载体中，制备的催化剂对商品汽油（含硫 158×10^{-6}）自热重整制氢进行了1000h 测试，反应前 200h 汽油转化率保持约 100%，之后略降低至约 95%；反应进行 600h 后，CO 含量从约 8%略上升至约 11%，H_2 含量从约 68%略降低至约 65%，催化剂表现出很好的活性、选择性、稳定性和抗硫中毒性[39]。研发高抗硫中毒性催化剂是汽油、柴油重整制氢技术的关键，国外对此技术的保密性很高，从当前的文献资料、Johnson Matthey 的燃料部和美国 Argonne 国家实验室公开的信息来看，烃类重整催化剂抗硫的能力仅 100μg/g，且较大部分仅有初始活性[40,41]。总之，汽油、柴油重整制氢催化剂尽管在催化活性、稳定性、抗积炭方面取得了突破性进展，但抗硫性能仍不够理想。

此外，烃类重整制氢催化剂的活性、选择性、热稳定性、机械强度等也是非常关键的因素，可以通过改变活性组分、添加助剂以及改变制备方法等来实现。J. A. Villoria 等[42]报道了添加助剂 La 的 $LaCoO_3/ZrO_2$ 催化剂，该催化剂具有很好的机械强度，在柴油自热重整制氢反应中表现出很好的活性和稳定性。于涛等[43]制备的贵金属催化剂 $PtLaCe/Al_2O_3$ 用于柴油自热重整制氢时也表现出良好的活性。大连化物所王艳辉等[44]制备的 Ni-Pd/Al_2O_3 催化剂不但具有高的反应活性、选择性，还具有高的稳定性。在反应温度达到 700℃时，氧油比值在 0.5～2.0，水碳比值在 1.5～2.5 之间时，该催化剂反应活性可高达 85%以上，生成氢的选择性在 80%～95%之间，在固定床反应器中实验 100h 后其活性保持不变。该课题组还对 Ni-Pd/Al_2O_3 催化汽油氧化重整反应的本征动力学和宏观动力学进行了研究。他们得到的正辛烷转化反应速率方程和汽油重整反应过程宏观动力学方程分别如式(10-9)、式(10-10) 所示，这两个方程均符合工程检验的基本标准[45,46]。

$$r_{CR}=1.465\times10^{12}e^{-78538/(RT)}p_{C_8H_{18}}^{0.86}p_{H_2O}^{0.45} \tag{10-9}$$

$$r_{CR}=2.069\times10^{12}e^{-44605/(RT)}p_{C_8H_{18}}^{0.67}p_{H_2O}^{0.50} \tag{10-10}$$

另外，还有新的重整制氢技术也在不断出现，如液体烃燃料部分脱氢重整技术（partial dehydrogenation of fuels，PDh），这种技术优点是得到的氢气纯度高。Elia Gianotti 等[47]采用 Pt-Sn/γ-Al_2O_3 催化剂对汽油替代品和柴油进行部分脱氢重整，汽油替代品的 PDh 法得到 H_2 平均生产量为 1800L/(h·kg)，且氢气纯度高于 99%（体积分数），催化剂寿命长达300h；对柴油的 PDh 技术得到的 H_2 平均生产量为 3500L/(h·kg 催化剂)，纯度仍为 99%以上，但催化剂寿命仅有 29h。这些初步结果为 PDh 技术向车载燃料电池供给原料方面打开了广阔的前景。

10.2.2 设备

目前关于重整制氢技术的设备研究取得了很多成就，许多也适用于柴油和汽油重整。Epyx 在 1999 年和 2000 年为美国能源部的燃料电池汽车计划提供了一种以汽油为燃料的部分氧化重整器[48]，Tokyo Gas Company 在 2000 年示范了一个 1kW 的燃料电池提供氢气的部分氧化重整器[50]。2006 年，韩国科学技术院的 Inyong Kang 等研究了将超声雾化器用于柴油制氢反应器中以提高反应效率[49]。美国能源部投资 8600 万美元研究了一种高温无机陶瓷透氧膜材料，应用在天然气催化部分氧化的反应器，其制氧成本大大降低。经过调整改进，也开始应用在汽油重整上。Wenliang Zhu 等[50]对汽油替代品进行混合重整制氢时采用的是 BSCFO 氧渗透膜反应器，如图 10-5 所示。该膜反应器用密集的陶瓷膜、石英管组装，由金环密封。金环放置在膜和石英管之间，当遇到高温，一般在 1070℃左右时，金环会变软，且在弹簧的压力下与膜和石英管紧密接触。当反应开始后，膜的一侧暴露在空气中，另一侧与反应物质接触。膜的厚度通常是1.4mm，与反应物质的有效接触面积为1.0cm^2。在使用这种新型重整器时，长达500h的测试时间内，所有汽油替代品的混合物均被完全转化，CO和H_2的选择性分别达到90%、95%，透氧量也接近8.0mL/(cm^2·min)，这为燃料电池制氢技术提供了新的方法。

为了克服汽油、柴油在重整过程中在反应器内壁内严重积炭的问题，2008年美国Mundschau等[51]研究了催化隔膜反应器柴油制氢技术，如图10-6所示，空气可以通过YSZ多孔壁进入重整器，靠近反应器内壁的氧也一直保持较高的压力，以此抑制炭的沉积，他们还总结了应器内壁积炭在各个温度时所需要的氧碳比，如图10-7所示。

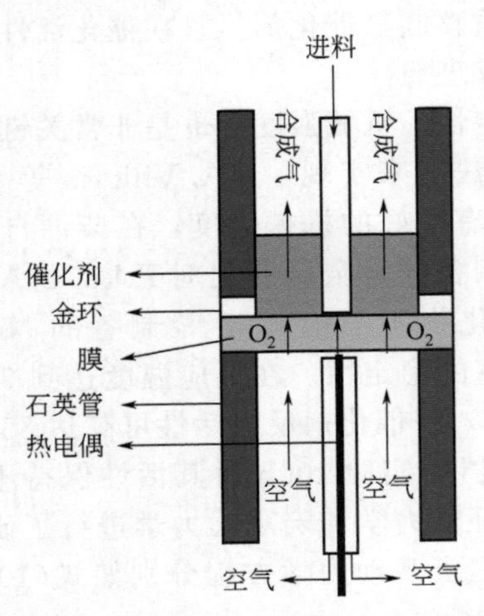

图10-5 氧渗透膜反应器构造

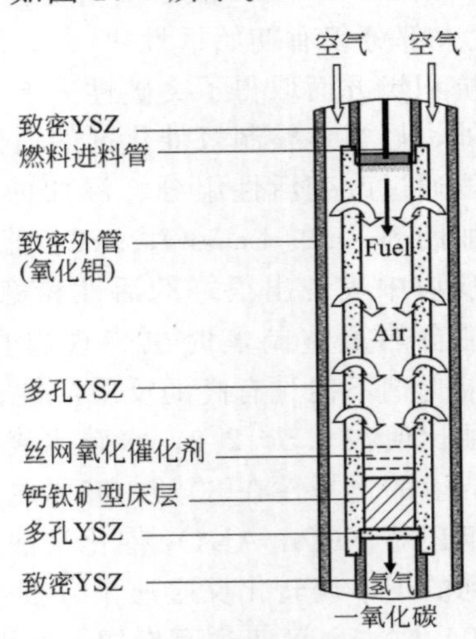

图10-6 隔膜重整反应器

在ATR反应器中，柴油和汽油气化后和空气或蒸汽的均相混合也是一个巨大的挑战。于涛等[52]设计了带预热段的绝热管式反应器（A型）与带喷嘴及预热段的绝热管式反应器（B型）2种反应器，如图10-8和图10-9所示。两者的主要区别在于反应物料在进入反应器之前的进料方式有所不同。图10-8所示来自气化室的反应原料（过热水蒸气、柴油、氧气）首先进入反应器的预热段，预热到指定温度后进入催化剂床层进行柴油制氢反应。催化剂床层外部装有绝热保温层以防止热量大量散失。图10-9所示的柴油不经气化直接进入喷嘴的左端入口，来自水气化室的过热水蒸气在静态混合器内与氧气混合后进入喷嘴右端入口，柴油、氧气、水蒸气由喷嘴喷出，然后进入预热段，在进入反应器完成重整制氢。实验表明两种反应器均可用于柴油的自热重整，但采用B型反应器时，可确保柴油的物化和气化效果。

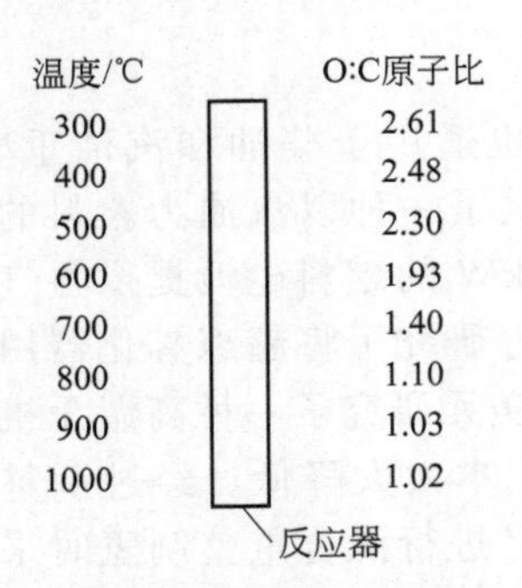

图10-7 抑制反应管内壁炭的沉积计算的不同温度下O：C原子比

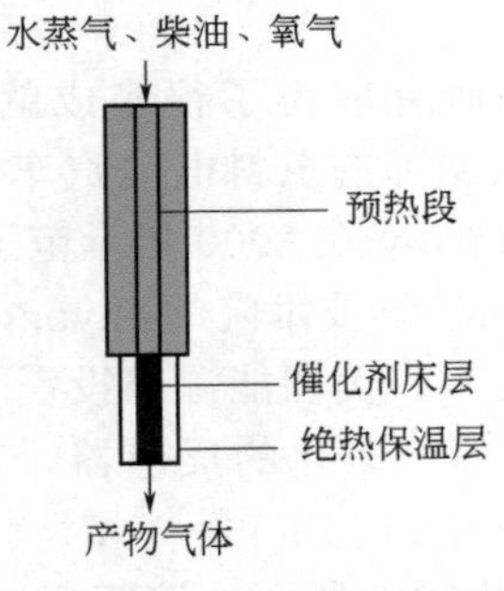

图10-8 A型反应器示意图

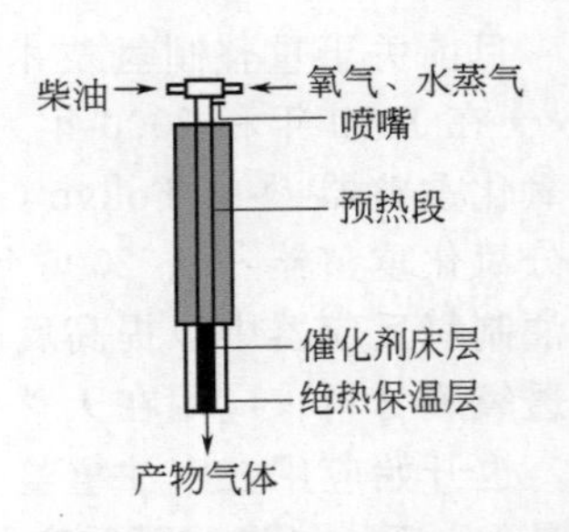

图10-9 B型反应器示意图

徐谦等[53]针对加热缓慢、柴油中含硫较多、过滤效果不佳、喷射间断以及重整前气体混合不充分等为，对重整装置进行了改进，如图 10-10 所示。该装置增加了加热器、喷雾箱和混合箱，设计了可连续喷射的喷油、喷水装置，解决了加热、油水喷射及入口气体混合的问题。

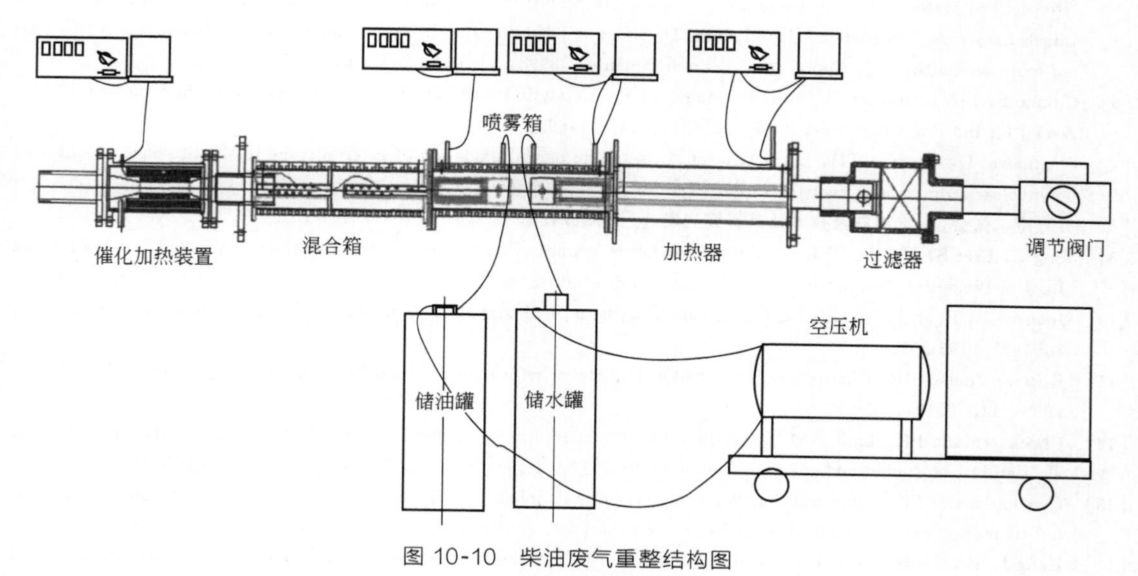

图 10-10 柴油废气重整结构图

10.3 优点与问题

以上几种汽油、柴油制氢技术都具有许多优点和缺点，归纳如下：

① 水蒸气重整。比较成熟的工业生产技术，制得氢气的纯度高；但该技术废气排放量大、设备重、需要大量的热、系统效率低。

② 部分氧化。不需要热源、结构紧凑、成本低、起动时间短、动态响应速度快，对燃料的适应性也更强。该技术与水蒸气重整比制氢率低，采用无催化系统常有碳烟和其他副产物生成，而采用催化系统，又常因催化剂表面的局部温度过高损伤催化剂。

③ 自热重整。相对于蒸汽重整来说，自热重整结构简单，无须庞大的换热装置，制造成本低，适用燃料范围广，从醇类到重烃类的液体燃料均可，相对于部分氧化，系统效率高。但需要同时调节好氧、水蒸气和燃料之间的比例，控制比较困难，并且在重整中易产生积炭现象。

汽油、柴油制氢工艺还存在改进之处，需解决的主要问题如下：

① 高抗硫中毒性催化剂的研究。柴油和汽油中含有大量的硫，限制了许多重整催化剂的使用。由硫中毒引起的催化剂失活是不可逆的，脱硫技术也需进一步发展。

② 重整装置的研究。目前发展成熟的重整制氢装置并不能直接用在柴油和汽油重整上，装置需要往小型化方向发展。

③ 整个工艺路线的可行性，如能耗、经济性等问题还需进一步研究。

参 考 文 献

[1] Edwards N, Ellis SR, Frost JC, et al. On-board hydrogen generation for transport application: the HotSpotTM methanol processor [J]. J Power Sources, 1998, 71 (1-2): 123-128.

[2] Ahmed S, Lee SHD, Carter JD, et al. Method for Generation Hydrogen for Fuel Cells [P]. US6713040B2,

March, 2004.
[3] Ahmed S, Krumpelt M, Kumar R, et al. Promise and problems of solid oxide fuel cells for transportation [J]. Office of Scientific & Technical Information Technical Reports, 2000, 11 (6): 288-292.
[4] Kumar R, Ahluwalia R, Doss ED, et al. Design, integration, and trade-off analyses of gasoline-fueled polymer electrolyte fuel cell systems for transportation [J]. Office of Scientific & Technical Information Technical Reports, 1998.
[5] Bitsch-Larsen A, Degenstein NJ, Schmidt LD. Effect of sulfur in catalytic partial oxidation of methane over Rh-Ce coated foam monoliths [J]. Appl Catal, B Environmental, 2008, 78 (3): 364-370.
[6] Cimino S, Lisi L. Impact of Sulfur Posioning on the Catalytic Partial Oxidation of Methane on Rhodium-Based Catalysts [J]. Ind Eng Chem Res, 2012, 51 (22): 7459-7466.
[7] Shekhawat D, Gardner TH, Berry DA, et al. Catalytic partial oxidation of n-tetradecane in the presence of sulfur or polynuclear aromatics: Effects of support and metal [J]. Appl Catal A Gen, 2006, 311 (1): 8-16.
[8] 吴涛涛，张会生. 重整制氢技术及其研究进展 [J]. 能源技术，2006，27 (4): 161-165.
[9] Song C, Eser S, Hatcher PG. Pyrolytic degradation studies of a coal-derived and a petroleum-derived aviation jet fuel [J]. J of Biological Chemistry, 1993, 7 (2): 14090-14093.
[10] Joensen F, Rostrup-Nielsen JR. Conversion of hydrocarbons and alcohols for fuel cells [J]. J Power Sources, 2002, 105 (2): 195-201.
[11] Rostrup-Nielsen JR, Christensen TS, Dybkjaer I. Steam reforming of liquid hydrocarbons [J]. Stud Surf Sci Catal, 1998, 113 (113): 81-95.
[12] Cheekatamarla PK, Lane AM. Catalytic autothermal reforming of diesel fuel for hydrogen generation in fule cells: Ⅱ. Catalyst poisoning and characterization studies [J]. J Power Sources, 2006, 152 (1): 256-263.
[13] Cheekatamarla PK, Thomson WJ. Poisoning effect of thiophene on the catalytic activity of molybdenum carbide during tri-methyl pentane reforming for hydrogen generation [J]. Appl Catal A, 2005, 287 (2): 176-182.
[14] Kang I, Bae J, Bae G J. Performance comparison of autothermal reforming for liquid hydrocarbons, gasoline and diesel for fuel cell applications [J]. Power Sources, 2006, 163 (1): 538-546.
[15] Yoon S, Kang I, Bae J. Effects of ethylene on carbon formation in diesel autothermal reforming [J]. International Jouranl of Hydrogen Energy, 2008, 33 (18): 4780-4788.
[16] Nielsen JR, Christensen TS, Dybkjaer I, et al. Steam reforming of liquid hydrocarbons [J]. Stud Surf Sci Catal, 1988, 113 (113): 81-95.
[17] Cimino S, Lisi L. Impact of Sulfur Poisning on the Catalytic Partial Oxidation of Methane on Rhodium-Based Catalysts [J]. Ind Eng Chem Res, 2012, 51 (22): 7459-7466.
[18] Haynes DJ, Berry DA, Shekhawat D, et al. Catalytic partial oxidation of n-tetradecane using Rh and Sr substituted pyrochlores: Effect of sulfur [J]. Catal Today, 2009, 145 (1): 121-126.
[19] Song C. Catalysis and chemistry for deep desulfurization of gaso-line and diesel fuels [J] //Fifth International Conference on Refinery Processing. AIChE 2002 Spring National Meeting Proceedings, New Orleans, 2002: 3.
[20] Song C. Catalysis and chemistry for deep desulfurization of gaso-line and diesel fuels [J]. //Fifth International Conference on Refinery Processing. AIChE 2002 Spring National Meeting Proceedings, New Orleans, 2002: 3.
[21] Nielsen J R. Carbon limits in steam reforming, Paper presented at Fouling Science and Technology. NATO ASI Series, Series E, 1988: 405.
[22] J. R. Nielsen, Carbon limits in steam reforming, Paper presented at Fouling Science and Technology, NATO ASI Series, Series E, 1988, p. 405.
[23] Claudia D, Torsten K, Olaf D. Hydrogen production by partial oxidation of ethanol/gasoline blends over Rh/Al_2O_3 [J]. Catalysis Today, 2012, 197: 90-100.
[24] 王艳辉，张金昌. 水碳比变化对汽油氧化重整制氢影响的研究 [J]. 环境污染治理技术与设备，2002，3 (6): 30-33.
[25] Claudia D, Torsten K, Olaf D. Hydrogen production by partial oxidation of ethanol/gasoline blends over Rh/Al_2O_3 [J]. Catalysis Today, 2012, 197: 90-100.
[26] Xu LH, Mi WL, Su QQ. Hydrogen production through diesel steam reforming over rare-earth promoted Ni/γ-Al_2O_3 catalysts [J]. Journal of Natural Gas Chemistry, 2011, 20 (3): 287-293.
[27] 周琦，郭瓦力，任洪宝，等. 柴油氧重整及部分氧化重整制氢 [J]. 能源技术，2008，29 (5): 281-289.
[28] 高立达，薛青松，路勇，等. 抗硫中毒 $Pt/CeO_2/Al_2O_3$ 催化剂：I. 汽油蒸汽重整制氢反应性能及催化剂表征 [J]. 石油化工，2008，37 (7): 662-666.
[29] Song C. An overview of new approaches to deep desulfurization for ultra-clean gasoline, diesel fuel and jet fuel [J].

Catal Today，2003，86：211-216.

[30] Praveen KC，Alan ML. Catalytic autothermal reforming of diesel fuel for hydrogen generation in fuel cells：Ⅱ. Catalyst poisoning and characterization studies [J]. Journal of Power Sources，2006，154：223-231.

[31] Azad AM，Duran MJ. Development of ceria-supported sulfur tolerant nanocatalysts：Rh-based formulations [J]. Appl Catal A，2007，330：77-88.

[32] Strohm JJ，Zheng J，Song C. Low-temperature steamreforming of jet fuel in the absence and presence of sulfur over Rh and Rh-Ni catalysts for fuel cells [J]. J Catal，2006，238：309-320.

[33] Jongpatiwut S，Li Z，Resasco DE，et al. Competitive hydrogenation of poly-aromatic hydrocarbons on sulfur-resistant bimetallic Pt-Pd catalysts [J]. Appl Catal A，2004，262：241-253.

[34] Wangle LS，Murata K，Inaba M. Highly efficient conversion of gasoline into hydrogen on Al_2O_3-supported Ni-based catalysts：Catalyst stability enhancement by modification with W [J]. Applied Catalysis A：General，2009，358：246-268.

[35] Alvarez-Galvan MC，Navarro RM，Rosa F，et al. Hydrogen production for fuel cell by oxidative reforming of diesel surrogate：Influence of ceria and/or lanthana over the activity of Pt/Al_2O_3 catalysts [J]. Fuel，2008，87：2502-2511.

[36] 陈金春，薛青松，路勇，等. 含硫液体烃燃料水蒸气重整制氢：Ⅱ. $Pt/Ce_{0.8}Gd_{0.2}O_{1.9}$催化剂的原位 DRIFTS 表征 [J]. 催化学报，2008，29（2）：153-158.

[37] Lu Y，Chen JC，Liu Y，et al. Highly sulfur-tolerant $Pt/Ce_{0.8}Gd_{0.2}O_{1.9}$ catalyst for steam reforming of liquid hydrocarbons in fuel cell applications [J]. J Catal，2008，254：39-48.

[38] 薛青松，陈金春，高立达，等. 高抗硫汽油自热重整制氢催化剂 [J]. 全国催化学术会议，2006：507.

[39] 薛青松，高立达，路勇，等. 商品汽油自热重整制氢：高抗硫 Pt/Gd_2O_3-CeO_2-Al_2O_3 催化剂 [J]. 分子催化，2007，21：391-392.

[40] Ghenciu AF. Review of fuel processing catalysts for hydrogen production in PEM fuel cell systems [J]. Current Opinion Solid State Mater Sci，2002，6（5）：389-399.

[41] Krumpelt M，Krause TR，Carter JD，et al. Fuel processing for fuel cell systems in transportation and portable power applications [J]. Catal Today，2002，77（1-2）：3-16.

[42] Villoria JA，Alvarez-Galvan MC，Navarro RM，et al. Zirconia-supported $LaCoO_3$ catalysts for hydrogen production by oxidative reforming of diesel：Optimization of preparation conditions [J]. Catalysis Today，2008，138：135-140.

[43] 于涛，郭瓦力，李芳芳，等. $PtLaCe/Al_2O_3$ 催化柴油自热重整制氢的研究 [J]. 可再生能源，2009，27（6）：41-46.

[44] 王艳辉，张金昌，吴迪镛. 水碳比变化对汽油氧化重整制氢影响的研究 [J]. 2002，环境污染治理技术与设备，2002，3（6）：29-32.

[45] 王艳辉，张金昌，吴迪镛. 汽油氧化重整制氢反应本征动力学 [J]. 石油化工，2002，31（4）：262-265.

[46] 王艳辉，张金昌，介兴明，等. 汽油氧化重整制氢反应宏观动力学研究 [J]. 石油与天然气化工，2002：31（1）：26-29.

[47] Gianotti E，Taillades-Jacquin M，Reyes-Carmona A，et al. Hydrogen generation via catalytic partial dehydrogenation of gasoline and diesel fuels [J]. Applied Catalysis B：Environmental，2016，185：233-241.

[48] Dr Joan，Ogden M. Review of Samll Stationary Reformers for Hydrogen Production [D]. Research scientist Center for Energy and Environmental Studies Princeton Univerdity，2002.

[49] Inyong K，Joongmyeon B. Autothermal reforming study of diesel for fuel cell application [J]. Journal of Power Sources，2006，159：1283-1290.

[50] Zhu WL，Han W，Xiong GX，et al. Mixed reforming of simulated gasoline to hydrogen in a BSCFO membrane reactor [J]. Catalysis Today，2006，118：39-43.

[51] Mundschau MV，Chirstopher GB，David A. Diesel fuel reforming using catalytic membrane reactors [J]. Catalysis Today，2008，136：190-205.

[52] 于涛，郭瓦力，东各，等. 柴油自热重整制氢反应及反应器 [J]. 现代化工，2010，30（3）：73-77.

[53] 徐谦. 柴油废气重整的化学动力学建模及敏感性分析 [D]. 合肥：合肥工业大学，2009.

第 11 章 醇类重整制氢

液态的醇类化合物易于储存和输运，且具有较高的储氢量；大部分醇类无毒，安全性和环境友好性均较高，适合用作制取氢气的原料。液态醇类可作为分布式的小型制氢单元的原料，微型化的甲醇、乙醇制氢机还可能直接为燃料电池供氢，发展燃料电池车等技术。本章以甲醇和乙醇为代表，介绍一元醇的制氢技术；在第 12 章还将介绍以甘油为代表的多元醇制氢技术。

11.1 甲醇制氢

甲醇是最简单的饱和一元醇，其结构简式是 CH_3OH，分子量为 32.04，物化性质如表 11-1 所示。

表11-1 甲醇物化性质

项目	数值	项目	数值
闪点	12.22℃	熔点	-97.8℃
沸点	64.5℃	蒸气压	13.33kPa（100mmHg,21.2℃）
相对密度	0.792(20℃/4℃)	溶解性	与水、乙醇、乙醚、苯、酮等混溶
颜色	无色透明	气味	略有酒精气味
状态	液态	危险标识	7（易燃液体）
自燃点	463.89℃	挥发性	易挥发

甲醇是重要的化学工业基础原料，其在有机化工行业中使用量仅次于苯、乙烯以及丙烯，是制造甲胺、甲醛、醋酸等多种有机化工产品的原料[1]。另外，近几年甲醇燃料、甲醇制烯烃、甲醇制芳烃、甲醇制汽油、甲醇制聚甲氧基二甲醚等技术的兴起与发展[2]，也进一步提升了市场对甲醇的需求量。

全球对于甲醇的需求量在过去 10 年间，提升了 2.5 倍，到 2016 年为 9230 万吨；其产量也提升接近 3 倍。中国在近 10 年来一直是全球最大的甲醇生产和消费国。由于 MTO（甲醇制烯烃）产业在我国的加速发展，到 2023 年我国对甲醇的需求量将提升到 6750 万吨/年[3]，这也导致了国内的甲醇生产快速发展。

11.1.1 甲醇水蒸气重整制氢

甲醇可以通过水蒸气重整反应（methanol steam reforming，MSR），也可通过放热的氧化重整反应制氢。

$$\text{MSR:}\quad CH_3OH + H_2O \longrightarrow CO_2 + 3H_2 \qquad \Delta H^{\ominus}_{298K} = 49.4\text{kJ/mol} \tag{11-1}$$

一般认为该反应依如下步骤进行：

分解：　$CH_3OH \rightleftharpoons CO + 2H_2$　　$\Delta H^{\ominus}_{298K} = 92.0\text{kJ/mol}$　(11-2)

水气变换：　$CO + H_2O \rightleftharpoons CO_2 + H_2$　　$\Delta H^{\ominus}_{298K} = -39.4\text{kJ/mol}$　(11-3)

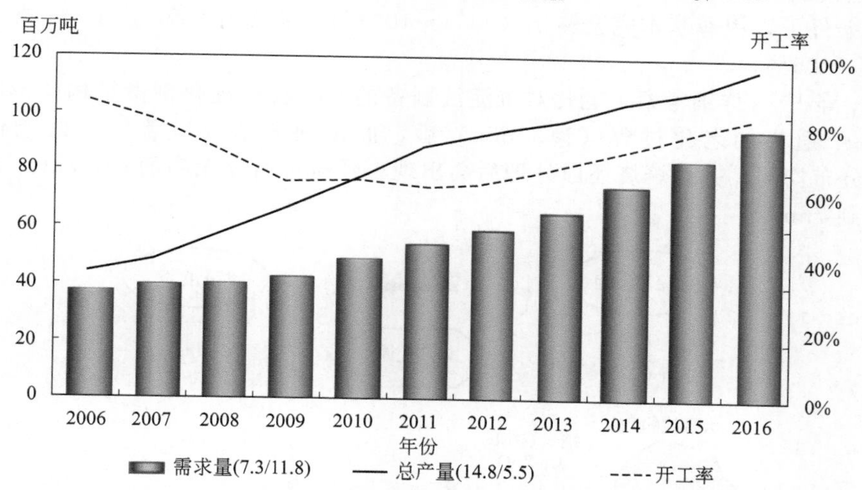

图 11-1　2006～2016 年期间全球甲醇产量与需求[4]

MSR 具有反应温度低、氢气选择性好、CO 浓度低等优点[5]，是为燃料电池汽车供氢的较理想方法。但此反应是一个强的吸热反应，反应过程中需要额外的热源为其供热。自热重整（methanol autothermal reforming，ARM）或者部分氧化（methanol partial oxidation，POM）可解决此问题：

部分氧化：$CH_3OH + 0.5O_2 \longrightarrow CO_2 + 2H_2$　　$\Delta H^{\ominus}_{298K} = -192.2\text{kJ/mol}$　(11-4)

甲醇燃烧：$CH_3OH + 1.5O_2 \longrightarrow CO_2 + 2H_2O$　　$\Delta H^{\ominus}_{298K} = -730.8\text{kJ/mol}$　(11-5)

自热重整：$CH_3OH + (1-2\delta)H_2O + \delta O_2 \longrightarrow CO_2 + (3-2\delta)H_2$

$$\Delta H^{\ominus}_{298K} = -71.4\text{kJ/mol}\ (\delta = 0.25) \quad (11\text{-}6)$$

POM 和 ARM 通常使用空气为氧化剂，反应为放热反应，转化率高，对原料变化的响应时间也比较短。但由于空气的引入，尾气中 H_2 的浓度降低，CO 的浓度较高。

Kikuchi 等[6] 基于 Gibbs 最小自由能，对水醇比值为 0～10，压力为 0.5～3atm（1atm＝101325Pa）和温度为 25～1000℃范围内的甲醇蒸汽重整进行了热力学分析。他们指出在 S/C 比为 1，和 1atm 时，当温度高于 200℃，甲醇完全转化，氢气的纯度和产率分别为 75％和 100％。进一步他们给出的优化操作区间为温度为 100～225℃，S/C 为 1.5～3，1atm，并且压力对于甲醇的完全转化几乎没有影响。

Yaakob 等[7] 同样基于 Gibbs 最小自由能，对大气压、温度为 360～573K 和水醇比 0～1.5 条件下的甲醇蒸汽重整的热力学进行了探索。结果表明，积炭和甲烷生成是热力学有利的，但是它们会减少氢气的产量和品质。高温和低水碳比有利于 CO 的生成。在 400K，水甲醇比值为 1.5 时，甲醇的转化率可达 99.7％，每摩尔甲醇可以产生 2.97mol 的氢气，其中 CO 的含量少于 1000×10^{-6}。进一步提高水甲醇比可以降低 CO 含量。

甲醇蒸汽重整制氢反应通常发生在中低温（423～573K），因此对催化剂的活性要求较高。主流的甲醇制氢催化剂是 Cu 基催化剂和贵金属催化剂。

（1）铜系催化剂，早在 1921 年，Christiansen 就报道了铜催化剂能够催化甲醇与水反应，生成 H_2 和 CO_2[8]。二元的 Cu/ZnO 和三元的 $Cu/ZnO/Al_2O_3$ 是目前最成功的商品化 Cu 基催化剂。Cu 的分散度，金属与载体间的相互作用以及 Cu 的存在形式都对 Cu 基催化剂的甲醇重整性能产生重要影响。

Song 等[9]对比了浸渍法、共沉淀法和水热合成三种方法制备的 Cu/Zn/Al 催化剂的甲醇重整制氢性能。结果表明共沉淀法制备得到的催化剂性能最好，在水醇比值为 1.43 和温度 230℃的条件下，甲醇基本完全转化（99%～100%），氢气的产率为 71%～76%，CO 浓度可以低至 0.05%。

Ressler 等[10,11]详细考察了老化对沉淀法制备的 Cu/ZnO 催化剂微结构的影响（图 11-2）。经过一个适当的老化过程（>30min）后，催化剂的结构显著优于未老化的样品，CuO-ZnO 分布均匀，并且焙烧还原处理后会出现小颗粒且高度无序的 Cu/ZnO，Cu 颗粒从 11nm 减小到 7nm。

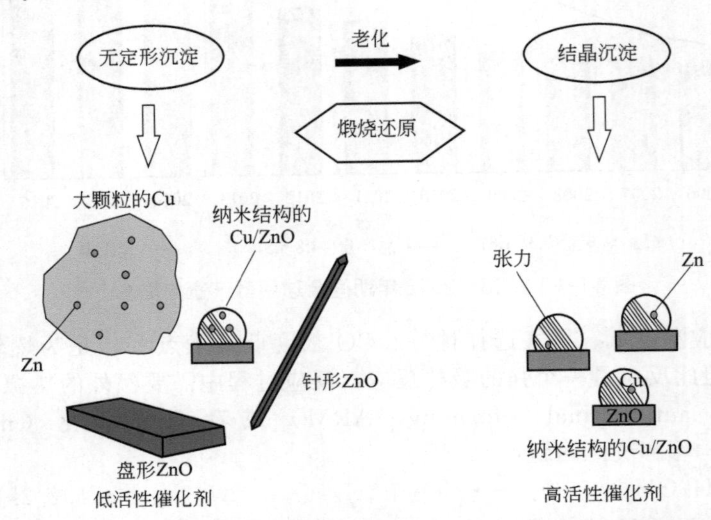

图 11-2 Ressler 等[11]提出的老化对催化剂制备影响的示意图

曹勇等[12]对共沉淀法制备的 Cu/Zn/Al 催化剂进行短时间（3～10min）的微波处理，能够对催化剂的微结构进行调节，CuO 在微波过程中形成的局部热点会增加活性物种的无序度，从而大大提升其活性。结果表明微波处理 8min 后的催化性能最高，氢气的产率可提高 1.5 倍。

许多金属氧化物都可以用作载体或者助剂来促进 Cu-Zn-Al 的活性。Velu 等[13]研究了 Zr 掺杂 Cu-Zn-Al 催化剂的 ARM，认为 Zr 的引入有利于增强铜的还原能力，增大活性元素的表面积，同时也有利于增加活性元素铜的分散度，进而提高催化剂的活性和选择性。Song 等[14]同样表明 ZrO_2 的加入能提高催化剂表面 Cu 的分散度，相比于 Cu-Zn-Al，Cu-Zn-Zr-Al 提升了 16%的甲醇转化率，同时降低了 7.5 倍的 CO 浓度。Weaver 等[15]通过共沉淀法制备了 $15Cu/15ZnO/10ZrO_2/60Al_2O_3$ 催化剂，在水醇比值为 3 和温度 305℃条件下，甲醇的转化率为 80%，同时氢气的纯度达到近 80%。

CeO_2 也能通过增强金属与载体的作用促进 Cu 的分散和阻止 Cu 的烧结。Haghighi 等[16]在固定床中对比了 $Cu/CeO_2/Al_2O_3$、$Cu/ZrO_2/Al_2O_3$ 和 $Cu/CeO_2/ZrO_2/Al_2O_3$ 三种催化剂的甲醇重整性能。在水醇比值为 1.5，温度 240℃，GHSV＝$10000cm^3/(h \cdot g$ 催化剂）条件下，$Cu/CeO_2/Al_2O_3$、$Cu/ZrO_2/Al_2O_3$ 和 $Cu/CeO_2/ZrO_2/Al_2O_3$ 的甲醇转化率分别为 100%、95%和 94%；在 $Cu/CeO_2/Al_2O_3$ 催化剂上得到的产物中氢气的浓度为 65%和极少量的 CO，进一步降低反应温度，可以完全消除 CO 的产生；在长达 110h 的连续测试中，$Cu/CeO_2/Al_2O_3$ 催化剂没有出现失活。Zhang 等[17,18]系统地考察了商品 Cu/ZnO、$Cu/ZnO/Al_2O_3$、$Cu/ZnO/CeO_2$、$Cu/ZnO/ZrO_2$ 和 $Cu/ZnO/CeO_2/ZrO_2$ 的甲醇重整活性。在 GHSV＝$1200h^{-1}$、水醇比为 1.2 和温度 250℃的条件下，Cu/ZnO、$Cu/ZnO/Al_2O_3$、

$Cu/ZnO/CeO_2$、$Cu/ZnO/ZrO_2$ 和 $Cu/ZnO/CeO_2/ZrO_2$ 的甲醇转化率分别为 68%、75%、80%、97%和 97%，CO 含量为 0.3%、1.8%、0.25%、0.8%和 0.55%，$Cu/ZnO/CeO_2/ZrO_2$ 催化剂经历长达 360h 的稳定性测试没有表现出明显失活。

Tsai 等[19,20]研究了 Al-Cu-Fe 准晶催化的 MSR，573K 下产氢率可达 235L/(kg·min)。他们认为该催化剂的活性相是分布在 Al-Cu-Fe 准晶颗粒表面的 Cu 纳米粒子，铁的存在有助于提高纳米铜颗粒的分散稳定性。

(2) 贵金属催化剂 Pd、Pt、Ru、Ir 等都有催化甲醇重整制氢活性，其中以 Pd 的活性最高。Chin 等[21]探索了 Pd/ZnO 催化剂的 MSR 活性，在 GHSV=3600h^{-1}、醇水质量比 1∶1、300℃的条件下，9.0% Pd/ZnO 催化剂能将甲醇 100%转化，CO 的选择性小于 8%，作者认为 Pd-Zn 合金是活性组分。Datye 等[22]也认为 ZnO 的引入为 PdZn 合金的形成提供 Zn 源，并与催化剂的活性组分发生相互作用，提高 CO_2 的选择性和甲醇的转化率。Baltanás 等[23]在 Pd/ZnO 催化剂中引入 CeO_2 后，发现在水醇比为 1、300℃下，甲醇的转化率从 65%提高到了 95%。最近，刘景月和李微雪等[24]将单原子催化的概念应用到甲醇蒸汽重整过程中，用 ZnO $\{10\bar{1}0\}$ 面稳定单原子 Pt 和 Au，虽然贵金属负载量只有 0.0125%(质量分数)，该催化剂仍有较好的活性，嵌入 ZnO 晶格的单原子 Pt 的 TOF 是 ZnO 的 1000 倍以上，如图 11-3 所示。

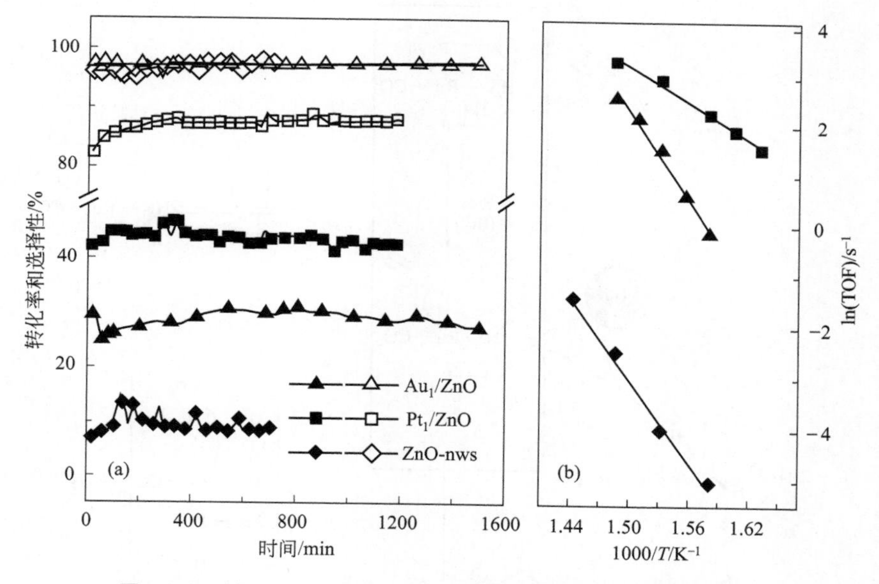

图 11-3 单原子 Pt/ZnO、Au/ZnO 催化甲醇重整制氢性能[24]

(反应温度 390℃，实心点代表转化率，空心点代表 CO_2 选择性。)

Guo 和 Xie 等[25]通过 DFT 计算，提出了在 PdZn 催化剂表面的甲醇重整的反应机理。他们的计算结果表明在甲醇蒸汽重整过程中，甲酸更倾向于以甲酸盐为中间产物的路径，而不是连续脱氢的路径（图 11-4）。这是因为作为关键中间产物的甲醛盐进一步脱氢需要克服较高的能垒。

除了 Cu 基催化剂和贵金属催化剂外，Zn-Ti、$ZnO-Cr_2O_3-CeO_2-ZrO_2$、Ni、Mo_2C 等也具有一定 MSR 活性。但这些催化剂的活性不够高，即使温度达到 400℃以上，其催化活性也不及上述两类催化剂，产物中往往还有 CH_4 等副产物出现，降低了 H_2 的产率。Deshmane 和 Kuila 等[26]研究了甲醇在 M-MCM-41（M=Cu、Co、Ni、Pd、Zn 和 Sn）上蒸汽重整制氢的性能，甲醇的转化率：Cu-MCM-41＞Pd-MCM-41＞Sn-MCM-41＞Ni-MCM-41≈

Zn-MCM-41＞Co-MCM-41。并且 Cu-MCM-41 催化剂在 250℃和水醇比值为 3 时，氢气的选择性达到 100%，CO 的含量为约 6%，并且没有甲烷形成。

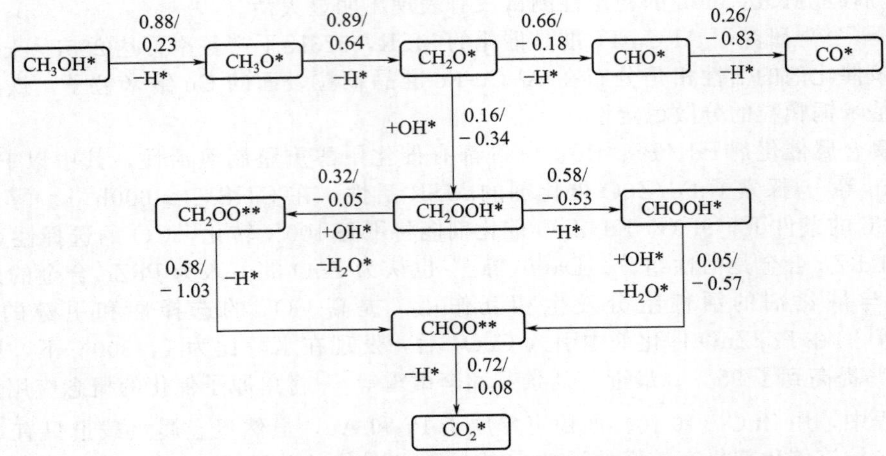

图 11-4 Guo 和 Xie 等提出的甲醇重整机理[25]

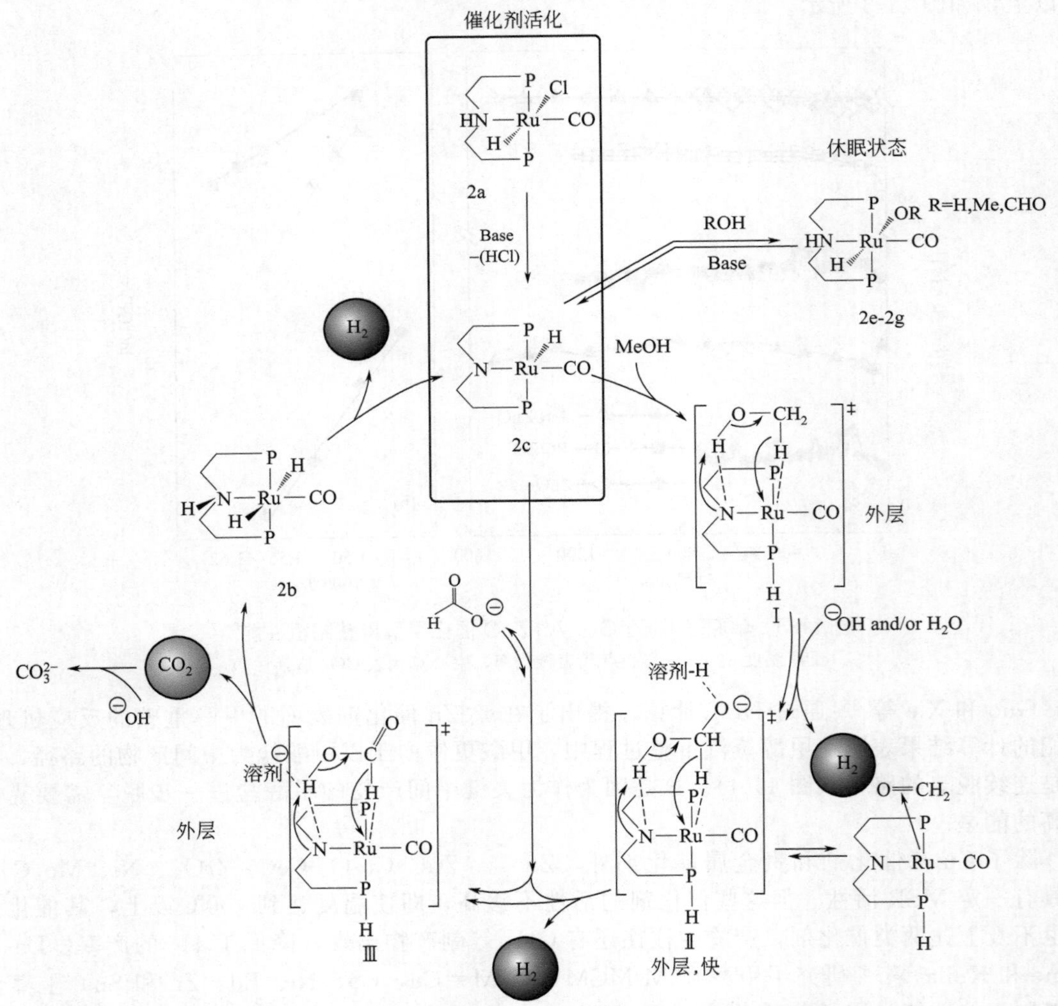

图 11-5 Beller 等[27] 提出的 Ru 催化水相甲醇脱氢过程

11.1.2 甲醇水相重整制氢

甲醇蒸汽重整制氢通常发生在较高温（200～350℃），需要额外的供热系统来气化反应物，不利于其在要求简单紧凑的车载和手提式PEMFC的应用。水相甲醇重整制氢（APRM）被认为是一种理想的应用在车载和手提式PEMFC的技术。这一技术目前主要的限制在于缺乏高效的APRM催化剂。Beller等[27]报道了一种有效的低温水相甲醇脱氢过程（图11-5），在这一过程中，他们采用均相Ru络合物作为催化剂，在65～95℃和常压下，表现出了非常高的活性，TOF高达$4700h^{-1}$，TON超过350000，气体产物中CO和CH_4的含量少于10×10^{-6}；在碱性（NaOH）条件下，可以维持超过两周的活性，反应物中的氢原子完全转化到了氢气中。马丁等[28]利用在α-MoC上原子级分散的Pt作为催化剂，在150～190℃，将APRM的产氢活性推到了一个新高度，其TOF达到了$18046h^{-1}$，是甲醇在车载和手提式PEMFC工业化利用的重要一步。作者将这一高活性归因于α-MoC优异的诱导水分解能力，并且指出要取得高的产氢效率必须对水和甲醇同时有效的活化。

11.2 生物燃料乙醇制氢

乙醇结构简式是C_2H_5OH，分子量为46，其物化性质如表11-2所示。

表11-2 乙醇物化性质

项目	数值	项目	数值
闪点	21.1℃	熔点	-117.3℃
沸点	78.4℃	折射率	1.3614/(n_D^t)
相对密度	0.7893(20℃/20℃)	溶解性	易溶于水、甲醇、氯仿乙醚
颜色	无色透明	气味	特殊香味
状态	液态	危险标识	7（易燃液体）
黏度	1.17mPa·s（20℃）	挥发性	易挥发

在所有的液态生物质燃料产品中，乙醇是目前全球公认的最为成熟的汽油代替燃料之一。作为一种可再生的生物液体燃料，乙醇在缓解大气污染、减少温室气体排放、降低对石油的依赖甚至于激活农村经济和提高农民收入等方面都有十分显著的作用，因而在全球的多个国家和地区得到了推广使用，已经成为国际上最受关注的可再生能源之一[29]。

不少国家政府都出台了针对乙醇应用的优惠政策，尤其是在交通运输方面。这刺激了乙醇产量的提升。图11-6是从2000年至今，全球及主要生产国的燃料乙醇产量曲线图。从2000年到2010年这10年间，全球燃料乙醇产量从1370万吨增长到了近7000万吨。近五年来，燃料乙醇产量增速显著放缓，尤其在2011年、2012年，受到美国气候干旱、玉米价格上涨的影响，产量一度有所下降。2013年后燃料乙醇产量出现复苏，到2015年时产量达到了7673万吨，为历史最高值。从产地来看，全球的燃料乙醇生产国/地区主要有美国、巴西、欧盟和中国。2000年至今的十多年里，美国和巴西的产量始终稳居前两位。2006年之前，巴西略高于美国；2006年以后，美国开始反超巴西，而且差距逐渐拉大。欧洲和中国产量从2002年以后开始增长，但是增长速度缓慢。

从政策等方面来说，美国2007年通过能源独立与安全法（EISA）后，宣布了新的《可再生燃料标准》（RFS Ⅱ），要求到2020年美国的可再生燃料消费量达到360亿加仑(1gal=3.785L)。而截止到2015年1月，美国已经在29个州建有213家燃料乙醇工厂，还有在建以及扩建的工厂3家，预计会增加产能30万吨[30]。在我国，燃料乙醇项目于2000

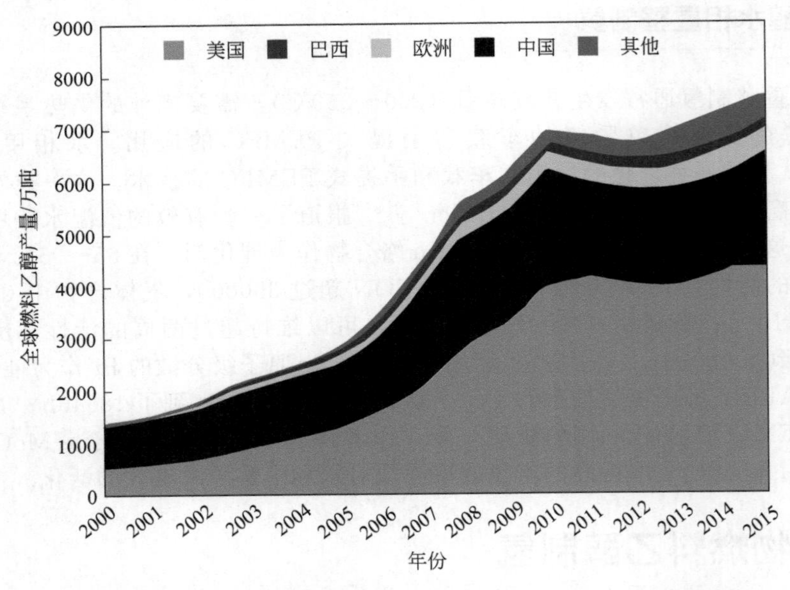

图 11-6 2000～2015 年间全球燃料乙醇产量变化（出自 EIA& RFA）

年启动，早期主要目的一是化解陈化粮，卸掉储粮的巨额财政负担；二是缓解日益严峻的燃油供求矛盾（乙醇作为国家实验性和强制性汽油比例勾兑原料）。目前我国已经成为继巴西和美国之后的第三大燃料乙醇生产国，所用的原料也从早期单一的玉米向木薯、秸秆等转变，后者也是未来燃料乙醇发展的方向。2015 年，我国生物燃料乙醇产量达到 210 万吨/a，预计到 2020 年，将达到 400 万吨/a。

Schmidt 等[31]在 2004 年首次提出了碳中性的乙醇制氢路线。该路线可以分为乙醇的生成和乙醇消耗制氢两部分（图 11-7）。首先，CO_2 与 H_2O 在光合作用下生成碳水化合物和以葡萄糖（$C_6H_{12}O_6$）为代表的糖类，而葡萄糖通过发酵过程可以转化成乙醇，完成乙醇的生产。在制氢部分，乙醇通过自热重整反应生成氢气和 CO_2，得到的氢气用于燃料电池

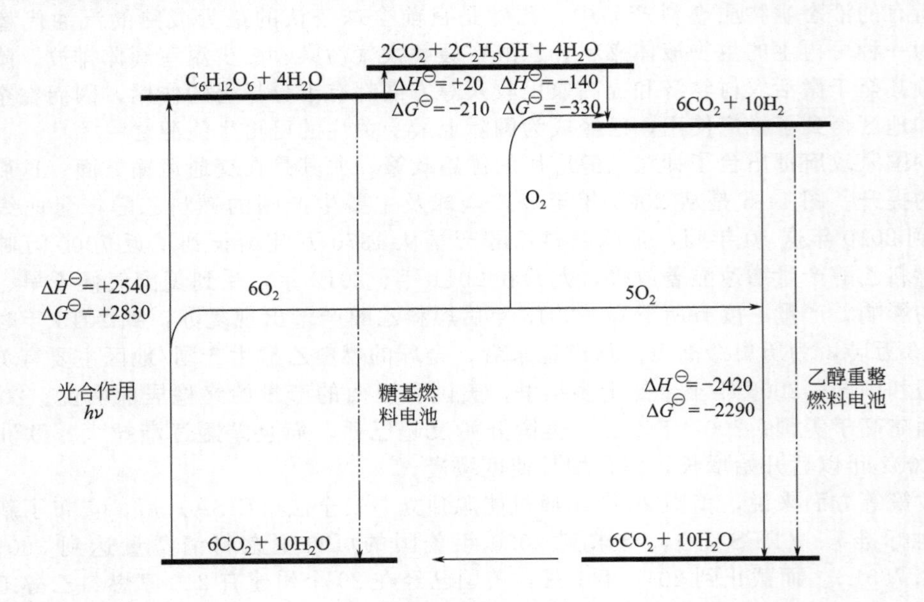

图 11-7 碳中性的乙醇制氢路线[31]（单位：kJ/mol）

过程，而 CO_2 返回到乙醇生产中，完成碳的循环。他们的结果表明在 Rh-Ce 催化剂上，乙醇的转化率在 95%以上，氢气的选择性接近 100%。这一路线展示了可再生氢气制取和利用的一条可行途径。

11.2.1 乙醇直接裂解制氢

单个乙醇分子含有 3 分子的氢气，这为乙醇直接得到氢气提供了可能。乙醇经高温催化分解为氢和碳，该反应吸热，反应的主产物是氢气，副产物为 CO、纯碳、甲烷。尽管该工艺具有流程短和操作单元简单的优点，但是，随着积炭的生成催化剂快速失活，制氢效率下降，氢气的选择性也下降[32]。总的来说，该工艺难以连续稳定操作，在制氢上前途不大，但该过程可以作为一条得到碳材料的路线。

乙醇裂解可能的反应式：

$$C_2H_5OH \longrightarrow CO + CH_4 + H_2 \qquad \Delta H^{\ominus} = 49.8\text{kJ/mol} \tag{11-7}$$

$$C_2H_5OH \longrightarrow CO + C + 3H_2 \qquad \Delta H^{\ominus} = 124.6\text{kJ/mol} \tag{11-8}$$

11.2.2 乙醇水蒸气重整制氢

水蒸气重整反应（ESR）是乙醇重整制氢的研究重点，也是目前最常用的乙醇制氢方法。这与燃料乙醇的工业制备方法有关：工业乙醇主要是由粮食、玉米等生物质发酵法制得，粗产品为含量为 10%～13%（体积分数）的乙醇水溶液，可不经精馏直接用作蒸汽重整的原料。另外，水蒸气重整得到的氢气不仅来自于碳氢燃料，而且还可来自于水，具有较高的氢产率。

乙醇水蒸气重整制氢反应可用下式表示：

$$C_2H_5OH + 3H_2O \longrightarrow 2CO_2 + 6H_2 \qquad \Delta H^{\ominus} = 174.2\text{kJ/mol} \tag{11-9}$$

$$C_2H_5OH + H_2O \longrightarrow 2CO + 4H_2 \qquad \Delta H^{\ominus} = 256.8\text{kJ/mol} \tag{11-10}$$

乙醇水蒸气重整制氢反应为强吸热反应。在蒸汽重整过程中引入氧可以对反应热进行调控，根据引入的氧量不同又可分为部分氧化蒸汽重整（OSRE）和自热重整（ATRE）。

部分氧化蒸汽重整：

$$C_2H_5OH + (3-2x)H_2O + xO_2 \longrightarrow 2CO_2 + (6-2x)H_2$$

$$\Delta H^{\ominus} = \left(\frac{3-2x}{3} \times 173 - \frac{x}{1.5} \times 545\right)\text{kJ/mol} \tag{11-11}$$

乙醇的部分氧化反应（POE）：

$$C_2H_5OH + 0.5O_2 \longrightarrow 2CO + 3H_2 \qquad \Delta H^{\ominus} = 14.1\text{kJ/mol} \tag{11-12}$$

$$C_2H_5OH + 1.5O_2 \longrightarrow 2CO_2 + 3H_2 \qquad \Delta H^{\ominus} = -545.0\text{kJ/mol} \tag{11-13}$$

OSRE 反应可以看作是 ESR 反应和 POE 反应的耦合，放热的氧化反应释放的热量可以供吸热的蒸汽重整反应使用，从而可以通过原料计量比来调节反应温度。在这一类型反应中，原料中 O_2 与乙醇的比例非常关键：一方面，由于 O_2 的引入，对原料及一些中间产物有活化的作用，提高反应速率，并抑制积炭；另一方面，过多的 O_2 会降低 H_2 产率，也会引起催化剂活性组分的氧化，从而加速活性金属的烧结。此外，如果采用纯氧，成本较高；如果采用空气，产物中氢气的浓度下降，提高了后续分离成本。余皓等[33]的研究表明，在 650℃温度下，EtOH：O_2：H_2O＝1：0.83：3，以及 GHSV＝$5\times10^4h^{-1}$条件和 Ir/La_2O_3 催化剂下，OSRE 反应经过长达 100h 的稳定性测试，乙醇的选择性和 H_2 选择性都没有显示出任何降低，分别在 99.8%以上和 81.8%，该结果表明了 OSRE 对乙醇制氢的稳定性优势。在 CeNiLaO 催化剂上的低温 OSRE 研究表明，在低至 280℃时，乙醇的转化率依然可以达到 80%以上，氢气含量接近 50%[34]。

ESR 反应以水和乙醇为原料，氢气不仅来源于乙醇也来自于水。依据式(11-9)，1mol 乙醇理论上可以和 3mol 水反应，获得 6mol 氢气。ESR 是一个强的吸热反应，需要在有催化剂的条件下才能进行，但与目前工业上大规模应用的甲烷蒸汽重整制氢反应相比，生产相同量的氢，前者所需的能量不到后者的一半。在 323℃ 的反应温度下，从 ESR 过程中获取 1mol 氢气所需的能量为 32.33kJ/mol，而与之对应的甲烷重整则需要 72.82kJ/mol。

Rabenstein 等[35]基于 Gibbs 最小自由能，对水醇比值（S/E）为 0～10，氧醇比值（O/E）为 0～3 和温度为 200～1000℃范围内的乙醇蒸汽重整、部分氧化重整和自热重整进行了热力学分析。他们指出低温下（<400℃）主要产物是 CH_4 和 CO_2，当温度提高到 400℃以上后，CH_4 的含量将减少，H_2 和 CO 有所增加。低温和低水碳比是积炭的主要原因。在蒸汽重整反应中，有利的操作条件为 550～650℃，水醇比值在 4 以上，在这些条件下氢气的收率可大于 4mol H_2/mol EtOH。部分氧化重整的操作区间为氧醇比值小于 1.5，温度高于 600℃。积炭热力学研究表明，当氧醇比值>0.8 时可避免过程中的积炭。

Laborde 等[36]同样基于 Gibbs 最小自由能，详细探讨了 ATRE 过程中温度（600～1200K），水醇比（0～9），氧醇比（0～1.25）的影响。计算结果表明，ATRE 反应的主要产物为 H_2、CO_2、CH_4 和 CO，其他副产物如乙烯和乙醛可以忽略。氧的引入降低了氢气的产率，但是 CO 的含量也会减少，在 700K 以下，CO 的含量可以忽略。热力学结果表明，在 150℃ 的低温条件下，ESR 过程中乙醇的转化率也能超过 90%，但是发生的主要是乙醇脱水和脱氢反应：

脱水： $$CH_3CH_2OH \longrightarrow C_2H_4 + H_2O \tag{11-14}$$

脱氢： $$CH_3CH_2OH \longrightarrow C_2H_4O + H_2 \tag{11-15}$$

实验结果也表明，在中低温下（300～400℃）反应的主要产物是甲烷、乙醛和乙烯等。这些物种（尤其是乙烯）被认为是催化剂表面发生积炭的前驱体。提高反应温度有助于提高氢气产率，并会降低含氢副产物的选择性，发生的主要反应如下：

乙醇分解： $$CH_3CH_2OH \longrightarrow CH_4 + CO + H_2 \tag{11-16}$$

乙醛分解： $$CH_3CHO \longrightarrow CH_4 + CO \tag{11-17}$$

水可以与这些物种发生重整［式(11-9)、式(11-10)、式(11-18)、式(11-19)］和水汽变换反应，进一步提高 H_2 的选择性：

乙醛重整： $$CH_3CH_2OH + H_2O \longrightarrow 2CO + 4H_2 \tag{11-18}$$

甲烷重整： $$CH_4 + H_2O \longrightarrow CO + 3H_2 \tag{11-19}$$

进一步提高反应温度到 600～700℃，有助于提高甲烷重整反应速率，抑制积炭，但不利于放热的 WGS 反应，高温下氢气浓度将受到 WGS 反应的限制。

乙醇的蒸汽重整反应还会形成丙酮、乙酸等中间产物：

形成丙酮： $$2CH_3CH_2OH \longrightarrow CH_3COCH_3 + CO + 3H_2 \tag{11-20}$$

形成乙酸： $$CH_3CH_2OH + H_2O \longrightarrow CH_3COOH + 2H_2 \tag{11-21}$$

形成的丙酮、乙酸可以进一步与水发生重整反应，获得氢气：

丙酮重整： $$CH_3COCH_3 + 2H_2O \longrightarrow 3CO + 5H_2 \tag{11-22}$$

乙酸重整： $$CH_3COOH + 2H_2O \longrightarrow 2CO_2 + 4H_2 \tag{11-23}$$

ESR 反应过程中，面临的一个非常重要的问题是积炭反应会引起催化剂迅速失活。主要的积炭反应有以下几种：

聚合： $$nC_2H_4 \longrightarrow \text{焦炭} \tag{11-24}$$

Boudouard 分解： $$2CO \longrightarrow C + CO_2 \tag{11-25}$$

碳气化的逆反应： $$CO + H_2 \longrightarrow C + H_2O \tag{11-26}$$

甲烷分解：

$$CH_4 \longrightarrow C+2H_2 \qquad (11\text{-}27)$$

Manos Mavrikakis[37]通过对乙醇与过渡金属在金属表面的相互作用说明 ESR 的反应机理。乙醇首先与表面金属发生相互作用，形成乙醇金属盐。在 Pt 族金属（Ni、Pd 和 Pt）上，乙醇盐物种进一步转化形成乙醛基中间物，有碳和氧键合的形态［η_2(C，O)］或者仅氧键合的形态［η_1(O)］两种形式。后种构型在表面氧的作用下容易脱附形成乙醛；而［η_2(C，O)］容易形成酰基中间物，再进一步演化形成 CO 和 CH_4。催化剂表面的组成和微晶结构对这种表面酰基中间物的分解起决定作用，反应的速率决定步骤可以是 C—C 或者 C—H 键的断裂。如果表面的酰基中间物发生脱氢形成乙烯酮，则接下来乙烯酮会迅速发生 C—C 键断裂反应。Bowmaker[38]认为在 Rh 基催化剂表面，乙醇倾向于发生脱氢形成—CH_2CH_2O—与金属的环状中间物种，而不是形成乙醛基中间物。此外，催化剂载体也会与乙醇发生相互作用，推动其发生转化，从而影响其反应选择性；载体还起到活化水，协助 OH 基迁移等作用。巩金龙等[39]对乙醇重整反应在负载型金属催化剂上的反应机理分析中也认为在乙醇转化过程中乙醛和乙酸盐是关键的中间产物（图 11-8）。

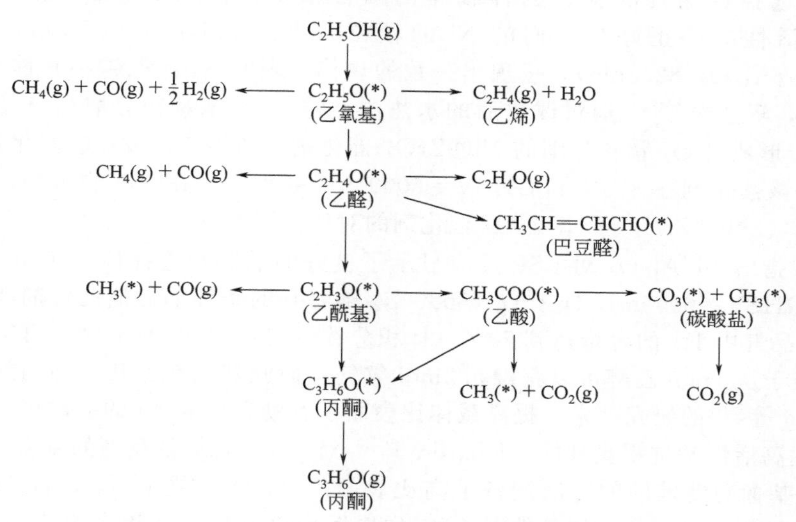

图 11-8 乙醇在负载型催化剂表面的反应路径[39]

Zhang 等[40]通过 DFT 计算，提出了在 Rh 催化剂表面的乙醇重整的反应机理。他们的计算结果表明氢键在乙醇的解离过程中起着重要作用，乙醇的分解正是通过逐步的断裂氢键实现的。可能的反应步骤为：$CH_3CH_2OH \longrightarrow CH_3CH_2O \longrightarrow CH_3CHO \longrightarrow CH_3CO \longrightarrow CH_3+CO \longrightarrow CH_2+CO \longrightarrow CH+CO \longrightarrow C+CO$，随后通过水气变换反应生成 H_2 和 CO_2。他们认为水气变换反应，而不是乙醇的分解，是整个反应的瓶颈。

11.2.3 乙醇二氧化碳重整制氢

乙醇二氧化碳重整过程主要是以下反应：

$$C_2H_5OH+CO_2 \longrightarrow 3CO+3H_2 \qquad \Delta H^{\ominus}=296.7\text{kJ/mol} \qquad (11\text{-}28)$$

乙醇水蒸气重整产物中 H_2/CO 比值高，不适合直接作为 FT 合成含氧有机物的原料。鉴于此，王亚权等[41]以 CO_2 代替 H_2O 进行重整反应，降低了反应的成本，更为重要的是得到的 H_2/CO 比值可直接用于 FT 合成含氧有机物的原料的反应中。在全球对碳排放问题关注度日益增加的情况下，乙醇二氧化碳重整制合成气，可以缓和温室效应，改善人类生活环境，具有重大的战略意义，是一条有潜力的利用途径。

11.2.4 乙醇制氢催化剂

按活性组分可将乙醇制氢催化剂分为非贵金属催化剂（Fe、Co、Ni 和 Cu 等）和贵金属催化剂（Rh、Pd、Ru、Pt 和 Ir 等）两大类。这些催化剂的载体和助剂等还常常涉及第Ⅰ、Ⅱ、Ⅲ主族元素（如 Na、K、Mg、Al 等）和镧系元素（La、Ce 等）。

11.2.4.1 Ni 基催化剂

镍基催化剂是经济而优良的贱金属催化剂，对 C—C 键的断裂、WGS 和甲烷重整反应都具有良好的活性。在乙醇重整反应中，Ni 不仅是 ESR，也是 OSRE 和 ATRE 常见的活性组分。

Sun 等[42]将 Ni 分别负载到 Al_2O_3、La_2O_3、Y_2O_3 上并比较了乙醇低温重整催化活性。他们发现 Ni/La_2O_3 在即使低至 250℃的条件下仍旧能够维持较高的活性，乙醇转化率达到 81.9%，氢气选择性为 43.1%；三种载体的活性依次为：Ni/La_2O_3 > Ni/Y_2O_3 > Ni/Al_2O_3。这一活性顺序正好与它们的 Ni 的颗粒大小：Ni/La_2O_3 (57.3nm) < Ni/Y_2O_3 (78.5nm) < Ni/Al_2O_3 (82.3nm)，呈现出一致的规律，表明 Ni 颗粒越小其催化性能越好。基于这一认识，巩金龙等[43]通过改进后的水热法，将 Ni 纳米颗粒分散在与其尺寸相当的 ZrO_2 载体中，形成 ZrO_2 颗粒包围的 Ni@ZrO_2 催化剂，所得 Ni@ZrO_2 催化剂 Ni 颗粒大小在 9.2nm。该催化剂在 873K 和 GHSV=50000h^{-1} 条件下，在 50h 测试中，乙醇的转化率都接近 100%。Ni@ZrO_2 与 Ni/ZrO_2 催化剂的对比见图 11-9。

Comas[44]指出 Ni/Al_2O_3 对 ESR 反应显示了良好的活性和选择性：在 400℃，H_2O：EtOH=6 和 GHSV=6000mL/(g·h)（80% N_2 稀释）的条件下，该催化剂能够实现乙醇完全转化，产品气中 H_2 的含量达到 70%（体积分数）；当温度高于 500℃，H_2 的选择性达到 91%，相当于从 1mol 乙醇可以获得 5.2mol 氢气。但此催化剂在几分钟内就迅速积炭失活。根据 Tang 等[45]的研究结果，提高载体比表面积有助于提高 Ni 的分散度，而小颗粒的 Ni 能够有效提高活性和抗积炭性能。Fajardo 等[46]对 Ni/Al_2O_3 催化剂的制备方法进行了优化，采用聚氨基葡萄糖辅助的方法制备了高比表面的 Al_2O_3。在 650℃，H_2O：EtOH=3 和 GHSV=18000mL/(g·h) 的条件下，H_2 的选择性达到 89%，相当于从 1mol 乙醇获得 5.4mol 氢气；该催化剂可以保持数小时（>5h）的稳定。

La_2O_3 是一种比较特殊的载体。在乙醇制氢反应环境中，La_2O_3 能够与含碳物种如 CO_2、CH_4、C 反应形成 $La_2O_2CO_3$，而后者能够与 C 反应形成 CO：

$$La_2O_2CO_3 + C \longrightarrow La_2O_3 + 2CO \qquad (11\text{-}29)$$

从而提高催化剂的抗积炭性能。Verykios 等[47]对 Ni/La_2O_3 催化剂进行了 ESR 性能研究。在 750℃，H_2O：EtOH=3 和 GHSV=96000mL/(g·h)(62.5% He) 的条件下进行了超过 90h 的实验，催化剂没有表现出明显的失活，乙醇转化率达到 100%，H_2 选择性超过 90%。含碳产物主要是 CO_x 和少量的 CH_4。La 物种还具有明显的防止 Ni 颗粒烧结，提高其分散性的功能。Cui 等[48]的研究结果表明，在 Ni/La/α-Al_2O_3 催化剂上，Ni 的颗粒直径随着 La 含量的增加而明显下降：Ni/α-Al_2O_3 催化剂上，Ni 的粒径为 39.7nm；当含有 6%（质量分数）的 La，Ni 的粒径为 21.9nm。在 La 的氧化物中，$La_2O_2CO_3$ 和 La_2O_3 具有明显的细化和稳定晶粒的作用，而 $La(OH)_3$ 则不具有此功能。

余皓等[49]使用镧系钙钛矿氧化物 $LaMnO_3$、$LaFeO_3$、$LaCoO_3$、$LaNiO_3$ 为前驱体进行 ATRE 反应。$LaNiO_3$ 具有最好的性能，在 GHSV=4×10^5h^{-1} 和 EtOH：H_2O：O_2 = 1：2：0.98 的条件下，1mol 乙醇能产生大概 3.2mol 的氢气。$LaNiO_3$ 分解得到的 Ni 颗粒

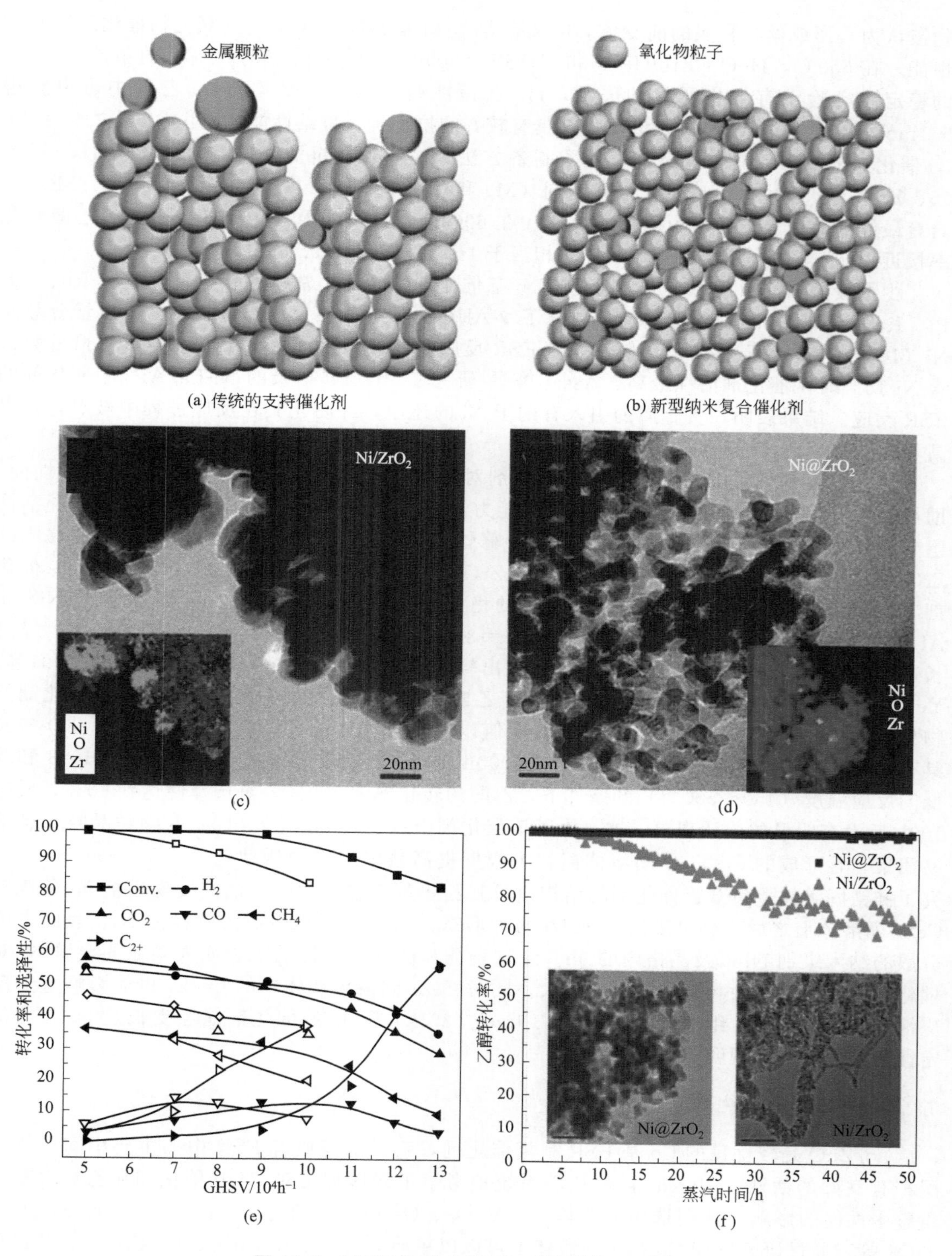

图 11-9 Ni@ZrO_2 与 Ni/ZrO_2 催化剂的对比[43]

具有更小的粒径，比直接浸渍法得到的 Ni 催化剂具有更优良的抗积炭性能，更高的脱氢、乙醇和乙醛的分解、甲烷重整和水气变换反应活性。

在 Ni 催化剂中添加 Cu 形成 Cu-Ni 合金有助于避免 Ni 形成金属碳化物。这种金属碳化物被认为是形成丝状积炭的前驱体。申文杰等[50]研究了 $Ni_{0.99}Cu_{0.01}O$ 氧化物催化剂的 ESR 性能。在 650℃，H_2O：EtOH＝3 和 GHSV＝6000mL/(g·h)（50％ N_2）的条件下，40h 的稳定性实验没有发生明显的失活，H_2 选择性约 84.2％，平均 1mol 乙醇中可以获得 5.1mol 氢气。与 NiO 相比，该催化剂具有较好的抗积炭、烧结性能。Calles 等[51～53]对 Cu-Ni 催化剂进行了系统的研究，考察了制备方法（浸渍和共沉淀）、载体（MCM-41、SBA-15、ZSM-5、SiO_2 和 Al_2O_3）以及助剂（Mg 和 Ca）的影响。Ni(7)-Cu(2)-Ca(10)/SBA-15 具有最好的活性、选择性和抗积炭性能。在 600℃，H_2O：EtOH＝3 的条件下，乙醇转化率接近 100％，H_2 的选择性约 89％，相当于 1mol 乙醇得到 5.2mol 氢气。

少量贵金属的引入往往可大大提高 Ni 基催化剂的活性。常见的掺杂贵金属有 Rh、Pd、Pt、Ru、Ir 等。Ilsen Önsan 等[54]研究了 γ-Al_2O_3 上负载 Pt（0.2％～0.3％，质量分数）、Ni（10％～15％，质量分数）催化剂的 ESR 反应，发现催化剂中含 Pt 0.3％（质量分数），含 Ni 15％时，催化剂活性最高。Assaf 等[55]研究了 Pt、Pd 掺杂的 Ni-La/Al_2O_3 催化剂的 ESR 反应。结果表明，贵金属的引入有助于 Ni 的还原，并防止其在反应过程中被氧化，提高了反应的活性、选择性和抗积炭性能。

常用 La、碱/碱土金属、Zr、Ce 等助剂对载体进行改性以提高 Ni/MO_x 催化剂性能。助剂起的作用为：①提高催化剂的抗积炭能力，如 La、Mg 等修饰 Al_2O_3；②提高催化活性组分的分散度，防止 Ni 烧结，如 La、Mg 修饰 Al_2O_3，Li、K 等修饰的 MgO，Ce 修饰的 ZrO_2 等；③提高储氧及氧空穴移动能力（ZrO_2、CeO_2）。使用 La_2O_3 修饰 Ni/Al_2O_3 催化剂（Ni/La-Al_2O_3）能够明显提高催化剂的稳定性。Verykios 等[47]在含 Ni 20％的 Ni/La-Al_2O_3 催化剂上，在 750℃，H_2O：EtOH＝3 和 GHSV＝55200mL/(g·h）条件下，经过长达 155h 的稳定性测试后，催化剂仅表现出轻微的失活，氢气选择性从 94％下降到 91％。Ye 等[56]制备了 Ni/CeO_2-TiO_2 催化剂用于乙醇蒸汽重整。通过一系列表征证明：催化剂的物相组成主要由 NiO 含量、Ce 与 Ti 的比值以及焙烧温度决定，10％Ni/$Ce_{0.5}Ti_{0.5}O_2$-700 具有最好的乙醇重整性能，在 GHSV＝40000mL/(g·h)（80％ N_2），H_2O：EtOH＝3 和较低的反应温度（450～550℃）的条件下，乙醇的转化率为 100％，氢选择性达到 60％，反应 100h 后没有明显的失活现象。这是由于该催化剂中从 $NiTiO_3$ 还原出的 Ni 颗粒晶粒小且不易团聚，且形成的 Ce-Ti-O 固溶体能够大幅度提高载体中氧的活动能力。Srinivas 等[57]研究了铈锆固溶体上负载镍催化剂的结构以及其乙醇蒸汽重整性能。他们发现当把 Ni 负载到 CeZr 固溶体上之后将会呈现出三种 Ni 物种形态，它们分别是表面大颗粒的 Ni、表面高度分散的纳米级别 Ni 以及晶格内的 Ni。经过表征和活性测试证明了表面大颗粒的金属 Ni 对催化剂乙醇重整活性与稳定性影响最大。同时 CeZr 固溶体载体中的 Ce/Zr 也能影响重整反应性能，经过筛选，组分为 NiO(40％)-CeO_2(30％)-ZrO_2 的催化剂能经受长达 500h 的稳定性测试而不会出现明显的失活现象。

11.2.4.2 Co 基催化剂

Co/ZnO 是较优良的 Co 基 ESR 制氢催化剂，它对乙醇或者 ESR 中的主要中间产物乙醛都有良好的活性。Llorca 等[58]比较系统地考察了载体种类对 Co 基催化剂在乙醇水蒸气重整中性能的影响。他们选用的载体有：V_2O_5、Ce_2O_3、SiO_2、γ-Al_2O_3、ZnO、Sm_2O_3、TiO_2 等。通过研究发现 Co 在这些载体上可以以单质 Co、CoO、Co_2C、La_2CoO_4 等形式存在，不同的活性中心最终决定了乙醇蒸汽重整的活性大小。在相同的反应条件下，Co/ZnO 催化剂上的乙醇重整活性最高，这是因为 ZnO 能够促进 Co 的还原，而 Co 粒子是乙醇重整反应的高活性组分。采用 $Co(CO)_8$ 为前驱体制备的 Co/ZnO 催化剂拥有最好的乙醇重整活性及 H_2 选择性，其乙醇转化率能达到 100％，H_2 选择性能达到 73％，经过 75h 长的稳定性测试没有失活迹象。

Ayman等[59]对Co/ZnO与Rh催化剂进行对比，结果表明这两种催化剂上乙醇的主要反应路径不同。Rh催化剂主要发生乙醇热裂解反应，产物中的CH_4大部分来自于乙醇裂解产物；而在Co/ZnO上主要发生乙醇的蒸汽重整反应，产物中降低H_2选择性的CH_4物种主要来自于CO或CO_2与H_2发生的甲烷化反应。故Co/ZnO具有更高的氢气选择性，至于它在长时间开车后容易积炭失活的缺点可以通过烧碳处理从而使其恢复催化活性。

其他的贱金属如Cu和Fe等虽然也能表现出一定的乙醇重整制氢活性，但总的来说活性都较差，容易失活，更多的是作为第二组分来对其他活性组分的催化剂进行调控。

11.2.4.3 贵金属催化剂

贵金属基乙醇制氢催化剂经过多年的研究，目前已经形成了Rh基、Ru基、Pt基、Ir基等催化剂体系。

Liguras等[60]在乙醇蒸汽重整中比较了Ru、Rh、Pt、Pd的催化活性。在相同负载量相同载体的情况下，Rh催化剂的活性明显高于其余三种贵金属。对于Ru催化剂，当负载量提高时ESR活性有显著提升，当其负载量为5%时拥有最优性能，能够使乙醇的转化率达到100%，氢气的选择性在90%以上，因此有望替代昂贵的Rh催化剂。Contreras等[61]研究了Ru/Al_2O_3的反应活性，结果表明虽然Ru的反应活性较低，但提高负载量可以弥补活性较低的缺陷：将Ru的负载量提高到5%，其活性与负载量为1% Rh/Al_2O_3的活性相当。

Ramos等[62]将Ru、Pd、Ag分别负载到CeO_2/YSZ上，在GHSV＝60mL/(g·h)、T＝550℃的反应条件下，Ru/CeO_2/YSZ拥有70h的稳定性且始终保持乙醇的转化率为100%，氢气的收率可以达到5mol/mol EtOH。Pd/CeO_2/YSZ初始活性很高，但是当反应进行到40h的时候，其活性急剧下降，其转化率由100%降到80%左右，其氢气收率也由5mol/mol EtOH降到4mol/mol EtOH。在乙醇蒸汽重整中对合成气选择性最高的是Ru，CeO_2具有抗积炭能力并能够使活性金属组分高度分散在其表面，因此Ru/CeO_2/YSZ表现出最优的乙醇蒸汽重整活性。

尽管Rh对ESR反应显示了良好的活性，但催化剂积炭失活严重。Frusteri等[63]发现Rh/Al_2O_3在经过100h的ESR反应后，催化剂活性下降了60%，通过向反应体系中引入O_2，进行OSRE反应能够降低催化剂积炭速率，提高催化剂稳定性，但Rh颗粒烧结严重。在Ni、Co等催化剂上也观测到了类似的情况。氧的引入，一方面能够有效地降低催化剂表面碳的沉积速率，另一方面也会造成活性组分氧化、烧结，进而造成催化剂失活。因此，防止催化活性组分烧结是开发新型高效的乙醇制氢催化剂的发展方向。

Cavallaro等[64]从催化剂最优组分设计以及反应条件入手来解决Rh催化剂在乙醇蒸汽重整制氢中的失活问题，他们发现当Rh负载量为5%（质量分数）、反应温度为650℃、蒸汽乙醇比值为8.4时能够很好地抑制积炭。在Rh/Al_2O_3体系下引入15%的Ce也可以有效改善催化剂消除积炭的能力，提高催化剂的稳定性。在ATRE反应条件下，EtOH：O_2：H_2O＝1：0.93：3及GHSV＝100000h^{-1}的条件下，乙醇转化率达到100%，氢选择性超过80%，相当于1mol乙醇获得3.2mol的H_2。催化剂在20h内没有明显的失活现象。引入Ce可以：①增加催化剂的储氧能力；②提高活性金属的分散度，防止其烧结；③提高催化剂的WGS反应活性；④提高抗积炭能力。Chen等[65]报道了向Rh/Ca-Al_2O_3催化剂中引入Fe对其进行修饰，结果（图11-10）表明没有Fe修饰的Rh/Ca-Al_2O_3有着高的CO选择性，但20h后出现快速失活；Fe修饰后，催化剂表现出288h的稳定性。这一稳定性的提高有赖于Fe_xO_y的存在加速了CO的转移，从而减少对Rh的毒化。

余皓等[66]选用一系列载体（La_2O_3，Al_2O_3，CeO_2和ZrO_2）负载Ir并进行OSRE与

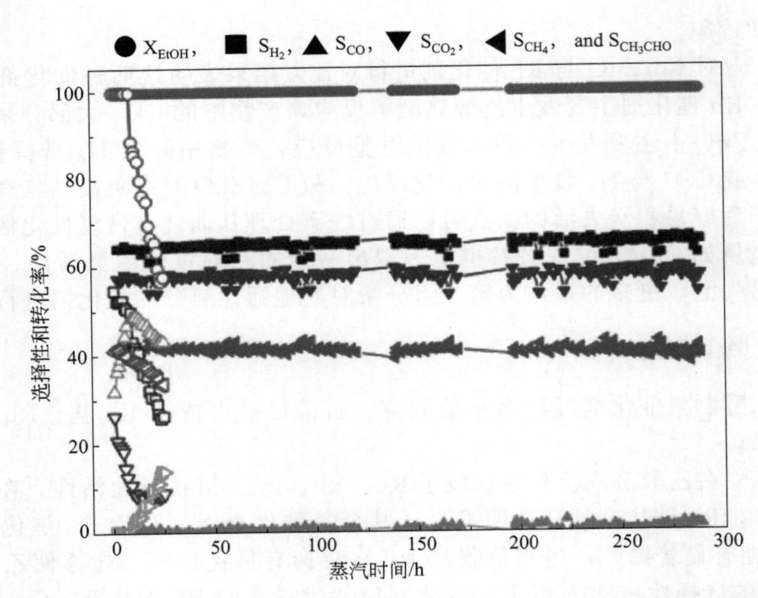

图 11-10 Rh-Fe/Ca-Al_2O_3（实心图）和 Rh/Ca-Al_2O_3（空心图）的乙醇蒸汽重整制氢性能[65]

ATRE 反应，筛选出 Ir/La_2O_3 为最优的 ATRE 催化剂；在 ATRE 条件下 Ru/La_2O_3、Rh/La_2O_3、Ir/La_2O_3 的活性与氢选择性相近；对于 Ir/La_2O_3 来说，其最优负载量为 5%。该催化剂在 GHSV=$4\times10^5h^{-1}$、T=650℃、EtOH：H_2O：O_2=1：2：1 时能够保持 40h 的稳定性，乙醇转化率稳定在 95%左右，氢气浓度为 38%，相当于 1mol 乙醇产生 3.4mol 的氢气。Ir/La_2O_3 在 OSRE 过程具有原位分散效应[33]：在含氧的反应条件下 La_2O_3 转化为六方相 $La_2O_2CO_3$，其上活性组分 Ir 颗粒能够动态的形成 Ir 掺杂的 $La_2O_2CO_3$ 或由 Ir 掺杂的 $La_2O_2CO_3$ 分解出 Ir 与 $La_2O_2CO_3$，这个动态的变化过程能够保证 Ir 颗粒高度分散在载体表面并且在高温区不易烧结，从而保证了其优良的活性，乙醇转化率能在 100h 内维持 100%，氢气选择性维持在 80%。

11.3 醇类重整制氢反应器及技术

近年来，一些新型反应器的出现加速了醇类重整制氢技术的发展。对于甲醇和乙醇，由于其均为液体原料进样，反应器的设计有许多共通之处。表 11-3 列举了具有代表性的乙醇重整制氢催化剂、反应形式、反应器及其性能。本节简述用于甲醇和乙醇重整制氢的主要反应器技术。

表11-3 乙醇重整制氢催化剂、反应形式、反应器及其性能[67]

催化剂形式①	反应	反应器②	反应条件		乙醇转化率/%	产品分配率/%
			T/K	O_2/H_2O/乙醇		H_2/CO_2/CO/CH_4
Rh/CeO_2	SR	FBR	723	0/8/1	100	69.1/19.2/3.5/8.2
Ni-Rh/CeO_2	OSR	FBR	873	0.4/4/1	100	55.8/25.6/10/8.6
Pd/ZnO	SR	FBR	723	0/13/1	100	73.1/15/0/0.6
	OSR			0.5/13/1	100	60.9/22/0.1/3.1
Pd/SiO_2	SR			0/13/1	95.7	39.2/0.9/33/27
	OSR			0.5/13/1	48.7	34.7/0.3/30.6/33

续表

催化剂形式①	反应	反应器②	反应条件		乙醇转化率/%	产品分配率/%
			T/K	O_2/H_2O/乙醇		$H_2/CO_2/CO/CH_4$
Rh/Al_2O_3	SR	micro-R	873	0/4/1	100	70/14.5/7.5/8
$Rh\text{-}Ni/Al_2O_3$					99.6	70.8/14.8/7.5/6.9
$Rh\text{-}Ni\text{-}Ce/Al_2O_3$					99.7	68.9/14.8/6.7/9.6
Co/ZnO	OSR	micro-R	733	过量/6/1	100	66.5/22.2/9.3/2
Rh/SiO_2	SR	FBR	873	0/5/1	100	61.6/15.4/9.6/13.4
		Pt-SKMR			100	75.2/11.2/9.6/4
		FBR	723		83	30.6/0/37/32.4
		Pt-SKMR			100	54.1/21/5.1/19.8
Co_3O_4/ZnO	SR	MSR	773	0/3/1	82.6	67.3/15.3/13.7/3.7
				0/6/1	90.7	73.4/23.2/0/3.4

① SR 表示 steam reforming(蒸汽重整)；OSR 表示 oxidative steam reforming(氧化蒸汽重整)。

② FBR 表示 fixed bed reator(固定床反应器)；micro-R 表示 microchannel reactor(微通道反应器)；Pt-SKMR 表示 Pt-impregnated stainless steel-supported Knudsen membrane reactor(铂浸渍的克努森膜反应器)；MSR 表示 macroporous silicon membrane reactor(大孔二氧化硅膜反应器)。

11.3.1 固定床反应器

传统固定床反应器被广泛应用于实验室中的醇重整制氢催化剂的性能评价，但由于催化剂的颗粒间的紧密堆积，容易出现局部的热点，导致催化剂活性金属的烧结，引起活性下降和积炭的生成，导致催化剂失活。在实验室中通常可采用引入石英砂来分散催化剂，降低局部热点生成。Gong 和 Zeng 等[68]在固定床催化剂床层中引入石英砂来分散 $Ni_{0.25}Sn/CeO_2$ 催化剂，在 GHSV=57000mL/(g·h) 和 600℃下，20h 的稳定性测试中，乙醇的转化率都在 90%以上，氢气的选择性高于 60%。Ruocco 等[69]则利用泡沫结构丰富的孔道来克服管状固定床反应器的传热限制。

通过将催化剂粉末填充到微通道槽中构成微型固定床，可以有效降低温度和浓度梯度，提高反应器的原料处理能力。Holladay 等[70]设计了一个带有高效热交换设备的微型反应器，该反应器体积只有 0.3mL，产生的氢气可供 300MW 的 PEMFC 使用。在此反应器中，催化剂固定于微夹缝中进行强吸热的 MSR 反应，在 0.3mL 的微小体积内整合了甲醇蒸汽重整，甲醇燃烧和以消除富氢混合气中的 CO 的甲烷化反应。Datye 等[71]在壁负载反应器和堆积床反应器中比较了甲醇蒸汽重整反应，他们发现在填充床反应器上反应时存在着传质、传热限制，床层温度梯度达到 40℃。通过理论计算得出：要想彻底消除填充床反应器的传热、传质限制，反应器的直径必须小于 300μm，显然这是难以实现的。

Freni 和 Sobyanin 等[72]基于 Cu 和 Ni 对乙醇重整的催化性能差异设计了一种双层固定床反应器。第一层由 Cu 基催化剂组成，Cu 基催化剂能有效断裂 C—H 键，但 C—C 键断裂能力弱，控制反应在中低温下进行能强化这一特性：乙醇水溶液在 573～673K 下通过 Cu 基催化剂床层，乙醇脱氢转化为乙醛，乙醛部分分解生成 CH_4 和 CO；第二层由 Ni 基催化剂和 CO_2 吸附剂组成，Ni 基催化剂对 C—C 键的断裂活性非常高，经过第一床层的乙醛和少量的 CH_4 与 CO 在 Ni 基催化剂床层中在大约 723K 下进行水蒸气重整反应产生 H_2，并通过 CO_2 吸附增强重整反应，得到高纯 H_2。该反应器结合了不同催化剂的优势，能抑制乙烯的生成，减少催化剂积炭，延长催化剂的使用寿命。Cavallaro 等[73]也提出了类似的双层固定床反应器设计（图 11-11）。实验结果表明：双层固定床的效果远远优于单一的固定床反应器。

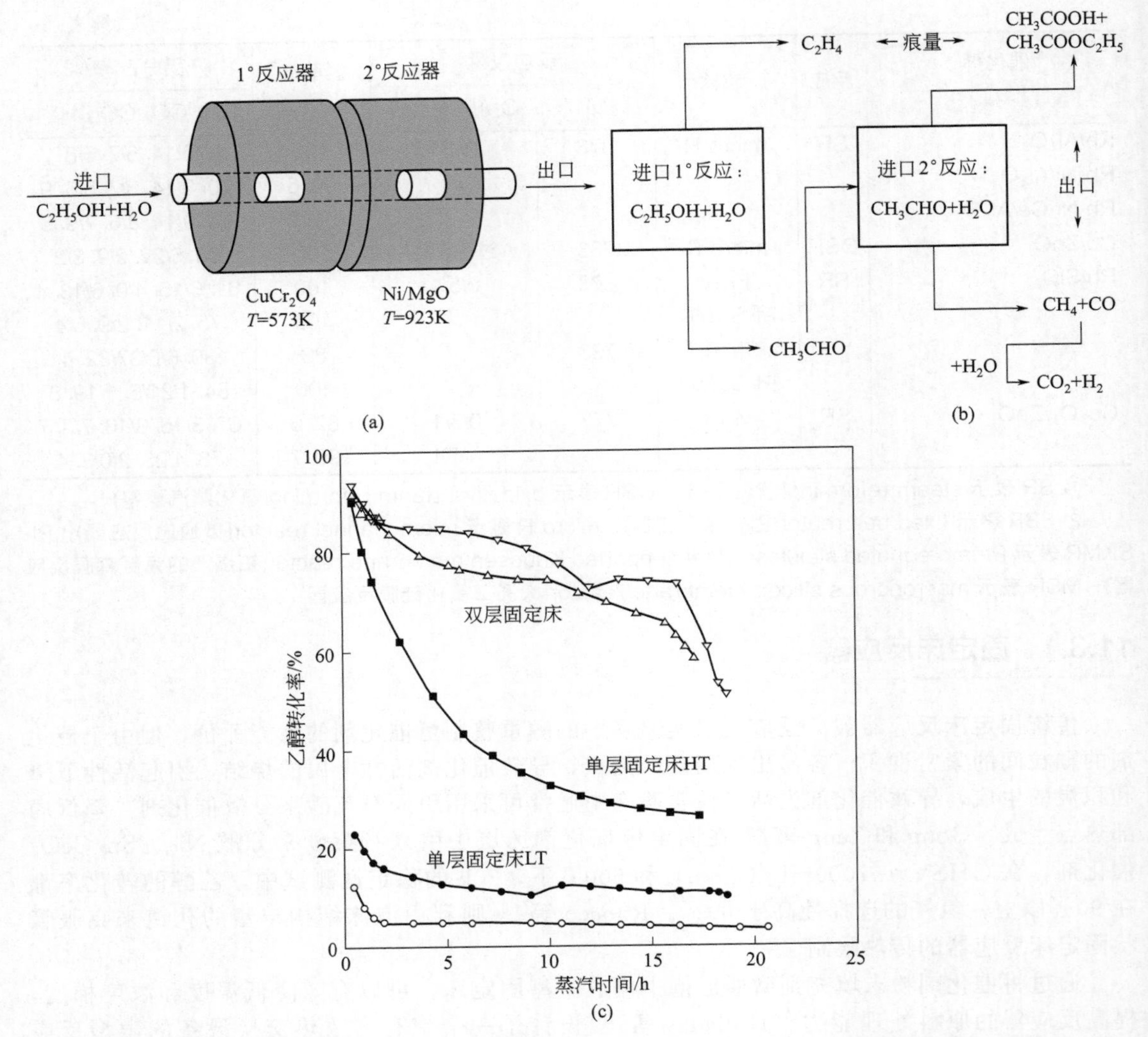

图 11-11 Cavallaro 等的双层固定床反应器（a）、反应路径（b）和性能对比（c）[73]

11.3.2 微通道反应器

20 世纪 90 年代以来，化学工程学发展的一个重要趋势是向微型化迈进，而微通道反应器作为微化工技术的核心设备受到广泛的关注[74]。与传统反应器相比，微通道反应器具有较大的比表面积、狭窄的微通道和非常小的反应空间，这些几何特征可以加强微反应器单位面积的传质和传热能力，显著地提高化学反应的选择性和转化率。在醇类重整制氢过程中，微通道反应器表现出能耗低、效率高、催化剂使用寿命长、体积小，易操作，可扩展等优良性能，对于小型便携式燃料电池的开发具有重要价值。

典型的微通道直径在 50～1000μm、长度在 20～100mm 之间，每一个反应器单元可拥有数十到上千条这样的通道（图 11-12）。催化剂涂镀在此微通道的槽中。在如此小的反应通道中，反应物在反应器中呈滞流，气体的径向扩散时间在微秒量级，轴向返混得到有效降低，反应的传质传热效率可以极大地改善。

Chen 等[75] 在 450℃和 GHSV＝186000L/h 的条件下在微通道反应器中进行甲醇氧化重

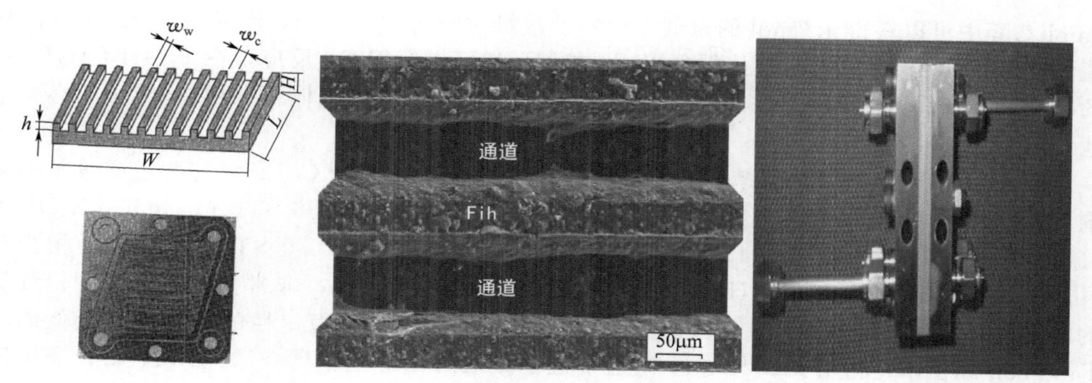

图 11-12 微通道反应器及其装置（自左至右依次摘自文献 [75~77]）

整反应，甲醇的转化率超过 99%，获得的产品气流速达到 820L/h，其中 H_2 的含量超过 43%。然而，产品气中的 CO 含量相当高（>15%），并且缺乏关于反应器的寿命的数据。Kundu 等[78]开发的用于甲醇蒸汽重整制氢的微通道反应器采用不锈钢板制成，其通道长 37mm、宽 3mm，涂覆工业催化剂 $CuO/ZnO/Al_2O_3$-MDC-3，催化剂层厚度 25μm。在液体进料量为 0.01mL/min，水醇比值为 2 和 290℃条件下，甲醇的转化率为 99.3%，产氢速率 0.025mol/h，但是操作 6d 后，催化剂的质量损失了 15%。Renken 等[79]结合吸热的甲醇蒸汽重整反应和放热的甲醇氧化反应，设计了两微通道的反应器，通过这两个反应的耦合，实现自热产氢。研究结果表明，在并流条件下，两通道反应器能将吸热和放热进行很好耦合，轴向温差不超过 2.5℃，甲醇的转化率大于 90%，H_2 和 CO_2 的选择性大于 96%，产品气中 CO 体积分数为 1%～2%。

Schmidt 等[80]在 GHSV 约 $5440h^{-1}$，EtOH：H_2O=3 和约 900℃的条件下（反应器示意图如图 11-13 所示）进行乙醇重整制氢反应，采用催化甲烷燃烧的方式为反应供热。乙醇的转化率超过 99%，反应器经过长达 100h 的稳定性实验显示没有明显的失活现象，平均从

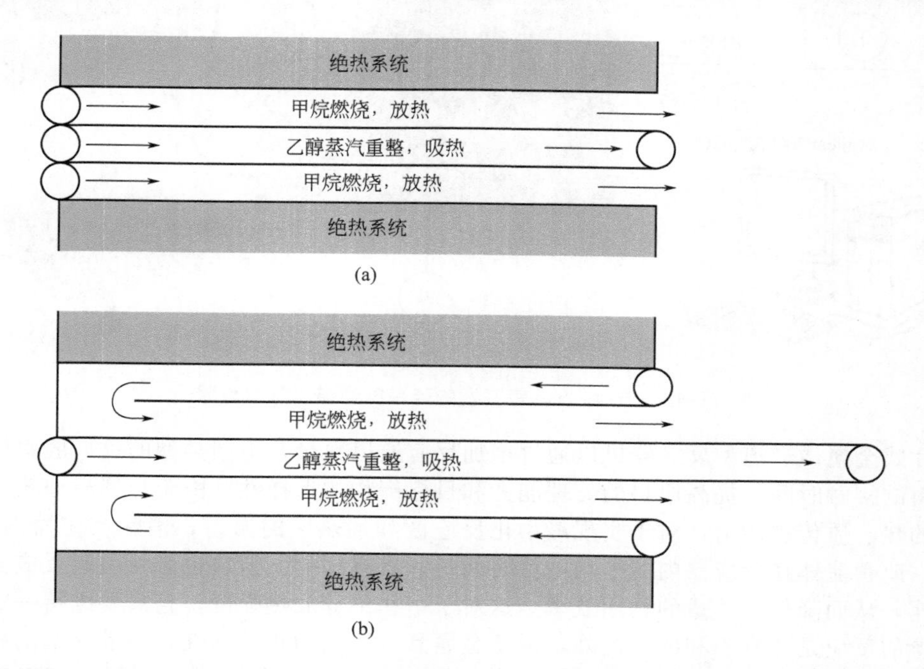

图 11-13 集成了催化甲烷燃烧的 ESR（a）和 WGS 扩展的微通道反应器（b）[80]

1mol 乙醇中可以获得 4.7mol 的氢气。原料的接触时间为约 100ms，产品气中 H_2/CO 的比值为 5。通过将产品气通过反应器的 WGS 扩展反应区进行 WGS 反应，在 EtOH：H_2O=4 的条件下，产品气中 H_2/CO 的比值可以提高到 30，所获得的气体可以供约 90W 的燃料电池使用。

Llorca 等[81]开发了相似结构的 ESR 制氢反应器。他们采用 Co/ZnO 作为乙醇重整催化剂，以 $CuMnO_x$ 催化乙醇燃烧供热。在反应器入口乙醇蒸汽 0.36 STP mL/min，EtOH：H_2O=6 及较低的温度（约 450℃）下，获得的 H_2 流速达到 0.9 STP mL/min。相当于 1mol 乙醇可以获得 3.67mol H_2（包括催化燃烧所消耗的乙醇），非常接近热力学理论计算的结果（3.9mol/mol EtOH）。但该小组没有报道关于反应器稳定性的结果。最近他们与 Tarancón 等合作，利用 MEMS 技术制造了硅基微通道乙醇重整器[82]（图 11-14），通道密度达到了每平方厘米 2 万个通道，每个通道长 500μm，直径 50μm，通道上涂覆 Rh-Pd/CeO_2 催化剂。他们将该反应器与固体氧化物燃料电池连接，在固体氧化物燃料电池适宜的 750℃条件下，乙醇转化率达到 94%，氢气选择性 70%，该反应器设计可以满足 1W 功率输出。

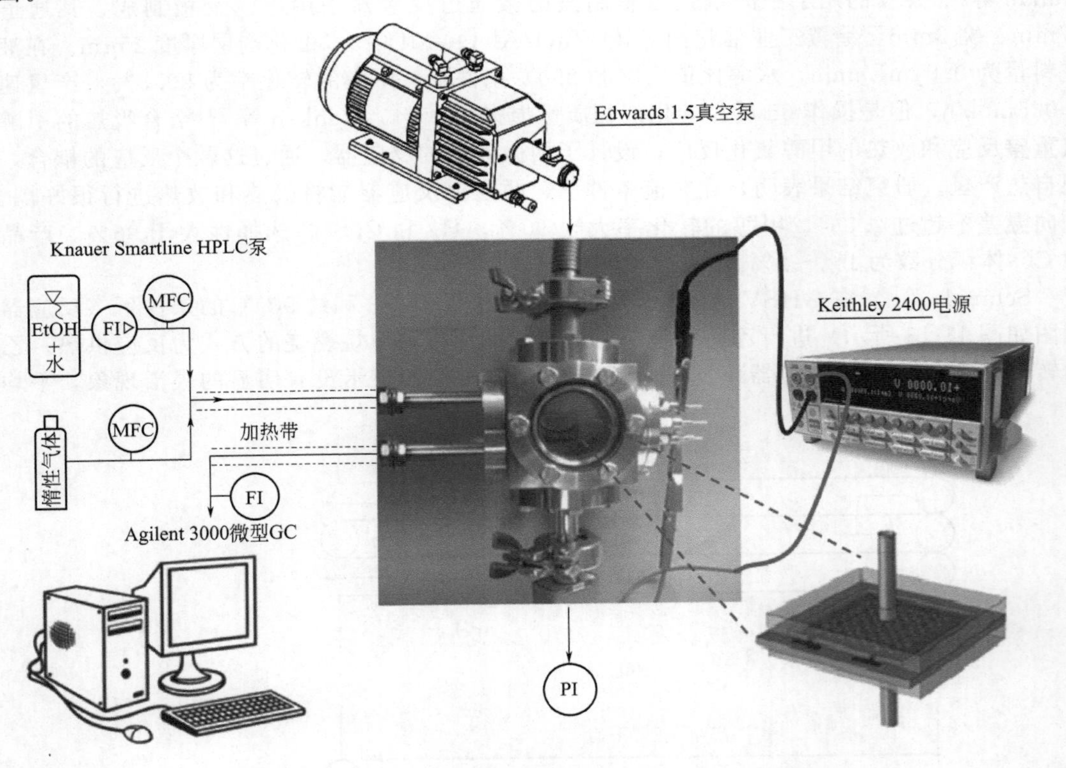

图 11-14 Tarancón 等开发的硅基微通道乙醇重整器[82]

叠片式金属微通道型反应器可以通过增加反应通道数量，不同类型的反应腔室等手段来改善原料的接触时间，提高原料的处理能力和目标产物的选择性。由于金属微通道反应器具有较高的热、质传递能力，对于实现最小化反应区和加热区的温差，消除反应器内部冷点、热点等，改善流体在反应器内的平均停留时间是非常有利的。但这也必然引起反应器向环境散热迅速，从而降低了热量的利用效率。这对于一些中等放热强度，且需要维持一定的温度才能维持的反应是非常不利的。此外，由于金属具有较高的化学活性，在催化剂的制备过程中，金属基体对催化剂的影响不容忽视。余皓等[83,84]的工作表明，在金属表面沉积催化层时，表面的金属原子倾向于扩散进入催化层，导致催化剂性质及催化反应性能可能发生重大改变，需重新评估催化剂涂层的性能。

11.3.3 微结构反应器

将粉末性催化剂制成的浆料、催化剂前驱体溶液等涂镀于能够提供亚毫米级流动通道的材料上制成的微型反应器称为微结构反应器。常见的微结构反应器包括独石（monolith）型反应器，泡沫型反应器，线型反应器等。

Pettersson 等[85]以堇青石（$2MgO \cdot 5SiO_2 \cdot 2Al_2O_3$）作为 monolith 的基质，并首先通过涂覆 γ-Al_2O_3 来提高其表面积和催化剂的分散度，接着以浸渍法负载 Cu/ZnO 催化剂，在 Cu60/Zn40 时，表现出最好的甲醇重整活性，210℃下，氢气的含量高于 60%，同时 CO 的浓度低于 1%。

Sanz 等[86]制备了涂覆 Pd/ZnO 催化剂的金属 monolith（$FeCr_{22}Al_5$），并且考察了目数对其甲醇蒸汽重整的性能。该反应器表现出非常好的活性，在 623K 和 7.5mmol MeOH/(min・$g_{催化剂}$）条件下，甲醇的转化率接近 95%。甲醇的转化率随着通道尺寸的增加而增大，这主要是因为目数的增加将导致传热减弱，不利于强吸热的甲醇重整反应。

Llorca 等[87~90]对于采用 monolith 型催化剂进行 ESR 反应开展了广泛而深入的工作。该组采用 Co 基催化剂以低温 ESR 反应（200～500℃）在微反中进行乙醇重整制氢研究。对催化层的沉积方法，通道直径等影响因素做了考察。结果表明，通过合适的催化层沉积方法（如尿素分解沉积，气凝胶沉积等）可以有效提高催化剂活性组分 Co 的分散度，从而提高反应的活性。他们采用光辅助电化学蚀刻法制备了直径约 7mm 的微型硅基 monolith，其中，微通道的尺寸为 $\phi 3.3\mu m \times 210\mu m$，通道的数目达到 1.5×10^6 个。使用此种材料进行了 ESR 反应的研究，并与 400PPI 的 monolith 型以及金属微通道型（$78mm \times 700\mu m \times 350\mu m$）的反应器进行了比较。结果表明在 monolith 和金属微通道型反应器中，乙醇具有较高的转化率；但在相近条件下（T=400～500℃，EtOH : H_2O=6，乙醇转化率 30%～42%等），硅基微反的体积效率最高［>52000mL H_2/(mL 物料・cm^3 R)］。图 11-15 为独石型结构催化剂。

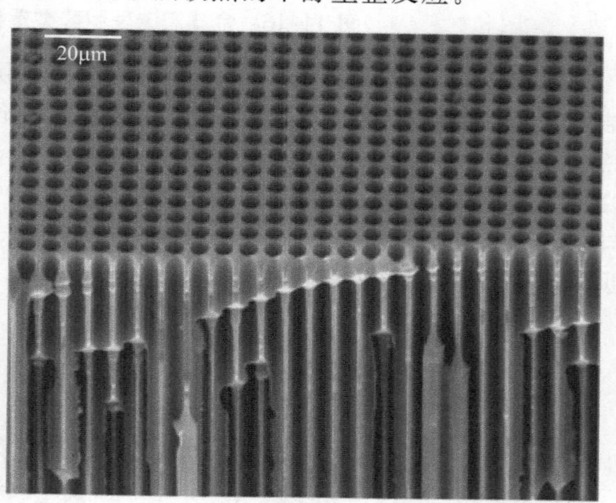

图 11-15 独石型结构催化剂[87]

非金属材料 Si-Al 型 monolith 热导率较低。由于蒸汽重整是强吸热反应，需要外界供热，使用非金属 monolith 构成的反应器容易出现温度梯度，造成中心温度偏低，可能会引起催化剂积炭等使得性能下降。因此，当它用于重整制氢反应时，反应器规模有所限制（通常直径<1cm）。虽然采用金属材料能一定程度提高传热，但是需要平衡好传质和传热间的影响。

多种金属材料，如铜、铜合金、不锈钢合金、镍、铝、钛等都可以制成金属泡沫材料，它具有渗透性好、孔径可调、耐腐蚀、耐高温、强度高等优点，作为结构性催化剂或催化剂载体应用广泛。余皓等[83]选用了 Ni、FeCrAl（72 : 21 : 7)、Cu 和 CuZn 四种泡沫金属负载 Cu/Zn/Al/Zr 催化剂构建甲醇重整制氢微反应器（图 11-16）。结果表明，泡沫金属对甲醇重整反应的活性和选择性均有重大影响，这是因为金属泡沫骨架中的金属会扩散进 Cu/Zn/Al/Zr 催化剂层中，从而影响催化活性。Ni 和 FeCrAl 都会导致 CO 含量的增加，Cu/Zn 金属泡沫表现出最优性能，所产气体中氢气的含量接近 75%，CO 含量低于 2%，30h 测试未表现出失活。对比填充床反应器，金属泡沫型反应器甲醇转化率提高 10%[84]。这得益于泡沫金属高的传质系数能够有效消除外扩散的影响，但催化剂层内扩散阻力仍不可忽略。

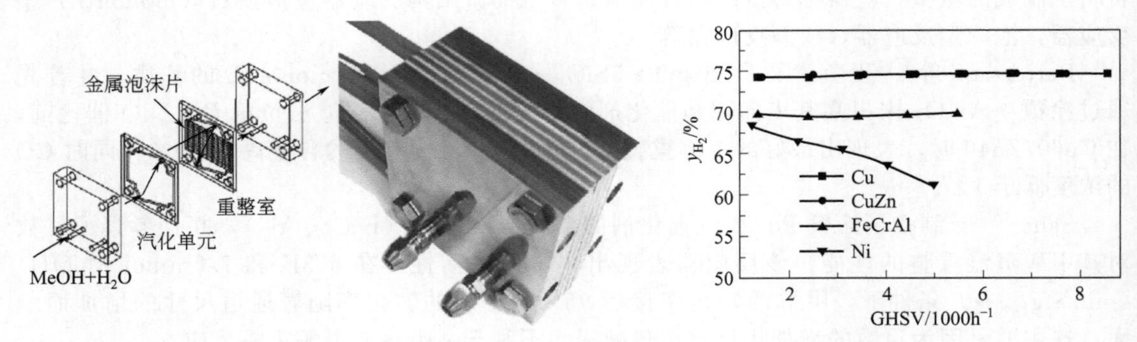

图 11-16 金属泡沫型甲醇微重整器的结构及其氢气产率[83]

周伟等[91]通过串联金属泡沫的方式构建了圆柱形分层式的甲醇重整制氢微反应器系统。结果表明，无缝串联的方式［图 11-17(b)］表现出最高的产氢性能，在 300℃和 GHSV＝22000mL/(g·h) 下，甲醇的转化率接近 90%，产氢速率为约 0.36mol/h。有缝连接［图 11-17(a)］中密封圈的存在延长了整个反应器的长度，引起了热量的不均匀分布，阻碍传热与传质，不利于甲醇重整活性；整块式金属泡沫［图 11-17(c)］的方式中，催化剂负载效率低，反应效果也不好。

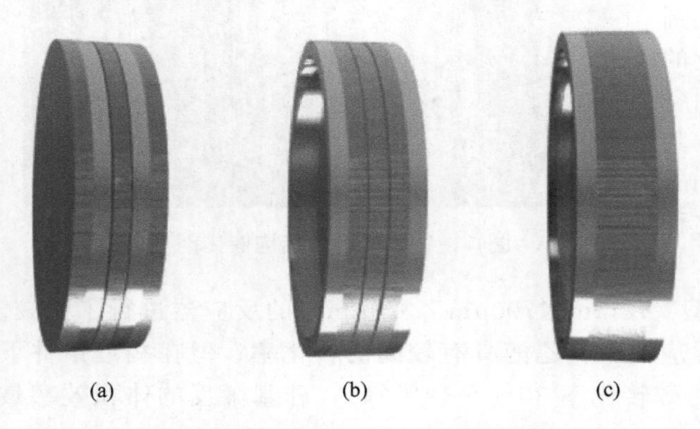

图 11-17 金属泡沫不同串联方式[91]

ATR 反应在散热方面对反应器有较高的要求，金属基微反应器容易引起热量流失而不适合进行 ATR 反应。采用泡沫陶瓷或者 monolith 型催化剂可以有效避免反应热耗散。由于不需要额外加热系统，ATR 反应器体积可以进一步缩小，这对于设计紧凑的移动式氢源是非常有利的。余皓等[92]将基于 Ir-La/ZrO_2 的泡沫结构型催化剂置于不锈钢微型重整器中进行乙醇自热重整反应制氢。在原料反复启动-切断原料进样（repeated start-up and shut-down，RSS）和连续进样模式下，ATRE 反应都能顺利进行。在空速 $4.8\times10^4h^{-1}$ 条件下，平均氢气产率为 3.1mol/mol EtOH，氢气的流速达到 0.41m^3/h，可以为约 765W 量级的燃料电池提供氢气。进一步优化乙醇在入口的分布，平均的氢气产率可以提高到 3.3mol/mol EtOH，氢气流速达到 0.58m^3/h，可以为约 1100W 量级的燃料电池提供氢气。该反应器的自热反应启动时间可以控制在 90s 内（图 11-18）。

Horng 等[93]通过对 ATRE 过程中的反应器进行绝热处理和热量回收来提高乙醇的转化率和氢气的收率，减少了能量损失。ATRE 反应具有较高的反应速率：在微反中进行 ATRE 制氢时，单位质量催化剂的原料转化频率可达 160g/g 催化剂，这对于设计高氢气输

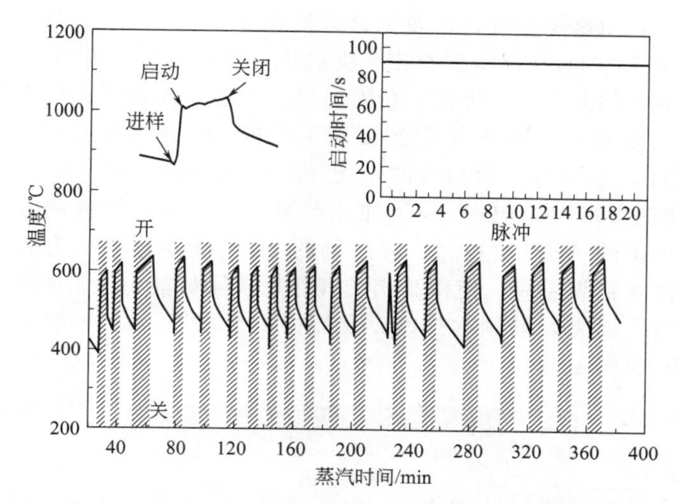

图 11-18 Ir-La/ZrO_2 的泡沫结构型 ATRE 反应器瞬态操作特征[92]

出流量的微型反应器是有利的，但也对反应器结构设计提出了更高的要求。除了有效的热量管理之外，原料的分布也非常重要，一方面，催化剂表面原料局部流量过高会引起催化剂相应部位温度过高、原料过载等，造成催化剂烧结等而失活；另一方面，部分催化剂区域流量过低则会造成较低的反应温度，引起催化剂效率下降、表面积炭等问题，最终造成反应器制氢效率、寿命下降。

通过在直径为 500μm 铜锌丝上形成一层铝合金，然后经过腐蚀工艺，部分滤去铝，从而在其上表面形成一层 Ranney 结构的 CuZnAl 氧化物，将这种具有特殊表面结构的铜线平行组装于直径在厘米级的管中形成"宏观"管式线形反应器（图 11-19）[94]。这种设计使得流体在铜丝间隙呈现滞流流动，并具有非常窄的原料停留时间分布和低的压降。Kiwi-Minsker 等[94]发现该铜锌合金线具有非常高的热传输能力［120W/(m·K)］，在氧化蒸汽重整甲醇反应中，反应器展示了非常高的 CO_2 和 H_2 选择性（>98%）。在甲醇转化率>50%的条件下，反应器的热点和冷点温度被降低至 $\Delta T<1.5$K。

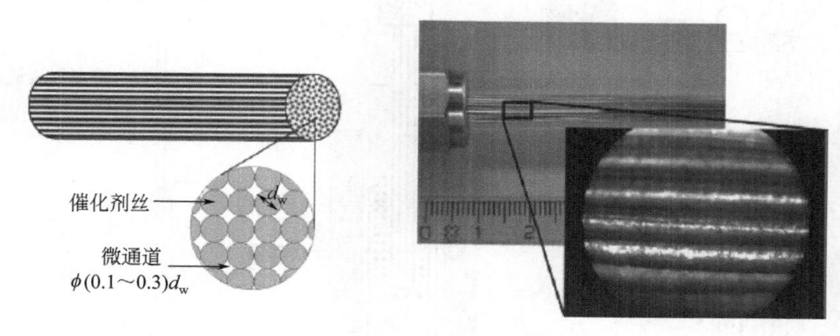

图 11-19 "宏观"管式线形反应器[94]

11.3.4 膜反应器

利用膜的分离作用可将反应产物中的 H_2 或 CO_2 从反应区移出，从而打破化学平衡的限制，提高低温下重整制氢反应的转化率和选择性。

钯原子对氢分子具有非常强的吸附能力，并且很容易将其解离成氢原子，这些解离的氢溶解于钯膜中沿着梯度方向扩散并在膜的另一侧聚合为 H_2，而其他不能转变成氢原子的气体则不能通过钯膜。利用这一特性，钯及钯合金复合膜可用于 H_2 的分离。在乙醇重整制氢反应中，钯膜可将生成的 H_2 从反应区移出，促进该反应的进行，并实现产物中 H_2 的净化。

典型的钯膜反应器如图 11-20 所示。在固定床反应器的催化剂床层中间加入钯膜的分离内层，催化剂层发生重整反应和水气变换反应生成的 H_2 通过钯膜进行原位分离。Xu 和 Xiong 等[96]研究发现，在不使用吹扫气的情况下，要使所产生的 H_2 全部渗透过钯膜，膜反应侧氢分压至少要达到 101.3kPa。为了加速产氢速率，降低渗透侧氢分压，防止发生氢脆现象，需使用较少量的 Ar 作吹扫气，但产得的 H_2 纯度不够高。为此，他们设计将反应侧的催化剂填充高度比钯膜层高，使得高出的催化剂层刚好能将反应物完全转化，以保证钯膜两侧有一定的氢分压而无须使用吹扫气，便能得到纯度在 99.5%的 H_2。Xu 和 Xiong 等基于钯膜的反应体系见图 11-21。

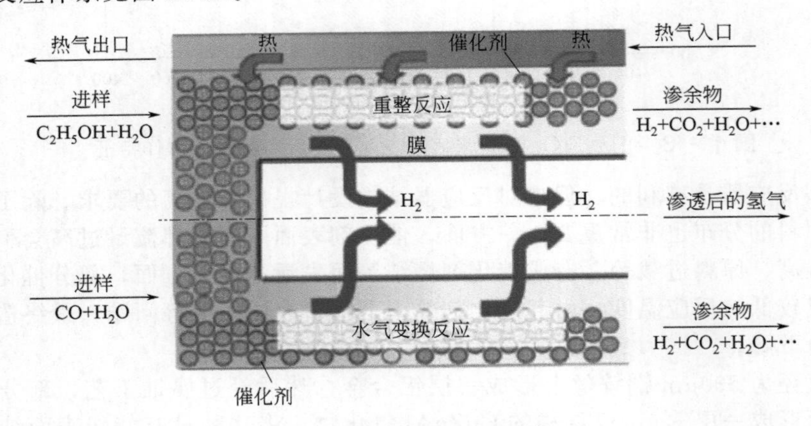

图 11-20 钯膜反应器[95]

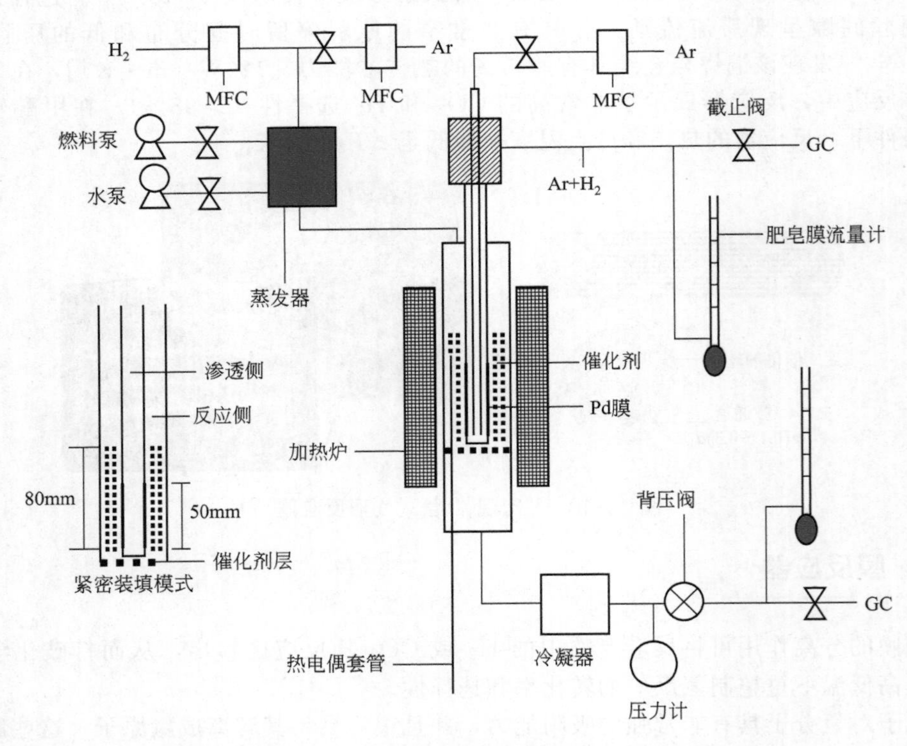

图 11-21 Xu 和 Xiong 等基于钯膜的反应系统[96]

Lee 等[97]以平均孔径 0.5μm、面积为 $5cm^2$、厚度为 1mm 的多孔不锈钢作为基底，并通过在粒度为 100nm 的硅溶胶中浸渍、旋转、冷冻、快速烘干等过程修饰处理，制得具有优良渗透性能的介孔二氧化硅膜反应器，如图 11-22 所示。在介孔二氧化硅膜上负载 Pt 活性中心并将其应用于乙醇重整制氢反应，结果表明，与传统反应过程相比，该介孔二氧化硅膜反应器可以将乙醇转化率提高 7.4%～14.4%，H_2 收率提高 4.2%～10.5%，同时能显著降低反应产物中 CO 的浓度。Llorca 等[87]在多孔二氧化硅膜反应器内负载 Co_3O_4-ZnO 催化剂薄层，反应温度为 773K、水醇比值为 3、时空速率为 $2\times10^4h^{-1}$、接触时间小于 5ms 时，具有高而稳定的选择性，H_2 产率达到 20μL/s，体积分数大于 75%。与合金膜相比，介孔二氧化硅膜孔径较大，具有较大渗透通量，但对 H_2 的渗透选择性较差，较难获得高纯度的 H_2。

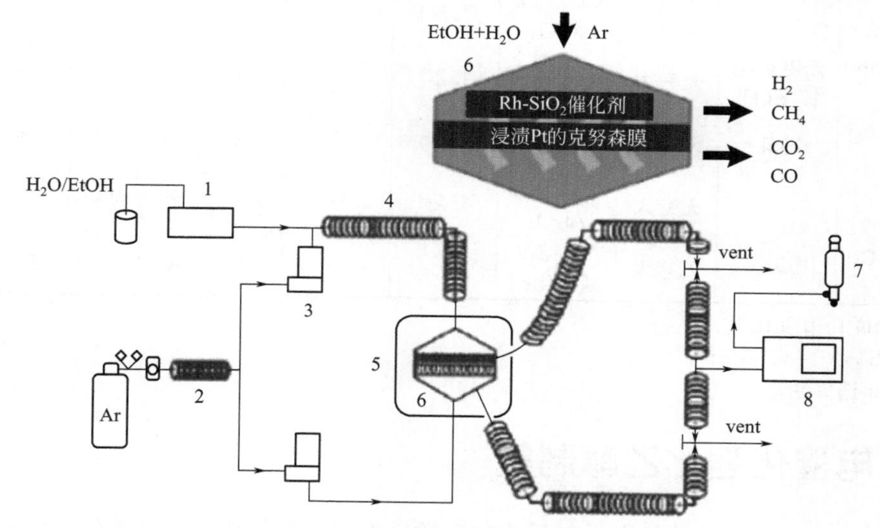

图 11-22 介孔二氧化硅膜反应器[97]

1—微型泵；2—硅胶；3—质量流量控制器；4—加热管道；5—加热炉；6—膜反应器；7—皂泡流量计；8—气相色谱仪

Basile 等[98]对甲醇制氢过程中的膜反应器进行了总结。钯膜反应器对 H_2 具有极高的选择性，合金的加入一定程度上可降低成本，缓解氢脆现象，但生产成本仍然过高，加之钯膜渗透通量极其微小，H_2 收率较低，是该技术难以克服的困难。

表11-4 甲醇重整制氢过程中膜反应器[98]

膜	膜的制备方法	H_2/N_2 的选择性	催化剂	H_2O/CH_3OH	GHSV /h^{-1}	温度/℃	压力/bar	转化率/%	H_2 的回收效率/%	渗透 H_2 的纯度
Pd-Ag(3.9mm)/α-Al_2O_3	无电解电镀(ELP)	无穷大	Cu/ZnO/Al_2O_3	1/1	600①	250	3 10	100	45 95	约 100
Pd-Ag(20～25mm)/PSS	无电解电镀(ELP)	—	Cu/ZnO/Al_2O_3	1.2/1	5②	240	10	36.1	18	—
碳分子筛	热解	62③	Cu/ZnO/Al_2O_3	4/1	—	200	10	≈95	≈84	—
SiO_2/γ-Al_2O_3/Pt-SiO_2/PSS	浸轧	—	Cu-Zn 基催化剂	1.3/1	—	230	1	100	9.1	—
Pd(20mm)/PSS	无电解电镀(ELP)	4000	Cu/ZnO/Al_2O_3	1.2/1	10②	350	—	≈95	97	99.9

续表

膜	膜的制备方法	H_2/N_2 的选择性	催化剂	H_2O/CH_3OH	GHSV $/h^{-1}$	温度/℃	压力/bar	转化率/%	H_2 的回收效率/%	渗透 H_2 的纯度
Pd-Ag/TiO_2-Al_2O_3	无电解电镀(ELP)	—	Ru-Al_2O_3	4.5/1	—	550	6	65	—	约 72
SiO_2/g-Al_2O_3	浸轧	约 37	Cu-Zn 基催化剂	3/1	—	260	1.3	42	5	98
碳载	热解	约 5.5	Cu/Al_2O_3/ZnOMgO	3/1	—	250	—	55	—	约 80
碳载	—	—	Cu/ZnO/Al_2O_3	1.5/1	1②	250	2	≈99	—	97
Pd(20~25mm)/PSS	无电解电镀(ELP)	无穷大	Cu 基催化剂	1.2/1	—	350	—	99	—	约 100
致密的 Pd-Ag(50mm)	冷轧	无穷大	Cu/Al_2O_3/ZnOMgO	3/1	约 0.4	300	3	—	80	约 100
致密的Pd-Ru-In(200mm)	—	无穷大	Cu/ZnO/Al_2O_3	1.2/1	—	200	7	约 90	约 24	约 100
致密的 Pd-Cu(25mm)	—	无穷大	Cu-Zn 基催化剂	—	—	300	10	> 90	约 38	约 100

① sccm/(h · g 催化剂)。

② WHSV。

③ H_2/Ar 选择性。

11.4 电催化强化乙醇制氢

当金属丝通电，表面的热电子对反应物有活化作用。把催化剂和电炉丝一同置于反应器当中，接通电炉丝的外接电源，当有电流通过电炉丝表面时，称为电催化。李全新等[99]通过引入电催化来优化乙醇水蒸气重整过程，在低温下就能得到较高的氢产率和转化率。他们采用 Ni-Al_2O_3 作为催化剂，研究了重整温度和电流等对乙醇转化率、氢气的产率以及产物选择性的影响。结果发现，电流的通入使氢气产率和乙醇转化率都大大提高了，电流的通入增大了 H_2 和 CO 的选择性，降低了 CH_4 和 CO_2 的选择性。在 $T=400℃$，水/乙醇＝2∶1（体积比），LHSV＝1.8h^{-1} 和 $p=1atm$ 的条件下，没有电流时氢产率和碳转化率分别仅为 1.66mol/mol_{EtOH} 和 98.2%，H_2、CO、CH_4、CO_2 选择性分别为 48.9%、0.63%、45.7% 和 60.3%，而当通入 3.2A 电流后，氢气的产率和碳转化率分别增大到了 3.45mol/mol EtOH 和 99.9%，H_2 和 CO 的选择性增大到 72.7%和 7.65%，而 CH_4 和 CO_2 的选择性降低到 33.3%和 59.3%。

11.5 等离子体强化乙醇制氢

坎特伯雷（Canterbury）大学与新西兰工业研究有限公司的研究团队于 2012 年公布了在非热等离子体反应器中通过蒸汽重整从乙醇生产氢气的技术。他们将乙醇和水蒸气的混合物送入等离子反应器中，在此通过电离气体的区域，电离气体采用高电压（7kV）、低电流场在电极之间产生。经等离子体反应器单次通过的乙醇转化率为 14%左右，产品气体混合物中含有 60%～70%（摩尔分数）H_2。该过程的氢气选择性是令人感到鼓舞的，后期的重点在于反应器和工艺条件的进一步优化，以提高乙醇转化率。

11.6 甲醇、乙醇制氢技术的特点和问题

11.6.1 甲醇、乙醇制氢的技术经济性

甲醇和乙醇重整制氢技术经过多年的研发，在技术上已经十分成熟，一些企业已经可以提供完整的技术解决方案。如 Haldor Topsoe 可以提供包括甲醇蒸汽重整、自热重整等技术的催化剂和解决方案。一个典型的工业化重整制氢方案包括预重整、蒸汽重整、高低温变换（HTS+LTS）等单元（图 11-23），如需进一步纯化得到 CO 含量在 10^{-6}级的高纯氢，则可增加 PSA 单元。西班牙 Repsol 公司则提出了以乙醇为原料的类似工艺 Ethanol-to-shift[100]。该技术使用 Clariant 提供的 Reformax100 Ni 基重整催化剂，可稳定运行 500h 以上。

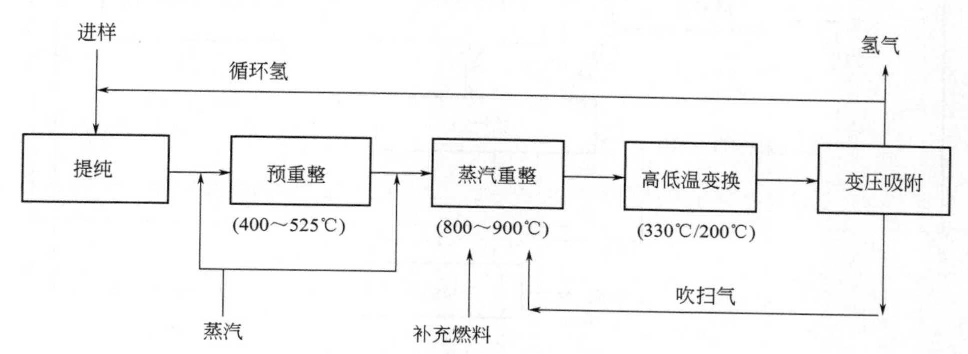

图 11-23 醇类重整+ 变换反应制氢工艺流程

甲醇和乙醇制氢技术的工业应用主要面临成本高的问题。以乙醇为例，在乙醇水蒸气重整+变换的工艺中，所得到的氢气成本大约为 2.7 欧元/kg（3.2 美元/kg），而同等工艺要求下甲烷重整产氢成本仅为 1.55 欧元/kg[100]；如采用乙醇自热重整+变换+PSA 的工艺，氢气成本估计高达 14.1 美元/kg[101]。未来如能采用更低成本的生物乙醇有望降低制氢的成本。

11.6.2 甲醇、乙醇制氢的 CO_2 排放

依第 7 章中介绍的方法[102]可估算甲醇和乙醇制氢的 CO_2 排放当量：甲醇蒸汽重整制氢技术的 CO_2 排放量约为 0.3～0.4m^3/m^3 H_2，氧化蒸汽重整的 CO_2 排放指数一般略高于蒸汽重整，为 0.38～0.4m^3/m^3 H_2，水相重整则多在 0.34m^3/m^3 H_2，但是水相重整会出现初始以甲醇脱氢为主的反应，这时 CO_2 排放指数有可能会小于 0.05m^3/m^3 H_2。

乙醇蒸汽重整制氢技术的 CO_2 排放量约为 0.5～0.7m^3/m^3 H_2，氧化蒸汽重整的 CO_2 排放指数为 0.8～1.0m^3/m^3 H_2，自热重整则为 1.0～1.2m^3/m^3 H_2。事实上，若考虑制氢过程中加热、分离、运输等的 CO_2 排放，该排放量会更高。然而，由于乙醇可以来源于生物质，即其所排放的 CO_2 有可能在植物生长的过程中被重新固定到生物质中去，从生物乙醇制造到制氢的整个过程在理论上对生态是碳中性的，这是乙醇制氢过程的重要优势之一。

11.6.3 制氢与燃料电池耦合系统

以甲醇、乙醇为代表的液体醇类易于储存和输运，非常适合于分布式、可移动的小型制

氢装置，在用于与燃料电池匹配构成完整的分布式能源系统方面有特殊的优势。

甲醇制氢＋燃料电池系统目前存在两种设计，即外部重整和内部重整。

典型的外部重整系统包含燃烧炉、气化室、重整室和CO转化炉（图11-24）：小部分燃料通过燃烧提供热量来对甲醇和水的混合溶液进行气化；接着气化后的样品进入重整室进行重整反应；随后，在CO转化炉中除掉产物气中的CO；最后，通过变压吸附的方式或者金属膜分离的方式纯化氢气，用于燃料电池。AixCellSys公司[103]开发了外部甲醇重整制氢与HT-PEMFC结合的系统，结果表明，该系统能最大提供0.2W/cm^{2}的电力，是利用纯氢过程一半的效率。

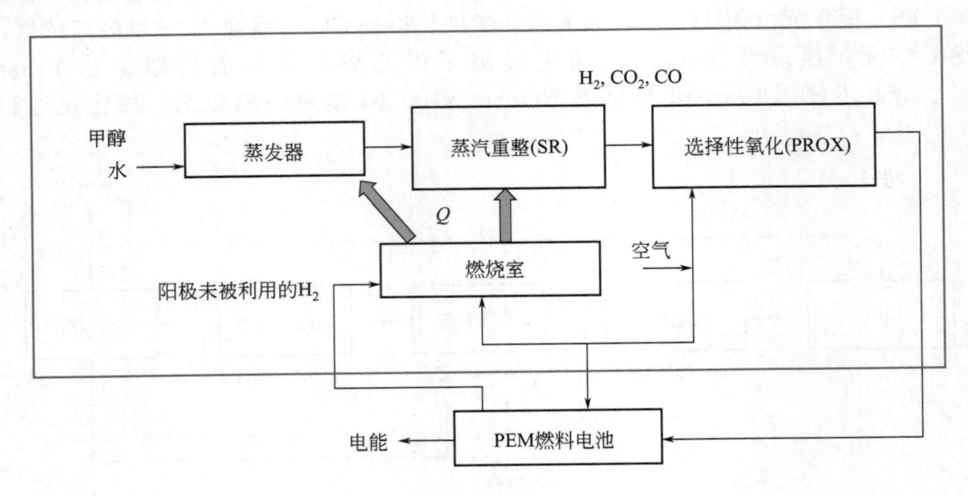

图11-24　典型的外部重整过程图[71]

内部重整过程将甲醇重整制氢过程和燃料电池部分高效结合在一起，主要涉及它们两者间的热量和物质的交换。Li等[104]报道了在180～260℃下的内部重整过程，使用HT-PEMFC，在重整单元使用149g商业的$Cu/ZnO/Al_2O_3$催化剂，在约200℃时，甲醇的转化率接近100%，同时氢气的产率为400L/(h·kg催化剂)，CO体积分数低于0.2%，该温度下能较好地平衡氢气产率与CO浓度间的关系。在205℃，该装置在0.5V能够提供1.3A/cm^{2}的电流密度，即具有650MW/cm^{2}的功率密度。Avgouropoulos等[105,106]在内部重整过程使用ADVENT Technologies公司生产的HT-PEMFC（图11-25），使用Cu基重整催化剂，在200℃时，重整得到的氢气能够保证该电池在600mV提供0.2A/cm^{2}的电流密度。但是，未反应的少量甲醇（约5%）会使得电池的性能快速下降，转换成纯氢进样后，性能得到缓慢的恢复。

许多研究组提供了完整的小型乙醇制氢-燃料电池方案，德国美因兹微技术研究所在2010年与意大利工程公司Rosetti Marino合作研发了一套50kW级的乙醇制氢系统（图11-26），包括10bar操作的乙醇重整器、水气变换器、变压吸附和换热器、蒸发器、燃烧器等单元，并进行了1000h的长期验证性运行，其中采用微通道技术强化换热使装置小型化[107]。

Aicher等[108]建立了一个基于ATRE的完整制氢系统（图11-27），该系统包括自热重整器，高低温水气变换反应器以及选择性甲烷化反应器，从该套系统中可以得到CO浓度小于10×10^{-6}的氢气，这些氢气可以直接用于燃料电池。

然而，当以燃料电池为应用目标时，全系统的能量效率是值得分析的。余皓等[109]用一个简化的模型分析了甲醇、乙醇等10种典型的含氧燃料的蒸汽重整制氢过程。假设含氧燃

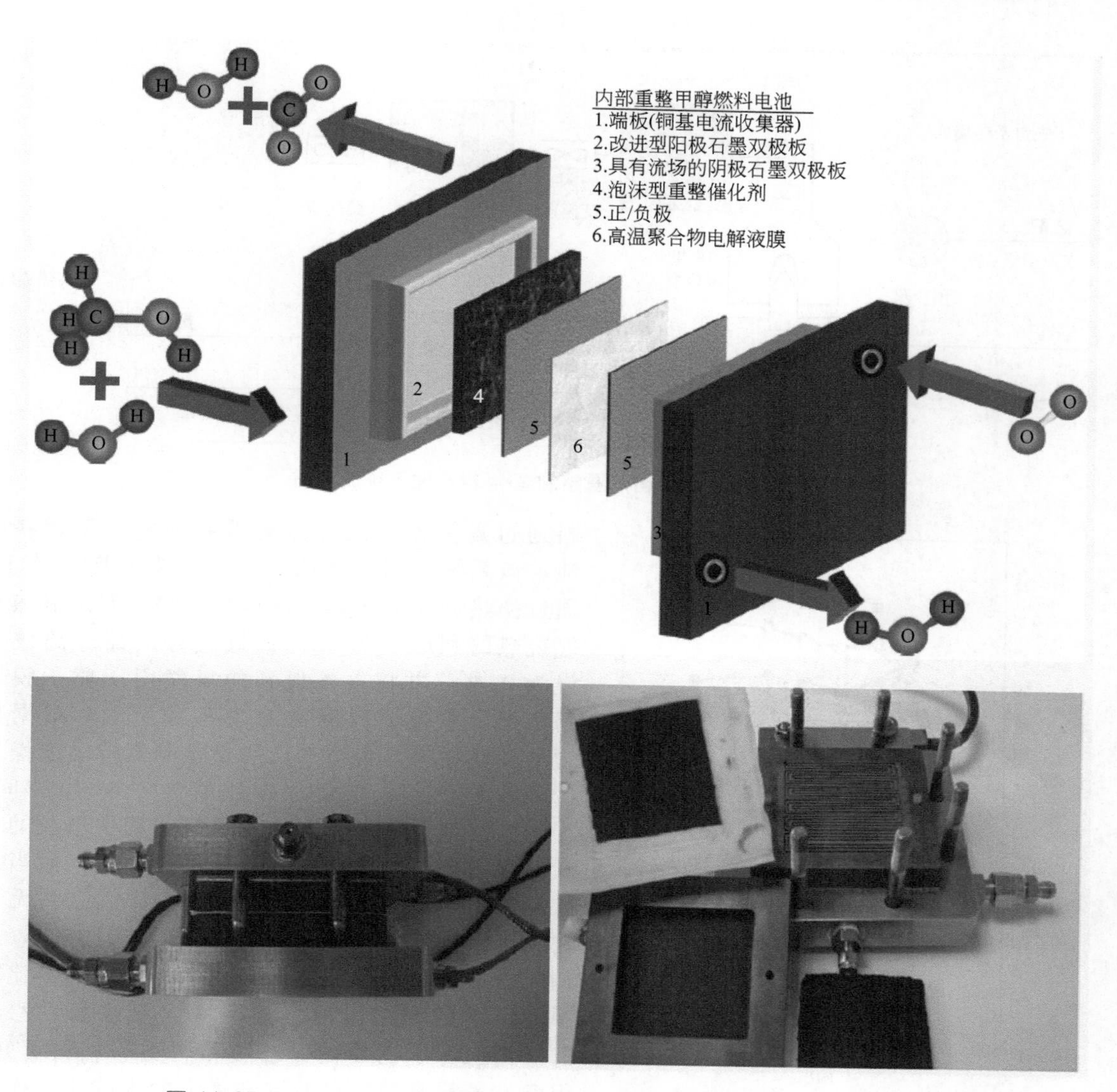

图 11-25 Avgouropoulos 等[105]设计的内部重整的甲醇燃料电池系统

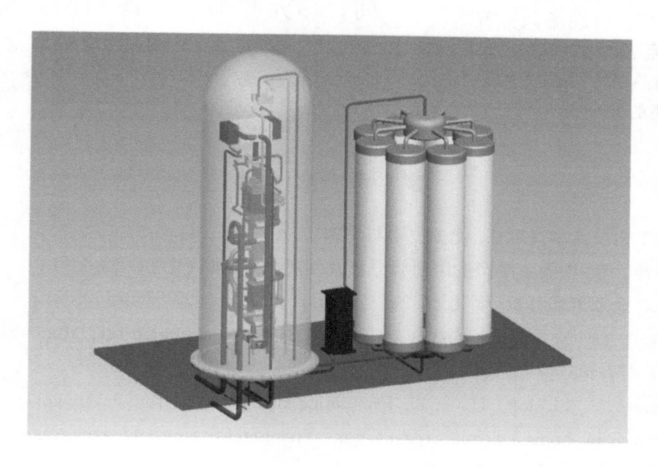

图 11-26 德国美因兹微技术研究所设计的乙醇处理器模型

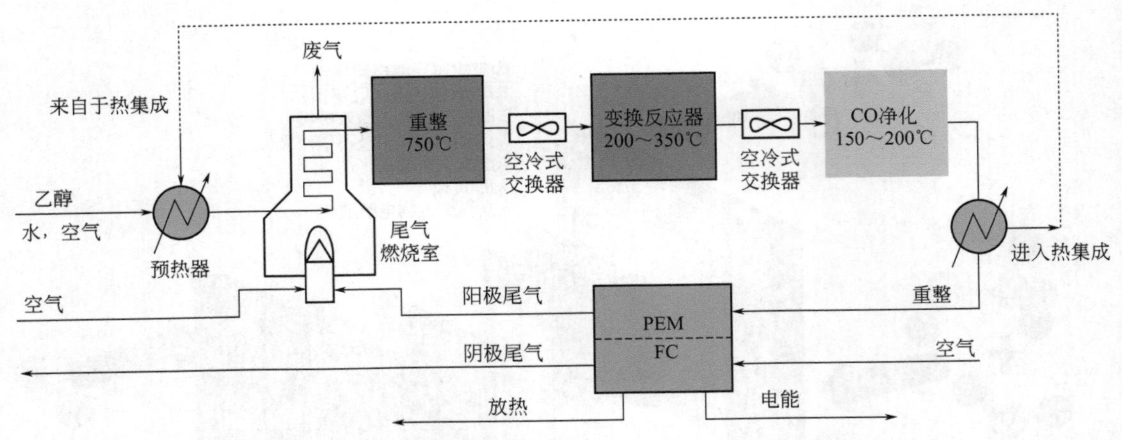

图 11-27 乙醇自热重整制氢-燃料电池系统流程图[108]

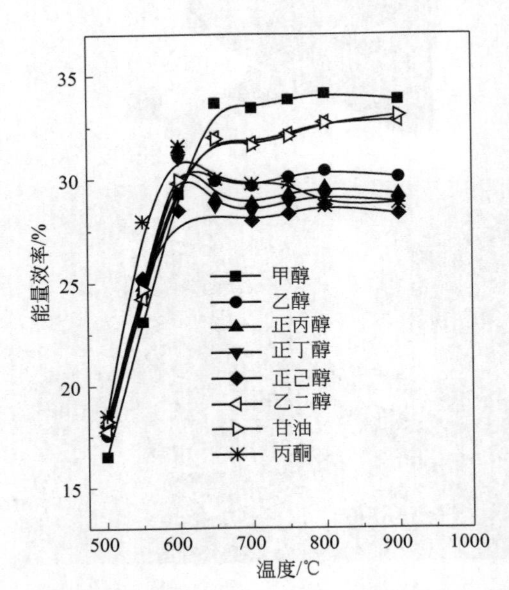

图 11-28 甲醇、乙醇、正丙醇、正丁醇、正己醇、乙二醇、甘油和丙酮在SR-PEMFC系统中的能量效率
（其含义为燃料热值中可通过燃料电池发电利用的部分比例[109]）

料通过重整器产氢并分离得到纯氢用于燃料电池，该系统利用可燃的副产物和未分离出的 H_2 通过换热器和催化燃烧器进行预热，假设显热和燃烧热的利用率为 50%；氢气分离器分离效率设为 90%，并将重整得到的氢气用于质子膜燃料电池，假设燃料电池的效率为 65%。根据热力学计算结果，合适的乙醇重整制氢的温度操作区间为 600～700℃，水碳比值为 0.8～2.4 间。当水碳比值低于 0.8 时，由反应过程中形成的积炭会导致催化剂失活，从而使反应停止，而当水碳比值大于 2.4 后，整个 SR-PEMFC 体系无法输出多余的能量，反而需要外界的能量补充，这构成含氧燃料重整制氢有价值的操作区间。比较甲醇、乙醇、正丙醇、正丁醇、正己醇、乙二醇、丙三醇、葡萄糖、乙酸和丙酮等燃料可知：甲醇有着最高的能量效率和最大的水碳比操作区间；多元醇如乙二醇和丙三醇也有着较高的效率；乙醇次之（图 11-28）；乙酸和葡萄糖的操作区间和效率较低，不适宜通过 SR-PEMFC 系统制氢。

参 考 文 献

[1] 梁思远. 甲醇的生产工艺及其发展现状. 能源技术与管理，2017，42（4）：156-157.

[2] 薛金召，杨荣，肖雪洋，等. 中国甲醇产业链现状分析及发展趋势. 现代化工，2016：1-7.

[3] 肖建新. 国内外甲醇产业及市场分析. 煤化工，2015：63-9.

[4] Zhen X，Wang Y. An overview of methanol as an internal combustion engine fuel. Renewable & Sustainable Energy Reviews，2015，52：477-493.

[5] Shishido T，Yamamoto Y，Morioka H，et al. Production of hydrogen from methanol over Cu/ZnO and Cu/ZnO/Al_2O_3 catalysts prepared by homogeneous precipitation：Steam reforming and oxidative steam reforming. Journal of Molecular Catalysis A：Chemical，2007，268：185-194.

[6] Faungnawakij K，Kikuchi R，Eguchi K. Thermodynamic evaluation of methanol steam reforming for hydrogen produc-

tion. J Power Sources, 2006, 161: 87-94.
[7] Lwin Y, Daud WRW, Mohamad AB, et al. Hydrogen production from steam-methanol reforming: thermodynamic analysis. Int J Hydrogen Energy, 2000, 25: 47-53.
[8] Christiansen JA. A Reaction between Methyl Alcohol and Water and Some Related Reaction. Journal of the American Chemical Society, 1921, 43: 1670-1672.
[9] Shen JP, Song CS. Influence of preparation method on performance of Cu/Zn-based catalysts for low-temperature steam reforming and oxidative steam reforming of methanol for H_2 production for fuel cells. Catal Today, 2002, 77: 89-98.
[10] Kniep BL, Ressler T, Rabis A, et al. Rational design of nanostructured copper-zinc oxide catalysts for the steam reforming of methanol. Angew Chem Int Ed Engl, 2004, 43: 112-115.
[11] Kniep BL, Girgsdies F, Ressler T. Effect of precipitate aging on the microstructural characteristics of Cu/ZnO catalysts for methanol steam reforming. J Catal, 2005, 236: 34-44.
[12] Zhang XR, Wang LC, Cao Y, et al. A unique microwave effect on the microstructural modification of $Cu/ZnO/Al_2O_3$ catalysts for steam reforming of methanol. Chem Commun, 2005: 4104-4106.
[13] Velu S, Suzuki K, Okazaki M, et al. Oxidative Steam Reforming of Methanol over CuZnAl (Zr) -Oxide Catalysts for the Selective Production of Hydrogen for Fuel Cells: Catalyst Characterization and Performance Evaluation. J Catal, 2000, 194: 373-384.
[14] Jeong H, Kim KI, Kim TH, et al. Hydrogen production by steam reforming of methanol in a micro-channel reactor coated with $Cu/ZnO/ZrO_2/Al_2O_3$ catalyst. J Power Sources, 2006, 159: 1296-1299.
[15] Jones SD, Neal LM, Everett ML, et al. Characterization of ZrO_2-promoted Cu/ZnO/nano-Al_2O_3 methanol steam reforming catalysts. Appl Surf Sci, 2010, 256: 7345-7353.
[16] Baneshi J, Haghighi M, Jodeiri N,. Homogeneous precipitation synthesis of $CuO-ZrO_2-CeO_2-Al_2O_3$ nanocatalyst used in hydrogen production via methanol steam reforming for fuel cell applications. Energy Convers Manage, 2014, 87: 928-937.
[17] Zhang L, Pan L, Ni C, et al. CeO_2-ZrO_2-promoted CuO/ZnO catalyst for methanol steam reforming. Int J Hydrogen Energy, 2013, 38: 4397-4406.
[18] Zhang L, Pan L-W, Ni C-J, et al. Effects of precipitation aging time on the performance of $CuO/ZnO/CeO_2$-ZrO_2 for methanol steam reforming. Journal of Fuel Chemistry and Technology, 2013, 41: 883-888.
[19] Tsai AP, Yoshimura M. Highly active quasicrystalline Al-Cu-Fe catalyst for steam reforming of methanol. Applied Catalysis A: General, 2001, 214: 237-241.
[20] Tanabe T, Kameoka S, Tsai AP. A novel catalyst fabricated from Al-Cu-Fe quasicrystal for steam reforming of methanol. Catal Today, 2006, 111: 153-157.
[21] Chin Y, Dagle R, Hu J, et al. Steam reforming of methanol over highly active Pd/ZnO catalyst. Catal Today, 2002, 77: 79-88.
[22] Karim A, Conant T, Datye A. The role of PdZn alloy formation and particle size on the selectivity for steam reforming of methanol. J Catal, 2006, 243: 420-427.
[23] Barrios CE, Bosco MV, Baltanas MA, et al. Hydrogen production by methanol steam reforming: Catalytic performance of supported-Pd on zinc-cerium oxides′ nanocomposites. Applied Catalysis B-Environmental, 2015, 179: 262-275.
[24] Gu X-K, Qiao B, Huang C-Q, et al. Supported Single Pt-1/Au-1 Atoms for Methanol Steam Reforming. ACS Catal, 2014; 4: 3886-3890.
[25] Lin S, Xie D, Guo H. Pathways of Methanol Steam Reforming on PdZn and Comparison with Cu. J Phys Chem C, 2011, 115: 20583-20589.
[26] Abrokwah RY, Deshmane VG, Kuila D. Comparative performance of M-MCM-41 (M: Cu, Co, Ni, Pd, Zn and Sn) catalysts for steam reforming of methanol. Journal of Molecular Catalysis a-Chemical, 2016, 425: 10-20.
[27] Nielsen M, Alberico E, Baumann W, et al. Low-temperature aqueous-phase methanol dehydrogenation to hydrogen and carbon dioxide. Nature, 2013, 495: 85-89.
[28] Lin L, Zhou W, Gao R, et al. Low-temperature hydrogen production from water and methanol using Pt/alpha-MoC catalysts. Nature. 2017, 544: 80-83.
[29] 郭孝孝，罗虎，邓立康. 全球燃料乙醇行业进展. 当代化工，2016：2244-2248.
[30] 林鑫，武国庆. 纤维素乙醇产业进展. 当代化工，2015：2028-2031；2035.
[31] Deluga GA, Salge JR, Schmidt LD, et al. Renewable hydrogen from ethanol by autothermal reforming. Science,

2004，303：993-997.

[32] 王卫平，吕功煊. Co/Fe 催化剂乙醇裂解和部分氧化制氢研究. 分子催化，2002：433-437.

[33] Chen H，Yu H，Peng F，et al. Efficient and stable oxidative steam reforming of ethanol for hydrogen production：Effect of in situ dispersion of Ir over Ir/La_2O_3. J Catal，2010，269：281-290.

[34] 杨浩波. NiCeLaO 催化剂上甘油重整制氢研究 [D]. 广州：华南理工大学，2014.

[35] Rabenstein G，Hacker V. Hydrogen for fuel cells from ethanol by steam-reforming，partial-oxidation and combined auto-thermal reforming：A thermodynamic analysis. J Power Sources，2008，185：1293-1304.

[36] Graschinsky C，Giunta P，Amadeo N，et al. Thermodynamic analysis of hydrogen production by autothermal reforming of ethanol. Int J Hydrogen Energy. 2012，37：10118-10124.

[37] Mavrikakis M，Barteau MA. Oxygenate reaction pathways on transition metal surfaces. Journal of Molecular Catalysis a-Chemical，1998，131：135-147.

[38] Sheng PY，Yee A，Bowmaker GA，et al. H_2 production from ethanol over Rh-Pt/CeO_2 catalysts：The role of Rh for the efficient dissociation of the carbon-carbon bond. J Catal，2002，208：393-403.

[39] Li D，Li X，Gong J. Catalytic Reforming of Oxygenates：State of the Art and Future Prospects. Chem Rev，2016，116：11529-11653.

[40] Zhang J，Zhong Z，Cao XM，et al. Ethanol Steam Reforming on Rh Catalysts：Theoretical and Experimental Understanding. ACS Catal，2014，4：448-456.

[41] 王文举. Ni 催化剂催化乙醇重整制氢的研究 [D]. 天津：天津大学，2009.

[42] Sun J，Qiu X-P，Wu F，et al. from steam reforming of ethanol at low temperature over ，and catalysts for fuel-cell application. International Journal of Hydrogen Energy，2005，30：437-445.

[43] Li S，Zhang C，Huang Z，et al. A Ni@ZrO_2 nanocomposite for ethanol steam reforming：enhanced stability via strong metal-oxide interaction. Chem Commun，2013，49：4226-4228.

[44] Comas J，Marino F，Laborde M，et al. Bio-ethanol steam reforming on Ni/Al_2O_3 catalyst. Chem Eng J，2004，98：61-68.

[45] Tang S，Ji L，Lin J，et al. CO_2 reforming of methane to synthesis gas over sol-gel-made Ni/gamma-Al_2O_3 catalysts from organometallic precursors. J Catal，2000，194：424-430.

[46] Fajardo HV，Probst LFD. Production of hydrogen by steam reforming of ethanol over Ni/Al_2O_3 spherical catalysts. Applied Catalysis a-General，2006，306：134-141.

[47] Fatsikostas AN，Kondarides DI，Verykios XE. Production of hydrogen for fuel cells by reformation of biomass-derived ethanol. Catal Today，2002，75：145-155.

[48] Cui Y，Zhang H，Xu H，et al. The CO_2 reforming of CH_4 over Ni/La_2O_3/alpha-Al_2O_3 catalysts：The effect of La_2O_3 contents on the kinetic performance. Applied Catalysis a-General，2007，331：60-69.

[49] Chen H，Yu H，Peng F，et al. Autothermal reforming of ethanol for hydrogen production over perovskite $LaNiO_3$. Chem Eng J，2010，160：333-339.

[50] Wang F，Li Y，Cai W，et al. Ethanol steam reforming over Ni and Ni-Cu catalysts. Catal Today，2009，146：31-36.

[51] Carrero A，Calles JA，Vizcaino AJ. Hydrogen production by ethanol steam reforming over Cu-Ni/SBA-15 supported catalysts prepared by direct synthesis and impregnation. Applied Catalysis a-General，2007，327：82-94.

[52] Vizcaino AJ，Carrero A，Calles JA. Hydrogen production by ethanol steam reforming over Cu-Ni supported catalysts. Int J Hydrogen Energy，2007，32：1450-1461.

[53] Vizcaino AJ，Carrero A，Calles JA. Ethanol steam reforming on Mg- and Ca-modified Cu-Ni/SBA-15 catalysts. Catal Today，2009，146：63-70.

[54] Soyal-Baltacioglu F，Aksoylu AE，Onsan ZI. Steam reforming of ethanol over Pt-Ni Catalysts. Catal Today，2008，138：183-186.

[55] Profeti LPR，Dias JAC，Assaf JM，et al. Hydrogen production by steam reforming of ethanol over Ni-based catalysts promoted with noble metals. J Power Sources，2009，190：525-533.

[56] Ye JL，Wang YQ，Liu Y，et al. Steam reforming of ethanol over Ni/$Ce_xTi_{1-x}O_2$ catalysts. Int J Hydrogen Energy，2008，33：6602-6611.

[57] Srinivas D，Satyanarayana CVV，Potdar HS，et al. Structural studies on NiO-CeO_2-ZrO_2 catalysts for steam reforming of ethanol. Applied Catalysis A：General，2003，246：323-334.

[58] Llorca J，Homs Ns，Sales J，et al. Efficient Production of Hydrogen over Supported Cobalt Catalysts from Ethanol Steam Reforming. Journal of Catalysis，2002，209：306-317.

[59] Karim AM，Su Y，Sun J，et al. A comparative study between Co and Rh for steam reforming of ethanol. Applied Ca-

talysis B: Environmental, 2010; 96: 441-448.
[60] Liguras DK, Kondarides DI, Verykios XE. Production of hydrogen for fuel cells by steam reforming of ethanol over supported noble metal catalysts. Applied Catalysis B: Environmental, 2003, 43: 345-354.
[61] Contreras JL, Salmones J, Colín-Luna JA, Nuño L, Quintana B, Córdova I, Zeifert B, Tapia C, Fuentes GA. Catalysts for H_2 production using the ethanol steam reforming (a review). Int J Hydrogen Energy, 2014, 39: 18835-18853.
[62] Ramos IAC, Montini T, Lorenzut B, et al. Hydrogen production from ethanol steam reforming on $M/CeO_2/YSZ$ (M=Ru, Pd, Ag) nanocomposites. Catal Today. 2012; 180: 96-104.
[63] Cavallaro S, Chiodo V, Freni S, et al. Performance of Rh/Al_2O_3 catalyst in the steam reforming of ethanol: H_2 production for MCFC. Applied Catalysis a-General, 2003, 249: 119-128.
[64] Cavallaro S. Ethanol Steam Reforming on Rh/Al_2O_3 Catalysts. Energy & Fuels, 2000, 14: 1195-1199.
[65] Chen L, Choong CKS, Zhong Z, et al. Carbon monoxide-free hydrogen production via low-temperature steam reforming of ethanol over iron-promoted Rh catalyst. J Catal, 2010, 276: 197-200.
[66] Chen H, Yu H, Tang Y, et al. Hydrogen production via autothermal reforming of ethanol over noble metal catalysts supported on oxides. Journal of Natural Gas Chemistry, 2009, 18: 191-198.
[67] 张超，郎林，阴秀丽，等. 生物乙醇重整制氢反应器. 化学进展，2011: 810-818.
[68] Tian H, Li X, Chen S, et al. Role of Sn in Ni-Sn/CeO_2 Catalysts for Ethanol Steam Reforming. Chin J Chem, 2017, 35: 651-658.
[69] Palma V, Ruocco C, Castaldo F, et al. Ethanol steam reforming over bimetallic coated ceramic foams: Effect of reactor configuration and catalytic support. Int J Hydrogen Energy, 2015, 40: 12650-12662.
[70] Holladay JD, Jones EO, Dagle RA, et al. High efficiency and low carbon monoxide micro-scale methanol processors. Journal of Power Sources. 2004, 131: 69-72.
[71] Karim A, Bravo J, Gorm D, et al. Comparison of wall-coated and packed-bed reactors for steam reforming of methanol. Catal Today, 2005, 110: 86-91.
[72] Freni S, Mondello N, Cavallaro S, et al. Hydrogen production by steam reforming of ethanol: A two step process. React Kinet Catal Lett, 2000, 71: 143-152.
[73] Vinci A, Chiodo V, Papageridis K, et al. Ethanol Steam Reforming in a Two-Step Process. Short-Time Feasibility Tests. Energy & Fuels, 2013, 27: 1570-1575.
[74] Younes-Metzler O, Svagin J, Jensen S, et al. Microfabricated high-temperature reactor for catalytic partial oxidation of methane. Appl Catal A, 2005, 284: 5-10.
[75] Chen GW, Li SH, Yuan Q. Pd-Zn/Cu-Zn-Al catalysts prepared for methanol oxidation reforming in microchannel reactors. Catal Today, 2007, 120: 63-70.
[76] Pfeifer P, Schubert K, Liauw MA, et al. PdZn catalysts prepared by washcoating microstructured reactors. Appl Catal A, 2004, 270: 165-175.
[77] Park G-G, Seo D-J, Park S-H, et al. Development of microchannel methanol steam reformer. Chem Eng J, 2004, 101: 87-92.
[78] Kundu A, Park JM, Ahn JE, et al. Micro-channel reactor for steam reforming of methanol. Fuel, 2007, 86: 1331-1336.
[79] Reuse P, Renken A, Haas-Santo K, et al. Hydrogen production for fuel cell application in an autothermal micro-channel reactor. Chem Eng J, 2004, 101: 133-141.
[80] Wanat EC, Venkataraman K, Schmidt LD. Steam reforming and water-gas shift of ethanol on Rh and Rh-Ce catalysts in a catalytic wall reactor. Applied Catalysis a-General, 2004, 276: 155-162.
[81] Casanovas A, Saint-Gerons M, Griffon F, et al. Autothermal generation of hydrogen from ethanol in a microreactor. Int J Hydrogen Energy, 2008, 33: 1827-1833.
[82] Pla D, Salleras M, Morata A, et al. Standalone ethanol micro-reformer integrated on silicon technology for onboard production of hydrogen-rich gas. Lab Chip, 2016, 16: 2900-2910.
[83] Yu H, Chen H, Pan M, et al. Effect of the metal foam materials on the performance of methanol steam micro-reformer for fuel cells. Applied Catalysis a-General, 2007, 327: 106-113.
[84] Chen H, Yu H, Tang Y, et al. Assessment and optimization of the mass-transfer limitation in a metal foam methanol microreformer. Applied Catalysis a-General, 2008, 337: 155-162.
[85] Lindström B, Pettersson LJ. Steam reforming of methanol over copper-based monoliths: the effects of zirconia doping. J Power Sources, 2002, 106: 264-273.

[86] Sanz O, Velasco I, Reyero I, et al. Effect of the thermal conductivity of metallic monoliths on methanol steam reforming. Catal Today, 2016, 273: 131-139.

[87] Llorca J, Casanovas A, Trifonov T, et al. First use of macroporous silicon loaded with catalyst film for a chemical reaction: A microreformer for producing hydrogen from ethanol steam reforming. J Catal, 2008, 255: 228-233.

[88] Dominguez M, Taboada E, Molins E, et al. Co-SiO_2 aerogel-coated catalytic walls for the generation of hydrogen. Catal Today, 2008, 138: 193-197.

[89] Casanovas A, Dominguez M, Ledesma C, et al. Catalytic walls and micro-devices for generating hydrogen by low temperature steam reforming of ethanol. Catal Today, 2009, 143: 32-37.

[90] Casanovas A, de Leitenburg C, Trovarelli A, et al. Catalytic monoliths for ethanol steam reforming. Catal Today, 2008, 138: 187-192.

[91] Zhou W, Ke Y, Wang Q, et al. Development of cylindrical laminated methanol steam reforming microreactor with cascading metal foams as catalyst support. Fuel, 2017, 191: 46-53.

[92] Chen H, Yu H, Yang G, et al. Auto-thermal ethanol micro-reformer with a structural Ir/La_2O_3/ZrO_2 catalyst for hydrogen production. Chem Eng J, 2011, 167: 322-327.

[93] Chiu W-C, Horng R-F, Chou H-M. Hydrogen production from an ethanol reformer with energy saving approaches over various catalysts. Int J Hydrogen Energy, 2013, 38: 2760-2769.

[94] Horny C, Renken A, Kiwi-Minsker L. Compact string reactor for autothermal hydrogen production. Catal Today, 2007, 120: 45-53.

[95] Manzolini G, Tosti S. Hydrogen production from ethanol steam reforming: energy efficiency analysis of traditional and membrane processes. Int J Hydrogen Energy, 2008, 33: 5571-5582.

[96] Chen Y, Xu H, Wang Y, et al. Hydrogen production from the steam reforming of liquid hydrocarbons in membrane reactor. Catal Today, 2006, 118: 136-143.

[97] Yu C-Y, Lee D-W, Park S-J, et al. Ethanol steam reforming in a membrane reactor with Pt-impregnated Knudsen membranes. Appl Catal B, 2009, 86: 121-126.

[98] Iulianelli A, Ribeirinha P, Mendes A, et al. Methanol steam reforming for hydrogen generation via conventional and membrane reactors: A review. Renewable & Sustainable Energy Reviews, 2014, 29: 355-368.

[99] 袁丽霞. 电催化水蒸气重整生物油及乙醇制氢的基础应用研究 [D]. 合肥：中国科学技术大学，2008.

[100] Roldan R. Technical and economic feasibility of adapting an industrial steam reforming unit for production of hydrogen from renewable ethanol. Int J Hydrogen Energ, 2015, 40: 2035-2046.

[101] Lopes DG, da Silva EP, Pinto CS, et al. Technical and economic analysis of a power supply system based on ethanol reforming and PEMFC. Renew Energ, 2012, 45: 205-212.

[102] Silveira JL, Lamas WdQ, Tuna CE, et al. Ecological efficiency and thermoeconomic analysis of a cogeneration system at a hospital. Renew Sust Energ Rev, 2012, 16: 2894-2906.

[103] Wichmann D, Engelhardt P, Wruck R, et al. Development of a Highly Integrated Micro Fuel Processor Based on Methanol Steam Reforming for a HT-PEM Fuel Cell with an Electric Power Output of 30 W // Fuel Cell Seminar. Williams MC, Krist K, Garland N, editors. 2009, 2010: 505-515.

[104] Pan C, He RH, Li QF, et al. Integration of high temperature PEM fuel cells with a methanol reformer. J Power Sources, 2005, 145: 392-398.

[105] Avgouropoulos G, Neophytides SG. Performance of internal reforming methanol fuel cell under various methanol/water concentrations. J Appl Electrochem, 2012, 42: 719-726.

[106] Avgouropoulos G, Ioannides T, Kallitsis JK, et al. Development of an internal reforming alcohol fuel cell: Concept, challenges and opportunities. Chem Eng J, 2011, 176: 95-101.

[107] Kolb G, Men Y, Schelhaas KP, et al. Development Work on a Microstructured 50 kW Ethanol Fuel Processor for a Small-Scale Stationary Hydrogen Supply System. Ind Eng Chem Res, 2011, 50: 2554-2561.

[108] Aicher T, Full J, Schaadt A. A portable fuel processor for hydrogen production from ethanol in a 250 W-el fuel cell system. Int J Hydrogen Energy, 2009, 34: 8006-8015.

[109] Li J, Yu H, Yang G, et al. Steam Reforming of Oxygenate Fuels for Hydrogen Production: A Thermodynamic Study. Energy & Fuels, 2011, 25: 2643-2650.

第12章 甘油重整制氢

12.1 背景及甘油的来源

生物柴油来源于可再生生物质，是极具潜力的传统化石能源替代品。另外，生物柴油由于其低的含硫量以及高的氧含量，在燃烧过程中产生的硫氧化物以及一氧化碳更少，对环境更友好。近年来，生物柴油作为一种日益重要的可再生能源，其产量在几大主要的消费市场一直保持着快速增长。欧盟作为最大的市场，在 2014 年生产了 1250 万立方米的生物柴油；美国和巴西在 2014 年的产量也分别达到了 480 万立方米和 310 万立方米，巴西 2012 年生物柴油在路用柴油中的应用比例就已经达到 5%[1]；我国生物柴油产量在 2015 年达到 80 万吨，预计 2020 年将达到 200 万吨。图 12-1 为 2000～2016 年间全球生物柴油产量和原油价格。

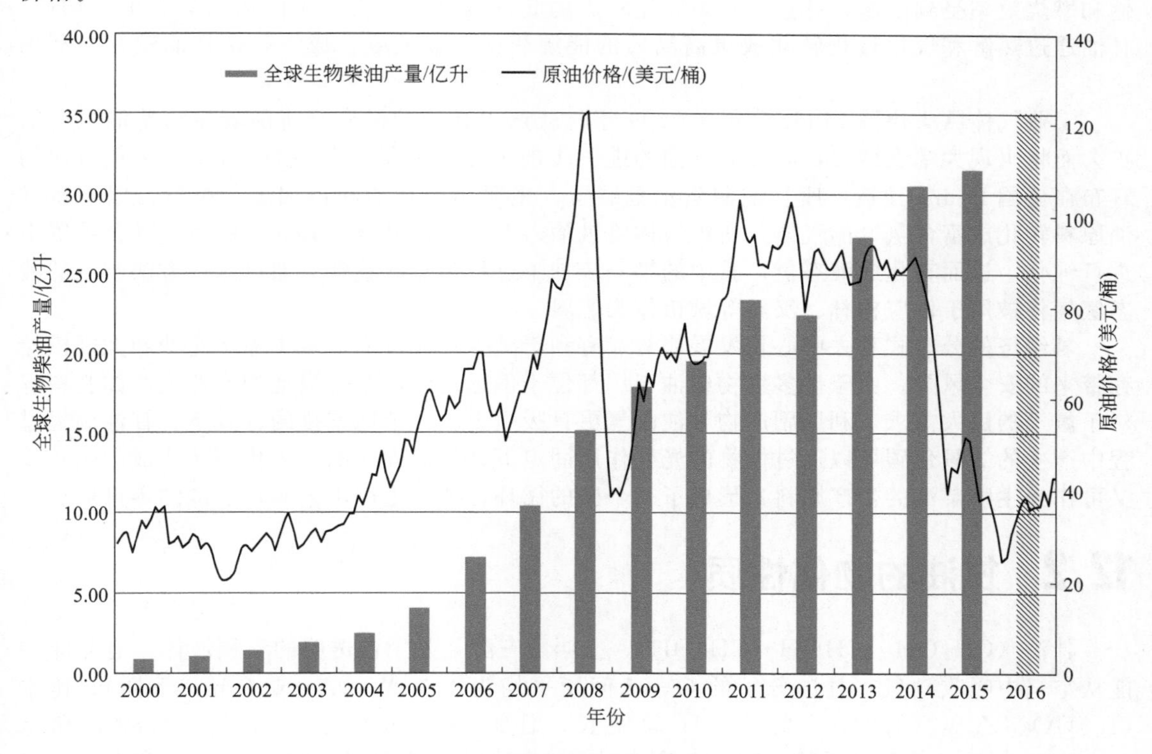

图 12-1 2000～2016 年间全球生物柴油产量和原油价格[2]

目前生物柴油主要以生物质、餐饮废油料以及植物作物为原料通过酯交换的工艺制备得到。在这一工艺过程中，会副产大约10%的甘油。得到的这些甘油，通常被叫作粗甘油，其中甘油含量为80%～90%，其他还包括水，有机残留物和灰分等杂质。这些杂质，尤其是灰分会影响甘油的后续利用，因此经常对粗甘油进行精制处理得到99%左右的精制甘油。考虑到目前生物柴油的规模，这部分副产物甘油的产量十分可观。仅欧盟、美国和巴西这几个最大的市场，2014年就有超过200万立方米的甘油产量。从1999～2009年期间，世界甘油供给中来自生物柴油的份额从9%增长到了64%[3]；而全球市场对于甘油的需求和利用并未显著变化。以巴西为例，在2013年，巴西有超过35万立方米的甘油产量，但是其国内的需求仅仅不到4万立方米[1]。这一现状导致了甘油价格的持续下跌。甘油三酯通过酯交换生产生物柴油的工艺见图12-2。

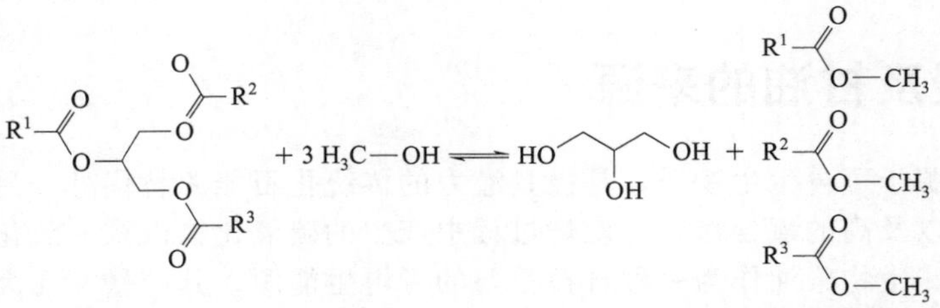

$$\text{甘油三酯} + 3\,H_3C—OH \rightleftharpoons HO—CH_2—CH(OH)—CH_2—OH + R^1COOCH_3 + R^2COOCH_3 + R^3COOCH_3$$

甘油三酯　　甲醇　　甘油　　甲酯　生物柴油

图12-2　甘油三酯通过酯交换生产生物柴油的工艺[4]

虽然将甘油转化成附加值更高的产品，如精细化学品、食品和纺织化学品等，非常有吸引力，但是其利用量有限。理论上甘油也可以作为一种燃料，但是考虑到它的高黏度，其传输和燃烧效率受到限制；并且，它需要比较高的起燃温度，还会产生丙烯醛等有毒的物质。甘油通过热解和气化过程转化成更高品质的能源载体，如氢或合成气，是甘油较好的利用途径。

工业气体巨头德国Linde公司在2009年时就认为甘油的供应量将随着生物柴油生产的扩大而将出现大幅度增加，因此对甘油的进一步加工处理变得日益重要。在2009年时他们宣布在德国Leuna建造一座甘油制氢示范装置，主要用于甘油的再加工和裂解，以便将甘油原料转化成富含氢气的气体。所得气体将被输入Linde公司位于Leuna的氢气联合装置中进行纯化，进而转化成液态氢。其中的第一步加工过程为蒸汽重整。通过这一方法产生的液态氢气将被用于供应柏林、汉堡等城市作为燃料。

氢经济的分布式和去中心化发展趋势，有利于减少物流过程，减少输运花费和大规模储存带来的安全风险。由于许多生物柴油工厂都位于偏远地区，结合当地的农业生产如肥料等对于氢气的巨大需求，利用副产物甘油制氢更具吸引力。在全球减排的背景下，甘油制氢过程中产生的二氧化碳可以通过植物的光合作用固定下来，而固定的二氧化碳转化成的生物质又可作为生物柴油的生产原料，形成了一个碳的循环，整个生产工艺实现了碳的零排放。

12.2 甘油的物化性质

甘油（$CH_2OH—CHOH—CH_2OH$），又叫丙三醇，是无色透明的黏稠液体，有甜味并能从空气中吸收潮气。甘油分子的O—H间距平均为1.04Å（1Å＝0.1nm，下同），比水（1.01Å）、乙醇（1.01Å）的O—H间距长。甘油分子间的氢键间距为1.8Å，和水（1.75Å）相近，并且分子间呈网状的聚合结合，平均分子间距为20Å。甘油是含有三个羟基的醇，具有一般醇类的化学反应性，同时又具有多元醇特性。从1900年起就有关于甘油物理化学性质方面的报道，现将其汇总于表12-1。

表12-1 甘油物化性质汇总表[5]

项目	数值
热膨胀系数	(15~30℃)6.22×10^{-4}℃$^{-1}$
扩散系数（水）	0~70%,1.0×10^{-5}cm²/s；90%,3.0×10^{-5}cm²/s
凝固点	18.17℃
溶解热	47.9cal/g 或 4.41×10^{-3}cal/mol
蒸发热	(55℃)2.11×10^{-4}cal/mol (105℃)1.99×10^{-4}cal/mol
闪点	177℃(99%)
燃烧点	204℃
常压燃烧热	(15℃)3.96×10^{-2}kcal/mol
生成热	1.60×10^{-2}kcal/mol
溶解热（水）	1.38×10^{-3}kcal/mol
蒸气压	(290℃)760mmHg
折射率	1.47/(n_D^t)
表面张力	(25℃)62.5/(dyn/cm)
溶解性	易溶于水、甲醇、乙醇、丙醇、异丙醇、丁醇、戊醇、乙二醇、1,2-丙二醇、1,3-丙二醇、酚等，可溶解在丙酮(4%)、醋酸(9%)中，二噁烷、乙醚中几乎不溶解，不溶于高级醇、油脂、氯仿、苯和己烷中
介电常数	42.488(25℃)
黏度	1.50×10^{-3}cP(20℃)
离解常数	7×10^{-15}
相对密度	1.26362(20℃/20℃)

注：1mmHg=133.322Pa；1dyn/cm=10^{-3}N/m。

12.3 甘油水蒸气重整制氢

甘油水蒸气重整反应是甘油分子在高温和水蒸气存在下，经历脱氢、脱水、碳碳键断裂生成小分子的含氧碳氢化合物，并通过碳碳键重排、蒸汽重整、水气变换（WGS）等反应，最后生成氢气、一氧化碳、二氧化碳、甲烷、乙烯、乙醛、乙酸、丙酮、丙烯醛、乙醇、甲醇、水和碳等复杂产物的过程。甘油水蒸气重整制氢根据投料以及供能方式的不同可以进一步细分，用一个总的通式表示为：

$$C_3H_8O_3 + xH_2O + yO_2 \longrightarrow aH_2 + bCO + cCO_2 + dH_2O + eCH_4 \tag{12-1}$$

这些反应包括：甘油水蒸气重整（steam reforming of glycerol，SRG）、甘油氧化蒸汽重整（oxidative steam reforming of glycerol，OSRG）、甘油部分氧化（partial oxidation of glycerol，POG）。

SRG：
$$C_3H_8O_3 + 3H_2O \longrightarrow 3CO_2 + 7H_2 \qquad \Delta H_{r,25℃} = 128\text{kJ/mol} \tag{12-2}$$

POG：
$$C_3H_8O_3 + \frac{3}{2}O_2 \longrightarrow 3CO_2 + 4H_2 \qquad \Delta H_{r,25℃} = -603\text{kJ/mol} \tag{12-3}$$

OSRG：
$$C_3H_8O_3 + \frac{3}{2}H_2O + \frac{3}{4}O_2 \longrightarrow 3CO_2 + \frac{11}{2}H_2 \qquad \Delta H_{r,25℃} = -240\text{kJ/mol} \tag{12-4}$$

$$C_3H_8O_3 + (3-2d)H_2O + dO_2 \longrightarrow 3CO_2 + (7-2d)H_2 \qquad \Delta H_{r,25℃} = 0\text{kJ/mol} \tag{12-5}$$

甘油水蒸气重整的产氢效率最高，在理想情况下每摩尔甘油能产生7mol氢气，但是该反应强吸热，需要外界供能以维持反应的进行；甘油的部分氧化实质上是用氧气直接实现甘油碳碳键的断裂从而使其分解产氢，该反应强放热，但是产氢效率较低；甘油氧化蒸汽重整结合两者的优点，氧气不仅可以促进甘油分子的分解并且能够降低热效应，通过适当的调节碳氧比可以实现 $\Delta H^{\ominus}=0$，即自热重整反应（autothermal reforming of glycerol，ATRG）。通过吸热反应与放热反应的耦合使得反应器在无须外界热源的维持下继续工作，可以省去外部加热设备而有利于紧凑式、便携式微型制氢反应器的设计。氧气的引入还能够有效地把沉积在催化剂表面的积炭烧掉，提高催化剂的使用寿命。

12.3.1 热力学分析

Fernando 等[6,7]基于 Gibbs 自由能最小，对甘油蒸汽重整制氢过程中的热力学问题进行了讨论：高温、低压、高的水/甘油比有利于反应向生成氢气的方向进行，最佳的条件为温度 900K，水∶甘油的摩尔比为 9∶1。当温度升高到 1000K 时，甘油的产氢效率降低，产品气中的 CO 浓度升高，CO_2 浓度降低，这是由于高温有利于水气变换逆反应发生，从而导致了产氢量的下降。对该反应的积炭热力学研究表明，当反应温度为 1000K 时，在任何水碳比下都不会有积炭的产生；高的水∶甘油比也有利于抑制积炭的产生。

Amadeo 等[8]基于化学计量法，以产物分布和积炭形成作为目标进行热力学模拟优化，分别以 CO 和 CO_2 作为主要产物来分析。在温度 600～1200K、水碳比（0∶1)～(10∶1)、压力 1～9atm 的反应条件范围内，甘油都能完全被转化，这表明甘油脱氢反应或甘油蒸汽重整反应可进行完全。平衡产物的分布主要由水气变换反应和甲烷化反应共同决定，在低温条件下，甲烷化反应占据主导地位；而在高温下以水气变换反应为主。在高温下，压力的变化不会影响到产物的分布。高温和高水碳比均会抑制甲烷和积炭的生成，有利于提高氢气的产率。

马新宾等[9]基于 Gibbs 最小自由能对甘油自热重整过程进行了分析，考察的工艺范围为温度 700～1000K，水甘油比 1∶12，氧甘油比值 0.0～3.0。有利于氢气产率的反应条件为：温度 900～1000K，水甘油比值为 9～12，氧甘油比值为 0.0～0.4。在优化的水甘油比值（9～12)，900K 下的最佳氧甘油比值在 0.36 左右；1000K 下的最佳氧甘油比值在0.38～0.39 间。这些条件下 1mol 甘油最大产氢分别为 5.62mol 和 5.43mol。

余皓等[10]也基于 Gibbs 自由能最小原则对甘油氧化蒸汽重整过程进行了热力学分析，发现在常压、碳氧比值 0.5～3.0、水碳比值 0.5～8.0、温度 400～850℃的参数范围内，高的碳氧比和水碳比有利于氢的收率。在一定的水碳比和碳氧比下，氢气的选择性在 600～700℃范围内最高（图 12-3），这是由于高温促进了逆水气变换反应。对自热条件下产氢选择性的分析表明，在 500～750℃范围内，进行甘油的自热重整反应，最高的氢气选择性均在 C/O（碳氧比值）为 0.8～1.2 内取得；特别地，无论如何调整水碳比和碳氧比，均在 600～650℃范围取得最高的自热重整氢气选择性。图 12-3 为反应温度对甘油氧化蒸汽重整气体产物选择性的影响。

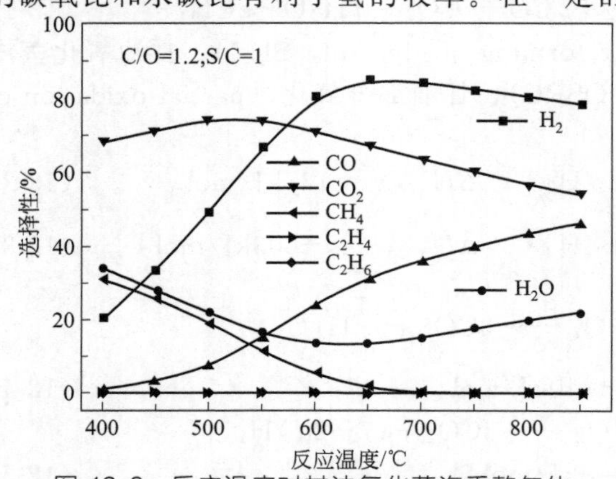

图 12-3 反应温度对甘油氧化蒸汽重整气体产物选择性的影响（C/O= 1.2， S/C= 1）

Hajjaji 等[11]对自热过程中的能量效率的研究表明，过程中输入的能量大约 2/3 进入到产物氢气中，其余随尾气耗散。自热重整过程的㶲效率大概为57%，产生1mol氢气需要152kJ能量。

Assabumrungrat等[12]考虑了反应器的自热以及整个系统的自热情况（如图12-4所示），并分别进行了模拟。由于整个体系的自热需要考虑到反应物的预热所消耗的能量，所以体系自热的氢气的产率为3.28mol H_2/mol甘油，小于反应器自热的5.67mol H_2/mol甘油。

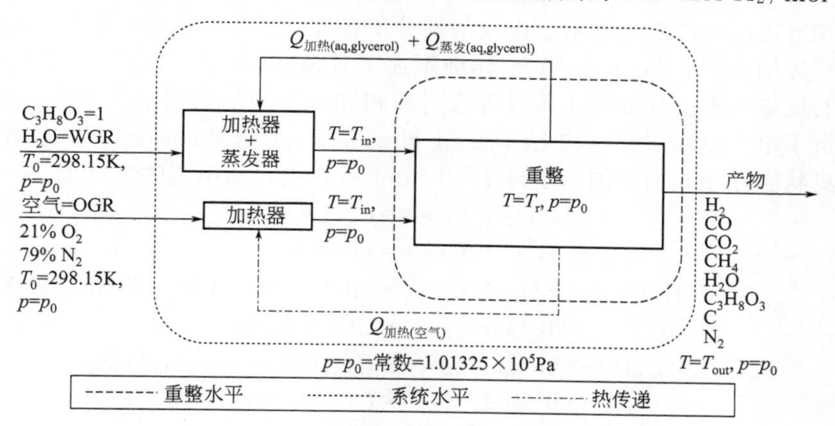

图12-4 反应器与反应系统的自热能量平衡[12]

热力学研究的结果给出了甘油重整制氢反应可行的工艺条件范围。甘油重整反应的特征之一是反应温度较高，这是由甘油分子中含两个C—C键决定的。因此在防止催化剂在高温下烧结、积炭失活等是甘油重整制氢工艺的重点。

12.3.2 反应机理

SRG中最主要的反应可简化为甘油分解和水气变换：

$$C_3H_8O_3 \longrightarrow 3CO+4H_2 \qquad \Delta H_{r,25℃}=251kJ/mol \tag{12-6}$$

$$CO+H_2O \longrightarrow CO_2+H_2 \qquad \Delta H_{r,25℃}=-41kJ/mol \tag{12-7}$$

但事实上甘油水气重整反应副反应众多，目前尚未有统一的反应机理解释。一般来说，能达成的共识是其反应是通过逐步进行C—C键的断裂与脱氢实现的。Prakash等[13]对甘油重整的过程作出了较详细的阐述，认为其主要包括以下三步：①甘油首先在催化剂的作用下脱去一分子的氢，随后以所产生的活性碳位或氧位吸附在金属催化剂表面；②吸附物种进一步脱氢直至吸附态的CO；③吸附态CO与水进一步发生水气变换反应产生H_2和CO_2，也可以与已经生成的氢气发生甲烷化反应生成甲烷，或者直接从金属活性位上脱附下来形成气态CO。这个过程可以用如下公式简要表示：

$$CH_2OH—CHOHCH_2OH \xrightarrow{-H_2} {}^*CHOH—{}^*COHCH_2OH \xrightarrow{-H_2} {}^*CO \tag{12-8}$$

$${}^*CO \longrightarrow CO(g) \tag{12-9}$$

$${}^*CO+H_2O \longrightarrow CO_2+H_2 \tag{12-10}$$

$${}^*CO+3H_2 \longrightarrow CH_4+H_2O \tag{12-11}$$

由于甘油分子不同的断键和脱氢程度会出现大量的中间活性物种，这些物种之间的结合会形成众多的产物，包括：氢气、一氧化碳、二氧化碳、甲烷、乙烯、乙醛、乙酸、丙酮、丙烯醛、乙醇、甲醇和其他含更多碳的复杂产物以及积炭，其中前四种为最主要的产物。考虑到甲烷是氢碳比最高的副产物，是导致氢气产率低下的重要原因之一，因此甲烷的产生需要极力避免，即在重整反应过程中需抑制式（12-11）。此外在甘油分解产氢的过程中不可避免地会产生一些积炭沉积在催化剂活性位，对于积炭引起催化剂的失活尤其要引起研究者的重视。可能的积炭反应有：

$$CH_4 \longrightarrow C+2H_2 \quad \Delta H_{r,25℃}=74kJ/mol \tag{12-12}$$

$$2CO \longrightarrow C+CO_2 \quad \Delta H_{r,25℃}=-172kJ/mol \tag{12-13}$$

$$CO+H_2 \longrightarrow H_2O+C \quad \Delta H_{r,25℃}=-131kJ/mol \tag{12-14}$$

更进一步考虑活性位点、吸附态以及活性分子在催化剂表面的存在形态，可以对整个反应机理有更明确的认识。Adesina 等[14]详细阐述了甘油在 Ni-Co/Al_2O_3 双金属催化剂上蒸汽重整制氢的反应机理。甘油和水蒸气可吸附在相同或不同的表面活性中心，基于此认识，作者分别分析了单位点和双位点的 Langmuir-Hinshelwood 机理；同时，反应物在表面可能以分子或解离状态存在，当甘油和水分子均以分子状态吸附在不同的位点上：

$$C_3H_8O_3+X_1 \rightleftharpoons C_3H_8O_3\text{-}X_1$$

$$H_2O+X_2 \rightleftharpoons H_2O\text{-}X_2$$

$$C_3H_8O_3\text{-}X_1+H_2O\text{-}X_2 \longrightarrow HCOO\text{-}X_2+CH_2OHCHOH\text{-}X_1+2H_2$$

$$HCOO\text{-}X_2 \longrightarrow CO_2+H\text{-}X_2$$

$$CH_2OHCHOH\text{-}X_1+H\text{-}X_2 \longrightarrow CH_2OH\text{-}X_1+CH_3O\text{-}X_2$$

$$CH_2OH\text{-}X_1+X_2 \longrightarrow CH_2\text{-}X_1+OH\text{-}X_2$$

$$CH_2\text{-}X_1+H\text{-}X_2 \longrightarrow CH_3\text{-}X_1+X_2$$

$$CH_3\text{-}X_1+H\text{-}X_2 \longrightarrow CH_4+X_1+X_2$$

$$CH_3O\text{-}X_1+X_2 \longrightarrow CH_2O\text{-}X_1+H\text{-}X_2$$

$$CH_2O\text{-}X_1+X_2 \longrightarrow HCO\text{-}X_1+H\text{-}X_2$$

$$HCO\text{-}X_1+X_2 \longrightarrow CO\text{-}X_1+H\text{-}X_2$$

$$CO\text{-}X_1 \rightleftharpoons CO+X_1$$

$$CO\text{-}X_1+OH\text{-}X_2 \rightleftharpoons CO_2+H\text{-}X_2+X_1$$

$$2H\text{-}X_2 \rightleftharpoons H_2+2X_2$$

此外，甘油和水还可能以解离形式发生吸附。若考虑催化剂表面的空间位阻作用和位点吸附的几何要求，Eley-Rideal 机理也是可行的，若甘油以吸附态而水蒸气以非吸附态存在：

$$C_3H_8O_3+X \rightleftharpoons CH_2O\text{-}X+(CH_2OH)_2\uparrow$$

$$CH_2O\text{-}X \rightleftharpoons CO\text{-}X+H_2\uparrow$$

$$(CH_2OH)_2+2X \rightleftharpoons 2CH_3O\text{-}X$$

$$CH_3O\text{-}X+X \rightleftharpoons CH_2\text{-}X+OH\text{-}X$$

$$CH_2\text{-}X+H_2O \longrightarrow CH_2O\text{-}X+H_2\uparrow$$

$$CO\text{-}X+OH\text{-}X \longrightarrow H\text{-}X+CO_2\uparrow+X$$

$$CH_2\text{-}X+H\text{-}X \longrightarrow CH_3\text{-}X+X$$

$$CH_3\text{-}X+H\text{-}X \longrightarrow CH_4+2X$$

$$CH_2O\text{-}X+H\text{-}X \longrightarrow CH_2\text{-}X+OH\text{-}X$$

$$CO\text{-}X \rightleftharpoons CO\uparrow+X$$

$$CO\text{-}X+H_2O \longrightarrow CO_2\uparrow+H_2\uparrow+X$$

$$H\text{-}X+H\text{-}X \rightleftharpoons H_2\uparrow+2X$$

Adesina 等[14]认为在以上机理中，负载型双金属催化剂上比较适用的是双位点的 Langmuir-Hinshelwood 机理，并且甘油和水分子都是以分子状态吸附在表面。当然，随着催化剂使用的不同以及所选用的反应条件的区别，也存在其他不同的机理解释，应仔细加以甄别。

Dalai 等[15]提出了 Ni/Al_2O_3 催化剂上甘油重整可能的反应机理如图 12-5 所示。

他们认为甘油分子吸附在 Ni 表面，水分子吸附在 Al_2O_3 表面的 Al 位发生如图 12-5 所

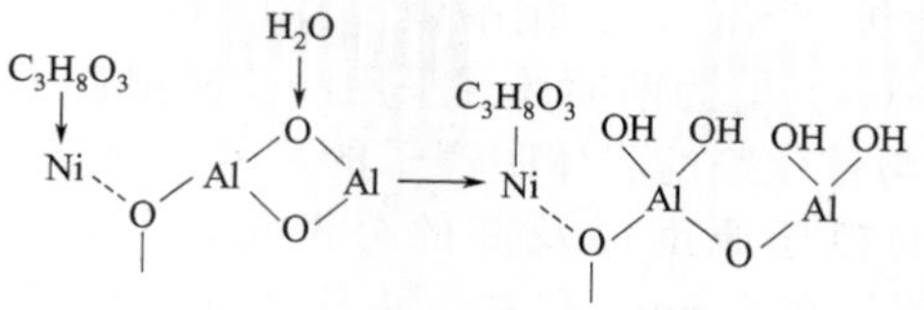

图 12-5 Ni/Al_2O_3 催化剂上甘油重整可能的反应机理

示的表面羟基化反应。吸附的甘油可通过脱氢反应产生氢气；羟基从 Al 位迁移到 Ni 晶与 Al 的界面处，也可与脱氢后吸附态的有机物片段反应产生氢气；逐步脱氢反应最终产生 CO。

12.3.3 催化剂

甘油黏度大，热稳定性差，加热到 300℃易发生裂解，对反应过程中的催化剂提出了较高的要求。Pd、Pt、Ru、Rh、Ir 等是常用的贵金属催化剂，通常它们催化活性高，抗积炭能力强，稳定性好，在加氢、脱氢以及氢解等涉氢反应中研究广泛，也可应用于甘油重整制氢。常见的贱金属重整催化剂主要有：Fe、Co、Ni、Cu 等。其中，Ni 基和 Co 基催化剂由于其高的断裂 C—C 键的能力和水气变换能力，是最常用的重整催化剂。研究者从原料的选择、制备方法、引入助剂和选择合适的载体等方面开展了大量的工作来改进催化剂的活性及稳定性。

12.3.3.1 镍基催化剂

镍基催化剂在碳氢化合物重整制氢中的活性及选择性都比较好。镍具有较强的断裂 C—C键的能力，能够使碳氢化合物充分气化，由此能够减少乙醛、乙酸等副产物的生成；镍具有低温下的高重整活性，对一些中间反应也具有良好催化活性，如它能够促进水煤气变换反应。但是镍同时也是良好的甲烷化反应催化剂，它能够促进重整过程中产生的 CO、CO_2 与 H_2 反应生成 CH_4 从而降低了 H_2 的选择性，这一点对于制氢来说是极为不利的。此外镍也能够加速含碳物种，如甲烷，的裂解反应产生积炭覆盖催化剂活性位从而导致失活。在高温下镍还容易烧结引起活性表面下降从而导致催化剂永久失活。

不同的制备方法以及原料的选择得到的 Ni 基催化剂性能会有较大差异。通常将镍负载到合适的氧化物载体上，一方面获得高度分散的整体催化剂提高镍的活性位利用率，另一方面能够利用载体效应弥补镍在重整制氢中的不足之处。此外常常引入第二活性组分以调控催化剂的活性或氢气的选择性。

在 Ni 基催化剂的制备过程中，常用的有等体积浸渍法（incipient wetness impregnation）、过量浸渍法（wet impregnation）、平衡沉积过滤（equilibrium deposition filtration）、共沉淀法（coprecipitation method）、溶胶-凝胶法（sol-gel method）等方法，不同的制备过程也会对其性能造成影响。Goula 等[16]采用等体积浸渍、过量浸渍和改进后的平衡沉积过滤三种方法，将 8%的 Ni 负载在 Al_2O_3 上，结果表明催化剂的合成方法会影响催化剂的织构性质和表面结构，从而导致不同的分散度和在铝表面镍物种的差异。其中改进后的平衡沉积过滤法制备得到的催化剂性能最好，甘油转化成气相产物和氢气的收率最高，同时积炭量又最少。进一步的表征表明，平衡沉积过滤法得到的催化剂有最高的比表面积和高的活性相的分散度，这些是催化剂性能更佳的原因。总的说来，有利于提高 Ni 分散度和载体间的作用力的制备方法通常会有利于提高 Ni 基催化剂的性能。

巩金龙等[17]以 γ-Al_2O_3 为载体探究了不同镍前驱体对 Ni/Al_2O_3 的甘油蒸汽重整活性

的影响。他们分别采用氯化镍（$NiCl_2$）、硝酸镍［$Ni(NO_3)_2$］、醋酸镍［$Ni(CH_3COO)_2$］以及乙酰丙酮镍［$Ni(C_5H_7O_2)_2$］为前驱体并采用浸渍法制备了四种 Ni/Al_2O_3 催化剂。结果表明催化剂的 SRG 活性与催化剂前驱体阴离子的尺寸大小联系紧密，其中醋酸镍为前驱体的 Ni/Al_2O_3 具有适度的镍还原度以及高的分散度，并且 Ni 颗粒的粒径最小，只有 9.4nm 左右，使用过后其粒径在 9.5nm 左右，并且其氢气收率为最高，在 550℃以上时接近 5.5mol/mol 甘油，这个值接近了热力学理论平衡值 5.7mol/mol 甘油。该催化剂在 30h 的稳定性测试中表现了较好的稳定性。他们的工作说明了前驱体的选择对优化催化剂活性能起到积极的作用。

Caula 等[18]报道了对 Ni 颗粒大小和分散度的调控可以提高甘油重整制氢的性能。他们发现 La 的引入可以将 Ni/Al_2O_3 催化剂中 Ni 的颗粒大小从 16.8nm 降到 7.3nm，并且分散度从 3.9%提升到 9.1%，相应的氢气的选择性从 89.95%提高到 95.83%。尤其经过 20h 的稳定性测试后，Ni/Al_2O_3 的氢气选择性下降到了 19.74%，远小于 $Ni/La\text{-}Al_2O_3$ 的 86.70%。

通常来说，催化剂制备过程中的焙烧温度对 Ni 颗粒的大小和分散度会有比较大的影响，基于这一认识，Dou 和 Xu 等[19]分别在 600℃、700℃和 800℃三个温度下对 Ni 负载在蒙脱土上的催化剂进行处理，结果表明 600℃和 700℃下处理 Ni 的颗粒大小分别为 8.74nm 和 8.54nm，分散度为 $14.00m^2/g$ Ni 和 $14.02m^2/g$ Ni；而当温度提高到 800℃后，Ni 颗粒烧结严重，其颗粒大小为 18.06nm，分散度降到 $4.33m^2/g$ Ni。在甘油蒸汽重整过程中，700℃下的催化剂表现出比 600℃下处理更优的性能，这是由于 700℃下处理的催化剂在反应过程中，Ni 一直维持着较小的颗粒（9.90nm），而 600℃下处理的会烧结到 11.20nm。

载体的性质对 Ni 基催化剂的性能有着非常重要的影响。合适的载体不仅可以有效的分散和稳定 Ni 颗粒，防止烧结，并且能够减少积炭的形成，从而提高 Ni 基催化剂的稳定性。迄今为止，文献上报道过的用于甘油重整镍催化剂的载体有：SiO_2、Al_2O_3、CeO_2、La_2O_3、ZrO_2、Y_2O_3、MgO 等。

Ni 负载在 Al_2O_3 上大多能够获得较高的分散度，这是因为 Al_2O_3 较高的比表面积；但 Al_2O_3 表面酸中心含量高，容易导致积炭的形成，通常失活较快。此外 Al 在高温的反应条件下会从过渡态转化成结晶态，这一转变会带来活性 Ni 物种的烧结，从而导致失活。Ebshish 等[20]探究了 Al_2O_3 处理温度对镍催化剂甘油蒸汽重整性能的影响。将采用溶胶-凝胶法制备的 Al_2O_3 凝胶干燥后分别在 700℃、800℃、900℃、1000℃下进行热处理，并分别采用浸渍法负载了 10% Ni。随后将四种 Ni 催化剂在水∶甘油＝6∶1、常压、600℃的条件下进行甘油的水蒸气重整反应。结果表明，随着载体处理温度的提升，产物氢气的浓度呈上升趋势，在 10% Ni/Al_2O_3-1000℃上能够得到最高的氢气浓度，这是由于高的处理温度能够提高载体的热稳定性从而提升催化剂在高温反应下的活性。在制备 Ni/Al_2O_3 催化剂的过程中，空气中的高温焙烧通常会形成尖晶石结构（$NiAl_2O_4$），导致作为活性组分的 Ni 位于催化剂体相中，不能参与反应。针对这一情况，Yi 等[21]将催化剂的焙烧过程安排在笑气（N_2O）气氛中进行，结果表明，笑气中生成的催化剂含有的镍铝尖晶石结构大幅度减少，同时增加了表面 NiO 的含量，尽管得到的 NiO 颗粒稍大，但依然有更高的分散度。$Ni/Al\text{-}N_2O$ 催化剂在 600℃、S/C 值为 6 和气时空速（GHSV）为 16000mL/(g 催化剂·h) 的条件下，甘油的转化率和氢气产率分别为约 99%和 6.5mol H_2/mol 甘油，优于 Ni/Al-Air 的 86%和 5.5mol H_2/mol 甘油。

在甘油重整反应过程，脱水、分解和聚合等反应会在 SiO_2 表面丰富的酸位点发生，形成大量积炭，堵塞孔道。与 SiO_2 相比，SiC 为中性载体。因此 Ni/SiC 催化剂能够促进 Ni 对甘油分子的脱氢和脱炭作用，并减少由载体表面酸碱性导致的缩合和脱水反应。Woo

等[22]的研究结果表明（图 12-6），相对于酸性载体 Al_2O_3 和碱性载体 CeO_2 而言，中性载体 SiC 表现出明显的稳定性优势。

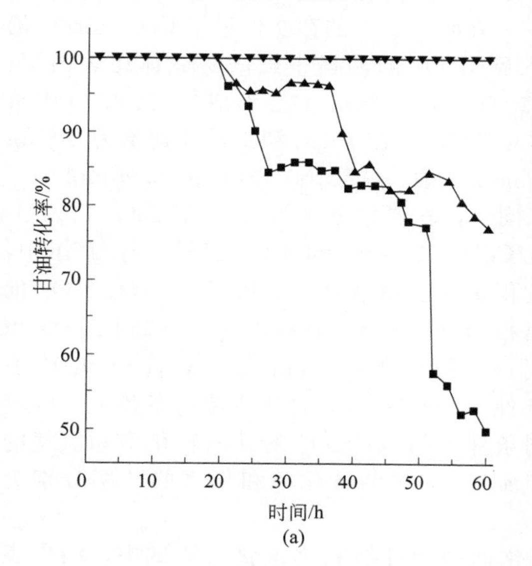

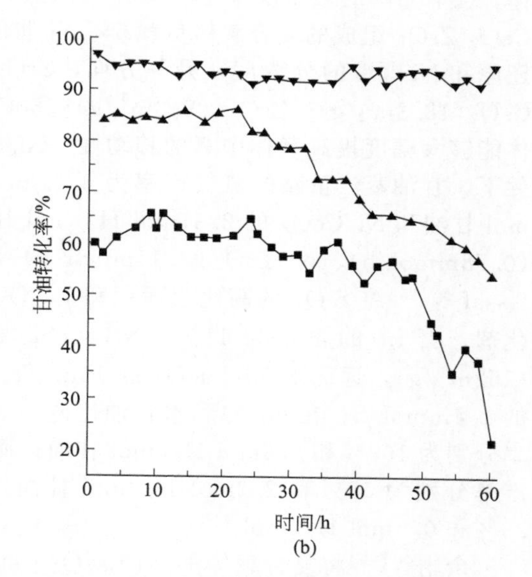

图 12-6 Ni/SiC（●）、Ni/Al_2O_3（■）和 Ni/CeO_2（▲）的甘油重整制氢稳定性测试[22]

CeO_2 可以通过 Ce^{4+} 和 Ce^{3+} 之间的转变，有效储存和释放氧，而这些晶格氧的释放能消除积炭，因此 CeO_2 常常用于催化剂表面积炭导致失活的场合，提高催化剂抗积炭能力和稳定性。CeO_2 与 Ni 活性相间存在着较强的相互作用，此强相互作用亦可提高 Ni 的分散度，增加活性位点。Fernando 等[23]在 600℃和水甘油比为 12 的条件下，进行甘油重整反应，H_2 的选择性呈现出：Ni/CeO_2（74.7%）＞Ni/MgO（38.6%）＞Ni/TiO_2（28.3%）的规律。作者认为 Ni/CeO_2 表现出对氢气的高选择性主要是 CeO_2 影响了 Ni 物种的还原，并且氢气的产率也与活性相与 Ce 间的作用力强弱相关。

La_2O_3 对 Ni 活性组分有着原位分散效应，从而能够消除催化剂烧结引起的失活。[24]这一原位的分散作用主要是因为颗粒状的 Ni 与 La_2O_3 在高温下会形成 La-Ni-O 相，而 La-Ni-O 相在反应条件下又能重新被还原，释放出 Ni 颗粒，La_2O_3 与 La-Ni-O 间的这一动态转变过程，能够有效地稳定 Ni 颗粒的大小。La_2O_3 与 $La_2O_2CO_3$ 间 CO_2 的吸附和脱出过程还有利于减少积炭。Assaf 等[25]发现在甘油蒸汽重整制氢过程中，随着 La_2O_3 含量的增多，积炭量会减少。这是因为由 La_2O_3 形成的碳酸盐可以通过以下反应除去积炭：

$$La_2O_3 + CO_2 \rightleftharpoons La_2O_2CO_3$$

$$La_2O_2CO_3 + C \rightleftharpoons La_2O_3 + 2CO$$

La_2O_3 单独作载体比表面积过小，Amin 等[26]将 Ni 负载在不同载体后的比表面积表现出的规律为：Ni/La_2O_3（20.3m^2/g）＜Ni/ZrO_2（31.0m^2/g）＜Ni/MgO（67.8m^2/g）＜Ni/Al_2O_3（123.4m^2/g）＜Ni/SiO_2（169.8m^2/g），因此，La 一般用作第二组分对催化剂进行修饰。

以 ZrO_2 为载体的 Ni 催化剂的比表面积虽然一般低于 SiO_2 和 Al_2O_3，但通常高于 TiO_2、MgO 和 CeO_2 等。Signoretto 等[27]对比了 Ni 分别负载在 TiO_2，SBA-15 和 ZrO_2 的甘油蒸汽重整制氢性能，发现 Ni/ZrO_2 具有最优的性能，在 650℃，经过 20h 的反应测试后，甘油的转化率为约 72%，氢气的产率约 65%，基本没有出现失活。同时 Ni/ZrO_2 也具有更高的低温（500℃）活性。这是由于 ZrO_2 与 Ni 物种间能产生强的相互作用力能够在高温下有效地稳定 Ni 颗粒。

以上可见，单一氧化物载体各有优缺点，如果将不同载体的优势结合起来，组成复合载体，会有希望有效解决单组分载体的缺点，因此复合载体的开发受到重视。Assaf 等[28]以 CeO_2-ZrO_2 组成的复合载体负载 5% Ni 催化剂，一方面，Zr^{4+} 的存在促进了 CeO_2-ZrO_2 的还原和 Ni 颗粒的分散度；另一方面，ZrO_2 进入到 CeO_2 的晶格中提高了载体比表面积：CeO_2（18.3m^2/g）＜ZrO_2（29.3m^2/g）＜50CeO_2-50ZrO_2（48.3m^2/g）。形成的 Ce-Zr-O 固溶体能够大幅度提高载体中氧的移动性。Ni/50CeO_2-50ZrO_2 在 700℃和水甘油比值为 3 的条件下，甘油蒸汽重整的氢气产率为 3.05mol H_2/mol 甘油，优于 Ni/ZrO_2 的 0.96mol H_2/mol 甘油和 Ni/CeO_2 的 2.51mol H_2/mol 甘油；同时，积炭量分别为：Ni/50CeO_2-50ZrO_2（0.78mmol/h）、Ni/ZrO_2（3.11mmol/h）和 Ni/CeO_2（1.64mmol/h）。在另一个工作中，Assaf 等[25]将 SiO_2 的高比表面积和 La_2O_3 的抗积炭性能相结合，得到 Ni/La_2O_3-SiO_2 催化剂。当 La 的含量为 11%，Ni10LaSi 表现出接近 Ni/SiO_2（158m^2/g）的高比表面积（152m^2/g），远优于 Ni/La_2O_3 的 14m^2/g。同时，其积炭量为 1.2mmol/h，优于 Ni/SiO_2 的 1.4mmol/h。在 600℃和水甘油比值为 3 的条件下，Ni10LaSi 的甘油转化率和氢气的产率分别为 100%和 3.8mol H_2/mol 甘油；而相同条件下的 Ni/SiO_2 的甘油转化率和氢气的产率分别为 52%和 2.2mol H_2/mol 甘油，Ni/La_2O_3 的甘油转化率和氢气的产率分别为 26%和 0.6mol H_2/mol 甘油。

余皓等[29]将复合载体的 Ni-La_2O_3-CeO_2 催化剂用于甘油氧化重整的测试中，结果表明：La_2O_3 能够有效的分散 Ni 颗粒，减弱 Ni 颗粒在反应过程中的烧结；CeO_2 提供的晶格氧能够消除催化剂表面的积炭；同时 La 会部分进入 Ce 的晶格取代部分 Ce^{4+} 造成晶格畸变，提高表面的氧空穴数。La_2O_3 和 CeO_2 的共同作用有利于减弱 Ni 因为烧结和积炭引起的失活。在不同 La/Ce 比的催化剂中，$Ce_{0.4}Ni_{0.5}La_{0.1}O$ 表现出最好的催化活性，并且该催化剂在长达 210h 的稳定性测试中，甘油的转化率都在 95%以上，同时氢气的选择性在 80%以上，并且整个 210h 过程后的积炭率不到 25%，表现出非常好的稳定性（图 12-7）。Idem 等[30]在 Ni/$Ce_{0.5}Zr_{0.33}M_{0.17}O_{2-\delta}$ 用于蒸汽重整反应中时，改变 M（M＝Mg，Ca，Y，La，Ca，Mg 或 Gd），得出以下结论：催化剂的活性，与活性金属的还原能力、孔体积与比表面积的比值、活性金属的分散性的有关，还原能力越强、比值越大、分散性越好，则催化活性就越好。

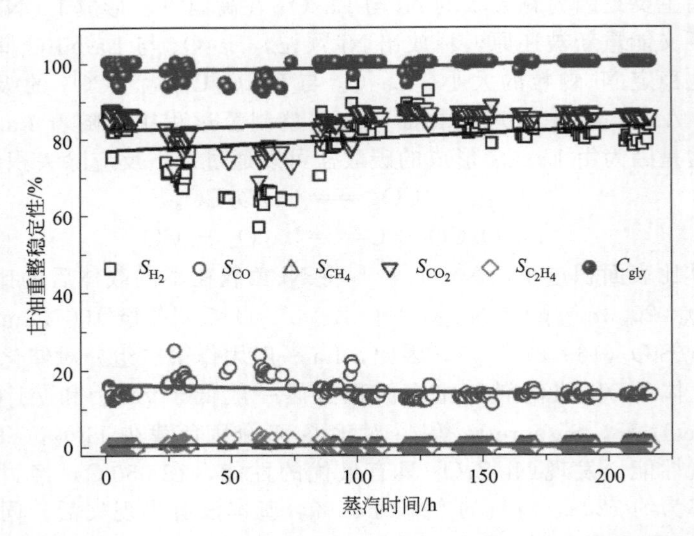

图 12-7 $Ce_{0.4}Ni_{0.5}La_{0.1}O$ 催化剂上甘油氧化蒸汽重整反应的稳定性

（650℃，碳氧比＝1，水碳比值＝4，GHSV＝6000h^{-1}）

常通过引入第二组分来克服 Ni 基催化剂在甘油重整过程遇到的烧结积炭等问题。Ebshish 等[31]在引入 Co、Na、Fe、Cu 对 Ni 催化剂进行修饰之后，考察其甘油蒸汽重整制氢反应中的催化活性，发现 Co 和 Na 的添加，能够提高产品气中 H_2 的含量；而 Cu 和 Fe 的添加则有利于减少甲烷的含量。Xu 等[32]添加 Mo、La、Ca、Mg 修饰 Ni/γ-Al_2O_3，发现新元素的引入能降低载体的酸性以及增强金属 Ni 与载体的相互作用，从而提高了催化剂的稳定性，并减少 Ni 与载体形成 $NiAl_2O_4$。

12.3.3.2 钴基催化剂

Co 基催化剂也具有良好的断裂 C—C 键与高的气化重整原料的能力，因而在甘油重整中也表现出较优的性能。余皓等[33]在 650℃和 S/C 比值为 4 的的条件下，将 Co 负载在 $Ca_{12}Al_{14}O_{33}$上，对甘油的转化率可达 90%；在优化的 Ca/Al 比下，甘油可以被完全转化，氢气的选择性也接近 80%。Sai Prasad 等[34]以钙钛矿结构的 $La_{0.7}Ce_{0.3}CoO$ 作为 Co 基催化剂的前驱体时，Co 呈现出非常高的分散度，颗粒在 4～5nm 间，在 700℃下，甘油完全被转化，氢气的产率为 68%，并且小颗粒的 Co 降低了积炭量。Comelli 等[35]将 Ni 与 Co 同时负载到 Al_2O_3 上并探究该双金属催化剂的甘油蒸汽重整活性，他们固定 Ni 的含量并制备了不同 Co 含量的 Ni-Co/Al_2O_3 催化剂在不同温度下反应。实验结果表明当降低反应温度时，Co 能够促进 H_2 的产生并抑制 CO_2 的生成，并且提高 Co 的负载量能够提高低温下氢气的产率。与 Ni 基催化剂相比，Co 对甘油重整的活性略低。因此，通过新组分的修饰来提高 Co 的性能，是 Co 基催化剂应用在甘油重整反应中一个重要的方向。贵金属如 Rh，Pt，Ru 等的引入，能对 Co 基催化剂性能有很大的提升，但催化剂成本提高。Pereira 等[36]报道加入 1%Ru 和 0.5%Na 可以有效提高 Co/Al_2O_3 在甘油乙醇混合物氧化蒸汽重整中的催化活性和稳定性，在 648K，S/C=2，(甘油+乙醇)/O_2=2，GHSV=3900h^{-1}的条件下，催化剂运行 12d 不积炭失活。然而，虽然 Co 显示出的抗积炭和烧结能力略高于 Ni，但是要达到长时间的稳定性，其抗积炭和烧结能力仍然有待提高。

12.3.3.3 其他非贵金属催化剂

除了 Ni 和 Co 外，非贵金属中，Cu 和 Fe 也对甘油重整制氢反应有一定活性。但两者很少单独使用，基本上都是以双金属的形式参与反应。如 Cu 最常与 Ni 形成 Ni-Cu 合金，有利于提高催化剂的抗积炭和烧结能力。Mitran 等[37]的研究工作表明 MoO_3 对甘油有着一定的催化活性：MoO_3 负载在 Al_2O_3 上，在 500℃和 S/C 比值为 5 的条件下，其转化率能达到约 50%，氢气的选择性为 50%，对甲烷的选择性在 5%以下；进一步引入 Ce 对其进行修饰，在最优的 7%Ce 的含量下，氢气的选择性可提高到 60%[38]。

12.3.3.4 贵金属催化剂

以 Ni 为代表的非贵金属催化剂一般需要较高的反应温度（>500℃），使用贵金属催化剂可以获得更高的甘油重整活性和较低的操作温度。Suzuki 等[39]系统比较了贵金属活性大小，他们以 La_2O_3 为载体分别负载 Rh、Ru、Ir、Pt、Pd 进行甘油的蒸汽重整反应，活性顺序为：Ru≈Rh>Ir>Pt>Pd。

Santo 等在水滑石衍生的 Mg(Al)O 复合氧化物载体上浸渍 0.6%（质量分数）的 Ru，用于甘油水蒸气重整，详细研究了反应温度（450～650℃）、甘油浓度（10%～40%，质量分数）等对活性、氢气收率和稳定性的影响。低甘油浓度有利于甘油转化率和氢气收率；在 10%（质量分数）甘油含量下，550℃是最优的反应温度，此时甘油转化率、氢气收率、CO_2 选择性等均接近 100%，CO 选择性低于 3.5%，积炭速率为 1.1mg/(g 催化剂·h)。

Lee 等[40]系统地考察了载体和助催化剂对 Ru 催化剂性能的影响。Y_2O_3 与 $Ce_{0.5}Zr_{0.5}O_2$ 表面容易促进 WGS 反应从而提高了产氢速率与氢气选择性；而以酸性 γ-Al_2O_3 为载体的 Ru 催化剂上的 SRG 反应氢气收率低，CO 量增大并且容易形成 C_1～C_2 的碳氢化合物，结果使催化剂快速失活；Y_2O_3 和 $Ce_{0.5}Zr_{0.5}O_2$ 为载体的催化剂有较强的储氧能力和碱性特征所以不易产生积炭，但是随着时间的进行会发生表面活性金属组分的烧结。Fe、Co、Ni 等作为助剂的效果有限，但表面 MoO_x 物种可有效抑制金属烧结。

Schmidt 等[41]将 Rh 与 Pt 负载在 γ-Al_2O_3 泡沫上进行甘油的自热水汽重整，发现 Rh 负载在涂层过 CeO_2 的 γ-Al_2O_3 上的催化剂表现了最好的活性和氢选择性，能够把乙烯、乙醛、甲烷等副产物的选择性降低到 2%以下。增大水碳比能够降低气相产物中的 CO 含量同时把氢选择性提高到 79%以上。尽管 Rh/Al_2O_3 催化剂活性很高，但是在甘油自热重整中的长期稳定性还有待提高，经 100h 反应后其氢气产率可降低 40%[42]。

Dumesic 等[43]将 Pt 催化剂应用于甘油的气相催化重整制取合成气。在 1bar、350℃下，负载在 Al_2O_3、ZrO_2、CeO_2/ZrO_2、MgO/ZrO_2 上的 Pt 催化剂很快就会失活，但 Pt/C 催化剂能够保持长达 30h 的稳定性，其产氢的 TOF 也高于其他载体。甘油在氧化物载体上发生脱水反应产生不饱和 C_2 化合物是催化剂失活的主要因素。使用 5%（质量分数）Pt/C 催化剂，在 350℃、20bar 下催化 30%甘油水溶液转化，性能在 48h 内保持稳定，产物中 H_2/CO 比约为 2∶1，可作为费托反应或甲醇合成的原料。Re 的加入可以提高 Pt/C 催化剂的活性，当 Pt∶Re 比为 1∶1 时，催化剂的活性、稳定性和选择性均最佳：在动力学控制区，10%（质量分数）Pt-Re(1∶1)/C 的产氢和产 CO 的转换频率可比 5%（质量分数）Pt/C 高 10 倍[44]。Pt 和 Re 形成粒径小于 2nm 的双金属合金纳米颗粒，Re 可起到抑制催化剂纳米颗粒烧结的作用。王勇等[45]利用衰减全反射红外光谱、拉曼光谱、X 射线吸收光谱等原位技术研究了 Pt-Re/C 催化剂的甘油水蒸气重整，发现 CO 在还原态的 Pt-Re/C 上的吸附强于 Pt/C，但在水汽存在的条件下，Re 以氧化态存在，Pt 上吸附的 CO 可以溢流到氧化态的 Re 位上，从而导致 Pt-Re/C 上 CO 的脱附快于 Pt/C，这是 Pt-Re/C 具有较高甘油水汽重整和 WGS 活性的原因。最近还发现 Mn[46]、V[47]、Sn[48]等对 Pt 催化剂的活性也有促进作用。

Pompeo 等[49]探索了载体对 Pt 催化剂的低温（450℃）甘油水蒸气重整活性影响，在 SiO_2、ZrO_2、γ-Al_2O_3 以及 Ce、Zr 改性的 α-Al_2O_3 的比较中发现载体的酸碱性控制催化剂失活速率，其中中性的 SiO_2 载体具有最好的抗积炭能力。此外 SiO_2 载体具有最高的比表面积，可以达到 $200m^2/g$。高的比表面积具有丰富的孔隙结构，有利于反应物分子以及中间产物的吸附和 Pt 的分散。

Fornasiero 等[50]用 La_2O_3 和 CeO_2 修饰 Al_2O_3，两者均可减弱 Al_2O_3 的酸性，从而提高 Pt/Al_2O_3 催化剂的活性和选择性。在 350℃下的甘油蒸汽重整测试表明，$Pt/La_2O_3/Al_2O_3$ 具有更好的稳定性，反应 50h 没有发生明显失活。

申文杰等[51]报道了 Ir/CeO_2 的甘油重整制氢性能：在 400℃的中低温下甘油转化率能达到 100%，H_2 选择性也可达到 85%左右。余皓等[52]将 Ir/La_2O_3 催化剂用于甘油的氧化蒸汽重整，考察了 Na、Mg、Ca 对载体的修饰作用。在 C/O＝1、S/C＝2、T＝650℃和 GHSV＝$120000h^{-1}$的条件下，未修饰载体的 3% Ir/La_2O_3 催化剂反应 8h 后产物中氢气含量由 50%降低至 40%以下，产生大量积炭。9% Ca 修饰显著提高了催化剂的稳定性，在 C/O＝1、S/C＝2、T＝650℃和 GHSV＝$60000h^{-1}$的条件下，催化剂运行 100h 无显著失活，甘油转化率高于 90%，氢气选择性大于 70%；且催化剂无显著积炭和 Ir 烧结。他们进而设计了选择性暴露｛110｝晶面的 $La_2O_2CO_3$ 纳米棒作为 Ir 的载体，利用 $La_2O_2CO_3$｛110｝晶面的高表面能、强碱性可以稳定 Ir 纳米颗粒，防止其烧结、积炭。该催化剂活性很高，在 650℃下，水蒸气重整条件下和氧化蒸汽重整条件下氢气时空收率分别达到 4.5×10^3mL/(g

催化剂·h）和 10×10^3mL/(g 催化剂·h)，在氧化蒸汽重整条件下运行 100h 催化剂不失活[53]。

12.4 甘油水相重整制氢

由于断裂 C-C 键的需要，甘油气相重整制氢往往需要较高的温度。水相重整法（APR）在较低温度（200～270℃）和高压（25～30MPa）下进行，可以减少制氢的能耗。此外，重整反应网络中对于产氢重要的水气变换反应（WGS）是一个放热反应，在低温下更利于 WGS 反应的发生，因此水相重整在提高了氢气产率的同时限制了一氧化碳的生成，这为后续的分离提纯工序提供了便利。同时低温的操作条件也有利于控制积炭，而高压使氢气易于通过变压吸附与膜技术分离。

Xiao 等[54]和 Dumesic 等[55]认为 APR 的反应式可写为：

分解：$C_3H_8O_3(l) \longrightarrow 3CO(g)+4H_2(g)$ $\Delta H^{\ominus}=328.6$kJ/mol

WGS：$CO(g)+H_2O(g) \longrightarrow CO_2(g)+H_2(g)$ $\Delta H^{\ominus}=-41.1$kJ/mol

APR：$C_3H_8O_3(l)+3H_2O(g) \longrightarrow 3CO_2(g)+7H_2(g)$ $\Delta H^{\ominus}=205.3$kJ/mol

甘油 APR 反应路径非常复杂，Hensen 等提出了一个较为简捷的反应途径如图 12-8 所示。

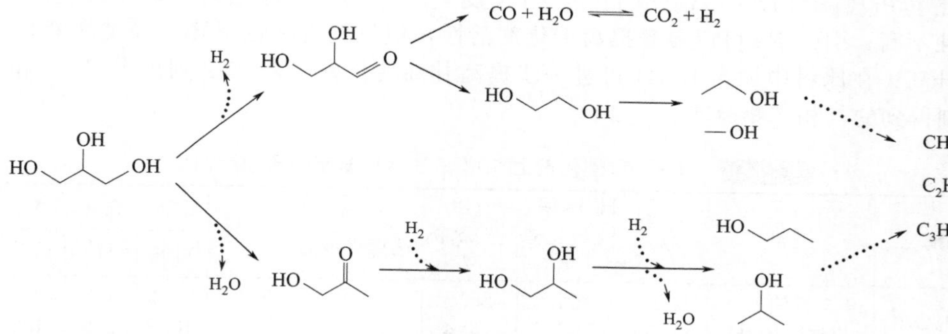

图 12-8 甘油水相重整可能反应路径[56]

该机理将甘油 APR 简化为通过脱氢和脱水两条路径进行，脱水产物还可进一步氢解得到醇和烃，因此甘油 APR 往往得到复杂的气相和液相产物，通过调变催化剂的脱氢（金属）和脱水（酸）功能可以调控产物的分布。

Seretis 和 Tsiakaras[57]用吉布斯自由能最小方法对甘油 APR 的操作条件进行了热力学分析，在水/甘油比 4～14、压强为 1～2 倍水的饱和蒸气压、300～550K 范围内，甘油的转化率都能达到 100%。最高的氢气选择性可达到计量值的 70%；甲烷化反应在 APR 条件下是热力学有利的，高温和低压有利于减弱甲烷化，但并不能避免甲烷的产生；压强小于 1.4 倍水的饱和蒸气压、温度高于 400K 可以避免积炭。优化的产氢条件为：$450K\leqslant T\leqslant550K$，$1\leqslant p/p_{H_2O}{}^{sat}\leqslant1.2$，$9\leqslant$水/甘油$\leqslant14$。

Wen[58]等探究了活性金属与载体种类对甘油水相重整的影响，他们发现在 503K、3.2MPa、LHSV=8.4h^{-1}的反应条件下负载在 Al_2O_3 上的 Pt、Ni、Co、Cu 催化剂的甘油液相重整活性顺序为 Co<Ni<Cu<Pt，说明了不同活性金属组分断裂 C—C 键的能力不同。载体的酸碱性对重整活性有很大影响，通过调变载体的酸碱性能够提升氢气产率。

由于 Pt 的高活性，许多研究者设计了基于 Pt 的甘油 APR 催化剂。Wen 等[59]考察了甘油在 Pt/γ-Al_2O_3 催化剂上的 APR 反应，发现 Pt 的负载量对活性有重要影响；在进料中甘油的质量分数越小，氢气的产量越大，甘油转化率越高；高空速有利于反应的进行。Hensen 等[60]比较了可还原氧化物载体对 Pt 催化甘油 APR 活性的影响，其活性顺序为：Pt/TiO_2＞Pt/ZrO_2＞$Pt/CeZrO_2$＞Pt/CeO_2。Wells 和 Dimitratos 等[61]在间歇模式下研究了 $Pt/\gamma\text{-}Al_2O_3$ 催化甘油 APR 的工艺条件，其提出的优化工艺条件为：240℃、42bar、甘油质量分数 10%，甘油与金属摩尔比值≥4100，在此条件下甘油转化率和氢气收率分别为 18%和 17%，几乎不产生 CO 和 CH_4。然而循环使用 5 次后催化剂失活严重。Lercher 等[62]认为 Pt/Al_2O_3 在催化甘油液相重整时具有双功能性，即酸和金属功能，这使得反应网络同时具有重整和加氢脱氧特征，从而产生羟基丙酮、1,2-丙二醇、醛、酸、单醇、烷烃等复杂液相产物，使得 H_2 选择性很低。Iriondo 等[63]使用 La_2O_3 修饰的 Al_2O_3 负载 Pt 和 PtNi 催化剂用于甘油水相重整，La_2O_3 和 Ni 助剂的引入提高了 $Pt/\gamma\text{-}Al_2O_3$ 的活性和甘油转化率，但是在 513K、4MPa、WHSV＝$2h^{-1}$条件下，1,2-丙二醇、乙二醇、乙醇、甲醇等液相产物产率超过 0.3mol/mol 甘油进料，且催化剂在 2～4h 内发生快速失活。Doukkali 等[64]总结了 $\gamma\text{-}Al_2O_3$ 担载的 Pt 和 Ni 催化剂上甘油 APR 的失活问题，在水相重整条件下，载体在水热作用下转变成 γ-AlOOH 相使得比表面积下降和孔结构破坏，并影响金属分散性，以及金属催化剂的团聚是催化剂失活的主要原因；而金属溶出和积炭不是失活的主要原因。

碳材料的水热稳定性较好，是水相重整的理想催化剂载体。王勇等[65]在单通道微反应器中研究了 Pt/C 和 PtRe/C 催化的甘油 APR 反应。3% Pt/C 催化剂对氢气的选择性较高，但是活性不高；引入 Re 可以显著提高催化剂活性，但氢气选择性下降，烃类和液相含氧化物产量升高；在原料中加入 KOH 可进一步提高甘油转化率。表 12-2 列出了 Pt/C 和 PtRe/C 催化剂得到的气相产物分布。

表12-2 Re-Pt/C 催化剂上 10%甘油水相重整的气相产物[65]

催化剂	进料	转化率/%	H_2 产率/[L/(L催化剂·h)]	H_2 选择性/%	气相选择性/%	H_2/CO_2	TOF（含碳产物）/min^{-1}			
							甘油	H_2	CO_2	烷烃
3%Pt/C	甘油	5.3	151	56.5	71.8	2.1	1.3	1.8	0.8	0.1
	甘油+KOH	41.5	299	14.4	20.8	1.9	10.2	3.5	1.9	0.3
3%Pt1%Re/C	甘油	52.4	842	30.8	53.1	1.3	26.0	10.9	8.1	2.8
	甘油+KOH	77.2	833	20.7	27.0	2.1	25.2	15.9	7.7	0.6
3%Pt3%Re/C	甘油	88.7	1154	24.5	58.5	1.4	34.7	23.3	16.1	4.8
	甘油+KOH	89.4	1245.8	26.1	34.3	2.0	35.0	25.1	12.7	1.2

注：反应条件：225℃,420psi(1psi=6.895kPa),WHSV=$5h^{-1}$。

Dumesic 等认为 Re 的引入削弱了相邻 Pt 位的 CO 吸附，还可以提高催化剂的水气变换活性和高压下 C-O 键氢解能力，从而导致了 Pt-Re/C 催化剂的高活性[66]。Hensen 等[56]提出 PtRe 合金催化剂中 Re 表面在水的诱导下产生 Brønsted 酸位，使得催化剂具有脱水功能，因此液相产物增多；PtRe 催化剂的高活性源于其高的 WGS 活性，使得表面 CO 得以快速脱除。王勇等[67]通过原位 X 射线吸收证实了 Re 表面在反应过程中呈氧化态，衰减全反射红外测试表明催化剂在热水中生成酸位，且水相中 CO 在 PtRe/C 表面的脱附比 Pt/C 更容易。催化剂的活性位是 Pt 周边强协同作用的 Re 位点。除了 Re 之外，引入 Co、Mo、Mn、Fe、Ni 等构成的双金属催化剂也能起到类似的效果。Ribeiro 等[68]比较了 Mo、Co 促进的 Pt/多壁碳纳米管催化剂，双金属 PtCo 和 PtMo 催化剂分别将单金属 Pt 催化剂的甘油转化活性提高了 4.6 倍和 5.4 倍；PtCo 的氢气收率与 Pt 相近，为 85%～90%；而 PtMo 催化剂上 C—O键断裂活性增加，使得氢气产率下降到 60%。

Ni/Al_2O_3 催化剂的甘油重整活性不如 Pt/Al_2O_3，且存在较严重的烧结失活。然而使用雷尼镍却可以通过高的活性位密度获得与 3%（质量分数）Pt/Al_2O_3 相当的产氢速率。在雷尼镍上引入 Sn 可以进一步提高氢气产率，这是由于 Sn 的引入在保持催化剂 C—C 键断裂活性的同时弱化了 C—O 键断裂活性，从而降低了甲烷生成速率[69]。类似地，在 Ni 催化剂中引入 Cu 形成合金也可以起到降低甲烷化，提高氢气产率的作用。Souza 等[70]用类水滑石化合物为前驱体制备含 20%（质量分数）NiO 和 0～10%（质量分数）CuO 的催化剂，以 10%甘油溶液为原料，含 Cu 催化剂在 205℃/35atm 下的甘油转化率可达 70%，气相氢气选择性 40%，CO 含量极低；在 270℃/50atm 下甘油可完全转化，气相产物转化率 80%，氢气收率 55%。该催化剂上主要的液相产物是丙酮醇和乳酸。Lu 和 Wang 等[71]将 Ni-B 合金催化剂用于甘油液相重整制氢，跟金属单质相比，合金具有更高的稳定性和 H_2 选择性；在反应 130h 之后，发现无定形的 Ni-B 转化成密排六边形的 Ni 微晶型；可能正是反应过程中生成的这种密排六边形以及 B_2O_3 的保护作用，使得 Ni 催化剂具有高的 H_2 选择性和稳定性。

APR 过程无须将反应物气化，这对于低挥发性、高亲水性的生物质炼制过程具有特别的吸引力。与气相重整技术相比，APR 过程还特别有利于控制 CO 含量。因此，APR 过程正在受到广泛的关注，有望成为可行的甘油制氢工业化技术。尽管相比气相重整具有显而易见的优势，但是 APR 反应过程中催化剂在水热条件下的失活有可能成为限制过程稳定性的瓶颈，必须在催化剂的设计中加以特别考虑；复杂的反应途径导致的液相产物分离利用问题也必须加以考虑。

12.5 甘油干重整制氢

甘油也可以通过与 CO_2 重整制得合成气，即甘油的干重整反应。此反应得到的合成气是费托反应的原料，不仅可以对甘油实现有效利用，而且消耗了 CO_2，并为将其转化成为其他有价值的化工产品提供了可能。马新宾等[72]的热力学计算指出当温度高于 975K，CO_2 与甘油比值在 0～1 之间，可以得到 H_2 与 CO 比例可调控的合成气。在 1000K 下 CO_2 与甘油等摩尔进料得到 H_2 与 CO 比值为 1，但 CO_2 的转化率为 33%。由于积炭反应的平衡常数较小，容易受到反应参数的影响，与水蒸气重整反应相比，此反应更容易发生积炭。而且 CO_2 重整反应是强吸热反应，需要大量的热源供给。为此 Kale 等[73]提出把 CO_2 与 O_2 同时进料，将 CO_2 重整反应与部分氧化反应耦合，部分氧化反应放出的热量可以减少对反应器热量的供应，但是降低了 CO_2 的利用率；其中抑制积炭是部分氧化反应的重要贡献。

12.6 甘油光催化重整制氢

太阳能是用之不竭的洁净能源，如果能够有效的利用太阳能，将会对社会的发展造成深远的影响。光催化是一种新型的催化技术，它是在光催化剂的作用下利用太阳能的技术。但目前直接利用光催化水制氢的效率还很低，而将光催化直接应用到甘油重整制氢中，能有效降低重整过程中的能耗。Kondarides 等[74]对甘油的光重整进行了系统研究，在 Pt 的负载量为 0.1%～0.5%时，提高甘油浓度，中性或碱性的 pH 值，和恰当的反应温度（约 60℃）有利于甘油的光重整。通过光重整可使甘油的转化率达到 100%，产氢速率可达 2μmol/min。由于过程中的甘油、水和太阳能皆为洁净的可再生能源，并且反应条件温和，因此光重整将有较大的发展潜力。Davies 等[75] 提出了在 Pd/TiO_2 上进行醇类的光催化重整的反应机理：①重整反应的醇类在 α 碳原子上必须要有氢原子；②除甲醇外，满足条件①的其他醇类经过脱羰基反应生成 CO、H_2 以及烷烃；③反应过程中产生的亚甲基被完全氧化为 CO_2；④光催化过程中产生的甲基容易与生成的氢气重构产生甲烷，同时也可以与水反应生成 CO_2 与 H_2。他们提出的反应机理可用图 12-9 简要表示。目前，甘油光催化重整制氢过程受太阳光强度的限制，并且反应效率仍然过低，但是是未来值得深入研究的方向。

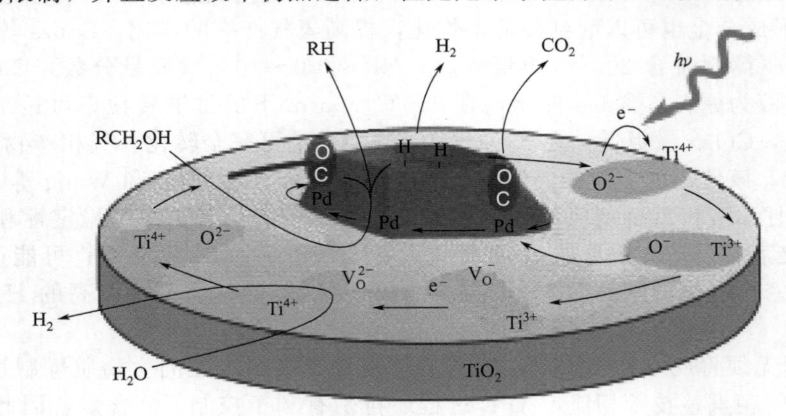

图 12-9 醇类光催化反应机理[75]

12.7 甘油高温热解法重整制氢

一分子甘油中含有四分子的氢气，这为直接裂解甘油制得氢气提供了可能性。这一裂解过程通常都在较高温度下进行。Valliappan 等[76]在常压和 650～800℃的高温条件下，在石英、碳化硅和砂子等填料上热解甘油，主要的气相产物为 CO、H_2、CO_2、CH_4 和 C_2H_4，同时会形成大量的液相副产物以及积炭。反应温度、载气流速、进样速度以及填料的种类都对甘油的转化率和产物的分布有显著的影响，这为整个过程的可控反应带来了非常大的挑战。另外，Menéndez 等[77]采用活性炭作为填料热解甘油时，裂解产物中的合成气的体积分数可高达 81%。不同的加热方式也会影响这个过程，如对比电炉加热和微波加热两种方式，结果显示微波加热可以得到较多的合成气，并且在低温（约 400℃）也具有活性。直接高温热解甘油可获得一定量的氢气，但是这一过程存在氢气收率不高，产物复杂分离困难的问题，同时积炭和结焦对反应器的要求和操作条件非常高，因此这一过程处理的对象更多的是未经处理的粗甘油。

12.8 甘油超临界重整制氢

超临界过程也可以被应用在甘油制氢过程中，Ederer 和 Kruse 等[78]使用不同浓度的甘油水溶液在超临界水中进行重整反应，在 622～748K、25～45MPa 下，可得到甲醇、乙醛、丙醛、丙烯醛、烯丙醇、乙醇、二氧化碳、一氧化碳和氢气等产物，同时反应路径与过程中的压力息息相关，水在其中起到了溶解和提供质子、氢氧基团的双重作用。超临界过程对设备的要求苛刻，且氢气的产率也不高，故该技术目前研究的较少。

12.9 甘油吸附增强重整制氢

近年来甘油重整制氢技术的一个重要的方向是提出了可以通过改变甘油蒸汽重整反应过程中的热力学平衡来提高氢气产率的方法：如将重整和 CO_2 原位吸附进行耦合，在制氢的同时捕获CO_2，由于CO_2从反应产物中被原位移除，改变了平衡，有利于反应朝生成氢气的方向移动，提高了氢气收率和甘油的转化率；并且CO_2的吸附过程释放出的热量还能降低反应的能耗。这一将CO_2原位捕获和甘油重整耦合的过程称为甘油吸附增强重整（SESRG）制氢过程。具体的来讲，吸附增强制氢过程［式(12-18)］，将重整［式(12-15)］、水气变换反应［式(12-16)］和CO_2吸附过程［式(12-17)］通过一步完成，从而打破热力学平衡限制，促进重整及水气变换反应完全进行，提高氢气产率，同时又能原位地去除掉CO_2，避免CO_2的排放导致温室效应加剧。在反应完成后，脱附过程［式(12-19)］将CO_2释放出来，使得过程可以循环进行。吸附增强重整技术最为明显的优势在于可以一步得到高纯的氢气，大大简化了后续分离纯化的过程；其次重整产生的CO_2也得到了富集处理，有利于减排。

$$C_3H_8O_3(g)+3H_2O(g)\longrightarrow 3CO_2(g)+7H_2(g) \qquad \Delta H_{r,25℃}=128kJ/mol \tag{12-15}$$

$$CO(g)+H_2O(g)\longrightarrow CO_2(g)+H_2(g) \qquad \Delta H_{r,25℃}=-41kJ/mol \tag{12-16}$$

$$CaO(s)+CO_2(g)\longrightarrow CaCO_3(s) \qquad \Delta H_{r,25℃}=-178kJ/mol \tag{12-17}$$

$$C_3H_8O_3(g)+3H_2O(g)+3CaO(s)\longrightarrow 3CaCO_3(s)+7H_2(g) \qquad \Delta H_{r,25℃}=-406kJ/mol \tag{12-18}$$

$$CaCO_3(s)\longrightarrow CaO(s)+CO_2(g) \qquad \Delta H_{r,25℃}=178kJ/mol \tag{12-19}$$

丁玉龙等[79]基于Gibbs最小自由能对甘油吸附增强重整制氢反应进行了系统的热力学研究（图12-10）。结果表明CO_2的原位移除提高了甘油的转化效率，并且随着CO_2移除效率的增加，氢气的含量可以从66.4%提升到100%，其他副产物如CO和CH_4也得到了有效抑制。另外，SESRG的最佳反应温度区间为800～850K，比蒸汽重整的最佳温度下降了近100K。他们还发现吸附剂的存在能够抑制积炭的形成。

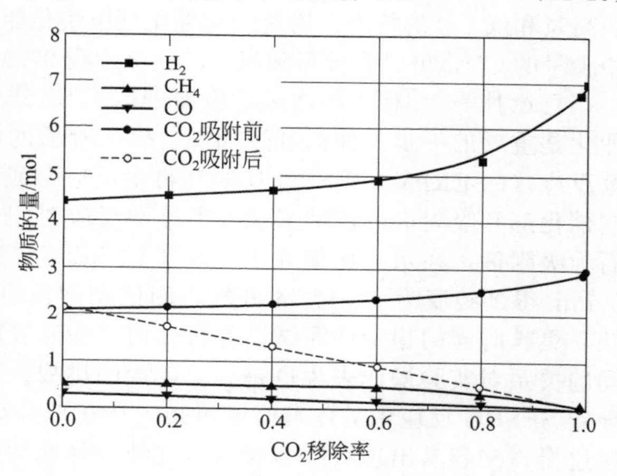

图12-10 CO_2的移除率对产物分布的影响[79]

Dupont等[80]在大气压下，温度范围400～700℃，采用Ni基催化剂与煅烧的白云石吸附剂机械混合的方式，进行甘油吸附增强重整反应，结果显示：当反应温度超过500℃时，甲烷副产物的生成可以忽略；在500℃进行CO_2原位吸附，CO_2突破时间最长，H_2纯度最高达到97%；缩核模型及一维扩散模型能很好地描述CO_2移除过程。Chen等[81]指出甘油吸附增强重整过程比甘油蒸汽重整过程具有更高的氢收率和热效率（图12-11）。他们同样以煅烧的白云石为吸附剂，采用Co-Ni水滑石结构的催化剂，均匀混合后，在水甘油比值为4和温度为575℃时，可以得到纯度为98%的H_2，该产品气中仅含有0.1%的CO。进一步提升水甘油比值到9，氢气的产率和纯度都可以达到99%。作者认为在SESRG过程中，高的甲烷重整和水气变换活性是氢气产率能达到最大值的两个关键因素。随后，他们在相同的催化剂和吸附剂下成功将这一概念应用到了粗甘油的处理中，结果表明在550～600℃和水甘油比为9的条件下，氢气的浓度可达99.7%，同时氢气的收率为80%[82]。吸附增强效应不仅可用于气相甘油重整，杨艳辉等[83]还证明，甘油的水相重整也可以通过CaO吸附CO_2增强，得到更高的氢气收率和低的CH_4选择性。

吸附增强重整的实践中，吸附剂与催化剂常以机械混合的方式置于反应器中。Assabumrungrat 等[84]在甲烷吸附增强试验中对比了三种装填方式，分别是催化剂在前，吸附剂在前，催化剂与吸附剂充分混合，并与不加吸附剂的反应结果相比，结果表明充分混合的 H_2 产量与浓度最高。Zhou 等[85]的工作更进一步地表明将吸附剂与催化剂结合到一个颗粒中，具有比机械充分混合更优的性能。这种将吸附剂与催化剂结合到一个颗粒构成双功能催化剂，从而在同一种材料上耦合吸附性能和催化性能的策略，不仅解决了催化剂与吸附剂混合的问题，同时也有利于减少反应器所需的体积。

余皓组在利用双功能催化剂进行甘油吸附增强重整制氢方面做了系列的工作。他们首先[86]通过共沉淀法合成了 Co-CaO-$Ca_{12}Al_{14}O_{33}$ 双功能催化剂，该催化剂中 Co 作为活性组分起催化作用，CaO 作为吸附剂对 CO_2 进行捕获，二者共同完成甘油吸附增强重整过程。结果表明，在 525℃和 S/C 值为 4 的条件下，氢气的纯度可达到 96.4%，CO、CH_4 和 CO_2 的含量分别为 1.85%、1.53%和 0.213%；经过 50 圈的循环后（图 12-12），氢气的纯度依然能够稳定在 96%。该催化剂还可进行进一步调控。由于甲烷化反应是主要的耗氢反应，对甲烷化反应的抑制可以提高氢气的纯度。在 Co-CaO 双功能催化剂中引入 Cu 抑制 Co 的甲烷化活性后，氢气的纯度从 97%左右可以提高到 99.23%[86]。若考虑产品氢气应用于质子交换膜燃料电池，由于 CO 容易使燃料电池 Pt 催化剂中毒，所以现有技术中一般要求氢气中 CO 的含量不能超过 30×10^{-6} 甚至 10×10^{-6}。针对这一情况，可利用吸附增强过程中的高氢和低 CO 的特点，通过强化催化剂甲烷化能力，设计 Ni-Cu 为活性组分，原位去除过程中少量的 CO，可以直接得到氢气的纯度达到 97.15%，CO 含量为 28×10^{-6} 的高纯氢气[87]。

豆斌林等[88]利用移动床反应器进行了 SESRG 连续反应的探索，对 SESRG 技术走向工业化是重要的一步。他们利用如图 12-13 所示的两个移动床反应器来实现反应-再生循环连续反应（CSERP）。SESRG 反应和再生反应分别发生在其中的一个反应器中，并且通过控制催化剂和吸附剂的流速来调控各自的反应时间。以 NiO/$NiAl_2O_4$ 为催化剂和焙烧的石灰石为吸附剂，在水碳比值为 3、600℃的 SESRG 反应条件和 900℃的再生条件下，可以连续 60min 得到纯度为 96.1%的氢气，测试期间没有观察到明显的失活现象。这一技术目前还缺乏更长时间的稳定性测试，并且如何平衡好吸附剂吸附能力的充分利用与维持氢气纯度之间的关系对实验操作来说也是一个巨大的挑战。毕竟，当催化剂和吸附剂的流速过快时，会导致 SESRG 反应中的停留时间过短，造成部分吸附剂未被利用，过程效率降低；但如果流速过慢，又容易出现吸附饱和后氢气纯度降低的现象；尤其在长时间操作过程中，吸附能力出现波动给操作带来更大的困难。

甘油吸附增强制氢技术中，最大的挑战在于合适的吸附剂。表 12-3 汇总比较了常见的 CO_2 高温吸附剂的特性。总的来说，有效的 CO_2 的吸附剂一般包括四个方面：大的 CO_2 吸附容量，快速的吸脱附动力学性能，合适的吸脱附温度和好的循环稳定性。目前，吸附增强过程中用到的吸附剂绝大多数都是 Ca 基吸附剂。这主要是因为其价格优势和高的吸附容量。而 Ca 基吸附剂在多次循环再生使用过后会出现严重的烧结导致吸附性能大幅度下降。Müller 等[89]发现以 Ni/CaO 为双功能催化剂时，预突破时间（即维持高浓度氢气的时间）从第一圈的 310s 下降到 5 圈的 170s 再到 10 圈的 75s，分别损失了 45.2%和 75.8%。现阶段主要采用引入如 $Ca_{12}Al_{14}O_{33}$、ZrO_2、$CaSiO_4$ 等难熔惰性物将吸附剂颗粒物理分割开的方法来减弱烧结带来的影响。如余皓等[33]制备的 Co-CaO-$Ca_{12}Al_{14}O_{33}$ 双功能催化剂中就利用 $Ca_{12}Al_{14}O_{33}$ 提高了其 SESRG 反应的稳定性，在经历 50 圈循环反应后，其依然能保持初始预突破时间的 42.8%。

总的来说，甘油吸附增强重整是一种理想的甘油制氢技术，但是目前还面临着吸附剂的循环稳定性差等问题，并且缺乏长达 100h 甚至长达上千小时连续操作的实验数据，针对这一情况，开展中试规模的测试研究将对未来这一技术的产业化应用至关重要。

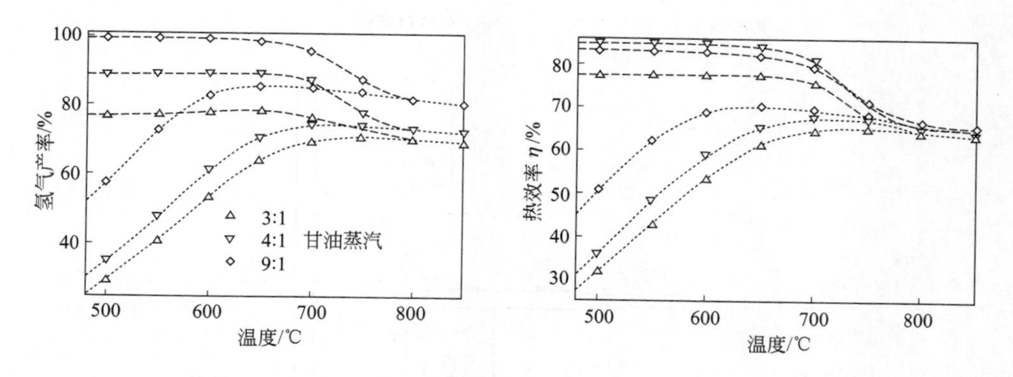

图 12-11 氢气产率与热效率随反应温度和水甘油的摩尔比的变化图[81]

----和……分别代表有吸附增强重整和蒸汽重整

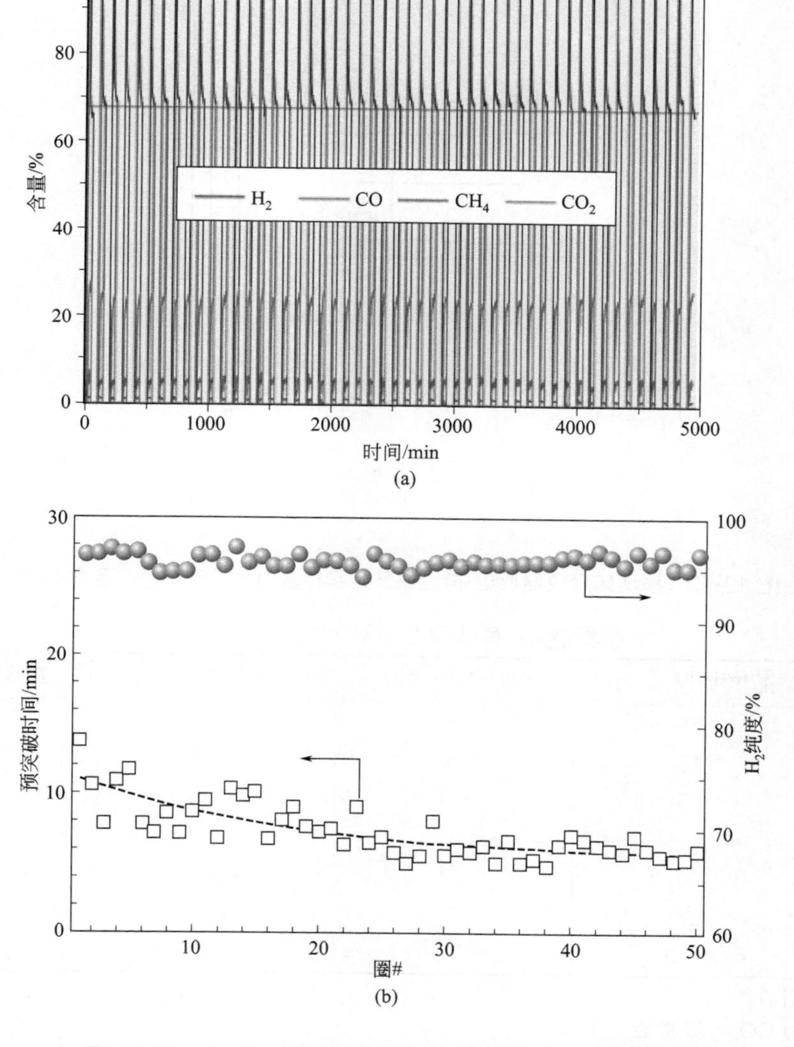

图 12-12 Co-Ca-Al 双功能催化剂 50 圈的 SESRG 性能[33]

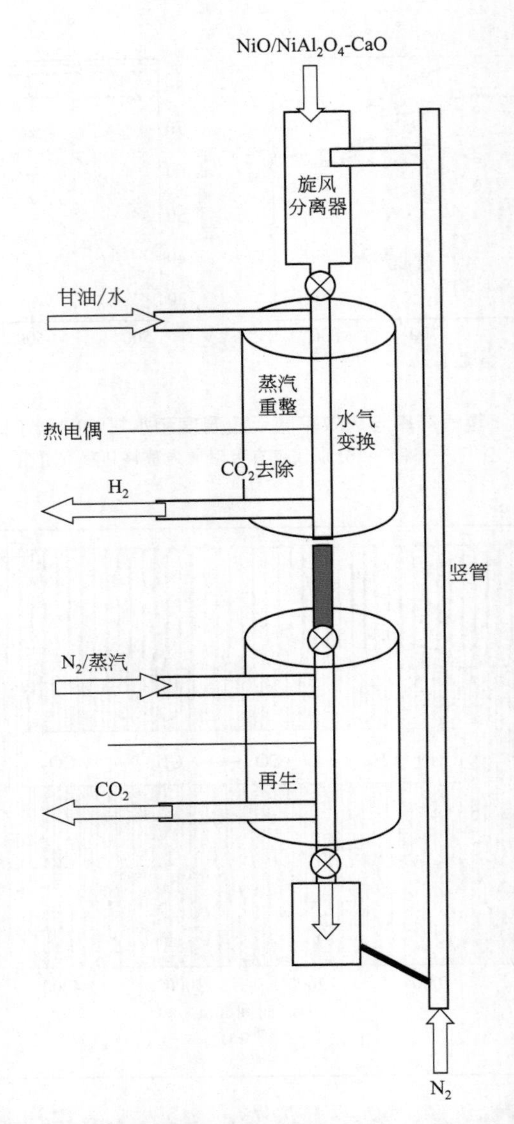

图 12-13 移动床反应器反应-再生循环连续反应（CSERP） 示意图[88]

表12-3 常见 CO_2 吸附剂的物理性能[90]

样品	晶粒大小① /nm	比表面积 /(m^2/g)	理论吸附量② /%	实验吸附量② /%
CaO	64	3	78.6	49.5
Li_2ZrO_3	13	5	28.8	27.1
K-掺杂的 Li_2ZrO_3	15	< 2	26.6	20.7
Na_2ZrO_3	30	5	23.4	16.3
Li_4SiO_4	37	2	36.6	22.9
La_2O_3	31.2	7.9	13.5	13.3

① X 射线衍射。

② 容量：(g CO_2/g 吸附剂) *100。

注：K : Li : Zr= 0.2 : 2.2 : 1。

12.10 甘油制氢技术的 CO_2 排放

作为典型的生物质资源，甘油与生物乙醇理论上都具有实现碳中性制氢的可能。在现有技术水平下，依照与第 7 章相同的评价方法，甘油水蒸气重整制氢技术的 CO_2 排放量约为 0.8～1.1m^3/m^3 H_2，氧化蒸汽重整的 CO_2 排放量为 1.2～1.5m^3/m^3 H_2，液相重整则为 0.9～1.2m^3/m^3 H_2。在甘油干重整制氢中，CO_2 作为反应物参与制氢过程，因此其不仅不产生 CO_2 还要消耗掉部分 CO_2。甘油吸附增强重整制氢过程中，由于产生的 CO_2 都被原位捕获了，因此，如果不考虑脱附过程中的 CO_2 排放问题，其基本不产生 CO_2。但如果考虑脱附过程，其 CO_2 排放量接近理论值 0.429m^3 CO_2/m^3 H_2。考虑到 SESRG 技术中，CO_2 集中在脱附过程中进行排放，并且没有其他气体，易得到纯度更高的 CO_2，对于后续的 CO_2 利用或封存来说都更容易处理。

12.11 甘油制氢技术的经济性

经济上的可行性是限制甘油制氢技术应用的关键。2009 年美国阿贡国家实验室[91]对利用甘油制氢这一工艺进行了可行性分析。设定从源于可再生生物质的液体中制取氢气能源效率（定义为生产的氢气所带有的能量比上总的能量输入，能量输入包括原料、天然气和电能，并且电能中没有考虑电能生产和传输过程中的损耗）为 72.0%，同时氢气的价格为 3.80 美元/kg H_2。制氢工艺为甘油蒸汽重整随后进行变压吸附以纯化氢气（图 12-14），重整过程在 20atm（约 300psi）压力下进行，水碳比为 3，重整温度 800℃；随后进行 400℃水气变换反应以转化过程中的 CO。经过重整和水气变换后的气体产物分布见表 12-4。随后进入到变压吸附操作单元，得到的高纯氢气的回收率为 80%，并以 20atm 的压力离开系统。另一部分经过变压吸附留下来的气体中含有二氧化碳、甲烷以及部分未被回收的氢气，这些气体将进入到燃烧炉中给重整过程供热；当供热不足时，将以天热气为燃料进行补充。氢气的生产能力为每天 1500kg，操作在生产能力的 85%。在满足能量效率为 72%的前提下，计算氢气的成本和各操作部分所占的比例。

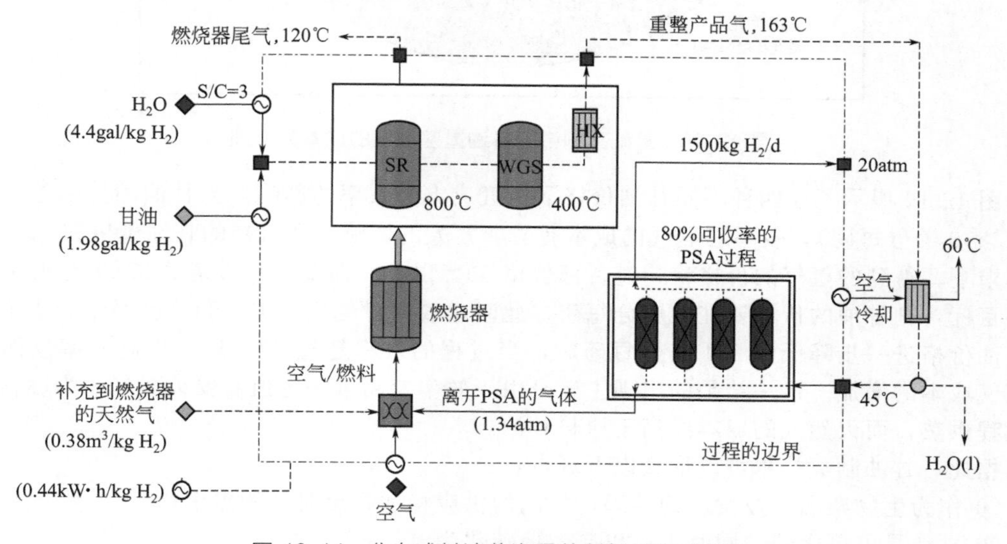

图 12-14 分布式甘油蒸汽重整制氢过程示意图

（1gal=3.78dm^3）

表12-4 重整产品的气体组成

重整产品	含量(摩尔分数)/%	重整产品	含量(摩尔分数)/%
H_2	65.52	CH_4	2.08
CO_2	28.76	H_2O	0.47
CO	2.17	烃类	痕量

技术经济分析表明以上方案中，甘油重整得到的氢气的价格为 4.86 美元/kg H_2（不含税），比氢气的目标价格 3.80 美元/kg H_2 高出了 27%。图 12-15 展示了各操作部分在氢气价格中所占的比例：生产单元在氢气的成本中占了约 60%（2.97 美元/kg H_2），而其中原料的成本所占的比例最大；另外近 40%的成本属于燃料投入，其中基建投资为主要的成本支出。总的来说，原料成本占比最大（44%），其次为基建投入占 37%。

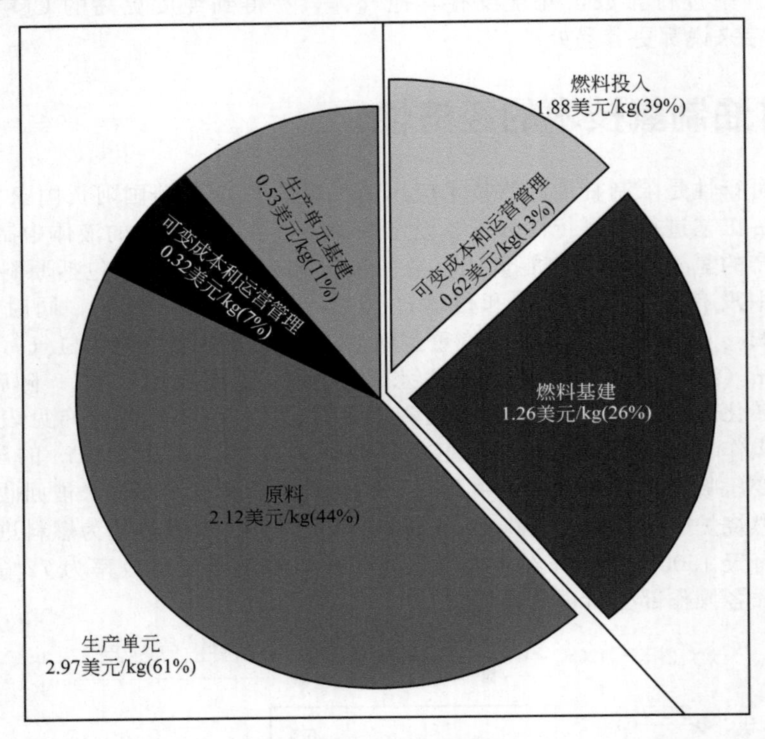

图 12-15 基础案例中的甘油重整制氢的成本分析图

图 12-16 展示了在四种不同甘油价格下氢气成本受效率的影响。当甘油的价格处于高位时（>10 美分每磅），效率对氢气的成本有着非常大的影响。在这样的甘油价格和 72%效率的要求下，得到的氢气的价格将超过目标价格 50%以上。而要满足设定的 3.80 美元/kg H_2 这一目标，则甘油的价格要在 5 美分每磅。此时，效率对氢气成本的影响已经十分小了。而当甘油价格进一步降低到 2.4 美分每磅时，当过程的效率超过 68%后，提高效率反而会导致氢气成本的增加。这一结果的出现主要是由于效率要超过一定值需要天然气作为燃料给重整过程供热，而天然气的成本要高于原料甘油。

据此，甘油制氢技术可以形成以下观点：

① 作为生物柴油工业发展的结果，甘油的供应将远超出对其的需求；

② 甘油是可再生的，同时也可以有效地转化为氢气；

③ 当甘油的价格为 1.07 美元/gal 时，估算的氢气价格为 4.86 美元/kg；

④ 氢气的价格对原料的价格高度敏感；

⑤ 随着生物柴油产量的进一步增长，原料粗甘油的价格可望持续下降，使甘油制氢在技术经济上具有可行性。

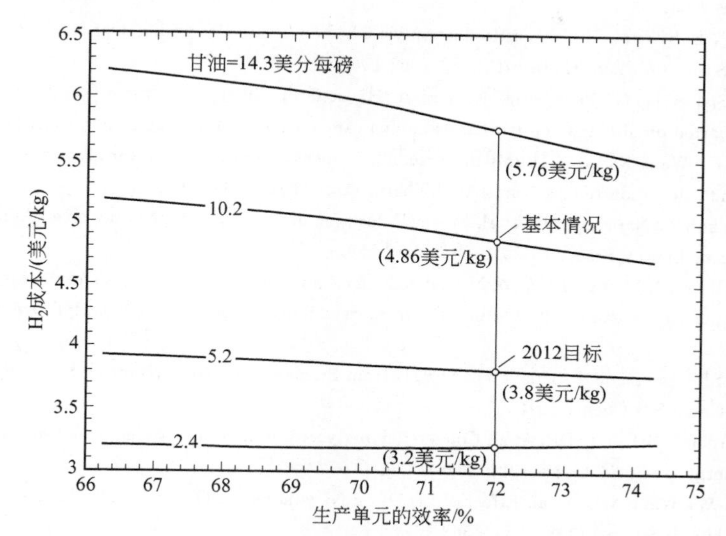

图 12-16 生产单元的效率和甘油的价格对氢气成本的影响

参 考 文 献

[1] Schwengber CA, Alves HJ, Schaffner RA, et al. Overview of glycerol reforming for hydrogen production. Renewable & Sustainable Energy Reviews, 2016, 58: 259-266.

[2] Naylor RL, Higgins MM. The political economy of biodiesel in an era of low oil prices. Renewable & Sustainable Energy Reviews, 2017, 77: 695-705.

[3] Gholami Z, Abdullah AZ, Lee K-T. Dealing with the surplus of glycerol production from biodiesel industry through catalytic upgrading to polyglycerols and other value-added products. Renew Sust Energ Rev, 2014, 39: 327-341.

[4] Silva JM, Soria MA, Madeira LM. Challenges and strategies for optimization of glycerol steam reforming process. Renewable & Sustainable Energy Reviews, 2015, 42: 1187-1213.

[5] 张金廷，胡培强，施永诚，等. 甘油［M］. 北京：化学工业出版社，2008.

[6] Adhikari SF, S Gwaltney, S R To, et al. Haryanto, A. A thermodynamic analysis of hydrogen production by steam reforming of glycerol. Int J Hydrogen Energ, 2007, 32: 2875-2880.

[7] Adhikari S, Fernando S, Haryanto A. A comparative thermodynamic and experimental analysis on hydrogen production by steam reforming of glycerin. Energ Fuel, 2007, 21: 2306-2310.

[8] Dieuzeide ML, Amadeo N. Thermodynamic Analysis of Glycerol Steam Reforming. Chemical Engineering & Technology, 2010, 33: 89-96.

[9] Wang H, Wang X, Li M, et al. Thermodynamic analysis of hydrogen production from glycerol autothermal reforming. Int J Hydrogen Energy. 2009, 34: 5683-5690.

[10] Yang G, Yu H, Peng F, et al. Thermodynamic analysis of hydrogen generation via oxidative steam reforming of glycerol. Renewable Energy. 2011, 36: 2120-2127.

[11] Hajjaji N, Baccar I, Pons M-N. Energy and exergy analysis as tools for optimization of hydrogen production by glycerol autothermal reforming. Renewable Energy, 2014, 71: 368-380.

[12] Pairojpiriyakul T, Kiatkittipong W, Wiyaratn W, et al. Effect of mode of operation on hydrogen production from glycerol at thermal neutral conditions: Thermodynamic analysis. Int J Hydrogen Energy, 2010, 35: 10257-10270.

[13] Vaidya PD, Rodrigues AE. Glycerol Reforming for Hydrogen Production: A Review. Chemical Engineering & Technology, 2009, 32: 1463-1469.

[14] Cheng CK, Foo SY, Adesina AA. Glycerol Steam Reforming over Bimetallic Co-Ni/Al_2O_3. Ind Eng Chem Res, 2010, 49: 10804-10817.

[15] Valliyappan T, Ferdous D, Bakhshi NN, et al. Production of hydrogen and syngas via steam gasification of glycerol in

a fixed-bed reactor. Top Catal, 2008, 49: 59-67.

[16] Goula MA, Charisiou ND, Papageridis KN, et al. Influence of the synthesis method parameters used to prepare nickel-based catalysts on the catalytic performance for the glycerol steam reforming reaction. Chinese Journal of Catalysis, 2016, 37: 1949-1965.

[17] Wu G, Zhang C, Li S, et al. Hydrogen Production via Glycerol Steam Reforming over Ni/Al_2O_3: Influence of Nickel Precursors. ACS Sustain Chem Eng, 2013, 1: 1052-1062.

[18] Charisiou ND, Siakavelas G, Papageridis KN, et al. Hydrogen production via the glycerol steam reforming reaction over nickel supported on alumina and lanthana-alumina catalysts. Int J Hydrogen Energy, 2017, 42: 13039-13060.

[19] Jiang B, Zhang C, Wang K, et al. Highly dispersed Ni/montmorillonite catalyst for glycerol steam reforming: Effect of Ni loading and calcination temperature. Appl Therm Eng, 2016, 109: 99-108.

[20] Ebshish A, Yaakob Z, Narayanan B, et al. Steam Reforming of Glycerol over Ni Supported Alumina Xerogel for Hydrogen Production. Energy Procedia, 2012, 18: 552-559.

[21] Choi Y, Kim ND, Baek J, et al. Effect of N_2O-mediated calcination on nickel species and the catalytic activity of nickel catalysts supported on gamma-Al_2O_3 in the steam reforming of glycerol. Int J Hydrogen Energy, 2011, 36: 3844-3852.

[22] Kim SM, Woo SI. Sustainable Production of Syngas from Biomass-Derived Glycerol by Steam Reforming over Highly Stable Ni/SiC. Chem Sus Chem, 2012, 5: 1513-1522.

[23] Adhikari S, Fernando SD, To SDF, et al. Conversion of glycerol to hydrogen via a steam reforming process over nickel catalysts. Energy & Fuels, 2008, 22: 1220-1226.

[24] Xu J-K, Ren K-W, Wang X-L, et al. Effect of La_2O_3 on Ni/gamma-Al_2O_3 catalyst for biogas reforming to hydrogen. Acta Physico-Chimica Sinica, 2008, 24: 1568-1572.

[25] Thyssen VV, Maia TA, Assaf EM. Ni supported on La_2O_3-SiO_2 used to catalyze glycerol steam reforming. Fuel, 2013, 105: 358-363.

[26] Zamzuri NH, Mat R, Amin NAS, et al. Hydrogen production from catalytic steam reforming of glycerol over various supported nickel catalysts. Int J Hydrogen Energy, 2017, 42: 9087-9098.

[27] Nichele V, Signoretto M, Menegazzo F, et al. Glycerol steam reforming for hydrogen production: Design of Ni supported catalysts. Applied Catalysis B-Environmental, 2012, 111: 225-232.

[28] Maia TA, Assaf EM. Catalytic features of Ni supported on CeO_2-ZrO_2 solid solution in the steam reforming of glycerol for syngas production. RSC Adv, 2014, 4: 31142-31154.

[29] Dang CX, Yang HB, Yu H, et al. $Ce_xNi_{0.5}La_{0.5-x}O$ Catalysts for Hydrogen Production by Oxidative Steam Reforming of Glycerol: Influence of the Ce-to-La Ratio. Acta Physico-Chimica Sinica, 2016, 32: 1527-1533.

[30] Sengupta P, Khan A, Zahid MA, et al. Evaluation of the Catalytic Activity of Various $5Ni/Ce_{0.5}Zr_{0.33}M_{0.17}O_{2-\delta}$ Catalysts for Hydrogen Production by the Steam Reforming of a Mixture of Oxygenated Hydrocarbons. Energy & Fuels, 2012, 26: 816-828.

[31] Ebshish A YZ, Narayanan B, et al. The activity of Ni-based catalysts on steam reforming of glycerol for hydrogen production. International Journal of Integrated Engineering, 2011, 3: 4.

[32] Huang Z-Y, Xu C-H, Liu C-Q, et al. Glycerol steam reforming over Ni/γ-Al_2O_3 catalysts modified by metal oxides. Korean Journal of Chemical Engineering, 2013, 30: 587-592.

[33] Dang C, Yu H, Wang H, et al. A bi-functional Co-CaO-$Ca_{12}Al_{14}O_{33}$ catalyst for sorption-enhanced steam reforming of glycerol to high-purity hydrogen. Chem Eng J, 2016, 286: 329-338.

[34] Surendar M, Sagar TV, Babu BH, et al. Glycerol steam reforming over La-Ce-Co mixed oxide-derived cobalt catalysts. RSC Adv, 2015, 5: 45184-45193.

[35] Sanchez EA, Comelli RA. Hydrogen production by glycerol steam-reforming over nickel and nickel-cobalt impregnated on alumina. Int J Hydrogen Energy, 2014, 39: 8650-8655.

[36] Pereira EB, de la Piscina PR, Homs N. Efficient hydrogen production from ethanol and glycerol by vapour-phase reforming processes with new cobalt-based catalysts. Bioresource Technology, 2011, 102: 3419-3423.

[37] Mitran G, Pavel OD, Florea M, et al. Hydrogen production from glycerol steam reforming over molybdena-alumina catalysts. Catal Commun, 2016, 77: 83-88.

[38] Mitran G, Pavel OD, Mieritz DG, et al. Effect of Mo/Ce ratio in Mo-Ce-Al catalysts on the hydrogen production by steam reforming of glycerol. Catal Sci Technol, 2016, 6: 7902-7912.

[39] Hirai T, Ikenaga N, Miyake T, et al. Production of hydrogen by steam reforming of glycerin on ruthenium catalyst. Energy & Fuels, 2005, 19: 1761-1762.

[40] Kim J, Lee D. Glycerol steam reforming on supported Ru-based catalysts for hydrogen production for fuel cells. International Journal of Hydrogen Energy, 2013, 38: 11853-11862.

[41] Dauenhauer PJ, Salge JR, Schmidt LD. Renewable hydrogen by autothermal steam reforming of volatile carbohydrates. Journal of Catalysis, 2006, 244: 238-247.

[42] Rennard DC, Kruger JS, Michael BC, et al. Long-Time Behavior of the Catalytic Partial Oxidation of Glycerol in an Autothermal Reactor. Industrial & Engineering Chemistry Research, 2010, 49: 8424-8432.

[43] Soares RR, Simonetti DA, Dumesic JA. Glycerol as a Source for Fuels and Chemicals by Low-Temperature Catalytic Processing. Angewandte Chemie International Edition, 2006, 45: 3982-3985.

[44] Simonetti DA, Kunkes EL, Dumesic JA. Gas-phase conversion of glycerol to synthesis gas over carbon-supported platinum and platinum-rhenium catalysts. Journal of Catalysis, 2007, 247: 298-306.

[45] Wei ZH, Karim AM, Li Y, et al. Elucidation of the roles of Re in steam reforming of glycerol over Pt-Re/C catalysts. Journal of Catalysis, 2015, 322: 49-59.

[46] Bossola F, Pereira-Hernandez XI, Evangelisti C, et al. Investigation of the promoting effect of Mn on a Pt/C catalyst for the steam and aqueous phase reforming of glycerol. Journal of Catalysis, 2017, 349: 75-83.

[47] Kokumai TM, Cantane DA, Melo GT, et al. VO_x-Pt/Al_2O_3 catalysts for hydrogen production. Catalysis Today, 2017, 289: 249-257.

[48] Pastor-Perez L, Sepulveda-Escribano A. Low temperature glycerol steam reforming on bimetallic PtSn/C catalysts: On the effect of the Sn content. Fuel, 2017, 194: 222-8.

[49] Pompeo F, Santori G, Nichio NN. Hydrogen and/or syngas from steam reforming of glycerol. Study of platinum catalysts. International Journal of Hydrogen Energy, 2010, 35: 8912-8920.

[50] Montini T, Singh R, Das P, et al. Renewable H_2 from Glycerol Steam Reforming: Effect of La_2O_3 and CeO_2 Addition to Pt/Al_2O_3 catalysts. Chemsuschem, 2010, 3: 619-628.

[51] Zhang B, Tang X, Li Y, et al. Hydrogen production from steam reforming of ethanol and glycerol over ceria-supported metal catalysts. Int J Hydrogen Energy, 2007, 32: 2367-2373.

[52] Yang GX, Yu H, Huang XY, et al. Effect of calcium dopant on catalysis of Ir/La_2O_3 for hydrogen production by oxidative steam reforming of glycerol. Appl Catal B-Environ, 2012, 127: 89-98.

[53] Huang X, Dang C, Yu H, et al. Morphology Effect of Ir/$La_2O_2CO_3$ Nanorods with Selectively Exposed {110} Facets in Catalytic Steam Reforming of Glycerol. ACS Catalysis, 2015, 5: 1155-1163.

[54] Luo N, Zhao X, Cao F, et al. Thermodynamic study on hydrogen generation from different glycerol reforming processes. Energy & Fuels, 2007, 21: 3505-3512.

[55] Huber GW, Dumesic JA. An overview of aqueous-phase catalytic processes for production of hydrogen and alkanes in a biorefinery. Catal Today, 2006, 111: 119-132.

[56] Ciftci A, Ligthart D, Sen AO, et al. Pt-Re synergy in aqueous-phase reforming of glycerol and the water-gas shift reaction. Journal of Catalysis, 2014, 311: 88-101.

[57] Seretis A, Tsiakaras P. A thermodynamic analysis of hydrogen production via aqueous phase reforming of glycerol. Fuel Processing Technology, 2015, 134: 107-15.

[58] Wen G, Xu Y, Ma H, et al. Production of hydrogen by aqueous-phase reforming of glycerol. International Journal of Hydrogen Energy, 2008, 33: 6657-6666.

[59] Luo NJ, Fu XW, Cao FH, et al. Glycerol aqueous phase reforming for hydrogen generation over Pt catalyst - Effect of catalyst composition and reaction conditions. Fuel, 2008, 87: 3483-3489.

[60] Ciftci A, Eren S, Ligthart D, et al. Platinum-Rhenium Synergy on Reducible Oxide Supports in Aqueous-Phase Glycerol Reforming. Chemcatchem, 2014, 6: 1260-1269.

[61] Subramanian ND, Callison J, Catlow CRA, et al. Optimised hydrogen production by aqueous phase reforming of glycerol on Pt/Al_2O_3. International Journal of Hydrogen Energy, 2016, 41: 18441-114450.

[62] Wawrzetz A, Peng B, Hrabar A, et al. Towards understanding the bifunctional hydrodeoxygenation and aqueous phase reforming of glycerol. Journal of Catalysis, 2010, 269: 411-420.

[63] Iriondo A, Cambra JF, Barrio VL, et al. Glycerol liquid phase conversion over monometallic and bimetallic catalysts: Effect of metal, support type and reaction temperatures. Applied Catalysis B-Environmental, 2011, 106: 83-93.

[64] El Doukkali M, Iriondo A, Cambra JF, et al. Deactivation study of the Pt and/or Ni-based gamma-Al_2O_3 catalysts used in the aqueous phase reforming of glycerol for H_2 production. Applied Catalysis a-General, 2014, 472: 80-91.

[65] King DL, Zhang LA, Xia G, et al. Aqueous phase reforming of glycerol for hydrogen production over Pt-Re supported on carbon. Applied Catalysis B-Environmental, 2010, 99: 206-213.

[66] Kunkes EL, Simonetti DA, Dumesic JA, et al. The role of rhenium in the conversion of glycerol to synthesis gas over carbon supported platinum-rhenium catalysts. Journal of Catalysis, 2008, 260: 164-177.
[67] Wei ZH, Karim A, Li Y, et al. Elucidation of the Roles of Re in Aqueous-Phase Reforming of Glycerol over Pt-Re/C Catalysts. Acs Catalysis, 2015, 5: 7312-7320.
[68] Dietrich PJ, Sollberger FG, Akatay MC, et al. Structural and catalytic differences in the effect of Co and Mo as promoters for Pt-based aqueous phase reforming catalysts. Applied Catalysis B: Environmental, 2014, 156-157: 236-248.
[69] Shabaker JW, Huber GW, Dumesic JA. Aqueous-phase reforming of oxygenated hydrocarbons over Sn-modified Ni catalysts. Journal of Catalysis, 2004, 222: 180-191.
[70] Manfro RL, Pires T, Ribeiro NFP, et al. Aqueous-phase reforming of glycerol using Ni-Cu catalysts prepared from hydrotalcite-like precursors. Catalysis Science & Technology, 2013, 3: 1278-1287.
[71] Guo Y, Liu X, Azmat MU, et al. Hydrogen production by aqueous-phase reforming of glycerol over Ni-B catalysts. International Journal of Hydrogen Energy, 2012, 37: 227-234.
[72] Wang X, Li M, Wang M, et al. Thermodynamic analysis of glycerol dry reforming for hydrogen and synthesis gas production. Fuel, 2009, 88: 2148-2153.
[73] Kale GR, Kulkarni BD. Thermodynamic analysis of dry autothermal reforming of glycerol. Fuel Process Technol, 2010, 91: 520-530.
[74] Daskalaki VM, Kondarides DI. Effcient production of hydrogen by photo-induced reforming of glycerol at ambient conditions. Catal Today, 2008.
[75] Bahruji H, Bowker M, Davies PR, et al. New insights into the mechanism of photocatalytic reforming on Pd/TiO_2. Applied Catalysis B: Environmental, 2011, 107: 205-9.
[76] Valliyappan T. Master's Thesis "Hydrogen or syngas production from glycerol using pyprolysis and steam gasification processes". University of Saskatchewan. 2004.
[77] Fernandez YA, A. Diez, M. A. Pis, et al. Pyrolysis of glycerol over activated carbons for syngas production. J Anal Appl Pyrol, 2009, 84: 145-150.
[78] Buhler WD, E. Ederer, H. J. Kruse, et al. Ionic reactions and pyrolysis of glycerol as competing reaction pathways in near- and supercritical water. J Supercrit Fluid, 2002, 22: 37-53.
[79] Chen H, Zhang T, Dou B, et al. Thermodynamic analyses of adsorption-enhanced steam reforming of glycerol for hydrogen production. Int J Hydrogen Energy, 2009, 34: 7208-22.
[80] Dou B, Dupont V, Rickett G, et al. Hydrogen production by sorption-enhanced steam reforming of glycerol. Bioresource technology, 2009, 100: 3540-3547.
[81] He L, Parra J M S, Blekkan E A. Towards efficient hydrogen production from glycerol by sorption enhanced steam reforming. Energy Environ Sci, 2010, 3: 1046-1056.
[82] Fermoso J, He L, Chen D. Production of high purity hydrogen by sorption enhanced steam reforming of crude glycerol. Int J Hydrogen Energy, 2012, 37: 14047-14054.
[83] He C, Zheng JW, Wang K, et al. Sorption enhanced aqueous phase reforming of glycerol for hydrogen production over Pt-Ni supported on multi-walled carbon nanotubes. Applied Catalysis B-Environmental, 2015, 162: 401-411.
[84] Assabumrungrat S, Sonthisanga P, Kiatkittipong W, et al. Thermodynamic analysis of calcium oxide assisted hydrogen production from biogas. Journal of Industrial and Engineering Chemistry, 2010, 16: 785-789.
[85] Xie M, Zhou Z, Qi Y, et al. Sorption-enhanced steam methane reforming by in situ CO_2 capture on a $CaO-Ca_9Al_6O_{18}$ sorbent. Chem Eng J, 2012, 207: 142-150.
[86] Dang C, Wang H, Yu H, et al. Co-Cu-CaO catalysts for high-purity hydrogen from sorption-enhanced steam reforming of glycerol. Appl Catal A-Gen, 2017, 533: 9-16.
[87] Dang C, Wang H, et al. Sorption-enhanced steam reforming of glycerol over Ni Cu Ca Al catalysts for producing fuel-cell grade hydrogen. Int J Hydrogen Energy, 2017.
[88] Dou B, Wang C, Chen H, et al. Continuous sorption-enhanced steam reforming of glycerol to high-purity hydrogen production. Int J Hydrogen Energy, 2013, 38: 11902-11909.
[89] Broda M, Kierzkowska AM, Baudouin D, et al. Sorbent-Enhanced Methane Reforming over a Ni-Ca-Based, Bifunctional Catalyst Sorbent. ACS Catal, 2012, 2: 1635-1646.
[90] Ochoa-Fernández E, Haugen G, Zhao T, et al. Process design simulation of H_2 production by sorption enhanced steam methane reforming: evaluation of potential CO_2 acceptors. Green Chemistry, 2007, 9: 654-662.
[91] Papadias SAD. Hydrogen from Glycerol: A Feasibility Study. Argonne National Laboratory, 2009.

第13章 甲酸分解制氢

13.1 基本原理

甲酸（formic acid，FA），化学式 HCOOH，俗名蚁酸，是最简单的羧酸。甲酸熔点 8.6℃，沸点 100.8℃，密度 1.22g/cm^3；无色具有刺激性气味，有腐蚀性，可与水、乙醇等极性有机溶剂互溶。

甲酸的分子量为 46.03，其质量储氢量为 4.4%，体积储氢量为 53g H_2/L。该储氢量在体积储氢容量方面优于但在质量容量方面低于美国能源部设置的 2017 年指标（5.5%，40g H_2/L)。若折算成能量密度，该储氢容量相当于 1.77kW·h/L，略高于目前采用高压罐储氢策略的燃料电池汽车的水平（丰田 Mirai 采用 70MPa 储氢罐，能量密度约为 1.4kW·h/L)。

甲酸可以通过脱氢和脱水两个主要的反应途径分解：

$$HCOOH\,(l) \longrightarrow H_2(g) + CO_2(g)$$

$$\Delta G^{\ominus} = -32.9\text{kJ/mol};\Delta H^{\ominus} = 31.2\text{kJ/mol};\Delta S^{\ominus} = 216\text{J/(mol}\cdot\text{K)} \qquad (13\text{-}1)$$

$$HCOOH\,(l) \longrightarrow H_2O\,(l) + CO\,(g)$$

$$\Delta G^{\ominus} = -12.4\text{kJ/mol};\Delta H^{\ominus} = 29.2\text{kJ/mol};\Delta S^{\ominus} = 139\text{J/(mol}\cdot\text{K)} \qquad (13\text{-}2)$$

室温脱氢得到 H_2 和 CO_2 的反应在热力学上是有利的，因此从甲酸制氢的技术主要是克服动力学的限制，高活性催化剂的开发是甲酸分解制氢技术的关键。另外，室温脱水产生 CO 的反应在热力学上也是可行的，脱水反应不仅降低了氢气的产率，而且对于面向燃料电池的应用而言，CO 容易使燃料电池 Pt 催化剂中毒，必须控制在 10×10^{-6} 以下。因此除了高的催化活性，通过催化剂调控反应途径主要以脱氢方式而不以脱水方式进行至关重要，根据燃料电池应用的要求，良好的甲酸分解催化剂应满足脱氢/脱水反应活性大于 10^5。

由于甲酸无毒，稳定，易于储存和输运，而且储氢密度较高，安全性和环境友好性均较高，被视为一种有应用前景的液态储氢材料。此外，甲酸制氢的副产物只有 CO_2；而在适当的条件下，CO_2 又可以通过加氢反应得到甲酸，在理想情况下，这一以甲酸为介质的储氢-制氢过程可以利用环境中的 CO_2，减少了 CO_2 排放，具有很好的可持续性。

13.2 甲酸的来源

甲酸是重要的有机化工原料，广泛用于医药、橡胶、皮革、造纸、染料、畜牧、食品等行业。甲酸是制造樟脑、维生素 B_1、冰片、咖啡因、甲硝唑等多种药物的中间体，也被用于制造杀虫剂等农药；在造纸工业中，甲酸可用于溶解木素制造纸浆；在皮革工业中，甲酸可替代无机酸用于皮革的染色和消毒，防止皮革霉烂，也作为皮革的脱毛、脱灰、膨胀和轻软剂；甲酸在橡胶工业中用于天然橡胶的凝固剂，在东南亚等橡胶产国用量较大；将一定比例甲酸喷洒在青饲料上可以保鲜，这是西欧国际甲酸消费的主要方向之一；由于2006年后欧盟等国禁止在饲料中添加抗生素，甲酸在饲料添加剂中用量增长迅猛。

目前甲酸在世界范围内产能约70万吨/a。甲酸的生产技术主要有早期的甲酸钠法、轻烃氧化生产醋酸副产甲酸、甲酰胺水解法、甲酸甲酯水解法等。其中甲酸钠法污染大，成本高，已经淘汰；由于醋酸生产技术转向甲醇低压羰基合成路线，轻烃氧化路线也面临淘汰；甲酰胺水解路线是BASF公司技术，一度成为欧洲主流甲酸生产路线，但是由于成本问题，1980年被BASF淘汰。目前主流的甲酸生产技术是甲酸甲酯水解法，该法先将甲醇与CO在80℃、4MPa下，在甲醇钠催化剂作用下进行羰基化反应得到甲酸甲酯；甲酸甲酯水解生成甲酸和甲醇，甲醇可回用。这一技术目前有美国Leonard工艺和德国BASF工艺等路线，BASF工艺甲酸甲酯转化率高，催化剂寿命长，但工艺难度较大；Leonard工艺的技术经济性较好。

除了传统的甲酸生产方法，生物质氧化法和CO_2加氢法也得到了积极的研发。由于这些方法具有明显的环境友好性和可持续性，对于未来可持续的氢经济具有特殊的重要意义。

生物质氧化生产甲酸是在氧气充足的条件下，将糖氧化，例如1mol葡萄糖完全氧化将产生6mol甲酸。以生物质为中间物，可以构建一个利用太阳能、完全可再生的间接产氢路径，如图13-1所示。

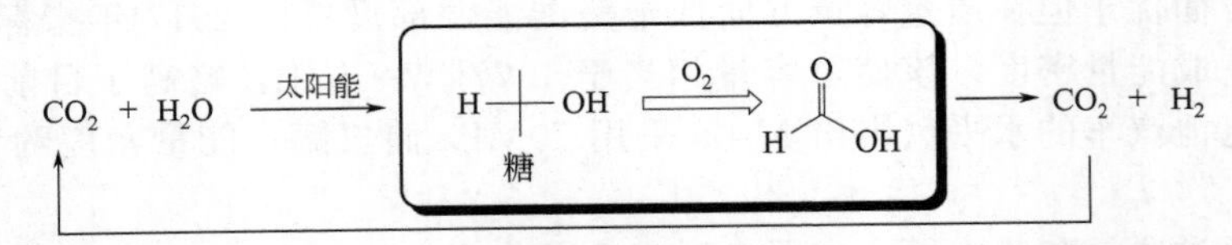

图13-1 以生物质转化产甲酸为中间步骤的间接太阳能产氢途径[1]

Wasserscheid P等以分子氧为氧化剂，Keggin型杂多酸$H_5PV_2Mo_{10}O_{40}$为催化剂，在80℃、3MPa下可将葡萄糖、山梨醇、纤维二糖、木糖、蔗糖等水溶性糖转化为甲酸，收率达40%～60%[1]。随后他们尝试了在该反应体系中加入特定的添加剂，如$CaCl_2$、H_3BO_3、$ZnCl_2$、LiCl、苯磺酰氯、甲苯磺酰氯、甲磺酸、三氟甲磺酸、樟脑磺酸、二甲苯磺酸、氯苯磺酸、对甲苯磺酸等。添加剂的引入可以将不溶于水的生物质，如纤维素、木聚糖、木质素等，以较高的收率转化为甲酸。在90℃、3MPa下，以对甲苯磺酸为添加剂，24h内转化木聚糖得到甲酸的收率为53%[2]。该法还可以用于木材、废纸、蓝藻菌等复杂生物质的氧化制取甲酸[2]。

CO_2加氢是近年来广受关注的另一条制取甲酸的反应途径。该反应是甲酸脱氢反应的逆反应，由式(13-1)可知气态H_2和CO_2反应生成液态甲酸在室温下是热力学不可行的，但该反应在水溶液中进行是可行的：

$$CO_2(aq)+H_2(aq) \longrightarrow HCOOH(aq) \qquad \Delta G^{\ominus}=-4.0kJ/mol \tag{13-3}$$

若在碱性条件下，可进一步降低自由能：

$$CO_2(aq)+H_2(aq)+NH_3(aq) \longrightarrow HCOO^-(aq)+NH_4^+(aq) \qquad \Delta G^{\ominus}=-9.5kJ/mol \tag{13-4}$$

在合适的催化剂下，CO_2可以通过热催化、电催化、光催化、光热催化等方式加氢得到甲酸、CO、甲烷、烃类等。若与可再生能源的发展结合起来，这可以形成一条不依赖于化石能源的可再生制氢-储氢循环途径，如图13-2所示。

在CO_2减排的压力下，这一领域的研究近年来引发了很高的研究热情，取得了大量的研究成果，但由于CO_2的惰性，目前还无法以较高的活性和选择性直接加氢得到甲酸。有

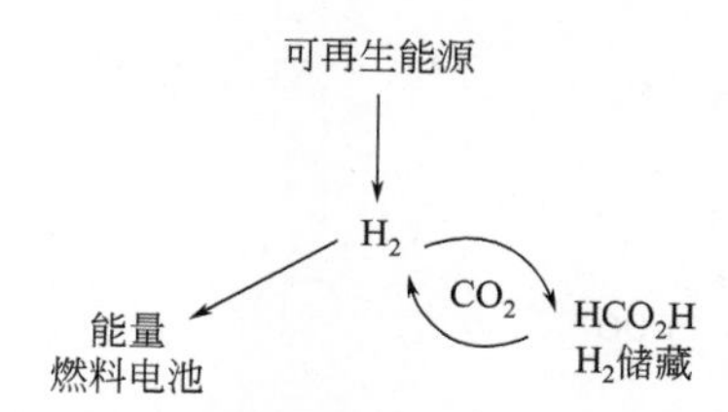

图 13-2 基于可再生能源和 CO_2 利用的氢经济[3]

兴趣的读者可以进一步参考有关的文献［4～7］。

13.3 甲酸分解催化剂

高活性、高选择性的催化剂是目前甲酸分解制氢技术的关键和研发难点。

13.3.1 均相催化剂

（1）贵金属均相催化剂

Coffey[8]在 1967 年就开展了用均相催化剂分解甲酸选择性制取氢气的研究。使用水溶性的贵金属 Pt、Rh、Ir 的膦配合物可以选择性地催化甲酸脱氢制取氢气，其中 $IrH_2Cl(PPh_3)_3$ 表现出了最高的活性。Strass 等[9]发现 $Rh(C_6H_4PPh_2)(PPh_3)_2$ 可以催化甲酸脱氢反应。1982 年，Paonessa 与 Trogler[10]提出一种 Pt 的二氢化物可以催化甲酸脱氢反应及其逆反应，该反应需要甲酸钠促进剂并依赖于反应溶剂。$RhCl_3$ 可以直接作为甲酸分解的催化剂，在 90℃水溶液体系中制取 H_2 和 CO_2，但需要 $NaNO_2$ 为添加剂，并同时产生 NO 和 NO_2[11]。在较早期的研究工作中，Puddephat 等提出的双核 Ru 膦配合物 $Ru_2(\mu\text{-}CO)(CO)_4(\mu\text{-dppm})_2$[12,13]具有代表性，其在室温下催化甲酸脱氢的 TOF 值达到了 $500h^{-1}$，且无须碱作为促进剂；该催化剂亦可催化 CO_2 加氢生成甲酸。

目前 Ru 基和 Ir 基催化剂是主流的甲酸分解贵金属均相催化剂。Beller 和 Laurenzcy 等研究组在 Ru 剂催化剂方面做出了开创性的研究工作。Laurenzcy 等开发了 Ru 与系列膦配体形成的催化剂催化甲酸/甲酸钠混合物脱氢[14,15]。采用［$Ru(H_2O)_6$］$(tos)_2$（tos＝对苯磺酸）与 2 当量的三苯基膦三磺酸钠（TPPTS，图 13-3）作为催化剂，催化 4mol/L 的甲酸/甲酸钠（9∶1）分解，在 120℃时 TOF 达到 $460h^{-1}$，TON 达到 40000。该催化剂需要氢气活化，活化后可重复使用 12 次不失活；该催化剂即使放置一年仍然不失活。该催化体系可以在高压下工作，在 90℃下，20bar 和 80bar 下催化 4mol/L 的甲酸/甲酸钠（9∶1）完全分解耗时分别为约 0.9h 和 1.5h[16]。他们还实现了该催化体系的连续产氢：在一个高压釜中，通过连续加入甲酸实现产氢，过程中保持反应器压力在 50～250bar 之间，调整甲酸加入量避免甲酸累积。在 120℃下，使用 1.5mmol［$Ru(H_2O)_6$］$^{2+}$，可以达到 600mL/min 的产氢速率。反复停止-启动，催化剂活性并无降低；在一个月内累积运行 90h，总的甲酸分解 TON 达到 40000。以 $RuCl_3 \cdot H_2O$ 为 Ru 前驱，Gan 等[15]比较研究了多种具有不同电荷和大小的胺甲基取代的阳离子膦配体的催化活性，发现 P/Ru 值为 2 时，间位取代的双阳离子三苯基膦配体具有最好的活性，90℃下催化 10mol/L 的甲酸/甲酸钠（9∶1）分解 TOF 为 $1430h^{-1}$；而相同条件下 TPPTS 配体的 TOF 仅为 $600h^{-1}$。该课题组进一步将 Ru（Ⅱ）/TPPTS 催化剂固定化在 MCM-41 介孔分子筛上，在 110℃催化 10mol/L 的甲酸/甲酸钠（9∶1）分解，TOF 可达 $2780h^{-1}$，催化剂可循环 20 次以上，总的 TON 达到 71000，且未发现 Ru 的浸出[15]。

该催化体系的机理如图 13-3 所示。该催化剂存在两个竞争的催化循环，首先未活化的

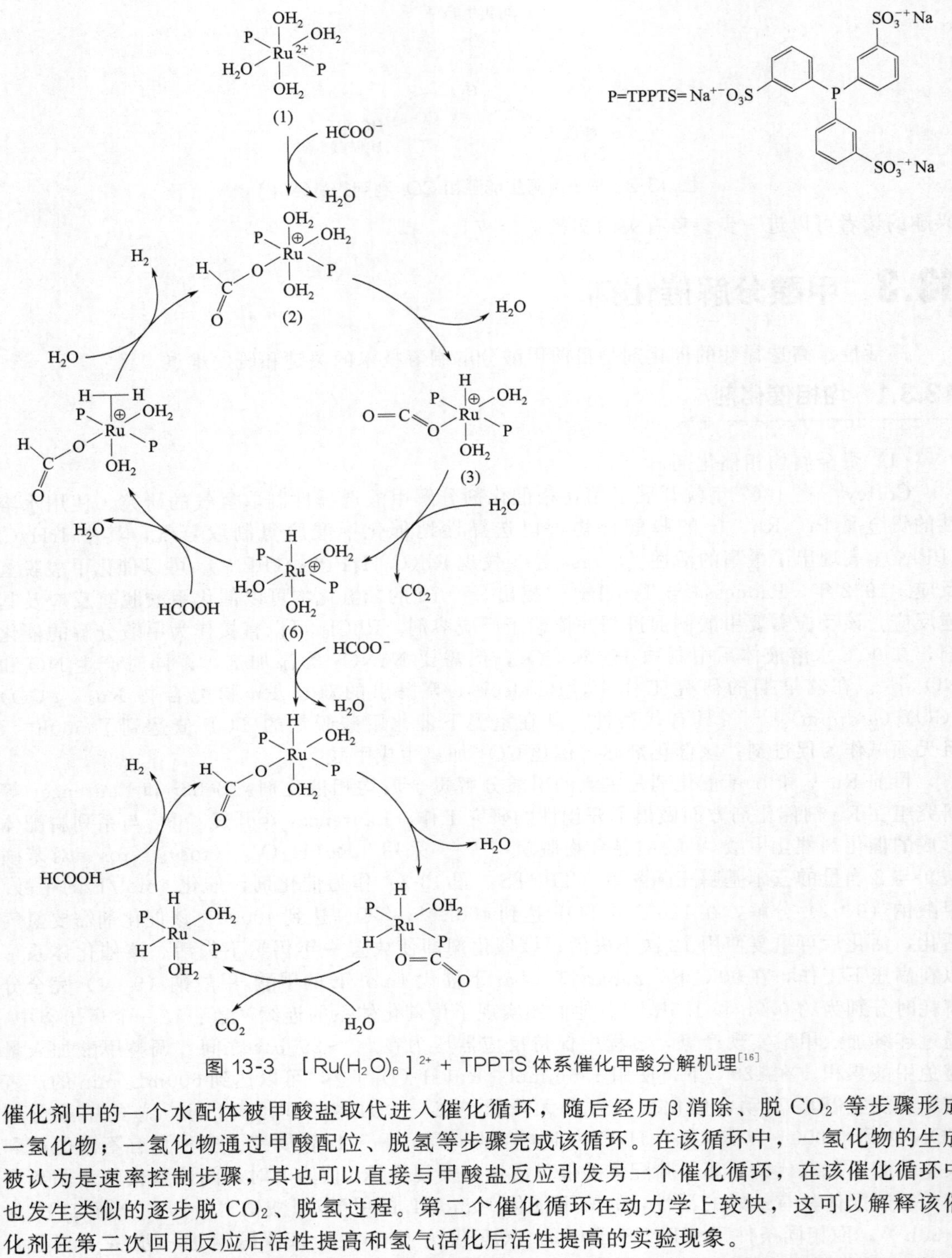

图 13-3 $[Ru(H_2O)_6]^{2+}$ + TPPTS 体系催化甲酸分解机理[16]

催化剂中的一个水配体被甲酸盐取代进入催化循环，随后经历 β 消除、脱 CO_2 等步骤形成一氢化物；一氢化物通过甲酸配位、脱氢等步骤完成该循环。在该循环中，一氢化物的生成被认为是速率控制步骤，其也可以直接与甲酸盐反应引发另一个催化循环，在该催化循环中也发生类似的逐步脱 CO_2、脱氢过程。第二个催化循环在动力学上较快，这可以解释该催化剂在第二次回用反应后活性提高和氢气活化后活性提高的实验现象。

Beller 等发展了系列高活性的 Ru 膦配合物用于低温甲酸分解制氢。他们尝试了使用 $RuBr_3 \cdot xH_2O$、$[RuCl_2(p\text{-cymene})]_2$、$[RuCl_2(PPh_3)]_2$、$[RuCl_2(benzene)]_2$ 等作为催化剂前驱物，三苯基膦（PPh_3）或 1,2-双（二苯基膦基）乙烷（dppe）为配体原位生成催化剂，催化甲酸低温分解。该过程的要点之一是引入有机胺作为反应介质，对多种有机胺的比较表明，对［$RuCl_2$(benzene)］$_2$/dppe 体系，甲酸在三乙胺和二甲基正己胺（$HexNMe_2$）中具有较好的分解活性；对［$RuCl_2$(*p*-cymene)］$_2$，1,5-二氮杂二环［4.3.0］-壬-5-烯(DBN)、$HexNMe_2$ 等具有较好的活性[17,18]。他们设计了一个连续分解甲酸-$HexNMe_2$ 混合物的装置，以［$RuCl_2$(benzene)］$_2$ 和 6eq 的 1,2-双（二苯基膦基）乙烷（dppe）原位生成催化剂，最初在反应器中加入 4.75mL 甲酸和 17.5mL $HexNMe_2$ 混合物，反应启动后，以每 30min 0.375mL 的速率从储罐中泵入补充甲酸，该装置经过 264h 运行，25℃下产气速率稳定在约 0.45L H_2/h 不衰减，产物中未检测到 CO 生成，最终的 TON 高达 260000，平均 TOF 达到 $900h^{-1}$[19]。

Peruzzini 与 Gonsalvi 等与 Beller 合作[20]发展了以三足膦配体 1,1,1-三（二苯基膦甲基）乙烷（triphos），三(2-二苯基膦乙基）胺（NP_3）为配体，Ru(Ⅲ）或 Ru(Ⅱ）分子复合物为前驱，原位形成的均相催化体系，在 80℃下，催化 11∶10 的甲酸-二甲基正辛胺完全分解，在甲酸与催化剂摩尔比 1000 时，首次反应 TOF 达到 $1000h^{-1}$。催化剂可以循环使用 8 次，但第八次反应 TOF 明显下降到 $377h^{-1}$。该反应的机理与配体的结构（tripos 或 NP_3）以及辅助基团（MeCN 或 Cl）有关，当以［Ru(κ^3-tripos)$(MeCN)_3$］$(PF_6)_2$ 为催化剂，甲酸盐的活化通过以配体为中心的外球机理发生，无须形成 Ru-H；而当以［Ru(κ^4-NP_3)Cl_2］为催化剂，反应以金属为中心的内球机理进行，氢化物［Ru(κ^4-NP_3)Cl(H)］为中心物种，联系如图 13-4 所示的两个催化循环[21]。

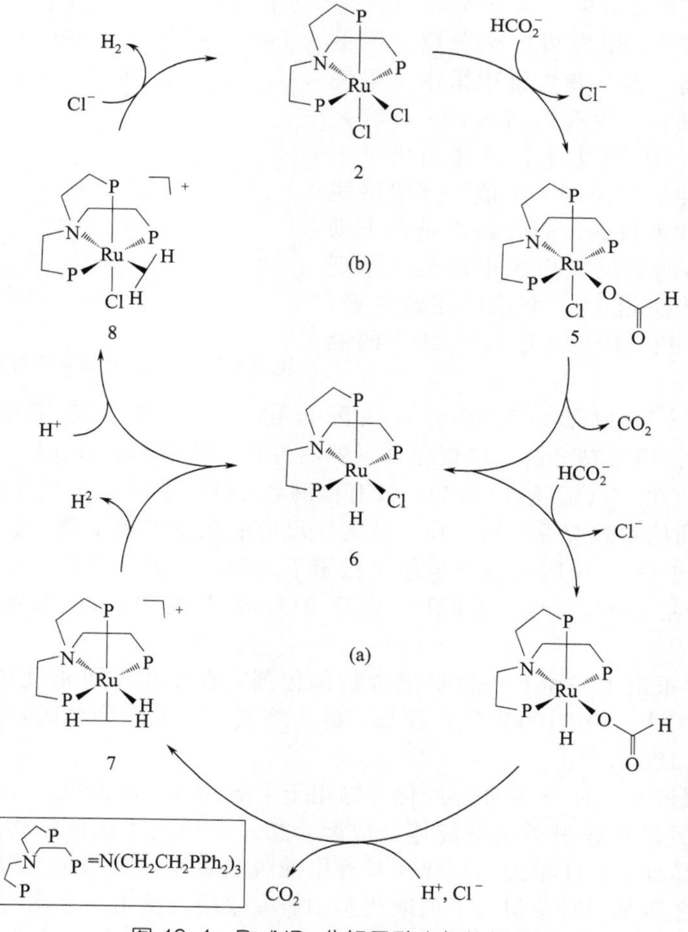

图 13-4 Ru/NP_3 分解甲酸产氢的机理

Wills 等[22]研究了以 Ru(Ⅲ)或 Ru(Ⅱ)前驱体([$Ru_2Cl_2(DMSO)_4$],[$RuCl_2(NH_3)_6$],$RuCl_3$,[$Ru_2(HCO_2)_2(CO)_4$]),在无膦配体的情况下,催化甲酸和三乙胺的恒沸物分解制氢,反应温度为 120℃。所有催化剂都表现出了很高的活性,其中[$RuCl_2(NH_3)_6$]达到 18000h^{-1}。作者观察到催化活性随着循环次数逐渐提高,进而认为在该体系中,无论前驱体的种类,均逐渐生成[$Ru_2(HCO_2)_2(CO)_4$],此为真正的活性组分。他们进而将该催化体系用于连续甲酸分解产氢[23],在以三乙胺为碱,[$Ru_2Cl_2(DMSO)_4$]为催化剂时,能够以约 1.6L/min 的速率连续产生气体。遗憾的是,这一催化体系所产生气体中 CO 含量较高,通常在 200×10^{-6}以上。Czaun 等[24]也用 $RuCl_3$ 为前驱体,在无膦配体的情况下催化甲酸/甲酸钠分解产氢,得到类似的结果,即活性虽较好但含有高达 0.27%的 CO。他们分离得到一种稳定的复合物[$Ru_4(CO)_{12}H_4$],并认为这是反应的活性物质。在此基础上,Czaun,Prakash 和 Olah 等[25]引入三苯基膦配体催化甲酸/甲酸钠在水相中的分解。为了解决配体的水溶性问题,他们引入甲苯、SDS 形成乳液,在 100℃下催化 4mol/L 的甲酸/甲酸钠(9∶1)分解,$RuCl_3$/P 约为 1∶2,反应速率为 69.14×10^{-6} mol/(L·s),比非乳液体系高约 7 倍。但仍有痕量的 CO 生成。作者再次检测到了多种 Ru 的羰基配合物,均有可能是催化活性物质。

Himeda[26]采用 4,4′-二羟基-2,2′-二联吡啶(4DHBP)为配体的铱催化剂催化 2mol/L 的甲酸/甲酸盐水溶液分解,在 90℃下,反应 TOF 达到 14000h^{-1},甲酸可完全分解。该催化体系选择性很高,在气相色谱中采用带甲烷转化器的 FID 检测器,没有检测到 CO($<8\times10^{-6}$)。在高达 4MPa 压力下,该体系仍可工作。该催化剂的性能取决于 pH 值:其甲酸脱氢活性在酸性条件下较高,而在碱性条件下则可催化 HCO_3^- 的加氢反应生成甲酸盐。原理在于配体 4DHBP 如图 13-5 所示的酸碱平衡,因此该催化体系可以用于以 CO_2 为载体的储氢-放氢循环。

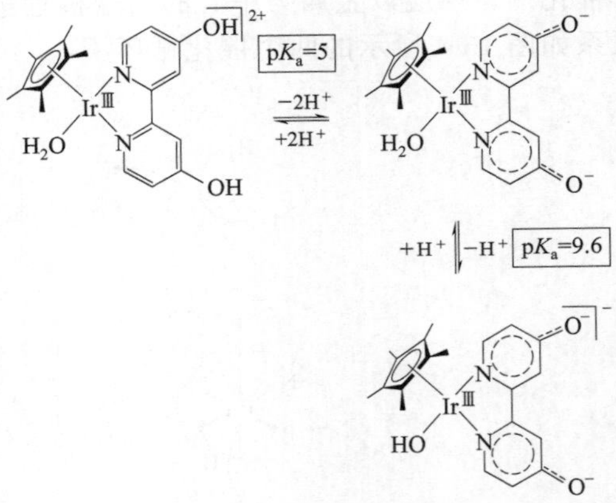

图 13-5 [$Cp^*Ir(4DHBP)(OH_2)$]$^{2+}$ 的酸碱平衡

Fukuzumi 等[27]合成了一种铱-钌双核配合物(图 13-6),在室温(25℃)下催化 0.83mol/L 的甲酸/甲酸钠分解。该催化体系的活性对 pH 敏感,在 pH=3.8,即甲酸的等电点时达到最高活性,TOF 为 426h^{-1},没有检测到 CO 的生成。该反应的机理如图 13-6 所示。通过动力学同位素效应等分析,作者认为该反应的速率控制步骤是催化剂分子的氢化物与 H_3O^+ 反应放出 H_2。2012 年该研究组又报道了一种活性更高的半三明治结构苯基吡唑有机铱催化剂[28],在 25℃,pH=2.8 下,催化 3.3mol/L 的甲酸/甲酸钾混合物分解产氢,TOF 可达 1880h^{-1}。

Nozaki 等[29]报道了一种 $Ir^{Ⅲ}$-钳形配合物催化剂,在水相中可催化甲酸-三乙醇胺体系分解制氢,在 60℃下 TOF 1000h^{-1};在叔丁醇为溶剂,三乙胺为碱时,80℃下催化甲酸完全分解,TOF 达 1200h^{-1}。

Xiao 等[30]报道了一种 Ir 的环金属化合物用于甲酸分解。他们以[$Cp*IrCl_2$]$_2$ 为 Ir 前驱体,与多种基于 2-芳基-咪唑啉的配体合成配合物,并研究了配体结构与活性的关系。结果表明,配体上具有 γ-NH 单元的配体均具有甲酸脱氢活性,而无此结构的配体则不能催化甲酸脱氢;在环金属基团对位引入不同取代基的研究表明,给电子基团有利于催化活性(图 13-7)。机理研究表明,在该催化循环中,Ir-H 氢化物的质子化是决速步骤。作者提出具有最佳性能的催化剂结构如图 13-7 所示，在 25℃下催化 5∶2 的甲酸/三乙胺混合物分解，初始 TOF 可达 $2570h^{-1}$。此催化剂可用于连续甲酸分解制氢：在 40℃下，用 10μmol 催化剂，从 1.5mL 5∶2 的甲酸/三乙胺混合物启动，每隔 7.5min 补充 0.05mL 甲酸，可以实现连续平稳地产氢，2h 内平均 TOF 为 $3340h^{-1}$。

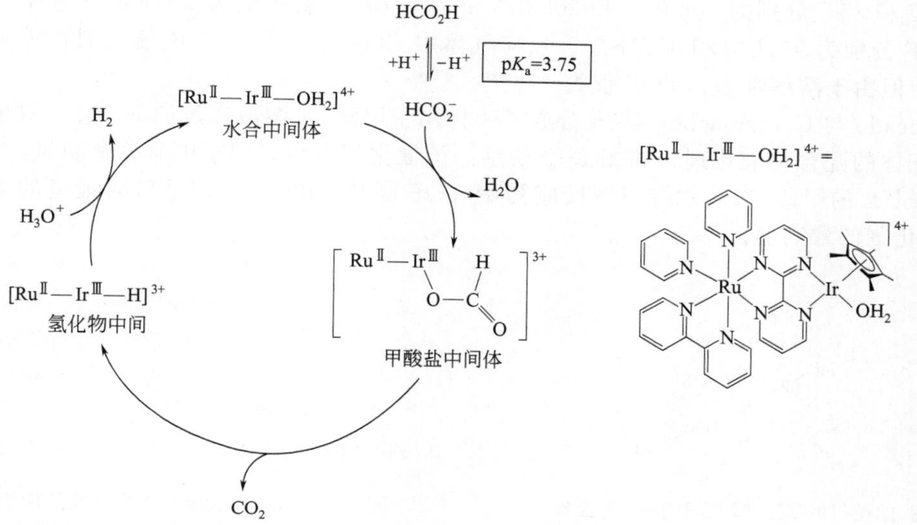

图 13-6 $[Ir^{III}(Cp^*)(H_2O)(bpm)Ru^{II}(bpy)_2]^{4+}$ 催化甲酸/甲酸盐分解机理

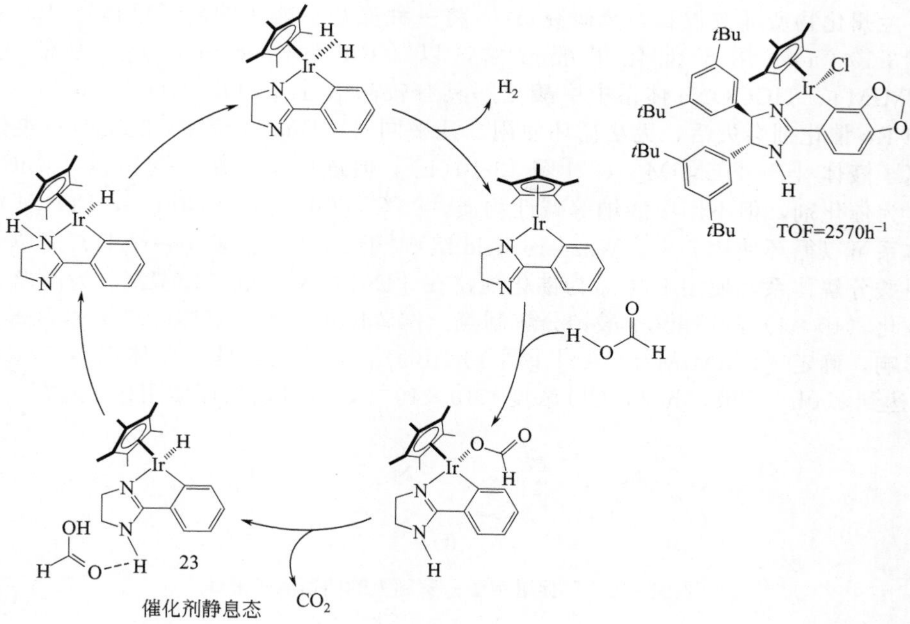

图 13-7 $[Cp^*IrH(N^\wedge C)]$ 催化甲酸分解机理

大部分甲酸分解制氢体系中需要加入甲酸盐、胺等碱性物质来促进反应，但碱的引入降低了反应物的储氢量，如 5∶2 的甲酸/三乙胺混合物的储氢量（质量分数）仅为 2.3%；挥发性的有机胺还可能引起泄漏和燃料电池中毒。目前大部分均相催化体系在无碱情况下的活性较低，极有必要开发无须碱添加的高活性催化体系。一种解决思路是使用具有 Brønsted

碱性的功能配体。Reek 等[31]合成了一种基于膦功能化磺胺的新型配体 METAMORPhos，与［Ir(acac)(cod)］形成 Ir-METAMORPhos 复合物（图 13-8），其中 P_2O_2 配体起到内部 B 碱的作用。该催化剂存在数种同形异构体，此异构体混合物具有很高的活性：在 65℃，催化 5∶2 的甲酸/三乙胺的甲苯溶液分解 TOF 达 $2938h^{-1}$；催化甲酸的甲苯溶液分解的活性在 65℃和 85℃分别为 $1050h^{-1}$ 和 $3092h^{-1}$；在甲酸/二氧六烷为 1∶1 的体系中，65℃和 85℃TOF 分别为 $951h^{-1}$ 和 $3271h^{-1}$。反应气体中 CO＜10×10^{-6}。该催化剂在纯甲酸中亦可工作，但由于溶解性差，TOF 仅为 $17h^{-1}$。

Trincado 与 Grützmacher 等[32]合成了一种用于甲醇/水溶液产氢的 Ru-螯合双烯烃二氮杂二烯配体的配合物催化剂，如图 13-9 所示。该催化剂也可以用于甲酸分解制氢：在 90℃，催化 1mol/L 的甲酸/二氧六烷溶液反应初始 TOF 高达 $24000h^{-1}$，是目前报道的无添加剂 Ru 系催化剂的最高值。

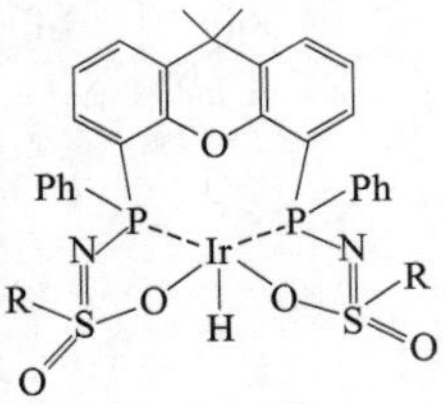

图 13-8 Ir-METAMORPhos 复合物

[K(dme)$_2$][RuH(trop$_2$dad)]　　trop

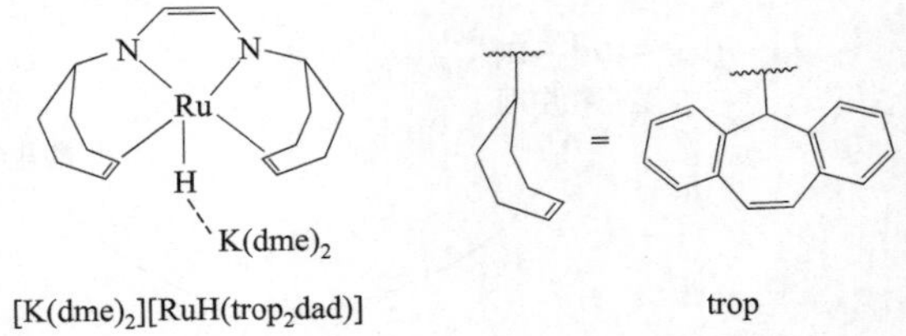

图 13-9 Grützmacher 等报道的用于无碱添加剂甲酸分解的 Ru 催化剂

离子液体具有低挥发性、强溶解性、功能性可调变等特点，可以用于促进甲酸的均相催化分解。兰州化物所邓友权和石峰研究员[33]将一种氨基功能化的离子液体［iPr$_2$NEMIM］Cl［图 13-10（a）］用于催化甲酸分解，以［RuCl$_2$（p-cymene）］$_2$ 为催化剂，在［iPr$_2$NEMIM］Cl-HCOONa 体系中甲酸分解具有较高活性［TOF(60℃)＝$627h^{-1}$］。但在此体系中 Ru 催化剂会失活，无法循环使用。几乎同时，Dupont 等[34]使用一种类似的氨基功能化离子液体［Et$_2$NEMIM］Cl［图 13-10(b)］促进甲酸分解，同样以［RuCl$_2$(p-cymene)］$_2$ 为催化剂，但不用甲酸钠等碱性物质，80℃ TOF 高达 $1540h^{-1}$，CO＜10×10^{-6}。此催化体系可以循环使用 5 次。Wasserscheid 组[35]于 2011 年报道了一个非常简单的离子液体催化甲酸分解体系，使用 $RuCl_3$ 为催化剂，在［EMMIM］或［EMIM］为阳离子的离子液体中催化（10∶1）的甲酸/甲酸钠分解制氢。作者比较了离子液体阳离子和阴离子对反应性能的影响，确定［EMMIM］［OAc］［图 13-10(c)］的性能最佳。该体系在 80℃和 120℃的 TOF 达到 $150h^{-1}$ 和 $850h^{-1}$，CO 浓度＜10×10^{-6}，且可以循环使用达 10 次。

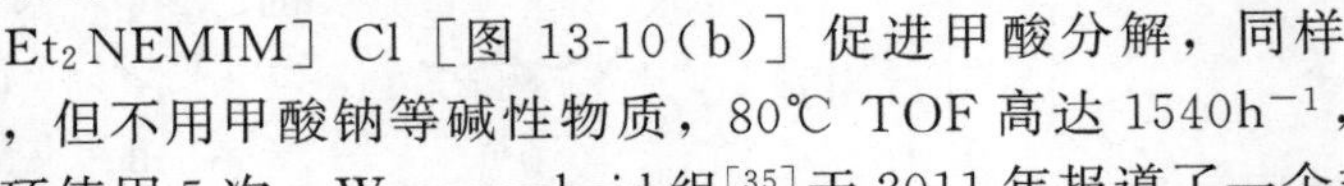

(a)　(b)　(c)

图 13-10 可促进甲酸分解制氢的典型离子液体

(2) 非贵金属均相催化剂

尽管贵金属催化剂在高活性、高选择性地催化甲酸分解方面取得了令人瞩目的成果，但贵金属的稀缺性使其成本高昂，开发基于非贵金属的均相催化剂受到了广泛的关注。Beller 等在 2010～2011 年期间提出了数种均相 Fe 催化剂用于甲酸脱氢。他们首先提出一种基于羰基铁、含氮配体和三苯基膦配体的催化剂体系，三者混合原位生成的催化剂可以在 300W 氙灯（截取＞385nm）光照下催化甲酸/三乙胺混合物选择性分解得到氢气[36]。分别研究了金属羰基化合物、含氮配体、含P配体的影响，发现$Fe_3(CO)_{12}$、三联吡啶和三苯基膦的组合具有较佳的催化活性。在$Fe_3(CO)_{12}$：三联吡啶：三苯基膦＝1：1：1，5mL(5：2)甲酸/三乙胺＋1mL DMF溶剂的条件下，在60℃可见光照下，3h TON达到44；使用1,10-邻菲罗啉或4,7-二苯基-1,10-邻菲罗啉作为含N配体也可以提供类似的活性。在此催化体系中，三苯基膦对活性有贡献，含氮配体则起到稳定催化剂的作用；可见光照的作用是促使关键中间物种铁氢化物的生成。随后，他们发现使用苄基膦配体可大大提高该体系的催化活性：当使用三苄基膦为配体时，可将该体系的催化活性提高一倍[37]。然而此催化体系的CO选择性较高（$<100\times10^{-6}$），还难以实用化。2011年，Beller、Laurenczy、Ludwig等提出了一个新的Fe催化剂体系：使用[$Fe(BF_4)_2$]·$6H_2O$为Fe源，三[2-(二苯基膦)乙基]膦（PP_3）为配体，在碳酸丙烯酯溶剂中催化甲酸分解，该反应无须任何添加剂和碱，在40℃下，PP_3当量为1和2时3h的TON分别达到825和1942。作者进行了连续产氢实验，使用74μmol Fe前驱体，4当量的PP_3配体，在50mL碳酸丙烯酯中，以0.27mL/min给入甲酸，80℃下TON达到92417，TOF为$5390h^{-1}$，产气速率为325.6mL/min，CO浓度低于20×10^{-6}。该体系的反应机理如图13-11所示，其中Fe-H氢化物仍为高活性物种。

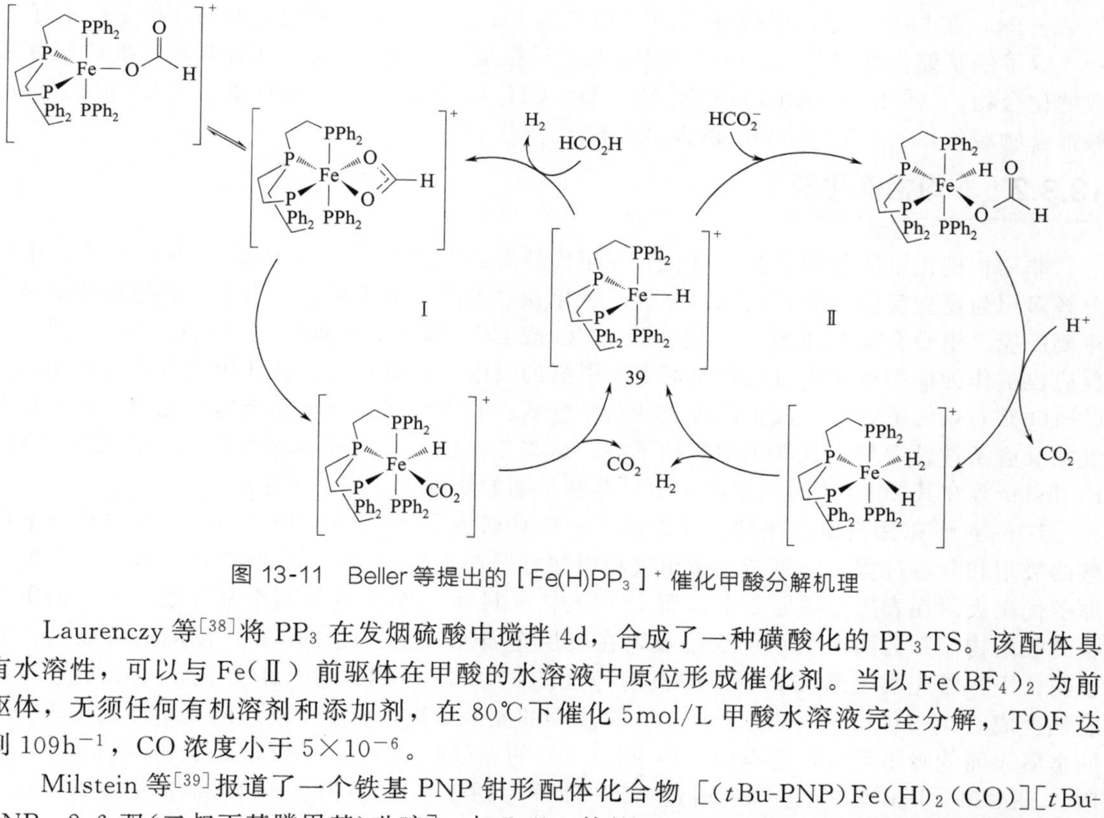

图13-11 Beller等提出的[Fe(H)PP_3]$^+$催化甲酸分解机理

Laurenczy等[38]将PP_3在发烟硫酸中搅拌4d，合成了一种磺酸化的PP_3TS。该配体具有水溶性，可以与Fe(Ⅱ)前驱体在甲酸的水溶液中原位形成催化剂。当以$Fe(BF_4)_2$为前驱体，无须任何有机溶剂和添加剂，在80℃下催化5mol/L甲酸水溶液完全分解，TOF达到$109h^{-1}$，CO浓度小于5×10^{-6}。

Milstein等[39]报道了一个铁基PNP钳形配体化合物[(*t*Bu-PNP)Fe(H)$_2$(CO)][*t*Bu-PNP＝2,6-双(二叔丁基膦甲基)吡啶]，与Beller等的Fe/PP_3不同，该催化剂需在三乙胺存在的情况下催化甲酸选择性脱氢，红外法检测无CO生成。作者研究了三乙胺的用量和溶剂效应。40℃下，在THF溶剂中，三乙胺用量为甲酸的5%、25%、50%（摩尔分数）时，活性逐渐提高（TOF $156h^{-1}$，$176h^{-1}$，$500h^{-1}$），而无三乙胺则不能反应。在非质子化的极性溶剂中催化活性较高，在40℃下，2：1甲酸/三乙胺时，溶剂THF、DMSO、1,4-二氧六烷中TOF分别为$520h^{-1}$、$538h^{-1}$、$653h^{-1}$。该催化体系暴露于空气之后仍具有高活性，在开放体系中，使用0.001%（摩尔分数）催化剂，在1,2-二氧六烷溶剂中，实现了

1mol 甲酸（2∶1 甲酸/三乙胺）的全分解，总 TON 达到 100000。在封闭体系中（0～10bar）也有较高的活性（TOF $492h^{-1}$）。

Hazari 和 Schneider 等[40]合成了一种 Fe 的五配位氨基配合物 $[(^{iPr}PNP)Fe(CO)H]$ 或 $[(^{Cy}PNP)Fe(CO)H]$，及其相应的六配位甲酸盐化合物 $[(^{iPr}PN^{H}P)Fe(CO)H(CO_2H)]$ 或 $[(^{Cy}PN^{H}P)Fe(CO)H(CO_2H)]$，该体系使用路易斯酸作为助催化剂，可催化甲酸选择性脱氢，CO 浓度$<20\times10^{-6}$。作者尝试了 NaCl、$CaCl_2$、$NaBF_4$、$LiBF_4$ 等多种路易斯酸，其中 $LiBF_4$ 给出了最高的分解活性。在催化剂用量低至 0.0001%（摩尔分数）的、80℃、1,2-二氧六烷为溶剂、10∶1 甲酸/$LiBF_4$ 的情况下，甲酸完全分解，TON 高达 983642，TOF 为 $196728h^{-1}$，是目前报道第一行过渡金属催化剂的最高值。

Gonsalvi 等[41]使用一种四配位线形膦配体（1,1,4,7,10,10-六苯基-1,4,7,10-四磷癸烷，tetraphos-1,P4）与 Fe(Ⅱ）合成催化剂，用于甲酸分解和碳酸氢钠加氢。P4 存在内消旋（*meso*）和外消旋（*rac*）两种异构体，其中 *rac*-P4 为配体具有高催化活性，而 *meso*-P4 则活性很低。以 5.3mmol $Fe(BF_4)_2\cdot6H_2O$ 与 2 份 *rac*-P4 原位形成催化剂，在 40℃催化 5mL 碳酸丙烯酯中的 2mL 甲酸完全分解，TOF 为 $139h^{-1}$；将催化剂量降至 5.3μmol，4 份 *rac*-P4，在 60℃下催化甲酸分解 1h TON 达 1544。然而，该催化剂的循环稳定性不好。

除了铁基催化剂之外，Myers 与 Berden[42]报道了一种 Al 和双（亚氨基）吡啶配体形成的化合物，$[(^{Ph}I_2P^{2-})Al(THF)X](X=H, CH_3)$。该催化剂高活性催化 5∶2 甲酸/三乙胺混合物脱氢，65℃下的 TOF 高达 $5200h^{-1}$。

13.3.2 非均相催化剂

非均相催化甲酸分解早在 20 世纪 30 年代就得到了研究。在 20 世纪 50～60 年代，甲酸分解多用为模型反应以研究金属、合金、氧化物等表面的电子特性。由于甲酸盐物种是多个重要反应（甲醇合成与重整、水气变换、CO 或 CO_2 加氢等）催化剂表面的中间物种，该反应也被作为模型反应来研究催化剂表面甲酸的吸附、解离行为。这些研究多在气相和高温（>100℃）条件下进行，催化剂种类涉及贵金属、非贵金属、合金和金属氧化物。由于高温气相反应条件较苛刻，且催化剂活性不高，这些工作没有引起制氢技术研究者广泛的关注。Enthaler 等在其 2010 年的综述文章中对这些早期的研究工作进行了总结[43]。

Jiao 等[44]采用自旋极化的密度泛函理论计算研究了金属 Ni、Pt、Pd 的（111）面上甲酸的吸附和分解过程。计算结果指出气相甲酸分子在金属（111）面的吸附为 O═C 中的氧原子优先吸附在表层金属原子上，而 H—O 中的 H 桥连在临近的两个金属原子上；而甲酸根的吸附构型则为两个氧原子双位吸附在表层金属原子上（图 13-12）。反应过程能量计算表明，甲酸首先脱氢形成表面甲酸根物种（$HCO_2H \longrightarrow HCO_2+H$），随后甲酸根进一步脱氢生成 CO_2（$HCO_2 \longrightarrow CO_2+H$），该步骤的能垒最高，为整个反应的速率控制步骤。不同金属表面的吸附反应过程类似，但 Pd(111）的有效能垒为 0.76eV，低于 Ni(1.03eV）和 Pt(1.56eV)。Jiao 等[45]进一步通过 DFT 计算考虑了在 Ni、Pt、Pd 的高指数晶面（211）发生甲酸分解的情况，结果表明在 fcc 金属的（211）面上甲酸脱氢反应的历程与（111）面是类似的，甲酸根上的氢解离仍然为速率控制步骤，整个反应过程的有效能垒在 Ni 上最高，其次为 Pd 和 Pt。

除了脱氢反应，金属表面的甲酸分解还可能以脱水途径发生，从而产生 CO。脱水反应包含两个基元步骤：C—O 键断裂形成醛基（$HCO_2H \longrightarrow HCO+OH$）以及后继的 CO 和 H_2O 生成（$HCO+OH \longrightarrow CO+H_2O$）。DFT 理论计算表明，在 Pd 上脱水途径的第一步强吸热，且具有较高的能垒，因此通过催化剂设计实现选择性催化甲酸脱氢而不发生脱水是

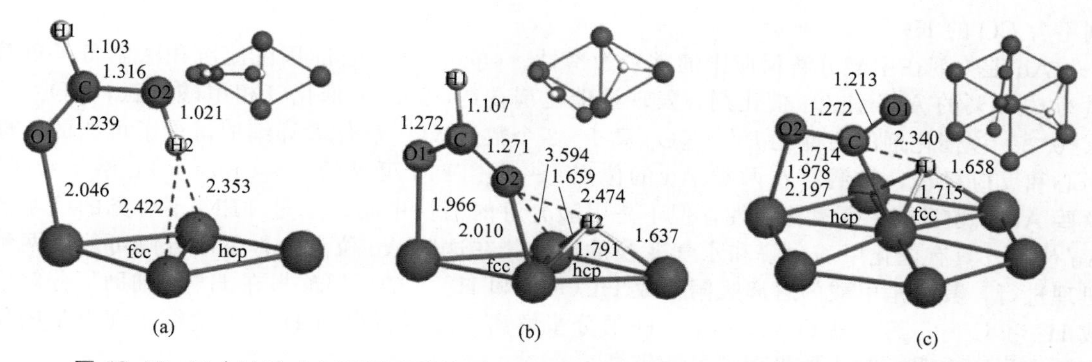

图 13-12 Ni(111)上(a)甲酸吸附构型；(b)甲酸脱氢生成甲酸根；(c)甲酸根脱氢生成 CO_2

可行的[46]。

DFT 理论计算为理解金属表面的甲酸催化脱氢和设计催化剂提供了有价值的信息，但具有实用价值的甲酸脱氢反应希望在水溶液环境中进行，在水溶液环境中金属表面的吸附和反应需要考虑溶剂效应等，目前还缺乏可靠的表面模型。Hu 等考虑了 Au、Pt、Pd、Rh 的(111) 面催化水相甲酸分解机理（图 13-13）[47]。他们认为，与气相不同，水相的甲酸分解应该考虑甲酸解离的甲酸根物种在金属表面的吸附和反应，水合的氢离子也在金属表面发生吸附，甲酸根脱氢和水合氢离子贡献的 H^* 在金属表面发生扩散和反应结合成 H_2；甲酸根脱氢后的 CO_2 则以碳酸根的形式溶解在水中。计算表明，在 Au(111) 上，甲酸根中 C—H 断裂是速控步骤；在 Pt(111) 上，反应 $2H^* \longrightarrow H_2$ 是速控步骤；在 Pd(111) 上氢表面扩散为速控步骤。整个反应的总能垒：Au>Pt>Rh>Pd，这与实验观察到的活性是一致的。

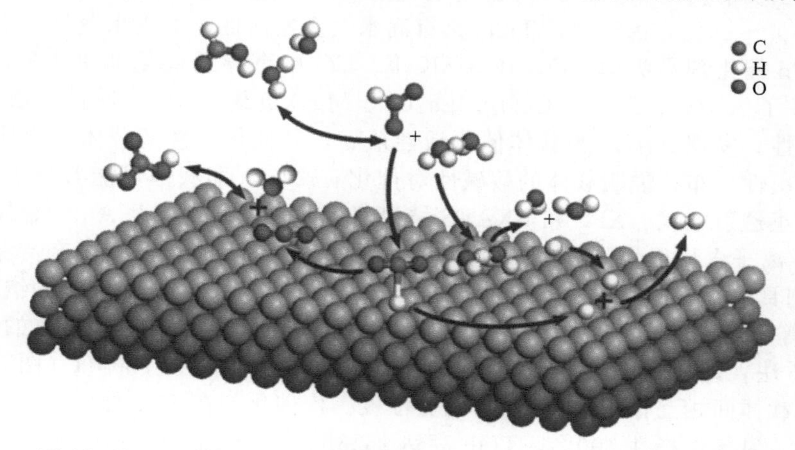

图 13-13 Hu 等提出的水溶液中金属（111） 面上甲酸脱氢机理[47]

目前高活性的甲酸分解催化剂主要是负载型的金属催化剂，活性组分可为单金属、双金属、三元金属等。

(1) 单金属催化剂

Solymosi 等比较了铂族金属（Pt、Pd、Ru、Ir、Rh）催化甲酸分解的活性和选择性[48]。碳负载的 Pt 族金属催化甲酸蒸汽分解的活性次序为：Ir>Pt>Pd>Ru>Rh。此顺序与金属电子逸出功降低的顺序相同，表明接受电子能力越强的金属活性越高。尽管反应以脱氢路径为主，但碳载的 Pt 族金属催化剂催化甲酸蒸汽分解产生氢气 CO 含量较高。Ir/C 催化剂的氢气选择性最高，在 200℃得到了 98.3%选择性和完全的转化率。由于催化剂具有高的水气变换活性，引入水蒸气可以大大提高氢气选择性：在 110～150℃，Ir/C 上可以得到不含 CO 的 H_2。

Au 催化剂在甲酸分解反应中通常较为惰性。Ojeda 和 Iglesia 用沉淀沉积法制备了负载量为 0.61%的 Au/Al_2O_3 催化剂，发现该催化剂在约 350K 下催化气相甲酸脱氢，CO<10 $\times 10^{-6}$。该催化剂的活性比 Pt/Al_2O_3 高 1～2 个数量级[49]。作者详细地讨论了可能的活性中心和反应机理，推测存在两类 Au 的位点，一是 TEM 可见的 3～4nm 的 Au 纳米粒子，这些 Au 颗粒具有 CO 氧化活性，但不是甲酸分解的活性中心；二是 TEM 不可见的极小的 Au 位点，具有催化甲酸分解和水气变换的活性。在这些 Au 位点上，甲酸分解可能以两种机理进行，其一是甲酸的解离吸附形成 $HCOO^*$ 和 H^*，随后甲酸根在 H^* 的辅助下分解生成 H_2 和 CO_2；其二是 O—H 和 C—H 的分步解离，随后所得的 H 发生重组。动力学同位素效应研究表明，前一种机理的可能较高。

曹勇等[50]将 Au/ZrO_2 催化剂用于甲酸/三乙胺混合物的催化脱氢。考虑到 Au 催化剂显著的尺寸效应，他们通过仔细地调控 Au 在 ZrO_2 上的沉积过程和后期活化过程制备具有高活性的纳米 Au/ZrO_2（0.8%，质量分数）催化剂。该催化剂含有丰富的 TEM 不可见的亚纳米 Au 位点。在 40℃下催化 5∶2 甲酸/三乙胺混合液分解，初始 TOF 为 $923h^{-1}$；50℃时的初始 TOF 高达 $1593h^{-1}$。该催化剂选择性也很高，CO 浓度<5×10^{-6}。50℃下 100h 连续产氢实验表明，平均产氢速率达到 148L H_2/(h·g Au)；TOF 稳定在 $1200h^{-1}$ 左右。

Au 的活性与载体有很大关系。Ross 等[51]研究了 Pd 和 Au 催化气相甲酸分解的活性，发现在以碳为载体时，Au/C 活性很低：100℃下 Pd/C（1%，质量分数）的 TOF 比 Au/C（0.8%，质量分数）高 11.8 倍；而 Au/TiO_2（1%，质量分数）的活性比 Au/C（0.8%，质量分数）高 2.7 倍。在 400K 下，Pd/C 催化剂的产氢速率可达 0.04mol/[min·g(Pd)]，氢气选择性 95%～99%。由于 Au/TiO_2 具有高水气变换活性，引入水蒸气可以有效提高其 H_2 选择性；Pd 催化剂易吸附 CO，在 318K 下，CO 中毒导致催化剂快速失活。Bulushev 等[52]详细比较了 Al_2O_3、ZrO_2、CeO_2、La_2O_3、MgO 负载 2.5%（质量分数）Au 催化剂的活性和选择性，发现 Al_2O_3 为载体催化活性最高，且催化活性随载体中金属离子的电负性变化呈现火山性分布，说明载体的酸碱性对催化有影响，即载体可能参与了甲酸的活化。此外，球差校正透射电镜、XPS 和 EXAFS 结果显示，Au/Al_2O_3 上 Au 为金属态，单原子态的 Au 原子/离子含量很少。Au 催化剂上催化甲酸分解的活性位本质还有待深入的研究。

Pd 催化剂具有很好的甲酸分解活性，近年来发展了系列方法合成超细的纳米 Pd 用于甲酸脱氢。Xu 等[53]提出了一种在纳孔碳材料 MSC-30 上担载 Pd 纳米颗粒的 NaOH 辅助 $NaBH_4$ 还原方法，即在常规的 $NaBH_4$ 还原 K_2PdCl_4 过程中加入 NaOH（图 13-14），可以有效促进金属载体间相互作用，提高 Pd 的分散度。该催化剂在 50℃催化（1∶1）甲酸∶甲酸钠完全分解，氢气选择性 100%，TOF 高达 $2623h^{-1}$。

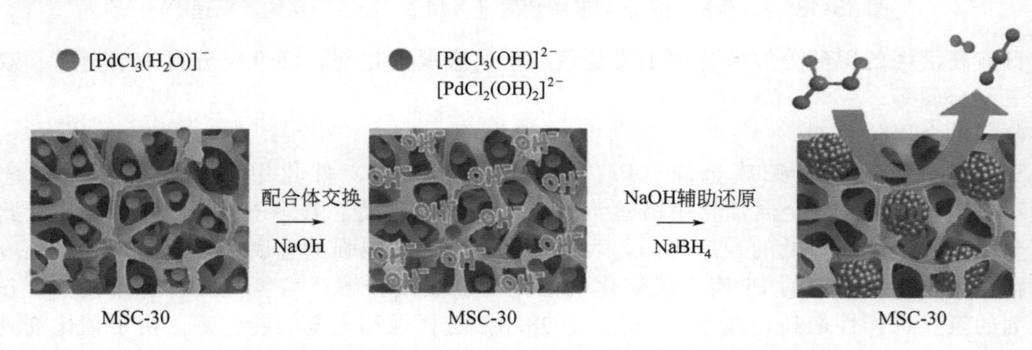

图 13-14 氢氧化钠辅助还原法制备 Pd/MSC-30 催化剂[53]

Xu 等[54]随后又提出了一种无水甲醇还原醋酸钯制备超细 Pd 溶胶颗粒的方法。他们发现甲醇可以作为一种弱的还原剂和表面稳定剂，控制 Pd 的成核并防止其聚并长大。该 Pd 溶胶粒子可以转移固定到 Vulcan XC-72R 炭黑载体上。所得的 Pd/C 催化剂上 Pd 粒径为 (1.4±0.3)nm，活性极高，在 50℃和 60℃下催化（1∶1）甲酸：甲酸钠分解，TOF 分别高达 $4452h^{-1}$ 和 $7256h^{-1}$（图 13-15）。

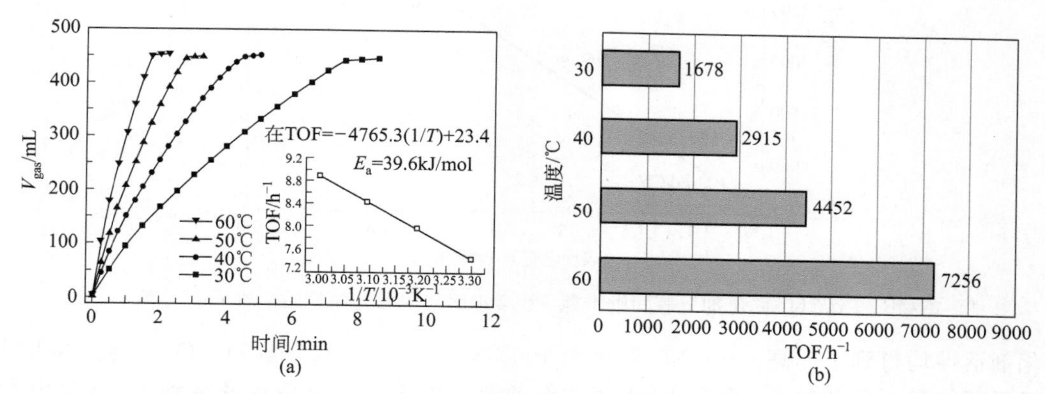

图 13-15 甲醇还原法制备的 Pd/C 催化剂催化甲酸/甲酸钠溶液在不同温度下的（a）产气曲线和（b）产氢 TOF 值

（甲酸：甲酸钠=1∶1，$n_{Pd}/n_{甲酸}$=0.006）[54]

曹勇等[55]用还原氧化石墨片负载约 2.4nm 的 Pd 纳米粒子（Pd/r-GO），催化甲酸钾水溶液分解产氢。在 80℃下，Pd/r-GO 催化 4.8mol/L 甲酸钾溶液分解的初始 TOF 高达 $11299h^{-1}$；在长时间实验中，该催化剂催化 20mL 4.8mol/L 甲酸钾分解连续产生 2.2L 氢气，TON 高达 142700。有趣的是，还原氧化石墨片负载的 Au、Ir、Pt、Ru、Rh 均无活性；活性炭、炭黑、碳纳米管等负载 Pd 活性均不如 Pd/r-GO。作者认为这是 Pd 与 r-GO 之间的协同所致，由于 Pd 晶粒与 r-GO 间的晶格失配，造成 Pd 晶粒内应力，这种内应力促进了催化活性。该催化剂亦可高活性催化碳酸氢钾加氢反应，从而构成一个储氢-放氢循环。

曹勇等[56]提出采用氮掺杂的碳材料为载体，利用掺杂的吡啶型含氮位点与 Pd 之间的相互作用改变 Pd 催化剂的电子特性，可以提高 Pd 的甲酸分解活性。他们用壳聚糖和三聚氰胺混合物热解制备掺氮的碳载体，在其上负载 10%的 Pd 作为催化剂。XPS、CO 吸附红外等结果表明，金属载体间存在强的相互作用，含氮载体上的电子转移到 Pd 上，有效调节了 Pd 的催化活性，载体中含氮量越高，甲酸分解的活性越高（图 13-16）。该催化剂在室温催化 100mL 无任何添加剂的 1mol/L 甲酸分解，600min 甲酸转化率达到 90%，总 TON 达到 50040，TOF 可达 $5530h^{-1}$，产物中无 CO，循环 6 次催化剂无失活。

XuQiang 等[57]在氧化石墨片表面首先修饰对苯二胺，然后用 $NaBH_4$ 还原负载 K_2PdCl_4，表面苯二胺修饰有利于形成高分散的超细 Pd 粒子，平均粒径<1.5nm。该催化剂在 50℃下催化（1∶1）甲酸/甲酸钠分解，TOF 高达 $3810h^{-1}$，且产物中无 CO。即使在纯甲酸溶液中，50℃和室温下依然得到了较高活性，TOF 分别为 $1500h^{-1}$ 和 $216h^{-1}$。

当贵金属粒子粒径很小时，防止其聚并、脱落从而发生失活变得非常重要。于吉红等[58]采用原位水热合成方法将超细的 Pd 粒子限域在 MFI 型全硅沸石孔道中，有效地避免了以上问题。该催化剂将 0.3～0.6nm 的 Pd 团簇封装在沸石孔道中，用于催化（1∶1）甲酸/甲酸钠分解，50℃和 25℃下 TOF 分别为 $3027h^{-1}$ 和 $856h^{-1}$，循环使用 5 次无失活。

Bulushev 等提出了用单原子的 Pt 族金属催化剂催化甲酸分解[59,60]。他们用氮掺杂的碳纤维等（NC）担载 Pd、Pt、Ru 等，用于蒸汽相甲酸的分解，发现使用氮掺杂的碳载体

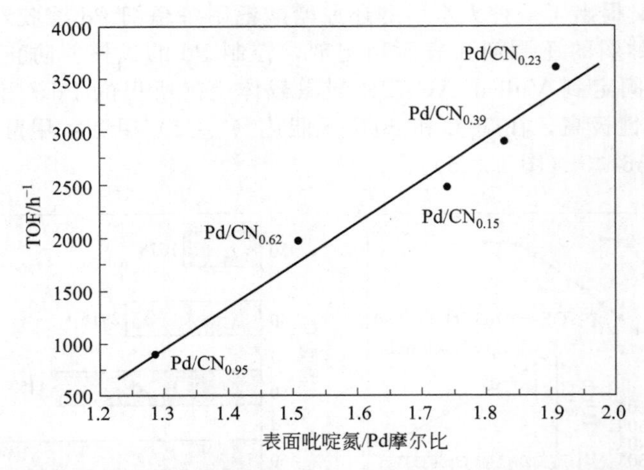

图 13-16 Pd/CN_x 催化剂上表面吡啶氮/Pd 摩尔比与甲酸分解初始活性间的关系[56]

的催化剂活性均得到了提高。Pd/NC 催化剂 100℃催化甲酸蒸汽分解的 TOF 达到 $436h^{-1}$，比不掺氮载体和不负载的 Pd 粉高 3～4 倍。作者通过球差校正电镜等观察到了 Pd 单原子，结合 X 射线近边精细结构分析等，证明 Pd 与吡啶氮发生配位，提出位于石墨烯片开放边缘的吡啶氮原子与 Pd 配合形成的位点可以作为甲酸脱氢的活性中心，如图 13-17 所示。这些工作证明了单原子催化甲酸分解是可行的，但是目前单原子铂族催化剂的活性和选择性还较低，特别是还不能催化更有实用价值的液相甲酸脱氢反应。

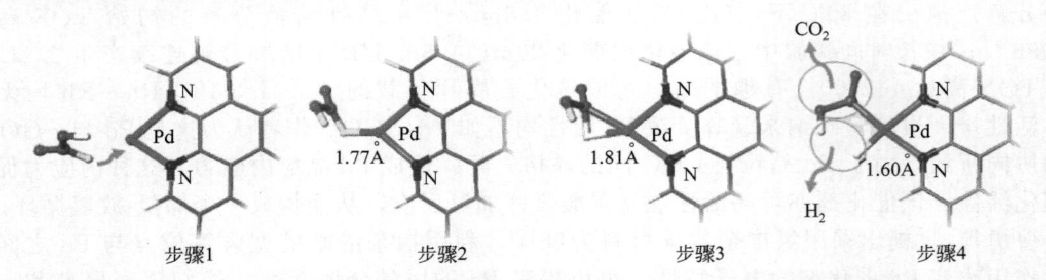

图 13-17 甲酸在两个吡啶氮稳定的孤立 Pd 原子上催化脱氢的反应步骤[60]

(2) 双金属催化剂

Pd/C 催化剂有较好的甲酸分解活性，但脱水反应产物 CO 会吸附在 Pd 表面造成失活。邢巍等用对 CO 吸附较弱的铜族金属 Au、Ag、Cu 与 Pd 形成合金，用于甲酸/甲酸钠溶液的脱氢反应[61]。结果表明，PdAu 和 PdAg 合金（载体为炭，20% Pd）大大提高了甲酸分解的产氢量，PdAu 的活性优于 PdAg。作者优化了 Pd 和第二金属组分的比例以及甲酸/甲酸钠比例等条件。在 PdAg/C 催化剂上（20% Pd，$n_{Pd}:n_{Ag}=3:1$），以 9.94mol/L 甲酸-3.33mol/L 甲酸钠溶液为反应物，进行了 240h 的产氢实验，365K 下的产气速率稳定在约 80mL/(min·g)，产物中 $CO<100\times10^{-6}$。Au、Ag 削弱了 CO 的吸附，但 PdAu 和 PdAg 合金催化剂上仍然表现为初期反应很快，而后期反应缓慢。在催化剂中引入 $CeO_2(H_2O)_x$ 可进一步削弱 CO 的吸附，使得反应后期的活性也保持较高。该课题组又进一步提出了 PdAu@Au/C 的核壳型催化剂结构[62]，利用外表面 Au 层的弱 CO 吸附，有效阻止了催化剂的毒化现象。该催化剂在 92℃下，催化 6.64mol/L 甲酸/6.64mol/L 甲酸钠溶液分解，在 30h 内产气速率稳定在约 90mL/(min·g)，产物中 CO 含量约为 30×10^{-6}。

Tsang 等[63]提出了另一种核壳结构双金属催化剂的设计。与前述不同，他们将 1～10

原子层的活性金属 Pd 沉积在 Ag、Rh、Au、Ru、Pt 等金属颗粒表面。单金属催化剂的活性次序为：Pd＞Rh＞Pt≈Ru＞Au＞Ag；较之相应的单金属催化剂，核壳结构催化剂 M@Pd 的活性均有所提高，Ag@Pd 催化剂的活性最高；在相同的金属含量下（Ag：Pd＝1：1），核壳结构催化剂的活性也远高于同样组成的 Pd-Ag 合金催化剂。以 Ag@Pd（1：1）为催化剂，在 50℃催化 10mL 的 1mol/L 纯甲酸分解，产氢速率达到（5.60±0.05）L/(g·h)，TOF 达 $252h^{-1}$，产物中 $CO<10\times10^{-6}$。可能有两种机制导致了核壳结构 Ag@Pd 催化剂的性能提高：一是核金属与壳金属晶格间距的差异导致的壳层金属应力；二是核金属与壳层金属间的配体效应导致壳层金属的电子特性受到核金属的影响，从而改变了外层金属的催化活性。作者发现核金属的电子逸出功与相应核壳结构催化剂的活性具有近乎线性的关系（图 13-18），且壳层厚度从 1～2 层增加到 5～10 层时活性显著下降，因此推断第二种影响，即两种金属间的电子相互作用起到主要的作用。由于 Ag 与 Pd 间的功函数差最大，因此电子促进效应最为显著。Kwan-Young Lee 和 Hyung Chul Ham 等[46]对该类核壳结构催化剂进行了 DFT 理论计算和微动力学研究，也支持了以上两种效应都会影响 Pd 壳层催化活性，并通过计算预测了以 Cu 为核时，Cu@Pd 催化剂的活性可能进一步提高：理论研究表明 Cu@Pd 的活性可能比 Ag@Pd 高近 2 个数量级。

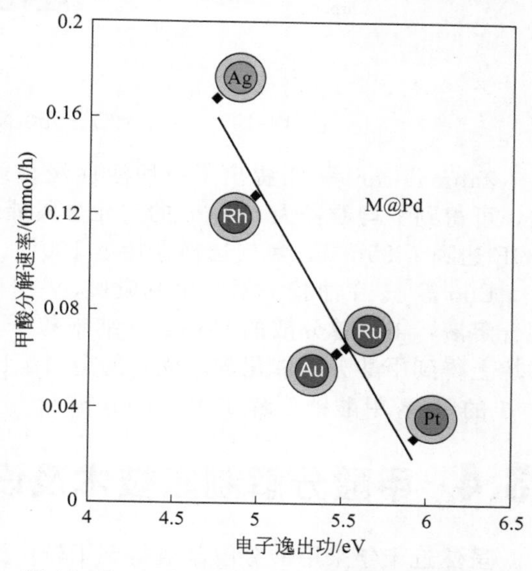

图 13-18 M@Pd 催化剂核金属电子逸出功与甲酸分解活性之间的关系[63]

Tsang 等进而将这种通过表面电子效应调控改善活性的方法扩展到其他金属[64]甚至有机分子[65]。他们用聚对苯乙烯磺酸、聚丙烯酸、聚乙烯吡咯烷酮、聚烯丙胺、聚乙烯胺等对商业 Pd/C 催化剂进行修饰，表面吸附的有机分子将电子转移到 Pd 上，使 Pd 表面更富电子。由于这种表面电子效应，虽然部分金属位点被占据，但修饰后的 Pd/C 活性更高。在烯丙基胺修饰的（10%）Pd/C 上，1.44mol/L 甲酸溶液分解产氢的 TOF 高达 $1352h^{-1}$。

Xu Qiang 等[66]用乙二胺接枝修饰介孔结构的金属有机框架 MIL-101（孔径 2.9～3.4nm），然后共浸渍 $HAuCl_4$ 与 H_2PdCl_4，经 200℃氢气还原后得到金属有机框架负载的 Au-Pd 合金催化剂。Au-Pd 合金与载体间的强相互协同作用提高了催化甲酸/甲酸钠溶液分解的活性，且 CO 中毒得到缓解。

Xu Qiang 等[67]还提出了一种新的非贵金属牺牲剂法在还原氧化石墨烯上担载超细 AgPd 粒子。该法利用 $Co(CH_3COOH)_2$ 在 $NaBH_4$ 还原后形成可溶于磷酸的 $Co_3(BO_3)_2$，用 $NaBH_4$ 还原摩尔比为 6：0.1：0.9 的 $Co(CH_3COOH)_2$、$AgNO_3$ 和 K_2PdCl_4 溶液，随后用磷酸刻蚀 Co，得到石墨烯担载的高分散的 AgPd 粒子。该催化剂在 50℃催化 1：2.5 的甲酸/甲酸钠溶液分解，TOF 高达 $2623h^{-1}$。

（3）三元金属催化剂

目前催化甲酸分解的非均相催化剂以贵金属为主。蒋青和鄢俊敏等[68]提出了一种 Vulcan XC-72 炭黑负载的 CoAuPd/C 三元金属催化剂，用硼氢化钠共还原贱金属 Co 和贵金属的盐混合溶液（图 13-19），降低了贵金属的用量。优化的金属配比为 $Co_{0.30}Au_{0.35}Pd_{0.35}$，该催化剂在室温下催化无添加剂的甲酸溶液分解的初始 TOF 达到 $80h^{-1}$。Pd 是关键的活性组分，仅有 Au 或 Co 都没有活性，但 Co 的引入大大增强了 AuPd/C 的活性。用类似的方法合成的 $Ni_{0.40}Au_{0.15}Pd_{0.45}/C$ 催化剂也具有较好的活性，室温下催化甲酸分解的 TOF 为 12.4h^{-1}，选择性 100%[69]。

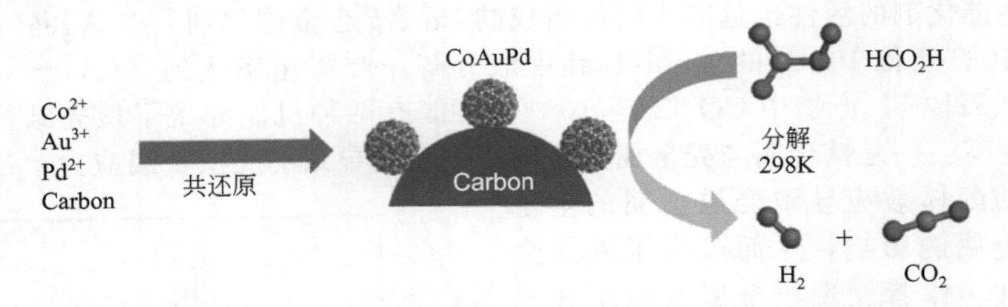

图 13-19 CoAuPd/C 三元金属催化剂的制备和甲酸分解示意[68]

Zahmakiran 等[70]提出了一种活性炭负载的 PdNiAg/C 催化剂。通过硼氢化钠共还原法，可得到平均粒径为 5.6nm 的三元金属催化剂，在 50℃下催化 1∶1 甲酸/甲酸钠溶液的 TOF 达到了 85h^{-1}，氢气选择性接近 100%。

Luo 等[71]在油胺中用 2-甲基吡啶-*N*-甲硼烷还原乙酰丙酮钴、硝酸银、乙酰丙酮钯的混合溶液，得到单分散的 CoAgPd 纳米粒子，粒径为 2.8nm。将此纳米胶体颗粒负载在石墨烯上得到甲酸分解催化剂，优化的金属配比为 $Co_{1.6}Ag_{62.2}Pd_{36.2}$。此催化剂在室温下催化 9∶1 的甲酸/甲酸钠分解 TOF 为 110h^{-1}。

13.4 甲酸分解制氢技术及设备

虽然近十年来甲酸分解制氢得到了较广泛的关注，多种高性能的均相或非均相催化剂被开发出来，但是到目前为止，甲酸分解制氢还未得到实际应用，有关其装备及工程问题的研发工作较少。

许多研究组均声称在实验室中实现了连续的甲酸分解产氢。2011 年，Laurenczy 等[72]较详细地描述了他们用于甲酸脱氢的装置。如图 13-20 所示，该装置由甲酸储罐、反应器、泵及换热器等组成。反应器为 5L，填充 1.5L 1mol/L 的甲酸钠水溶液，使用 11.8g $RuCl_3 \cdot 3H_2O$ 和 51.2g Na_3TPPTS 作为催化剂（图 13-3）。利用反应器的自由空间进行气液分离并防止起泡或雾沫造成液体夹带，并对产品气体进行冷凝冷却等减少水蒸气带出。该装置产气量约为 30L/min 的 H_2/CO_2 混合气，假设燃料电池效率为 50%，该产氢量可以满足 1kW 燃料电池的需要。该实验室装置经过一年以上的安全运行，无须更换催化剂溶液。

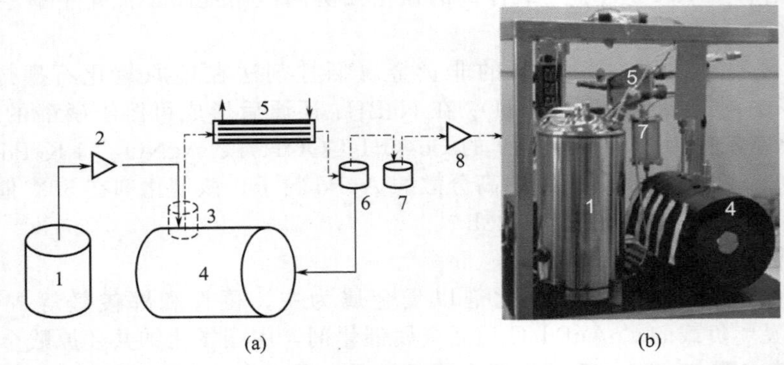

图 13-20 Laurenczy 组提出的 1kW 级甲酸分解制氢机（H_2/CO_2 混合气流量 30L/min）[72]

1—甲酸储罐；2—泵；3—套管换热器；4—反应器；5—换热器；6，7—冷凝分离器；8—质量流量控制仪

Beller 等[73]提出了一套完整的甲酸连续分解制氢的装置设计。如图 13-21 所示，该装置包括 4 个主要部分：高压反应器，甲酸供给系统，气体净化单元和定量分析单元。甲酸供给量由泵和液体流量计控制；反应器为不锈钢高压釜，与冷凝器、气体过滤器、活性炭柱相连，尽可能除去带出的液体或蒸汽。反应器装有压力和温度传感器，可以监控压力上升指示气体的产生。他们用 9.55μmol $RuCl_2$(benzene)$_2$ 和 115μmol dppe 配体为催化剂，在反应器中加入 20mL 二甲基辛胺，以 13μL/min 的流速泵入甲酸，在室温下运行 45d，氢气速率稳定在 0.8L/h，产物中 CO<2×10^{-6}。如提高反应温度，增大甲酸剂量，在优化的反应条件下可以达到 47L/h 的产氢速率，可满足 70W 燃料电池的需要。

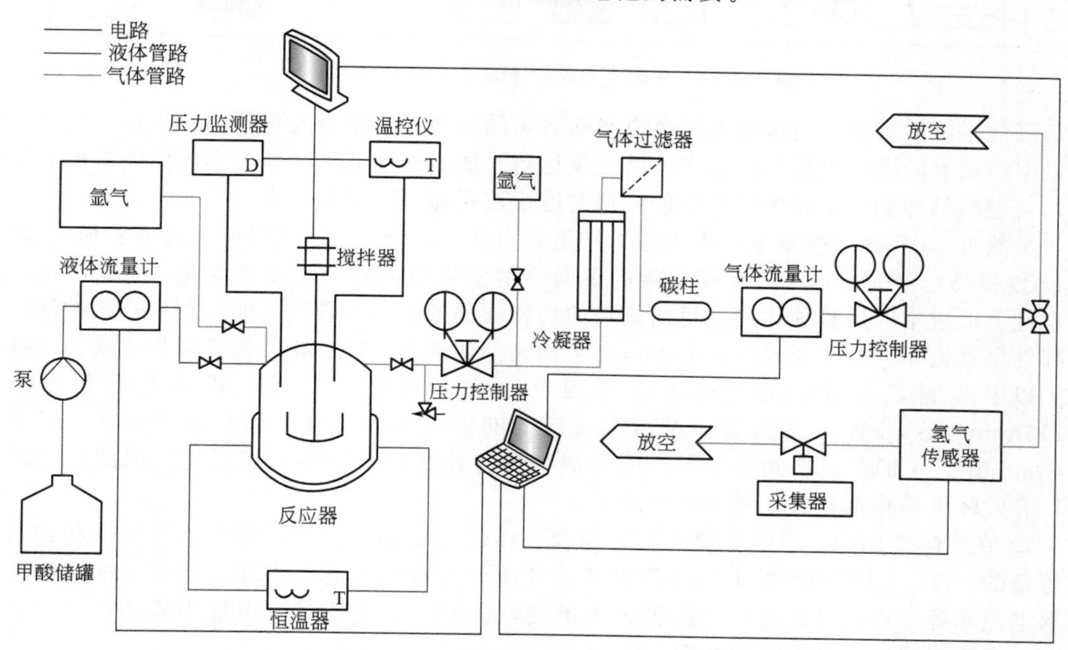

图 13-21 Beller 组提出的连续甲酸分解产氢装置[73]

13.5 甲酸分解制氢技术的优点和问题

甲酸作为液相储氢介质具有体积容量较高、安全、易输运等优势，特别适合作为与移动或分布式的质子膜燃料电池供氢单元。甲酸作为氢能载体有以下优势：

① 与甲酸直接燃料电池相比，甲酸作为储氢-放氢的载体具有技术优势。甲酸可以直接作为燃料形成直接甲酸燃料电池（DFAFC)。Tekion 燃料电池技术公司曾投资建立了 DFAFC 的电堆，并于 2006 年与 BASF 合作运行此电堆，但是该示范装置之后一直没有得到更新发展，原因可能是催化剂失活问题没有得到解决。而将甲酸作为储氢载体与较成熟的氢燃料电池结合则可克服此问题，是甲酸利用较好的路线。

② 在甲酸脱氢反应选择性较高的情况下，甲酸脱氢主要产生 CO_2 和痕量的 CO，其当量 CO_2 排放量为 $2m^3$ CO_2/m^3 H_2。然而，甲酸脱氢与 CO_2 加氢生成甲酸可以构成 CO_2 循环利用的有效途径，有利于降低未来氢能技术生命周期的碳排放（图 13-22)。以甲酸脱氢＋燃料电池车方案为例，测算表明，采用可再生制氢技术，配合大气或工业尾气中 CO_2 的捕获，可以将燃料电池车的碳排放从 235kg/km 降低到低于 10kg/km[74]。

③ 虽然甲酸的储氢密度只有 4.4%（质量分数)，但甲酸在产氢的同时释放出 CO_2，会

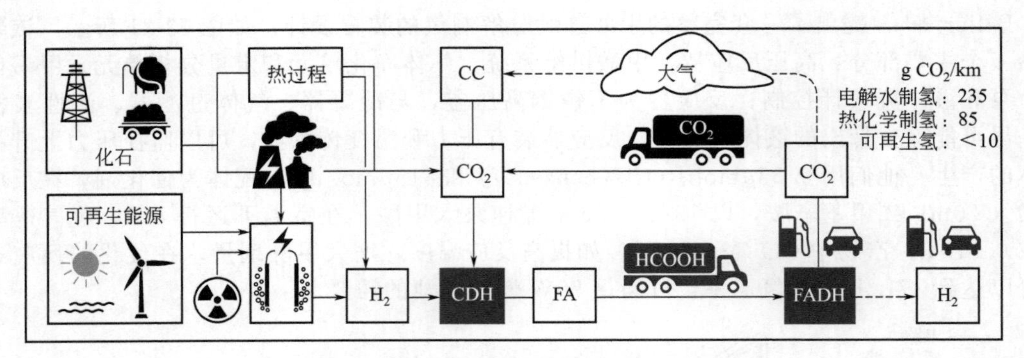

图 13-22 甲酸作为氢载体的燃料电池车路线[74]

显著降低系统的重量；而传统的储氢方案随着氢的消耗体系重量变化则很小。这一特点会导致以甲酸供氢的燃料电池车虽然在满填充量运行时能量密度低于储氢方案，但随着甲酸的消耗，在燃料消耗到一定程度时系统的能量密度反而可能高于储氢方案。

虽然近 20 年来甲酸制氢技术得到了长足的发展，但仍有以下关键问题还需要加以解决：

① 虽然已经开发出了许多高性能的甲酸分解催化剂，但仍有必要持续发展高活性、高稳定性、低成本的新型催化剂。目前成功的均相催化剂成本均较高；非均相催化剂的活性和选择性虽然近年来有了长足的进展，但还与均相催化剂有一定差距，且多以贵金属为活性物质。以甲酸制氢为基础的燃料电池车的电池效率若以 58% 计，其耗氢速率将达到 0.713mmol/(s・kW)；相应地甲酸分解反应器的供氢能力若以 2 倍冗余量设计，将达到 1.43mmol/(s・kW)。在此要求下，催化剂用量与其活性（TOF）成反比。因此提高活性可以有效降低催化剂在整个系统中的成本。

② 在实际应用中，甲酸分解产生的混合气体还需要加以分离，除去痕量 CO 和约与氢气等量的 CO_2。目前的研发工作还很少考虑气体分离对系统的成本和运行带来的影响。对燃料电池车等应用，可能需要增加膜分离单元除去 CO_2，防止其在电池中累积；对于其他应用，变压吸附等也是可行的方案。

③ 系统层面的工程问题研究和优化应得到重视以推进甲酸分解制氢技术的实用化。

参 考 文 献

[1] Wolfel R, Taccardi N, Bosmann A, et al. Selective catalytic conversion of biobased carbohydrates to formic acid using molecular oxygen. Green Chemistry, 2011, 13: 2759-2763.

[2] Albert J, Wolfel R, Bosmann A, et al. Selective oxidation of complex, water-insoluble biomass to formic acid using additives as reaction accelerators. Energy & Environmental Science, 2012, 5: 7956-7962.

[3] Mellmann D, Sponholz P, Junge H, et al. Formic acid as a hydrogen storage material - development of homogeneous catalysts for selective hydrogen release. Chemical Society Reviews, 2016, 45: 3954-3988.

[4] Appel AM, Bercaw JE, Bocarsly AB, et al. Frontiers, Opportunities, and Challenges in Biochemical and Chemical Catalysis of CO_2 Fixation. Chemical Reviews, 2013, 113: 6621-6658.

[5] Wang WH, Himeda Y, Muckerman JT, et al. CO_2 Hydrogenation to Formate and Methanol as an Alternative to Photo- and Electrochemical CO_2 Reduction. Chemical Reviews, 2015, 115: 12936-12973.

[6] Wang W, Wang SP, Ma XB, et al. Recent advances in catalytic hydrogenation of carbon dioxide. Chemical Society Reviews, 2011, 40: 3703-3727.

[7] Kondratenko EV, Mul G, Baltrusaitis J, et al. Status and perspectives of CO_2 conversion into fuels and chemicals by catalytic, photocatalytic and electrocatalytic processes. Energy & Environmental Science, 2013, 6: 3112-3135.

[8] Coffey RS. A catalyst for the homogeneous hydrogenation of aldehydes under mild conditions. Chemical Communications (London), 1967: 923a.

[9] Strauss SH, Whitmire KH, Shriver DF. Rhodium (Ⅰ) catalyzed decomposition of formic acid. Journal of Organome-

tallic Chemistry, 1979, 174: C59-C62.

[10] Paonessa RS, Trogler WC. Solvent-dependent reactions of carbon dioxide with a platinum (Ⅱ) dihydride. Reversible formation of a platinum (Ⅱ) formatohydride and a cationic platinum (Ⅱ) dimer, $[Pt_2H_3(PEt_3)_4][HCO_2]$. Journal of the American Chemical Society, 1982, 104: 3529-3530.

[11] King RB, Bhattacharyya NK. Catalytic reactions of formate 4. A nitrite-promoted rhodium (Ⅲ) catalyst for hydrogen generation from formic acid in aqueous solution. Inorganica Chimica Acta, 1995, 237: 65-69.

[12] Gao Y, Kuncheria J, J Puddephatt R, et al. An efficient binuclear catalyst for decomposition of formic acid. Chemical Communications, 1998: 2365-2366.

[13] Gao Y, Kuncheria JK, Jenkins HA, et al. The interconversion of formic acid and hydrogen/carbon dioxide using a binuclear ruthenium complex catalyst. Journal of the Chemical Society, Dalton Transactions, 2000: 3212-3217.

[14] Fellay C, Dyson PJ, Laurenczy G. A Viable Hydrogen-Storage System Based On Selective Formic Acid Decomposition with a Ruthenium Catalyst. Angewandte Chemie International Edition, 2008, 47: 3966-3968.

[15] Gan WJ, Snelders DJM, Dyson PJ, et al. Ruthenium (Ⅱ)-Catalyzed Hydrogen Generation from Formic Acid using Cationic, Ammoniomethyl-Substituted Triarylphosphine Ligands. Chemcatchem, 2013, 5: 1126-1132.

[16] Fellay C, Yan N, Dyson PJ, et al. Selective Formic Acid Decomposition for High-Pressure Hydrogen Generation: A Mechanistic Study. Chemistry - A European Journal, 2009, 15: 3752-3760.

[17] Junge H, Boddien A, Capitta F, et al. Improved hydrogen generation from formic acid. Tetrahedron Letters, 2009, 50: 1603-1606.

[18] Loges B, Boddien A, Junge H, et al. Controlled Generation of Hydrogen from Formic Acid Amine Adducts at Room Temperature and Application in H_2/O_2 Fuel Cells. Angewandte Chemie International Edition, 2008, 47: 3962-3965.

[19] Boddien A, Loges B, Junge H, et al. Continuous Hydrogen Generation from Formic Acid: Highly Active and Stable Ruthenium Catalysts. Advanced Synthesis & Catalysis, 2009, 351: 2517-2520.

[20] Mellone I, Peruzzini M, Rosi L, et al. Formic acid dehydrogenation catalysed by ruthenium complexes bearing the tripodal ligands triphos and NP_3. Dalton Transactions, 2013, 42: 2495-2501.

[21] Manca G, Mellone I, Bertini F, et al. Inner- versus Outer-Sphere Ru-Catalyzed Formic Acid Dehydrogenation: A Computational Study. Organometallics, 2013, 32: 7053-7064.

[22] Morris DJ, Clarkson GJ, Wills M. Insights into Hydrogen Generation from Formic Acid Using Ruthenium Complexes. Organometallics, 2009, 28: 4133-4140.

[23] Majewski A, Morris DJ, Kendall K, et al. A Continuous-Flow Method for the Generation of Hydrogen from Formic Acid. Chemsuschem, 2010, 3: 431-434.

[24] Czaun M, Goeppert A, May R, et al. Hydrogen Generation from Formic Acid Decomposition by Ruthenium Carbonyl Complexes. Tetraruthenium Dodecacarbonyl Tetrahydride as an Active Intermediate. Chemsuschem, 2011, 4: 1241-1248.

[25] Czaun M, Goeppert A, Kothandaraman J, et al. Formic Acid As a Hydrogen Storage Medium: Ruthenium-Catalyzed Generation of Hydrogen from Formic Acid in Emulsions. Acs Catalysis, 2014, 4: 311-320.

[26] Himeda Y. Highly efficient hydrogen evolution by decomposition of formic acid using an iridium catalyst with 4,4 [prime or minute]-dihydroxy-2,2 [prime or minute]-bipyridine. Green Chemistry, 2009, 11: 2018-2022.

[27] Fukuzumi S, Kobayashi T, Suenobu T. Unusually Large Tunneling Effect on Highly Efficient Generation of Hydrogen and Hydrogen Isotopes in pH-Selective Decomposition of Formic Acid Catalyzed by a Heterodinuclear Iridium-Ruthenium Complex in Water. Journal of the American Chemical Society, 2010, 132: 1496-1497.

[28] Maenaka Y, Suenobu T, Fukuzumi S. Catalytic interconversion between hydrogen and formic acid at ambient temperature and pressure. Energy & Environmental Science, 2012, 5: 7360-7367.

[29] Tanaka R, Yamashita M, Chung LW, et al. Mechanistic Studies on the Reversible Hydrogenation of Carbon Dioxide Catalyzed by an Ir-PNP Complex. Organometallics, 2011, 30: 6742-6750.

[30] Barnard JH, Wang C, Berry NG, et al. Long-range metal-ligand bifunctional catalysis: cyclometallated iridium catalysts for the mild and rapid dehydrogenation of formic acid. Chemical Science, 2013, 4: 1234-1244.

[31] Oldenhof S, de Bruin B, Lutz M, et al. Base-Free Production of H_2 by Dehydrogenation of Formic Acid Using An Iridium-bisMETAMORPhos Complex. Chemistry-A European Journal, 2013, 19: 11507-11511.

[32] Rodriguez-Lugo RE, Trincado M, Vogt M, et al. A homogeneous transition metal complex for clean hydrogen production from methanol-water mixtures. Nature Chemistry, 2013, 5: 342-347.

[33] Li XL, Ma XY, Shi F, et al. Hydrogen Generation from Formic Acid Decomposition with a Ruthenium Catalyst Promoted by Functionalized Ionic Liquids. Chemsuschem, 2010, 3: 71-74.

[34] Scholten JD, Prechtl MHG, Dupont J. Decomposition of Formic Acid Catalyzed by a Phosphine-Free Ruthenium Complex in a Task-Specific Ionic Liquid. Chemcatchem, 2010, 2: 1265-1270.

[35] Berger MEM, Assenbaum D, Taccardi N, et al. Simple and recyclable ionic liquid based system for the selective decomposition of formic acid to hydrogen and carbon dioxide. Green Chemistry, 2011, 13: 1411-1415.

[36] Boddien A, Loges B, Gartner F, et al. Iron-Catalyzed Hydrogen Production from Formic Acid. Journal of the American Chemical Society, 2010, 132: 8924-8934.

[37] Boddien A, Gartner F, Jackstell R, et al. ortho-Metalation of Iron (0) Tribenzylphosphine Complexes: Homogeneous Catalysts for the Generation of Hydrogen from Formic Acid. Angewandte Chemie-International Edition, 2010, 49: 8993-8996.

[38] Montandon-Clerc M, Dalebrook AF, Laurenczy G. Quantitative aqueous phase formic acid dehydrogenation using iron (Ⅱ) based catalysts. Journal of Catalysis, 2016; 343: 62-67.

[39] Zell T, Butschke B, Ben-David Y, et al. Efficient Hydrogen Liberation from Formic Acid Catalyzed by a Well-Defined Iron Pincer Complex under Mild Conditions. Chemistry-A European Journal, 2013, 19: 8068-8072.

[40] Bielinski EA, Lagaditis PO, Zhang YY, et al. Lewis Acid-Assisted Formic Acid Dehydrogenation Using a Pincer-Supported Iron Catalyst. Journal of the American Chemical Society, 2014, 136: 10234-10237.

[41] Bertini F, Mellone I, Ienco A, et al. Iron(Ⅱ) Complexes of the Linear rac-Tetraphos-1 Ligand as Efficient Homogeneous Catalysts for Sodium Bicarbonate Hydrogenation and Formic Acid Dehydrogenation. Acs Catalysis, 2015, 5: 1254-1265.

[42] Myers TW, Berben LA. Aluminium-ligand cooperation promotes selective dehydrogenation of formic acid to H_2 and CO_2. Chemical Science, 2014, 5: 2771-2777.

[43] Enthaler S, von Langermann J, Schmidt T. Carbon dioxide and formic acid-the couple for environmental-friendly hydrogen storage? Energy & Environmental Science, 2010, 3: 1207-1217.

[44] Luo Q, Feng G, Beller M, et al. Formic Acid Dehydrogenation on Ni(111) and Comparison with Pd(111) and Pt (111). Journal of Physical Chemistry C, 2012, 116: 4149-4156.

[45] Luo Q, Wang T, Beller M, et al. Hydrogen generation from formic acid decomposition on Ni (211), Pd (211) and Pt (211). Journal of Molecular Catalysis a-Chemical, 2013, 379: 169-177.

[46] Cho J, Lee S, Yoon SP, et al. Role of Heteronuclear Interactions in Selective H_2 Formation from HCOOH Decomposition on Bimetallic Pd/M (M=Late Transition FCC Metal) Catalysts. Acs Catalysis, 2017, 7: 2553-2562.

[47] Hu C, Ting S-W, Chan K-Y, et al. Reaction pathways derived from DFT for understanding catalytic decomposition of formic acid into hydrogen on noble metals. International Journal of Hydrogen Energy, 2012, 37: 15956-15965.

[48] Solymosi F, Koos A, Liliom N, et al. Production of CO-free H_2 from formic acid. A comparative study of the catalytic behavior of Pt metals on a carbon support. Journal of Catalysis, 2011, 279: 213-219.

[49] Ojeda M, Iglesia E. Formic Acid Dehydrogenation on Au-Based Catalysts at Near-Ambient Temperatures. Angewandte Chemie-International Edition, 2009, 48: 4800-4803.

[50] Bi QY, Du XL, Liu YM, et al. Efficient Subnanometric Gold-Catalyzed Hydrogen Generation via Formic Acid Decomposition under Ambient Conditions. Journal of the American Chemical Society, 2012; 134: 8926-8933.

[51] Bulushev DA, Beloshapkin S, Ross JRH. Hydrogen from formic acid decomposition over Pd and Au catalysts. Catalysis Today, 2010, 154: 7-12.

[52] Zacharska M, Chuvilin AL, Kriventsov VV, et al. Support effect for nanosized Au catalysts in hydrogen production from formic acid decomposition. Catalysis Science & Technology, 2016, 6: 6853-6860.

[53] Zhu Q-L, Tsumori N, Xu Q. Sodium hydroxide-assisted growth of uniform Pd nanoparticles on nanoporous carbon MSC-30 for efficient and complete dehydrogenation of formic acid under ambient conditions. Chemical Science, 2014, 5: 195-199.

[54] Zhu Q-L, Tsumori N, Xu Q. Immobilizing Extremely Catalytically Active Palladium Nanoparticles to Carbon Nanospheres: A Weakly-Capping Growth Approach. Journal of the American Chemical Society, 2015, 137: 11743-11748.

[55] Bi Q-Y, Lin J-D, Liu Y-M, et al. An Aqueous Rechargeable Formate-Based Hydrogen Battery Driven by Heterogeneous Pd Catalysis. Angewandte Chemie International Edition, 2014, 53: 13583-13587.

[56] Bi Q-Y, Lin J-D, Liu Y-M, et al. Dehydrogenation of Formic Acid at Room Temperature: Boosting Palladium Nanoparticle Efficiency by Coupling with Pyridinic-Nitrogen-Doped Carbon. Angewandte Chemie International Edition, 2016, 55: 11849-11853.

[57] Song FZ, Zhu QL, Tsumori N, et al. Diamine-Alkalized Reduced Graphene Oxide: Immobilization of Sub-2nm Palladium Nanoparticles and Optimization of Catalytic Activity for Dehydrogenation of Formic Acid. Acs Catalysis, 2015,

5：5141-5144.

[58] Wang N，Sun QM，Bai RS，et al. In Situ Confinement of Ultrasmall Pd Clusters within Nanosized Silicalite-1 Zeolite for Highly Efficient Catalysis of Hydrogen Generation. Journal of the American Chemical Society，2016，138：7484-7487.

[59] Bulushev DA，Zacharska M，Lisitsyn AS，et al. Single Atoms of Pt-Group Metals Stabilized by N-Doped Carbon Nanofibers for Efficient Hydrogen Production from Formic Acid. Acs Catalysis，2016，6：3442-3451.

[60] Bulushev DA，Zacharska M，Shlyakhova EV，et al. Single Isolated Pd^{2+} Cations Supported on N-Doped Carbon as Active Sites for Hydrogen Production from Formic Acid Decomposition. Acs Catalysis，2016，6：681-691.

[61] Zhou XC，Huang YJ，Xing W，et al. High-quality hydrogen from the catalyzed decomposition of formic acid by Pd-Au/C and Pd-Ag/C. Chemical Communications，2008：3540-3542.

[62] Huang YJ，Zhou XC，Yin M，et al. Novel PdAu@Au/C Core-Shell Catalyst：Superior Activity and Selectivity in Formic Acid Decomposition for Hydrogen Generation. Chemistry of Materials，2010，22：5122-5128.

[63] Tedsree K，Li T，Jones S，et al. Hydrogen production from formic acid decomposition at room temperature using a Ag-Pd core-shell nanocatalyst. Nature Nanotechnology，2011，6：302-307.

[64] Jones S，Fairclough SM，Gordon-Brown M，et al. Dual doping effects（site blockage and electronic promotion）imposed by adatoms on Pd nanocrystals for catalytic hydrogen production. Chemical Communications，2015，51：46-49.

[65] Jones S，Qu J，Tedsree K，et al. Prominent Electronic and Geometric Modifications of Palladium Nanoparticles by Polymer Stabilizers for Hydrogen Production under Ambient Conditions. Angewandte Chemie-International Edition，2012，51：11275-11278.

[66] Gu X，Lu Z-H，Jiang H-L，et al. Synergistic Catalysis of Metal-Organic Framework-Immobilized Au-Pd Nanoparticles in Dehydrogenation of Formic Acid for Chemical Hydrogen Storage. Journal of the American Chemical Society，2011，133：11822-11825.

[67] Chen Y，Zhu Q-L，Tsumori N，et al. Immobilizing Highly Catalytically Active Noble Metal Nanoparticles on Reduced Graphene Oxide：A Non-Noble Metal Sacrificial Approach. Journal of the American Chemical Society，2015，137：106-109.

[68] Wang Z-L，Yan J-M，Ping Y，et al. An Efficient CoAuPd/C Catalyst for Hydrogen Generation from Formic Acid at Room Temperature. Angewandte Chemie International Edition，2013，52：4406-4409.

[69] Wang ZL，Ping Y，Yan JM，et al. Hydrogen generation from formic acid decomposition at room temperature using a NiAuPd alloy nanocatalyst. International Journal of Hydrogen Energy，2014，39：4850-4856.

[70] Yurderi M，Bulut A，Zahmakiran M，et al. Carbon supported trimetallic PdNiAg nanoparticles as highly active，selective and reusable catalyst in the formic acid decomposition. Applied Catalysis B-Environmental，2014，160：514-524.

[71] Yang L，Luo W，Cheng GZ. Monodisperse CoAgPd，nanoparticles assembled on graphene for efficient hydrogen generation from formic acid at room temperature. International Journal of Hydrogen Energy，2016，41：439-446.

[72] Grasemann M，Laurenczy G. Formic acid as a hydrogen source - recent developments and future trends. Energy & Environmental Science，2012，5：8171-8181.

[73] Sponholz P，Mellmann D，Junge H，et al. Towards a Practical Setup for Hydrogen Production from Formic Acid. Chemsuschem，2013，6：1172-1176.

[74] Eppinger J，Huang KW. Formic Acid as a Hydrogen Energy Carrier. Acs Energy Letters，2017，2：188-195.

第14章 氨气制氢

氨（NH_3）为氮氢化合物，其分子组成中氢的质量分数为17.6%，能量密度3000W·h/kg，高于汽油、甲醇等燃料，液氨的单位体积氢浓度为12.1kg/100L，高于液氢的7.06kg/100L。氨的密度为0.7kg/m^3，在常温、常压下是以气态形式存在。氨在标准大气压下的液化温度为25℃，容易液化，能耗较小；氨以液态形式存在便于储存和运输。氨的空气中燃烧范围为15%～34%（质量分数），范围较小；氨气比空气轻，泄漏后扩散快，不易积聚，氨的储存比较安全。氨虽然有毒，但其毒性相对较小，而且氨具有强烈的刺激性气味，一旦发生泄漏很容易被发现，可以及时采取措施。此外，氨分解只生成氮气和氢气，没有CO副产物的生成。这是一个零碳的过程，但是NH_3的重整气中会有残余NH_3和N_2，会不利于某些燃料电池的电解质及电极的正常运行，因此一定要增加分离过程予以清除。

众所周知，用含碳物质（如甲醇、甲烷、汽油等）制得的氢气中不可避免的含有CO_x（x=1，2），这些碳的氧化物即使在浓度很低的情况下也能降低燃料电池电极的活性。而用液氨作为氢源，由于氨中氢的质量分数（17.6%）和能量密度（3000W·h/kg）比甲醇和其他燃料的都要高，是一种极好的储氢中间体，且分解产生的氢气不含有CO_x和NO_x，因此对环境没有污染。与其他现有制氢工艺相比较，具有产氢量高，安全性好，流程简单，价格低廉，相关技术成熟等优点，符合中小规模制氢灵活而经济的原则，有良好的应用前景。早在20世纪中期，液氨就已经作为一种行之有效的能源载体而受到人们的广泛关注。由于它比用含碳材料制氢有着不可比拟的优越性，所以人们逐渐开始把研究兴趣放在选择氨作为氢的载体[1~3]。尤其是近年来，伴随着燃料电池技术的飞速发展，氨分解制备无CO_x燃料电池用氢技术正在逐渐成为催化研究的热点之一[4~6]。可见，选择氨作为氢源更为经济、实用。

14.1 氨制氢原理

14.1.1 氨分解制氢的热力学

氨分解制氢是一个比较简单的反应体系，其反应方程式如下：

$$NH_3 \rightleftharpoons 0.5N_2 + 1.5H_2 \qquad \Delta H(298K) = 47.3kJ/mol \tag{14-1}$$

该平衡体系仅涉及NH_3、N_2和H_2三种物质。由于该反应弱吸热且为体积增大反应，所以高温、低压的条件有利于氨分解反应的进行。根据氨分解反应的热力学常数可以计算出不同温度、压力下氨分解反应的转化率，结果如表14-1所示。可以看出，常压下，400℃时氨的平衡转化率即可高于99%，这表明在较低温度下实现氨的高转化率是可能的。继续提高反应温度后氨转化率变化较小，当温度高于600℃，氨的平衡转化率高于99.9%，接近完全转化。

氨分解制氢的热力学平衡转换参数可见表 14-1。

表14-1 氨分解制氢的热力学平衡转换参数 单位：%

温度/℃	压力/atm					
	1	2	3	4	5	6
200	52.24	29.68	15.57	5.81	约 0	约 0
250	80.93	67.08	56.09	47.20	39.82	33.59
300	92.39	85.81	79.84	74.45	69.56	65.10
350	96.69	93.64	90.70	87.89	85.23	82.67
400	99.16	98.34	97.54	96.76	96.02	91.16
450	99.59	99.13	98.70	98.27	97.86	95.24
500	99.75	99.50	99.26	99.02	98.78	97.27
550	99.85	99.70	99.55	99.41	99.26	98.35
600	99.90	99.81	99.72	99.62	99.53	98.94
650	99.94	99.87	99.81	99.75	99.68	99.30

注：1atm= 103.325kPa。

14.1.2 氨分解制氢的动力学

大量研究从合成氨的可逆反应-氨分解反应来研究合成氨机理并发现反应原料 N_2 在催化剂表面的解离吸附是氨合成过程的速率控制步骤。然而，单纯以制氧为目的的氨分解机理研究比氨合成过程更复杂，其与反应路径、催化剂种类及反应条件等因素息息相关。到目前为止，学者们普遍认为 NH_3 在催化剂表面分解主要是由一系列逐级脱氢过程组成，见反应式(14-2) ～式(14-7)，气相 NH_3 分子逐级脱 H 需要的能量见表 14-2。

$$\lg K=\frac{2726}{T}+2.144$$

$$\lg K=-\frac{1373}{T}-0.341\lg T+0.41-10^{-3}T+2.303$$

$$\lg K=-\frac{2462}{T}-0.99T$$

$$\lg K=\frac{688}{T}-0.9$$

$$\lg K=-\frac{131}{T}+4.42$$

$$\lg K=-\frac{3410}{T}+3.61$$

$$\lg K=-3110+2.72T$$

$$\lg K=-\frac{1225}{T}+0.845$$

$$2NH_{3,g}\rightleftharpoons 2NH_{3,ad} \quad 吸附(E_{ad}) \quad (14\text{-}2)$$

$$2NH_{3,ad}\rightleftharpoons 2NH_{2,ad}+2H_{ad} \quad 第一级解离(E_1) \quad (14\text{-}3)$$

$$2NH_{2,ad} \rightleftharpoons 2NH_{ad}+2H_{ad} \quad 次级解离(E_1) \qquad (14\text{-}4)$$

$$2NH_{ad} \rightleftharpoons 2N_{ad}+2H_{ad} \qquad (14\text{-}5)$$

$$6H_{ad} \rightleftharpoons 3H_{2,ad} \rightleftharpoons 3H_{2,g} \quad 脱附(H_2) \qquad (14\text{-}6)$$

$$2N_{ad} \longrightarrow N_{2,ad} \rightarrow N_{2,g} \quad 脱附(N_2) \qquad (14\text{-}7)$$

注："g" 代表 "气态"，"ad" 代表 "吸附态"。

表14-2 N—H 键的解离能

物质	断裂键	键的解离能			文献
		kcal/mol	kJ/mol	eV	
NH_3	H—NH_2	107.6±0.1	450.2±0.4	4.7	①
	H—NH	93.0	389.4	4.0	②
	H—N	78.4±3.7	328.0±15.4	3.4	③
N_2H_4	H—$NHNH_2$	87.5	366.1	3.8	④

① Blanksby S J.Ellison G B.Bond dissociation energies of organic molecules.Accounts of Chemcial Research,2003,36:255-263。

② Su K,Hu X L,Li X Y,et al.High-level ab initio calculation and assessment of the dissociation and ionization energies of NH_2 and NH_3 neutrals or cations.Chemical Physics Letters,1996,258:431-435.

③ Tarroni R.Palmieri P,Mitrushenkov A,et al.Dissociation Energies and heats of formation of NH and NH^+ .The Journal of Chemical Physics.1997,106:10265-10272。

④ Grela M A,Colussi A J.Decomposition of methylamono and aminomethyl radicals.The heats of formation of methyleneimine (CH_2=NH) and hydrazyl (N_2H_3) radical.International Journal of Chemical Kinetics,1988,20:713-718。

目前关于氨分解机理的研究主要集中在速率控制步骤上，而速率控制步骤分为 NH_3 的 N—H 第一次解离生成 NH_2+H 或催化剂表面吸附态产物氮原子的重组脱附生成 N_2 两种情况。科学工作者以 Pd 和 Ni 催化剂为代表，通过实验和密度泛函理论计算来研究氨分解过程中的速率控制步骤，分别研究了 NH_3 在 Pd 和 Ni 催化剂表面的吸附能（E_{ad}）、扩散能和 NH_3 分子的第一解离能（E_1），发现 NH_3 分子优先吸附在催化剂 Pd(111) 或 Ni(111) 晶面的顶位上，并发生解离脱掉一个 H 原子生成 NH_2，但 NH_2 在 Pd(111) 上的扩散能垒远高于 Ni(111)；NH_3 分子在 Ni(111) 晶面上的第一解离能（E_1）比其吸附能（E_{ad}）高 0.23eV，说明在此面上 NH_3 容易发生脱附而不是解离；而在 Ni(211) 面上 E_1 和 E_{ad} 几乎是相等的，即 NH_3 的解离主要发生在 Ni(211)。

而 NH_3 在 Pt(211) 上解离能远大于 Ni(211)，并且 Pd(211) 面上 NH_3 的解离能远大于吸附能，意味着吸附态的 NH_3 大多数在 Pt(211) 面发生脱附而不是解离。这些发现与 NH_3 在 Pd 催化剂上的分解速率远小于 Ni 催化剂的实验结论一致，表明 Pd 催化剂上 NH_3 的第一解离过程［式(14-3)］控制了氨分解速率。简言之，判断 NH_3 分解过程中的速率控制步骤首先要看 NH_3 在催化剂表面的吸附能（E_{ad}）和第一解离能（E_1）间的关系，若 $E_1/E_{ad}>1$，意味着 NH_3 在发生解离之前就从催化剂表面脱除，说明 NH_3 中第一个 N—H 键的断裂［式(14-3)］是速率控制步骤；若 $E_1/E_{ad}<1$，说明催化剂表面强吸附的 N 原子的重组脱附［式(14-7)］是速率控制步骤。大多数学者认为贵金属（Ru、Ir、Pd 及 Pt）和 Cu 催化剂的 N—H 断裂是氨分解的速率控制步骤而廉价金属催化剂（Fe、Co、Ni）则是催化剂表面吸附态 N 原子重组脱附是速率控制步骤[7]。

催化剂是氨分解反应的核心。目前，氨催化分解用催化剂的活性组分主要以 Fe，Ni，

Pt，Ir，Pd和Rh为主。虽然Ru是其中催化活性最高的活性组分，但是它的高成本限制了其在工业上的广泛使用，而廉价的Ni基催化剂确实值得关注，它的催化活性仅次于Ru、Ir和Rh，与贵金属相比，Ni更具有工业应用的前景。所使用的催化剂的载体主要有Al_2O_3、MgO、TiO_2、CNTs（碳纳米管）、AC（活性炭）、SiO_2、分子筛等。有关催化剂的研究进展，文献［8，9］做了非常详细的介绍，有兴趣的读者可以查阅。

氨气制氢的纯化可以采用变压吸附或膜分离，这和前面的煤、天然气制氢的纯化相同。主要差别是氨分解气只有氢气、氮气和未分解的氨气，故要比前者容易分离。

研究用氨作为氢源的燃料电池项目不少，最近的是日本京都大学研究所工学研究系的江口浩一教授2013年获得日本科学技术振兴机构（JST）的资助研发氨燃料电池。研究用氨制氢供给质子交换膜（PEMFC）和固体氧化物型（SOFC）燃料电池。实际的目标是实现在高温环境下工作的固体氧化物型氨燃料电池。

氨分解变压吸附制氢因其投资成本低、原料采购容易、氢气纯度高，在工业上，可用于钼粉还原的过程中。在国外，采用氮氢混合气体可以制备各种具有特殊性能的钼粉，这值得进行相关应用研究。

14.1.3 热催化法分解氨气制氢

这是目前工业界的主流方法。

氨分解反应主要采用高温催化裂解，转化过程如下：

$$NH_3 \rightleftharpoons 0.5N_2 + 1.5H_2 \qquad \Delta H(298K) = 47.3kJ/mol \tag{14-8}$$

该平衡体系仅涉及NH_3、N_2和H_2三种物质。由于该反应弱吸热且为体积增大反应，所以高温、低压的条件有利于氨分解反应的进行。根据热力学理论计算结果可知，常压、500℃时氨的平衡转化率可达99.75%。但是，由于该反应为动力学控制的可逆反应，再加上产物氢在催化剂活性中心的吸附抢占了氨的吸附位，产生“氢抑制”，从而导致氨的表面覆盖度［$\theta(NH_3)$］下降，表现为较低的转化率。目前，国内外市场上的氨分解装置大多采用提高操作温度（700～900℃）的方法来获得较高的氨分解率，这就在很大程度上提高了运行成本、降低了市场竞争力。

氨分解制氢催化剂，在氨分解研究进行的80余年里，学者们设计了形式多样的氨分解催化剂。

尽管催化剂的配方种类繁多，但是长期以来缺乏本质上的重大突破，主要表现为催化剂的操作温度过高，始终无法实现氨的低温高效分解。如Johnson Matthey、United Catalyst、Grace Davison等著名催化剂生产商开发的商业镍基和钌基催化剂在700℃以上才能实现较高的氨转化率[2]。

直到21世纪初，在科学界广泛进行氢能相关技术研究的大背景下，人们才将目光投到氨催化分解的制氢路线上，相继研制出了一系列新型的催化剂，其中最具代表性的是高负载量的贵金属钌基催化剂。例如，Choudhary等[3]于2001年报道，在氨空速高达30000h^{-1}时，以水为分散剂、浸渍法制备的10%（质量分数）Ru/SiO_2催化剂可以在600℃下实现高达97%的氨转化率。

2004年，Yin等[4]发现，改用丙酮为分散剂、浸渍法制备的5%（质量分数）Ru/CNTs催化剂可以在450～500℃的低温下表现出较高的氨分解活性。其中发现采用镁-碳纳米管的纳米复合物作为载体能够大大提高钌的催化活性，在450℃时，氢气在等质量的MgO和CNTs(K-Ru/MgO-CNTs）催化剂面产生的速率是26.1mmol/(min·g催化剂）或585mL/(min·催化剂)，这是迄今为止最快的氨分解反应[3]。2015年，中科院大连化物所洁净能源国家实验室氢能与先进材料研究部陈萍研究员带领的研究团队，发现锂的亚氨基化合物与氮化铁复合后表现出优异的催化氨分解制氢活性。在相同反应条件下，如450℃时，该复合催化剂体系的活性（每克催化剂每小时可转化9.7g氨）较负载型铁基催化剂（每克催化剂每小时可转化0.74g氨）或氮化铁（每克催化剂每小时可转化0.4g氨）高出一个数量级[10]。

在此发现的基础上，该研究组进一步发展了一新型氨分解催化剂体系，即亚氨基锂与第三周期过渡金属或其氮化物的复合催化材料体系，不仅从新的角度阐释了碱金属助剂的作用，也为高效催化剂的设计，尤其是替代贵金属催化剂的设计提供了新的思路。目前，研究人员正对此类材料的制备及催化性能做进一步优化，希望在不久能与燃料电池系统联用。

这说明，氨的分解速率仍有提高的空间，如对催化剂组成、结构或制备方法进行合理改进可以实现氨低温高效分解反应制氢。

14.1.4 等离子体催化氨制氢新工艺

氨分解制氢是极具吸引力的为燃料电池供氢的方法。文献［7］利用介质阻挡放电等离子体提高了非贵金属催化剂的低温催化活性，从而建立了基于非贵金属的等离子体催化氨分解制氢新方法，并取得以下结果和结论：

将介质阻挡放电等离子体和非贵金属催化剂耦合用于氨分解制氢反应中，获得了显著的协同效应。例如，在10g体相Fe基催化剂存在下，NH_3进料量为40mL/min、410℃的条件下，氨气转化率由热催化法的7.8%提高至99.9%（32.4W），氨气完全转化的温度比热催化法降低了140℃；制氢能量效率由单纯等离子体法的0.43mol/(kW·h)提高至4.96mol/(kW·h)。

14.2 氨制氢的设备

我国有多家公司生产氨分解制氢设备。例如，HBAQ系列氨分解气体发生装置就是以液氨为原料，在催化剂的作用下加热分解得到含氢75%、含氮25%的氢氮混合气体。通过本系列净化后，氢气纯度能够达到露点为－60℃，残氨量为5×10^{-6}，适合各种使用氢气的情况。

产品的产气量有$5m^3/h$、$10m^3/h$、$15m^3/h$、$20m^3/h$、$30m^3/h$、$40m^3/h$、$50m^3/h$、和$60m^3/h$等，再如AQ-20型氨制氢机，产氢气量为$20m^3/h$，消耗液氨8kg/h。设备1.8m×2m×2m，重量1.2t。

目前氨分解制氢设备主要用于热处理，粉末冶金，硬质合金，轴承，镀锌，铜带，铜管，黄铜管，紫铜管，带钢等行业。

14.3 其他氨分解制氢方法

自2000年以来（SCI检索），直接以制高纯氢为目的的氨分解研究主要采用热催化法，另有极少数采用非催化法氨制氢的报道。其中，日本Y. Kojima等学者在室温、约10MPa的压力下，以Pt板为双电极、金属氨基（$LiNH_2$，$NaNH_2$或KNH_2）为电解质，研究液氨电解制氢发现：NH_2^-的浓度对液氨电解效率极为重要，其浓度越高对应的电解效率越高，在2V电池电压、1mol/L KNH_2条件下，可获得85%的高电流效率[11,12]。

而Berker等学者采用微空心放电（MHCD）技术，在常压条件下，以10% NH_3-Ar混合气为原料来制取H_2，获得最高的NH_3转化率约为20%[13]。

此外，等离子体法[14~16]、高温热分解法及光化学法[17,18]在一定条件下也能分解氨气，但这些研究的主要目的是氨合成及氨分解机理和微量氨的脱除。

其中，20 世纪 80 年代法国 AGiquel 教授的团队分别以放热和吸热两种典型的热催化反应为例来研究低气压等离子体条件下的热催化反应机理，其中吸热反应选取的是氨分解反应。研究发现在等离子体和固体界面处发生质量和能量的交换，能量交换发生在等离子体和固体材料之间。界面处能量处于非平衡态，主要体现在 N 的重组脱附产物 N_2 的能量分布以振动温度为主，而等离子体区引入不同固体材料对应的 N_2 的振动温度不一致，N_2 振动温度高对应的固体材料宏观温度低，但对应的氨分解转化率高。如，引入固体（W）材料与未引入 W 相比，NH_3 转化率由 40%增至 60%，N_2 的振动温度由 T_v(gas)=3300K 提高至 T_v(W)=4000K，固体材料温度 T_s(W)=400℃，而引入 Si 材料，NH_3 转化率降至 30%，则对应 N_2 的振动温度也降低，T_s(Si)=600℃。通过对一系列材料（W，Mo，Co，Si）的等离子体催化氨分解研究得出：具有催化作用的材料在界面处对应高的 N_2 振动温度和低的热量，即重组脱附过程的能量大部分转移给产物，得到高振动激发态的脱附分子，只有少部分的能量转移给催化剂。

韩国岭南大学等研究者采用介质阻挡等离子体光催化（两段式结合方式：介质阻挡放电位于光催化反应的上游）方法脱除微量 NH_3（1000×10^{-6}），单纯 V-TiO_2 光催化反应在 150min 后 NH_3 的转化率可达 98%，单纯等离子体放电在放电电压为 10.0kV、反应 400min 后 NH_3 的转化率达 90%，而当等离子体和光催化相结合的情况下 25min 后 NH_3 的转化率就可达 100%[19]。

Collins 等[20]考察了钯/陶瓷复合膜反应器在煤气化尾气脱氨操作中的应用。在 600℃、1618kPa 下，膜反应器中氨的转化率为 94%，而传统固定床反应器中为 53%。温度降至 550℃时，膜反应器中的转化率为 79%，传统反应器中仅为 17%。然而，原料气中氨的含量（质量分数）低于 1.5%，与使用纯氨进行催化分解现场制氢的实际条件相距甚远。尽管如此，Collins 等的研究结果表明，利用在钯膜反应器中进行氨分解反应具有提高转化率并进而突破热力学平衡限制的可能。

14.4 和甲醇制氢比较

现在市场上尚未发现滑动弧放电等离子体氨分解的工业化设备，工业化运用比较广泛的是催化剂氨分解法。其中，我国江苏省苏州市在氨分解设备制造方面走在前列。如苏州市高科气体设备公司的氨分解设备，苏州市新瑞净化有限公司的氨分解设备以及流程图。以液氨为原料，液氨汽化预热后进入装有催化剂的氨分解炉，在一定温度和催化剂的作用下氨气分解产生含氢 75%、氮 25%的混合气，气体经热交换器和冷却器后，进入装有 UOP 沸石分子筛为吸附剂的干燥器，经纯化后有效脱除混合气中残余氨和水分。其主要优势在于：

① 氨分解性能可靠、使用寿命长。核心部件炉胆采用耐高温耐腐蚀 $Cr_{25}Ni_2O$ 不锈钢无缝管，保证了在高温与强腐蚀性的环境中有较长的使用寿命；加热元件采用在高温下力学性能优良的镍铬合金，使整套系统保证了使用寿命；催化剂采用西南化工院 Z204 高温烧结型镍催化剂，对液氨的分解效果好，具有分解活性高、不易粉化、催化剂且不容易老化。

② 氨分解省水省电。高科氨分解不需要过程用水，有效节省水源，并利用分解气热能给氨气预热，达到省电目的。

③ 氨分解使用方便。工艺成熟，结构紧凑，整体撬装，占地小无须基建投资，操作简便，现场只需连接电源、气源即可制取氢气。

④ 氨分解运用范围广。能够满足大部分氢气使用的需求，特别在以金属热处理、粉末

冶金、电子等主导领域中得到了广泛的应用。

⑤ 氨分解运行成本低。氨分解投资少，液氨原料便宜，能耗低，效率高，运行成本低，是氮氢混合保护气氛最经济的来源。

PEMFC 使用非碳基氢源，可以从根本上摆脱 CO_x，尤其是 CO 带来的麻烦。目前，氨气是被一致看好的非碳基氢源。NH_3 是一种大宗化工产品。市售液氨的纯度可达 99.5%，其中杂质是水，对燃料电池无害，不需预处理。NH_3 在室温下压力达到 0.8MPa 即可液化，且着火范围较窄，安全性较好。NH_3 本身虽然有腐蚀性和刺激性气味，但其腐蚀性是容易解决的，至于刺激性气味，则恰好可被用于泄漏提示。因此，氨气和甲醇一样方便车载，也适合小型移动设备使用。其次，氨和甲醇一样，都是从天然气、煤等原料出发生产的。有时二者可以联产，价格相近。另外，氨气完全裂解生成物只有氢气和氮气，其中氢气的体积分数可达 75%（氮气对燃料电池无害），也是不用浓缩就可以用于 PEMFC 发电，这一点与甲醇相同。但氨气裂解制氢与甲醇水蒸气重整制氢相比，除了裂解气中不含 CO_x 这一最大优点之外，还有能量密度高（氨气裂解气的最大比能为 5.59kW·h/kg，甲醇蒸汽重整气的最大比能 3.8kW·h/kg)、绿色化程度高（氨气裂解气中只有 H_2 和 N_2，可使燃料电池汽车成为“零排放”汽车；但以甲醇水蒸气重整为氢源的燃料电池汽车要排放 CO_2）和燃料载荷轻（1kg H_2 耗 5.67kg 氨气。但对甲醇水蒸气重整则要耗 5.17kg 甲醇和 3.0kg 水，燃料载荷比氨气裂解高出 44%）等优点。

实际上，氨气无须裂解就可以作为低温碱性燃料电池和高温固体氧化物燃料电池氢源。但氨气作为 PEMFC 氢源时必须先裂解成 H_2 和 N_2。这是因为，PEMFC 属于酸性燃料电池，氨分子能把阳极催化剂层中的 H^+ 变成 NH_4^+，从降低质子交换膜的传导性。研究发现，当氢气中含有 20×10^{-6} 氨气时就能导致 PEMFC 效率明显下降。即使氢气中的氨含量低至 13×10^{-6}，也会对 PEMFC 的性能产生不利影响。这就要求在以氨气为车载氢源时必须使氨气裂解转化率尽可能达到 100%，同时还要提供脱除裂解气中少量（10^{-6} 级）未转化氨气的有效办法。事实上，碳基氢源在重整制氢过程中也会有大约 30×10^{-6}～90×10^{-6} 的少量氨气产生。所幸的是，脱氨不像脱 CO 那样困难。据文献报道，氨气含量高达 2000×10^{-6}～3000×10^{-6} 的氨气裂解气通过吸附剂吸附后，很容易将氨气脱除到 200×10^{-6} 以下。这表明，氨气裂解制氢的后净化工艺将是非常简单的。

参 考 文 献

[1] Bradford M C J, Fanning P E, Vannice M A. Kinetics of NH_3 Decomposition over Well Dispersed Ru. J Catal, 1997, 172: 479-482.

[2] Chellappa A S, Fischer C M, Thomson W J. Ammonia Decomposition Kinetics over Ni-Pt/Al_2O_3 for PEM Fuel Cell Applications. Appl Catal A: Gen, 2002, 227: 231-235.

[3] Choudhary T V, Sivadinarayana C, Goodman D W. Catalytic Ammonia Decomposition: CO_x-free Hydrogen Production for Fuel Cell Applications. Catal Lett, 2001, 72: 197-202.

[4] Yin S F, Xu B Q, Ni C F, et al. Nano Ru/CNTs: A Highly Active and Stable Catalyst for the Generation of CO_x Free Hydrogen in Ammonia Decomposition. Appl Catal B: Environ, 2004, 48: 237-241.

[5] Yin S F, Zhang Q H, Xu B Q, et al. Investigation on the Catalysis of CO_x Free Hydrogen Generation from Ammonia. J Catal, 2004, 224: 384-389.

[6] Rassi A T. Proceeding of the 2002 U.S. DOE Hydrogen Program Review. NREL/CP-610-32405, 2002.

[7] 王丽. 等离子体催化氨分解制氢的协同效应研究 [D]. 大连: 大连理工大学, 2013-03-04.

[8] 范清帅, 唐浩东, 韩文锋, 等. 氨分解制氢催化剂研究进展. 工业催化, 2016, 24 (8).

[9] 苏玉蕾, 王少波, 宋刚祥, 等. 氨分解制氢催化剂研究进展. 舰船科学技术, 2010, 32 (4).

[10] http: //www. dicp. cas. cn/. 2015-02-09.

[11] DONG B X, Ichikawa T, Hanada N, et al. Liquid ammonia electrolysis by platinum electrodes. Journal of Alloys and Compounds, 2011, 509S: S891-S894.

[12] Hanada N, Hino S, Ichikawa T, et al. Hydrogen generation by electrolysis of liquid ammonia. Chemical Communication, 2010, 46: 7775-7777.

[13] Qiu H, Martus K, Lee W Y, et al. Hydrogen generation in a microhollow cathode discharge in high-pressure ammonia-argon gas mixtures. International Journal of Mass Spectrometry, 2004, 233: 19-24.

[14] Yega R M N, Avarez-Galvan M C, Mota N, et al. Catalysts for Hydrogen Productionfrom Heavy Hydrocarbons. Chem Cat Chein, 2011, 3: 440-457.

[15] Navarro R M, Pena M A, Fierro J L. Hydrogen Production Reactions from Carbon Feedstocks: Fossil Fuels and Biomass. Chemical Reviews, 2007, 107: 3952-3991.

[16] Lukyanov B N. Catalytic production of hydrogen from methanol for mobile, stationary andportable fuel-cell power plants. Russian Chemical Reviews, 2008, 77: 995-1016.

[17] Hause M L, Yoon Y H, Crim F F, Vibrationally mediated photodissociation of ammonia: The influence of N-H stretching vibrations on passage through conical intersections. The Journal of Chemical Physics, 2006, 125: 174309-174316.

[18] Leach S, Jochims H W, Baumgartel H. VUV Photodissociation of ammonia: a dispersed fluorescence excitation spectral study. Physical Chemistry Chemical Physics, 2005, 7: 900-911.

[19] Ban J Y, Kim H I, Choung S J, et al. NH_3 removal using the dielectric barrier discharge plasnia-V-TiO_2 photocatalytic hybrid system. Korean Journal of Chemical Engineering, 2008, 25: 780-786.

[20] Collins J P, Way J D. Catalytic Decomposition of Ammonia in a Membrane Reactor. J Membr Sci, 1994, 96: 259-263.

第15章

烃类分解生成氢气和炭黑的制氢方法

15.1 烃的定义及制氢方法

烃是碳氢化合物的统称。碳原子与氢原子各为四价及一价，所以碳原子可以和多个氢原子结合成分子。根据烃分子中氢的饱和程度来区分的烃的三大分支：烷、烯和炔。

① 烷（alkanes）是饱和的烃类。其通式为 C_nH_{2n+2}（$n=1，2，3\cdots$），常见的烃有甲烷（沼气、天然气）、乙烷（主要裂解制造乙烯）、丙烷和丁烷（打火机油）等。

② 烯（alkenes）是少了1分子氢的烃。其通式为 C_nH_{2n}（$n=2，3\cdots$），常见的烯有乙烯［合成纤维、合成橡胶、合成塑料（聚乙烯及聚氯乙烯）、合成乙醇（酒精）的基本化工原料］、丙烯（主要用于生产聚丙烯、丙烯腈、异丙醇、丙酮和环氧丙烷等）和丁烯（有四种异构体，主要用作丁二烯）等。

③ 炔（alkynes）是比烯更缺氢的烃。其通式为 C_nH_{2n-2}（$n=2，3\cdots$），常见的炔有乙炔（电石）。

烃类制氢的主要方法是重整法（SMR），参考文献［1］详细介绍了天然气水蒸气重整制氢，天然气部分氧化重整制氢，天然气水蒸气重整与部分氧化联合制氢等，在此不多作描述。常用的烃类转化制氢法，相当于在上述过程中加入水蒸气，从而使炭黑置换出水中的氢气，可用式(15-1）表示：

$$C_nH_m+2nH_2O \longrightarrow nCO_2+(m/2+2n)H_2 \tag{15-1}$$

热分解烃类分子生成氢气和炭黑的方法，其化学反应，如式(15-2)：

$$C_nH_m \longrightarrow nC+(m/2)H_2 \tag{15-2}$$

由此可见，按以上的过程制取了氢气，没有排入大气的二氧化碳，而是留在地面上的炭黑。得到的炭黑可用作着色剂、防紫外线老化剂和抗静电剂；在印刷业作黑色染料，作静电复印色粉等等。重要的是避免了二氧化碳的排放。由式(15-1）和式(15-2）比较可以看出，式(15-1）中水的加入，使氢气的收率增加，同时产生了二氧化碳的排放。

15.2 烃类分解制取氢气和炭黑方法

目前，主要有两种方法用于烃类分解制取氢气和炭黑，即热裂解法和等离子体法。

15.2.1 热裂解法

烃类的热裂解法本来是为炭黑的生产而开发的[2]，是很成熟和比较常用的生产炭黑方法。随着纳米碳的兴起，越来越多的人认为作为制氢的方法也是可行的。其基本原理是：将烃类原料在无氧（隔绝空气）、无火焰的条件下，热分解为氢气和炭黑。生产装置中可设置两台裂解炉，炉内衬耐火材料并用耐火砖砌成花格构成方型通道。生产时，先通入空气和燃料气在炉内燃烧并加热格子砖，然后停止通空气和燃料气，用格子砖蓄存的热量裂解通入的原料气，生成氢气和炭黑。两台炉子轮流进行蓄热-裂解，周而复始循环操作。将炭黑与气相分离后，气体经提纯后可得纯氢，其中的氢含量依原料不同而不同，如原料为天然气其氢含量可达85%以上。

15.2.2 等离子体法

挪威的Kverrner油气公司开发了所谓的“CB&H”工艺，即等离子体法分解烃类制氢气和炭黑的工艺。该公司于1990年开始该技术研究，1992年进行了中试实验，据称现在已经建成工业制氢装置。CB&H的工艺过程为：等离子体反应器提供能量使原料发生热分解，等离子体是氢气，可以在过程中循环使用，因此，除了原料和产生等离子体所需的电源外，过程的能量可以自给。用高温热预热原料，使其达到规定的要求，进入等离子体反应器得到炭黑和氢气。几乎所有的烃类都可作为制氢原料，不同的原料，最终产品中的氢气和炭黑的比例不同。据Kverrner油气公司称，利用该技术建成的装置规模最大为每年3.6亿立方米（标氢气）。

15.3 天然气催化热裂解制造氢气和炭黑（TCD）

15.3.1 传统的天然气热裂解

20世纪中叶就开发出来的天然气高温裂解制造氢气技术，其主要优点在于制取高纯氢气的同时，不向大气排放二氧化碳，而是制得更有经济价值、易于储存的固体炭。

首先将天然气和空气按完全燃烧比例混合，同时进入炉内燃烧，使温度逐渐上升，至1300℃时，停止供给空气，只供应天然气，使之在高温下进行热分解生成炭黑和氢气。由于天然气裂解吸收热量使炉温降至1000～1200℃时，再通入空气使原料气完全燃烧升高温度后，又再停止供给空气进行炭黑生产，如此往复间歇进行。该反应用于炭黑、颜料与印刷工业已有多年的历史，而反应产生的氢气则用于提供反应所需要一部分的热量，反应在内衬耐火砖的炉子中进行，常压操作。该方法技术较简单，经济上也还合适，但是氢气的成本仍然不低。

15.3.2 天然气热裂解制氢气和炭黑的新方法

许多不同的机构进行过甲烷裂解制造炭黑和氢气的实验，证明了其技术可行性。但是炭堵塞和低转化率问题一直没有得到解决。

据报道[3]，德国先进可持续性研究院（IASS）与卡尔斯鲁厄理工学院（KIT）的研究人员宣布实现了创新的具有成本效益的甲烷裂解制氢技术概念验证。初步估算表明，在德国的天然气价格下，不考虑副产品炭黑的价值时，氢成本为1.9～3.3欧元/kg。由于副产品炭黑质量高且特别纯，价格较高，因此可提高该工艺的经济可行性。

IASS和KIT的团队的新反应器基于液态金属技术。在新设计的反应器中，将无数甲烷小气泡在充满熔融锡的反应器底部注入。裂解反应在这些气泡上升到液态金属的表面时发生，生成的炭在泡沫表面被分离，并在反应器顶端作为粉末被沉积。2012年底到2015年春期间，研究人员评估了不同的参数和选项，如温度、建筑材料和停留时间。最终的设计是一个 1.2m 高由石英和不锈钢制成的设施，使用纯锡和由石英组成的填充床结构。在 2015 年 4 月最近的实验中，反应器连续操作两周，产出氢气，在 1200℃ 下转化率达 78%。创新的反应器可抗腐蚀和避免堵塞，产生的微粒炭粉可以很容易地进行分离，从而可满足工业规模反应器连续操作所需的技术条件。生产单位氢气的 CO_2 排放，该技术可与水电解相媲美，并比 SMR 清洁 50%以上。实验结果以及环境和经济评估都指明甲烷裂解可作为清洁的替代方案。

目前，天然气催化制氢工艺可分为分步制氢工艺和一步流化床工艺。分步制氢工艺在两个反应器分别进行甲烷在催化剂上裂解和催化剂的除碳再生，交替使用。一般采用金属催化剂。一步流化床工艺则采用炭黑作催化剂，在流化床中完成催化裂解甲烷制氢。

15.3.3 天然气催化热裂解制造氢气和炭黑(TCD)

天然气催化热裂解制造氢气和炭黑［thermal catalyst decomposition（TCD）process for the production of H_2 & solid carbon from natural gas］是一种以气态烃为原料让燃烧和裂解分别进行的一种间歇式的方法。

CH_4 可以在一定条件下发生如下裂解反应，

$$CH_4(\text{催化剂}) = C + 2H_2 (\Delta H^{\ominus}_{298K} = +75\text{kJ/mol}) \quad (15\text{-}3)$$

催化剂在 CH_4 裂解反应中降低反应活化能，加快反应速率的作用。如 Shaikhutdinov 等[4]发现在催化剂 Co(60%)/Al_2O_3 上，随着温度升高，CH_4 的转化率增大，但催化剂的碳容量和寿命下降。Goodman 等[5]在催化剂 Ni(88%)/ZrO_2 上发现高温有利于 CH_4 的裂解。典型的 TCD 工艺流程框图见图 15-1。

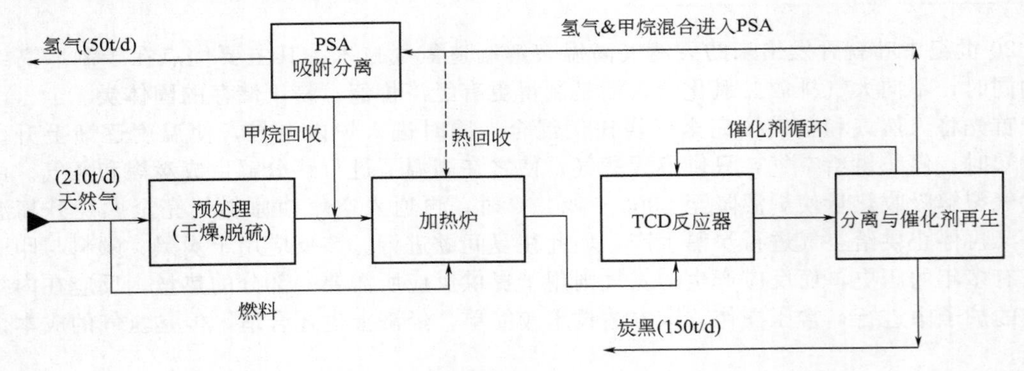

图 15-1 典型的 TCD 工艺流程框图

烃类分解制氢及其相关研究已得到国内外研究者的普遍关注。近年来，不少研究者对甲烷分解产生氢气和炭黑的反应以及在催化剂表面生成炭黑的作用机理进行了研究[6,7]认为烃类催化分解制氢和炭黑较传统的烃类热解制氢和炭黑有较大的提高。

15.4 热分解制氢气和炭黑与传统方法的比较

15.4.1 分解甲烷的能耗

Muradov[8]分析了以上两工艺。以甲烷为例，其水蒸气转化（SDM）和热分解分别可以用下面的式子表示：

$$CH_4 + 2H_2O = CO_2 + 4H_2 - 163\text{kJ} \quad (15\text{-}4)$$

$$CH_4 = C + 2H_2 - 75.6kJ \quad (15\text{-}5)$$

由此可见，甲醇水蒸气转化的吸热量是热分解的两倍多，也就是说转化同样量的甲烷，蒸汽转化法的耗能将是热分解法的两倍多。

15.4.2 氢气产品的能耗与原料消耗

从反应式(15-4) 和式(15-5) 看生成每摩尔氢气的耗能，蒸汽转化法为 40.75kJ/mol，热分解法为 37.8kJ/mol，两种方法能耗相当，热分解法的略低些。

大多数的烃蒸汽转化制氢工艺，原料烃同时也是燃料，要提供过程所需的热量。因此，两种方法的每单位氢气的原料耗量相当。

15.4.3 排放 CO_2 比较

据文献［8］报道，在蒸汽转化法中，为了提供转化过程所需的热量，原料烃中有一半用于燃烧而不是制氢；即每转化 1mol 的甲烷，就要有 2mol 的二氧化碳排放。而热分解过程在生成氢气时零排放二氧化碳，而是生成了炭黑。

15.4.4 能量利用比较

烃类原料中的碳生成二氧化碳排入大气是消耗能量的过程。二氧化碳排入大气的过程，实际上是把一定质量的物质射入空间。文献［9］指出将 1g 的物质射入太空需 63kJ 的能量。而生成的炭黑留在地面则不再耗能。

炭黑燃烧生成二氧化碳会放出一定的热量，如式(15-6)：

$$C + O_2 = CO_2 + 406.3kJ \quad (15\text{-}6)$$

由式(15-6) 可知，每生成 1g 的二氧化碳只能释放出 9.23kJ 的热量。由以上分析可知，作为制氢方法，烃类生成炭黑和氢气比蒸汽转化生成二氧化碳和氢气，不仅仅是减少了二氧化碳的排放，在能耗物耗方面也是合理的。

不少研究者[10,11]对甲烷分解产生氢气和炭黑的反应以及在催化剂表面生成炭黑的作用机理进行了研究。尽管该工艺尚在研究开发中，应该是有良好前景的制氢途径。

参考文献

［1］ 毛宗强，毛志明．氢气生产及热化学利用．北京：化学工业出版社，2015.

［2］ 李丙炎．炭黑的生产与应用手册．北京：化学工业出版社，2000.

［3］ 钱伯章．德国无二氧化碳产生的甲烷裂解制氢技术概念验证．天然气化工（C1 化学与化工），2015，(6).

［4］ Avdeeva L B，Kochubey D I．Cobalt catalysts of methanedecomposition ：accumulation of the filamentous carbon. Appl Catal A：General，1999，177：43-51.

［5］ Choudhary TV，Goodman D W．CO-free production of hydrogen via stepwise steam reforming of methane. J Catal，2000，192：316-321.

［6］ 李言浩，马沛生，郝树仁．减少二氧化碳排放的烃类制氢方法．化工进展，2002，21 (2).

［7］ 贺德华，马兰，刘金尧．烃类/醇类重整制氢的研究进展．石油化工，2008，37 (4).

［8］ Muradov N Z．Hydrogen Energy，1993，18 (3)：211.

［9］ Walter Seifritz．Hydrogen Energy，1989，14 (10)：717.

［10］ Shah N，Panjala D，Huffman GP．Hydrogen Productionby Catalytic Decomposition of Methane. Energy Fuels，2001，15 (6)：1528-1534.

［11］ Choudhary T V，Sivadinarayana C，Chusuei C C，et al．Hydrogen Production via Catalytic Decomposition of Methane. J Catal，2001，199 (1)：9-10.

第 16 章

$NaBH_4$ 制氢

$NaBH_4$ 可在常温下通过催化水解反应生产高纯度氢气。因产生的氢气中不含 CO，故特别适合用作质子交换膜燃料电池的燃料源。硼氢化钠制氢的优势明显，其溶液无可燃性，储运和使用安全；硼氢化钠溶液在空气中可稳定存在数月；制得的氢气纯度高，不需要纯化过程，可直接作为质子交换膜燃料电池的原料；氢的生成速度容易控制；硼氢化钠本身的储氢量（质量分数）为 10.6%，其饱和水溶液质量分数可达 35%，此时的储氢量为 7.4%（质量分数）；催化剂和反应产物可以循环使用；在常温甚至 0℃下便可以生产氢气。

16.1 基本原理

硼氢化钠是一种强还原剂，广泛用于废水处理、纸张漂白和药物合成等方面。20 世纪 50 年代初，Schlesinger 等[1]发现，在催化剂存在下，硼氢化钠在碱性水溶液中可水解产生氢气和水溶性亚硼酸钠。反应如下：

$$NaBH_4 + 2H_2O \longrightarrow 4H_2 + NaBO_2 \qquad \Delta H = -300\text{kJ/mol} \tag{16-1}$$

如果没有催化剂，上式反应也能进行，其反应速率与溶液的 pH 值和温度有关。根据 Kreevoy 等[2]的研究结果，这一速度可由以下经验式计算：

$$\lg t_{1/2} = \text{pH} - (0.034T - 1.92) \tag{16-2}$$

式中，$t_{1/2}$ 是 $NaBH_4$ 的半衰期，d；T 是热力学温度，K。由该式计算的不同 pH 值和不同温度下的半衰期列于表 16-1。

表16-1　pH 值和温度对 $NaBH_4$ 半衰期（d）的影响

pH 值	温度/℃				
	0	25	50	75	100
8	3.0×10^{-3}	4.3×10^{-4}	6.0×10^{-5}	8.5×10^{-5}	1.2×10^{-5}
10	3.0×10^{-1}	4.3×10^{-2}	6.0×10^{-3}	8.5×10^{-4}	1.2×10^{-4}
12	3.0×10	4.3×10^{0}	6.0×10^{-1}	8.5×10^{-2}	1.2×10^{-2}
14	3.0×10^{3}	4.3×10^{2}	6.0×10	8.5×10^{0}	1.2×10^{0}

由表 16-1 可见，pH 值和温度对反应速率有很大影响，特别以 pH 值影响更大。当 pH 值为 8 时，即使在常温下，经半分多钟 $NaBH_4$ 就水解掉一半。因此，平时必须将 $NaBH_4$ 溶液保持在强碱性溶液中。在 pH 值为 14 和室温下，$NaBH_4$ 的半衰期长达一年以上，对实际应用已经足够。如果需要高速度制备氢气，可让 $NaBH_4$ 的强碱溶液与催化剂接触。使用不同的催化剂时，氢气生成速率也不同。

16.2 研究进展

16.2.1 $NaBH_4$ 制氢工艺

Levy 等[3]和 Kaufman 等[4]研究了钴和镍的硼化物，Brown 等[5]研究了一系列金属盐后发现，铑和钌盐能以最快的速度由 $NaBH_4$ 溶液中释放出氢气。Amendola 等[6]系统地研究了用 Ru 为催化剂时，$NaBH_4$ 浓度、NaOH 浓度和温度对反应速率的影响。他们发现，阴离子交换树脂比阳离子交换树脂好。他们用 0.25g 5%负载钌催化剂和 20% $NaBH_4$ + 10% NaOH+70% H_2O 的水溶液，测定了不同温度下产生的气体体积随反应时间的变化得出反应式(16-1) 是零级反应的结论。即反应速率与反应物浓度无关。反应(16-1) 的速率可以表示为：

$$-4dc[NaBH_4]/dt = d[H_2]/dt = k \tag{16-3}$$

式中，k 是常数。在 25℃、35℃、45℃和 55℃下，k 的值分别为 2.0×10^{-4} mol/s、1.1×10^{-4} mol/s、6.5×10^{-5} mol/s、2.9×10^{-5} mol/s。按上式计算，每产生 1L 氢气需要的时间分别为 1550s、690s、410s 和 220s。按 55℃下的产氢速率计算，该氢源可为功率 27W 的质子交换膜燃料电池供应氢气。增加催化剂用量可按比例地增加产氢速率。按金属计算，每克钌产生的氢气可供应一个 2kW 的质子交换膜燃料电池电堆。钌金属可以反复使用，因为体系中没有使催化剂中毒的物质且反应温度很低。氢气的生成速率可根据负载的变化进行调节。当需要氢气时，可将 $NaBH_4$ 溶液喷洒到催化剂上或将催化剂浸没在 $NaBH_4$ 溶液中。控制喷洒到催化剂上 $NaBH_4$ 溶液的量或浸没在 $NaBH_4$ 溶液中催化剂的量便可以调节氢气的生成速率。

硼氢化钠在碱性水溶液中反应基本上可进行完全。假设 H_2 的收率为 100%，1L 35%的 $NaBH_4$ 溶液可以产生 74g H_2。因此储存 5kg H_2 大约需要 35%的 $NaBH_4$ 溶液 67L。如果用压力为 30MPa 的高压容器储存同样质量的 H_2，所占体积为 187L。由于储存将 $NaBH_4$ 溶液只需要常压，可用塑料容器，与高压容器相比，质量也轻了很多。35%的 $NaBH_4$ 溶液的密度大约为 1.05kg/L，可以算出，35%$NaBH_4$ 溶液的储氢效率约为 7%质量分数。

硼氢化钠在碱性水溶液中反应的其他产物只有 $NaBO_2$，它在 pH 值大于 11 时主要以可溶性 $NaB(OH)_4$ 形式存在，对环境无害，回收后可直接利用，如用作照相药品、纺织物精整和施浆组分、防腐剂和阻燃剂等。也可通过已知的一些无机化学反应转化成其他用途更广泛的无机硼化合物，如硼砂和过硼酸钠。产品氢物流中还会有一些水蒸气，它的存在对质子交换膜燃料电池是有利的，因为它可以湿润质子交换膜。产品气中不含对质子交换膜燃料电池有毒害作用的杂质，因而不需要复杂的分离步骤。

硼氢化钠在碱性水溶液中反应是一个放热反应，每产生 1mol H_2 放出 75kJ 热量。而其他氢化物与水反应生成氢的典型反应热为 125kJ/mol H_2。因而，反应更安全而且容易控制。另外，在某些情况下可能需要将将 $NaBH_4$ 溶液适当加温以提高产氢速率，正好可以利用该反应热，无须外加热源。

近年，国内对燃料电池的应用格外重视，中国学者对硼氢化钠水解制氢进行了大量研究。

张晓伟等[7]研究 Co 基催化剂。将所制备的 Co-P、Co-B 催化剂应用于催化硼氢化钠水解制氢。在 pH 值为 12.5，NaH_2PO_2 浓度为 0.8mol/L，化学镀的时间不多于 6min 的条件下，所制备的 Co-P 放氢速率为 1846mL/(min · g)。在 pH 值为 12.5，$NaBH_4$ 浓度为

0.8g/L，温度为40℃的条件下，所制备的Co-B的放氢速率达到4218mL/(min·g)。此外，所合成的催化剂展现出一定的循环使用性能。研究结果认为廉价Co基合金催化剂在$NaBH_4$水解制氢中的可以应用。

韩敏等[8]采用一步法简单、高效制备了玉米秸秆活性炭Co-基制氢催化剂。考察了其催化硼氢化钠溶液水解反应的产氢性能达到平均产氢速率为1715.2mL/(min·g)，瞬时产氢速率最高达2952mL/(min·g)。通过一步法引入助剂Fe和Mn元素制备成双组分催化剂，结果表明：①添加Fe、Mn后，催化剂的平均产氢速率均增至1784mL/(min·g)，尤其是Co-Mn/AC催化剂，其瞬时产氢速率高达3040mL/(min·g)；②助剂Fe、Mn的加入使活性组分在载体表面的团聚现象明显减少，活性组分镶嵌到活性炭的孔道内，抑制了活性相的流失；③助剂Fe的引入使得在20°～44.2°处的特征峰向低角度略有偏移，Fe固溶于Co，晶格发生畸变，引起晶格常数的变化，活性点位增多；④助剂Mn的引入使得催化剂中活性组分的晶粒尺寸相比于Co、Co-Fe更小，活性组分的尺寸越小，越具有较大的表面原子比和较高的比表面积，从而提高其催化性能。⑤对Co/AC催化剂及玉米秸秆制作的活性炭载体，催化硼氢化钠水解体系下的反应动力学进行详细的分析，得到此催化剂的反应活化能为50.2kJ/mmol。

张湛等[9]利用硼氢键（B—H）和氮氢键（N—H）之间的相互作用可以改善轻质金属硼氢化物的放氢性能。采用有机化合物尿素$CO(NH_2)_2$作为（N—H）键的来源，与硼氢化钠球磨复合。当硼氢化钠与尿素物质的量比为1∶1时，生成了一种新型的复合氢化物$NaBH_4 \cdot CO(NH_2)_2$。该复合氢化物的放氢性能测试表明，起始放氢温度降低至120℃左右，加热到350℃时约有5.2%（质量分数）的氢气释放出来。

中国学者还对其他金属硼氢化物水解制氢进行了研究。

蒋莹等[10]研究硼氢化锂，对$2LiBH_4+MgH_2$、$6LiBH_4$+La/Ce和$2NaBH_4+MgH_2$的储氢性能进行研究。尤其着重研究了放氢过程氢压对反应路径、动力学和可逆性的影响。

顾坚等[11]对硼氢化钙$Ca(BH_4)_2$（具有11.4%的储氢容量）进行了研究，认为多孔γ-$Ca(BH_4)_2$比致密结构的α和β相$Ca(BH_4)_2$的放氢动力学性能更好。认为球磨对$Ca(BH_4)_2$晶体结构、形貌、放氢温度和动力学有很大影响；还研究了多元复合体系$Ca(BH_4)_2+2LiBH_4+2MgH_2$的放氢过程。研究了通过$CaB_6$和$CaH_2$在氢压下固态球磨和采用$NaBH_4$、$CaCl_2$和THF进行液相球磨制备$Ca(BH_4)_2$的方法。研究发现，直接在THF中液相球磨$NaBH_4$和$CaCl_2$，能够高产率地合成前驱体$Ca(BH_4)_2 \cdot 2THF$，进而热处理获得具有混合相（含$\alpha$、$\beta$和$\gamma$）的高纯$Ca(BH_4)_2$。球磨$Ca(BH_4)_2 \cdot 2THF$促进$\gamma$-$Ca(BH_4)_2$的生成，通过球磨前驱体的方法成功制备了$Ca(BH_4)_2$的$\gamma$相。发现了$Ca(BH_4)_2$的放氢温度、动力学性能与其晶体结构、晶粒和颗粒尺寸及形貌密切相关。多孔γ-$Ca(BH_4)_2$比致密结构的α和β相$Ca(BH_4)_2$具有更好的放氢动力学性能；较短时间球磨$Ca(BH_4)_2$使其晶粒尺寸和颗粒尺寸减小，有效降低了其放氢温度，而较长时间球磨会导致颗粒团聚，削弱了球磨对$Ca(BH_4)_2$储氢性能的改善作用。球磨$Ca(BH_4)_2$的活化能明显降低，其具有更好的放氢动力学性能。

杨宝刚等[12]研究硼氢化锌，研究了硼氢化锌$Zn(BH_4)_2$的脱氢条件，以$NaBH_4$和$ZnCl_2$粉末为原料，分别采用化学法和机械球磨法制备$Zn(BH_4)_2$储氢材料，研究其放氢反应机理。还探讨了$Zn(BH_4)_2$-$LiNH_2$复合体系的储氢性能。化学法和机械球磨法均可合成$Zn(BH_4)_2$储氢材料，合成过程遵循如下反应路径：$ZnCl_2+2NaBH_4 \longrightarrow Zn(BH_4)_2+2NaCl$。反应原料$NaBH_4$和$ZnCl_2$粉末经2h高能球磨即可获得$Zn(BH_4)_2$，结果表明机械球磨法具有反应周期短和工艺简单等优点。$Zn(BH_4)_2$-$LiNH_2$复合体系在116℃和193℃时分别发生熔化和热分解。随着放氢温度的升高，体系在150℃时放气量为0.015mol/g；在

200℃时，材料的气体逸出量增加至 0.018mol/g。同时研究发现，提高放氢温度对该体系的放氢动力学影响有限。循环吸氢实验发现 $Zn(BH_4)_2$-$LiNH_2$ 在 150℃、0.1MPa H_2 条件下不能可逆吸氢。

褚海亮等[13]研究硼氢化镁，研究 $Mg(BH_4)_2$-$NaNH_2$ 复合储氢材料的相互作用及放氢性能。发现 $Mg(BH_4)_2$ 和 $NaNH_2$ 之间的相互作用及其加热放氢性能。当物质的量比为 1∶2 时，$Mg(BH_4)_2$ 与 $NaNH_2$ 之间发生反应：$Mg(BH_4)_2 + 2NaNH_2 \longrightarrow 2NaBH_4 + Mg(NH_2)_2$。当摩尔比为 1∶1 时，$Mg(BH_4)_2$ 与 $NaNH_2$ 之间发生反应：$Mg(BH_4)_2 + NaNH_2 \longrightarrow NaBH_4 + MgBNH_6$。加热到 400℃，该样品分两步进行放氢反应，放氢峰温分别在 190℃和 369℃，可以放出 4.7%（质量分数）氢气。第一步放氢反应为 $MgBNH_6$ 分解产生 MgH_2，即：$MgBNH_6 \longrightarrow MgH_2 + BN + 2H_2$。第二步放氢反应为 MgH_2 的分解：$MgH_2 \longrightarrow Mg + H_2$。

高粱等[14]研究了硼氢化物与氨合金属，氯化物结合放氢与机理。

16.2.2 设备

A. Pozio 等[15]发明了如图 16-1 所示的一种硼氢化钠溶液水解制氢装置。反应区域由两块平行的磁性平板围成，硼氢化钠碱性溶液包含在磁场之中。直径为 10μm 的磁性球体组成粉末催化剂，其表面涂层为质量分数为 5%的 Ru，均匀地分布于磁性容器表面上。这种特殊的催化剂可以保证产氢高速率。

在实验室的基础上，A. Pozio 等[15]组装如图 16-2 所示的原型装置并进行了测试。储罐中加入硼氢化钠溶液，操作时，在一定的压力下燃料泵将燃料硼氢化钠泵入有催化剂的反应器中。硼氢化钠溶液的循环不但增加了系统的效率，而且也移出热量。两个同轴圆筒组成硼氢化钠磁性反应器中，内部管装载催化剂，硼氢化钠溶液从圆筒底部进入并与催化床反应生成 H_2，生成的 H_2 上升至顶部并通过硅胶干燥以除去残留的液滴。

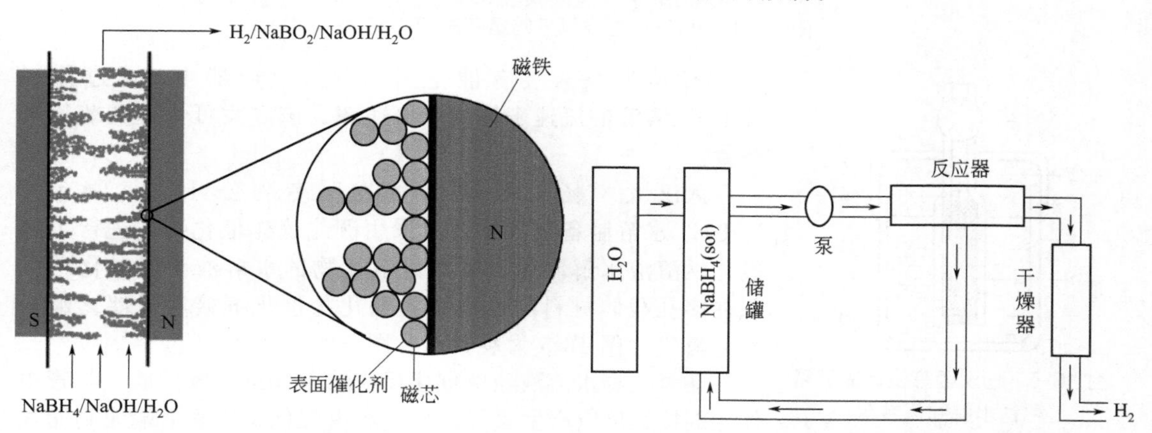

图 16-1 磁性容器反应器设计

图 16-2 原型装置的说明性示意图

反应器的氢气生成的速率和产量见图 16-3 和图 16-4 可见，氢气生成速率很快，且氢气生成量稳定且随时间成接近线性变化。

这套装置同时实现了氢气的生产和控制。

C. Amendola 等[16]设计出两种实现硼氢化钠溶液水解反应的方案：方案 1 类似于启普发生器。利用压差将储罐中静止的 $NaBH_4$ 溶液压至装有催化剂的反应管，$NaBH_4$ 溶液由反应管底部进入，反应管顶部通过控制阀逸出产生的氢气。反应管中 $NaBH_4$ 液面通过控制反应管中氢气的压力可以调节，也就控制了氢气的生成速率。方案 2 用微型机械泵将

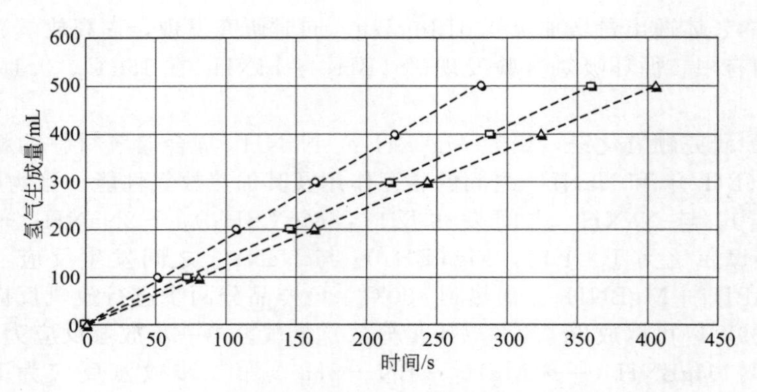

图 16-3 20% $NaBH_4$ 生成氢气的速率随时间的变化

催化剂：A-27/Ru 5%(△)，IRA-400/Ru 5%(□)，ENEA(○)

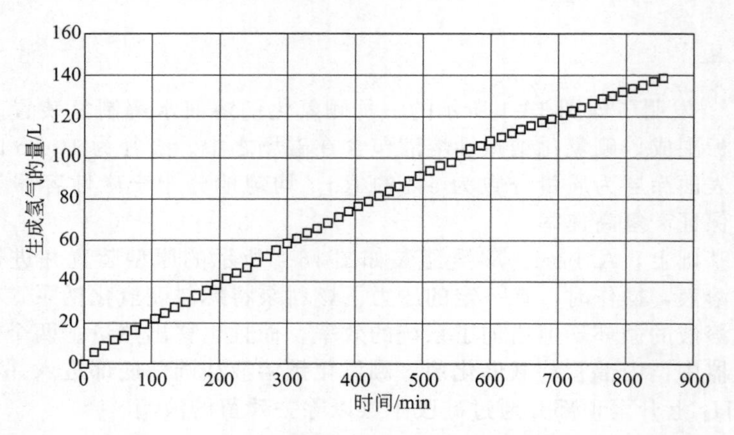

图 16-4 $NaBH_4$ 生成氢气的量随时间的变化

$NaBH_4$ 溶液泵入装有催化剂的管式反应器中，通过控制 $NaBH_4$ 溶液的流速来控制产氢速率。该方案可快速调节氢气产量。

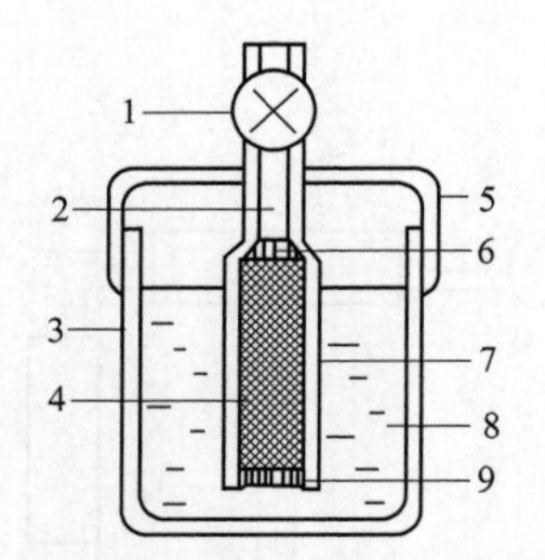

图 16-5 杨汉西等设计的硼氢化钠水解制氢装置

1—气压调节阀；2—储气管；3—反应液容器；4—催化剂；5—密封盖；6—憎水透气层；7—催化反应管；8—反应液；9—多孔支撑层

武汉大学杨汉西等[17]的发明专利公开了一项有关 $NaBH_4$ 水解制备氢气装置。采用硼化镍作催化剂，进行了硼氢化钠溶液水解制氢。金属硼氢化物的水溶液与通过化学沉积在多孔载体材料的过渡金属硼化物催化剂接触，催化水解产生氢气。图 16-5 为装置示意图。

硼氢化物水溶液经由催化反应管下端进入管内腔，与管中催化剂接触反应产生氢气。氢气经由催化反应管上端流到储气管。在储气管上端设有压力阀，当储气管内氢气压力超过设定值时，管内气体反向压缩催化反应管内的反应液使其返回到容器中，导致反应减速或停止。若储气管氢气压力不足时，反应溶液自动扩散进入催化反应管，使催化水解反应加速。

该装置的特点是结构简单、体积小，可通过储氢管内气体压力自动控制反应的进行。该装置的缺点为若该装置大幅度倾斜、翻转、倒置，则反应液无法响应压力变化，导致反应失控。

马泽众等[18]提出一种 $NaBH_4$ 碱性溶液水解制氢的微型氢气反应发生器。在总结氢气反应发生器的技术难点基础上，该进氢气反应发生器系统的设计。采用不对称结构和双层结构能够提升氢气反应发生器的燃料利用效率和入口燃料流量范围；所设计的氢气反应启动时间为 2min，氢气产量为 900mL/min 左右。

16.3 优点与问题

该方法制氢具有许多优点，可归纳如下：

① 储氢容量高。硼氢化钠的饱和水溶液的储氢量为 7.4%；

② 可利用催化剂来可快速释放出氢气；

③ 放氢反应可以在低温下（常温甚至 0℃下）进行；

④ 产生的氢气纯度高，不含 CO 等杂质，适合供应质子交换膜燃料电池；

⑤ $NaBH_4$ 水溶液具有阻燃性，能够在空气中稳定存在数月；

⑥ 反应的副产物 $NaBO_2$ 对环境无污染，并且可以作为合成 $NaBH_4$ 的原料进行回收再利用。

但作为一种新的制氢工艺还存在改进之处，需解决的主要问题如下。

① 硼氢化钠的生产成本高。虽然制备工艺比较成熟，但装置普遍较小，在我国只有少量生产，且成本较高。因此，硼氢化钠的规模和经济化生产还有许多问题需要解决。

② 副产物 $NaBO_2$ 的回收和利用问题。$NaBO_2$ 可直接利用，也可转化为其他用途更广泛的无机硼化合物。但 $NaBO_2$ 的回收技术和经济问题仍需深入探讨。

③ 工艺路线整个工艺路线的可行性，如能耗、经济性等问题还需进一步研究。

参 考 文 献

[1] Schlesinger H I，Brown H C，Finholt A E，et al. Sodium boro-hydride，its hydrolysis and its use as a reducing agent and in the generation of hydrogen. JourNal of the American Chemical Society，1953 ，75 ：215.

[2] Kreevoy M ，Jacobson R W. The rate of decomposition of $NaBH_4$ in basic aqueous solutions. Ventron Alembic，1979，15：2-3.

[3] Levy A，Brown J B，Lyons C J. Catalyzed hydrolysis of sodium borohydride. Ind Eng Chem ，1960 (52)：211.

[4] Kaufman C M，Sen B. Hydrogen generation by hydrolysisof sodium tetrahydroborate：Effects of acids and transition-metals and their salts. JAm Chem Soc，1985 ：307.

[5] Richard B ，Brown H C，Brown C A. New highly active metal catalysts for the hydrolysis of borohydrides. J Am Chem Soc，1962，84：1 493.

[6] Amendola S C，Sharp-Goldman S L，Saleem Janjuam，et al. A safe，portable，hydrogen gas generator using aqueous-borohydride solution and Ru catalyst. InterNatioNal JourNal of Hydrogen Energy，2000，25 (10)：969-975.

[7] 张晓伟. 化学镀制备 Co 基催化剂及其催化硼氢化钠水解制氢的研究 [D]. 天津：南开大学，2010.

[8] 韩敏. 一步法制备硼氢化钠水解制氢 Co-基催化剂的研究 [D]. 青岛：青岛科技大学，2015.

[9] 张湛，黄建灵，邱树君，等. 硼氢化钠掺杂尿素复合材料的放氢性能研究. 材料导报，2015，29.

[10] 蒋莹. 碱金属硼氢化物——金属氢化物复合储氢材料的性能研究 [D]. 杭州：浙江大学，2012.

[11] 顾坚. 硼氢化钙基储氢材料的吸放氢性能及其储氢机理研究 [D]. 杭州：浙江大学，2014.

[12] 杨宝刚. 硼氢化锌储氢材料的制备与放氢性能研究 [D]. 长沙：中南大学，2013.

[13] 褚海亮，张湛，黄建灵，等. $Mg(BH_4)_2$-$NaNH_2$ 体系的加热放氢性能研究. 材料导报 B：研究篇，2015，29 (10)

[14] 高粱. 硼氢化物与氨合金属，氯化物结合放氢与机理研究 [D]. 上海：复旦大学，2011.

[15] A. Pozioa，M. De Francescoa，G. Monteleonea，et al. Apparatus for the production of hydrogen from sodium borohydride in alkaline solution. InterNatioNal JourNal of Hydrogen Energy，2008，33：51-56.

[16] Steven C Amendola，Stefanie L Sharp-Goldman，M Saleem Janjua，et al. A safe，portable，hydrogen gas generator using aqueous borohydride solution and Ru catalyst. International Journal of Hydrogen Energy，2000，25：969-975.

[17] 杨汉西，董华，新平. 一种氢气的制备方法及装置 [P]. 中国专利，1438169. 2003-08-27.

[18] 马泽众. 微型氢气反应发生器的设计与实现 [D]. 哈尔滨：哈尔滨工业大学，2016.

第 17 章 硫化氢分解制氢

硫化氢是制取氢气的原料。我国有丰富的硫化氢资源，从硫化氢中制取氢有各种方法，我国在 20 世纪 90 年代开展了多方面的研究，如北京石油大学进行了间接电解法双反应系统制取氢气与硫黄的研究取得进展，正进行扩大试验。中科院感光所等单位进行了“多相光催化分解硫化氢的研究”及“微波等离子体分解硫化氢制氢的研究”等。

17.1 硫化氢分解反应基础知识

17.1.1 反应原理

硫化氢分解为氢气和硫的反应如下：

$$xH_2S \longrightarrow xH_2 + S_x,\quad (x=1,2,\cdots,8) \tag{17-1}$$

式中，S_x 代表元素 S 的同素异形体；x 值的大小则依赖于操作温度。

对该反应的研究主要包括对热力学、动力学及其反应机理的研究。

17.1.2 热力学分析

H_2S 分解反应：

$$2H_2S \rightleftharpoons 2H_2 + S_2 \tag{17-2}$$

标准态下反应的焓变化为 $\Delta H_f^{\ominus}=171.59\text{kJ}$；熵变化为 $\Delta S^{\ominus}=0.078\text{kJ/K}$；自由能变化为 $\Delta G^{\ominus}=148.3\text{kJ}$。从宏观热力学上分析，常温常压下反应是不可能进行的，只有当温度相当高时才有 $\Delta G<0$。转化率随温度升高而增大。在 1700～1800K 温度范围内，能量消耗（约为 $2.0\text{kW}\cdot\text{h/m}^3$）最为有利，这时硫化氢的转化率为 70%～80%。

为了使 H_2S 分解反应顺利进行，可以采用催化剂完成，或加入一个热力学上有利的反应等手段，即所谓闭式循环和开式循环。

① 闭式循环过程可简单描述为：

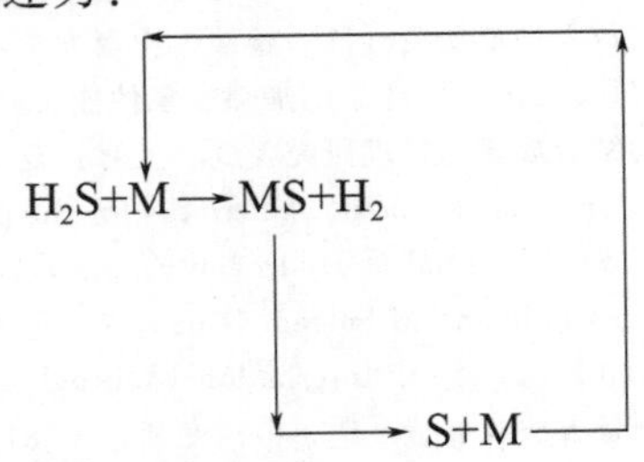

(17-3)

式中，M 多为过渡金属硫化物，如 FeS，NiS，CoS 等。

② 开式循环在 H_2S 分解的同时，引入另一反应，如：

$$2H_2S+2CO \longrightarrow 2H_2+2COS \tag{17-4}$$

$$2COS+SO_2 \longrightarrow 2CO_2+\frac{3}{2}S_2 \tag{17-5}$$

$$\frac{1}{2}S_2+O_2 \longrightarrow SO_2 \tag{17-6}$$

总反应：

$$2H_2S \longrightarrow 2H_2+S_2 \tag{17-7}$$

$$2CO+O_2 \longrightarrow 2CO_2\text{（热力学有利的反应）} \tag{17-8}$$

17.1.3 动力学研究

近几年的研究主要集中于各动力学参数的确定，结果如表 17-1 所示。

表17-1 部分动力学研究结果

催化剂	反应温度/K	反应级数	活化能 E_a/(kJ/mol)
Fe_2O_3/FeS	387～1073	0.5	—
γ-Al_2O_3	923～1073	2.0	75.73
NiS,MoS_2	923～1123	2.0	69.04
CoS,MoS_2	923～1123	2.0	59.21
5% V_2O_5/Al_2O_3	773～873	1.0	33.98
5% V_2S_2/Al_2O_3	773～873	1.0	35.42
无催化剂	873～1133	—	495.62

对气相分解反应 $2H_2S \rightleftharpoons 2H_2+S_2$ 动力学的分析表明这是一个二级单相反应。反应的活化能为 280kJ/mol。速率常数前的指数为 $88\times10^{14}\,cm^3/(mol\cdot s)$。这意味着在最佳温度 1700～1800K 区域内，反应大约在 10^{-2}s 期间达到平衡。

由于上述反应是可逆的，因此在离解产物冷却（硬化）下保持在高温反应区所达到的转换度就显得很重要。

17.1.4 动力学反应机理

反应机理的探索是动力学研究的重要组成部分之一。目前，所解释的 H_2S 的分解机理可分为非催化分解和催化分解两大类型。

① 非催化分解机理认为 H_2S 的热分解一般为自由基反应。

$$H_2S \rightleftharpoons HS^- +H^+ \tag{17-9}$$

$$H^+ +H_2S \rightleftharpoons H_2+HS^- \tag{17-10}$$

$$2HS^- \rightleftharpoons H_2S+S^- \tag{17-11}$$

$$S^- +S^- \rightleftharpoons S_2 \tag{17-12}$$

② 催化机理可表述为：

$$H_2S+M \rightleftharpoons H_2SM \tag{17-13}$$

$$H_2S+M \rightleftharpoons SM+H_2 \tag{17-14}$$

$$SM \rightleftharpoons S+M \tag{17-15}$$

$$2S \rightleftharpoons S_2 \tag{17-16}$$

式中，M 代表催化剂活性中心。

17.2 硫化氢分解方法

文献报道的硫化氢分解方法较多，有热分解法、电化学法，还有以特殊能量分解 H_2S 的方法，如 X 射线、γ 射线、紫外线、电场、光能甚至微波能等，在实验室中均取得较好的效果。

17.2.1 热分解法

热分解法最初是采用传统的加热方法如电炉作为热源加热反应体系的，反应温度高达 1000℃。随后，一些其他形式的热能如太阳能得到了利用。为了降低反应温度，以 γ-Al_2O_3，Ni-Mo 或 Co-Mo 的硫化物作催化剂，在温度不高于 800℃、停留时间小于 0.3s 的条件下，得到的 H_2S 转化率仅为 13%～14%。对于工业应用来讲，热分解法的转化率还较低。

17.2.1.1 直接热分解[1]

直接高温热分解是指在无催化剂存在的条件下，通过高温直接将 H_2S 热分解为氢气和硫黄。对于反应 $2H_2S(g) \longrightarrow 2H_2(g) + S_2(g)$ 而言，在标准状态下反应的 $\Delta H^\ominus = 171.6kJ$，$\Delta S^\ominus = 0.078kJ/K$，$\Delta G^\ominus = 148.3kJ > 0$，当无非体积功作用于反应体系时，该反应在常温常压下不能自发进行，而由热力学第二定律 $\Delta G^\ominus = \Delta H^\ominus - T\Delta S^\ominus$ 可知，在高温条件下可使 $\Delta G^\ominus < 0$，因此人们最初尝试使用高温热解法进行硫化氢的直接分解研究。Slimane 等[2] 在研究纯 H_2S 高温热分解反应时发现，当温度低于 850℃时，H_2S 几乎不发生分解反应；当温度分别为 1000℃和 1200℃时，H_2S 的转化率也分别只有 20%和 38%；当温度超过 1375℃时，H_2S 的转化率才能达到 50%以上。

采用直接高温热分解法，通过提高反应温度和降低 H_2S 分压可以提高 H_2S 转化率，但是该工艺需要供给大量热量，能耗高，并需要采用耐高温材料，所能处理的 H_2S 浓度太低，不利于应用。此外，由于大量 H_2S 需与 H_2 分离，在系统中循环，增加了能耗。因此，此法在经济上受到严重的制约。

17.2.1.2 催化热分解[1]

催化热分解法是在热分解过程中加入催化剂进行热分解反应，加入催化剂虽然不能改变反应的热力学平衡，但可降低热分解反应的活化能，使 H_2S 在较低的温度下便可发生分解反应，加快化学反应速率，提高 H_2 收率。硫化氢的分解反应属于氧化还原反应，因此目前研究中常用的催化剂为 Fe、Al、V、Mo 等过渡金属的氧化物或硫化物。张谊华等[3,4] 使用不同方法制备了几种 FeS 催化剂，并研究了其对 H_2S 分解制氢性能的影响。实验结果表明，以机械混合的超细粒子 α-Fe_2O_3 和 γ-Al_2O_3 为催化剂先驱物硫化制得的催化剂 H_2S 分解反应性能最佳：反应温度为 300℃时，其氢气收率可超过 10%。

Reshetenko 等[5] 在 500～900℃温度范围内研究了 γ-Al_2O_3、α-Fe_2O_3 和 V_2O_5 催化剂对 H_2S 多相热催化分解反应的影响。结果表明，H_2S 在 γ-Al_2O_3 和 V_2O_5 催化剂上的分解反应级数为 2.0，而在 α-Fe_2O_3 催化剂上的分解反应级数 2.6，反应的有效活化能分别为 72kJ/mol、94kJ/mol 和 103kJ/mol。研究还发现，在低温下 H_2S 与 γ-Al_2O_3 相互作用先转化为 HS^- 和 S^{2-}，温度升高后再进一步转化生成各种形态的单质硫。而 H_2S 在 α-Fe_2O_3 和 V_2O_5 催化剂上的分解反应过程是将氧化物还原，同时形成 Fe^{2+} 和 V^{4+} 的硫化物。3 种催化

剂中 α-Fe_2O_3 催化剂的 H_2S 分解效果最好，其在900℃时氢气收率可达31%左右。

Guldal等制备了3种钙钛矿结构催化剂，即 $LaSr_{0.5}Mo_{0.5}O_3$、$LaSr_{0.5}V_{0.5}O_3$、$LaMoO_3$，用于催化热分解 H_2S 产生氢气和硫黄，实验发现在700～850℃温度范围内3种催化剂的催化活性从大到小的顺序为 $LaSr_{0.5}Mo_{0.5}O_3 > LaSr_{0.5}V_{0.5}O_3 > LaMoO_3$，而当温度提高至850～900℃时催化活性从大到小的顺序为 $LaSr_{0.5}V_{0.5}O_3 > LaSr_{0.5}Mo_{0.5}O_3 > LaMoO_3$，在950℃时使用 $LaSr_{0.5}V_{0.5}O_3$ 催化剂可获得最大 H_2S 转化率为37.7%。

Ricardo等[6]设计了一种膜式催化反应器用于 H_2S 分解制取氢气和硫黄，其方法是将 MoS_2 催化剂沉积在管状陶瓷多孔膜元件上，该元件不仅能将 H_2S 催化分解成氢气和硫黄，而且多孔陶瓷膜可以将产物氢选择性分离，从而引起化学平衡移动，促进分解反应的进行。在400～700℃、50.5～101kPa（0.5～1atm）条件下，处理含 H_2S 为4%的混合气体，H_2S 的转化率可达56%，而在同样条件下仅用催化剂所获得的转化率只有40%。催化剂可以降低反应的活化能，因而可以提高 H_2S 在低温下的热分解率，但催化剂的引入不能改变化学平衡，引入催化膜反应器可以在提高 H_2S 转化率的同时将产物氢分离，进而提高反应转化率。因此而将催化剂与膜反应器或者其他促进分解反应平衡移动的装置相结合是今后研究的方向，然而该法的挑战在于更高效的催化剂制备和耐高温、低成本膜材料的研究开发。

另外，Startsev等[7～10]在溶剂层中使用Pt负载 $SiO_2/Al_2O_3/Si$ 及片状不锈钢作为化剂进行了液固相低温催化分解 H_2S 的反应研究。实验研究表明，当 H_2S/Ar 混合物直接流过催化剂床层时，其转化率不超过5%，而当催化剂置于溶剂中时其转化率则显著提高：以 Na_2CO_3 溶液作为溶剂时其硫化氢转化率可达到79.6%，当使用稀释的乙醇胺或肼作为溶剂时，硫化氢转化率则可达到98%以上。此方法可达到较高的硫化氢分解效率，但如何从溶剂中分离生成的硫黄将面临很大的技术挑战，溶剂处理困难将是其走向工业规模的限制因素。因此，寻找合适的溶剂来获得较高硫化氢分解效率将是解决这一问题的关键。

17.2.1.3 超绝热分解[1]

超绝热分解法是在无外加热源和催化剂的条件下，利用 H_2S 在多孔介质中超绝热燃烧的方法实现 H_2S 分解，其分解所需热量来自自身的部分氧化反应，无须额外的热源供给，利用该方法可有效解决 H_2S 热分解过程能耗过高的问题。

Bingue等利用一种惰性多孔陶瓷介质研究了 H_2S-N_2-O_2 混合气体（H_2S 含量为20%）中 H_2S 的分解情况。实验结果表明，当量比值（实际供氧量与理论完全燃烧1mol H_2S 需氧量）在0.1～5.5范围内 H_2S 均可稳定燃烧，随着当量比的增加，H_2 收率呈现先增加后降低的趋势：当量比值为2时，其燃烧温度接近1400℃，此时 H_2 收率最大，接近20%。

17.2.2 电化学法

在电解槽中发生如下反应产生氢气和硫：

阳极：
$$S^{2-} \longrightarrow S + 2e^- \tag{17-17}$$

阴极：
$$2H^+ + 2e^- \longrightarrow H_2 \tag{17-18}$$

电化学法分解硫化氢的工作主要集中于开发直接或间接的 H_2S 分解方案以减小硫黄对电极的钝化作用。

在所谓的间接方案中，首先进行氧化反应，用氧化剂氧化 H_2S，被还原的氧化剂在阳极再生，同时在阴极析出氢气，由于硫是经氧化反应产生的，因而避免了阳极钝化。目前在日本已有中试装置，研究表明：Fe-Cl 体系对硫化氢吸收的吸收率为 99%、制氢电耗 2.0kW·h/m^3 H_2。该方法的经济性可望与克劳斯法相比，然而用该法得到的硫为弹性硫，需要进一步处理。另外，电解槽的电解电压高也使得能耗过高。

在直接电解过程中，针对阳极钝化的问题提出了许多方案。因任何一种机械方法都对此无效。

Bolmer 提出利用有机蒸汽带走阳极表面的硫黄的方法；也有向电解液中加入 S 溶剂的方法；另外，改变电解条件、电极材料或电解液组成等方法也都取得了一定的效果。

Shih 和 Lee 提出用甲苯或苯作萃取剂来溶解电解产物硫，但得到的硫转化率低，电池电阻增加，产物纯度低，效果不好。

Z. Mao 等利用硫的溶解度随溶液 pH 值变化的特征，加入预中和及中和步骤调节 pH 值溶解 S，得到了较为满意的结果。

另外，H_2S 气体能有效地被碱性溶液（如 NaOH）吸收，电解该碱性溶液可在阳极得到晶态硫，阴极得到氢气，产物纯度较高。电解时的理论分解电压约 0.20V，是电解水制氢的理论分解电压 1.23V 的 1/6。

17.2.3 电场法

电场作为一种能量形式，可直接用来分解 H_2S。

美国曾利用高压交流电场处理含 H_2S 废气。研究表明，在放电区加入聚三氯氟乙烯油可有效地减小 H_2S 分解过程单位能耗；改变操作条件发现，随着电压升高，H_2S 分解转化率增大，若在反应气氛中加入 He、Ar、N_2 等惰性气体，这种增大趋势更为明显，而随着温度上升，转化率减小。

有报道指出，在电弧法分解硫化氢中，能量消耗为 3.0kW·h/m^3 的情况下硫化氢的转化率可达到 90%。在转化率为 50%时，最低能量消耗为 1.5kW·h/m^3。实验中得出的能量消耗，与使用电解或者甲烷蒸汽转换生产氢的传统方法中的能量消耗比较是最低的。

电场法对于处理含 H_2S 低的气体具有较好的效果，但能耗也相对较大。

17.2.4 微波法

由于微波对于化学反应有着特殊的作用，对于极性物质的作用尤为显著，国内外一些学者对微波应用于 H_2S 的分解进行了深入研究。

直接将 H_2S 置于微波场中，在微波的作用下将 H_2S 分解为 H_2 和 S。H_2S 分解率与微波功率、微波作用时间及原料气组成有关。实验条件下 H_2S 分解转化率可达 84%。

美国能源部阿贡国家实验室（ANL）利用特殊设计的微波反应器分解天然气和炼油工业中的废气，可以把 98%的硫化氢转化为氢气和硫。

17.2.5 光化学催化法

Naman 报道了用硫化钒和氧化钒作催化剂光解 H_2S 的结果。与 Gratzel 用 CdS 半异体为催化剂的结果相似，光子产率都较低。分解 H_2S 的效果不理想。

17.2.6 等离子体法

低温等离子分解 H_2S 的主要反应见式(17-19) ～式(17-26)[11]，可以看出：H_2S 分子首先在放电区内各种激发态粒子 M 作用下裂解生成 H 自由基与 HS 自由基，H 自由基同 H_2S 分子、HS 自由基或 H 自由基发生反应生成 H_2，而 HS 自由基之间又可以相互作用得到 H_2 和 S_2，也可通过式(17-24) 和式(17-25) 两步反应生成产物 H_2 和 S_2；当放电区温度较低时，常常会发生 S_2 分子的聚合反应式(17-26)。

$$H_2S+M \longrightarrow H+HS+M \tag{17-19}$$

$$H+H_2S \longrightarrow H_2+HS \tag{17-20}$$

$$H+HS \longrightarrow H_2+S \tag{17-21}$$

$$H+H \longrightarrow H_2 \tag{17-22}$$

$$HS+HS \longrightarrow H_2+S_2 \tag{17-23}$$

$$HS+HS \longrightarrow H_2S+S \tag{17-24}$$

$$H_2S+S \longrightarrow H_2+S_2 \tag{17-25}$$

$$\frac{1}{2}S_2 \longrightarrow S_6，S_8 \longrightarrow S\ (s) \tag{17-26}$$

许多科学工作者研究了各种等离子体制氢，如电晕放电（corona discharge）方面，Helfritch、Zhao 等用线管式脉冲电晕放电等离子体反应器。辉光放电（glow discharge）方面，John、Traus 等利用常压下辉光放电等离子体。其他还有火花放电（spark discharge）、介质阻挡放电（dielectrical barrier discharge）、滑动弧光放电（gliding arc discharge）、微波等离子体（microwave plasma）以及射频等离子体（radio-frequency plasm）。

美国和俄罗斯合作研究了利用微波能产生等离子体分解 H_2S。微波能由一个或数个微波发生器产生，经波导管对称地引入等离子体反应区，利用微波产生“泛”非平衡等离子体，其中包括 H_2S，H_2，$S_{(\beta)}$，$S_{(l)}$。将反应混合物引入换热器急冷即可分离出硫黄，同时也有效地减小了副反应的发生；H_2S/H_2 混合物通过膜分离器分离出 H_2。其微波发生器功率为 2kW，H_2S 分解率为 65%～80%。

试验用非热强介质等离子体反应器的工作原理如图 17-1 所示。

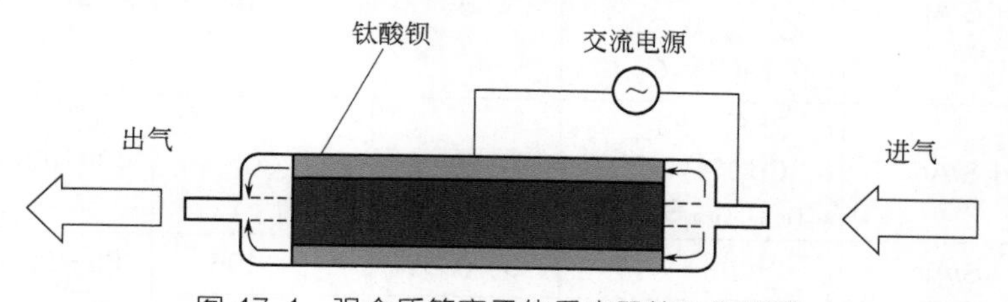

图 17-1 强介质等离子体反应器的工作原理

在一长 100cm、直径 2.5cm 的圆柱形透明玻璃管内充满强介质钛酸钡颗粒，气体从一端进入反应器，从另一端排出。高压交流电源在反应器的两端施加高电压，电压可根据需要进行调节。当在两端电极施加交流电压时，钛酸钡颗粒即开始极化，在每个颗粒的接触点周围便产生强磁场，强磁场导致微放电，产生高能自由电子和原子团，其与通过的 H_2S 气体作用，使气体分解。

我国学者李秀金做了不同分解电压、停留时间、初始浓度对硫化氢分解率的影响的研究。如图 17-2 所示，当停留时间为 0.23s 时，硫化氢的分解率在初始时变化不大，当电压升高到 6kV 后分解率迅速提高，当电压升高到 10kV 时分解率已达 100%；而在高电压时停留时间和初始浓度对分解率的影响均不大。

文献［1］列表总结了等离子体法分解 H_2S，如表 17-2 所示。

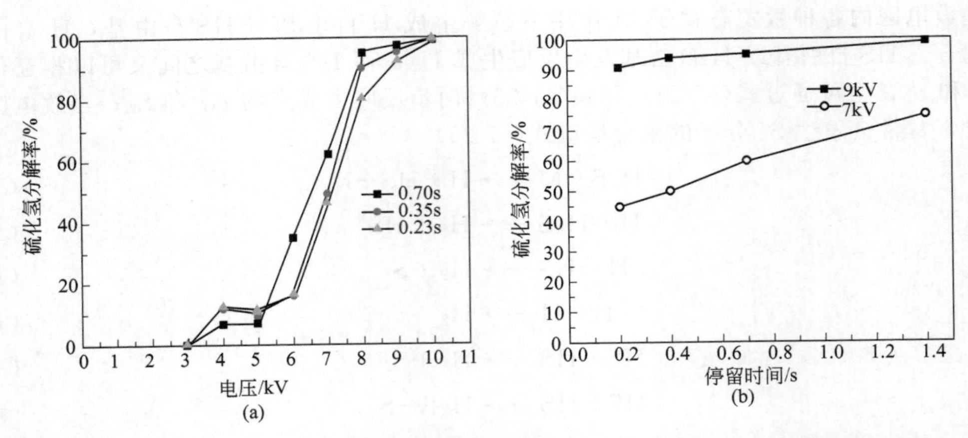

图 17-2 （a）电压对硫化氢分解率的影响和（b）停留时间对硫化氢分解率的影响

表17-2 等离子体法分解 H_2S

放电形式	反应物组成	特殊条件	H_2S 含量/%	反应物流量/（mL/min）	H_2S 转化率/%	制氢能耗/（eV/mol H_2）
辉光放电	H_2S-H_2/Ar	—	10～100	50～250	17～40	18
脉冲电晕放电	H_2S/H_2	—	0.125～2.0	—	20～95	75
	H_2S-Ar/He/H_2/N_2	—	4～25	—	1～32	17
	H_2S-Ar/N_2/Ar-N_2	—	8,12	—	7～45	4.9
介质阻挡放电十	H_2S-H_2/Ar/N_2	—	20～100	50,100	0.5～12	50
	H_2S/Ar	—	25	12.5～165	15～90	1.6
	H_2S/Ar	—	5～25	50,100,150	3～45	1.6
介质阻挡放电	H_2S/Ar	MoO_x/Al_2O_3	5～25	150	23～52	—
催化剂	H_2S/Ar	Al_2O_3，MoO_x/Al_2O_3，CoO_x/Al_2O_3，NiO/Al_2O_3	5	150	48	—
	H_2S/Ar	ZnS/Al_2O_3，CdS/Al_2O_3，$Zn_{0.4}Cd_{0.6}S/Al_2O_3$	20	30	47～100	6.32
滑动电弧放电	H_2S/Air	—	0～0.01	0～105	69～80	500
	H_2S	—	100	$(2～14)\times10^3$	15～77	1.2
射频放电	H_2S	0.7～0.9kPa	—	$(9～24)\times10^3$	约 100	1
微波放电	H_2S 或 H_2S-CO_2	30kPa	—	$(1.67～7)\times10^6$	—	0.76
	H_2S/Ar	—	5～13	302～329	62.9～97.3	10
	H_2S-Ar/CO_2/Ar-CO_2	—	10	1000	84～98.6	—

17.3 主要研究方向

综合分析国内外的研究现状，H_2S 分解制氢的研究工作主要集中在以下几个方面。

（1）不同的能量替代方式

在普通加热条件下，H_2S 分解反应速率较慢，转化率低，多用于研究反应特性。而太阳能、电场能、微波能的引入则大大改变了反应状况。尤其是微波能的利用，微波能直接作用于 H_2S 分子，能量利用率高，取得了较好的效果。此外，电子束、光能及各种射线等形式能量的应用研究亦取得了一定进展。

（2）提高反应速率

提高反应速率一般采用改变反应条件（如温度、压力）或加入催化剂。H_2S 分解反应温度通常较高，研究工作主要集中于催化剂的研制。所用的催化剂分为几大类：①金属类，如 Ni；②金属硫化物，如 FeS，CoS，NiS，MOS_2，V_2S_3，WS；③及复合的金属硫化物如 Ni-Mo 的硫化物，Co-Mo 的硫化物等。在这些催化剂中，以 Al_2O_3 作载体的 Ni-Mo 硫化物及 Co-Mo 硫化物的催化性能较好。

目前，H_2S 分解催化剂的研制仍是该项研究的一个热点。

（3）反应产物的分离

H_2S 分解是一个可逆反应，转化率通常不高，需要及时将产品从混合物中提出，以提高反应速率。另外分离出 H_2S 返回反应器进行反应。

H_2S 分解产物的分离是一个大问题。将反应产物骤冷，可较容易地分离出固体硫黄，而 H_2/H_2S 混合气的分离成为问题的焦点，效果较好的分离方法是膜分离法，所用选择性膜包括 SiO_2 膜、金属合金膜、微孔玻璃膜等，已有多项专利公布。

（4）反应机理

对 H_2S 在催化及非催化条件下的热分解的反应机理已有了较为一致的看法。对微波分解 H_2S 的作用机理，国内外尚处于摸索阶段。有人以微波对极性物质具有加热作用来解释，更多的学者倾向于微波对于化学分子甚至更小的结构（化学键）具有特殊作用。

参 考 文 献

[1] 张婧，张铁，孙峰，等. 硫化氢直接分解制取氢气和硫黄研究进展. 化工进展，2017，4.

[2] Slimane R B，Lau F S，Dihu R J，et al. Production of hydrogen by superadiabatic decomposition of hydrogen sulfide [C] //proceedings of the Proc 14th World Hydrogen Energy Conference. US：NREL，2002：1-15.

[3] 张谊华，滕玉美. 硫化铁催化剂的制备，表征及对 H_2S 制 H_2 反应的研究. 华东理工大学学报（自然科学版），1995，21（6）：738-742.

[4] Zhang Y H，Teng Y M. The preparation and characterization of iron sulfide catalyst and it's reactivity for thermochemical decomposition of H_2S to H_2. Journal of East China University of Science and Technology，1995，21（6）：738-742.

[5] Reshetenko T，Khairulin S，Ismagilov Z，et al. Study of the reaction of high-temperature H_2S decomposition on metal oxides（γ-Al_2O_3，α-Fe_2O_3，V_2O_5）. Int J Hydrogen Energy，2002，27（4）：387-394.

[6] Ricardo B V. Catalytic membrane reactor that is used for the decomposition of hydrogen sulphide into hydrogen and sulphur and the separation of the products of said decomposition：EP 1411029 [P]. 2004-04-21.

[7] Startsev A. Low-temperature catalytic decomposition of hydrogen sulfide into hydrogen and diatomic gaseous sulfur. Kinet Catal，2016，57（4）：511-522.

[8] Startsev A，Kruglyakova O，Chesalov Y A，et al. Low temperature catalytic decomposition of hydrogen sulfide into hydrogen and diatomic gaseous sulfur. Top Catal，2013，56（11）：969-980.

[9] Startsev A N，Kruglyakova O V. Diatomic gaseous sulfur obtained at low temperature catalytic decomposition of hydrogen sulfide. Journal of Chemistry and Chemical Engineering，2013，7（11）：1007-1013.

[10] Startsev A，Kruglyakova O，Chesalov Y A，et al. Low-temperature catalytic decomposition of hydrogen sulfide on metal catalysts under layer of solvent. Journal of Sulfur Chemistry，2016，37（2）：229-240.

[11] 赵璐，王瑶，李翔，等. 低温等离子体法直接分解硫化氢制氢的研究进展，化学反应工程与工艺，2012（4）.

第 18 章
金属粉末制氢

18.1 什么金属能制氢

近年来，活性金属与水或水溶液的一些化学反应在氢能领域受到很大的关注。在这些反应中，利用氢源如 H_2O、盐水、碱水等，与金属反应生成氢。目前该制氢方法适用于特定的条件，离工业化有很大的差距。

并不是所有的金属都具有置换氢这种"本领"。各种金属的活性可见表 18-1。

表18-1 各种金属的活性[1]

金属	ϕ /(A/V)	在空气中(298K)	燃烧	与水反应	与稀酸反应	与氧化性酸反应	与盐反应
K	−2.931	迅速反应	加热燃烧	与冷水反应快	爆炸	能反应	位于其前面的金属可以将后面的金属从其盐溶液中置换出来
Na	−2.710						
Ca	−2.868			与冷水反应慢	反应依次减慢		
Li	−3.045						
Mg	−2.372	从上至下反应程度减小		在红热时与水蒸气反应			
Al	−1.662						
Mn	−1.185						
Zn	−0.762						
Cr	−0.744						
Cd	−0.403						
Fe	−0.447						
Ni	−0.250			可逆	很慢		
Pb	−0.126		缓慢氧化				
Sn	−0.151			不反应			
H^+	**0.00**				不反应		
Cu	+0.342						
Hg	+0.851	不反应					
Ag	+0.799					仅与王水反应	
Pt	+1.200						
Au	+1.691						

从表 18-1 可见，钾钙钠可以与水剧烈反应，镁与水反应不剧烈，铝可以与热水反应（要加热），锌铁锡铅活泼性依次减弱，但比氢活泼，能从酸（不是水）中置换出氢气。因此人们主要选定镁、铝、锌和铁作为制氢的金属。

为什么铝被首先选中？因为铝具有以下突出的优点：Al 是地壳中含量最多的金属元素，原料来源广，价格低廉；铝在空气中很安全；铝具有高密度的氢储存，11.1%的氢存储值；铝水解时，产氢量高达 1245mL H_2/g Al，镁 951mL H_2/g Mg，锌 345mL H_2/g Zn，铁 356mL H_2/g Fe；反应不产生 CO_2，副产品氢氧化铝可回收再制成铝，或用于造纸，生产阻燃剂等。

本节主要讨论铝、镁、锌和铁制氢。

18.2 铝制氢

18.2.1 Al-H_2O 体系

18.2.1.1 Al/H_2O 反应制氢原理

金属 Al 与 H_2O 反应的方程式为：

$$2Al+6H_2O \longrightarrow 2Al(OH)_3+3H_2 \tag{18-1}$$

$$2Al+4H_2O \longrightarrow 2AlO(OH)+3H_2 \tag{18-2}$$

$$2Al+3H_2O \longrightarrow Al_2O_3+3H_2 \tag{18-3}$$

运用第一性原理对 Al 的氢氧化合物在不同温度时的吉布斯自由能进行了计算，其结果如图 18-1 所示。理论计算和实验结果证明：从室温到 280℃时，Al/H_2O 反应主要按反应式(18-1) 进行；在 280～480℃之间，主要进行反应式(18-2)；当反应温度高于 480℃时，主要进行反应式(18-3)。上述反应的理论储氢密度分别为 3.7%、4.2%和 5.3%。在通常情况下，Al/H_2O 反应的副产物主要是 $Al(OH)_3$，其材料理论储氢密度为 3.7%，若不考虑 H_2O 的用量，则其储氢密度可达 11.1%，正好相当于 H_2O 的储氢密度。

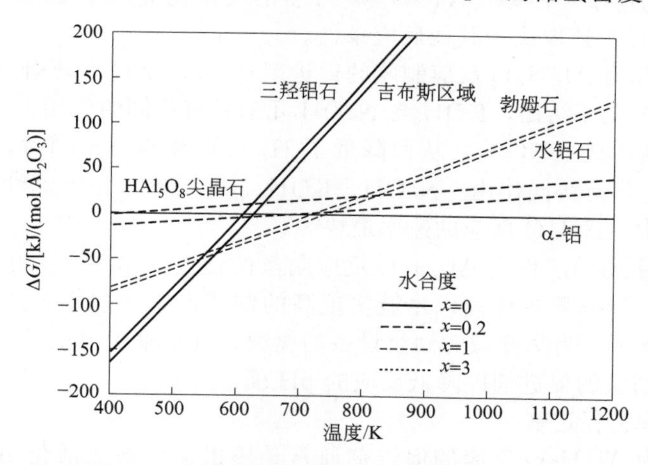

图 18-1 不同温度时，Al 的氢氧化合物的吉布斯自由能（以 α-Al_2O_3 为标准）

（Al 的氢氧化物都可以写成 $Al_2O_3 \cdot xH_2O$ 的形式，$x=0\sim3$[3]）

此外，Al/H_2O 反应的分子动力学模拟[4]表明，吸附于 Al 纳米簇表面上的单一 H_2O 分子的裂解需要很高的活化能，而在相邻未吸附 H_2O 分子的协助下，H_2O 分子的裂解在能量上更有利。同时，Al 团簇表面存在氧化膜时，氧化膜使表面反应活性位减少，从而阻止

了 H_2O 分子的吸附和裂解。可见，Al/H_2O 反应在原理上可自发进行。然而，将 Al 块或 Al 粉投入温水甚至沸水中，通常观察不到气体的产生。这是因为在 Al 的表面有一层极薄（3～5nm）的致密氧化层，阻止了反应的进行。因此，在温和温度下，Al/H_2O 反应制氢的关键在于如何除去表面的氧化膜，并抑制氧化膜的再生，从而加速反应的进行，提高转化率，缩短诱导时间，实现即时制氢和快速制氢。

18.2.1.2 Al/H_2O 反应制氢方法

（1）用碱作为促进剂

采用碱（主要是 NaOH）为 Al/H_2O 反应的促进剂是一种最简单常用的方法。在碱性介质中，Al/H_2O 反应本质上为电化学腐蚀过程[5]。首先，Al 表面固有的氧化膜（Al_2O_3）按反应式(18-4) 被碱化学溶解；然后，新鲜的 Al 按阳极反应式(18-5) 与 OH^- 结合生成铝酸根 $Al(OH)_4^-$ 并放出电子；水得到电子按阴极反应式(18-6) 被还原生成 H_2 和 OH^-。当 $Al(OH)_4^-$ 的浓度超出其饱和值时，它将按可逆反应式(18-7) 析出 $Al(OH)_3$ 和 OH^-。析出的 $Al(OH)_3$ 将原位沉积于未反应的 Al 表面，这层膜同样是致密的，将再次阻止 H_2O 分子与 Al 的接触。可见，NaOH 的浓度足够高时才能促使 Al/H_2O 反应连续进行。反应式(18-5)～式(18-7) 综合起来可用反应式(18-1) 表示。而在反应式(18-1) 中并未出现 NaOH，理论上它并没有消耗。NaOH 在 Al/H_2O 反应中具有双重作用：一是破坏 Al 表面的固有氧化膜（Al_2O_3）；二是阻止 Al 表面二次钝化膜［$Al(OH)_3$］的再生。

$$Al_2O_3+3H_2O+2OH^- \longrightarrow 2Al(OH)_4^- \tag{18-4}$$

$$Al+4OH^- \longrightarrow Al(OH)_4^- +3e^- \tag{18-5}$$

$$2H_2O+2e^- \longrightarrow H_2+2OH^- \tag{18-6}$$

$$Al(OH)_4^- \rightleftharpoons Al(OH)_3+OH^- \tag{18-7}$$

Belitskus[6]研究了 NaOH 的浓度和温度等条件对 Al 块、不同粒径 Al 粉和压片 Al 粉制氢的影响。结果表明，Al 粉粒径越小，制氢速率越快。计算表明：欲实现 Al/H_2O 反应可控制氢，且具有高的速率和产率，NaOH 和 Al 粉的质量比应大于 1.5。实验表明，此值不仅取决于 Al 粉的粒径，还取决于其他反应条件。

除采用 NaOH 作为 Al/H_2O 反应制氢的促进剂外，Soler 等[7]还研究了其他强碱在 Al/H_2O 反应中的作用。结果指出，KOH 与 NaOH 几乎具有相同的作用，但在空气中反应时，KOH 易于 CO_2 反应生成 $KHCO_3$，从而降低了 H_2 的产生速率；同时，KOH 溶液的温度和浓度对氢气的产生具有协同作用。NaOH、KOH、$Ca(OH)_2$ 三种碱性条件下的对比实验发现，NaOH 溶液中 Al/H_2O 反应的速率最快[8]。

综上所述，采用 NaOH 作为 Al/H_2O 反应制氢的促进剂是一种简单有效的方法，但需要高浓度 NaOH（质量分数＞10%）才能实现高的制氢产率和速率，这对制氢装置的材质选择提出了很高的要求。为降低碱对制氢设备的腐蚀，近年来提出了采用氧化物或盐等方法作为 Al/H_2O 反应制氢的促进剂以降低反应的 pH 值。

（2）用氧化物作为促进剂

采用氧化物作为 Al/H_2O 反应的促进剂通常是用机械球磨法活化 Al 表面，从而使 Al 可在温和温度及中性环境下与 H_2O 反应。所用氧化物包括 γ-Al_2O_3、α-Al_2O_3、TiO_2、ZrO_2、MoO_3、CuO、Bi_2O_3 和 MgO 等[9～11]。这种方法也称为“改性”，具体过程为：将 Al 粉与金属氧化物粉末球磨混匀，然后真空烧结，其后再进行球磨。当用 γ-Al_2O_3 制备改性 Al 粉时，Al 在室温下即可与 H_2O 反应产生 H_2。反应时，随着温度的升高，H_2 产生速率增大。球磨过程中，Al 粉与 Al_2O_3 粉末充分混合，一方面可破坏 Al 表面的氧化层，加

速中性水溶液中 H_2 的产生；另一方面可在 Al 表面形成一高密度、弱机械性的 γ-Al_2O_3 层，该 γ-Al_2O_3 层与 H_2O 反应可生成羟基氧化铝 AlO(OH)，经过积累在某些位置 AlO(OH) 与内部的 Al 接触反应将产生 H_2 冲破氧化层，使 Al/H_2O 反应进一步进行，其反应机理[9]如图 18-2 所示。

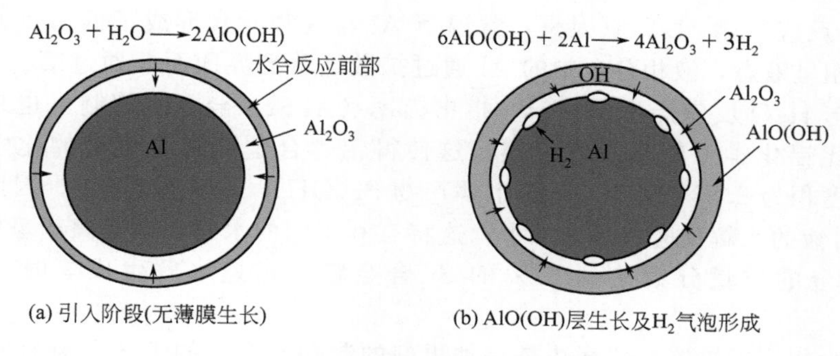

图 18-2 改性 Al 颗粒与 H_2O 的反应机理

该工艺制得的改性 Al 粉粒径小、纯度高。实验表明，当 Al 和 γ-Al_2O_3 的体积比为 30 ∶ 70 时，可获得最高的制氢速率，Al 转化率达 100%[9]。然而，常温下 Al/H_2O 反应的动力学很慢。例如，22℃时，0.5g 改性 Al 粉与 H_2O 完全反应所用时间超过 20h，制氢速率仅为 1.3mL/(min · g Al)[10]。不同的氧化物改性后，Al/H_2O 反应的动力学行为不同。Bi_2O_3 改性后，80℃时 Al/H_2O 平均制氢速率达 164.2mL/(min · g Al)，产率接近 100%[11]。Dupiano 等[11]认为：用氧化物球磨后的改性 Al 粉与 H_2O 的反应主要经历了三个阶段，即诱导期、快反应和慢反应，且每个阶段的限速步不同，如图 18-3 所示。

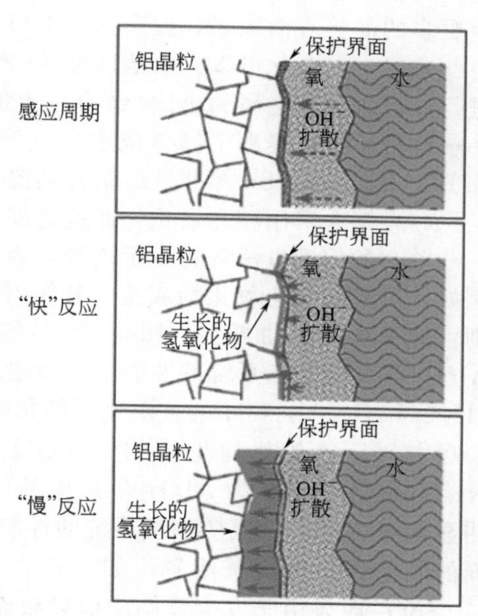

图 18-3 改性 Al 粉与 H_2O 反应三个阶段的限速步示意图[11]

总的来说，采用氧化物改性可使 Al 在中性条件下与 H_2O 反应，但反应需要较高的启动温度才能有较快的反应动力学。同时，大量氧化物的添加降低了系统的储氢密度，而且改性 Al 粉的制备工艺较复杂。

(3) 用盐作为促进剂

为了减少碱对制氢设备的影响，除了采用氧化物作为 Al/H_2O 反应的促进剂外，多种中性无机盐如 NaCl 和 KCl 等也可作为 Al/H_2O 反应的促进剂[12,13]。Alinejad 等采用不同比例的食盐与铝粉进行球磨制备活性铝粉[12]，在此基础上又添加了 Bi 粉进行球磨，使 Al/H_2O 体系的制氢性能进一步得到提高[13]。球磨时，NaCl 颗粒被粉碎成细小不规则形状，在其作用下，Al 粉被分割成为纳米颗粒，同时，NaCl 和 Bi 粉会嵌入新产生的 Al 粒，将破坏或抑制 Al 表面氧化膜的生成。此外，Al-Bi 构成了腐蚀原电池，加速了 Al/H_2O 反应。在温度为 700℃时，这种活性 Al 粉的制氢速率为 713mL/(min · g Al)，制氢产率可达到 100%。但是，采用此工艺制得的活性 Al 仅占 25%，因此显著降低了系统的储氢密度。除了 NaCl 等中性盐外，强碱弱酸盐如 Na_2SnO_3、$NaAlO_2$、$NaBO_2$ 等也可促进 Al/H_2O 水反应制氢[14,15]，但是制氢产率较低。

（4）Al 合金化

通过 Al 与其他金属的合金化可以有效抑制 Al 表面氧化膜的生成，促进 Al/H_2O 反应制氢。Al 合金化所采用的工艺主要是熔炼和机械球磨，而所采用的元素主要是低熔点金属如 Ga、In、Sn、Bi、Sr 等[16]。通过熔炼方法制备了 Al-Ga 和 Al-Ga-In-Sn 合金，这些合金能迅速与 H_2O 反应产生 H_2。原因是：常温下 Al 与这些元素形成了低熔点共晶合金，约 27℃时有部分相呈液态，液相合金中的 Al 通过扩散迁移到界面而非通过第二相 β-In_3Sn 转移到液相界面与 H_2O 反应产生 H_2[17]。指出铝锶（Al-Sr）合金水解制氢也是有前景的方法。锶是一种比铝化学上较活泼的金属，这使得铝锶合金粉末具有高的化学活性。此外 $Sr(OH)_2$ 的溶度积为 3.2×10^{-4}，锶的水解产物 $Sr(OH)_2$ 易电离 OH^-。因此，当该合金粉末使 OH^- 溶液的水解反应将逐渐加大，这将有利于铝的水解，以提高产氢的速率。结果表明，当铝合金的质量分数达到 67% 的 Sr 合金粉末迅速水解生成氢时，制氢产率高达 100%。

Fan[18] 认为相比于熔炼，球磨法是一种更好的制备铝合金的工艺。因为采用球磨对 Al 进行机械合金化可以避免合金熔炼过程中低熔点金属不必要的汽化损失和空气污染，也易产生更多的晶粒表面缺陷，提高 Al/H_2O 反应的活性。

总之，合金化可以有效地抑制 Al 表面氧化物的生成，使 Al/H_2O 反应可在中性条件下进行，但含活泼金属的 Al 合金的存储变得困难，只能在低温下储存，且所用的合金化元素一般价格昂贵，提高了制氢成本。应该指出，Al 合金化的方向应是添加廉价的合金元素，如 Fe、Cu、Zn、Sn 等并且需结合其他促进方法。

（5）综合采用碱和氧化物或盐为促进剂

单一的促进方法各有不足之处，为了获得良好的促进效果，可综合采用几种促进方法。例如，可采用碱与氧化物或盐，其作用就是利用碱破坏铝表面固有的氧化膜，而氧化物或盐则可抑制氧化膜的再生。Jung 等[19] 的研究表明，将 NaOH 与 CaO 联合使用，可提高铝 Al/H_2O 反应制氢系统的性能。原因是：CaO 可与 $Al(OH)_3$ 结合生成微溶的 $Ca_2Al(OH)_7\cdot 2H_2O$ 和 $Ca_3Al_2(OH)_{12}$，阻止了钝化膜在 Al 表面的再次形成，从而保证连续产氢。此外，CaO 与水反应放热并生成的 $Ca(OH)_2$ 也可促进钝化膜的破坏。Dai 等[20] 采用含碱的 Na_2SnO_3 水溶液作为 Al/H_2O 反应的促进剂，结果表明 Na_2SnO_3 和 NaOH 混合促进剂可明显促进 Al/H_2O 反应制氢系统的性能，并显著降低碱的浓度。Al 在碱性介质中时，其表面的氧化膜首先被碱溶解，如不存在 Na_2SnO_3，析氢反应主要发生在 Al 表面；当存在 Na_2SnO_3 时，由于发生置换反应导致金属 Sn 沉积在 Al 表面上，形成 Al-Sn 腐蚀原电池。此时，析氢反应主要发生在金属 Sn 上。在 Al 表面上原位沉积的 Sn 可抑制在制氢过程中再次原位形成的钝化膜，从而显著降低了反应所需碱的浓度。此外，Al-Sn 腐蚀原电池的形成将产生附加的腐蚀电流，也将加速 Al/H_2O 反应。

以上介绍了 Al/H_2O 反应制氢的原理和主要方法。要使其具有实用价值，除需考虑燃料的制备、存储和成本外，主要考虑的是 Al/H_2O 体系的制氢性能，即制氢速率和产率。表 18-2 比较了采用不同促进方法的 Al/H_2O 体系的制氢速率和产率。可见，制氢反应的速率主要取决于反应温度、Al 粉粒径和促进剂等。

表18-2 采用不同促进方法的 Al/H_2O 体系的制氢速率的对比[21]

样　品	操作条件		最大 HG 速率/（mL/min · g Al）	产率/%	文献
	介质	反应温度 T/℃			
Al/γ-Al_2O_3 混合物（3：7，体积比）	H_2O	22	1.32	100	[22]

续表

样　　品	操作条件		最大 HG 速率/(mL/min·g Al)	产率/%	文献
	介质	反应温度 T/℃			
Al/Bi_2O_3 混合物(6:5，体积比)	H_2O	80	164.2	100	[23]
Al/NaCl/Bi 混合物(18:75:7)	H_2O	70	713	100	[26]
Al-Ga-In-Sn-Zn 混合物(90:6:2.5:1:0.5)	H_2O	25	44	91	[34]
Al-Bi-Ga-Zn-CaH_2 混合物(80:8:2:2:8)	H_2O	25	460	95	[32]
Al-Ga-In-Sn 混合物(94:3.8:1.5:0:7)	H_2O	60	620	100	[31]
Al 粉末(-325 目)	0.1mol/L Na_2SnO_3	75	1200	71	[28]
Al 粉末(-325 目)	0.1mol/L NaOH	75	204	100	[27]
Al 粉末(-325 目)	2mol/L $NaAlO_2$	75	337	100	[27]
Al 粉末(100～200 目)	3.75mol/L NaOH	21～87①	1420	100	[42]
Al 粉末(100～200 目)	1.25mol/L NaOH+ 0.04mol/L Na_2SnO_3	21～94①	2500	100	[42]

① 没有控制体系的温度，溶液进料速率为 5g/min。

18.2.2 铝制氢设备

铝制氢技术欲获得商业化的应用，需要高效制氢装置。马广璐[21]介绍的装置包括燃料储罐、反应室、换热器、储氢缓冲罐、泵、阀和管路等。为实现装置的可控制氢，可利用系统的压力作为参数控制燃料泵的开启和关闭。当氢气被消耗后，系统压力降低，启动燃料泵向固体燃料所在的反应器输入液体燃料，引发 H_2 的制备；而当系统的压力升高超出设定值时，燃料泵关闭，制氢逐渐停止。另外，为了响应即时按需制氢的需求，要求可控制氢系统具有启动时间短、反应速率快和燃料转化率高等特性。这要求制氢装置能及时把反应副产物分离，否则副产物的累积将阻止反应连续进行。可应用膜分离技术，这种膜应具有选择性，只允许气相分子通过，而液相或固相分子不允许通过。此外，还需对制氢系统的设计和操作条件进行优化，包括反应热的综合利用、燃料电池产生的水循环利用、液体燃料流速和系统操作压力等。刘光明[22]也介绍了一些铝制氢反应器。目前国内外已有一些相关的设计和发明，然而，到目前为止，还没有相关商业上应用的报道。

18.3 镁制氢

与 Al 一样，Mg 也是一种活泼金属。Mg 粉也常被用作 NaOH 或 KCl 溶液中金属制氢的原材料。事实上，Mg/H_2O 反应制氢可看成一个原电池反应，其阴极反应是溶液中 H^+ 和/或 H_2O 分子中 H 原子的还原反应，而阳极反应是 Mg 的氧化反应，反应如下所示：

$$2H_2O+2e^- \longrightarrow H_2+2OH^- \quad (18\text{-}8)$$

$$2H^+ +2e^- \longrightarrow H_2 \quad (18\text{-}9)$$

$$Mg \longrightarrow Mg^{2+}+2e^- \quad (18\text{-}10)$$

从反应式(18-10)可知，为增加阳极反应速率，Mg 显然应处于一个高腐蚀性环境。众所周知，Mg 在高导电性水介质如氯化物溶液中会发生严重的腐蚀。然而，对于用低丰度 Mg 屑制氢来说，氯化物溶液的腐蚀性还不够。此外，HCl、H_2SO_4、HNO_3 等强酸的水溶液对 Mg 的腐蚀性很高，但这些酸溶液有毒且危险，不利于 Mg/H_2O 反应制氢系统的安全使用。基于此，Uan[23]发明了一种不用催化剂且安全、高效的 Mg/H_2O 反应制氢技术。该技术用新鲜海水，并在其中添加一种弱酸性有机酸——柠檬酸 $C_6H_8O_7$ 来代替常用的强碱性溶液，且除湿后制得 H_2 的纯度高达 99%。图 18-4 比较了 Mg/H_2O 反应的产氢量和产氢速率随催化剂、柠檬酸量的变化情况。由图可见，在添加柠檬酸的情况下，催化剂不锈钢网的添加与否对产氢量和产氢速率影响不大。这对于 Mg/H_2O 反应制氢的实际应用来说非常重要，因为可直接将 Mg 加到溶液中制氢而无须对 Mg 作预处理如高温重融。

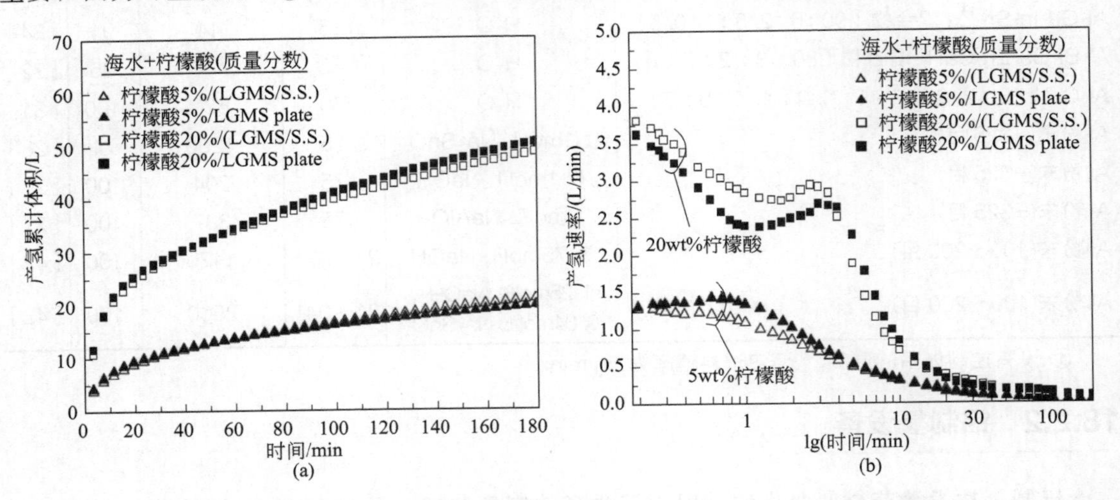

图 18-4 Mg/H_2O 反应的产氢量和产氢速率随（a）催化剂和（b）柠檬酸量的变化情况[23]

18.4 锌制氢

在全世界 Zn 的产量仅排在 Fe、Al、Cu 之后，且 Zn 的储量也比较丰富，故用 Zn 作为制氢原料也受到科学家的关注。Zn/H_2O 反应制氢的原理很简单，即在 350℃温度下，Zn 粉与 H_2O 发生置换反应生成 H_2。采用 Zn/H_2O 反应制氢存在的主要问题主要有两个：一是反应温度高；二是 Zn 原料生产的能耗较高，且伴有燃烧化石燃料产生的污染，因为规模化 Zn 生产主要采用电解或者熔炼的技术。以色列、瑞士、瑞典和法国的科学家联合开发出提出了 Zn/ZnO 水解热化学循环的制氢技术[24]。该技术以太阳能作为热源提取 Zn，但它对 Zn 的纯度要求很高，且 Zn/H_2O 反应温度高、能耗大。Karsten[25]该法利用了纳米 Zn 颗粒的高比表面积、强表面活性等特性，强化传热和传质过程，反应完全，速率较快，可获得较高的产氢速率。纳米 Zn 颗粒是用高温 Zn 蒸汽通过极大的冷却速率获得的，能耗较高，工艺复杂，降低了该技术的经济效益和实用价值。

因此，Zn/H_2O 反应制氢研究主要有降低制氢反应温度和降低 Zn 生产提取的能耗两个方向。通常，从 ZnO 中提取纯 Zn 需要非常高的温度，正常情况下在 1750℃左右。魏兹曼研究小组采用以煤的形式添加少量的碳元素的方法，使 Zn 的生产温度降至 1200℃，且预计未来可以完全用生物质来替代煤，使整个生产工艺无污染产生。纳米技术在 Zn/H_2O 反应制氢研究也得到了应用。徐波[26]通过机械球磨制备了纳米结构的 Zn 粉，并开发出一套纳米 Zn 粉水解制备 H_2 的实验装置，可使 Zn/H_2O 反应在较低温度下迅速完成；当反应温度为 250℃时，Zn 的转化率为 89%。与 Al/H_2O、Mg/H_2O 反应制氢相比，Zn/H_2O 反应制氢的温度要高得多，能耗也大很多，目前的实用性和经济性还较差。

18.5 铁制氢

20 世纪初，人们就开始研究水蒸气与铁反应制氢过程。该流程分成制氢部分和还原气体再生部分。其化学反应如下：

$$H_2O+2FeO = Fe_2O_3+H_2 \tag{18-11}$$

$$Fe_2O_3+CO = 2FeO+CO_2 \tag{18-12}$$

化学反应方程式（18-11）为制氢过程，在 800℃条件下 FeO 与水发生反应放出氢气，引入 FeO-Fe_2O_3 材料体系来作为中间媒介反应物。化学反应方程式（18-12）FeO 再生过程。使用还原性气体还原 Fe_2O_3，反应中，利用 CO 作为还原 Fe_2O_3 的还原气体。对该流程许多研究一直持续，天津大学张瑜[27]提出使用介孔硅材料 SBA-15 作为中间媒介反应物的载体，使用浸渍法将 FeO 载到 SBA-15 上。于娇娇[28]对该流程，重点对 Fe_2O_3 的还原过程进行了研究。系统研究了 Mo 对铁氧化物还原反应的影响，并在添加 Mo 的基础上，又掺杂了 Zn、Pb、Cd、Ce、Zr、Al 和 Sn 的氧化物，考察了它们对铁氧化物还原反应的影响。后来，天津大学胡鹏[29]针对该流程载氧体易发生烧结和团聚，循环稳定性较差等问题进行了研究。

虽经多年研究，该流程还需进一步改进，主要是解决材料稳定性问题。造成材料不稳定的主要因素是高温和材料在氧化和还原过程中的组分变化。

18.6 结语和展望

在相对温和条件下利用活性金属与 H_2O 反应制氢受到人们越来越多的重视。该方式是否可行，首先要考虑金属的活性顺序。目前主要是 Mg、Al、Zn、Fe 等金属。在实用性方面，金属制氢是否可行还要考虑原料制备、储存、副产物、使用环境、能耗、成本、安全性、环境效应，特别是产生率和产生速率等诸多方面问题。若只是少量用氢，最方便的方法其实就是用金属与稀盐酸或稀硫酸等反应制取。

金属与 H_2O 反应制氢除能方便快捷的供给 H_2 外，还对废旧金属的回收利用有重要意义，提高资源的利用率，且对环境友好。其中，Al、Mg、Zn、Fe 等金属与 H_2O 反应制氢报道的最多，特别是 Al/H_2O 反应制氢体系。从反应条件、制氢量及产氢速率、原料来源及催化剂等方面，Al/H_2O 体系无疑是最有前途的制氢体系。目前，Al、Zn 反应制氢已在商业上得到了初步应用，Mg、Fe 等金属则差一些。但是，Al、Zn 反应制氢系统的广泛应用仍需解决一些技术难题。首先，与其他化学储氢/制氢系统如 $NaBH_4$ 和氨基硼烷等相比，Al、Zn 制氢系统的储氢密度较低，可考虑与 $NaBH_4$ 复合构建双重燃料制氢系统[30,31]或通过装置的设计减少 H_2O 的使用量，例如可利用燃料电池产生的水；其次，Al、Zn 反应连续可控制氢的关键在于反应副产物及时分离，可考虑使用“燃料盒”技术或膜分离技术。Al、Zn 反应可控制氢的最大优点就是反应副产物的再生工艺成熟，因而制氢生产成本较低，但其成本仍高于美国能源部设定的目标，因此可以考虑采用回收的废旧 Al、Zn 材作为原料。

参 考 文 献

[1] 北京师范大学无机化学教研室，等. 无机化学：下册. 第 4 版. 北京：高等教育出版社，2003：643.
[2] Digne M，Sautet P，Raybaud P，et al. Phys Chem B，2002，106：5155-5162.
[3] 范美强，徐芬，孙立强. 电源技术，2009，33：493-496.
[4] Digne M，Sautet P，Raybaud P，et al. Phys Chem B，2002，106：5155-5162.
[5] Russo M F，Li R，Mench M，et al. Hydrogen Energy，2011，36：5828-5835.

[6] Pyun S I, Moon S M. J Solid State Electrochem, 2000, 4: 267-272.
[7] Belitskus D. J Electrochem Soc, 1970, 117: 1097-1099.
[8] Soler L, Macanás J, Muñoz M, et al. Proceedings International Hydrogen Energy Congress and Exhibition IHEC. Istanbul, Turkey, 2005.
[9] Soler L, Macanás J, Muñoz M, et al. Power Sources, 2007, 169: 144-149.
[10] Deng Z Y, Ferreiraw J M F, Tanaka Y, et al. J Am Ceram Soc, 2007, 90: 1521-1526.
[11] Deng Z Y, Tang Y B, Zhu L L, et al. Int J Hydrogen Energy, 2010, 35: 9561-9568.
[12] Dupiano P, Stamatis D, Dreizin E L. Int J Hydrogen Energy, 2011, 36: 4781-4791.
[13] Alinejad B, Mahmoodi K. Int J Hydrogen Energy, 2009, 34: 7934-7938.
[14] Mahmoodi K, Alinejad B. Int J Hydrogen Energy, 2010, 35: 5227-5232.
[15] Soler L, Candela A M, Macanás J, Muñoz M, Casado J. J Power Sources, 2009, 192: 21-26.
[16] Ziebarth (2011) Ziebarth J T, Woodall J M, Kramer R A, Choi G. Int J Hydrogen Energy, 2011, 36: 5271-5279.
[17] 朱勤标. 朱勤标水解制氢用铝合金材料研究 [D]. 武汉：湖北工业大学，2014.
[18] Fan M Q, Sun L X, Xu F. Energy Fuels, 2009, 23: 4562-4566.
[19] Eom K S, Kim M J, Oh S K, Cho E A, Kwon H S. Int J Hydrogen Energy, 2011, 36: 11825-11831.
[20] Jung C R, Kundu A, Ku B, Gil J H, Lee H R, Jang J H. J Power Sources, 2008, 175: 490-494.
[21] 马广璐，庄大为，戴洪斌，王平. 铝/水反应可控制氢. 化学进展，2012，24：650-658.
[22] 刘光明. 铝水反应制氢技术研发进展. 电源技术，2011，35 (1).
[23] Uan J Y, Yu S H, Lin M C, et al. Int J Hydrogen Energy, 2009, 34: 6137-6142.
[24] Karsten, Steinfeld, Steinfeld A. Int J Hydrogen Energy, 2002, 27: 611-619.
[25] Karsten W, Hao C L, Rodrigo J W. Int J Hydrogen energy, 2006, 31: 55-61.
[26] 徐波，王树林，李生娟，等. 化工学报，2009，60：1275-1280.
[27] 张瑜. 经由铁氧化物循环制取纯氢方法实验研究 [D]. 天津：天津大学，2006.
[28] 于娇娇. 铁氧化物循环裂解水制氢还原反应研究 [D]. 天津：天津大学，2012.
[29] 胡鹏. 铁基载氧体化学循环制氢研究 [D]. 天津：天津大学，2014.
[30] Soler, Soler L, Macanás J, Muñoz M, Casado J. Int J Hydrogen Energy, 2007, 32: 4702-4710.
[31] Dai H B, Ma G L, Kang X D, et al. Catal Today, 2011, 170: 50-55.

第19章 液　氢

19.1 液氢背景及性质

氢气可以以气、液、固三种状态存在。

气态形式的氢时最常见的。已经有许多论述介绍了气氢的物理、化学性质，制备、储运和用途等，这里不再重复叙述。

19.1.1 液氢性质

在 101kPa 压强下，温度−252.87℃时，气态氢可以变成无色的液态氢，两者缺一不可。

液氢是高能低温物质，其常见性质见表 19-1。

表19-1 标准条件下液氢性质(20℃,101.325kPa)

分子式	H_2	燃点	571℃（844K）
分子量	2.016	爆炸范围（空气中）	4.0%～74.2%
外观	无色液体	声速(气体,27℃)	1310m/s
密度	70.85g/L	毒性	无毒
熔点	−259.14℃（14.01K）	危险性	易燃易爆
沸点	−252.87℃（20.28K）		

表19-2 液氢、气氢与汽油比较①

性质＼种类	常规汽油	液氢	压缩储氢
燃料质量/kg	15	3.54	3.54
储罐质量/kg	3	18.2	87
燃料体积/L	20	50	131.38
质量密度/%	19.6	12.2	3.9
体积密度/(kg/m^3)	144.5	44.3	20.8

① 假设车用储氢的标准为：轿车的油耗为 5L/100km，续驶里程为 400km；质子交换膜燃料电池的氢气利用率 100%，行驶 400km 需要 3.54kg 氢气。采用压缩储氢方式，氢气压力为 30MPa。

从表 19-2 可见，液氢作为燃料，其系统体积（50L）和质量（18.2kg）都比汽油系统要大。但液态氢的体积只有气态氢的 1/800，随着燃料电池车和氢能的普及，氢气需求势必有所增加，液氢储运优势明显，利用液氢输送比气氢的效率要高 6～8 倍。

19.1.2 液氢外延产品

（1）凝胶液氢（胶氢）

为了提高密度，将液氢进一步冷冻，即得到液氢和固氢混合物，即泥氢（slush hydrogen）。若在液氢中加入胶凝剂，则得到凝胶液氢（gelling liquid hydrogen），即胶氢。胶氢像液氢一样呈流动状态，但又有较高的密度。胶氢的密度与其成形的条件有关。文献［1］给出甲烷就是很好的胶凝剂，不同氢气与甲烷重量比例，会使胶氢的密度有很大变化。他们给出数据如表 19-3 所示。

表 19-3　胶氢 H_2/CH_4 混合比及其密度[1]

CH_4 加载量/%	混合比	密度/(kg/m³)	CH_4 加载量/%	混合比	密度/(kg/m³)
0.0	6.0	70.00	40.0	4.3	107.06
5.0	4.2	73.17	45.0	4.2	114.65
10.0	4.2	76.63	50.0	4.2	123.39
15.0	4.2	80.44	55.0	4.1	133.58
20.0	4.3	84.65	60.0	4.1	145.60
25.0	4.3	89.33	65.0	4.0	160.00
30.0	4.3	94.55	70.0	4.0	177.56
35.0	4.2	100.41			

和液氢相比，胶氢的优点如下：

① 液氢凝胶化以后黏度增加 1.5～3.7 倍，降低了泄漏带来的危险。

② 减少蒸发损失。液氢凝胶化以后，蒸发速率仅为液氢的 25%。

③ 减少液面晃动。液氢凝胶化以后，液面晃动减少了 20%～30%，有助于长期储存，并可简化储罐结构。

④ 提高比冲。（比冲是内燃机的术语，比冲也叫比推力，是发动机推力与每秒消耗推进剂质量的比值。比冲的单位是 N·s/kg），提高发射能力。

（2）深冷高压气体（Cryo-compressed hydrogen，CcH）

先看深冷高压氢气的相图，见图 19-1。

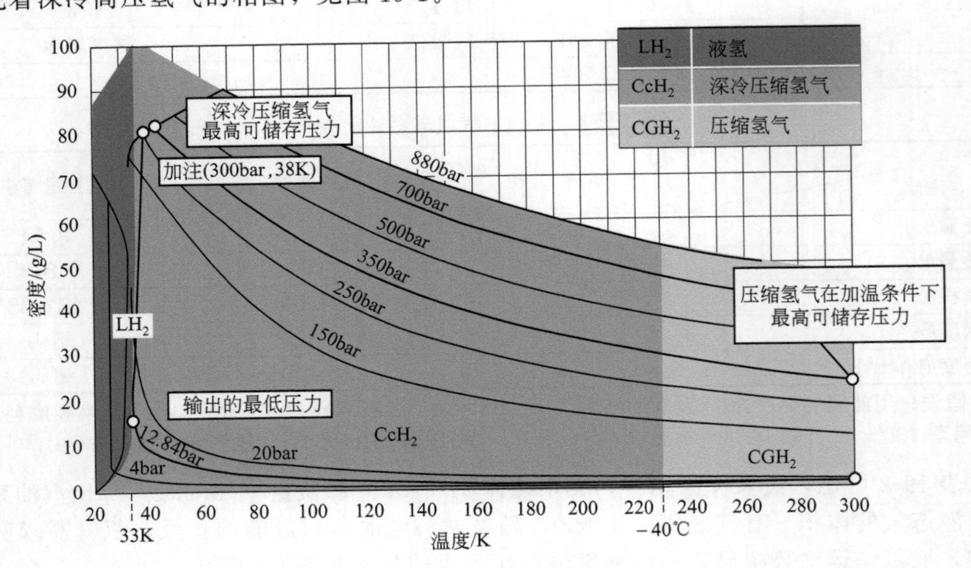

图 19-1　深冷高压氢气相图[2]

从图 19-1 可见，深冷高压氢气的温度范围从 20～230K，其密度与压力、温度有关，压力升高，储氢密度增大。在 880Pa 压力时，可达到 90g/L。深冷高压氢气在 38K、350Pa 的密度为 82g/L，为 700Pa 高压氢气的 2 倍。

德国宝马公司的深冷高压氢气储罐[2]已经安装在其氢燃料电池轿车上，110L 水容积的 350bar 深冷高压氢气储罐可储存 6kg 氢气，而丰田 122L 水容积 700bar 储罐仅储存 5kg 氢气。

超级绝热压力罐模块(Ⅲ型)		
最大可用容量	CcH_2:7.8kg(260kW·h) CGH_2:2.5kg(83kW·h)	+ 包括实际储罐压力控制 + 与车体的集成 + 燃料电池发动机废热回收
操作压力	≤350bar	
出口压力	≥350bar	
加注压力	CcH_2:300bar CGH_2:320bar	
加注时间	<5min	
系统体积	约235L	
系统重量包括氢气	约145kg	
氢气损失	≪3g/d 3～7g/h(CcH_2) <1%/a	

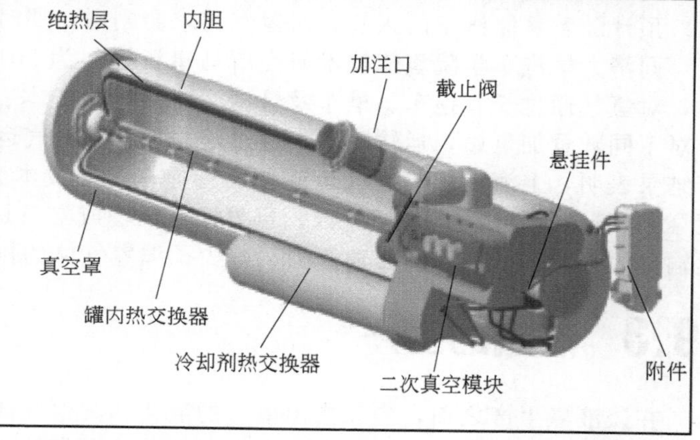

图 19-2 宝马公司用于氢燃料电池乘用车的深冷高压气体储罐[2]

文献［3］详细介绍了深冷高压气体储存的热力学、设计和操作原则的新概念。

文献［4］给出深冷高压气体储罐的资料。第 3 代储罐资料见表 19-4。

表19-4 深冷高压气体储罐部分参数

序号	名称	数值
1	系统体积	235L
2	存储体积	151L
3	容器体积	224L
4	系统外附件体积	11L
5	体积利用率	64. 3%（= 151/235)
6	系统质量	144. 7kg
7	液氢存储	10. 7kg
8	气氢存储	2. 8kg
9	容器质量	122. 7kg
10	系统外附件质量	22. 0kg
11	系统质量分数	7. 1%:2. 3kW · h/kg
12	系统体积容量	44. 5kg/m^3:1. 5kW · h/L
13	液氢密度	70. 9kg/m^3（20. 3K,1atm）
14	气氢密度	18. 8kg/m^3（300K，272atm）

美国能源部的技术评估报告[5]肯定了深冷高压氢气系统的优点：运输氢气的次数会显

著减少，储氢容量为700bar高压气氢的2倍。认为对开发氢燃料补给站是必需的。

19.2 液氢用途

液氢是氢的液体状态，凡是需要氢的场合如航天、航空、运输、电子、冶金、化工、食品、玻璃，甚至民用燃料部门都可以用液氢。

据文献［6］报道，北美对液氢的需求和生产最大，占全球液氢产品总量的84%。在美国，33.5%的液氢用于石油工业，18.6%用于航空航天，仅0.1%用于燃料电池。

我国液氢目前的应用领域是航天。

由于液氢特别高的储氢密度，$1m^3$ 液氢相当 $800m^3$ 气氢，所以它特别适合用于氢的输运。预计随着氢能汽车的兴起，对氢气需求会剧增，那时，液氢地位就会进一步提高。

同济大学汽车学院氢能技术研究所马建新等[7]为2010年上海世博会准备氢气运输方案时，对氢气通过长管拖车、槽车及管道运输的运输成本、能源消耗及安全性进行深入研究。针对不同数量加氢站，运输距离，通过建立加氢站氢气运输成本模型进行运输成本分析，计算结果表明，上海大规模氢气运输的长管拖车运输成本为2.3元/kg，液氢运输成本为0.4元/kg，管道运输成本为6元/kg。可见液氢运输成本只是气氢运输成本的1/6。事实上液氢运输也大大减轻了城市的运输压力，减少了温室气体的排放。

19.3 液氢的生产

在谈液氢生产之前，应该指出氢气的液化和其他气体液化最大的区别就是氢分子存在着正、仲两种状态。制得的液氢会自发进行正、仲平衡并放出大量热量。所以，有必要介绍正氢和仲氢。

19.3.1 正氢与仲氢

氢气是双原子分子。根据两个原子核绕轴自旋的相对方向，氢分子可分为正氢和仲氢。正氢（o-H_2）的两个原子核自旋方向相同［图19-3(a)］，仲氢（p-H_2）的两个原子核自旋方向相反［图19-3(b)］。氢气中正、仲态的平衡组成随温度而变，在不同温度下处于正、仲平衡组成状态的氢称为平衡氢（e-H_2）。

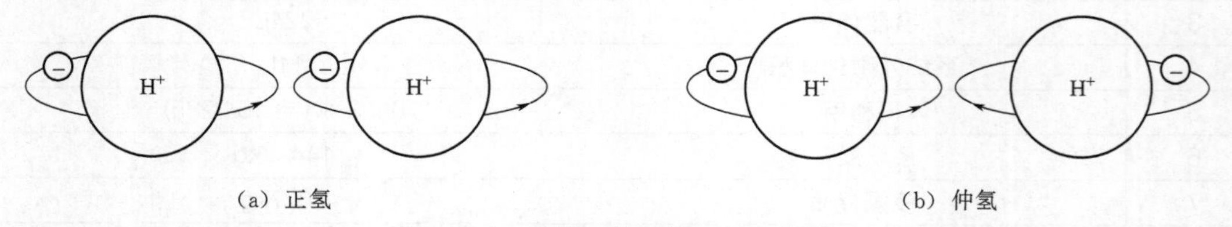

(a) 正氢　　(b) 仲氢

图19-3　正氢和仲氢的原子示意图

高温时，正、仲态的平衡组成不变；低于常温时，正、仲态的平衡组成将随温度而变。常温时，含75%正氢和25%仲氢的平衡氢，称为正常氢或标准氢。不同温度时，正常氢中正、仲氢的比例不同，见表19-5。可见在液氢状态，其仲氢含量高达99.8%，而在27℃时，仲氢只有25.07%，期间，大部分仲氢回变为正氢。

在氢的液化过程中，必须进行正-仲催化转化，否则生产出的液氢会自发地发生正、仲态转化，最终达到相应温度下的平衡氢。注意，正-仲氢转化是一放热反应，自发地发生正-仲态转化，会放出大量热，导致液氢沸腾、失控。因为只有氢气才有正、仲态，所以氢气液化过程中，必须进行正-仲氢催化转化是与其他气体，如空气、氨气、氧气、氮气、氦气液化的根本区别。正常氢转化为平衡氢时的转化热与温度有关。

表19-5 不同温度下平衡氢中仲氢的含量

温度/K	仲氢含量/%	温度/K	仲氢含量/%
20.39	99.8	120	32.96
30	97.02	200	25.97
40	88.73	250	25.26
70	55.88	300	25.07

表19-6 正常氢转化为平衡氢时的转化热

温度/K	转化热/(kJ/kg)	温度/K	转化热/(kJ/kg)
15	527	100	88.3
20.39	525	125	37.5
30	506	150	15.1
50	364	175	5.7
60	285	200	2.06
70	216	250	0.23
75	185		

由表19-6可见，在20.39K时，正-仲氢转化时放出的热量为525kJ/kg，超过氢的气化潜热447kJ/kg。因此，即使将液态正常氢储存在一个理想绝热的容器中，液氢同样会发生汽化；在开始的24h内，液氢大约要蒸发损失18%，100h后损失将超过40%，不过这种自发转化的速率是很缓慢的，为了获得标准沸点下的平衡氢，即仲氢含量为99.8%的液氢，在氢的液化过程中，必须进行数级正-仲氢催化转化。

当偏离平衡浓度时，正氢和仲氢之间会自发地相互转化，但转化速度很慢，需要增设催化剂来促进其转化。常用过渡金属催化剂。

19.3.2 液氢生产工艺

氢液化[8]是由詹姆斯·杜瓦（James Dewar）在1898年发明真空瓶，杜瓦瓶。然后才开始液氢生产。液氢主要有四种生产方法，分别介绍如下：

（1）节流液化循环（预冷型Linde-Hampson系统）

1895年，德国林德（Linde）和英国汉普逊循环（Hampson）分别独立提出，为工业上最早采用的循环，所以也叫林德或汉普逊循环。该系统是先将氢气用液氮预冷至转换温度（204.6K）以下，然后通过J-T节流（J-T节流就是焦耳-汤姆逊节流的缩写）实现液化。

采用节流循环液化氢时，必须借助外部冷源，如液氮进行预冷气氢经压机压缩后，经高温换热器、液氮槽、主换热器换热降温，节流后进入液氢槽，部分被液化的氢积存在液氢槽内，未液化的低压氢气返流复热后回压缩机。其生产工艺流程见图19-4。

（2）带膨胀机液化循环（预冷型Claude系统）

1902年由克劳特（G Claude）发明。通过气流对膨胀机做功来实现液化，所以带膨胀机的液化循环也叫克劳特液化循环。其中，一般中高压系统采用活塞式膨胀机（流量范围广，效率75%～85%），低压系统采用透平膨胀机（<4300kW/d，效率85%）。压缩气体通

过膨胀机对外做功可比J-T节流获得更多的冷量，因此液氮预冷型Claude系统的效率比L-H系统高50%～70%，热力完善度为50%～75%，远高于L-H系统。目前世界上运行的大型液化装置都采用此种液化流程。其生产工艺流程见图19-5。

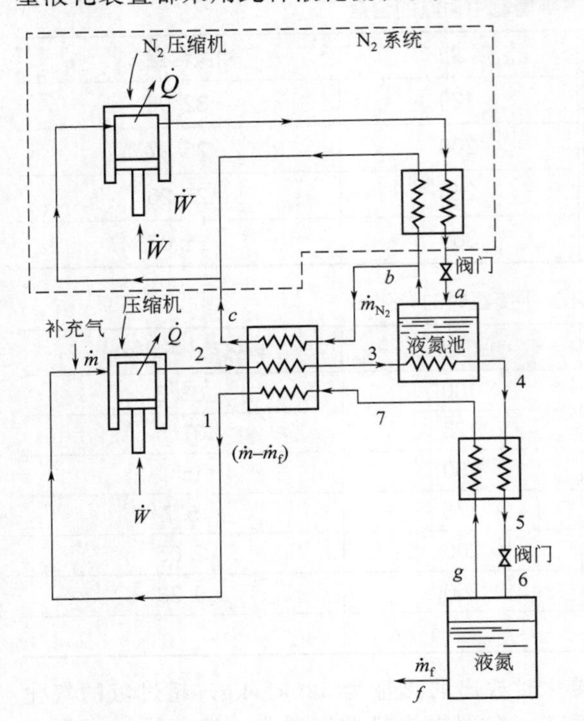

图19-4 节流液化循环工艺

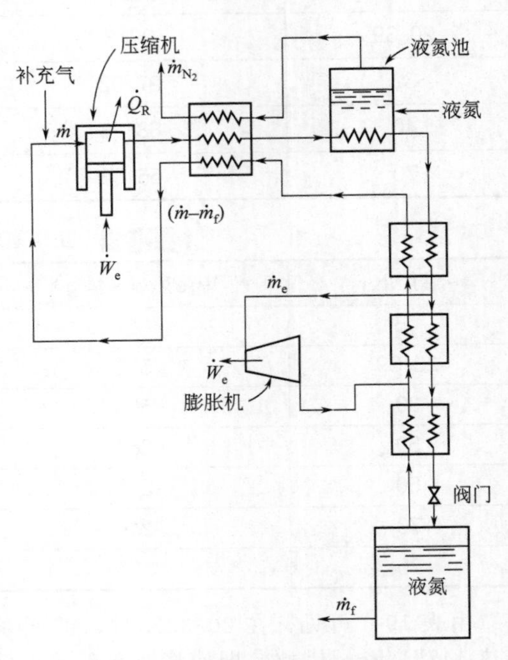

图19-5 带膨胀机液化循环（预冷型Claude系统）工艺

(3) 氦制冷液化循环

该工艺包括氢液化和氦制冷循环两部分。氦制冷循环为Claude循环系统，这一过程中氦气并不液化，但达到比液氢更低的温度（20K）；在氢液化流程中，被压缩的氢气经液氮预冷后，在热交换器内被冷氦气冷凝为液体。此循环的压缩机和膨胀机内的流体为惰性的氦气，对防爆有利；且此法可全量液化供给的氢气，并容易得到过冷液氢，能过减少后续工艺的闪蒸损失。

氦制冷循环是一个封闭循环，气体氦经压缩机，增压到约1.3MPa；通过粗油分离器，将大部分油分离出去；氦气在水冷热交换器中被冷却；氦中的微量残油由残油清除器和活性炭除油器彻底清除。干净的压缩氦气进入冷箱内的第一热交换器，在此被降温至97K。通过液氮冷却的第二热交换器、低温吸附器和第三热交换器，氦气进一步降温到52K。利用两台串联工作的透平膨胀机获得低温冷量。从透平膨胀机出来的温度为20K、压力为0.13MPa的氦气，通过处于氢浴内、包围着最后一级正-仲氢转化器的冷凝盘管。从冷凝盘管出来的回流氦，依次流过各热交换器的低压通道，冷却高压氦和原料氢。复温后的氦气被压机吸入再压缩，进行下一循环。

来自纯化装置、压力大于1.1MPa的氢气，通过热交换器被冷却到79K。以此温度，通过两个低温纯化器中的一个（一个工作的同时另一个再生），氢中的微量杂质将被吸附。离开纯化器以后，氢气进入沉浸在液氮槽中的第一正-仲氢转化器。转化器中，氢进一步降温并逐级进行正-仲氢转化，最后获得仲氢含量>95.%的液态氢产品。离开该转化器时，温度约为79K，仲氢含量为48%左右。在其后的热交换器和从氢液化单位能耗来看，以液氮预冷带膨胀机的液化循环最低，节流循环最高，氦制冷氢液化循环居中。如以有液氮预冷带膨胀机的循环作为比较基础，节流循环单位能耗要高 50%，氦制冷氢液化循环高 25%，所以，从热力学观点来说，带膨胀机的循环效率最高，因而在大型氢液化装置上被广泛采用。节流循环，虽然效率不高，但流程简单，没有在低温下运转的部件，运行可靠，所以在小型氢液化装置中应用较多。氦制冷氢液化循环消除了处理高压氢的危险，运转安全可靠，但氦制冷系统设备复杂，制冷循环效率比有液氮预冷的循环低 25%。故在氢液化当中应用不很多。其生产工艺流程见图 19-6。

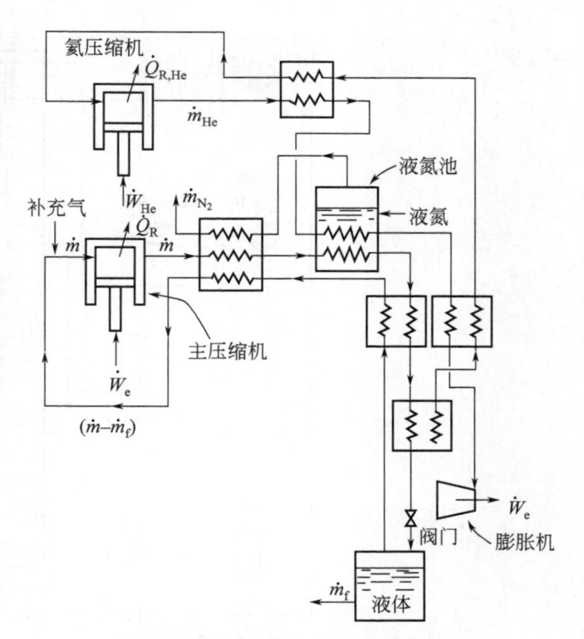

图 19-6 氦制冷液化循环工艺

(4) 液氢生产难度

从上面前 3 个工艺看，液氢生产都比较复杂，其共同之处在于：

① 制冷温度低，制冷量大，单位能耗高。目前氢液化技术能耗为 15.2kW·h/kg (2012)，高达液氢燃烧产热量的 30%～40%，效率普遍较低（20%～30%）。

② 氢的正-仲转换使得液化氢气所需的功远大于甲烷、氮、氦等气体，其中正-仲转化热占其理想液化功的 16%左右。

③ 剧烈地比热变化导致氢气的声速随着温度的增加而快速增大。当氢气压力为 0.25MPa，温度从 30K 变化到 300K 时，声速从 437m/s 增加到 1311m/s。这种高声速使得氢膨胀机转子承受高应力，使得膨胀机设计和制造难度很大。

④ 在液氢温度下，除氦气以外的其他气体杂质均已固化（尤其是固氧），有可能堵塞管路而引起爆炸。因此原料氢必须严格纯化。

这样，人们考虑新的制冷方法，如磁制冷。

(5) 磁制冷液化循环[9]

磁制冷即利用磁热效应制冷。磁热效应是指磁制冷工质在等温磁化时放出热量，而绝热去磁时温度降低，从外界吸收热量。效率可达卡诺循环的 30%～60%，而气体压缩-膨胀制冷循环一般仅为 5%～10%。同时，磁制冷无须低温压缩机，使用固体材料作为工质，结构简单、体积小、重量轻、无噪声、便于维修、无污染。磁制冷液化氢的制取目前还没有商业化，将来应该很有前景。

19.3.3 液氢生产典型流程

液氢工业化生产已经有多年，下面介绍一些典型的工艺流程。

(1) 英戈尔施塔特（Ingolstadt）氢液化生产装置

文献 [6] 介绍了位于德国英戈尔施塔特的林德氢液化生产装置。液氢生产对原料的纯度有很高的要求，含氢量 86%的原料氢气来自炼油厂，在液化前先经过 PSA 纯化使其中杂质含量低于 4mg/kg，压力 2.1MPa。再在低温吸附器中进一步纯化，使其中杂质含量低于 1mg/kg，然后作为原料气送入液化系统进行液化。图 19-7 是英戈尔施塔特氢液化装置的工艺流程图。

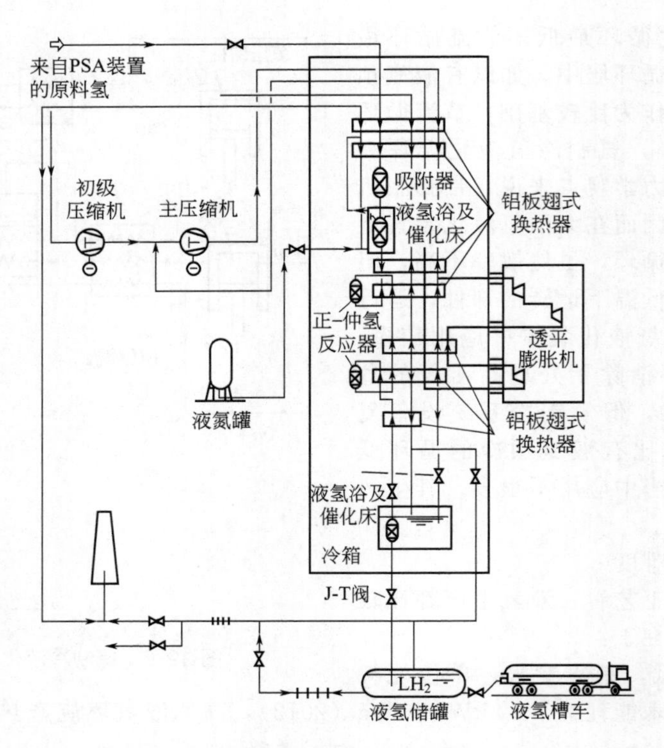

图 19-7 英戈尔施塔特氢液化装置液化流程[6]

该液化流程为改进的液氮预冷型 Claude 循环，氢液化需要的冷量来自三个温区，80K 温区由液氮提供，80～30K 温区由氢制冷系统经过膨胀机膨胀获得，30～20K 温区通过 J-T 阀节流膨胀获得。正-仲氢转换的催化剂选用经济的 $Fe(OH)_3$，分别放置在液氮温区，80～30K 温区（2 台）以及液氢温区。

英戈尔施塔特氢液化工厂的技术参数，见表 19-7。

表19-7 英戈尔施塔特氢液化工厂的技术参数

原料氢	压力	2.1MPa	主压缩机	体积流量	16000m³/h
	温度	＜308K		电功	1500kW
	纯度	＜4mg/kg	产品液氢	压力	0.13MPa
	仲氢浓度	25%		温度	21K
液氮	质量流量	1750kg/h		质量流量	180kg/h
初级压缩机	入口压力	0.1MPa		纯度	＞1mg/kg
	出口压力	约 0.3MPa		仲氢浓度	＞95%
	电功	57kW		液化净耗功	13.6kW·h/kg(液化氢)
主压缩机	入口压力	0.3MPa	㶲效率		21%
	出口压力	约 2.2MPa			

（2）洛伊纳（Leuna）氢液化流程

洛伊纳是德国小城市，洛伊纳氢液化系统工艺流程见图 19-8 与英戈尔施塔特的氢液化系统不同之处是：原料氢气的纯化过程全部在位于液氮温区的吸附器中完成；膨胀机的布置方式不同；正-仲氢转换用转换器全部置于换热器内部。

（3）普莱克斯（普莱克斯）氢液化流程

普莱克斯是北美第二大液氢供应商，目前在美国拥有5座液氢生产装置，生产能力最小为18t/d，最大为30t/d。普莱克斯大型氢液化装置的能耗为12.5～15kW·h/kg（液化氢）[6]，其液化流程均为改进型的带预冷Claude循环，如图19-9所示。第一级换热器由低温氮气和一套独立的制冷系统提供冷量；第二级换热器由LN2和从原料氢分流的循环氢经膨胀机膨胀产生冷量；第三级换热器由氢制冷系统提供冷量，循环氢先经过膨胀机膨胀降温，然后通过J-T节流膨胀部分被液化。剩余的原料氢气经过二、三级换热器进一步降温后，通过J-T节流膨胀而被液化。

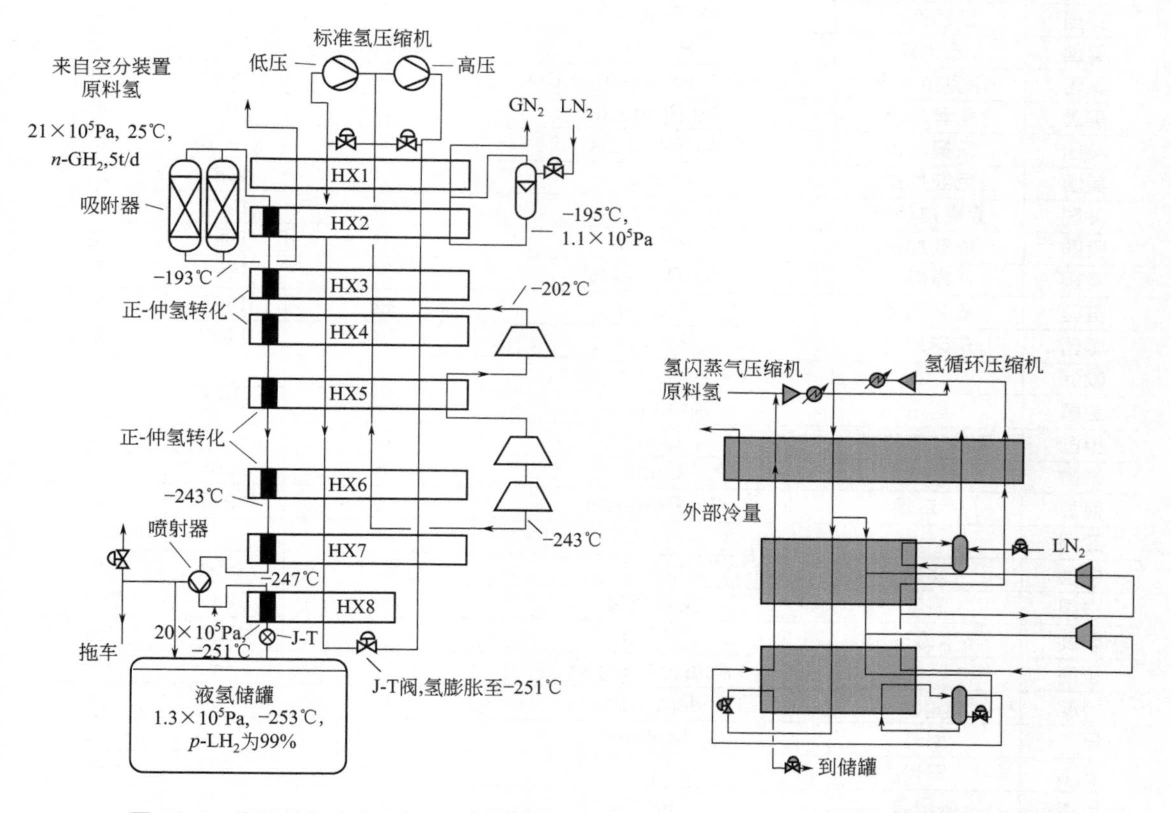

图19-8 洛伊纳氢液化系统工艺流程图

图19-9 普莱克斯氢液化流程[10]

（4）LNG预冷的氢液化流程

Hydro Edge Co. Ltd. 承建的LNG预冷的大型氢液化及空分装置于2001年4月1日投入运行。LNG预冷及与空分装置联合生产液氢是日本首次利用该技术生产液氢。共两条液氢生产线，液氢产量为3000L/h，液氧为4000m³/h，液氮为12100m³/h，液氩为150m³/h[11]。

19.3.4 全球液氢生产

全球液氢生产装置的运行状况见表19-8。

表19-8 全球液氢生产装置运行现状

洲/国家	位置	经营者	生产能力/(t/d)	建造年份	是否运行
加拿大	萨尼亚	Air Products	30	1982	是
加拿大	蒙特利尔	Air Liquide Canada Inc	10	1986	是
加拿大	贝康库尔	Air Liquide	12	1988	是
加拿大	魁北克	BOC	15	1989	是
加拿大	蒙特利尔	BOC	14	1990	是
法属圭亚那	库鲁	Air Liquide	5	1990	是
美国	佩恩斯维尔	Air Products	3	1957	否
美国	西棕榈滩	Air Products	3.2	1957	否
美国	西棕榈滩	Air Products	27	1959	否
美国	密西西比	Air Products	32.7	1960	否
美国	安大略	Praxair	20	1962	是
美国	萨克拉曼多	Union Carbide,Linde Div.	54	1964	否
美国	新奥尔良	Air Products	34	1977	是
美国	新奥尔良	Air Products	34	1978	是
美国	尼亚加拉	Praxair	18	1981	是
美国	萨克拉门托	Air Products	6	1986	是
美国	尼亚加拉	Praxair	18	1989	是
美国	佩斯	Air Products	30	1994	是
美国	麦金托什	Praxair	24	1995	是
美国	东芝加哥	Praxair	30	1997	是
欧洲					
法国	里尔	Air Liquide	10	1987	是
德国	英戈尔施塔特	Linde	4.4	1991	是
德国	洛伊纳	Linde	5	2008	是
荷兰	罗森堡	Air Products	5	1987	是
亚洲					
中国	北京	CALT	0.6	1995	是
中国	海南	文昌蓝星	—	2014	是[12]
印度	马亨德拉山	ISRO	0.3	1992	是
印度	—	Asiatic Oxygen	1.2	—	是
印度	Saggonda	Andhra Sugars	1.2	2004	是
日本	尼崎	Iwatani	1.2	1978	是
日本	田代	MHI	0.6	1984	是
日本	秋田县	Tashiro	0.7	1985	是
日本	大分	Pacific Hydrogen	1.4	1986	是
日本	种子岛	Japan Liquid Hydrogen	1.4	1986	是
日本	南种子	Japan Liquid Hydrogen	2.2	1987	是
日本	君津	Air Products	0.3	2003	是
日本	大阪	Iwatani(Hydro Edge)	11.3	2006	是
日本	东京	Iwatani,built by Linde	10	2008	是

19.3.5 液氢生产成本

液氢生产成本与许多因素有关，生产规模与工艺，原料纯度及成本，压缩机及热交换器的效率，电价等都有很大的关系。

现将已经产业化的液氢生产工艺比较如表 19-9 所示。

表19-9 产业化的液氢生产工艺比较

循环方式	节流液化循环（预冷型 Linde-Hampson 系统）	带膨胀机液化循环（预冷型 Claude 系统）	氦制冷液化循环工艺
单位能耗	1.5	1	1.25
工作压力	10～15MPa	约 4MPa	氢气：0.3～0.8MPa 氦气：1～1.5MPa
优点	流程简单，没有低温动部件，运行可靠	效率高	无操作高压氢的危险，成本低，安全可靠
缺点	效率低	设备简单	设备复杂
应用	小型装置<20L/h	大、中型装置>500L/h	法国 Air Liquide 公司最大可做到 1260L/d

从表中可见，带膨胀机液化循环（预冷型 Claude 系统）的单位能耗最低，据德国专家介绍，目前的生产液氢的能耗为 10.8～12.7kW/kg 液氢，将来可望到达 7.5～9.0kW/kg 液氢。

19.4 液氢的储存与运输

19.4.1 液氢储存

我国早就关注液氢储存[13～16]。液氢通常储存在绝热的密封储罐内。储罐分为大型站用储罐，中型运输储罐和车用储罐。

（1）大型站用储罐

大型站用储罐基本构建图见图 19-10。实际使用中，储罐的外形可以是球形，也可以是柱形。

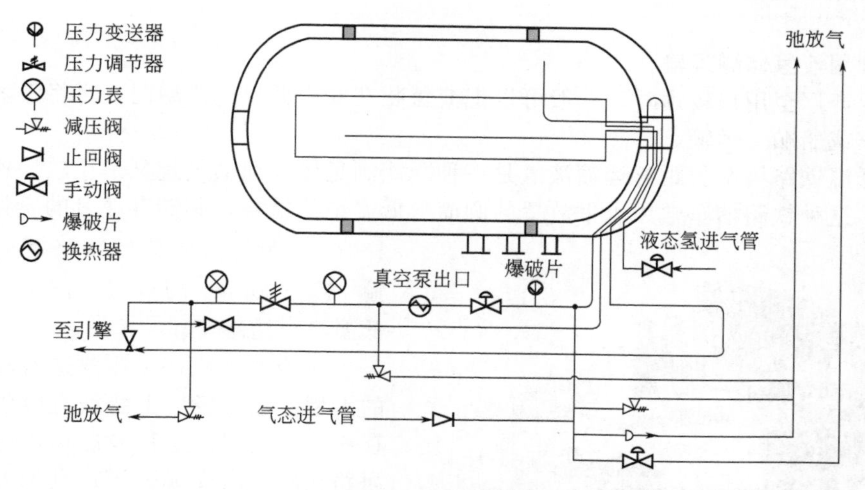

图 19-10 大型站用储罐基本构建图

美国 DOE 在内华达州的航天试验基地建有一个 1893m^3 的大型液氢球罐；法国圭亚那火箭发射场使用 5 个 360m^3 的卧式可移动液氢储罐，由美国 Chart 生产；俄罗斯 JSC 生产多种规格的储罐，1400m^3（球罐）和 250m^3（卧式储罐），并向中国出口国 100m^3 运输车。

(2) 中型运输储罐

运输用液氢储罐与固定式大型站用储罐结构类似。

我国已经可以制造 300m³ 可移动式液氢储罐[17]，由张家港中集圣达因低温装备有限公司制造，一次可储运氢气 20 余吨。中国自行设计制造的大型卧式可移动液氢储罐集中在海南文昌火箭发射场及配套液氢工厂，有 5 个 300m³ 液氢罐为中集圣达因生产，还有 2 个 300m³ 和 1 个 120m³ 分别为南京航天晨光和四川空分集团提供。

(3) 车用液氢储罐

车用液氢储罐不仅仅由储存液氢的功能，同时具备将液氢气化，为车辆提供氢气的功能，因此结构要比单纯储存液氢的储罐要复杂得多。

典型的车用液氢储罐见图 19-11。

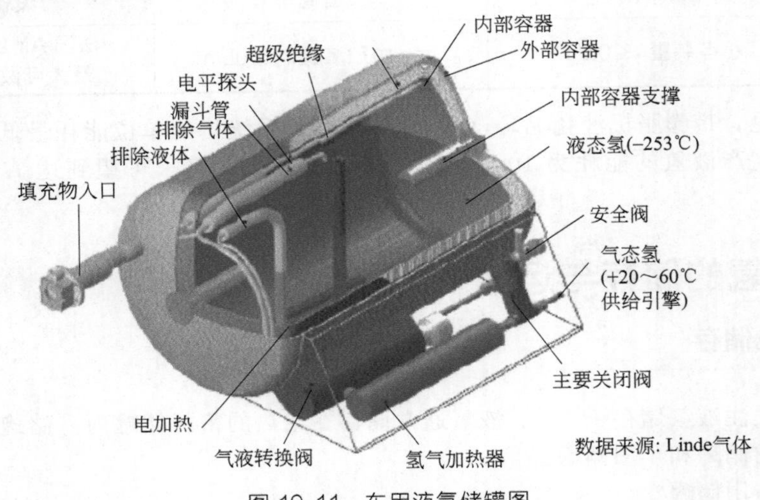

图 19-11 车用液氢储罐图

19.4.2 液氢运输

(1) 利用液氢储罐运输

液氢生产厂至用户较远时，一般可以把液氢装在专用低温绝热罐内，再将液氢储罐放在卡车、机车或船舶上运输。

利用低温铁路槽车长距离运输液氢是一种既能满足较大地输氢量又是比较快速、经济的运氢方法。这种铁路槽车常用水平放置的圆筒形低温绝热槽罐，其储存液氢的容量可以达到 100m³。特殊大容量的铁路槽车甚至可运输 120～200m³ 的液氢。图 19-12 是液氢低温汽车槽罐车。

图 19-12 液氢低温汽车槽罐车

在美国，NASA 还建造有输送液氢用的大型驳船。驳船上装载有容量很大的储存液氢的容器。这种驳船可以把液氢通过海路从路易斯安娜州运送到佛罗里达州的肯尼迪空间发射中心。驳船上的低温绝热罐的液氢储存容量可达 1000m³ 左右。

显然，这种大容量液氢的海上运输要比陆上的铁路或高速公路上运输来得经济，同时也更加安全。图 19-13 展示输送液氢的大重驳船。

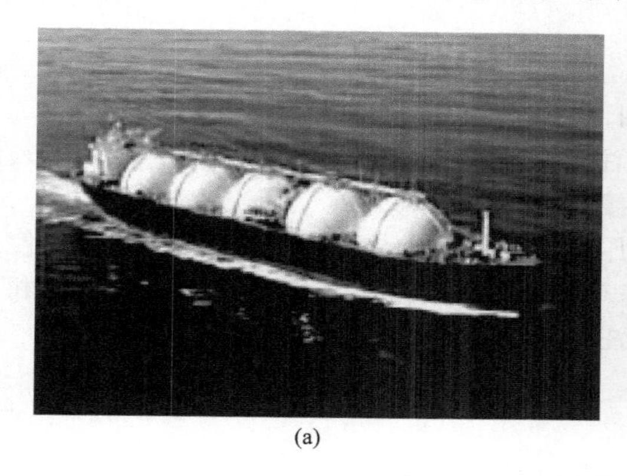
(a)

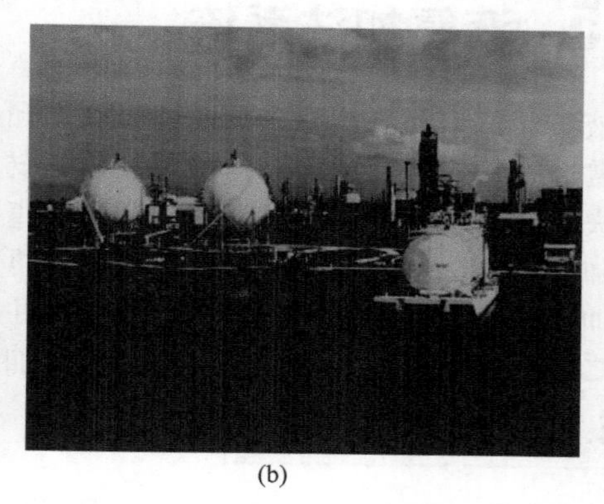
(b)

图 19-13 输送液氢的大型船只

日本军工企业川崎重工利用在 LNG 船的设计和建造的丰富经验，以此为基础，研发液化氢储存系统，计划建造两艘装载量为 $2500m^3$ 的液氢运输船，其运输量可供 3.5 万辆燃料电池车使用 1 年。$2500m^3$ 液氢运输船采用两个 $1250m^3$ 的真空绝热 C 型独立液货舱，并将氢罐的蒸发率控制在 0.09%/d 左右。到 2030 年扩大业务规模时，该公司将一举拓展规模，拟建造 2 艘 16 万立方米规模的运输船，采用 B 型独立液货舱。

（2）液氢的管道输送

液氢一般采用车船或船舶运输也可用专门的液氢管道输送，由于液氢是一种低温（−250℃）的液体，其储存的容器及输液管道都需有高度的绝热性能绝热构造并会有一定的冷量损耗，因此管道容器的绝热结构就比较复杂。液氢管道一般只适用于短距离输送。目前，液氢输送管道主要用在火箭发射场内。

在空间飞行器发射场内，常需从液氢生产场所或大型储氢容器罐输液氢给发动机，此时就必须借助于液氢管道来进行输配。这里介绍的是美国肯尼迪航天中心用于输送液氢的真空多层绝热管路。美国航天飞机液氢加注量 $1432m^3$。液氢由液氢库输送到 400m 外的发射点，39A 发射场的 254mm 真空多层绝热管路，其技术特性如下：反射屏铝箔厚度 0.00001mm、20 层，隔热材料为玻璃纤维纸，厚度 0.00016mm。管路分段制造，每节管段长 13.7m，在现场以焊接连接。每节管段夹层中装有 5A 分子筛吸附剂和氧化钯吸氢剂，单位真空夹层容积的 5A 分子筛量为 4.33g/L。管路设计使用寿命为 5 年，在此期间内，输送液氢时的夹层真空度优于 133×10^{-4}Pa。39B 发射场的 254mm 真空多层绝热液氢管路结构及技术特性与 39A 发射场的基本相同，其不同点是：反射屏材料为镀铝聚酯薄膜，厚度 0.00001mm；真空夹层中装填的吸附剂是活性炭，单位夹层容积装入 4116g/L；未采用一氧化钯吸氢剂。在液氢温度下，压力为 133×10^{-4}Pa，5Å 分子筛对氢（标准状态）的吸附容量可达 $160cm^3/g$ 以上，而活性炭可达 $200cm^3/g$。影响夹层真空度的主要因素是残留的氦气、氖气。为此，在夹层抽真空过程中用干燥氮气多次吹洗置换。分析表明，夹层残留气体中主要是氢，其最高含量可达 95%，其次为 N_2，O_2，H_2O，CO_2，He。5A 分子筛在低温低压下对水仍有极强的吸附能力，所以采用 5A 分子筛作为吸附剂以吸附氧化钯吸氢后放出的水。5A 分子筛吸水量超过 2%时，其吸附能力将明显下降。

我国科技工作者[18]讨论了液氢在长距离管道输送中存在着最佳流速，并分析了实际液氢输送过程中的输送状态。一批中国文献[19~25]从 20 世纪 80 年代到现在不断探讨液氢管道的数学模拟、设计、冷却等。可见我国对液氢管道的关注度甚高。与我国液氢同行交流，得知我国也有类似用途的液氢管道，不过尚没有公开文献报道。

19.5 液氢加注系统

液氢储氢型加氢站是目前美国、欧洲和日本主要采用的加氢站模式。

普遍做法是液氢用罐车运输至加氢站转注至站内储罐，但转注过程中存在约 10% 的汽化损失；也有将液氢罐车放置在加氢站内直接利用的做法。

加注的方法：包括使用汽化器汽化后再压缩机加压后加注（卡克拉门托采用）；使用液氢泵加压后汽化，不使用压缩机而直接加注（芝加哥等地采用）；或是利用液氢储罐和车载氢罐之间的压差或液氢泵压送得方法直接加注液氢。

19.5.1 液氢加注系统

典型的液氢加注系统如图 19-14 所示。

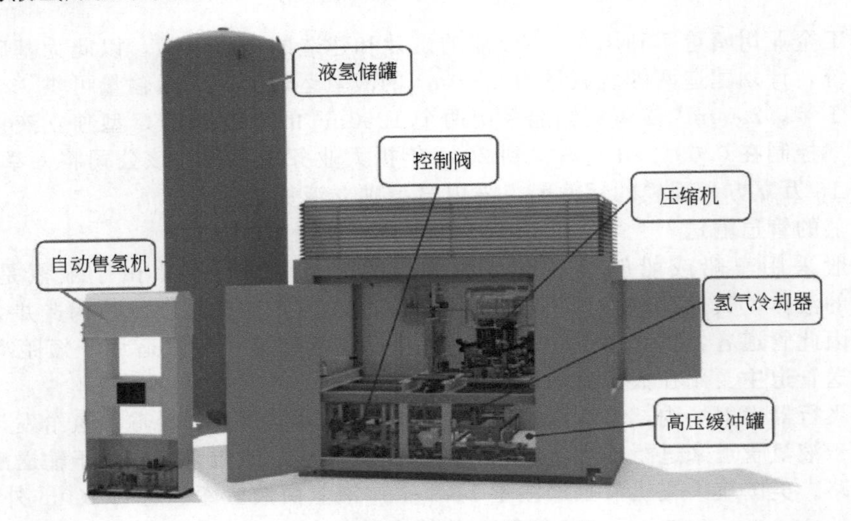

图 19-14 典型的液氢加注系统

使用时，液氢加注流量应该有一个调节范围，为满足这个要求，液氢的加注可以通过调节挤压压力或者挤压压力调节和节流阀相结合的组合调节方式。大流量加注时，采用单纯挤压方式使液氢在单相流状态下正常加注，小流量加注时，采用挤压压力调节和节流阀相结合的组合调节方式调节流量，使加注流量稳定并使节流阀前的管路处于单相流状态下工作。

图 19-15 日本福冈加氢站（毛宗强摄）

2017 年 2 月 26 日作者有幸参观日本福冈的一座加氢站。如图 19-15 所示。该站储存 3000kg 的液氢。值得指出的是该站与现有的加气站共建在一起，距离很短。

19.5.2 防止两相流的措施

液氢在管路中流动易汽化形成两相流，使得管路有效过流面积减小，流动阻力增大，加注流量降低且不稳定，使流量调节发生困难。航天工业总公司一院十五所章洁平[26]介绍了新型液氢加注系统，为防止两相流，对原系统做了重大改进。根据试验结果，从理论上简要分析了这些改进的机理和效果。

防止产生两相流的充分与必要条件是：

$$p_{vp} < p \tag{19-1}$$

式中，p_{vp}为液氢的饱和蒸气压；p 为管路中液氢静压。

① 提高管路的绝热性能合降低管路流阻，减少液氢的温度升高（降低 p_{vp}）。

② 适当提高挤压压力，以便使 $p > p_{vp}$。

③ 用过冷器对液氢进行过冷，使得其饱和蒸气压 p_{vp}降低。

液氢在中国目前仅航天领域有成熟应用，有完整成套的技术标准和相应的制取、储运和加注设施。但中国液氢市场数据目前还难以收集。

民用领域的液氢技术还处于准备阶段，产业化需要时间。

19.6 液氢的安全

国际对液氢安全非常重视。美国 NASA 和美国火灾科学国家重点实验室针对液氢以及氢气的泄漏研究比较全面。NASA 在 20 世纪 50 年代在墨西哥沙滩开展了液氢大规模扩散受风速和风向的影响试验[27]。1981 年，美国国家航空航天局（NASA）进行了一系列大规模液氢泄漏实验[28,29]，他们将低温氢气充入液氢储罐，将储罐内的液氢通过一条长 30.5m 的液氢管输送到指定的地点，液氢通过溢流阀倾倒到钢板上，然后在压实的沙地上自由扩散与蒸发。该实验基地在不同方位布置了 9 座监测塔，每一座监测堪上分布有多支气体取样瓶、氢气浓度监测器、风速扰流指示器、温度传感器等，方便实时监控和记录实验数据。系列实验中，最具有代表性的实验 6 在 38s 内匀速倾倒了 5.11m^3 的液氢，当时环境的风速为 2.20m/s，空气温度为 288.65K，垂直方向上的温度梯度为−0.0179K/m，空气相对湿度为 29.3%，露点温度为 271.49K。实验结果表明，从开始倾倒到液氢蒸发结束，液氧的蒸发时间约 43s，可见持续时间约 90s 可燃氢气在下风向的最远距离化 160m，可燃氢气在高度方向上的最远距离达 64m。

1988 年，美国火灾科学国家重点实验室的 Shebeko 等对封闭空间氢气的泄漏扩散做了实验研究，并分析了射流动能是影响氢气扩散的主要因素[30]。

2010 年，英国安全研究所（HSL）进行了运输车上的液氢储罐在大空间泄漏后的点火实验[31~33]。液氢出口流量为 60L/min，液氢流出时间持续 2min。实验过程中发现，由于液氢的低温使得空气中的水蒸气、氧气以及氮气都有不同程度的凝固，在地面上形成明显的固态沉积物。研究人员还进行了多次点火实验，点火在液氢泄漏稳定之后进行，点火地点位于距离氢源 9m，高 1m 处。点火后，空气中先发出一些低沉的响声，然后火焰开始拉升，火焰的上升速度大约为 30m/s。实验结果表明，氢气燃爆浓度最远到达的距离为 9m，由于液态蒸汽云的存在，即使在氢气的可燃爆浓度范围内，泄漏产生的氢气也不是非常容易燃爆。在所进行的实验之中，某次实验在点燃了 4 次 1kJ 的化学可燃物之后依然没有引起氢气的燃爆。

我国对液氢的安全极为重视，也做了大量工作。北京航天试验技术研究所凡双玉[34]等人报道了我国这方面的工作。2011 年，北京航天试验技术研究所进行了 18L 液氢蒸发扩散试验。科研人员利用广口杜瓦瓶装盛液氢，将液氢瞬时倾倒入水泥池（长×宽×高为 0.5m×0.2m×0.2m），测量液氢在户外试验环境下的行为。改变液氢容器泄漏量、气象条件来分别考察各种因素对蒸发的影响。试验场地为 30m^2，泄漏源是直径 1.6m、高 2m 的广

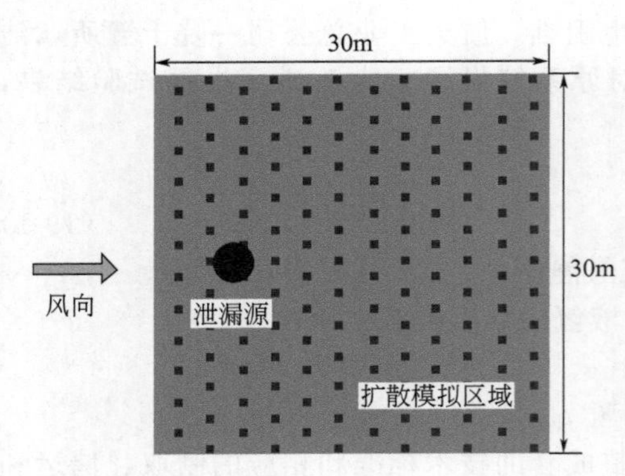

图 19-16 18L 液氢蒸发扩散实验

口杜瓦瓶液氢储罐。如图 19-16 所示。

将 18L 液氢泄漏在 0.1m^2 水泥池中，50s 全部蒸发完，环境温度 27℃，相对湿度 55%，在风速 2.6m/s 的池上方 1m 处采样分析。通过改变液氢扩散的风速、环境温度和泄漏量，用 ALOHA 软件进行扩散模拟。最后，得出如下结论：

① 环境风速对氢气扩散范围影响显著，泄漏扩散距离随着风速的增大而变小，风速越大，泄漏扩散范围越小。

② 泄漏扩散距离随着环境温度的升高而变大，温度越高，泄漏扩散范围越大。

③ 泄漏扩散距离随着泄漏量的增加而变大，泄漏越大，泄漏扩散范围越大。

与现实试验结果相比：对于液氢蒸发试验，软件模拟与试验结果的相对误差小于 11%；对于氢气扩散试验，软件模拟与试验结果的相对误差小于 17%。二者均在可接受范围内。

数值模拟方面，美国国家科学研究中心利用数值模拟软件分析了，液氢泄漏后泄漏源类型和来自地面的热量是影响液氢蒸发扩散的主要影响因素[35]；美国 Prankul Middha 等针对 1980 年 NASA 关于液氢泄漏的实验开展了相关的数值模拟研究，验证了数值模拟方法的可行性[36,37]。国内对液氢泄漏与扩散的研究大多集中在数值模拟的理论研究阶段，国内张起源、吴光中、李茂等人对氢排放扩散进行了相关的数值模拟研究，取得了一些研究成果[38,39]。

吴梦茜等[40]进行了数值模拟。通过 CFD 软件 FLUENT 进行数值仿真，深入探究液氢泄漏和扩散过程的化理，建立了低温氢泄漏的三维瞬态数值计算模型来分析液氢的蒸发和气态氢的扩散过程，并评估在开放环境中液氢泄漏的安全问题。

19.7 中国液氢

早期文献［41］介绍了我国液氢初期的情况。

航天工业总公司 101 所于 1966 年建成投产的 100L/h 氢液化装置的流程与上述流程的不同之处有两点：一是为了降低液氮槽内的液氮蒸发温度，在氮蒸气管道上设置了真空泵；二是在液氮槽内和液氢槽内设置了两个装有四氧化三铁催化剂的正-仲氢转化器。在氢气压力为 13～15MPa，液氮蒸发温度为 66K 左右时，生产正常氢的液化率可达 25%（100L/h），生产液态仲氢（仲氢含量大于 95%）时，液化率将下降 30%，即每小时生产 70L 液态仲氢。该装置自 1966 年建成投产到 20 世纪 80 年代末退役之前，所生产的液氢基本上满足了我国第一代氢-氧发动机研制试验的需要。

美国液氢价格非常低廉，到 20 世纪 70 年代后期随着生产规模的不断扩大，液氢价格已降到 10～20 美分/lb（15.6～31.2 美元/m^3）[8]。

我国科技工作者，一直在进行液氢的开发，发表了许多文章[14,15,19,20]。

中国数据报道，目前在北京、西昌、文昌等地建有液氢工厂，均服务于航天火箭发射及相关试验研究，最大的液氢工厂在海南文昌，2014 年底正式投产，最大容量 2.5t/d。民用液氢工厂应用市场空白。

法国公司法液空（Air Liquide）分别为中国北京航天试验技术研究所（101 所）和海南蓝星液氢工厂提供了三套液化装置，其中北京 101 所两套装置的液化能力为 600L/h，海南蓝星工厂的最大液化能力为 1500L/h（2.5t/d），其流程均为带液氮预冷的氦制冷循环，能耗约为15kW/kg。压缩氢气经过三级换热降温后，在冷凝器中被氦制冷循环提供的冷量液化；循环氦制冷系统中，压缩氦气经过三级换热降温后进入透平膨胀机，达到20K以下的低温，然后去冷凝器内液化氢气；第一级换热器由低温氮气提供冷量；第二级换热器由液氮提供冷量；第三级换热器由低温氢气或氦气提供冷量。

19.8 小结

目前液氢的制取需消耗其本身具有热值的1/3左右；储存温度与室温间有280℃的温差，因此储罐制造难度高，汽化损失大；液氢的小规模应用难度较大，车载瓶蒸发量高达1%～2%/d；但加大储罐容量可有效减小汽化率，因此只要用量大，储存密度高，其巨大的燃烧值以及简单的保冷容器与同汽油类似的加注设备使其在储存和应用上均有一定优势。

由于成本、技术等因素，液氢在中国目前仅航天领域有成熟应用，有完整成套的技术标准和相应的制取、储运和加注设施。由于没有民用化，其氢液化装置的利用率不高，液氢市场数据目前还难以在公开的资料信息中获得。

相信随着氢能应用越来越广泛，对液氢的要求会提到议事日程上来，液氢产业的远景也将越来越好。

参 考 文 献

[1] Bryan Palaszewski. Gelled Liquid Hydrogen：A White Paper，NASA Lewis Research Center，Cleveland，OH，February 1997.

[2] Klaas Kunze，Oliver Kircher. Cryo-Compressed Hydrogen Storage，Cryogenic Cluster Day. Oxford，2012：12-28.

[3] Fuel Cells ：Data，Facts and Figures. Wiley-VCH Verlag GmbH & Co KGaA，2016.

[4] Ahluwalia R K，Peng J-K，Hua T Q. Cryo-Compressed Hydrogen Storage Performance and Cost Review，Compressed and Cryo-Compressed Hydrogen Storage Workshop，Crystal City Marriott，Arlington VA，US，February 14-15，2011.

[5] DOE，Technical Assessment：Cryo-Compressed Hydrogen Storage for Vehicular Applications，2006.

[6] Songwut Krasae-in，Jacob H Stang，Petter Neksa. Development of large-scale hydrogen liquefaction processes from 1898 to 2009. International journal of hydrogen energy，2010，35（10）：4524-4533.

[7] 马建新，刘绍军，周伟，等. 加氢站氢气运输方案比选. 同济大学学报（自然科学版），2008（05）.

[8] 唐璐，邱利民，姚蕾，等. 氢液化系统的研究进展与展望. 制冷学报，2011（06）.

[9] 孙立佳，孙淑凤，王玉莲，等. 磁制冷研究现状. 低温与超导，2008（09）.

[10] Drnevich R. Hydrogen delivery - liquefaction & compression [EB/OL].（2003-7-5）. http：//www1. eere. energy. gov/hydrogenandfuelcells/pdfs/liquefaction_comp_pres_普莱克斯. pdf.

[11] http：//www. iwatani. co. jp/eng/newsrelease/detail. php? idx=8.

[12] 贺潇鹿，林志翔. 文昌航天基地2014首发 液氢液氧工程建成. 文昌市政府网，2013.

[13] 毛一飞，刘泽万. 液氢贮存及使用中安全监测技术的研究. 低温工程，2002（5）：1-5.

[14] Schmidtchen U，Gradt Th，Würsig G，梁玉. 大量液氢的安全贮运，低温与特气 1995（1）.

[15] 冯庆祥，固氧在液氢中的行为特性及液氢生产的安全问题. 低温与特气，1998（1）：55-62.

[16] Roger E Lo，符锡理. 液氢的贮存、输送、检测和安全. 国外航天运载与导弹技术，1986（4）.

[17] 国内首台300m³可移动式液氢贮罐通过鉴定. 深冷技术，2011（05）.

[18] 梁怀喜，赵耀中，刘玉涛. 液氢长距离管道输送探讨. 低温工程，2009（05）.

[19] 栾骁，马昕晖，陈景鹏，等. 液氢加注系统低温管道中的两相流仿真与分析. 低温与超导，2011，39（10）.

[20] 赵志翔，厉彦忠，王磊，等. 微弱漏气对液氢管道插拔式法兰漏热的影响. 西安交通大学学报，2014，13：15.

[21] 马昕晖，徐腊萍，陈景鹏，等. 液氢加注系统竖直管道内Taylor气泡的行为特性. 低温工程，2011（6）.

[22] 韩战秀，王海峰，李艳侠. 液氢加注管道设计研究. 航天器环境工程，2009（6）.

[23] Commander C，Schwartz M H，湘言. 大直径液氢和液氧管道的冷却. 国外导弹技术，1981，7（7）.

[24] 符锡理. 液氢、液氧输送管道的二氧化碳冷凝真空绝热. 国外导弹与宇航，1984（11）.

[25] 符锡理. 美国肯尼迪航天中心39A、39B发射场的液氢液氧加注管道. 中国航天，1983，6（6）：17-19.

[26] 章洁平. 液氢加注系统. 低温工程，1995 (04).

[27] Witcofski R D. Dispersion of flammable clouds resulting from large spills of liquid hydrogen [C]. National Aernautics and Space Administration，NASA Teschnical Memorandom，United States，1981：284-298.

[28] Witkofski R D，Chirivella J E，Experimental and analytical analyses of the mechanismsgoverning the dispersion of flammable clouds frrmed by liquid hydrogen spills. International Journal of Hydrogen Energy，1984，9 (5)：425-435.

[29] Chirivella J E，Witkofski R D. Experimental results from fast 1500 gallon LH_2 spills. Cryogenic Properties. Processes and Applications，1986，251 (82)：120-140.

[30] Angal R，Dewan A，Subraman K A. Computational study of turbulent hydrogen dispersion hazards in a closed space. IUP Journal of Mechanical Engineering，2012，5 (2) ：28-42.

[31] Hooker P，Willoughby DB，Royle M. Experimental releases of liquid hydrogen. Proceedings of 4th International Conference of Hydrogen Safety. San Francisco，2011：160.

[32] Venetsanos A G，Papanikolaou E，Bartzis J G. The ADREA－HF CFD code for consequence assessment of hydrogen applications. Interational Journal of Hydrogen Energy，2010，35 (8)：3908-3918.

[33] Hedley D，Hawksworth S J，Rattigan W，et al. Large-scale passive ventilation trials of hydrogen. International Journal of Hydrogen Energy，2014，39 (35)：20325-20330.

[34] 凡双玉，何田田，安刚，等. 液氢泄漏扩散数值模拟研究. 低温工程，2016，(06).

[35] Venetsanos A G，Bartzis J G. CFD modeling of largescale LH_2 spills in open environment. International Journal of Hydrogen Energy，2007，32 (13) ：2171-2177.

[36] Shebeko Y N，Keller V D，Yemenko O Y，et al. Regularities of formation and combustion of local hydrogenair mixtures in a large volume. Chemical Industry，1988，21 (24) ：728.

[37] Hallgarth A，Zayer A，Gatward A，et al，Hydrogen vehicle leak model-ing in indoor ventilated environments [C]. COMSOL Conference，Milan，Ttaly，2009：165-186.

[38] 吴光中，李久龙，高婉丽. 大流量氢气的排放与扩散研究. 导弹与航天运载技术，2010 (1) ：51-55.

[39] 李茂，孙万民，刘瑞敏. 低温氢气排放过程数值模拟. 火箭推进，2013，(4) ：74-79.

[40] 吴梦茜. 大规模液氢泄漏扩散的数值模拟与影响因素分析 [D]. 杭州：浙江大学，2017.

[41] 郑祥林. 液氢的生产及应用. 今日科苑，2008，(06).

第 20 章 副产氢气的回收与净化

多种化工过程如煤化工、电解食盐制碱工业、发酵制酒工艺、合成氨化肥工业、石油炼制工业等均有大量副产氢气。如能采取适当的措施进行氢气的分离回收，每年可得到数亿立方米的氢气。这是一项不容忽视的资源，应设法加以回收利用。

氢的纯化有多种方法，主要的工业方法包括变压吸附、膜分离和低温分离。每一种方法都有其优势，也有其局限性。就目前世界上这几种方法在原料气要求、产品纯度、回收率、生产规模所能达到的水平归纳如表 20-1 所示。

表20-1 氢的工业纯化方法比较

方法	原理	典型原料气	氢气纯度/%	回收率/%	使用规模	备注
变压吸附法	选择性吸附气流中的杂质	任何富氢原料气	99.999	70～85	大规模	清洗过程中损失氢气，回收率低
有机膜法	气体通过渗透薄膜的扩散速率不同	炼油厂废气和氨吹扫气	92～98	约 85	小至大规模	氨、二氧化碳和水也可能渗透过薄膜
无机膜分离	氢通过钯合金薄膜的选择性扩散	任何含氢气体	99.9999	99	小至中等规模	硫化物和不饱和烃可减低渗透性
低温吸附	液氮温度下吸附剂对氢源中杂质的选择吸附	氢含量为99.5%的工业氢	99.9999	约 95	小至中等规模	先采用冷凝干燥除水,再经催化脱氧
低温分离法	低温条件下，气体混合物中部分气体冷凝	石油化工和炼油厂废气	90～98	95	大规模	为除去二氧化碳、硫化氢和水，需要预先纯化

表 20-2 为三种氢回收工艺的技术经济特点[1]。

表20-2 氢气提纯工艺技术经济特点

性能＼工艺	深冷分离	膜分离	PSA
温度/℃	30～40	50～80	30～40
操作压力/MPa	1.0～8.0	3.0～15.0	1.0～3.0
提浓后压力、进料压力/MPa	1.0	0.2～0.5	1.0
进料中最小氢体积分数/%	30	30	50
预处理要求	脱除 H_2O、CO_2、H_2S	脱除 H_2S	无要求
相对功耗/kW	1.77	1.0	1.68
氢体积分数/%	90～95	80～99	>99.99

续表

工艺 性能	深冷分离	膜分离	PSA
氢回收率/%	98	95	85
相对投资费用/万元	2～3	1	1～3
操作弹性/%	30～50	30～100	30～100

20.1 变压吸附法

20.1.1 背景

18 世纪 60 年代工业革命开始，人类对能源的需求日益增大，但随着能源构架中占统治地位的煤、石油等资源的日渐匮乏，使得能源问题一直困扰着全球经济的发展。汽车工业是世界上仅次于石油化工的第二大产业，目前全球汽车总量已经超过 5 亿辆，预计未来的 15 年内汽车总量将会加倍，几乎所有的汽车都以汽油、柴油等为燃料。传统汽车不仅消耗了大量的石油资源而且在运行过程中排放的尾气中的含有大量的 CO、CO_2、NO_x、SO_2 等有害气体，不仅污染了环境而且对人类的身体健康造成直接或潜在的巨大危害。

据统计汽车排放污染占大气污染的 42%，鉴于汽车尾气的危害许多国家颁布了限制汽车尾气排放的法规。美国为了降低汽油中芳烃的含量推出了 1990 清洁空气修正案，欧洲推出了限制汽车尾气排放的欧洲Ⅰ号标准和欧洲Ⅱ号标准。通过改进汽车发动机的燃油性能以及加装汽车尾气净化器可以降低尾气的排放，但是这些措施不可能从根本上杜绝尾气排放对环境的污染，而且也越来越难达到日趋严格的尾气排放标准，解决问题的出路在于寻找和开发新的能源来替代传统的化石燃料。全球各大汽车制造商竞相研制新型汽车，其中氢燃料汽车以其良好的动力性能以及近乎于零污染排放因而尤为突出，它以氢为燃料来源氢气和氧气反应排放出水，从根本上解决了汽车尾气对环境的污染[3]，是未来汽车的发展方向。

氢气不仅是一种洁净的能源，也是一种十分重要的工业原料，它广泛应用于石油化工电子冶金等行业[4]。近年来随着环保要求的提高，各国对油品质量的要求越来越高，使得加氢工艺成了炼油厂必不可少的工序，导致炼油行业对氢气的需求量越来越大，因而氢气的供求矛盾更加突出。一方面是石油化工、合成氨等众多行业需要大量的氢气作为生产原料，另一方面这些行业在生产过程中又产生了大量的含氢废气，而这些废气以往都作为燃料烧掉或直接放火炬烧掉，造成氢气资源的浪费。近年来，随着氢气利用程度的不断扩大，氢气的需求日益增大，所有这些因素都激励着人们开发从炼厂含氢弛放气、高炉煤气以及其他具有类似组成的工业弛放气体中回收氢气的工艺。

新型吸附剂的开发和应用极大地促进了吸附工艺的发展，同时也促进了基于吸附作用机理的气体混合物分离纯化设备在石油化工、环境、制药以及电子工业等领域中的广泛应用。变压吸附工艺因具有能耗低、流程简单、产品纯度高等优点，因而在工业得到了很好的推广和使用。但是由于变压吸附装置中各个吸附塔之间的相互关联使得当其中的一个吸附塔或其相应的部件出现故障时，整个系统的生产能力和产品的回收率都会受到影响，因而为了提高变压吸附工艺的灵活性和操作的独立性以及变吸附工艺对低压贫氢气源的适应性，有必要进行对变压吸附制氢进行进一步的研究。

20.1.2 氢气分离的各种方法比较

氢气是一种重要的化工原料和工业保护气体。例如，氢气是合成氨工业中的主要原料之一；在炼油工业中，氢气被广泛用于对石脑油、粗柴油、燃料油、重油的脱硫，以及不饱和烃等的加氢精制以提高油品的质量；在电子和冶金工业中氢气主要用作保护气体在食品工业中，植物油经加氢处理后性能稳定，易于存放，并能抑制细菌的生成；在航天工业中，氢是重要的燃料。由于氢气所具有的良好的燃烧性能以及环保法规要求的日益严格，未来市场对氢气具有潜在的巨大需求。

氢气的主要来源有电解水制氢；利用煤、天然气、重油为原料和水蒸气反应造气，以及利用烃类转化或焦炉气制氢等；另外，一些工业生产中产生的含氢尾气，如合成氨弛放气、甲醇尾气、脱甲烷塔尾气以及各种裂解工艺的尾气中都含有一定量的氢气，对这些工业尾气进行分离提纯可以获得氢气。其中，电解水法制氢工艺成熟，制得的产品氢气纯度高，主要杂质为 H_2O 和 O_2，一般仍需纯化处理，而且该方法投资大、效率低、能量消耗大而且对设备的腐蚀严重。水蒸气转化法是目前常用的制氢方法，产品气中氢气的含量低于 80%，必须对其进行分离提纯才能得到高纯度的氢气。从各种弛放气中回收氢气不仅可以获得工业生产所需的氢气，从而降低生产成本增加经济效益，还可以减轻尾气排放或尾气直接燃烧所引起的环境污染。

工业生产中对氢气的纯度要求较高，比如电子工业需要氢气纯度要求大于 99.999%，在某些情况下甚至要求更高；在石油化工行业，所需氢气的纯度一般要大于 99.9%，因为氢气的纯度不仅对加氢装置的能耗有较大的影响，而且氢气中的一些杂质如（CO、H_2S）会使催化剂中毒的杂质，因此要对含氢原料气进行分离提纯以满足不同的生产需要。

对于含氢气体的分离提纯，工业上可以采用的分离方法有吸收法、深冷法、吸附法、膜分离法以及金属氢化物分离法等[5]。由于对化学溶剂对含氢气源中的杂质组分的选择性较低，所得氢气的纯度不高（一般不大于 85%），而且设备的维护费用较高，因而吸收法在氢气的分离提纯中很少被采用。深冷分离法是利用原料气中各组分临界温度的差异，将原料气部分液化或在低温下进行精馏来实现氢气分离的目的。深冷分离工艺成熟，有回收率高、处理量大、对原料气中氢含量要求不高等优点，但投资较高、装置启动时间长、而且原料气在进入深冷设备前需先将水分及二氧化碳等杂质脱除，以免在低温下堵塞设备，因此当含氢原料气气量较小时采用深冷分离工艺变得很不经济。膜分离是一项新兴的高效分离技术，它以膜两侧气体的分压差为推动力，通过溶解→扩散→脱附等步骤产生组分间传递速率的差异来实现氢和其他杂质分离的目的。膜分离法具有工艺简单、操作方便、投资少等优点，但制膜技术（如膜的均匀性、稳定性、抗老化性、耐热性等）有待不断改进，膜的使用寿命也不长，而且要求原料气不含有固体微粒和油滴以防止损坏膜组件。产品的纯度一般不高（<99%），但所需原料气的压力较高，采用两级膜分离器产品氢纯度可到 99%。金属氢化物净化法是利用储氢材料在低温下吸氢高温下释放氢的特点来实现氢气的纯化，产品氢气的纯度很高，但它对原料气中氢纯度要求较高（大于 99.99%），而且储氢金属材料多次循环使用会产生脆裂粉化现象，生产规模也不大，因而不适合粗氢及含氢尾气的大规模分离提纯。

吸附分离是利用吸附剂对气体混合物中不同组分的选择性吸附来实现混合物的分离的目的。含氢气源中的杂质组分在很多常用的吸附剂上的吸附选择性远超过氢[6]，因此可以利用吸附分离法对经其中的氢气进行分离提纯。和以上的各种氢气分离提纯方法相比，吸附法具有以下优点：①产品气的纯度高可以得到纯度为 99.999%的氢气；②工艺流程简单操作方便无须复杂的预处理可以处理多种复杂的气源；③吸附剂的使用寿命长对原料气的质量要求不高，当进料气体的组成和处理量波动时装置的适应性好。

20.1.3 变压吸附制氢工艺

早在一百多年以前人们就发现了吸附现象，但是由于缺乏合适的吸附剂和吸附分离工艺，直到20世纪60年代初对吸附的直接开发和应用还仅仅局限于空气的净化方面。由于空气的深冷分离过程的复杂性而且只有生产能力达到一定规模才具有很好的经济效益，因此人们一直努力开发一种新型的空气分离工艺。20世纪30年代末，Barrer发现氮比氧在沸石上优先被吸附。1959年美国联合碳化物公司的Milton合成了沸石分子筛，所有这些都刺激了人们对吸附分离工艺的探索。与此同时联碳公司开始开发一种新工艺将这种新型的吸附剂于应用到空气的分离领域。工业用气需求的持续增长和新型吸附剂的开发促进了吸附分离工艺的发展。

变压吸附（pressure swing adsorption，PSA）分离技术是利用固体吸附剂对气体组分在不同压力下吸附量的差异以及对不同组分的选择性吸附，通过周期性的变化吸附床层的压力来实现气体组分分离的目的。它最初是由Skarstrom[7]和Guerin de Montgareuil和Domine[8]分别在各自的专利中提出的，二者的差别在于吸附床的再生方式不同：Skarstrom循环在床层吸附饱和后，用部分低压的轻产品组分冲洗解吸，Guerin-Domine循环却采用抽真空的方法解吸。随着新型吸附材料不断涌现，变压吸附分离技术获得了迅速发展，逐渐成为空气干燥、氢气纯化、正构烷烃的脱除和中小规模空气分离的主要技术。

20.1.3.1 基本原理

变压吸附是循环区吸附或参数泵吸附分离中的一种，和变温吸附不同的是，通常的固定床吸附操作在常温下吸附，加热升温解吸再生，这种变温吸附过程，因吸附剂的热导率较大，升温降温需要较长的时间，并需要较大的换热面积。而无热源的（变压）吸附是利用被吸附气体的压力周期性地变化，压力下吸附，在低压或真空下解吸，吸附剂同时再生。为了减少变压吸附使用的吸附剂量，在降压解吸的同时，升温加热冲洗气体，使吸附剂的解吸再生加快。例如对空气脱湿干燥，变压吸附法不需要加热设备，在常压常温下操作，设备简单，又能同时脱防备种气体杂质，如CO、CO_2等杂质气体。可省去预处理设备，简化了流程，取得纯度较高的气体产品。

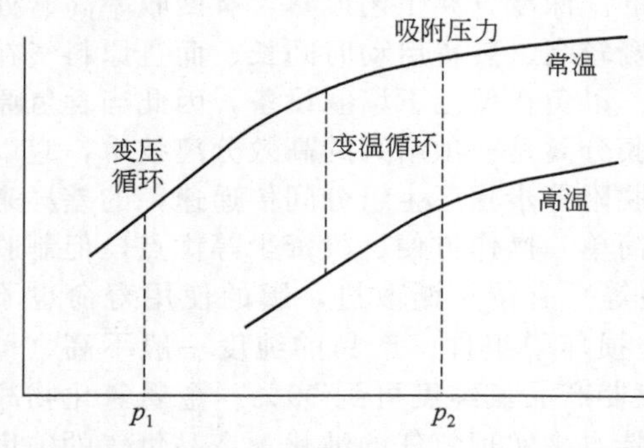

图20-1 变压吸附及变温吸附原理示意图

变压吸附法除用于气体的脱水干燥外、从空气中制氮的中小型装置，适用于环境保护处理污水和中小型需要富氧的工艺。变压吸附操作是吸附分离是在垂直于常温吸附等温线和高温等温线之间垂线进行，而变压吸附操作由于吸附剂的热导率较小，吸附热和解吸热引起床层温度的变化不大，可以看成等温过程，工作状况近似地沿着常温吸附等温曲线进行，在较高的分压p_2吸附，在较低的分压p_1下解吸（图20-1）。所采用的压力变化可以是：①常压下吸附，真空下解吸；②加压下吸附，常压下解吸；③加压下吸附，真空下解吸这几种。

20.1.3.2 基本步骤

随着吸附剂种类的不同和分离任务的差异，现在工业上常用的变压吸附工艺和最初的Skarstrom循环相比，无论是设备的生产能力还是工艺流程都发生了很大的变化，但是它们的基本操作步骤都是相同的，图20-2描述了变压吸附中一个吸附塔所经历的基本操作步骤。

① 升压。将具有一定压力的气体从吸附塔的一端引入吸附塔（吸附塔的另一端关闭），使吸附塔内的压力达到预定的吸附压力。升压过程中所使用的气体可以是原料气，也可以是产品气，或者是其他在降压阶段放出的气体，只是升压时的气流方向因升压所用气体组成的

不同而有所改变。

② 吸附。原料气在预定的吸附压力下进入吸附塔，开始吸附操作。由于易吸附组分从塔的进口端即开始被吸附，因此吸附塔出口端所流出的产品气为不易吸附组分的纯气体。在吸附塔中的气相组成在吸附塔轴向距离上随着以吸附组分浓度波峰面的移动变化明显，当吸附进行到预定的操作时间时（即床层中关键组分的浓度分布前沿到达床层中的某一预定位置），停止吸附，进入降压阶段。

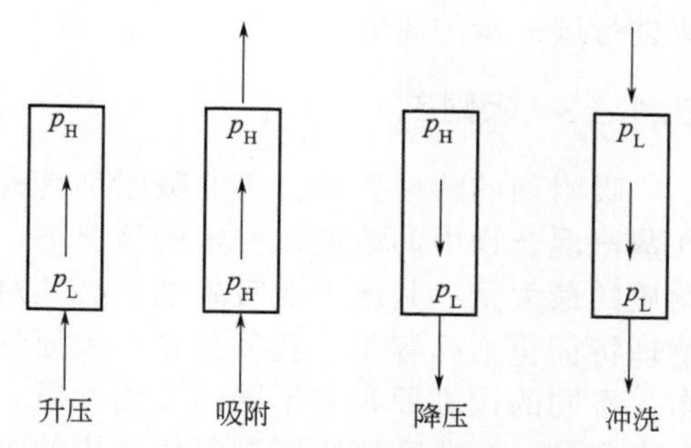

图 20-2 变压吸附基本操作步骤

③ 降压。在吸附阶段部分吸附剂因吸附易吸附组分而饱和。为了使变压吸附循环正常进行，需要对吸附剂进行再生。通常是降低吸附床的压力从而降低易吸附组分的分压使其从吸附剂上脱附下来。如果易吸附组分有经济价值，则将降压排出的解吸气当作一种产品气收集，否则作为废气处理。

④ 冲洗。冲洗的目的是为了把降压后残余在吸附床内的杂质（产品气以外的其他组分）排出吸附塔，使吸附剂尽可能得以再生。

变压吸附工艺在 Skarstrom 和 Guerin-Domine 循环发明之后的第一个主要的改进是在吸附阶段末引入顺向放压[9]步骤。美国联合碳化物公司在 1961 年最先将这一改进应用于分离正异构烃类的 Isosiv 过程[10]。在常用变压吸附工艺的吸附阶段，吸附床中易吸附组分的浓度峰面远未到达吸附床的出口端时关闭吸附床的进料阀，停止吸附步骤，随后进行顺向放压步骤。在顺向放压过程中，吸附床顺着吸附步骤中的气流方向进行降压，吸附床中的流出气一般用于另一吸附床的升压或冲洗。顺向放压过程中，随着吸附床压力的降低，吸附床中的易吸附组分的浓度峰面进一步向吸附床产品气出口端推进，使得吸附床中的不易吸附组分的含量进一步降低，从而提高了产品气的回收率。另外，在常用变压吸附工艺的吸附步骤末需要保留一段“清洁”的吸附床层，以保证在顺向放压过程中吸附床流出气中的不易吸附组分的纯度，因此顺向放压步骤的引入缩短了吸附步骤的操作时间，降低了变压吸附工艺的生产能力。

继顺向放压之后，变压吸附工艺的重要改进是压力均衡步骤的引入[11]。压力均衡是指将处在特定的不同操作状态的两个吸附塔直接相连接使它们的压力达到平衡。压力均衡的主要目的是回收吸附塔内保存在高压气体中的机械能用，以为完成冲洗阶段或处于相对低压的吸附塔进行升压，减少了吸附塔升压用气从而提高了产品气的回收率。由于在变压吸附循环过程中不需要额外机械能的输入，因此尽可能的回收这一部分机械能对提高变压吸附的回收率显得尤为重要。但是并非均压次数越多越好，因为随着均压次数的增加产品回收率提高的幅度越来越小，而均压次数的增加意味着要增加相应的管道和控制阀门，增加设备的投资。压力均衡步骤的数目并不是任意的，它与吸附分离的工况条件以及吸附塔的数量等因素有关。黄家鹄[12]对多塔流程的时序排布进行了详细地研究，给出了吸附床数目、吸附阶段同时进料的吸附塔数以及均压次数之间的关系，并且给出了几个多塔多均压次数的变压吸附循环操作时序排布实例，但是由于在时序排布中借助了很多隔离步骤来实现吸附塔耦合步骤的匹配，致使在循环过程中的吸附塔的利用率降低。为完成压力均衡，处在特定操作状态下的两个吸附塔相互连接，因而当其中的一个吸附塔发生故障时必然会导致与之相关联的其他吸附塔也被迫停止操作[13]，从而限制了变压吸附操作的灵活性。由于耦合步骤的存在，在工艺实现过程中的可行的时序排布就会受到限制，如四塔变压吸附工艺中就只有一次均压和不连续两次均压两种操作时序，其他的操作时序则很难实现。同时由于耦合步骤的限制，在循环过程中各个操作步骤的时间长度很难独立进行优化。因此有必要对变压吸附的压力均衡步骤进行进一步的研究。

20.1.3.3 吸附剂

吸附剂的特性要求：工业吸附剂首先要求有较大的静活性，即在一定温度及被吸附物质在蒸汽混合物中的浓度也一定的情况下，单位质量（体积）的吸附剂在达到平衡时所能吸附物质的最大量；其次工业吸附剂还必须对不同溶质具有选择性的吸附作用。吸附剂最重要的物理特征包括孔容积、孔径分布、表面积和表面性质等。不同的吸附剂有不同的孔隙大小分布、不同的比表面积和不同的表面性质，因而对混合气体中的各组分具有不同的吸附能力和吸附容量。工业变压吸附制氢所选用的吸附剂都是具有较大比表面的固体颗粒。因所选用的吸附剂具有吸附杂质组分的能力远强于吸附氢气能力的特性，因此可以将混合气体中的氢气提纯。吸附剂对各种气体的吸附性能主要是通过测定的吸附等温线来评价的。优良的吸附性能和较大的吸附容量是实现吸附分离的基本条件。此外，在吸附过程中，由于吸附床压力是不断变化的，因而吸附剂还应有足够的强度和抗磨性。

变压吸附在氢气分离中常用的吸附剂有活性氧化铝类、硅胶类、活性炭类与分子筛类等。活性氧化铝类属于对水有强亲和力的固体，一般采用三合水铝或三水铝矿的热脱水或热活化法制备，主要用于气体干燥。硅胶类吸附剂属于一种合成的无定形 SiO_2，它是胶态球形粒子的刚性连续网络，是由硅酸钠溶液和无机酸经胶凝、洗涤、干燥及烘焙而成，硅胶不仅对水有强的亲和力，而且对烃类和 CO_2 等组分也有较强的吸附能力。活性炭类吸附剂的特点是：其表面所具有的氧化物基团和无机物杂质使表面性质表现为弱极性或无极性，加上活性炭所具有的特别大的内表面积，使得活性炭成为一种能大量吸附多种弱极性和非极性有机分子的广谱耐水型吸附剂。沸石分子筛类吸附剂是一种含碱土元素的结晶态偏硅铝酸盐，属于强极性吸附剂，有着非常一致的孔径结构和极强的吸附选择性。对于组成复杂的气源，在实际应用中常常需要多种吸附剂，按吸附性能依次分层装填组成复合吸附床，才能达到分离所需产品组分的目的[14]。

由于原料变化及 PSA（变压吸附）能力限制，中国石油天然气股份有限公司大庆石化分公司（大庆石化）炼油厂制氢装置实际的产氢能力达不到用氢需求，在油品升级国Ⅳ、国Ⅴ时存在氢气缺口，根据大庆石化氢气平衡情况，为保证炼油厂油品升级的顺利完成，需要将制氢装置 PSA 提纯系统能力提高到 44dam³/h，以解决由于制氢装置中变气 PSA 能力不足带来的油品升级困难。2015 年 7 月，对大庆石化炼油厂制氢装置进行了扩能改造，采用了 HX5A-10H，HXNA-CO/10 新型吸附剂，此种吸附剂相对传统的吸附剂具有强度高、吸附容量大、堆密度大等特点，使 PSA 装置吸附剂的装填比例更加优化，吸附剂动态吸附容量提高，同时进一步减小了吸附塔死空间，提高了 PSA 装置氢气收率及氢气产量，中变气 PSA 装置出口氢气纯度能够达到 99.9%，氢气收率达到 90%以上，为炼油厂油品升级提供了稳定的氢气保障。HXNA-CO/10，HX5A-10H 新型吸附剂的性能如表 20-3 和表 20-4 所示。

表20-3 HX5A-10H 指标要求及检测结果

项目	企业标准	入厂检测结果
外观	米黄色、灰色、土红色球形颗粒或条形	土红色球形颗粒
规格/mm	ϕ1.6～2.5	ϕ1.6～2.5
堆密度/（g/mL）	0.76±0.2	0.72
w（水）/%	≤1.5	0.06
抗压强度/（N/颗）	≥45	57.9
磨损率/%	≤0.2	0.16
粒度合格率/%	≥97	99.63
静态水吸附量/%	≥26	26.04

表20-4 HX5A-10H指标要求及检测结果

项目	企业标准	入厂检测结果
外观	米白色、灰色、土红色球形颗粒或条形	土红色球形颗粒
堆密度/(g/mL)	≥0.74	0.94
w(水)/%	≤1.5	0.48
抗压强度/(N/颗)	≥40	53.53
磨损率/%	≤0.3	0.12
粒度合格率/%	≥97	99.61
静态水吸附量/%	≥25	25.34

常用吸附剂再生方法有以下五种：

① 升温解吸。利用升高温度将易吸附组分解吸出来。由于一般吸附床热传导率比较低，再生和冷却时间就比较长（往往需要几个小时），所以吸附剂的床层比较大，而且还需要配备一套相应的热源和冷源，投资很大。此外，吸附剂温度的大幅度周期性变化往往影响它的寿命。尽管有这些缺点，由于升温解吸法在大多数体系中都能适用，而且产品损失也小，提取率比较高，所以目前仍不失为应用最广泛的一种方法。

② 降压解吸。把吸附床由较高压力降到较低压力，使被吸附组分的分压相应降低，也可收到一定的再生效果。这个方法的最大优点是它的步骤简单；但由于死空间气体中产品组分常因不能回收而损失，同时吸附剂的再生纯度也常达不到要求，所以一般不单独使用，而要同其他方法配合。

③ 冲洗解吸。此法用纯产品气或其他适当气体冲洗需要再生的吸附剂。吸附剂再生纯度决定于冲洗气用量和其中杂质组分含量。

④ 真空解吸。在吸附床压力降到大气压后，为了进一步减小杂质组分的分压，可用抽真空的方法来降低吸附床总压力，以得到更好的再生效果。但这个方法能量耗费比较大，而且对易燃易爆气体容易造成事故，不过由于冲洗气用量可大大减少，所以用这个方法提取率可以高些。冲洗和真空解吸法只能用于杂质组分吸附力不太强的场合，亦即在操作条件下它的吸附容量与压力成正比的场合。

⑤ 置换解吸。对于难解吸的吸附质，可以用一种吸附力比它略强或略弱的组分（解吸介质）来把它从吸附剂上置换下来。因为被吸附物质是同解吸介质一起流出的，所以要求他们之间某一方面的性质（如沸点等）差别比较大以便于分离。常用的解吸介质吸附力比吸附质略弱，这样在重新吸附时吸附质可又把解吸介质从吸附剂上冲洗下来。这种方法适用于产品组分吸附能力强而杂质组分吸附能力较弱的情况，例如用在从非直链烃中分离直链烃[15]和从裂解气中分离烯烃。

20.1.4 变压吸附在氢气分离中的应用与发展

变压吸附气体分离技术作为化工操作单元，正在迅速发展成为一门独立的学科，称为吸附分离工程。它在石油、化工、冶金、电子、国防、轻工、农业、医药、食品及环境保护方面得到了越来越广泛的应用。实践已经证明，变压吸附技术是一种有效的气体分离提纯方法。

变压吸附（pressure swing adsorption，PSA）是吸附分离技术中一项用于分离气体混合物的高新技术，在 20 世纪 60 年代世界处于能源危机的情况下，美国联合碳化物公司（UCC）首先采用变压吸附技术从含氢工业废气中回收高纯氢，1966 年第一套 PSA 回收氢气的工业装置投入运行[16]。到 1999 年为止，全世界至少已有上千套 PSA 制氢装置在运行，装置产氢能力为 20～100000m^3/h 不等。变压吸附制氢工艺是使用最为广泛的氢气分离提纯工艺，在多年的发展应用过程中，变压吸附制氢工艺不断地发展和完善，现在已经成为一个重要的化工单元操作在气体分离领域起着重要的作用。

中国西南化工研究设计院于 1972 年开始从事变压吸附气体分离技术的研究工作，1982 年在上海建成第一套从氨厂驰放气中回收纯氢的变压吸附工业装置。多年来．随着吸附剂、工艺过程、仪表控制及工程实施等方面研究的不断深入，变压吸附技术在气体分离和纯化领域中的应用范围日益扩大。现在已经开发成功的变压吸附气体分离技术已从合成氨驰放气回收氢气拓展到从含一氧化碳混合气中提纯一氧化碳、合成氨变换气脱碳、天然气净化、空气分离制富氧、空气分离制纯氮、煤矿瓦斯气浓缩甲烷、从富含乙烯的混合气中浓缩乙烯、从二氧化碳混合气中提纯二氧化碳等九个领域。中国西南化工研究设计院成为与 UOP 公司、林德公司并列为世界上专业化研究开发变压吸附系统工程技术的三大研究机构。

变压吸附法在氢气分离中的发展前景——联合工艺的开发应用。

由于分离任务的多种多样以及原料气组成的千差万别，使得有时仅仅使用一种分离工艺不能充分利用已有资源甚至难以达到既定的分离目标，因此有必要将不同的分离工艺进行合理的结合，使它们扬长避短，从而有可能达到更好的分离效果。

(1) 膜分离＋PSA[17]

由于膜分离工艺的推动力是膜两侧之间的压力差，因此对于氢气含量低（20％～40％），但压力较高的气源在通过膜分离之后，产品气的压力有所下降而且其中的氢气含量也被提高将此产品气送入到变压吸附装置中即可生产出高纯度的氢气，这样既可以实现高的氢气回收率又可以得到高纯氢气。上海焦化有限公司已经建立的 120m^3/h 燃料电池供氢装置就是利用将变压吸附技术和膜分离技术两种气体分离与净化技术相结合[17]，这种联合工艺既发挥了膜分离技术的工艺简单，投资费用少的优点，又利用变压吸附制氢产品纯度高的长处，而且由于膜分离工艺除去了大量的杂质，减小了变压吸附工艺的负荷，从而可以降低变压吸附的投资。

(2) 深冷分离＋PSA

深冷分离工艺所得产品氢的纯度低，但它对原料气中的氢气的含量要求不高而且氢气的回收率很高，而且可以将原料气分离成多股物流，因此对于那些含氢量很低的气源（5％～20％），可以先用深冷分离工艺把原料气进行分离提纯，产品气中的含氢气流再用变压吸附工艺分离提纯，制得高纯度的氢气。由于含氢气流中的杂质较少，因此变压吸附的规模可以相应减小，节省设备投资。但是深冷分离工艺投资大，因此只有当贫氢气源量非常大而且有需要高纯氢时采用这种联合工艺才会产生较好的经济效益。

(3) TSA＋PSA

变温吸附（TSA）是利用气体组分在固体材料上吸附性能的差异以及吸附容量在不同温度下的变化实现分离，其尤其适合在常温状态下强吸附组分不能良好解吸的分离。中石油大连石化分公司装置富氢尾气中含有不少 C_5 及 C_5 以上的组分，单独使用 PSA 工艺会使吸附剂很快失活，为此采用 TSA＋PSA 联合工艺，原料气先进入 TSA 单元，在常温下脱除原料气中 C_5 及 C_5 以上组分，同时利用加热的 PSA 解析气作为 TSA 单元的再生冲洗气，在该联合工艺中，TSA 可以有效地脱除原料气中饱和水和 C_5 等杂质，保证后续 PSA 塔吸附剂的寿命，并对原料气组分的变化起缓冲作用。该装置自投产 6 年多来，运行一直很稳定，吸附剂没有更换，对原料气适应能力强，H_2 回收率达到 90.5％，产品 H_2 含量达到 99.5％。

另外，TSA 单元还可以置于 PSA 单元之后，用于脱除 PSA 产品氢气中微量杂质如 N_2、Ar 等，进一步纯化氢气。纯化后氢气纯度可达 99.999％以上[17]，高于电解氢气的纯度，可用于需高纯氢气的特殊场所。

20.2 膜分离法

20.2.1 有机膜分离

20.2.1.1 氢气膜分离技术原理

膜分离的机理有多种[18~20]，一般分为：①Knudsen 扩散；②分子筛效应；③表面扩散；④溶解扩散。当微孔直径比气体分子的平均自由程小的情况下，气体分子与孔壁之间的碰撞远多于分子之间的碰撞，此时发生 Knudsen 扩散。如果膜孔径与分子尺度相当，膜的表面可以看成具有无数的微孔，能够像筛子一样根据分子的大小而实现气体分离，这就是分子筛效应。气体分子吸附在膜表面，膜空壁上的吸附分子通过浓度梯度在表面扩散，吸附组分的扩散速率比非吸附组分快，这就导致了渗透率的差异，从而达到分离的目的，这就是表面扩散。溶解扩散是基于气体在膜的上游侧表面吸附溶解，在浓度差的作用下通过膜，然后再下游侧解吸，达到分离。把分离膜按照分离原理的不同进行分类，大概可以分以下三类：

（1）单一溶解-扩散膜

这类膜通过以下方式传递物质：上游气相中的气体分子首先溶解于膜，然后通过扩散过程通过膜，最后在下游气相中解吸出膜。这类膜有可以进一步分类为三种：聚合物溶解-扩散[21]、分子筛[22]和选择表面流[23]。

聚合物溶解-扩散膜为玻璃态聚合物或橡胶态聚合物。玻璃态聚合物优先渗透小的非可凝性气体，如 H_2，N_2 和 CH_4；橡胶态聚合物优先渗透大的可凝性气体，如丙烷和丁烷。根据不同聚合物材料的选择性吸附特性，选择合适的有机材料，并制成氢分离膜，应用于特定工艺，可以起到很好的分离效果。但是，聚合物膜材料的主要问题是在高温、高压和存在高吸附性的组分时，会影响膜的稳定性。除此之外，分子筛材料也是另一可选材料。分子筛材料主要借分子大小的差别来完成分离。这类膜具有非常小的排斥某些分子的微孔，但是有允许另外一些分子通过，因此结合分离气体的分子大小，在实验室设计分子筛的孔径大小，可以得到非常好的分离效果。但是这类膜的缺点是难以加工，而且脆弱易碎，而且制造条件苛刻，费用昂贵。

在有些情况下，表面选择流膜可以让较大分子渗透，而截留较小分子。这类膜的工作原理是，在膜内有纳米孔，表面上有较强吸附能力的组分被选择性吸附，接着吸附组分通过孔表面扩散，吸附分子在膜孔内没有空隙，对较小的非吸附组分的传递产生阻力，从而分子较大的吸附组分可以通过膜，但是非吸附组分被截留，达到分离的目的。

（2）复杂溶解-扩散膜

这类膜从原理上类似于单一溶解-扩散膜，但是它们在单一溶解-扩散机理的基础上还包含某些其他反应，例如可逆络合反应。这类膜的特点是高选择性，而且在低的浓度推动力下具有高的渗透性能，缺点是缺乏稳定性，至今无工业化应用。钯膜和钯-有机/无机材料复合膜对氢有很好的选择性。氢通过钯膜的渗透包括氢分子在钯膜表面的吸附解离，形成有部分共价键的钯杂化物。在膜内部，氢原子扩散通过膜，在膜下游，原子氢结合为分子。但是钯基膜的缺点在于制备成大规模应用的膜组件，对制膜技术要求太高，而且成本太高，具有相当大的困难。

（3）离子导体膜

这类膜是由离子导体材料制成，最重要的是固体氧化物膜和质子交换膜。固体氧化物膜主要的功能是渗透氧离子，这包括氧在膜表面的电化学反应和氧离子通过固体氧化物的传递。但是这类膜需要再高温 700℃下密封，以及这类膜对温度变化具有较高的灵敏性，也可能会导致膜破裂。

20.2.1.2 有机膜氢气分离机理

溶解扩散机理是有机膜氢分离的主要机理[24]。如图 20-3 所示，第一步发生 H_2 在上游边界的吸附溶解，然后这些气体分子扩散通过膜并且最终在下游处解吸。上游的气压高于下游，这种压差在膜的两侧产生了化学势，这也是氢气膜分离的动力。

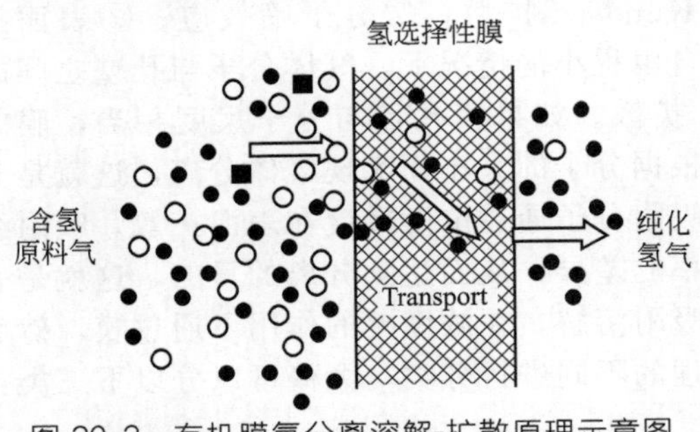

图 20-3 有机膜氢分离溶解-扩散原理示意图

■ H_2; ● CO_2; ○ CO

膜对于 H_2 的渗透通量定义如下[24]：

$$J=NL/(p_2-p_1)$$

其中，N 是稳定状态下通过膜的气体流量；p_1 和 p_2 分别是 H_2 在下游和上游的分压；L 是膜的厚度。基于上述溶解扩散模型，氢气穿过膜的渗透通量 $J=SD$[25]，其中 S 为溶解度；D 为扩散度。

如果以膜的分离系数表征聚合物膜对 2 种气体的分离能力，定义为 2 种气体的渗透率 P_a 和 P_b 的比：

$$\alpha_{a/b}=P_a/P_b=(D_a/D_b)(S_a/S_b)$$

在这个公式里，前者主要取决于：①被分离气体的尺寸和形状；②高分子的内聚能密度；③高分子链的活动性；④高分子链之间的平均距离。而后者主要受如下因素影响：①被分离气体的冷凝温度；②被分离气体和高分子间的相互作用；③高分子膜的自由体积含量。因此，综上分析，有机膜氢分离的分离系数是扩散选择系数和溶解选择系数共同作用的结果。

20.2.1.3 氢气膜分离有机膜现状

最早使用中孔纤维膜分离氢气的是杜邦公司，他们在 20 世纪 60 年代使用聚酯中空纤维膜分离器来分离氢气。由于膜的壁较厚，强度不高，分离器的结构也有缺陷等原因，该装置在工业上未能应用。Monsanto 公司于 1979 年推出了 Prism 中空纤维膜分离器。它广泛地应用于合成氨弛放气或从甲醇弛放气中回收氢气用于增产氨或甲醇，从炼厂气中回收和提浓氢气用于油品加氢以及用它来调节 H_2/CO 比例，生产乙醇、甲醇等产品。美国的 Airproducts 公司 1988 年为 Esso 公司在英国的 Fawlay 炼厂建立了一套 Separex 膜分离装置，用于从加氢裂化为其中回收氢气，处理能力为 64900m^3/h，氢气回收率达到 90%，氢气浓度 95%以上。表 20-5 列出了目前市场上比较常用的几种国外氢气膜分离器的性能比较。

从 1982 年开始，中科院大连化物所经过努力研制出中空纤维氮氢膜分离器。该分离器材质采用的也是聚砜，其性能已经达到第 1 代 Prism 膜分离器的水平。目前，除了膜分离器之外，将有机膜分离技术直接应用到化工工艺过程，从含有氮气、一氧化碳和碳氢化合物的混合物中分离氢气已经工业化，得到了广泛的应用，许多研究结果表明，聚酰亚胺等含氮芳杂环聚合物同时具有高透气性和高选择性，是气体膜分离的理想材料。聚砜是一种机械性能优良、耐热性好、耐微生物降解、价廉易得的膜材料。由聚砜制成的膜具有薄膜内层孔隙率高且微孔规则等特点，因而常用来作为气体分离膜的基本材料。研究表明，在聚砜的分子结构上引人其他基团，可以制成性能更好、应用范围更广的膜材料。目前应用的氢分离有机膜的材料主要是聚砜、聚碳酸酯、醋酸纤维和聚酰亚胺[26~32]。

表 20-6 列出了目前工业上常用的高分子膜对 H_2、N_2 选择性吸附特性[33]。

表20-5 国外几种氢分离有机膜反应器性能比较

分离器名称	Medal	Prism	Separex	Ubilex	分离器
公司	Du-Pont/L' Air Liquide	Air Product/ Permea	Air Product	Ube	深冷机械
膜材质	聚酰胺	聚砜	醋酸纤维	聚酰亚胺	聚乙烯三甲基硅烷
组件型式	中空纤维	中空纤维	螺旋卷式	中空纤维	平板
使用温度/℃		100	60	150	40
使用压力/MPa	15	15	15	15	5
耐压差/MPa		11.6	8.4	14.0	4
选择性 $\alpha_{N_2}^{H_2}$	200	30～60	45～55	200～250	12

表20-6 常用的高分子膜对 H_2、N_2 选择性吸附特性

膜材质	$p\times10^{10}$/[cm^3(STP)cm/($cm^2\cdot s\cdot cmHg$)]		$\alpha_{N_2}^{H_2}$
	H_2	N_2	
二甲基硅氯烷	390	181	2.15
聚苯醚	113	3.8	29.6
天然橡胶	49	9.5	5.2
聚砜	44	0.088	50
聚碳酸酯	12	0.3	40.0
醋酸纤维	3.8	0.14	27.1
聚酰亚胺	5.6	0.028	200

从表 20-6 中可以看出，聚砜、聚碳酸酯、醋酸纤维和聚酰亚胺对于 H_2/N_2 分离具有良好的选择性，对于氢气分离有很高的膜透过性能。此外，目前科研工作者也在 H_2/CO、H_2/CH_4、H_2/CO_2[31,32]分离膜方面做了大量研究，并已经研究出选择性良好的分离膜，在此不做详细说明。

20.2.1.4 氢气有机膜分离技术在工业上的应用

(1) 气体有机膜氢气分离参数

表 20-7 列出了石油炼制和化工过程中含氢气体的类型和组成，在这些含氢气体中，氢的含量和气体压力都比较高，这都为有机膜分离提供了上下游的压差，提供了分离的动力。

表20-7 石油炼制和化工过程含氢气体的类型组成(摩尔分数)① 单位：%

组分	加氢裂化尾气	催化重整副产尾气	加氢精制尾气	催化裂化干气	甲苯脱烷基化尾气	乙烯脱甲烷塔尾气
H_2	66.2	60.0	77.5	60.6	60.9	61.1
N_2				21.7		0.4
CH_4	23.4	17.0	15.9	10.2	37.5	36.7
C_2H_6	1.7	11.3	3.7	3.0	1.0	0.7
C_3H_8	2.9	7.3	2.9	0.8	0.2	
C_4^+	5.8	4.4			0.4	
CO				1.3		1.1
CO_2				2.0		
H_2O				0.4		

① 董子丰. 用膜分离从炼厂气中回收氢气. 低温与特气， 1997(3)。

由第三节对有机膜氢气分离技术原理的介绍，可以得知，膜两侧的分压差、膜面积及膜的选择分离性，构成了膜分离的三要素。依照气体渗透膜的速度快慢，可以把气体分成快气和慢气。常见气体中，H_2O、H_2、He、H_2S、CO_2 成为快气；CH_4 及其他烃类、N_2、CO、Ar 等成为慢气。膜分离技术在工业上一般是将富氢混合气分离成两股气：一股是具有较高氢气分压的富氢渗透气体，另一股是氢气分压低于渗透气，含有少量未回收 H_2 的渗余气，从而达到提纯和分离氢气的目的。

工业上一般通过调节调节渗透气测压力和膜组件的数量调节氢气回收率，膜组件数量越多，渗透侧气体压力越低，氢气回收率越高。

(2) 有机膜氢气分离工艺流程

① 从合成氨弛放气中回收氢气。合成氨的工艺流程即是在高温、高压和催化剂的作用下，让氢气和氮气合成氨，但是受化学反应平衡的限制，合成氨反应的转化率只有 33.3%左右，为了提高回收率，必须把未反应的气体进行循环。在循环过程中，不参与反应的惰性气体会逐渐累积，因此需要再工艺过程中排放一部分循环气来降低惰性气的含量。合成氨工业排放的循环气的氢含量达到 50%，因此回收这部分氢气具有极大的经济价值。大连化物所研发了从合成氨工厂放空气中回收 H_2 的流程。经过统计表明，该流程不但使氨增产 3%～4%，而且是吨氨电耗下降了 50kW·h 以上，经过两次提浓后的 H_2 纯度可达 99%，为进一步生产高附加值的加氢产品（双氧水、糖醇等）提供了可靠的原料，图 20-4 给出了合成氨放空气有机膜分离氢气的流程图[33]。

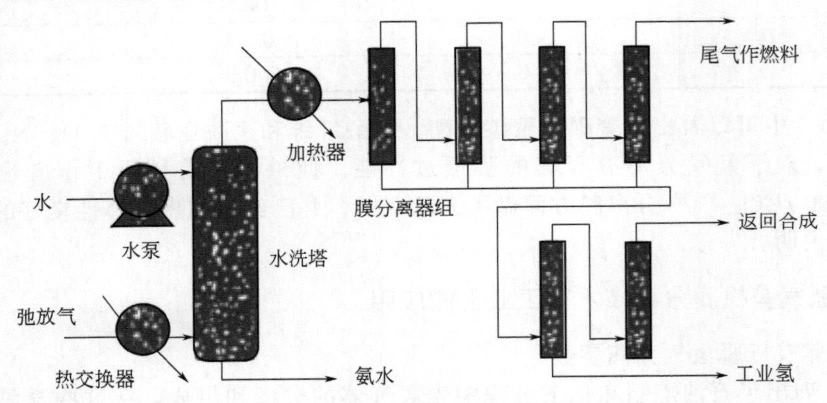

图 20-4 合成氨放空气有机膜分离氢气的流程图

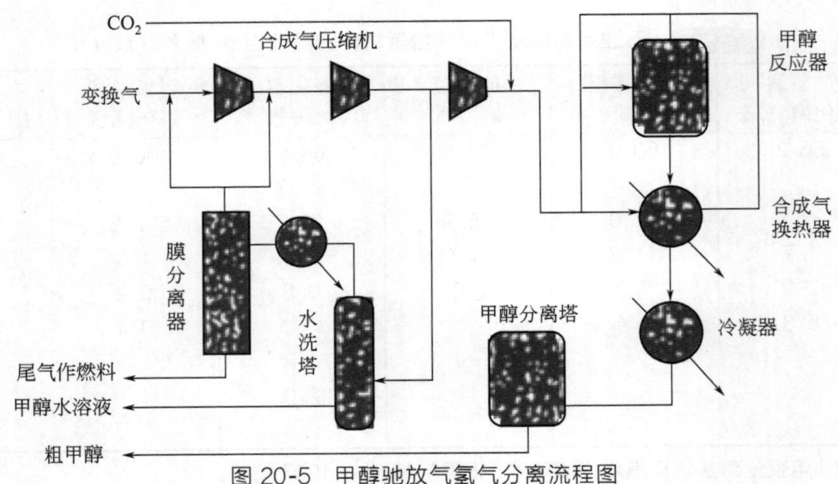

图 20-5 甲醇驰放气氢气分离流程图

② 从甲醇弛放气回收氢气。在合成甲醇时，也要排出一些惰性组分（如 N_2、CH_4、Ar 等）。由于它们积聚在循环气中会降低反应物的分压和转化率，因此需要定时排放这种含有大量氢气的混合气，这种排放也会造成大量的 H_2 损失。在甲醇弛放气回收氢气工艺中，实现的是 H_2/CO 分离，其工艺流程如图 20-5[33] 所示。

1979 年，美国率先把膜分离技术应用于甲醇弛放气回收氢气。以天然气为原料，年产 3×10^5t 甲醇的厂家，弛放气为 7500m^3/h，投用后使甲醇增产 2.5%，天然气费用节省 23%。

③ 催化重整尾气回收氢气。目前石油加工过程中，在油品的催化重整中，烃类会发生氢转移反应，副产物为大量的富氢气体（H_2>80%），因此从催化重整尾气中分离和提浓氢气，成为一种发展趋势。其流程工艺如图 20-6[33] 所示。

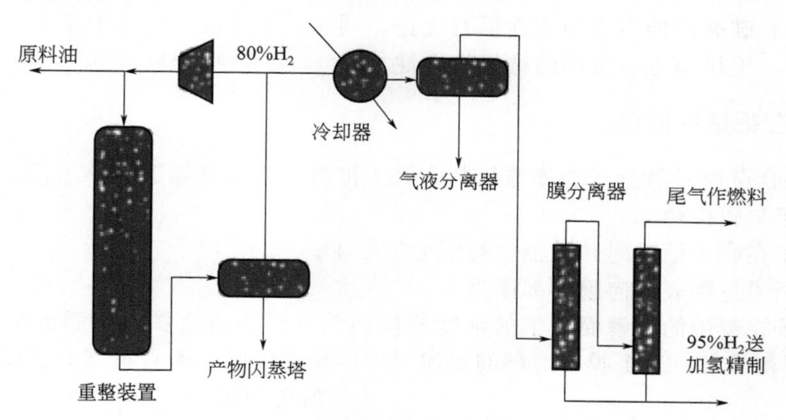

图 20-6 催化重整尾气氢分离示意图

20.2.1.5 结论及展望

有机膜氢分离技术以其操作简单、占地面积小、投资小、无污染等优势，在石化领域和其他化工领域已经得到广泛应用。针对不同的用途，科研工作者也已经开发出多种膜材料和氢分离工艺，推动了整个制氢行业的发展和氢能源成本的降低。但是要想在有机膜氢分离方面有更大突破，还需要在以下几个方面做出努力：

① 开发出热力学性能更好的氢分离有机膜。从改性膜材料和提高制膜工艺水平方面入手，如果能够进一步提高氢分离有机膜的热稳定性，则分离过程可以在更高的温度下进行，一方面可以节省原料气冷凝的水耗和能耗；另一方面可以改善目前的高分子膜的热稳定性不佳的缺点，在较高的操作温度下提高分离效率。

② 提高氢气分离有机膜的力学性能。这样氢分离可以在更高操作压力下进行而能够保证膜结构的完整而不破裂。因为石化行业的尾气几乎都带有压力，如果能提高有机膜的力学性能，这样会大大增加氢分离膜的适用范围，同时提高分离速率，并且下游渗透气的压力也随之增加，对后续压力要求较高的反应有积极影响。

③ 通过改性或者有机-无机复合，来进一步增强对 H_2 的选择吸附性，这样会提高氢气的回收率，降低能耗。

④ 开发有机膜氢分离与其他化工工艺结合联用的制氢工艺。通过改进氢分离装置，结合化工工艺自身装置特点，如果能够开发出压力、温度等工艺参数相吻合的联用装置，会大大降低整个氢分离工艺的运行成本，增加氢分离工艺的适应性。

总之，开发制备容易、方便操作、成本低、使用寿命长且操作温度和压力范围大的有机氢分离膜。在此基础上，开发出适用于各种化工工艺的氢分离工艺，降低投资成本和能耗，并且提高系统的运行稳定性，是将来氢有机膜分离工艺的研究热点，也会在更大程度上推动氢能的发展。

20.2.2 无机膜分离

20.2.2.1 无机膜分离特点

要得到超高纯的氢（99.9999%以上）只有采用无机膜分离技术中的钯合金膜扩散法。已经有许多作者进行或正在进行这方面的研究[34~37]。无机膜在高温下分离气体非常有效。相比有机高分子膜用于气体分离，无机膜对气体的选择渗透性及在高温下的热膨胀性、强度、抗弯强度、破裂拉伸强度等方面都有优势。同时，对于混合气体中某一种气体的单一选择性渗透吸附，无机膜也有很高的选择渗透性。

20.2.2.2 氢在钯膜中的渗透

钯或钯银合金膜对氢分子的渗透机制为原子扩散，其步骤如下：

① 氢分子与膜接触。

② 氢分子在膜表面吸附并被催化裂解为氢原子。

③ 氢原子通过膜表面向膜内部渗透。

④ 氢原子在膜中的溶解而产生的浓度梯度使其在膜内垂直扩散到膜的另一侧，此过程一直处于非平衡状态；直至膜中溶解的氢原子浓度梯度沿膜表面垂直方向变成直线时，才达到稳定状态。

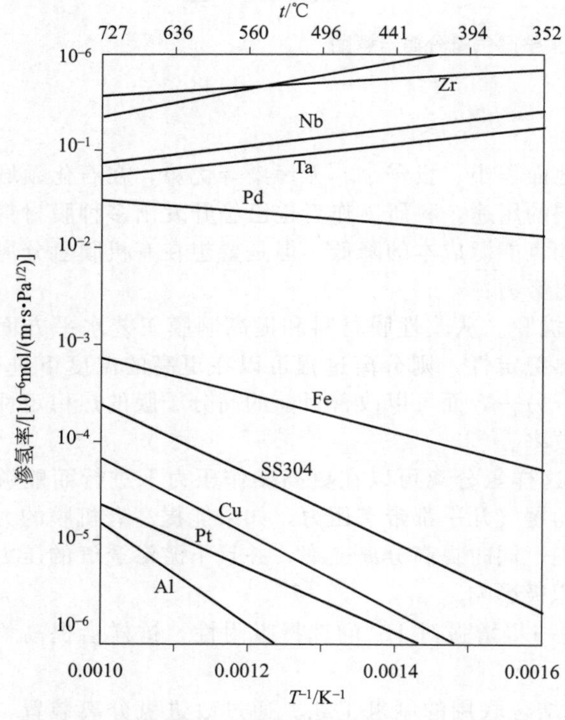

图 20-7 几种金属渗氢率与温度的关系

⑤ 氢原子从膜的另一表面穿透出去并吸附在其表面上。

⑥ 氢原子在其表面上又重新结合成氢分子并脱附离开膜。

常用的膜材料包括钯膜及钯合金膜，镀钯氧化铝膜，镀钯玻璃膜及镀钯陶瓷膜等等。其中尤以钯的优良性质，如难氧化、抗高温、抗熔解，抗CO、水蒸气和烃类中毒；在常温下具有最大吸氢能力，可达到其自身体积的600倍，特别是同时具有对氢的唯一选择性和高速氢渗透传输特性，使在氢的分离与净化中，钯最具优势与潜力。图20-7为几种金属对氢的渗透性与温度之间的关系。其中，钯的渗氢率远高于铁、304型不锈钢(SS-304)、铜、铂、铝等，而低于锆、铌、钽、钒等难熔金属。钯、铁、304不锈钢、铜、铂、铝等金属的渗氢率随温度的升高而升高；而锆、铌、钽、钒等难熔金属则随温度的下降而升高，这一反常现象的机理有待研究认识。

在对钯金属膜的实验研究中发现，钯膜在连续的升温、降温，吸、放氢过程中极易脆化破裂，导致膜失效，使用寿命缩短。通过对膜破裂前后的金相分析发现：在温度低于

310℃、压力小于 2.533MPa 时，升高氢浓度能够使 α 相钯氢化物转化为 β 相钯氢化物。与 α 相钯氢化物相比，β 相钯氢化物引起钯更大的晶格膨胀。对于 H∶Pd 浓度比为 0.5 的体系，β 相钯氢化物的形成使原相体积增大 10%。β 相在 α 相中成核与生长，在材料中产生严重的应力，导致位移增加、材料变形、硬化，使膜经历数次氢化 P 脱氢循环后过早破裂。要克服钯作为膜材料的限制，就必须抑制其 α 相钯氢化物向 β 相钯氢化物的转变。经过许多科学家的努力，20 世纪 50 年代末在钯中加入其他元素，才解决了吸氢后钯的 α 相到 β 相的相变问题，并提高了氢的渗透能力。

研究表明，只有银的加入使得钯合金膜的渗氢率即渗氢系数有所提高。

钯银合金的银含量、温度、压力与渗氢率有关系，在各压力点下，随着银含量的增加，渗氢率逐渐增大，当银含量超过 23%时，渗氢率急剧下降，所以银含量应控制在 20%～25%以内。对于银含量为 23%的钯银合金，在各压力点下，随着温度的增加，渗氢率迅速增高，当温度达到约 400℃时，渗氢率的升高速度缓慢。因此，当温度达到 400℃后，即使再升高温度，在渗氢率的提高上也不会有什么大的变化了。

现代商用钯银合金膜一般为厚度几十微米 Pd-Ag 23%～25%膜。虽然它在一定程度上能够用于氢的纯化，但仍不能满足实际所需的高纯氢的纯化与分离要求，主要是其单位时间的渗透速率不够高，机械性能差，造价昂贵，膜使用寿命短等缺点。贵金属钯本身质地较软，要保证在高压下具有一定的强度，膜就具有较大的厚度。膜太厚则降低了渗氢速率，同时，又加大了贵金属钯的用量，增高了制造成本；膜太薄又不能满足强度要求。因此需要开发新一代选择渗氢膜，一种具有高氢选择性、高氢渗透性、高稳定性的廉价复合膜。

20.2.2.3 发展方向

无机膜中钯膜的几个方面发展是：

① 金属基选择渗氢膜。如钯稀土合金、钯铜、钯硼膜等，以钯钇 6%～10%（摩尔分数）合金为代表，其渗透率是钯银合金的 2～2.5 倍，强度也有所改善。

② 银合金膜。多孔支撑体一般为不锈钢、铝、玻璃、陶瓷等材料，其上的微孔孔径为微米数量级。以多孔不锈钢为支撑的钯银合金膜是对含氢同位素混合气进行纯化处理的一种高效分离膜。目前已制备出渗氢率为 27.6mL（STP）/（cm^2 · min）（300℃时，前压 0.2MPa，后压 0.1MPa）的以多孔不锈钢为支撑体的镀 Pd-Ag 合金层的选择渗氢膜。

③ 难熔金属膜。难熔金属为膜材料，对其加以表面改性。这种膜具有很高的渗氢系数，是一种非常有发展前途和应用前景的选择渗氢膜。

20.2.3 液态金属分离

上节介绍目前正在开发的大多数氢分离膜使用贵金属钯，其具有非常高的氢溶解度和渗透性（这意味着氢容易溶解并穿过金属，而排除其他气体）。但钯是昂贵的，具有脆性。因此，科学工作者长期以来一直寻求使用钯氢替代氢气分离膜，但到目前为止，还没有合适的替代品出现。美国伍斯特理工学院（WPI）化学工程教授 Ravindra Datta 领导的开创性研究可能已经确定了长期以来的钯金替代品：液态金属[38]。

在蒸汽重整系统内发现的标准工作温度（约 500℃）下，大量的金属和合金是液体的，其中大部分远比钯便宜得多。此外，用液态金属制成的膜很难产生可能使钯膜不能使用的缺陷和裂纹。

Ravi Datta 和他的团队用这个实验室仪器测试了一个原型液态金属膜。镓层仅允许氢气通过。WPI 的这项研究发表在美国化学工程师学会杂志上[39]，他们的试验结果显示液态金属膜在将纯氢与其他气体分离时似乎比钯更有效，这表明它们可以为燃料电池车辆提供经济实惠的氢气的挑战提供切实有效的解决方案。像电池供电的电动汽车一样，燃料电池汽车由电机驱动。当催化剂（唯一的“废物”是水）存在氢气和氧气时，电动机由燃料电池内部产生的电力驱动，虽然它们可以从空气中吸取氧气，但汽车必须携带纯净的氢气。

如果钯膜一个膜太薄，它变得脆弱或发展缺陷。如果钯膜发丝裂纹或微孔，则产品就不会合格，一起重新开始。

大约 6 年前，Datta 和他的学生开始考虑液态金属是否可能克服一些钯的局限性，特别是成本和脆弱性，同时也有可能提供优异的氢溶度和渗透性。Datta 认为液态金属在原子之间比固体金属有更多的空间，因此它们的溶解度和扩散性应该更高。

Datta 和他的团队，研究生 Pei-Shan Yen 和 NicholasDeveau（Yen 于 2016 年获得博士学位；Deveau 在 2017 年 5 月份获得博士学位）决定开始用镓，镓是一种无毒的金属，其熔点为 29.8℃，在室温下是液体。

他们进行了大量基础研究工作，显示镓是一个很好的替代品，因为研究表明镓在高温下比钯显示更高的氢渗透性。相似的条件下，渗透实验表明，在 500℃时，CGa/SiC SLiMM 渗透率的 2.75×10^{-7}，是钯渗透率的 35 倍高。事实上，该团队进行的实验室研究和理论模拟表明，在较高温度下液体的许多金属可能具有比钯更好的氢渗透性。

通过建模和实验，Datta 列出了一系列材料，包括碳基材料，如石墨和碳化硅，不与液态镓发生化学反应，但也可以被液态金属润湿，这意味着金属将扩散形成支撑材料上的薄膜。

意识到液态金属的表面张力可能随着温度的变化和它们所暴露的气体的组成而发生变化，从而潜在地产生泄漏，Datta 决定将金属插入两层支撑材料之间以产生夹层液体金属膜或 SLiMM。在实验室中构建由碳化硅层和石墨层之间的薄液晶镓层（2～10mm）组成的膜，并测试其稳定性和氢渗透性。

将膜在 480～550℃的温度范围内暴露于氢气氛中两周。结果表明，夹层膜液态镓膜比钯膜的氢气渗透性高 35 倍。测试还显示膜是有选择性的，只允许氢气通过。

Datta 的测试证实了液态金属可能是氢分离膜的候选者。当然，这些材料最终替代钯的材料，还有许多问题需要回答。例如，在实验室中的小膜是否可以放大，以及膜是否能抵抗已知的重整气体（包括一氧化碳和硫）中存在的使钯膜中毒的物质。

本书编者认为：Datta 的研究通过展示夹层液态金属膜的可行性，已经开启了一个非常有希望的氢能研究新领域，因为除了镓之外，还有许多其他金属和合金，在 500℃都是液态的。就可能使用的材料而言，它是一个广阔的开放领域。

20.3 深冷分离法

20.3.1 低温吸附法

不少作者都研究过低温吸附提纯氢气[40,41]，在低温条件下（通常是在液氮温度下）利用吸附剂对氢气源中杂质的选择吸附作用可制取纯度达 6N 以上的超高纯氢气。为了实现连续生产，一般使用两台吸附器，其中一台在使用，而另一台处于再生阶段。吸附剂通常选用活性炭、分子筛、硅胶等，这要视气源中杂质组分和含量而定。以电解氢为原料时，由于电解氢中主要杂质是水、氧和氮，可先采用冷凝干燥除水，再经催化脱氧，然后进入低温吸附系统脱除。

例如工业上为将 $50m^3/h$ 的原料氢（氢含量为 99.5%的工业氢）纯化到 6N（氢含量 99.9999%）的超纯氢气，以及确保纯氢压力稳定，整套系统由稳压汇流排、常温吸附净化及超低温吸附净化三部分组成。

稳压汇流排的作用是将原料氢气降压、稳压。它将 14MPa 左右的原料氢气瓶压力减压稳定在 0.3～0.4MPa 的工作压力下。

常温吸附净化系统作用是对氢气，将 99.5%的工业氢吸附净化到含氧量为 1×10^{-6}～5×10^{-6}、露点为－70℃左右的纯氢。在常温吸附净化系统中，采用多级吸附装置。先经过一级吸附罐对原料氢中的水、碳氢化合物等进行初级吸附，再经过脱氧罐使氢气中的氧在催化剂的作用下转化生成水，再经过二级吸附罐对脱氧罐生成的水、原氢中的微量水和微量碳氢化合物等进行吸附，最后经过脱氮罐对氢气中的微量氮气进行吸附。

超低温吸附净化是在液氮状态下，利用特定吸附剂对水、氧、氮、碳氢化合物等的超强吸附性能，将含氧量为 1×10^{-6}～5×10^{-6}、露点为－70℃左右的纯氢先经过深度脱氧罐，使纯氢中的微量氧在催化剂的作用下转化生成水，再经过超低温吸附净化系统，对纯氢中的超微量水、氧、氮和碳氢化合物等进行超强吸附，最后，获得含氢量大于 99.9999%的超纯氢气。其工作原理如图 20-8 所示。

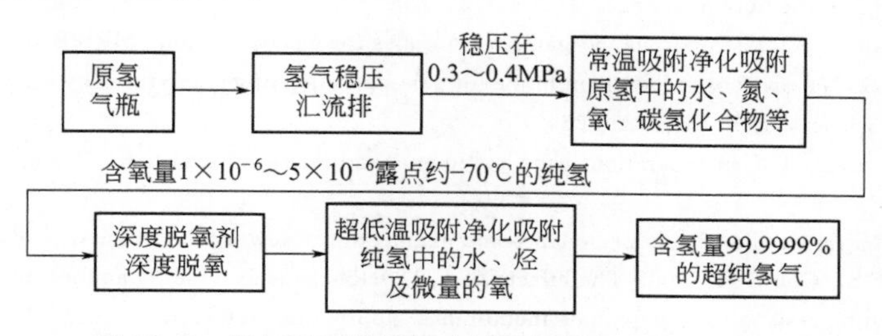

图 20-8 超低温吸附提纯大流量超纯氢气的工作原理

20.3.2 工业化低温分离

低温分离能够在较大氢浓度范围内操作，其含氢量可在 30%～80%，但它局限于气体组成中含有那些在低温下选择性冷凝的气体组分和低温吸附的最大区别在于本方法是粗放型的，生产量大，但纯度低，成本也低。

多个作者研究了深冷与膜结合分离氢气工艺[42～44]。谢娜[45]等根据乙烯装置深冷分离的需求，提出了混合冷剂制冷和纯工质冷剂复叠制冷组合的系统，降低了换热过程中不可逆的损失，节省了 14.7%的制冷能耗，提高了经济效益。

参 考 文 献

[1] 郝树仁，董世达. 烃类转化制氢工艺技术. 北京：石油工业出版社，2009.
[2] 蒋国梁，徐仁贤，陈华. 膜分离法与深冷法联合用于催化裂化干气的氢烃分离. 石油炼制与化工，1995，26 (1)：26-29.
[3] 王艳辉，吴迪镛，迟建. 氢能及制氢的应用技术现状及发展趋势，化工进展，2001 (1)：6-8.
[4] 梁国仑，陈信悦. 氢气市场及其应用. 低温与特气，2000，18 (4)：1-3.
[5] Tomlison T R. Comparison of Hydrogen Recovery Methods. Oil & Gas Journal，1990，88 (3)：35-36.
[6] Ruthven D M，Farooq S，Knabel K S. Pressure Swing Adsorption. New York：VCH Publishers，1994：235-237.
[7] Skarstrom C W. Method and Apparatus for Fractionating Gaseous Mixtures by Adsorption. U. S. Patent 2，944，627，July 12，1960.
[8] Guerin de Montgareuil P，Domine D. Process for Separating a Binary Gaseous Mixture by Adsorption. U. S. Patent 3，155，468，1964.
[9] Yang R T. Gas Separation by Adsorption Processes. Boston：Butterworths，1987.
[10] Cassidy R T，Holmes E S. Twenty-five Years of Progress in "Adiabatic". Adsorption Processes，AIChE Symp Ser，1984，80 (233)：68-75.

[11] Marsh W D, Pramuk F S, Hoke R C, et al. Pressure Equalization. Depressuring in Heatless Adsorption. U.S. Patent 3142547, 1964.
[12] 黄家鹄. 提高变压吸附过程中均压次数的方法，中国专利 CN1085119A，1994.
[13] Fuderer A, Rudelstorfer E. Selective Adsorption Process. U.S. Patent, 3986849, 1976.
[14] 费恩柱. 新型 PSA 吸附剂在制氢装置上的应用. 炼油技术与工程，2017，(02).
[15] Sircar S, Waldron W E, Rao M B, et al. Hydrogen production by hybrid SMR-PSA-SSF membrane system. Separation and Purification Technology, 1999, 17 (1): 11-20.
[16] 席怡宏. 膜分离-变压吸附联合工艺生产燃料电池氢气. 上海化工，2006，31 (1)：26-28.
[17] Stewart H A, Heck J L. Pressure swing adsorption. Chemical Engineering Progress, 1969, 65 (9): 78-83.
[18] Koros W J, Fleming G. K. Membrane-based gas separation. Journal of Membrane Science, 1993, 83: 1-80.
[19] Coker D T, Prabhakar R, Freeman B D. Tools for teaching gas separation using polymers. Chemical Engineering Education, 1995, 31: 61-67.
[20] Freeman B D, Pinnau I. Gas and liquid separations using memberanes: An overview in advanced materials for membrane separations. ACS Symposium Series 876. Washington DC: American Chemical Society, 2004, 1-21.
[21] Merinderson G W, Kuczynskyi M. Implementing membrane technology in the process industry: Problems and opportunities. Journal of membrane science, 1996, 113: 285-292.
[22] Morooka S, Kusakabe K. Microporous inorganic membranes for gas separation. MRS Bulletin, 1999, 24: 25-29.
[23] Rao M B, Sircar S. Nanoporous carbon membrane for gas separation of gas mixtures by selective surface flow. Journal of membrane science, 1993, 85: 253-264.
[24] Ghosal K, Freeman B D. Gas separation using polymer membrane: an overview. Polymer Advance Technology, 1994, 5: 673-697.
[25] Kroschwitz J I. Encyclopaedia of polymer science and engineering. New York: John Wiley& Sons, 1990.
[26] Shao L, Chung T S, Goh S H, etal. The effects of 1,3-cyclohexanebis (methylamine) modification on gas transport and plasticization resistance of polyimide membranes. Journal of membrane science, 2005, 267: 78-89.
[27] Shao L, Chung T S, Goh S H, et al. Transport properties of cross-linked polyimide membranes induced by different generations of diaminobutane (DAB) dendrimers. Journal of membrane science, 2004, 238: 153-163.
[28] Liu Y, Wang R, Chung T S. Chemical Cross-linking modification of polyimide membranes for gas separation. Journal of membrane science, 2001, 189: 231-239.
[29] Liu Y, Chung T S, Wang R, et al. Chemical Cross-linking modification of polyimide/poly (ether sulfone) dual layer hollow fiber membranes for gas separation. Industrial and Engineering Chemistry Research, 2003, 42: 1190-1195.
[30] Cao C, Chung T S, Liu Y, etal. Chemical cross-linking modification of 6FDA-2, 6-DAT hollow fiber membranes for natural gas separation. Journal of membrane science, 2003, 216: 257-268.
[31] Nathan W O, Tina M N. Membranes for hydrogen separation. Chemical Review, 2007, 107: 4078-4110.
[32] Pandey P, Chauhan R S. Membranes for gas separation. Progress in Polymer Science, 2001, 26: 853-893.
[33] 董子丰. 氢气膜分离技术的现状，特点和应用. 工厂动力，2000，11：25-35.
[34] 陈日志. 纳米催化无机膜集成技术的研究与应用 [D]. 南京：南京工业大学，2004.
[35] 蒋柏泉. 钯-银合金膜分离氢气的研究. 化学工程，1996，24 (3)：48-52.
[36] 杨启鹏. 新型金属有机骨架/多孔氧化铝复合膜的制备、结构表征和氢气、甲烷分离性能研究 [D]. 青岛：中国海洋大学，2013.
[37] 刘松军. 用于氢气生产的钯膜自热式反应器的设计、分析、比较和优化 [D]. 天津：天津大学，2013.
[38] Yen, Pei-Shan, Datta, et al. Combined Pauling Bond Valence-Modified Morse Potential (PBV-MMP) model for metals: thermophysical properties of liquid metals. Physics and Chemistry of Liquids, 2017: 1-22.
[39] Yen Pei-Shan, Deveau Nicholas D, Datta Ravindra. Sandwiched liquid metal membrane (SLiMM) for hydrogen purification. AIChE Journal, 2017, 63 (5): 1483-1488.
[40] 褚效中，赵宜江，阚玉和，等. 低温吸附法分离氢同位素. 化学工程，2008，36 (9)：12-14.
[41] 覃中华. 低温吸附法生产高纯氢浅析. 低温与特气，2005，23 (2)：34-35.
[42] 张良聪. 天然气提氦膜深冷耦合工艺研究 [D]. 大连：大连理工大学，2013.
[43] 柴永峰. 膜—压缩冷凝耦合回收 GTL 尾气中轻烃的研究 [D]. 大连：大连理工大学，2009.
[44] 谢娜. 乙烯深冷分离中混合工质制冷系统研究 [D]. 广州：华南理工大学，2014.
[45] 谢娜，刘金平，许雄文，等. 乙烯深冷分离中变温冷却过程制冷系统的设计与化化. 化工学报，2013 (10)：3590-3598.